O'Reilly精品图书系列

JavaScript权威指南

（原书第7版）

[美] David Flanagan 著

李松峰 译

Beijing · Boston · Farnham · Sebastopol · Tokyo

O'Reilly Media, Inc. 授权机械工业出版社出版

机械工业出版社

图书在版编目（CIP）数据

JavaScript 权威指南：原书第 7 版 /（美）大卫・弗拉纳根（David Flanagan）著；李松峰译 . -- 北京：机械工业出版社，2021.3

（O'Reilly 精品图书系列）

书名原文：*JavaScript: The Definitive Guide, Seventh Edition*

ISBN 978-7-111-67722-2

I. ①J⋯ II. ①大⋯ ②李⋯ III. ① JAVA 语言 – 程序设计 – 指南 IV. ① TP312.8-62

中国版本图书馆 CIP 数据核字（2021）第 040782 号

北京市版权局著作权合同登记

图字：01-2020-5983 号

封底无防伪标均为盗版
本书法律顾问
北京大成律师事务所 韩光 / 邹晓东

书　　名 / JavaScript 权威指南（原书第 7 版）

书　　号 / ISBN 978-7-111-67722-2

责任编辑 / 王春华　李忠明

封面设计 / Karen Montgomery，张健

出版发行 / 机械工业出版社

地　　址 / 北京市西城区百万庄大街 22 号（邮政编码 100037）

印　　刷 / 北京市荣盛彩色印刷有限公司

开　　本 / 178 毫米 ×233 毫米　16 开本　38 印张

版　　次 / 2021 年 3 月第 1 版　2021 年 3 月第 1 次印刷

定　　价 / 139.00 元（册）

客服电话: (010) 88361066　88379833　68326294
华章网站: www.hzbook.com
投稿热线: (010) 88379604
读者信箱: hzit@hzbook.com

O'Reilly Media, Inc.介绍

O'Reilly以"分享创新知识，改变世界"为己任。40多年来我们一直向企业、个人提供成功所必需之技能及思想，激励他们创新并做得更好。

O'Reilly业务的核心是独特的专家及创新者网络，众多专家及创新者通过我们分享知识。我们的在线学习（Online Learning）平台提供独家的直播培训、图书及视频，使客户更容易获取业务成功所需的专业知识。几十年来O'Reilly图书一直被视为学习开创未来之技术的权威资料。我们每年举办的诸多会议是活跃的技术聚会场所，来自各领域的专业人士在此建立联系，讨论最佳实践并发现可能影响技术行业未来的新趋势。

我们的客户渴望做出推动世界前进的创新之举，我们希望能助他们一臂之力。

业界评论

"O'Reilly Radar博客有口皆碑。"

  —— *Wired*

"O'Reilly凭借一系列非凡想法（真希望当初我也想到了）建立了数百万美元的业务。"

  —— *Business 2.0*

"O'Reilly Conference是聚集关键思想领袖的绝对典范。"

  —— *CRN*

"一本O'Reilly的书就代表一个有用、有前途、需要学习的主题。"

  —— *Irish Times*

"Tim是位特立独行的商人，他不光放眼于最长远、最广阔的领域，并且切实地按照Yogi Berra的建议——如果你在路上遇到岔路口，那就走小路——去做了。回顾过去，Tim似乎每一次都选择了小路，而且有几次都是一闪即逝的机会，尽管大路也不错。"

  —— *Linux Journal*

本书赞誉

"本书包含的 JavaScript 知识是前所未有的。作者对这门语言有极其精深的理解,跟着作者的脚步,你将穿过 JavaScript 的重重迷雾,探索令人叹为观止的真知,让你的 JavaScript 代码质量和编程效率更上一层楼,最终折服于本书的惊人魅力。"

——Schalk Neethling,MDN Web Docs 的资深前端工程师

" David Flanagan 带领读者领略了 JavaScript 的全景,包括语言及其生态,展现在读者眼前的是一幅巨细无遗的美丽画卷。"

——Sarah Wachs,前端开发者、Women Who Code Berlin 负责人

"任何有志于最大限度地利用 JavaScript 特性(包括最新和最前沿的特性)来高效产出代码的开发者,都能通过这本全面且权威的著作收获满满。"

——Brian Sletten,Bosatsu Consulting 总裁

译者序

翻译这本"犀牛书"是我十几年来的一个夙愿。尽管由于种种原因错过了原书第 5 版和第 6 版,但终于还是得偿所愿。2021 年是我从事技术翻译的第十五个年头。因此,本书也是我倾注多年经验翻译而成的。

虽然翻译本书前前后后花了 6 个多月,但囿于工作和生活的压力,我确实做不到对书中每一句话都反复推敲。我当然知道"好译文是改出来的",但翻译也是一门"遗憾的艺术",所以我的翻译肯定不是完美无缺的。如果要我对这本书(或者说对我近十年来翻译出版的所有技术专著,包括 2020 年上市的"红宝书"第 4 版)的翻译过程打个比方,我想最贴切的比喻莫过于即兴视奏:面对一本从未见过的乐谱,你必须从奏响第一个音符开始,一气呵成地把整首曲子演奏完。演奏开始后,唯一的目标就是全神贯注,心无旁骛,快速看懂每个音符、每个节奏,尽最大努力把内容按照原样准确无误地呈现出来。当然,不同的是,翻译过程中虽然也有假想的读者存在,但这些"读者"并不妨碍我在发觉之前章节的翻译有问题时回过头去修正。

这其实正是我期望的理想翻译状态,即"一边阅读,一边翻译"。技术图书翻译属于非文学翻译或者技术翻译的范畴。技术翻译的主要目的是译文准确、通顺,确保其当时当下的实用性。除此之外,对文笔或修辞的技巧无须做过高要求。一本优秀的技术图书,最终让读者受益的是它的内容和思想,而不是它的文字。文字作为形式或载体固然重要,但从译者的角度来说,不让自己的文字成为传达内容的阻碍就是最大的贡献。回顾我的技术翻译生涯,十几年来从未间断翻译实践。随着翻译经验的不断积累,我对翻译的认知也经历了深入浅出的过程。从最初的"翻译即翻译",到后来的"翻译即写作",再到如今的"翻译即阅读",经历了几次较大的扬弃。"翻译"和"写作",强调的其实是"转换"和"表达",而"阅读"强调的则是对原文的理解。某种程度上,这可能也说明自己已经比较成功地解决了"转换"和"表达"的问题,从而可以把精力更多地放到"阅读"和"理解"上。

JavaScript 无疑是一门成功的语言,而且是世界上使用最多的语言。这本"犀牛书"在很多工程师心目中有着至高无上的地位。如果你由于种种原因错过了它之前的版本，那一定不要再错过这一版了。在我看来，尽管市面上讲解 JavaScript 语言和技术的专著层出不穷，但像这本书这样能够贴近 ECMAScript 和 W3C 规范的著作并不多见。ECMAScript 和 W3C 规范是用英文写的，这对母语为中文的工程师无疑是个巨大的障碍。希望本书在字里行间流露出的与各种规范千丝万缕的联系，能够时刻提醒每一位读者多花一些时间去研究语言本身和规范本身。这不仅仅是个"知其然，也知其所以然"的问题，更是一个追赶和超越的问题。相信再过 5 年、10 年、20 年，中文开发者社区一定能够涌现出更多屹立在时代潮头的工程师和作者。

本书翻译的顺利完成也离不开一些工程师的支持。感谢月影（吴亮）、樊华、张荣剑、刘业、巫新华、包卓娜、宋思嘉、陈雁楠、翟梦男、关婷婷、王若铮以及刘敏在我翻译期间，在工作方面给予我的大力支持。感谢机械工业出版社华章公司的编辑王春华、李忠明、孙榕舒、关敏为本书出版付出的心血，也感谢老朋友杨福川为我翻译本书牵线搭桥。最后感谢我的妻子，为了让我按时交稿，她每天都会督促我翻译几页，终于"积水成渊"。

李松峰
2021 年 1 月 3 日

目录

前言

本书介绍 JavaScript 语言和由浏览器及 Node 实现的 JavaScript API。本书适合有一定编程经验、想学习 JavaScript 的读者，也适合已经在使用 JavaScript 但希望更深入地理解进而真正掌握这门语言的程序员。本书的目标是全面、权威地讲解 JavaScript 语言，对 JavaScript 程序中可能用到的最重要的客户端 API 和服务器端 API 提供深入的介绍。因此本书篇幅较长，内容非常详尽，相信认真研究本书的读者都能获益良多。

本书之前的版本都包含一个完整的参考部分。如今，在网上可以迅速、轻易地获取最新的参考资料，因此已经完全没必要在纸质版中再包含这些内容。如果你想查找与核心 JavaScript 或客户端 JavaScript 相关的任何资料，可以访问 MDN 网站（*https://developer. mozilla.org*）。对于服务器端 Node API，推荐直接查阅 Node.js 参考文档（*https://nodejs. org/api*）。

排版约定

本书中使用以下排版约定：

斜体（*Italic*）
> 表示重要的术语、URL、电子邮件地址、文件名和文件扩展名。

等宽字体（`Constant width`）
> 用于程序清单，以及段落中的程序元素，例如变量名、函数名、数据库、数据类型、环境变量、语句以及关键字。

等宽粗体（**`Constant width bold`**）
> 表示应由用户直接输入的命令或其他文本。

等宽斜体（*`Constant width italic`*）
> 表示应由用户提供的值或由上下文确定的值替换的文本。

1

该图示表示一般性说明。

 该图示表示警告或注意。

示例代码

可以从 *https://oreil.ly/javascript_defgd7* 下载补充材料（示例代码、练习、勘误等）。

这里的代码是为了帮助你更好地理解本书的内容。通常，可以在程序或文档中使用本书中的代码，而不需要联系 O'Reilly 获得许可，除非需要大段地复制代码。例如，使用本书中所提供的几个代码片段来编写一个程序不需要得到我们的许可，但销售或发布示例代码则需要获得许可。引用本书的示例代码来回答问题也不需要许可，将本书中的很大一部分示例代码放到自己的产品文档中则需要获得许可。

非常欢迎读者使用本书中的代码，希望（但不强制）注明出处。注明出处的形式包含书名、作者、出版社和 ISBN，例如：

JavaScript: The Definitive Guide, Seventh Edition，作者 David Flanagan，由 O'Reilly 出版，书号 978-1-491-95202-3

如果读者觉得对示例代码的使用超出了上面所给出的许可范围，欢迎通过 *permissions@ oreilly.com* 联系我们。

O'Reilly 在线学习平台

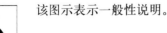 40 多年来，O'Reilly Media 致力于提供技术和商业培训、知识和卓越见解，来帮助众多公司取得成功。

我们拥有独一无二的专家和革新者组成的庞大网络，他们通过图书、文章、会议和我们的在线学习平台分享知识和经验。O'Reilly 的在线学习平台（O'Reilly Online Learning）允许你按需访问现场培训课程、深入的学习路径、交互式编程环境，以及 O'Reilly 和 200 多家其他出版商提供的大量文本和视频资源。有关的更多信息，请访问 *http:// oreilly.com*。

如何联系我们

对于本书，如果有任何意见或疑问，请按照以下地址联系本书出版商。

美国：

O'Reilly Media，Inc.
1005 Gravenstein Highway North
Sebastopol，CA 95472

中国：

北京市西城区西直门南大街 2 号成铭大厦 C 座 807 室（100035）
奥莱利技术咨询（北京）有限公司

要询问技术问题或对本书提出建议，请发送电子邮件至 *bookquestions@oreilly.com*。

本书配套网站 *https://oreil.ly/javascript_defgd7* 上列出了勘误表、示例以及其他信息。

关于书籍、课程、会议和新闻的更多信息，请访问我们的网站 *http://www.oreilly.com*。

我们在 Facebook 上的地址：*http://facebook.com/oreilly*

我们在 Twitter 上的地址：*http://twitter.com/oreillymedia*

我们在 YouTube 上的地址：*http://www.youtube.com/oreillymedia*

致谢

很多人对本书的创作有贡献。感谢本书的编辑 Angela Rufino，是她帮我把控进度，并容忍我拖稿。也要感谢本书的技术审校者 Brian Sletten、Elisabeth Robson、Ethan Flanagan、Maximiliano Firtman、Sarah Wachs 和 Schalk Neethling，他们的意见和建议让本书变得更好。

O'Reilly 的制作团队像往常一样出色地完成了他们的工作：Kristen Brown 负责印制，Deborah Baker 是产品编辑，Rebecca Demarest 画了插图，Judy McConville 编制了索引。

也要感谢本书之前版本的编辑、审校者和贡献者：Andrew Schulman、Angelo Sirigos、Aristotle Pagaltzis、Brendan Eich、Christian Heilmann、Dan Shafer、Dave C. Mitchell、Deb Cameron、Douglas Crockford、Dr. Tankred Hirschmann、Dylan Schiemann、Frank Willison、Geoff Stearns、Herman Venter、Jay Hodges、Jeff Yates、Joseph Kesselman、Ken Cooper、Larry Sullivan、Lynn Rollins、Neil Berkman、Mike Loukides、Nick Thompson、Norris Boyd、Paula Ferguson、Peter-Paul Koch、Philippe Le Hegaret、

Raffaele Cecco、Richard Yaker、Sanders Kleinfeld、Scott Furman、Scott Isaacs、Shon Katzenberger、Terry Allen、Todd Ditchendorf、Vidur Apparao、Waldemar Horwat，以及 Zachary Kessin。

写作本书让我无数个深夜不能陪伴在家人左右。我爱他们，感谢他们对我不在身边的宽容。

David Flanagan

2020 年 3 月

第 1 章

JavaScript 简介

JavaScript 是 Web 编程语言。绝大多数网站都使用 JavaScript，所有现代 Web 浏览器
（无论是桌面、平板还是手机浏览器，书中以后统称为浏览器）都包含 JavaScript 解释器，
这让 JavaScript 成为有史以来部署最广泛的编程语言。过去十年，Node.js 让浏览器之外
的 JavaScript 编程成为可能，Node 的巨大成功意味着 JavaScript 如今也是软件开发者最
常用的编程语言。无论你是从头开始，还是已经在工作中使用 JavaScript，本书都能帮
你掌握这门语言。

如果你已经熟悉其他编程语言，那有必要知道 JavaScript 是一门高级、动态、解释型编
程语言，非常适合面向对象和函数式编程风格。JavaScript 的变量是无类型的，它的语
法大致与 Java 相仿，但除此之外这两门语言之间没有任何关系。JavaScript 从 Scheme
借鉴了一类（first class）函数，从不太知名的 Self 借鉴了基于原型的继承。但要阅读本
书或学习 JavaScript 不需要了解这些语言，也不必熟悉这些术语。

JavaScript 这个名字相当有误导性。除了表面上语法相似，它与 Java 是完全不同的两门
编程语言。JavaScript 经历了很长时间才从一门脚本语言成长为一门健壮高效的通用语
言，适合开发代码量巨大的重要软件工程和项目。

JavaScript：名字、版本和模式

JavaScript 是 Netscape 在 Web 诞生初期创造的。严格来讲，JavaScript 是经 Sun
Microsystems（现 Oracle）授权使用的一个注册商标，用于描述 Netscape（现
Mozilla）对这门语言的实现。Netscape 将这门语言提交给 Ecma International[译注 1] 进

译注 1：读者可以参考 Allen Wirfs-Brock 和 Brendan Eich（JavaScript 之父）为第 4 届编程语言历史大会（2020
年 6 月）撰写的论文 "JavaScript: The First 20 Years"（*http://www.wirfs-brock.com/allen/posts/866*）以
及维基百科词条（*https://en.wikipedia.org/wiki/Ecma_International*）。

行标准化，由于商标问题，这门语言的标准版本沿用了别扭的名字"ECMAScript"。实践中，大家仍然称这门语言为 JavaScript。本书在讨论这门语言的标准及版本时使用"ECMAScript"及其缩写"ES"。

2010 年以来，几乎所有浏览器都支持 ECMAScript 标准第 5 版。本书以 ES5 作为兼容性基准，不再讨论这门语言的更早版本。ES6 发布于 2015 年，增加了重要的新特性（包括类和模块语法）。这些新特性把 JavaScript 从一门脚本语言转变为一门适合大规模软件工程的严肃、通用语言。从 ES6 开始，ECMAScript 规范改为每年发布一次，语言的版本也以发布的年份来标识（ES2016、ES2017、ES2018、ES2019 和 ES2020）。

随着 JavaScript 的发展，语言设计者也在尝试纠正早期（ES5 之前）版本中的缺陷。为了保证向后兼容，无论一个特性的问题有多严重，也不能把它删除。但在 ES5 及之后，程序可以选择切换到 JavaScript 的严格模式。在这种模式下，一些早期的语言错误会得到纠正。本书 5.6.3 节将介绍切换到这种模式使用的 use strict 指令。该节也会总结传统 JavaScript 与严格 JavaScript 的区别。在 ES6 及之后，使用新语言特性经常会隐式触发严格模式。例如，如果使用 ES6 的 class 关键字或者创建 ES6 模块，类和模块中的所有代码都会自动切换到严格模式。在这些上下文中，不能使用老旧、有缺陷的特性。本书会介绍 JavaScript 的传统特性，但会细心地指出它们在严格模式下无法使用。

为了好用，每种语言都必须有一个平台或标准库，用于执行包括基本输入和输出在内的基本操作。核心 JavaScript 语言定义了最小限度的 API，可以操作数值、文本、数组、集合、映射等，但不包含任何输入和输出功能。输入和输出（以及更复杂的特性，如联网、存储和图形处理）是内嵌 JavaScript 的"宿主环境"的责任。

浏览器是 JavaScript 最早的宿主环境，也是 JavaScript 代码最常见的运行环境。浏览器环境允许 JavaScript 代码从用户的鼠标和键盘或者通过发送 HTTP 请求获取输入，也允许 JavaScript 代码通过 HTML 和 CSS 向用户显示输出。

2010 年以后，JavaScript 代码又有了另一个宿主环境。与限制 JavaScript 只能使用浏览器提供的 API 不同，Node 给予了 JavaScript 访问整个操作系统的权限，允许 JavaScript 程序读写文件、通过网络发送和接收数据，以及发送和处理 HTTP 请求。Node 是实现 Web 服务器的一种流行方式，也是编写可以替代 shell 脚本的简单实用脚本的便捷工具。

本书大部分内容聚焦 JavaScript 语言本身。第 11 章讲述 JavaScript 标准库，第 15 章介绍浏览器宿主环境，第 16 章介绍 Node 宿主环境。

全书首先从底层基础讲起，然后逐步过渡到高级及更高层次的抽象。这些章节的安排多多少少考虑了阅读的先后次序。不过学习一门新语言不可能是一个线性的过程，对一门语言的描述也不可能是线性的。毕竟每个语言特性都可能与其他特性有关系。本书的交叉引用非常多，有的指向前面的章节，有的指向后面的章节。本章会先快速地过一遍这门语言，介绍一些对理解后续章节的深入剖析有帮助的关键特性。如果你是一名 JavaScript 程序员，可以跳过这一章（但在跳过之前，读一读本章末尾的示例 1-1 应该会让你很开心）。

1.1 探索 JavaScript

学习一门新编程语言，很重要的是尝试书中的示例，然后修改这些示例并再次运行，以验证自己对这门语言的理解。为此，你需要一个 JavaScript 解释器。

要尝试少量 JavaScript 代码，最简单的方式就是打开浏览器的 Web 开发者工具（按 F12、Ctrl+Shift+I 或 Command+Option+I），然后选择 Console（控制台）标签页。之后就可以在提示符后面输入代码，并在输入的同时看到结果。浏览器开发者工具经常以一组面板的形式出现在浏览器窗口底部或右侧，不过也可以把它们拆分为独立的窗口（如图 1-1 所示），这样通常更加方便。

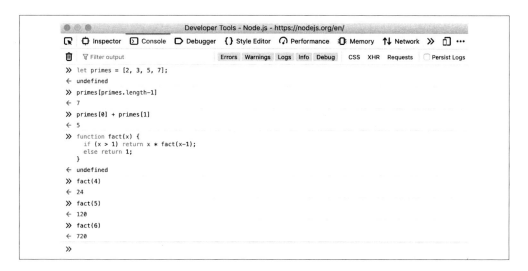

图 1-1：Firefox 开发者工具中的 JavaScript 控制台

尝试 JavaScript 代码的另一种方式是下载并安装 Node（下载地址 *https://nodejs.org/*）。安装完 Node 之后，可以打开终端窗口，然后输入 **node** 并回车，像下面这样开始交互式 JavaScript 会话：

```
$ node
Welcome to Node.js v12.13.0.
Type ".help" for more information.
> .help
.break    Sometimes you get stuck, this gets you out
.clear    Alias for .break
.editor   Enter editor mode
.exit     Exit the repl
.help     Print this help message
.load     Load JS from a file into the REPL session
.save     Save all evaluated commands in this REPL session to a file

Press ^C to abort current expression, ^D to exit the repl
> let x = 2, y = 3;
undefined
> x + y
5
> (x === 2) && (y === 3)
true
> (x > 3) || (y < 3)
false
```

1.2 Hello World

当需要试验更长的代码块时，这种以行为单位的交互环境可能就不合适了。此时可能需要使用一个文本编辑器来编写代码。写完之后，可以把 JavaScript 代码复制粘贴到 JavaScript 控制台或 Node 会话。或者，可以把代码保存成一个文件（保存 JavaScript 代码的文件通常使用扩展名 .js），再使用 Node 来运行这个 JavaScript 代码文件：

```
$ node snippet.js
```

如果像这样在非交互模式下使用 Node，那它不会自动打印所有运行的代码的值，因此你需要自己打印。可以使用 console.log() 函数在终端窗口或在浏览器开发者工具的控制台中显示文本和其他 JavaScript 值。例如，如果你创建一个 hello.js 文件，其中包含这行代码：

```
console.log("Hello World!");
```

并使用 node hello.js 来执行这个文件，可以看到打印出的消息 "Hello World!"。

如果你想在浏览器的 JavaScript 控制台看到同样的消息，则需要创建一个新文件，例如叫 hello.html，然后把以下内容放进去：

```
<script src="hello.js"></script>
```

然后像下面这样在浏览器中使用 file://URL 加载 hello.html：

```
file:///Users/username/javascript/hello.html
```

打开开发者工具窗口,就可以在控制台中看到这个问候了。

1.3 JavaScript 之旅

本节通过代码示例对 JavaScript 语言做一个简单介绍。在本章之后,我们会深入 JavaScript 的最底层。第 2 章将解释 JavaScript 注释、分号和 Unicode 字符集。第 3 章会 更有意思一些,将解释 JavaScript 变量以及可以赋给这些变量的值。

下面我们来看一些例子,其中包含了第 2 章和第 3 章的重点内容。

```javascript
// 双斜杠后面的这些文字都是注释
// 一定要认真阅读注释: 注释是对 JavaScript 代码的解释

// 变量是一个代表值的名字
// 变量要使用 let 关键字声明
let x;                  // 声明一个名叫 x 的变量

// 可以使用一个等号为变量赋值
x = 0;                  // 现在变量 x 的值就是 0
x                       // => 0: 变量求值的结果就是它的值

// JavaScript 支持几种不同的值
x = 1;                  // 数值
x = 0.01;               // 数值可以是整数或实数
x = "hello world";      // 文本字符串包含在引号中
x = 'JavaScript';       // 单引号也用于界定字符串
x = true;               // 布尔值
x = false;              // 另一个布尔值
x = null;               // null 是一个特殊值,意思是 "没有值"
x = undefined;          // undefined 也是一个特殊值,与 null 类似
```

JavaScript 程序可以操作的另外两个非常重要的类型是对象和数组,分别将在第 6 章和 第 7 章中介绍。不过,因为它们实在太重要了,所以在那两章之前你也会多次看到它们。

```javascript
// 对象是 JavaScript 最重要的数据类型
// 对象是一个名 / 值对的集合,或者一个字符串到值的映射
let book = {            // 对象包含在一对大括号中
    topic: "JavaScript",    // 属性 "topic" 的值是 "JavaScript"
    edition: 7          // 属性 "edition" 的值是 7
};                      // 对象末尾还有一个大括号

// 使用 . 或 [] 访问对象的属性
book.topic              // => "JavaScript"
book["edition"]         // => 7: 另一种访问属性值的方式
book.author = "Flanagan";   // 通过赋值创建新属性
book.contents = {};     // {} 是一个没有属性的空对象

// 使用 ?. (ES2020) 条件式访问属性
book.contents?.ch01?.sect1 // => undefined: book.contets 没有 ch01 这个属性
```

```
// JavaScript 也支持值的数组（数值索引的列表）
let primes = [2, 3, 5, 7];  // 包含 4 个值的数组，[ 和 ] 是定界符
primes[0]                    // => 2: 数组的第一个（索引为 0）元素
primes.length                // => 4: 数组包含多少个元素
primes[primes.length-1]      // => 7: 数组的最后一个元素
primes[4] = 9;               // 通过赋值添加新元素
primes[4] = 11;              // 或者通过赋值修改已有元素
let empty = [];              // [] 是一个没有元素的空数组
empty.length                 // => 0

// .数组和对象可以保存数组和对象
let points = [               // 包含 2 个元素的数组
    {x: 0, y: 0},            // 每个元素都是一个对象
    {x: 1, y: 1}
];
let data = {                 // 包含 2 个属性的对象
    trial1: [[1,2], [3,4]],  // 每个属性的值都是一个数组
    trial2: [[2,3], [4,5]]   // 数组的元素也是数组
};
```

代码示例中的注释语法

你可能注意到了，前面代码中有的注释是以箭头（=>）开头的。这些箭头是在模拟交互式 JavaScript 环境（例如浏览器控制台），在纸质书上展示注释前面的代码产生的值。

// => 注释也充当一种断言，我曾写过一个工具，专门测试代码并验证它能产生这种注释中指定的值。这应该（我希望）可以减少本书代码的错误。

有两种相关的注释 / 断言风格。如果你看到 // a == 42 形式的注释，那意味着在注释前面的代码运行之后，变量 a 的值将是 42。如果你看到 // ! 形式的注释，那意味着注释前面的代码抛出了异常（而注释中 ! 后面的内容通常会解释抛出的是什么异常）。

这样的注释在本书中随处可见。

这里展示的在中括号内罗列出数组元素以及在大括号中将对象属性名映射为属性值的语法被称为初始化表达式（initializer expression），也是第 4 章的一个主题。表达式在 JavaScript 中就是一个短语，可以求值产生一个值。例如，使用 . 或 [] 引用对象属性的值或数组元素就是表达式。

JavaScript 构造表达式的一个最常见方式是使用操作符：

```
// 操作符用于操作值（操作数）以产生新值
// 算术操作符是最简单的操作符
3 + 2                        // => 5: 加
3 - 2                        // => 1: 减
3 * 2                        // => 6: 乘
3 / 2                        // => 1.5: 除
points[1].x - points[0].x    // => 1: 更复杂的操作数也可以
"3" + "2"                    // => "32": + 号用于计算数值加法或拼接字符串

// JavaScript 定义了一些简写的算术操作符
let count = 0;               // 定义变量
count++;                     // 递增变量
count--;                     // 递减变量
count += 2;                  // 加 2: 等价于 count = count + 2;
count *= 3;                  // 乘 3: 等价于 count = count * 3;
count                        // => 6: 变量名也是表达式

//相等和关系操作符测试两个值是否相等、不等、
// 小于、大于，等等。它们求值为 true 或 fale
let x = 2, y = 3;            // 这里的 = 号用于赋值，不是测试相等
x === y                      // => false: 相等操作符
x !== y                      // => true: 不相等操作符
x < y                        // => true: 小于操作符
x <= y                       // => true: 小于或等于操作符
x > y                        // => false: 大于操作符
x >= y                       // => false: 大于或等于操作符
"two" === "three"            // => false: 两个字符串不相同
"two" > "three"              // => true: "tw" 按字母表顺序大于 "th"
false === (x > y)            // => true: false 等于 false

// 逻辑操作符组合或反转布尔值
(x === 2) && (y === 3)       // => true: 两个比较都为 true。&& 是逻辑与
(x > 3) || (y < 3)           // => false: 两个比较都不是 true。|| 是逻辑或
!(x === y)                   // => true: ! 用于反转布尔值
```

如果 JavaScript 表达式像短语，那 JavaScript 语句就像完整的句子。语句是第 5 章的主题。简单地说，表达式只用于计算值，什么也不做，即不以任何方式改变程序的状态。而语句没有值，但却会改变状态。前面我们已经看到了变量声明和赋值语句。另外还有一类语句叫控制结构，例如条件和循环。在介绍完函数之后，我们会看到它们的示例。

函数是一个有名字、有参数的 JavaScript 代码块，只要定义一次就可以反复调用。第 8 章会正式介绍函数，但在之前你也会多次看到它们，就像对象和数组一样。下面是几个简单的示例：

```
// 函数是可以调用的有参数的 JavaScript 代码块
function plus1(x) {          // 定义一个名字为 "plus1"、参数为 "x" 的函数
    return x + 1;            // 返回一个比传入值大 1 的值
}                            // 函数体包含在大括号中

plus1(y)                     // => 4: y 是 3，因此这次调用返回 3+1
```

```
let square = function(x) {    // 函数也是值，可以赋给变量
    return x * x;             // 计算函数的值
};                            //

square(plus1(y))              // => 16：在一个表达式中调用两个函数
```

ES6 及之后，有一种定义函数的简写方式。这种简洁的语法使用 => 来分隔参数列表和函数体，因此以这种方式定义的函数被称为箭头函数。箭头函数经常用于把一个未命名函数作为参数传给另一个函数。前面的函数用箭头函数重写后如下所示：

```
const plus1 = x => x + 1;    // 输入 x 映射为输出 x + 1
const square = x => x * x;   // 输入 x 映射为 x * x
plus1(y)                      // => 4：函数调用相同
square(plus1(y))              // => 16
```

在通过对象使用函数时，我们称其为方法：

```
// 在把函数赋值给对象的属性时，我们称它们为"方法"
// 所有 JavaScript 对象（包括数组）都有方法
let a = [];                   // 创建一个空数组
a.push(1,2,3);                // push() 方法为数组添加元素
a.reverse();                  // 另一个方法 reverse() 对元素进行排序

// 我们也可以定义自己的方法。此时的 this 关键字引用的是
// 方法所在的对象，也就是前面定义的数组 points
points.dist = function() {    //
    let p1 = this[0];         // 调用数组的第一个元素
    let p2 = this[1];         // this 对象的第二个元素
    let a = p2.x-p1.x;        // x 坐标的差
    let b = p2.y-p1.y;        // y 坐标的差
    return Math.sqrt(a*a +    // 毕达哥拉斯定理
                    b*b);     // Math.sqrt() 计算平方根
};
points.dist()                 // => Math.sqrt(2)：两个点之间的距离
```

现在，按照约定，我们再介绍几个函数，它们的函数体演示了常用的 JavaScript 控制结构语句：

```
// JavaScript 语句中有条件和循环，语法与
// C、C++、Java 和其他一些语言是一样的
function abs(x) {             // 一个计算绝对值的函数
    if (x >= 0) {            // if 语句
        return x;            // 如果比较为 true，则执行这行代码
    }                        // 这里是 if 子句的结束
    else {                   // 条件 else 在比较为 false 时
        return -x;           // 执行这行代码
    }                        // 大括号在每个子句只有一条语句时是可选的
}                            // 注意返回语句嵌套在了 if/else 中
abs(-10) === abs(10)         // => true
```

```
function sum(array) {            // 计算数组元素之和
    let sum = 0;                 // 首先把表示和的 sum 初始化为 0
    for(let x of array) {        // 循环数组，将每个元素赋值给 x
        sum += x;                // 把元素的值加到 sum 上
    }                            // 循环在这里结束
    return sum;                  // 返回 sum
}
sum(primes)                      // => 28: sum 是前 5 个素数之和（2+3+5+7+11）

function factorial(n) {          // 一个计算阶乘的函数
    let product = 1;             // 首先把表示乘积的 product 初始化为 1
    while(n > 1) {               // while 循环：当 () 中的表达式为 true 时重复执行 {} 中的语句
        product *= n;            // product = product * n; 的简写形式
        n--;                     // n = n - 1; 的简写形式
    }                            // 循环结束

    return product;              // 返回 product
}
factorial(4)                     // => 24: 1*4*3*2

function factorial2(n) {         // 使用不同循环的另一个版本
    let i, product = 1;          // 从 1 开始
    for(i=2; i <= n; i++)        // 从 2 开始自动递增 i 直至 n
        product *= i;            // 每次循环都执行。循环体只有一行代码时，可以不要 {}
    return product;              // 返回阶乘
}
factorial2(5)                    // => 120：1*2*3*4*5
```

JavaScript 支持面向对象的编程风格，但与"经典的"面向对象编程语言非常不一样。第 9 章将详细介绍 JavaScript 中的面向对象编程，包含很多示例。下面是一个非常简单的示例，演示了如何定义一个 JavaScript 类以表示几何平面上的一个点。作为这个类的实例的对象有一个方法，叫作 distance()，用于计算该点与原点的距离：

```
class Point {                    // 按惯例，类名需要首字母大写
    constructor(x, y) {          // 构造函数用于初始化新实例
        this.x = x;              // this 关键字代表要初始化的新对象
        this.y = y;              // 把函数参数保存为对象属性
    }                            // 构造函数中不需要 return 语句

    distance() {                 // 计算从原点到当前点距离的方法
        return Math.sqrt(        // 返回 x² + y² 的平方根
            this.x * this.x +    // this 引用的是调用这个
            this.y * this.y      // 实例方法的 Point 对象
        );
    }
}

// 使用 Point() 构造函数和 new 创建 Point 对象
let p = new Point(1, 1);         // 几何平面上的点（1,1）

// 调用 Point 对象 p 的方法
p.distance()                     // => Math.SQRT2
```

对 JavaScript 基础语法和能力的介绍之旅到此就要结束了。但本书后续还有很多章，分别自成一体地介绍了这门语言的其他特性。

第 10 章 模块

展示文件或脚本中的 JavaScript 代码如何使用其他文件和脚本中定义的 JavaScript 函数和类。

第 11 章 JavaScript 标准库

展示所有 JavaScript 程序都可以使用的内置函数和类，包括像映射、集合这样重要的数据结构，还有用于文本模式匹配的正则表达式类，以及序列化 JavaScript 数据结构的函数，等等。

第 12 章 迭代器与生成器

解释 for/of 循环的原理，以及如何定义可以在 for/of 中使用的类。该章还介绍生成器函数及 yield 语句。

第 13 章 异步 JavaScript

该章深入探讨 JavaScript 的异步编程，涵盖回调与事件、基于期约的 API，以及 async 和 await 关键字。虽然核心 JavaScript 语言并非异步的，但浏览器和 Node 中的 API 默认都是异步的。该章解释使用这些 API 的技术。

第 14 章 元编程

介绍一些高级 JavaScript 特性，为其他 JavaScript 程序员编写代码库的读者可能会感兴趣。

第 15 章 浏览器中的 JavaScript

介绍浏览器宿主环境，解释浏览器如何执行 JavaScript 代码，涵盖浏览器定义的大多数重要 API。该章是迄今为止这本书中最长的一章。

第 16 章 Node 服务器端 JavaScript

介绍 Node 宿主环境，涵盖基础编程模型、数据结构和需要理解的最重要的 API。

第 17 章 JavaScript 工具和扩展

涵盖广泛应用并有效提升开发者效率的工具及语言扩展。

1.4 示例：字符频率柱形图

本章最后展示一个虽短但并不简单的 JavaScript 程序。示例 1-1 是一个 Node 程序，它从标准输入读取文本，计算该文本的字符频率柱形图，然后打印出来。可以像下面这样调用这个程序，分析它自己源代码的字符频率：

```
$ node charfreq.js < charfreq.js
T: ########## 11.22%
E: ########## 10.15%
R: ####### 6.68%
S: ###### 6.44%
A: ###### 6.16%
N: ###### 5.81%
O: ##### 5.45%
I: ##### 4.54%
H: #### 4.07%
C: ### 3.36%
L: ### 3.20%
U: ### 3.08%
/: ### 2.88%
```

这个示例使用了一些高级 JavaScript 特性, 有意让大家看看真正的 JavaScript 程序长什么样。不过, 即使你不理解这些代码也没关系, 其中用到的特性本书后续章节都会介绍。

示例 1-1: 使用 JavaScript 计算字符频率柱形图

```javascript
/**
 * 这个 Node 程序从标准输入中读取文本, 计算文本中每个
 * 字母出现的频率, 然后按使用频率降序显示一个柱形图
 * 运行这个程序需要 Node 12 或更高版本
 *
 * 在一个 Unix 类型的环境中, 可以像下面这样调用它:
 * node charfreq.js < corpus.txt
 */

// 这个类扩展了 Map, 以便 get() 方法在 key
// 不在映射中时返回指定的值, 而不是 null
class DefaultMap extends Map {
    constructor(defaultValue) {
        super();                       // 调用超类构造器
        this.defaultValue = defaultValue; // 记住默认值
    }

    get(key) {
        if (this.has(key)) {           // 如果映射中有 key
            return super.get(key);     // 从超类返回它的值
        }
        else {
            return this.defaultValue;  // 否则返回默认值
        }
    }
}

// 这个类计算并显示字母的频率柱形图
class Histogram {
    constructor() {
        this.letterCounts = new DefaultMap(0);  // 字母到数量的映射
```

```
        this.totalLetters = 0;                    // 字母总数
    }

    // 这个函数用文本中的字母更新柱形图
    add(text) {
        // 移除文本中的空白，然后将字母转换为大写
        text = text.replace(/\s/g, "").toUpperCase();
        // 接着循环文本中的字符
        for(let character of text) {
            let count = this.letterCounts.get(character); // 取得之前的数量
            this.letterCounts.set(character, count+1);    // 递增
            this.totalLetters++;
        }
    }

    // 将柱形图转换为字符串并显示 ASCII 图形
    toString() {
        // 把映射转换为一个 [key,value] 数组的数组
        let entries = [...this.letterCounts];

        // 按数量和字母表对数组排序
        entries.sort((a,b) => {             // 这个函数定义排序的方式
            if (a[1] === b[1]) {            // 如果数量相同
                return a[0] < b[0] ? -1 : 1; // 按字母表排序
            } else {                        // 如果数量不同
                return b[1] - a[1];         // 数量大的排前面
            }
        });

        // 把数量转换为百分比
        for(let entry of entries) {
            entry[1] = entry[1] / this.totalLetters*100;
        }

        // 删除小于 1% 的条目
        entries = entries.filter(entry => entry[1] >= 1);

        // 接着把每个条目转换为一行文本
        let lines = entries.map(
            ([l,n]) => `${l}: ${"#".repeat(Math.round(n))} ${n.toFixed(2)}%`
        );

        // 返回把所有行拼接起来的结果，以换行符分隔
        return lines.join("\n");
    }
}

// 这个 async（返回期约的）函数创建一个 Histogram 对象
// 从标准输入异步读取文本块，然后把这些块添加到柱形图
// 在读取到流末尾后，返回柱形图
async function histogramFromStdin() {
    process.stdin.setEncoding("utf-8"); // 读取 Unicode 字符串，而非字节
    let histogram = new Histogram();
    for await (let chunk of process.stdin) {
```

```
        histogram.add(chunk);
    }
    return histogram;
}
// 最后这行代码是这个程序的主体
// 它基于标准输入创建一个 Histogram 对象，然后打印柱形图
histogramFromStdin().then(histogram => { console.log(histogram.toString()); });
```

1.5 小结

本书以自底向上的方式解释 JavaScript。这意味着要先从较低层次的注释、标识符、变量和类型讲起，然后在此基础上介绍表达式、语句、对象和函数。接着介绍更高层次的语言抽象，例如类和模块。本书的书名包含"权威"二字是认真的，接下来的章节对这门语言的解释可能详细得令人反感。然而，想要真正掌握 JavaScript 必须理解这些细节，希望你能花时间从头到尾读完这本书。不过，不要一上来就想着这样做。假如某一节内容你怎么也看不懂，可以先跳过去。等你对这门语言有了一个整体的了解时，可以再回来了解那些细节。

第 2 章

词法结构

编程语言的词法结构是一套基本规则，规定了如何使用这门语言编写程序。词法结构是一门语言最低级的语法，规定了变量如何命名、注释的定界符，以及如何分隔程序的语句，等等。本章篇幅不长，主要讲解 JavaScript 的词法结构，涵盖如下内容：

- 区分大小写、空格和换行符

- 注释

- 字面量

- 标识符和保留字

- Unicode

- 可选的分号

2.1 JavaScript 程序的文本

JavaScript 区分大小写。这意味着它的关键字、变量、函数名和其他标识符必须始终保持一致的大小写形式。比如，while 关键字必须写成 "while"，不能写成 "While" 或 "WHILE"。类似地，online、Online、OnLine 和 ONLINE 是 4 个完全不同的变量名。

JavaScript 忽略程序记号（token）之间的空格。很大程度上，JavaScript 也忽略换行符（2.6 节将介绍例外情形）。因为可以在程序中随意使用空格和换行，所以可以按照便于阅读理解的方式对程序进行格式化和缩进。

除了常规空格（\u0020），JavaScript 也将制表符、各种 ASCII 控制符和 Unicode 间格识别为空格。JavaScript 将换行符、回车符和回车 / 换行序列识别为行终止符。

2.2 注释

JavaScript 支持两种注释：单行注释是以 // 开头到一行末尾的内容；多行注释位于 /* 和 */ 之间，可以跨行，但不能嵌套。下面几行代码都是合法的 JavaScript 注释：

```
// 这是单行注释

/* 这也是注释 */ // 而这是另一个注释

/*
 * 这是多行注释。
 * 每行开头额外的 * 字符不是必需的，只是为了美观
 */
```

2.3 字面量

字面量（literal）是一种直接出现在程序中的数据值。下面这些都是字面量：

```
12                  // 数值 12
1.2                 // 数值 1.2
"hello world"       // 字符串
'Hi'                // 另一个字符串
true                // 布尔值
false               // 另一个布尔值
null                // 无对象
```

第 3 章将详细介绍数值和字符串字面量。

2.4 标识符和保留字

简单来说，标识符就是一个名字。在 JavaScript 中，标识符用于在 JavaScript 代码中命名常量、变量、属性、函数和类，以及为某些循环提供标记（label）。JavaScript 标识符必须以字母、下划线（_）或美元符号（$）开头。后续字符可以是字母、数字、下划线或美元符号（数字不能作为第一个字符，以便 JavaScript 区分标识符和数值）。以下都是合法的标识符：

```
i
my_variable_name
v13
_dummy
$str
```

与其他语言一样，JavaScript 为语言自身使用而保留了某些标识符。这些"保留字"不能作为常规标识符使用。下面介绍保留字。

保留字

以下列出的单词是 JavaScript 语言的一部分。其中很多（如 if、while 和 for）绝对不能用作常量、变量、函数或类的名字（但可以在对象中用作属性的名字）。另外一些（如 from、of、get 和 set）只能在少数完全没有语法歧义的情况下使用，是完全合法的标识符。还有一些关键字（如 let）不能完全保留，因为要保持与旧程序向后兼容，为此有复杂的规则约束它们什么时候可以用作标识符，什么时候不可以（例如，在类外部通过 var 声明的变量可以用 let 作为变量名，但在类内部或使用 const 声明时不行）。最简单的做法就是不要使用这些单词作为标识符，但 from、set 和 target 除外，因为使用它们很安全，而且也很常见。

as	const	export	get	null	target	void
async	continue	extends	if	of	this	while
await	debugger	false	import	return	throw	with
break	default	finally	in	set	true	yield
case	delete	for	instanceof	static	try	
catch	do	from	let	super	typeof	
class	else	function	new	switch	var	

JavaScript 也保留或限制对某些关键字的使用，这些关键字当前并未被语言所用，但将来某个版本有可能会用到：

enum implements interface package private protected public

由于历史原因，某些情况下也不允许用 arguments 和 eval 作为标识符，因此最好不要使用。

2.5 Unicode

JavaScript 程序是使用 Unicode 字符集编写的，因此在字符串和注释中可以使用任意 Unicode 字符。考虑到可移植性和易于编辑，建议在标识符中只使用 ASCII 字母和数字。但这只是一个编程惯例，语言本身支持在标识符中使用 Unicode 字母、数字和象形文字（但不支持表情符号）。这意味着常量或变量的名字中可以包含数学符号或非英语文字：

```
const π = 3.14;
const sí = true;
```

2.5.1 Unicode 转义序列

某些计算机硬件和软件无法显示、输入或正确处理全部 Unicode 字符。为方便程序员编码和支持使用老技术的系统，JavaScript 定义了转义序列，从而可以仅使用 ASCII 字符来表示 Unicode 字符。这些 Unicode 转义序列以 \u 开头，后跟 4 位十六进制数字（包括大写或小写的字母 A～F）或包含在一对花括号内的 1～6 位十六进制数字。Unicode 转义序列可以出现在 JavaScript 字符串字面量、正则表达式字面量和标识符中（不能出现在语言关键字中）。例如，字符"é"的 Unicode 转义序列是 \u00E9，以下是 3 种在变量中使用这个字符的示例：

```
let café = 1;  // 使用 Unicode 字符定义一个变量
caf\u00e9      // => 1；使用转义序列访问这个变量
caf\u{E9}      // => 1；相同转义序列的另一种形式
```

JavaScript 的早期版本只支持 4 位数字转义序列。带花括号的版本是 ES6 新增的，目的是更好地支持大于 16 位的 Unicode 码点，比如表情符号：

```
console.log("\u{1F600}");  // 打印一个笑脸符号
```

Unicode 转义序列也可以出现在注释中，但因为注释会被忽略，所以注释中的转义序列会被作为 ASCII 字符处理，不会被解释为 Unicode。

2.5.2 Unicode 归一化

如果你在程序中使用了非 ASCII 字符，那必须知道 Unicode 允许用多种编码方式表示同一个字符。例如，字符串"é"可以被编码为一个 Unicode 字符 \u00E9，也可以被编码为一个常规 ASCII 字符"e"后跟一个重音组合标记 \u0301。这两种编码在文本编辑器中看起来完全相同，但它们的二进制编码不同，因此 JavaScript 认为它们不同，而这可能导致非常麻烦的问题：

```
const café = 1;  // 这个常量名为 "caf\u{e9}"
const café = 2;  // 这个常量不同："cafe\u{301}"
café  // => 1：这个常量有一个值
café  // => 2：这个不同的常量有一个不同的值
```

Unicode 标准为所有字符定义了首选编码并规定了归一化例程，用于把文本转换为适合比较的规范形式。JavaScript 假定自己解释的源代码已经归一化，它自己不会执行任何归一化。如果你想在 JavaScript 程序中使用 Unicode 字符，应该保证使用自己的编辑器或其他工具对自己的源代码执行 Unicode 归一化，以防其中包含看起来一样但实际不同的标识符。

2.6 可选的分号

与很多编程语言一样，JavaScript 使用分号（;）分隔语句（参见第 5 章）。这对于保持代码清晰很重要：如果没有分隔符，一条语句的结尾可能是另一条语句的开头，反之亦然。在 JavaScript 中，如果两条语句分别写在两行，通常可以省略它们之间的分号。另外，在程序末尾，如果接下来的记号是右花括号 }，那么也可以省略分号。很多 JavaScript 程序员（包括本书中的代码示例）使用分号明确标识语句结束，即便这些分号并非必需。另一种风格是尽可能省略分号，只在少数必要情况下才用。无论使用哪种风格，都需要了解一些关于 JavaScript 中可选分号的细节。

来看下面的代码。因为两条语句位于两行，所以第一个分号可以省略：

```
a = 3;
b = 4;
```

然而，像下面这样写，分号就是必需的：

```
a = 3; b = 4;
```

注意，JavaScript 并非任何时候都把换行符当作分号，而只是在不隐式添加分号就无法解析代码的情况下才这么做。更准确地讲（除了稍后介绍的三种例外情况），JavaScript 只在下一个非空格字符无法被解释为当前语句的一部分时才把换行符当作分号。来看下面的代码：

```
let a
a
=
3
console.log(a)
```

JavaScript 将以上代码解释为：

```
let a; a = 3; console.log(a);
```

之所以把第一个换行符当作分号，是因为如果没有分号，JavaScript 就无法解析代码 let a a。第二个 a 本身是一条独立的语句，但 JavaScript 并没有把第二个换行符当作分号，因为它还可以继续解析更长的语句 a = 3;。

这些语句终止规则会导致某些意外情形。以下代码看起来是两条位于两行的语句：

```
let y = x + f
(a+b).toString()
```

但第二行的圆括号可以被解释为第一行 f 的函数调用，所以 JavaScript 将这两行代码解释为：

```
let y = x + f(a+b).toString();
```

而这很有可能不是代码作者的真实意图。为了保证代码被解释为两条语句，这里必须要明确添加一个分号。

通常，如果语句以（、[、/、+ 或 - 开头，就有可能被解释为之前语句的一部分。实践中，以 /、+ 和 - 开头的语句极少，但以（和 [开头的语句则并不鲜见，至少在某种 JavaScript 编程风格下经常会看到。有的程序员喜欢在所有这种语句前面都防御性地添加一个分号，这样即使它前面的语句被修改，删掉了之前末尾的分号，也不会影响当前语句：

```
let x = 0                          // 这里省略分号
;[x,x+1,x+2].forEach(console.log) // 防御：保证这条语句独立
```

JavaScript 在不能把第二行解析为第一行的连续部分时，对换行符的解释有三种例外情况。第一种情况涉及 return、throw、yield、break 和 continue 语句（参见第 5 章），这些语句经常独立存在，但有时候后面也会跟一个标识符或表达式。如果这几个单词后面（任何其他标记前面）有换行符，JavaScript 就会把这个换行符解释为分号。例如，如果你这么写：

```
return
true;
```

JavaScript 假设你的意图是：

```
return; true;
```

但你的意图可能是：

```
return true;
```

这意味着，一定不能在 return、break 或 continue 等关键字和它们后面的表达式之间加入换行符。如果加入了换行符，那代码出错后的调试会非常麻烦，因为错误不明显。

第二种例外情况涉及 ++ 和 -- 操作符（参见 4.8 节）。这些操作符既可以放在表达式前面，也可以放在表达式后面。如果想把这两个操作符作为后置操作符，那它们必须与自己操作的表达式位于同一行。第三种例外情况涉及使用简洁的"箭头"语法定义的函数：箭头 => 必须跟参数列表在同一行。

2.7 小结

本章讲解了在最低层面上应该如何编写 JavaScript 程序。下一章将上升一个层次，介绍作为 JavaScript 程序基本计算单位的原始类型和值（数值、字符串，等等）。

第 3 章

类型、值和变量

计算机程序通过操作值（如数值 3.14）或文本（如"Hello World"）来工作。编程语言中这些可以表示和操作的值被称为类型，而一门语言支持的类型集也是这门语言最基本的特征。程序在需要把某个值保存下来以便将来使用时，会把这个值赋给（或存入）变量。变量有名字，程序可以通过这些名字来引用值。变量的工作方式则是一门编程语言的另一个基本特征。本章讲解 JavaScript 中的类型、值和变量。首先从概念和一些定义开始。

3.1 概述与定义

JavaScript 类型可以分为两类：原始类型和对象类型。JavaScript 的原始类型包括数值、文本字符串（也称字符串）和布尔真值（也称布尔值）。本章将用很大篇幅专门详细讲解 JavaScript 中的数值（见 3.2 节）类型和字符串（见 3.3 节）类型。布尔值将在 3.4 节介绍。

JavaScript 中的特殊值 null 和 undefined 也是原始值，但它们不是数值、字符串或布尔值。这两个值通常被认为是各自特殊类型的唯一成员，将在 3.5 节进行介绍。ES6 新增了一种特殊类型 Symbol（符号），用于对语言进行扩展而不破坏向后兼容性。3.6 节将简单介绍符号。

在 JavaScript 中，任何不是数值、字符串、布尔值、符号、null 和 undefined 的值都是对象。对象（也就是对象类型的成员）是属性的集合，其中每个属性都有一个名字和一个值（原始值或其他对象）。有一个非常特殊的对象叫全局对象，将在 3.7 节介绍。但关于对象更通用也更详尽的介绍会放在第 6 章。

普通 JavaScript 对象是一个命名值的无序集合。这门语言本身也定义一种特殊对象，称为数组。数组表示一个数字值的有序集合。JavaScript 语言包括操作数组的特殊语法，而数组本身也具有区别于普通对象的行为。数组是第 7 章的主题。

除了基本的对象和数组之外，JavaScript 还定义了其他一些有用的对象类型。Set 对象表示一组值的集合，Map 对象表示键与值的映射。各种"定型数组"（typed array）类型便于对字节数组和其他二进制数据进行操作。RegExp 类型表示文本模式，可以实现对字符串的复杂匹配、搜索和替换操作。Date 类型表示日期和时间，支持基本的日期计算。Error 及其子类型表示 JavaScript 代码运行期间可能发生的错误。所有这些类型将在第 11 章介绍。

JavaScript 与静态语言更大的差别在于，函数和类不仅仅是语言的语法，它们本身就是可以被 JavaScript 程序操作的值。与其他 JavaScript 非原始值一样，函数和类也是特殊的对象。第 8 章和第 9 章将详细介绍它们。

在内存管理方面，JavaScript 解释器会执行自动垃圾收集。这意味着 JavaScript 程序员通常不用关心对象或其他值的析构与释放。当一个值无法触达时，或者说当程序无法以任何方式引用这个值时，解释器就知道这个值已经用不到了，会自动释放它占用的内存（JavaScript 程序员有时候需要留意，不能让某些值在不经意间存续过长时间后仍可触达，从而导致它们无法被回收）。

JavaScript 支持面向对象的编程风格。粗略地说，这意味着不用定义全局函数去操作不同类型的值，而是由这些类型本身定义操作值的方法。比如要对数组元素排序，不用把数组传给一个 sort() 函数，而是可以调用数组 a 的 sort() 方法：

```
a.sort()    // sort(a) 的面向对象版
```

第 9 章将介绍如何定义方法。从技术角度来讲，只有 JavaScript 对象才有方法。但数值、字符串、布尔值和符号表现得似乎它们也有方法。在 JavaScript 中，只有 null 和 undefined 是不能调用方法的值。

JavaScript 的对象类型是可修改的（mutable），而它的原始类型是不可修改的（immutable）。可修改类型的值可以改变，比如 JavaScript 程序可以修改对象属性和数组元素的值。数值、布尔值、符号、null 和 undefined 是不可修改的，以数值为例，修改它是没有意义的。字符串可以看成字符数组，你可能期望它们是可修改的。但在 JavaScript 中，字符串也是不可修改的。虽然可以按索引访问字符串中的字符，但 JavaScript 没有提供任何方式去修改已有字符串的字符。可修改值与不可修改值的区别将在 3.8 节更详细地介绍。

JavaScript 可以自由地转换不同类型的值。比如，程序期待一个字符串，而你提供了一个数值，这个数值会自动转换为字符串。而如果你在一个期待布尔值的地方使用了非布尔值，JavaScript 也会相应地把它转换为布尔值。这种自动转换的规则将在 3.9 节解释。

JavaScript 这种自由的值转换会影响对相等的定义,而相等操作符 == 会根据 3.9.1 节的描述进行类型转换(不过在实践中,相等操作符 == 已经被弃用,取而代之的是不会做类型转换的严格相等操作符 ===。关于这两个操作符的更多介绍可以参见 4.9.1 节)。

常量和变量可以让我们在程序中使用名字来引用值。常量使用 const 声明,变量使用 let(或在较老的 JavaScript 代码中使用 var)声明。JavaScript 常量和变量是无类型的(untyped),声明并不会限定要赋何种类型的值。变量声明和赋值将在 3.10 节介绍。

看完以上概述,想必读者也已经心领神会了。这一章内容非常宽泛,涉及 JavaScript 如何表示和操作数据的很多基础性细节。下面我们就从详尽了解 JavaScript 数值和文本开始。

3.2 数值

JavaScript 的主要数值类型 Number 用于表示整数和近似实数。JavaScript 使用 IEEE 754 标准[注1]定义的 64 位浮点格式表示数值,这意味着 JavaScript 可以表示的最大整数是 $\pm 1.797\,693\,134\,862\,315\,7 \times 10^{308}$,最小整数是 $\pm 5 \times 10^{-324}$。

JavaScript 的这种数值格式可以让我们准确表示 $-9\,007\,199\,254\,740\,992$($-2^{53}$)到 $9\,007\,199\,254\,740\,992$($2^{53}$)之间的所有整数(含首尾值)。如果你的数值超出了这个范围,那可能会在末尾的数字上损失一些精度。但要注意,JavaScript 中的某些操作(如第 4 章介绍的数组索引和位操作)是以 32 位整数计算的。如果想准确表示更大的整数,可以参考 3.2.5 节。

当数值真正出现在 JavaScript 程序中时,就叫作数值字面量(numeric literal)。JavaScript 支持几种形式的数值字面量,后面几节会介绍。注意,任何数值字面量前面都可以加上一个减号(–)将数值变成负值。

3.2.1 整数字面量

在 JavaScript 程序中,基数为 10 的整数可以直接写成数字序列。例如:

```
0
3
10000000
```

除了基数为 10 的整数字面量之外,JavaScript 也支持十六进制(基数是 16 的)值。十六进制字面量以 0x 或 0X 开头,后跟一个十六进制数字字符串。十六进制数字是数字 0 到 9 和字母 a(或 A)到 f(或 F),a 到 f 表示 10 到 15。下面是十六进制整数字面量的例子:

注 1:Java、C++ 和大多数现代编程语言都使用这种格式表示 double 类型的数值。

```
0xff        // => 255: (15*16 + 15)
0xBADCAFE   // => 195939070
```

在 ES6 及之后的版本中，也可以通过二进制（基数为 2）或八进制（基数为 8）表示整数，分别使用前缀 0b 和 0o（或 0B 和 0O）：

```
0b10101   // => 21:  (1*16 + 0*8 + 1*4 + 0*2 + 1*1)
0o377     // => 255: (3*64 + 7*8 + 7*1)
```

3.2.2 浮点字面量

浮点字面量可以包含小数点，它们对实数使用传统语法。实数值由数值的整数部分、小数点和数值的小数部分组成。

浮点字面量也可以使用指数记数法表示，即实数值后面可以跟字母 e（或 E），跟一个可选的加号或减号，再跟一个整数指数。这种记数法表示的是实数值乘以 10 的指数次幂。

更简洁的语法形式为：

[*digits*][.*digits*][(E|e)[(+|-)]*digits*]

例如：

```
3.14
2345.6789
.3333333333333333333
6.02e23        // 6.02 × 10²³
1.4738223E-32  // 1.4738223 × 10⁻³²
```

数值字面量中的分隔符

可以用下划线将数值字面量分隔为容易看清的数字段：

```
let billion = 1_000_000_000;  // 以下划线作为千分位分隔符
let bytes = 0x89_AB_CD_EF;    // 作为字节分隔符
let bits = 0b0001_1101_0111;  // 作为半字节分隔符
let fraction = 0.123_456_789; // 也可用在小数部分
```

在 2020 年年初写作本书时，数值字面量中像这样添加下划线还没有成为正式的 JavaScript 标准。但这个特性已经进入标准化流程的后期，而且已经被所有主流浏览器以及 Node 实现了。

3.2.3 JavaScript 中的算术

JavaScript 程序使用语言提供的算术操作符来操作数值，包括表示加法的 +、表示减法

的 -、表示乘法的 *、表示除法的 / 和表示取模（除法后的余数）的 %。ES2016 增加了取幂的 **。这些操作符以及更多操作符将在第 4 章详细介绍。

除了上述基本的算术操作符之外，JavaScript 还通过 Math 对象的属性提供了一组函数和常量，以支持更复杂的数学计算：

```
Math.pow(2,53)          // => 9007199254740992: 2 的 53 次方
Math.round(.6)          // => 1.0: 舍入到最接近的整数
Math.ceil(.6)           // => 1.0: 向上舍入到一个整数
Math.floor(.6)          // => 0.0: 向下舍入到一个整数
Math.abs(-5)            // => 5: 绝对值
Math.max(x,y,z)         // 返回最大的参数
Math.min(x,y,z)         // 返回最小的参数
Math.random()           // 伪随机数 x，其中 0 ≤ x < 1.0
Math.PI                 // π: 圆周率
Math.E                  // e: 自然对数的底数
Math.sqrt(3)            // => 3**0.5: 3 的平方根
Math.pow(3, 1/3)        // => 3**(1/3): 3 的立方根
Math.sin(0)             // 三角函数: 还有 Math.cos、Math.atan 等
Math.log(10)            // 10 的自然对数
Math.log(100)/Math.LN10 // 以 10 为底 100 的对数
Math.log(512)/Math.LN2  // 以 2 为底 512 的对数
Math.exp(3)             // Math.E 的立方
```

ES6 在 Math 对象上又定义了一批函数：

```
Math.cbrt(27)   // => 3: 立方根
Math.hypot(3, 4) // => 5: 所有参数平方和的平方根
Math.log10(100) // => 2: 以 10 为底的对数
Math.log2(1024) // => 10: 以 2 为底的对数
Math.log1p(x)   // (1+x) 的自然对数; 精确到非常小的 x
Math.expm1(x)   // Math.exp(x)-1; Math.log1p() 的逆运算
Math.sign(x)    // 对 <、== 或 >0 的参数返回 -1、0 或 1
Math.imul(2,3)  // => 6: 优化的 32 位整数乘法
Math.clz32(0xf) // => 28: 32 位整数中前导 0 的位数
Math.trunc(3.9) // => 3: 剪掉分数部分得到整数
Math.fround(x)  // 舍入到最接近的 32 位浮点数
Math.sinh(x)    // 双曲线正弦，还有 Math.cosh() 和 Math.tanh()
Math.asinh(x)   // 双曲线反正弦，还有 Math.acosh() 和 Math.atanh()
```

JavaScript 中的算术在遇到上溢出、下溢出或被零除时不会发生错误。在数值操作的结果超过最大可表示数值时（上溢出），结果是一个特殊的无穷值 Infinity。类似地，当某个负数的绝对值超过了最大可表示负数的绝对值时，结果是负无穷值 -Infinity。这两个无穷值的行为跟我们的预期一样：任何数加、减、乘、除无穷值结果还是无穷值（只是符号可能相反）。

下溢出发生在数值操作的结果比最小可表示数值更接近 0 的情况下。此时，JavaScript 返回 0。如果下溢出来自负数，JavaScript 返回一个被称为"负零"的特殊值。这个值与

常规的零几乎完全无法区分，JavaScript 程序员极少需要检测它。

被零除在 JavaScript 中不是错误，只会简单地返回无穷或负无穷。不过有一个例外：0 除以 0 是没有意义的值，这个操作的结果是一个特殊的"非数值"（NaN，Not a Number）。此外，无穷除无穷、负数平方根或者用无法转换为数值的非数值作为算术操作符的操作数，结果也都是 NaN。

JavaScript 预定义了全局常量 Infinity 和 NaN 以对应正无穷和非数值。这些值也可以通过 Number 对象的属性获取：

```
Infinity                        // 因为太大而无法表示的正数
Number.POSITIVE_INFINITY        // 同上
1/0                             // => Infinity
Number.MAX_VALUE * 2            // => Infinity；溢出
-Infinity                       // 因为太大而无法表示的负数
Number.NEGATIVE_INFINITY        // 同上
-1/0                            // => -Infinity
-Number.MAX_VALUE * 2           // => -Infinity

NaN                             // 非数值
Number.NaN                      // 同上，写法不同
0/0                             // => NaN
Infinity/Infinity               // => NaN

Number.MIN_VALUE/2              // => 0：下溢出
-Number.MIN_VALUE/2             // => -0：负零
-1/Infinity                     // -> -0：也是负零
-0

// ES6 定义了下列 Number 属性
Number.parseInt()        // 同全局 parseInt() 函数
Number.parseFloat()      // 同全局 parseFloat() 函数
Number.isNaN(x)          // 判断 x 是不是 NaN
Number.isFinite(x)       // 判断 x 是数值还是无穷
Number.isInteger(x)      // 判断 x 是不是整数
Number.isSafeInteger(x)
Number.MIN_SAFE_INTEGER // => -(2**53 - 1)
Number.MAX_SAFE_INTEGER // => 2**53 - 1
Number.EPSILON          // => 2**-52：数值与数值之间最小的差
```

非数值在 JavaScript 中有一个不同寻常的特性：它与任何值比较都不相等，也不等于自己。这意味着不能通过 x === NaN 来确定某个变量 x 的值是 NaN。相反，此时必须写成 x != x 或 Number.isNaN(x)。这两个表达式当且仅当 x 与全局常量 NaN 具有相同值时才返回 true。

全局函数 isNaN() 与 Number.isNaN() 类似。它会在参数是 NaN 时，或者在参数是无法转换为数值的非数值时返回 true。相关的函数 Number.isFinite() 在参数不是 NaN、

Infinity 或 -Infinity 时返回 true。全局 isFinite() 函数在参数是有限数或者可以转换为有限数时返回 true。

负零值也有点不同寻常。它与正零值相等（即便使用 JavaScript 的严格相等比较），这意味着除了作为除数使用，几乎无法区分这两个值：

```
let zero = 0;          // 常规的零
let negz = -0;         // 负零
zero === negz          // => true: 零等于负零
1/zero === 1/negz      // => false: Infinity 不等于 -Infinity
```

3.2.4 二进制浮点数与舍入错误

实数有无限多个，但 JavaScript 的浮点格式只能表示其中有限个（确切地说，是 18 437 736 874 454 810 627 个）。这意味着在通过 JavaScript 操作实数时，数值表示的经常是实际数值的近似值。

JavaScript（以及所有现代编程语言）使用的 IEEE-754 浮点表示法是一种二进制表示法，这种表示法可以精确地表示如 1/2、1/8 和 1/1024 等分数。然而，我们最常用的分数（特别是在进行财务计算时）是十进制分数：1/10、1/100，等等。二进制浮点表示法无法精确表示哪怕 0.1 这么简单的数。

虽然 JavaScript 数值有足够大的精度，能够非常近似地表示 0.1，但无法精确地表示。这可能导致一些问题。比如以下代码：

```
let x = .3 - .2;       // 30 美分减 20 美分
let y = .2 - .1;       // 20 美分减 10 美分
x === y                // => false: 这两个值不一样!
x === .1               // => false: .3-.2 不等于 .1
y === .1               // => true: .2-.1 等于 .1
```

由于舍入错误，.3 和 .2 近似值的差与 .2 和 .1 近似值的差并不相等。这并不是 JavaScript 独有的问题，而是所有使用二进制浮点数的编程语言共同的问题。同样，也要注意代码中 x 和 y 的值极其接近，它们也都极其接近正确的值。这个计算得到的值完全能够满足任何需要，切记不要试图比较它们的相等性。

如果浮点近似值对你的程序而言是个问题，可以考虑使用等量整数。例如，计算与钱数有关的数值时可以使用整数形式的美分，而不是零点几美元。

3.2.5 通过 BigInt 表示任意精度整数

ES2020 为 JavaScript 定义了一种新的数值类型 BigInt。2020 年年初，Chrome、Firefox、Edge 和 Node 都实现了这个类型，Safari 也在实现中。顾名思义，BigInt 这种数值类型的值是整数。之所以增加这个类型，主要是为了表示 64 位整数，这对于兼容很多其他语言和 API 是必需的。但 BigInt 值可能有数千甚至数百万个数字，可以满足对大数的需求（不过，BigInt 的实现并不适合加密，因为它们没有考虑防止时序攻击）。

BigInt 字面量写作一串数字后跟小写字母 n。默认情况下，基数是 10，但可以通过前缀 0b、0o 和 0x 来表示二进制、八进制和十六进制 BigInt：

```
1234n                  // 一个不太大的 BigInt 字面量
0b111111n              // 二进制 BigInt
0o7777n                // 八进制 BigInt
0x8000000000000000n    // => 2n**63n：一个 64 位整数
```

可以用 BigInt() 函数把常规 JavaScript 数值或字符串转换为 BigInt 值：

```
BigInt(Number.MAX_SAFE_INTEGER)      // => 9007199254740991n
let string = "1" + "0".repeat(100);  // 1 后跟 100 个零
BigInt(string)                       // => 10n**100n：一个天文数字
```

BigInt 值的算术运算与常规 JavaScript 数值的算术运算类似，只不过除法会丢弃余数并且会向下（向零）舍入：

```
1000n + 2000n // => 3000n
3000n - 2000n // => 1000n
2000n * 3000n // => 6000000n
3000n / 997n  // => 3n：商是 3
3000n % 997n  // => 9n：余数是 9
(2n ** 131071n) - 1n  // 有 39457 位数字的梅森素数
```

虽然标准的 +、-、*、/、% 和 ** 操作符可以用于 BigInt，但不能混用 BigInt 操作数和常规数值操作数。乍一看这个规则有点奇怪，但实际上是合理的。如果一种数值类型比另一种更通用，则比较容易定义混合操作数的计算并返回更通用的类型。但上述两种类型都不比另一种更通用：BigInt 可以表示超大值，因此它比常规数值更通用。但 BigInt 只能表示整数，这样看常规 JavaScript 数值类型反而更通用。这个问题无论如何也解决不了，因此 JavaScript 搁置了这个问题，只是简单地不允许在使用算术操作符时混用这两种类型的操作数。

相对来说，比较操作符允许混合操作数类型（关于 == 和 === 的区别，可以参考 3.9.1 节）：

```
1 < 2n   // => true
2 > 1n   // => true
0 == 0n  // => true
0 === 0n // => false：=== 也检查类型是否相等
```

位操作符（4.8.3 节介绍）通常可以用于 BigInt 操作数。但 Math 对象的任何函数都不接收 BigInt 操作数。

3.2.6 日期和时间

JavaScript 为表示和操作与日期及时间相关的数据而定义了简单的 Date 类。JavaScript 的 Date 是对象，但也有数值表示形式，即自 1970 年 1 月 1 日起至今的毫秒数，也叫时间戳：

```
let timestamp = Date.now();  // 当前时间的时间戳（数值）
let now = new Date();        // 当前时间的日期对象
let ms = now.getTime();      // 转换为毫秒时间戳
let iso = now.toISOString(); // 转换为标准格式的字符串
```

Date 类及其方法在 11.4 节有详细介绍。但在 3.9.3 节探讨 JavaScript 类型转换时，我们也会提到 Date 对象。

3.3 文本

JavaScript 中表示文本的类型是 String，即字符串。字符串是 16 位值的不可修改的有序序列，其中每个值都表示一个 Unicode 字符。字符串的 length 属性是它包含的 16 位值的个数。JavaScript 的字符串（以及数组）使用基于零的索引，因此第一个 16 位值的索引是 0，第二个值的索引是 1，以此类推。空字符串是长度为 0 的字符串。JavaScript 没有表示单个字符串元素的专门类型。要表示一个 16 位值，使用长度为 1 的字符串即可。

字符、码点和 JavaScript 字符串

JavaScript 使用 Unicode 字符集的 UTF-16 编码，因此 JavaScript 字符串是无符号 16 位值的序列。最常用的 Unicode 字符（即"基本多语言平面"中的字符）的码点（codepoint）是 16 位的，可以用字符串中的一个元素来表示。码点超出 16 位的 Unicode 字符使用 UTF-16 规则编码为两个 16 位值的序列（称为 surrogate pair，即"代理对"）。这意味着一个长度为 2（两个 16 位值）的 JavaScript 字符串可能表示的只是一个 Unicode 字符：

```
let euro = "€";
let love = "♥";
euro.length  // => 1: 这个字符是一个 16 位的元素
love.length  // => 2: ♥的 UTF-16 编码是 "\ud83d\udc99"
```

JavaScript 的字符串操作方法一般操作的是 16 位值，而不是字符。换句话说，它们不会特殊对待代理对，不对字符串进行归一化，甚至不保证字符串是格式正确的 UTF-16。

但在 ES6 中，字符串是可迭代的，如果对字符串使用 for/of 循环或 ... 操作符，迭代的是字符而不是 16 位值。

3.3.1 字符串字面量

要在 JavaScript 程序中包含字符串，可以把字符串放到一对匹配的单引号、双引号或者反引号（'、" 或 `）中。双引号字符和反引号可以出现在由单引号定界的字符串中，同理由双引号和反引号定界的字符串里也可以包含另外两种引号。下面是几个字符串字面量的例子：

```
""   // 空字符串，即有零个字符
'testing'
"3.14"
'name="myform"'
"Wouldn't you prefer O'Reilly's book?"
"τ is the ratio of a circle's circumference to its radius"
`"She said 'hi'", he said.`
```

使用反引号定界字符串是 ES6 的特性，允许在字符串字面量中包含（或插入）JavaScript表达式。3.3.4 节将介绍这种表达式插值语法。

JavaScript 最早的版本要求字符串字面量必须写在一行，使用 + 操作符把单行字符串拼接成长字符串的 JavaScript 代码随处可见。到了 ES5，我们可以在每行末尾加一个反斜杠（\）从而把字符串字面量写到多行上。这个反斜杠和它后面的行终结符都不属于字符串字面量。如果需要在单引号或双引号字符串中包含换行符，需要使用字符序列 \n（下一节讲述）。ES6 的反引号语法支持跨行字符串，而行终结符也是字符串字面量的一部分：

```
// 写在一行但表示两行的字符串:
'two\nlines'

// 写在三行但只有一行的字符串:
"one\
 long\
 line"

// 写在两行实际也是两行的字符串:
`the newline character at the end of this line
is included literally in this string`
```

注意，在使用单引号定界字符串时，必须注意英文中的缩写和所有格，比如 can't 和O'Reilly 中的单引号。因为这里的撇号就是单引号，所以必须使用反斜杠字符（\）"转义"单引号中出现的所有撇号（下一节讲解转义）。

在客户端 JavaScript 编程中，JavaScript 代码中可能包含 HTML 代码的字符串，而HTML 代码中也可能包含 JavaScript 代码。与 JavaScript 类似，HTML 使用单引号或双引号来定界字符串。为此，如果要将 JavaScript 和 HTML 代码混合在一起，最好JavaScript 和 HTML 分别使用不同的引号。在下面的例子中，JavaScript 表达式中的字符

串"Thank you"使用了单引号,而 HTML 事件处理程序属性则使用了双引号:

```
<button onclick="alert('Thank you')">Click Me</button>
```

3.3.2 字符串字面量中的转义序列

反斜杠在 JavaScript 字符串中有特殊的作用:它与后面的字符组合在一起,可以在字符串中表示一个无法直接表示的字符。例如,\n 是一个表示换行符的转义序列。

前面还提到了另一个例子 \',表示单引号(或撇号)字符。这种转义序列在以单引号定界字符串时,可以用来在字符串中包含撇号。之所以称之为转义序列,就是反斜杠转换了通常意义上单引号的含义。转义之后,它不再表示字符串结束,而是表示撇号:

```
'You\'re right, it can\'t be a quote'
```

表 3-1 列出了 JavaScript 中的转义序列及它们表示的字符。其中 3 个转义序列是通用的,可以指定十六进制数字形式的 Unicode 字符编码来表示任何字符。例如,\xA9 表示版权符号,其中包含十六进制数字形式的 Unicode 编码。类似地,\u 表示通过 4 位十六进制数字指定的任意 Unicode 字符,如果数字包含在一对花括号中,则是 1 到 6 位数字。例如,\u03c0 表示字符 π,\u{1f600} 表示"开口笑"表情符号。

表 3-1:JavaScript 转义序列

序列	表示的字符
\0	NUL 字符(\u0000)
\b	退格符(\u0008)
\t	水平制表符(\u0009)
\n	换行符(\u000A)
\v	垂直制表符(\u000B)
\f	进纸符(\u000C)
\r	回车符(\u000D)
\"	双引号(\u0022)
\'	单引号或撇号(\u0027)
\\	反斜杠(\u005C)
\xnn	由 2 位十六进制数字 nn 指定的 Unicode 字符
\unnnn	由 4 位十六进制数字 nnnn 指定的 Unicode 字符
\u{n}	由码点 n 指定的 Unicode 字符,其中 n 是介于 0 和 10FFFF 之间的 1 到 6 位十六进制数字(ES6)

如果字符 \ 位于任何表 3-1 之外的字符前面,则这个反斜杠会被忽略(当然,语言将来

的版本有可能定义新转义序列）。例如，\# 等同于 #。最后，如前所述，ES5 允许把反斜杠放在换行符前面从而将一个字符串字面量拆成多行。

3.3.3 使用字符串

拼接字符串是 JavaScript 的一个内置特性。如果对数值使用 + 操作符，那数值会相加。如果对字符串使用 + 操作符，那字符串会拼接起来（第二个在第一个后面）。例如：

```
let msg = "Hello, " + "world";   // 产生字符串 "Hello, world"
let greeting = "Welcome to my blog," + " " + name;
```

可以使用标准的全等 === 和不全等 !== 操作符比较字符串。只有当这两个字符串具有完全相同的 16 位值的序列时才相等。字符串也可以使用 <、<=、> 和 >= 操作符来比较。字符串比较是通过比较 16 位值完成的（要了解更多关于更可靠的地区相关字符串的比较，可以参考 11.7.3 节）。

要确定一个字符串的长度（即字符串包含的 16 位值的个数），可以使用字符串的 length 属性：

```
s.length
```

除了 length 属性之外，JavaScript 还提供了操作字符串的丰富 API：

```
let s = "Hello, world"; // 先声明一个字符串

// 取得字符串的一部分
s.substring(1,4)        // => "ell": 第 2~4 个字符
s.slice(1,4)            // => "ell": 同上
s.slice(-3)             // => "rld": 最后 3 个字符
s.split(", ")           // => ["Hello", "world"]: 从定界符处拆开

// 搜索字符串
s.indexOf("l")          // => 2: 第一个字母 l 的位置
s.indexOf("l", 3)       // => 3: 位置 3 后面第一个 "l" 的位置
s.indexOf("zz")         // => -1: s 并不包含子串 "zz"
s.lastIndexOf("l")      // => 10: 最后一个字母 l 的位置

// ES6 及之后版本中的布尔值搜索函数
s.startsWith("Hell")    // => true: 字符串是以这些字符开头的
s.endsWith("!")         // => false: s 不是以它结尾的
s.includes("or")        // => true: s 包含子串 "or"

// 创建字符串的修改版本
s.replace("llo", "ya")  // => "Heya, world"
s.toLowerCase()         // => "hello, world"
s.toUpperCase()         // => "HELLO, WORLD"
s.normalize()           // Unicode NFC 归一化: ES6 新增
s.normalize("NFD")      // NFD 归一化。还有 "NFKC" 和 "NFKD"
```

```
// 访问字符串中的个别（16 位值）字符
s.charAt(0)                  // => "H": 第一个字符
s.charAt(s.length-1)         // => "d": 最后一个字符
s.charCodeAt(0)              // => 72: 指定位置的 16 位数值
s.codePointAt(0)             // => 72: ES6, 适用于码点大于 16 位的情形

// ES2017 新增的字符串填充函数
"x".padStart(3)              // => "  x": 在左侧添加空格，让字符串长度变成 3
"x".padEnd(3)                // => "x  ": 在右侧添加空格，让字符串长度变成 3
"x".padStart(3, "*")         // => "**x": 在左侧添加星号，让字符串长度变成 3
"x".padEnd(3, "-")           // => "x--": 在右侧添加破折号，让字符串长度变成 3

// 删除空格函数。trim() 是 ES5 就有的，其他是 ES2019 增加的
" test ".trim()              // => "test": 删除开头和末尾的空格
" test ".trimStart()         // => "test ": 删除左侧空格。也叫 trimLeft
" test ".trimEnd()           // => " test": 删除右侧空格。也叫 trimRight

// 未分类字符串方法
s.concat("!")                // => "Hello, world!": 可以用 + 操作符代替
"<>".repeat(5)               // => "<><><><><>": 拼接 n 次。ES6 新增
```

记住，JavaScript 中的字符串是不可修改的。像 replace() 和 toUpperCase() 这样的方法都返回新字符串，它们并不会修改调用它们的字符串。

字符串也可以被当成只读数组，使用方括号而非 charAt() 方法访问字符串中个别的字符（16 位值）：

```
let s = "hello, world";
s[0]                         // => "h"
s[s.length-1]                // => "d"
```

3.3.4 模板字面量

在 ES6 及之后的版本中，字符串字面量可以用反引号来定界：

```
let s = `hello world`;
```

不过，这不仅仅是一种新的字符串字面量语法，因为模板字面量可以包含任意 JavaScript 表达式。反引号中字符串字面量最终值的计算，涉及对其中包含的所有表达式求值、将这些表达式的值转换为字符串，然后再把这些字符串与反引号中的字面量组合：

```
let name = "Bill";
let greeting = `Hello ${ name }.`;  // greeting == "Hello Bill."
```

位于 ${ 和对应的 } 之间的内容都被当作 JavaScript 表达式来解释。而位于这对花括号之外的则是常规字符串字面量。括号内的表达式会被求值，然后转换为字符串并插入模板

中，替换美元字符、花括号以及花括号中的所有内容。

模板字面量可以包含任意数量的表达式，可以包含任何常规字符串中可以出现的转义字符，也可以跨任意多行而无须特殊转义。下面的模板字面量包含 4 个 JavaScript 表达式、1 个 Unicode 转义序列和至少 4 个换行符（表达式的值也可能包含换行符）：

```
let errorMessage = `\
\u2718 Test failure at ${filename}:${linenumber}:
${exception.message}
Stack trace:
${exception.stack}
`;
```

这里第一行末尾的反斜杠转义了第一个换行符，因此最终字符串的第一个字符是 Unicode 字符 ✘（\u2718）而非换行符。

标签化模板字面量

模板字面量有一个强大但不太常用的特性：如果在开头的反引号前面有一个函数名（标签），那么模板字面量中的文本和表达式的值将作为参数传给这个函数。"标签化模板字面量"（tagged template literal）的值就是这个函数的返回值。这个特性可以用于先对某些值进行 HTML 或 SQL 转义，然后再把它们插入文本。

ES6 提供了一个内置的标签函数：String.raw()。这个函数返回反引号中未经处理的文本，即不会处理任何反斜杠转义：

```
`\n`.length            // => 1: 字符串中只包含一个换行符
String.raw`\n`.length  // => 2: 一个反斜杠字符和一个字母 n
```

注意，即使标签化模板字面量的标签部分是函数，在调用这个函数时也没有圆括号。在这种非常特别的情况下，反引号字符充当开头和末尾的圆括号。

可以自定义模板标签函数是 JavaScript 的一个非常强大的特性。这些函数不需要返回字符串，可以被当成构造函数使用，就像为语言本身定义了一种新的字面量语法一样。14.5 节将介绍这样一个例子。

3.3.5 模式匹配

JavaScript 定义了一种被称为正则表达式（或 RegExp）的数据类型，用于描述和匹配文本中的字符串模式。RegExp 不是 JavaScript 中的基础类型，但具有类似数值和字符串的字面量语法，因此它们有时候看起来像是基础类型。正则表达式字面量的语法很复杂，它们定义的 API 也没那么简单。11.3 节将详细讲述这些内容。由于 RegExp 很强大，且常用于文本处理，因此本节将简单地介绍一下。

一对斜杠之间的文本构成正则表达式字面量。这对斜杠中的第二个后面也可以跟一个或多个字母，用于修改模式的含义。例如：

```
/^HTML/;              // 匹配字符串开头的字母 HTML
/[1-9][0-9]*/;        // 匹配非 0 数字，后面跟着任意数字
/\bjavascript\b/i;    // 匹配 "javascript" 这个词，不区分大小写
```

RegExp 对象定义了一些有用的方法，而字符串也有接收 RegExp 参数的方法。例如：

```
let text = "testing: 1, 2, 3";    // 示例文本
let pattern = /\d+/g;             // 匹配一个或多个数字
pattern.test(text)                // => true: 存在匹配项
text.search(pattern)              // => 9: 第一个匹配项的位置
text.match(pattern)               // => ["1", "2", "3"]: 所有匹配项的数组
text.replace(pattern, "#")        // => "testing: #, #, #"
text.split(/\D+/)                 // => ["","1","2","3"]: 基于非数字拆分
```

3.4 布尔值

布尔值表示真或假、开或关、是或否。这个类型只有两个值：true 和 false。

布尔值在 JavaScript 中通常是比较操作的结果。例如：

```
a === 4
```

以上代码测试变量 a 的值是否等于数值 4。如果是，则返回 true；否则返回 false。

布尔值在 JavaScript 常用于控制结构。例如，JavaScript 中的 if/else 语句在布尔值为 true 时会执行一种操作，而在值为 false 时会执行另一种操作。我们经常把产生布尔值的比较表达式直接放在使用布尔值的语句中。结果类似如下：

```
if (a === 4) {
    b = b + 1;
} else {
    a = a + 1;
}
```

以上代码检查 a 是否等于 4，如果等于，则给 b 加 1；否则，给 a 加 1。

正如 3.9 节将会介绍的，JavaScript 的任何值都可以转换为布尔值。下面的这些值都会转换为（因而可以被用作）布尔值 false：

```
undefined
null
0
-0
NaN
""    // 空字符串
```

所有其他值，包括所有对象（和数组）都转换为（可以被用作）布尔值 true。false 和可以转换为它的 6 个值有时候也被称为假性值（falsy），而所有其他值则被称为真性值（truthy）。在任何 JavaScript 期待布尔值的时候，假性值都可以当作 false，而真性值都可以当作 true。

例如，假设变量 o 要么保存一个对象，要么是值 null。可以通过一个 if 语句像下面这样检测 o 是否为非空：

```
if (o !== null) ...
```

使用不全等操作符 !== 比较 o 和 null，求值结果要么是 true 要么是 false。不过，也可以省略比较，直接依赖 null 是假性值而对象是真性值这个事实：

```
if (o) ...
```

第一种情况下，if 语句的主体只有在 o 不是 null 时才会被执行。第二种情况没那么严格，只要 o 不是 false 或任何其他假性值（如 null 或 undefined），if 语句的主体就会执行。哪种 if 语句适合你的程序取决于你期待 o 中保存什么值。如果需要区分 null 和 0、""，那么就应该使用比较表达式。

布尔值有一个 toString() 方法，可用于将自己转换为字符串 "true" 或 "false"。除此之外，布尔值再没有其他有用的方法了。除了这个极其简单的 API，还有三种重要的布尔值操作符。

&& 操作符执行布尔与操作，当且仅当两个操作数都为真时，求值结果才是真；任何一个操作数为假，结果都为假。|| 操作符执行布尔或操作，任何一个操作数为真，求值结果就是真；只有当两个操作数均为假时，结果才是假。一元的 ! 操作符执行布尔非操作，如果操作数是假则结果为 true；如果操作数是真则结果为 false。例如：

```
if ((x === 0 && y === 0) || !(z === 0)) {
    // x 和 y 均为 0，或者 z 不是 0
}
```

4.10 节将全面详细地介绍这几个操作符。

3.5 null 与 undefined

null 是一个语言关键字，求值为一个特殊值，通常用于表示某个值不存在。对 null 使用 typeof 操作符返回字符串 "object"，表明可以将 null 看成一种特殊对象，表示"没有对象"。但在实践中，null 通常被当作它自己类型的唯一成员，可以用来表示数值、字符串以及对象"没有值"。多数编程语言都有一个与 JavaScript 的 null 等价的值，比如 NULL、nil 或 None。

JavaScript 中的 undefined 也表示值不存在，但 undefined 表示一种更深层次的不存在。具体来说，变量的值未初始化时就是 undefined，在查询不存在的对象属性或数组元素时也会得到 undefined。另外，没有明确返回值的函数返回的值是 undefined，没有传值的函数参数的值也是 undefined。undefined 是一个预定义的全局常量（而非像 null 那样的语言关键字，不过在实践中这个区别并不重要），这个常量的初始化值就是 undefined。对 undefined 应用 typeof 操作符会返回 "undefined"，表示这个值是该特殊类型的唯一成员。

抛开细微的差别，null 和 undefined 都可以表示某个值不存在，经常被混用。相等操作符 == 认为它们相等（要区分它们，必须使用全等操作符 ===）。因为它们俩都是假性值，在需要布尔值的情况下，它们都可以当作 false 使用。null 和 undefined 都没有属性或方法。事实上，使用 . 或 [] 访问这两个值的属性或方法会导致 TypeError。

我认为可以用 undefined 表示一种系统级别、意料之外或类似错误的没有值，可以用 null 表示程序级别、正常或意料之中的没有值。实际编码中，我会尽量避免使用 null 和 undefined，如果需要给某个变量或属性赋这样一个值，或者需要向函数传入或从函数中返回这样一个值，我通常使用 null。有些程序员则极力避免使用 null，而倾向于使用 undefined。

3.6 符号

符号（Symbol）是 ES6 新增的一种原始类型，用作非字符串的属性名。要理解符号，需要了解 JavaScript 的基础类型 Object 是一个属性的无序集合，其中每个属性都有一个名字和一个值。属性名通常是（在 ES6 之前一直必须是）字符串。但在 ES6 和之后的版本中，符号也可以作为属性名：

```
let strname = "string name";      // 可以用作属性名的字符串
let symname = Symbol("propname"); // 可以用作属性名的符号
typeof strname                    // => "string": strname 是字符串
typeof symname                    // => "symbol": symname 是符号
let o = {};                       // 创建一个新对象
o[strname] = 1;                   // 使用字符串名定义一个属性
o[symname] = 2;                   // 使用符号名定义一个属性
o[strname]                        // => 1: 访问字符串名字的属性
o[symname]                        // => 2: 访问符号名字的属性
```

Symbol 类型没有字面量语法。要获取一个 Symbol 值，需要调用 Symbol() 函数。这个函数永远不会返回相同的值，即使每次传入的参数都一样。这意味着可以将调用 Symbol() 取得的符号值安全地用于为对象添加新属性，而无须担心可能重写已有的同名属性。类似地，如果定义了符号属性但没有共享相关符号，也可以确信程序中的其他代码不会意外重写这个属性。

实践中，符号通常用作一种语言扩展机制。ES6 新增了 **for/of** 循环（参见 5.4.4 节）和可迭代对象（参见第 12 章），为此就需要定义一种标准的机制让类可以实现，从而把自身变得可迭代。但选择任何特定的字符串作为这个迭代器方法的名字都有可能破坏已有的代码。为此，符号名应运而生。正如第 12 章会介绍的，Symbol.iterator 是一个符号值，可用作一个方法名，让对象变得可迭代。

Symbol() 函数可选地接收一个字符串参数，返回唯一的符号值。如果提供了字符串参数，那么调用返回符号值的 toString() 方法得到的结果中会包含该字符串。不过要注意，以相同的字符串调用两次 Symbol() 会产生两个完全不同的符号值。

```
let s = Symbol("sym_x");
s.toString()              // => "Symbol(sym_x)"
```

符号值唯一有趣的方法就是 toString()。不过，还应该知道两个与符号相关的函数。在使用符号时，我们有时希望它们对代码是私有的，从而可以确保你的代码的属性永远不会与其他代码的属性发生冲突。但有时我们也希望定义一些可以与其他代码共享的符号值。例如，我们定义了某种扩展，希望别人的代码也可以使用，就像前面提到的 Symbol.iterator 机制一样。

为了定义一些可以与其他代码共享的符号值，JavaScript 定义了一个全局符号注册表。Symbol.for() 函数接收一个字符串参数，返回一个与该字符串关联的符号值。如果没有符号与该字符串关联，则会创建并返回一个新符号；否则，就会返回已有的符号。换句话说，Symbol.for() 与 Symbol() 完全不同：Symbol() 永远不会返回相同的值，而在以相同的字符串调用时 Symbol.for() 始终返回相同的值。传给 Symbol.for() 的字符串会出现在 toString()（返回符号值）的输出中。而且，这个字符串也可以通过将返回的符号传给 Symbol.keyFor() 来得到：

```
let s = Symbol.for("shared");
let t = Symbol.for("shared");
s === t          // => true
s.toString()     // => "Symbol(shared)"
Symbol.keyFor(t) // => "shared"
```

3.7 全局对象

前几节解释了 JavaScript 的原始类型和值。本书会各用一章来介绍对象类型（对象、数组和函数），但现在必须介绍一个非常重要的对象值：全局对象。全局对象的属性是全局性定义的标识符，可以在 JavaScript 程序的任何地方使用。JavaScript 解释器启动后（或每次浏览器加载新页面时），都会创建一个新的全局对象并为其添加一组初始的属性，定义了：

- undefined、Infinity 和 NaN 这样的全局常量；
- isNaN()、parseInt()（见 3.9.2 节）和 eval()（见 4.12 节）这样的全局函数；
- Date()、RegExp()、String()、Object() 和 Array()（见 3.9.2 节）这样的构造函数；
- Math 和 JSON（见 6.8 节）这样的全局对象。

全局对象的初始属性并不是保留字，但它们应该都被当成保留字。本章已经介绍过其中一些全局属性了，剩下的更多属性将在本书其他章节介绍。

在 Node 中，全局对象有一个名为 global 的属性，其值为全局对象本身，因此在 Node 程序中始终可以通过 global 来引用全局对象。

在浏览器中，Window 对象对浏览器窗口中的所有 JavaScript 代码而言，充当了全局对象的角色。这个全局的 Window 对象有一个自引用的 window 属性，可以引用全局对象。Window 对象定义了核心全局属性，也定义了其他一些特定于浏览器和客户端 JavaScript 的全局值。15.13 节介绍的工作线程有自己不同的全局对象（不是 Window）。工作线程中的代码可以通过 self 来引用它们的全局对象。

ES2020 最终定义了 globalThis 作为在任何上下文中引用全局对象的标准方式。2020 年初，所有现代浏览器和 Node 都实现了这个特性。

3.8 不可修改的原始值与可修改的对象引用

JavaScript 中的原始值（undefined、null、布尔值、数值和字符串）与对象（包括数组和函数）有一个本质的区别。原始值是不可修改的，即没有办法改变原始值。对于数值和布尔值，这一点很好理解：修改一个数值的值没什么用。可是，对于字符串，这一点就不太好理解了。因为字符串类似字符数组，我们或许认为可以修改某个索引位置的字符。事实上，JavaScript 不允许这么做。所有看起来返回一个修改后字符串的字符串方法，实际上返回的都是一个新字符串。例如：

```
let s = "hello";     // 一个全部小写的字符串
s.toUpperCase();     // 返回 "HELLO"，但不会修改 s
s                    // => "hello"：原始字符串并未改变
```

原始值是按值比较的，即两个值只有在它们的值相同的时候才是相同的。对于数值、布尔值、null 和 undefined 来说，这话听起来确实有点绕。其实很好理解，例如，在比较两个不同的字符串时，当且仅当这两个字符串长度相同并且每个索引的字符也相同时，JavaScript 才认为它们相等。

对象不同于原始值,对象是可修改的,即它们的值可以改变:

```
let o = { x: 1 };    // 先声明一个对象
o.x = 2;             // 修改:改变它的一个属性的值
o.y = 3;             // 修改:为它添加一个新属性

let a = [1,2,3];     // 数组也是可修改的
a[0] = 0;            // 修改:改变数组中一个元素的值
a[3] = 4;            // 修改:为数组添加一个新元素
```

对象不是按值比较的,两个不同的对象即使拥有完全相同的属性和值,它们也不相等。同样,两个不同的数组,即使每个元素都相同,顺序也相同,它们也不相等:

```
let o = {x: 1}, p = {x: 1};  // 两个对象,拥有相同的属性
o === p                      // => false:不同的对象永远也不会相等
let a = [], b = [];          // 两个不同的空数组
a === b                      // => false:不同的数组永远也不会相等
```

对象有时候被称作引用类型(reference type),以区别于 JavaScript 的原始类型。基于这一术语,对象值就是引用,对象是按引用比较的。换句话说,两个对象值当且仅当它们引用同一个底层对象时,才是相等的。

```
let a = [];      // 这个变量引用一个空数组
let b = a;       // 现在 b 引用了同一个数组
b[0] = 1;        // 修改变量 b 引用的数组
a[0]             // => 1:变化也能通过变量 a 看到
a === b          // => true:a 和 b 引用同一个对象,所以它们相等
```

从上面的代码可以看出,把对象(或数组)赋值给一个变量,其实是在赋值引用,并不会创建对象的新副本。如果想创建对象或数组的新副本,必须显式复制对象的属性或数组的元素。下面的例子使用 for 循环(参见 5.4.3 节)演示了这个过程:

```
let a = ["a","b","c"];           // 想要复制的源数组
let b = [];                      // 要复制到的另一个数组
for(let i = 0; i < a.length; i++) { // 对 a[] 中的每个索引
    b[i] = a[i];                 // 把 a 的元素复制到 b 中
}
let c = Array.from(b);           // 在 ES6 中,可以使用 Array.from() 复制数组
```

类似地,如果要比较两个不同的对象或数组,必须比较它们的属性或元素。以下代码定义了一个比较两个数组的函数:

```
function equalArrays(a, b) {
    if (a === b) return true;        // 同一个数组相等
    if (a.length !== b.length) return false; // 大小不同的数组不相等
    for(let i = 0; i < a.length; i++) { // 循环遍历所有元素
        if (a[i] !== b[i]) return false; // 有任何差异,两个数组都不相等
    }
```

```
        return true;                    // 否则，两个数组相等
    }
```

3.9 类型转换

JavaScript 对待自己所需值的类型非常灵活。这一点我们在介绍布尔值时已经看到了。
JavaScript 需要一个布尔值，而你可能提供了其他类型的值，JavaScript 会根据需要转换
这个值。有些值（真性值）转换为 true，有些值（假性值）转换为 false。对其他类型
也是如此：如果 JavaScript 想要字符串，它就会把你提供的任何值都转换为字符串。如
果 JavaScript 想要数值，它也会尝试把你给的值转换为一个数值（如果无法进行有意义
的转换就转换为 NaN）。

看几个例子：

```
10 + " objects"     // => "10 objects"：数值 10 转换为字符串
"7" * "4"           // => 28：两个字符串都转换为数值
let n = 1 - "x";    // n == NaN；字符串 "x" 无法转换为数值
n + " objects"      // => "NaN objects"：NaN 转换为字符串 "NaN"
```

表 3-2 总结了 JavaScript 中类型之间的转换关系。表中加粗的内容是可能会让人觉得意
外的转换目标。空单元格表示没有转换必要，因此什么操作也不会发生。

表 3-2：JavaScript type conversions

值	转换为字符串	转换为数值	转换为布尔值
undefined	"undefined"	NaN	false
null	"null"	0	false
true	"true"	**1**	
false	"false"	0	
""（空字符串）		0	**false**
"1.2"（非空，数值）		1.2	true
"one"（非空，非数值）		NaN	true
0	"0"		**false**
-0	"0"		**false**
1（有限，非零）	"1"		true
Infinity	"Infinity"		true
-Infinity	"-Infinity"		true
NaN	"NaN"		**false**
{}（任何对象）	参见 3.9.3 节	参见 3.9.3 节	true
[]（空数组）	""	0	true

表 3-2：JavaScript type conversions（续）

值	转换为字符串	转换为数值	转换为布尔值
[9]（一个数值元素）	"9"	9	true
['a']（任何其他数组）	使用 join() 方法	NaN	true
Function(){}（任何函数）	参见 3.9.3 节	NaN	true

表中展示的原始值到原始值的转换相对容易理解。转换为布尔值的情况在 3.4 节讨论过。转换为字符串的情况对所有原始值都是有明确定义的。转换为数值就稍微有点微妙了。可以解析为数值的字符串会转换为对应的数值。字符串开头和末尾可以有空格，但开头或末尾任何不属于数值字面量的非空格字符，都会导致字符串到数值的转换产生 NaN。有些数值转换的结果可能会让人不可思议，比如 true 转换为 1，而 false 和空字符串都转换为 0。

对象到原始值的转换要复杂一些，我们会在 3.9.3 节介绍。

3.9.1 转换与相等

JavaScript 有两个操作符用于测试两个值是否相等。一个是严格相等操作符 ===，如果两个值不是同一种类型，那么这个操作符就不会判定它们相等。但由于 JavaScript 在类型转换上很灵活，所以它也定义了 == 操作符，这个操作符判定相等的标准相当灵活。比如说，下列所有比较的结果都是 true：

```
null == undefined  // => true: 这两个值被判定为相等
"0" == 0           // => true: 字符串在比较前会转换为数值
0 == false         // => true: 布尔值在比较前会转换为数值
"0" == false       // => true: 两个操作数在比较前都转换为 0
```

4.9.1 节解释了为判定两个值是否相等，== 操作符都执行了哪些转换。

但要记住，一个值可以转换为另一个值并不意味着这两个值是相等的。比如，如果 undefined 用在了期待布尔值的地方，那它会被转换为 false。但这并不意味着 undefined == false。JavaScript 操作符和语句期待不同类型的值，因此会执行以这些类型为目标类型的转换。if 语句将 undefined 转换为 false，但 == 操作符永远不会将其操作数转换为布尔值。

3.9.2 显式转换

尽管 JavaScript 会自动执行很多类型的转换，但有时候我们也需要进行显式转换，或者有意进行显式转换以保证代码清晰。

执行显示类型转换的最简单方法就是使用 Boolean()、Number() 和 String() 函数：

```
Number("3")    // => 3
String(false)  // => "false": 或者使用 false.toString()
Boolean([])    // => true
```

除 null 和 undefined 之外的所有值都有 toString() 方法，这个方法返回的结果通常与 String() 函数返回的结果相同。

顺便说一下，Boolean()、Number() 和 String() 函数也可以被当作构造函数通过 new 关键字来使用。如果你这样使用它们，那会得到一个与原始布尔值、数值和字符串值类似的"包装"对象。这种包装对象是早期 JavaScript 的历史遗存，已经没有必要再使用它们了。

某些 JavaScript 操作符会执行隐式类型转换，有时候可以利用这一点完成类型转换。如果 + 操作符有一个操作数是字符串，那它会把另一个操作数转换为字符串。一元操作符 + 会把自己的操作数转换为数值。而一元操作符 ! 会把自己的操作数转换为布尔值，然后再取反。这些事实导致我们常常会在某些代码中看到如下类型转换的用法：

```
x + ""    // => String(x)
+x        // => Number(x)
x-0       // => Number(x)
!!x       // => Boolean(x): 注意两次取反
```

格式化和解析数值是计算机程序中常见的错误来源，而 JavaScript 为数值到字符串和字符串到数值的转换提供了特殊函数和方法，能够对转换进行更精确的控制。

Number 类定义的 toString() 方法接收一个可选的参数，用于指定一个基数或底数。如果不指定这个参数，转换的默认基数为 10。当然也可以按照其他基数（2 到 36）来转换数值。例如：

```
let n = 17;
let binary = "0b" + n.toString(2);   // binary == "0b10001"
let octal = "0o" + n.toString(8);    // octal == "0o21"
let hex = "0x" + n.toString(16);     // hex == "0x11"
```

在使用金融或科学数据时，可能需要控制转换后得到的字符串的小数位的个数或者有效数字的个数，或者需要控制是否采用指数记数法。Number 类为这些数值到字符串的转换定义了 3 种方法。toFixed() 把数值转换为字符串时可以指定小数点后面的位数。这个方法不使用指数记数法。toExponential() 使用指数记数法将数值转换为字符串，结果是小数点前 1 位，小数点后为指定位数（意味着有效数字个数比你指定的值多 1 位）。toPrecision() 按照指定的有效数字个数将数值转换为字符串。如果有效数字个数不足以显示数值的整数部分，它会使用指数记数法。注意，这三种方法必要时都会舍去末尾的数字或者补零。来看下面的例子：

```
let n = 123456.789;
n.toFixed(0)          // => "123457"
n.toFixed(2)          // => "123456.79"
n.toFixed(5)          // => "123456.78900"
n.toExponential(1)    // => "1.2e+5"
n.toExponential(3)    // => "1.235e+5"
n.toPrecision(4)      // => "1.235e+5"
n.toPrecision(7)      // => "123456.8"
n.toPrecision(10)     // => "123456.7890"
```

除了这里介绍的数值格式化方法，Intl.NumberFormat 类定义了一个更通用、更国际化的数值格式化方法，详见 11.7.1 节。

如果把字符串传给 Number() 转换函数，它会尝试把字符串当成整数或浮点数字面量来解析。这个函数只能处理基数为 10 的整数，不允许末尾出现无关字符。parseInt() 和 parseFloat() 函数（都是全局函数，不是任何类的方法）则更灵活一些。parseInt() 只解析整数，而 parseFloat() 既解析整数也解析浮点数。如果字符串以 0x 或 0X 开头，parseInt() 会将其解析为十六进制数值。parseInt() 和 parseFloat() 都会跳过开头的空格，尽量多地解析数字字符，忽略后面的无关字符。如果第一个非空格字符不是有效的数值字面量，它们会返回 NaN：

```
parseInt("3 blind mice")    // => 3
parseFloat(" 3.14 meters")  // => 3.14
parseInt("-12.34")          // => -12
parseInt("0xFF")            // => 255
parseInt("0xff")            // => 255
parseInt("-0XFF")           // => -255
parseFloat(".1")            // => 0.1
parseInt("0.1")             // => 0
parseInt(".1")              // => NaN: 整数不能以 "." 开头
parseFloat("$72.47")        // => NaN: 数值不能以 "$" 开头
```

parseInt() 接收可选的第二个参数，用于指定要解析数值的底（基）数，合法的值是 2 到 36。例如：

```
parseInt("11", 2)     // => 3: (1*2 + 1)
parseInt("ff", 16)    // => 255: (15*16 + 15)
parseInt("zz", 36)    // => 1295: (35*36 + 35)
parseInt("077", 8)    // => 63: (7*8 + 7)
parseInt("077", 10)   // => 77: (7*10 + 7)
```

3.9.3 对象到原始值转换

前几节解释了如何将一种类型的值显式转换为另一种类型，也解释了 JavaScript 中原始类型值之间的隐式转换。本节介绍 JavaScript 将对象转换为原始值时遵循的复杂规则。这些规则冗长、晦涩，建议先看 3.10 节。

JavaScript 对象到原始值转换的复杂性，主要原因在于某些对象类型有不止一种原始值的表示。比如，Date 对象可以用字符串表示，也可以用时间戳表示。JavaScript 规范定义了对象到原始值转换的 3 种基本算法。

偏字符串

    该算法返回原始值，而且只要可能就返回字符串。

偏数值

    该算法返回原始值，而且只要可能就返回数值。

无偏好

    该算法不倾向于任何原始值类型，而是由类定义自己的转换规则。JavaScript 内置类型除了 Date 类都实现了偏数值算法。Date 类实现了偏字符串算法。

这些对象到原始值算法的实现将在本节最后再解释。这里我们需要先了解一下这些算法在 JavaScript 中的用法。

对象转换为布尔值

对象到布尔值的转换很简单：所有对象都转换为 true。注意，这个转换不需要使用前面介绍的对象到原始值的转换算法，而是直接适用于所有对象。包括空数组，甚至包括 new Boolean(false) 这样的包装对象。

对象转换为字符串

在将对象转换为字符串时，JavaScript 首先使用偏字符串算法将它转换为一个原始值，然后将得到的原始值再转换为字符串，如有必要则按表 3-2 中的规则执行。

这种转换会发生在把对象传给一个接收字符串参数的内置函数时，比如将 String() 作为转换函数，或者将对象插入模板字面量中（参见 3.3.4 节）时就会发生这种转换。

对象转换为数值

当需要把对象转换为数值时，JavaScript 首先使用偏数值算法将它转换为一个原始值，然后将得到的原始值再转换为数值，如有必要则按表 3-2 中的规则执行。

接收数值参数的内置 JavaScript 函数和方法都以这种方式将对象转换为数值，而除数值操作符之外的多数（参见下面的例外情况）JavaScript 操作符也按照这种方式把对象转换为数值。

操作符转换特例

操作符将在第 4 章详细介绍。在此，我们只介绍那些不遵循上述基本的对象到字符串或对象到数值转换规则的操作符特例。

首先，JavaScript 中的 + 操作符执行数值加法和字符串拼接。如果一个操作数是对象，那 JavaScript 会使用无偏好算法将对象转换为原始值。如果两个操作数都是原始值，则会先检查它们的类型。如果有一个参数是字符串，则把另一个原始值也转换为字符串并拼接两个字符串。否则，把两个参数都转换为数值并把它们相加。

其次，== 和 != 操作符以允许类型转换的宽松方式执行相等和不相等测试。如果一个操作数是对象，另一个操作数是原始值，则这两个操作符会使用无偏好算法将对象转换为原始值，然后再比较两个原始值。

最后，关系操作符 <、<=、> 和 >= 比较操作数的顺序，既可以比较数值，也可以比较字符串。如果操作数中有一个是对象，则会使用偏数值算法将对象转换为原始值。不过要注意，与对象到数值转换不同，这个偏数值算法返回的原始值不会再被转换为数值。

注意，Date 对象的数值表示是可以使用 < 和 > 进行有意义的比较的，但它的字符串表示则不行。对于 Date 对象，无偏好算法会将其转换为字符串，而 JavaScript 中这两个操作符会使用偏数值算法的事实意味着我们可以比较两个 Date 对象的顺序。

toString() 和 valueOf() 方法

所有对象都会继承两个在对象到原始值转换时使用的方法，在接下来解释偏字符串、偏数值和无偏好转换算法前，我们必须先解释这两个方法。

第一个方法 toString() 的任务是返回对象的字符串表示。默认情况下，toString() 方法不会返回特别的值（虽然 14.4.3 节会用到这个默认值）：

```
({x: 1, y: 2}).toString()    //        => "[object Object]"
```

很多类都定义了自己特有的 toString() 版本。比如，Array 类的 toString() 方法会将数组的每个元素转换为字符串，然后再使用逗号作为分隔符将它们拼接起来。Function 类的 toString() 方法会将用户定义的函数转换为 JavaScript 源代码的字符串。Date 类定义的 toString() 方法返回一个人类友好（且 JavaScript 可解析）的日期和时间字符串。RegExp 类定义的 toString() 方法会将 RegExp 对象转换为一个看起来像 RegExp 字面量的字符串：

```
[1,2,3].toString()                      // => "1,2,3"
(function(x) { f(x); }).toString()      // => "function(x) { f(x); }"
/\d+/g.toString()                       // "/\\d+/g"
let d = new Date(2020,0,1);
d.toString()   // => "Wed Jan 01 2020 00:00:00 GMT-0800 (Pacific Standard Time)"
```

另一个对象转换函数叫 valueOf()。这个方法的任务并没有太明确的定义，大体上可以认为它是把对象转换为代表对象的原始值（如果存在这样一个原始值）。对象是复合值，且多数对象不能真正通过一个原始值来表示，因此 valueOf() 方法默认情况下只返回对象本身，而非返回原始值。String、Number 和 Boolean 这样的包装类定义的 valueOf() 方法也只是简单地返回被包装的原始值。Array、Function 和 RegExp 简单地继承默认方法。在这些类型的实例上调用 valueOf() 会返回对象本身。Date 对象定义的 valueOf() 方法返回日期的内部表示形式：自 1970 年 1 月 1 日至今的毫秒数：

```
let d = new Date(2010, 0, 1);   // January 1, 2010, (Pacific time)
d.valueOf()                     // => 1262332800000
```

对象到原始值转换算法

解释完 toString() 和 valueOf() 方法后，现在我们可以大致地解释前面三个对象到原始值转换算法的实现了（完整的细节见 14.4.7 节）。

- 偏字符串算法首先尝试 toString() 方法。如果这个方法有定义且返回原始值，则 JavaScript 使用该原始值（即使这个值不是字符串）。如果 toString() 不存在，或者存在但返回对象，则 JavaScript 尝试 valueOf() 方法。如果这个方法存在且返回原始值，则 JavaScript 使用该值。否则，转换失败，报 TypeError。

- 偏数值算法与偏字符串算法类似，只不过是先尝试 valueOf() 方法，再尝试 toString() 方法。

- 无偏好算法取决于被转换对象的类。如果是一个 Date 对象，则 JavaScript 使用偏字符串算法。如果是其他类型的对象，则 JavaScript 使用偏数值算法。

以上规则适用于所有内置 JavaScript 类型，也是我们所有自定义类的默认规则。14.4.7 解释了如何在自定义类中定义自己的对象到原始值转换算法。

在结束类型转换的讨论之前，有必要补充说明一下。偏数值转换规则的细节可以解释为什么空数组会转换为数值 0，而单元素数组也可以转换为数值：

```
Number([])    // => 0：这有点让人出乎意料！
Number([99])  // => 99：真的吗？
```

对象到数值的转换首先使用偏数值算法把对象转换为一个原始值，然后再把得到的原始值转换为数值。偏数值算法先尝试 valueOf()，将 toString() 作为备用。Array 类继承了默认的 valueOf() 方法，该方法不返回原始值。因此在尝试将数组转换为数值时，最终会调用 toString() 方法。空数组转换为空字符串。而空字符串转换为数值 0。只有一个元素的数组转换为该元素对应的字符串。如果数组只包含一个数值，则该数值先转换为字符串，再转换回数值。

3.10 变量声明与赋值

计算机编程中最基本的一个技术就是使用名字（或标识符）表示值。绑定名字和值为我们提供了一种引用值和在程序中使用值的方式。对于绑定名字和值，我们通常会说把值赋给变量。术语"变量"意味着可以为其赋予新值，也就是说与变量关联的值在程序运行时可能会变化。如果把一个值永久地赋给一个名字，那么可以称该名字为常量而不是变量。

在 JavaScript 中使用变量或常量前，必须先声明它。在 ES6 及之后的版本中，这是通过 let 和 const 关键字来完成的，接下来我们会介绍。在 ES6 之前，变量是通过 var 声明的，这个关键字更特殊一些，将在本节后面介绍。

3.10.1 使用 let 和 const 声明

在现代 JavaScript（ES6 及之后）中，变量是通过 let 关键字声明的：

```
let i;
let sum;
```

也可以使用一条 let 语句声明多个变量：

```
let i, sum;
```

声明变量的同时（如果可能）也为其赋予一个初始值是个好的编程习惯：

```
let message = "hello";
let i = 0, j = 0, k = 0;
let x = 2, y = x*x; // 初始化语句可以使用前面声明的变量
```

如果在 let 语句中不为变量指定初始值，变量也会被声明，但在被赋值之前它的值是 undefined。

要声明常量而非变量，则要使用 const 而非 let。const 与 let 类似，区别在于 const 必须在声明时初始化常量：

```
const H0 = 74;        // 哈勃常数（km/s/Mpc）
const C = 299792.458; // 真空中的光速（km/s）
const AU = 1.496E8;   // 天文单位：地球与太阳间的平均距离（km）
```

顾名思义，常量的值是不能改变的，尝试给常量重新赋值会抛出 TypeError。

声明常量的一个常见（但并非普遍性）的约定是全部字母大写，如 H0 或 HTTP_NOT_
FOUND，以区别于变量。

何时使用 const

关于使用 const 关键字有两种论调。一种论调是只在值基本不会改变的情况
下使用 const，比如物理常数、程序版本号，或用于标识文件类型的字节序。
另一种论调认为程序中很多所谓的变量实际上在程序运行时并不会改变。为
此，应该全部使用 const 声明，然后如果发现确实需要允许值改变，再改成
let。这样有助于避免因为意外修改变量而导致出现 bug。

在第一种情况下，我们只对那些必须不变的值使用 const。另一种情况下，
对任何不会变化的值使用 const。我本人在写代码时倾向前一种思路。

在第 5 章中，我们会学习 JavaScript 中的 for、for/in 和 for/of 循环语句。其中每种循
环都包含一个循环变量，在循环的每次迭代中都会取得一个新值。JavaScript 允许在循
环语法中声明这个循环变量，这也是 let 另一个常见的使用场景：

```
for(let i = 0, len = data.length; i < len; i++) console.log(data[i]);
for(let datum of data) console.log(datum);
for(let property in object) console.log(property);
```

虽然看起来有点怪，但也可以使用 const 声明 for/in 和 for/of 中的这些循环"变量"，
只要保证在循环体内不给它重新赋值即可。此时，const 声明的只是一次循环迭代期间
的常量值：

```
for(const datum of data) console.log(datum);
for(const property in object) console.log(property);
```

变量与常量作用域

变量的作用域（scope）是程序源代码中一个区域，在这个区域内变量有定义。通过 let
和 const 声明的变量和常量具有块作用域。这意味着它们只在 let 和 const 语句所在
的代码块中有定义。JavaScript 类和函数的函数体是代码块，if/else 语句的语句体、
while 和 for 循环的循环体都是代码块。粗略地讲，如果变量或常量声明在一对花括号
中，那这对花括号就限定了该变量或常量有定义的代码区域（当然，在声明变量或常量
的 let 或 const 语句之前的代码行中引用这些变量或常量也是不合法的）。作为 for、

for/in 或 for/of 循环的一部分声明的变量和常量，以循环体作为它们的作用域，即使它们实际上位于花括号外部。

如果声明位于顶级，在任何代码块外部，则称其为全局变量或常量，具有全局作用域。在 Node 和客户端 JavaScript 模块中（参见第 10 章），全局变量的作用域是定义它们的文件。但在传统客户端 JavaScript 中，全局变量的作用域是定义它们的 HTML 文档。换句话说，如果有 <script> 标签声明了一个全局变量或常量，则该变量或常量在同一个文档的任何 <script> 元素中（或者至少在 let 和 const 语句执行之后执行的所有脚本中）都有定义。

重复声明

在同一个作用域中使用多个 let 或 const 声明同一个名字是语法错误。在嵌套作用域中声明同名变量是合法的（尽管实践中最好不要这么做）：

```
const x = 1;        // 声明 x 为全局常量
if (x === 1) {
    let x = 2;      // 在同一个代码块中，x 可以引用不同的值
    console.log(x); // 打印 2
}
console.log(x);     // Prints 1：现在又回到了全局作用域
let x = 3;          // 错误！重新声明 x 会导致语法错误
```

声明与类型

如果你使用过静态类型语言（如 C 或 Java），可能认为变量声明的主要目的是为变量指定可以赋予它的值的类型。但我们也看到了，JavaScript 的变量声明与值的类型无关[注2]。JavaScript 变量可以保存任何类型的值。例如，在 JavaScript 中，给一个变量赋一个数值，然后再给它赋一个字符串是合法的：

```
let i = 10;
i = "ten";
```

3.10.2 使用 var 的变量声明

在 ES6 之前的 JavaScript 中，声明变量的唯一方式是使用 var 关键字，无法声明常量。var 的语法与 let 的语法相同：

```
var x;
var data = [], count = data.length;
for(var i = 0; i < count; i++) console.log(data[i]);
```

虽然 var 和 let 有相同的语法，但它们也有重要的区别。

注 2：有一些 JavaScript 扩展，如 TypeScript 和 Flow（参见 17.8 节），允许通过类似 x: number = 0; 的语法在声明变量时指定类型。

- 使用 var 声明的变量不具有块作用域。这种变量的作用域仅限于包含函数的函数体，无论它们在函数中嵌套的层次有多深。

- 如果在函数体外部使用 var，则会声明一个全局变量。但通过 var 声明的全局变量与通过 let 声明的全局变量有一个重要区别。通过 var 声明的全局变量被实现为全局对象（见 3.7 节）的属性。全局对象可以通过 globalThis 引用。因此，如果你在函数外部写了 var x = 2;，就相当于写了 globalThis.x = 2;。不过要注意，这么类比并不完全恰当。因为通过全局 var 创建的这个属性不能使用 delete 操作符（见 4.13.4 节）删除。通过 let 和 const 声明的全局变量和常量不是全局对象的属性。

- 与通过 let 声明的变量不同，使用 var 多次声明同名变量是合法的。而且由于 var 变量具有函数作用域而不是块作用域，这种重新声明实际上是很常见的。变量 i 经常用于保存整数值，特别是经常用作 for 循环的索引变量。在有多个 for 循环的函数中，每个循环通常都以 for(var i = 0; ... 开头。因为 var 并不会把这些变量的作用域限定在循坏体内，每次循环都会（无害地）重新声明和重新初始化同一个变量。

- var 声明的一个最不同寻常的特性是作用域提升（hoisting）。在使用 var 声明变量时，该声明会被提高（或提升）到包含函数[译注1]的顶部。但变量的初始化仍然在代码所在位置完成，只有变量的定义转移到了函数顶部。因此对使用 var 声明的变量，可以在包含函数内部的任何地方使用而不会报错。如果初始化代码尚未运行，则变量的值可能是 undefined，但在初始化之前是可以使用变量而不报错的（这会成为一个 bug 来源，也是 let 要纠正的一个最重要的错误特性。如果使用 let 声明了一个变量，但试图在 let 语句运行前使用该变量则会导致错误，而不是得到 undefined 值）。

使用未声明的变量

在严格模式下（参见 5.6.3 节），如果试图使用未声明的变量，那代码运行时会触发引用错误。但在严格模式外部，如果将一个值赋给尚未使用 let、const 或 var 声明的名字，则会创建一个新全局变量。而且，无论这个赋值语句在函数或代码块中被嵌套了多少次，都会创建一个全局变量。这肯定不是我们想要的，非常容易招致缺陷，也是推荐使用严格模式一个最好的理由。

以这种意外方式创建的全局变量类似使用 var 声明的全局变量，都定义全局对象的属性。但与通过恰当的 var 声明定义的属性不同，这些属性可以通过 delete 操作（参见 4.13.4 节）删除。

译注 1：书中的 "containing function" 与 "enclosing function" 都翻译成 "包含含数"，指包含内部函数的函数。

3.10.3 解构赋值

ES6 实现了一种复合声明与赋值语法，叫作解构赋值（destructuring assignment）。在解构赋值中，等号右手端的值是数组或对象（"结构化"的值），而左手端通过模拟数组或对象字面量语法指定一个或多个变量。在解构赋值发生时，会从右侧的值中提取（解构）出一个或多个值，并保存到左侧列出的变量中。解构赋值可能最常用于在 const、let 或 var 声明语句中初始化变量，但也可以在常规赋值表达式中使用（给已声明的变量赋值）。而且，正如 8.3.5 节将会介绍的，解构也可以在定义函数参数时使用。

下面是解构数组值的一段示例代码：

```
let [x,y] = [1,2];    // 相当于 let x=1, y=2
[x,y] = [x+1,y+1];    // 相当于 x = x + 1, y = y + 1
[x,y] = [y,x];        // 交换两个变量的值
[x,y]                 // => [3,2]: 递增和交换后的值
```

解构赋值让使用返回数组的函数变得异常便捷：

```
// 将 [x,y] 坐标转换为 [r,theta] 极坐标
function toPolar(x, y) {
    return [Math.sqrt(x*x+y*y), Math.atan2(y,x)];
}

// 将极坐标转换为笛卡儿坐标
function toCartesian(r, theta) {
    return [r*Math.cos(theta), r*Math.sin(theta)];
}

let [r,theta] = toPolar(1.0, 1.0);  // r == Math.sqrt(2); theta == Math.PI/4
let [x,y] = toCartesian(r,theta);   // [x, y] == [1.0, 1,0]
```

前面我们看到了，可以在 JavaScript 的各种 for 循环中声明变量和常量。同样也可以在这个上下文中使用变量解构赋值。下面这段代码循环遍历了一个对象所有属性的名 / 值对，并使用解构赋值将两个元素的数组转换为单个变量：

```
let o = { x: 1, y: 2 }; // 要遍历的对象
for(const [name, value] of Object.entries(o)) {
    console.log(name, value); // 打印 "x 1" 和 "y 2"
}
```

解构赋值左侧变量的个数不一定与右侧数组中元素的个数相同。左侧多余的变量会被设置为 undefined，而右侧多余的值会被忽略。左侧的变量列表可以包含额外的逗号，以跳过右侧的某些值：

```
let [x,y] = [1];        // x == 1; y == undefined
[x,y] = [1,2,3];        // x == 1; y == 2
[,x,,y] = [1,2,3,4];    // x == 2; y == 4
```

在解构赋值时，如果你想把所有未使用或剩余的值收集到一个变量中，可以在左侧最后一个变量名前面加上 3 个点（...）：

```
let [x, ...y] = [1,2,3,4];  // y == [2,3,4]
```

8.3.2 节中还会看到以这种方式使用 3 个点，但那时是用于把函数所有剩余参数收集到一个数组中。

解构赋值可用于嵌套数组。此时，赋值的左侧看起来也应该像一个嵌套的数组字面量：

```
let [a, [b, c]] = [1, [2,2.5], 3]; // a == 1; b == 2; c == 2.5
```

数组解构的一个强大特性是它并不要求必须是数组！实际上，赋值的右侧可以是任何可迭代对象（参见第 12 章），任何可以在 for/of 循环（参见 5.4.4 节）中使用的对象也可以被解构：

```
let [first, ...rest] = "Hello"; // first == "H"; rest == ["e","l","l","o"]
```

解构赋值在右侧是对象值的情况下也可以执行。此时，赋值的左侧看起来就像一个对象字面量，即一个包含在花括号内的逗号分隔的变量名列表：

```
let transparent = {r: 0.0, g: 0.0, b: 0.0, a: 1.0}; // 一个 RGBA 颜色对象
let {r, g, b} = transparent;  // r == 0.0; g == 0.0; b == 0.0
```

下面这个例子展示了如何把 Math 对象的全局函数复制到变量中，这样可以简化需要大量三角计算的代码：

```
// 相当于 const sin=Math.sin, cos=Math.cos, tan=Math.tan
const {sin, cos, tan} = Math;
```

注意，代码中 Math 对象的属性远远不止解构赋值给个别变量的这 3 个。那些没有提到名字的属性都被忽略了。如果赋值的左侧包含一个不是 Math 属性的变量名，该变量将被赋值 undefined。

在上面每个对象解构的例子中，我们都选择了与要解构对象的属性一致的变量名。这样可以保持语法简单且容易理解，但这并不是必需的。对象解构赋值左侧的每个标识符都可以是一个冒号分隔的标识符对，其中第一个标识符是要解构其值的属性名，第二个标识符是要把值赋给它的变量名：

```
// 相当于 const cosine = Math.cos, tangent = Math.tan;
const { cos: cosine, tan: tangent } = Math;
```

我发现如果变量名和属性名不一样，对象解构语法会变得过于复杂，反而导致用处不
大。所以在这种情况下我通常不会使用简写形式。如果你选择使用，要记住属性名一定
是在冒号左侧，无论是在对象字面量中，还是在对象解构赋值的左侧。

在使用嵌套对象、对象的数组，或数组的对象时，解构赋值甚至会变得更复杂，但都是
合法的：

```
let points = [{x: 1, y: 2}, {x: 3, y: 4}];      // 两个坐标点对象的数组
let [{x: x1, y: y1}, {x: x2, y: y2}] = points; // 解构到 4 个变量中
(x1 === 1 && y1 === 2 && x2 === 3 && y2 === 4) // => true
```

如果不是解构对象的数组，也可以解构数组的对象：

```
let points = { p1: [1,2], p2: [3,4] };         // 有两个数组属性的对象
let { p1: [x1, y1], p2: [x2, y2] } = points;   // 解构到 4 个变量中
(x1 === 1 && y1 === 2 && x2 === 3 && y2 === 4) // => true
```

类似这样的复杂解构语法既难写又难理解，甚至还不如使用类似let x1 = points.
p1[0];这样的传统代码更简单易懂。

理解复杂解构

如果你发现自己维护的代码中使用了复杂的解构赋值，可以通过一些规律来应对这
种复杂性。首先，想象一下常规（单值）赋值。在赋值之后，你可以从赋值的左侧
取得变量名，然后在自己的代码中作为表达式使用，这个表达式会被求值为赋给它
的值。解构赋值其实也一样。解构赋值的左侧看起来像是一个数组字面量或对象字
面量（参见 6.2.1 节和 6.10 节）。在赋值之后，左侧也类似于一个有效的数组字面量
或对象字面量。为验证你写的解构赋值是正确的，可以尝试在另一个赋值表达式的
右侧使用解构赋值的左侧：

```
// 先定义一个数据结构并进行复杂的解构赋值
let points = [{x: 1, y: 2}, {x: 3, y: 4}];
let [{x: x1, y: y1}, {x: x2, y: y2}] = points;

// 通过翻转赋值的两端来验证你的解构语法
let points2 = [{x: x1, y: y1}, {x: x2, y: y2}]; // points2 == points
```

3.11 小结

本章的要点如下。

- 如何在 JavaScript 中编写及操作数值和文本字符串。

- 如何使用 JavaScript 的其他原始类型：布尔值、Symbol、null 和 undefined。

- 不可修改的原始类型与可修改的引用类型之间的区别。

- JavaScript 如何隐式将值从一种类型转换为另一种类型，以及如何在自己的程序中显式进行类型转换。

- 如何声明和初始化常量和变量（包括解构赋值），以及你声明变量和常量的词法作用域。

第 4 章

表达式与操作符

本章讲述 JavaScript 表达式和用于构建各种表达式的操作符。表达式是一个可以被求值并产生一个值的 JavaScript 短语。直接嵌入在程序中的常量是最简单的表达式。变量名也是简单的表达式，可以求值为之前赋给它的值。复杂表达式由简单表达式构成。比如，数组访问表达式由一个求值为数组的表达式、一个左方括号、一个求值为整数的表达式和一个右方括号构成。这个新的更复杂的表达式求值为保存在指定数组的指定索引位置的值。类似地，函数调用表达式由一个求值为函数对象的表达式和零或多个作为函数参数的表达式构成。

基于简单表达式构建复杂表达式最常见的方式是使用操作符。操作符以某种方式组合其操作数的值（通常有两个），然后求值为一个新值。以乘法操作符 * 为例。表达式 x * y 求值为表达式 x 和 y 值的积。为简单起见，有时也说操作符返回值，而不是"求值为"一个值。

本章讲述所有 JavaScript 操作符，也会解释不使用操作符的表达式（如数组索引和函数调用）。如果你熟悉其他使用 C 风格语法的编程语言，那一定会觉得 JavaScript 中多数表达式和操作符的语法并不陌生。

4.1 主表达式

最简单的表达式称为主表达式（primary expression），即那些独立存在，不再包含更简单表达式的表达式。JavaScript 中的主表达式包括常量或字面量值、某些语言关键字和变量引用。

字面量是可以直接嵌入在程序中的常量值。例如：

```
1.23        // 数值字面量
"hello"     // 字符串字面量
/pattern/   // 正则表达式字面量
```

3.2 节介绍了 JavaScript 数值字面量的语法。3.3 节介绍了字符串字面量的语法。3.3.5 节介绍了正则表达式字面量的语法，另外 11.3 节还会详细介绍。

JavaScript 的一些保留字也是主表达式：

```
true        // 求值为布尔值 true
false       // 求值为布尔值 false
null        // 求值为 null 值
this        // 求值为"当前"对象
```

我们在 3.4 节和 3.5 节学习了 true、false 和 null。与其他关键字不同，this 不是常量，它在程序中的不同地方会求值为不同的值。this 是面向对象编程中使用的关键字。在方法体中，this 求值为调用方法的对象。要了解关于 this 的更多信息，可以参考 4.5 节、第 8 章（特别是 8.2.2 节）和第 9 章。

第三种主表达式是变量、常量或全局对象属性的引用：

```
i           // 求值为变量 i 的值
sum         // 求值为变量 sum 的值
undefined   // 全局对象 undefined 属性的值
```

当程序中出现任何独立的标识符时，JavaScript 假设它是一个变量或常量或全局对象的属性，并查询它的值。如果不存在该名字的变量，则求值不存在的变量会导致抛出 ReferenceError。

4.2 对象和数组初始化程序

对象和数组初始化程序也是一种表达式，其值为新创建的对象或数组。这些初始化程序表达式有时候也被称为对象字面量和数组字面量。但与真正的字面量不同，它们不是主表达式，因为它们包含用于指定属性或元素值的子表达式。数组初始化程序的语法稍微简单一点，我们先来介绍它。

数组初始化程序是一个包含在方括号内的逗号分隔的表达式列表。数组初始化程序的值是新创建的数组。这个新数组的元素被初始化为逗号分隔的表达式的值：

```
[]          // 空数组：方括号中没有表达式意味着没有元素
[1+2,3+4]   // 两个元素的数组。第一个元素是 3，第二个是 7
```

数组初始化程序中的元素表达式本身也可以是数组初始化程序，这意味着以下表达式可以创建嵌套数组：

```
let matrix = [[1,2,3], [4,5,6], [7,8,9]];
```

数组初始化程序中的元素表达式在每次数组初始化程序被求值时也会被求值。这意味着数组初始化程序表达式每次求值的结果可能不一样。

在数组字面量中省略逗号间的值可以包含未定义元素。例如，以下数组包含 5 个元素，其中有 3 个未定义元素：

```
let sparseArray = [1,,,,5];
```

数组初始化程序的最后一个表达式后面可以再跟一个逗号，而且这个逗号不会创建未定义元素。不过，通过数组访问表达式访问最后一个表达式后面的索引一定会求值为 undefined。

对象初始化程序表达式与数组初始化程序表达式类似，但方括号变成了花括号，且每个子表达式前面多了一个属性名和一个冒号：

```
let p = { x: 2.3, y: -1.2 };    // 有两个属性的对象
let q = {};                     // 没有属性的空对象
q.x = 2.3; q.y = -1.2;          // 现在 q 拥有了跟 p 一样的属性
```

在 ES6 中，对象字面量拥有了更丰富的语法（可以参见 6.10 节）。对象字面量可以嵌套。例如：

```
let rectangle = {
    upperLeft: { x: 2, y: 2 },
    lowerRight: { x: 4, y: 5 }
};
```

第 6 章和第 7 章还将介绍对象和数组初始化程序。

4.3 函数定义表达式

函数定义表达式定义 JavaScript 函数，其值为新定义的函数。某种意义上说，函数定义表达式也是"函数字面量"，就像对象初始化程序是"对象字面量"一样。函数定义表达式通常由关键字 function、位于括号中的逗号分隔的零或多个标识符（参数名），以及一个位于花括号中的 JavaScript 代码块（函数体）构成。例如：

```
// 这个函数返回传入值的平方
let square = function(x) { return x * x; };
```

函数定义表达式也可以包含函数的名字。函数也可以使用函数语句而非函数表达式来定义。在 ES6 及之后的版本中，函数表达式可以使用更简洁的"箭头函数"语法。第 8 章详细讲解了函数定义。

4.4 属性访问表达式

属性访问表达式求值为对象属性或数组元素的值。JavaScript 定义了两种访问属性的语法：

```
expression . identifier
expression [ expression ]
```

第一种属性访问语法是表达式后跟一个句点和一个标识符。其中，表达式指定对象，标识符指定属性名。第二种属性访问语法是表达式（对象或数组）后跟另一个位于方括号中的表达式。这第二个表达式指定属性名或数组元素的索引。下面是几个具体的例子：

```
let o = {x: 1, y: {z: 3}}; // 示例对象
let a = [o, 4, [5, 6]];    // 包含前面对象的示例数组
o.x                        // => 1: 表达式 o 的属性 x
o.y.z                      // => 3: 表达式 o.y 的属性 z
o["x"]                     // => 1: 对象 o 的属性 x
a[1]                       // => 4: 表达式 a 中索引为 1 的元素
a[2]["1"]                  // => 6: 表达式 a[2] 中索引为 1 的元素
a[0].x                     // => 1: 表达式 a[0] 的属性 x
```

无论哪种属性访问表达式，位于 . 或 [前面的表达式都会先求值。如果求值结果为 null 或 undefined，则表达式会抛出 TypeError，因为它们是 JavaScript 中不能有属性的两个值。如果对象表达式后跟一个点和一个标识符，则会对以该标识符为名字的属性求值，且该值会成为整个表达式的值。如果对象表达式后跟位于方括号中的另一个表达式，则第二个表达式会被求值并转换为字符串。整个表达式的值就是名字为该字符串的属性的值。任何一种情况下，如果指定名字的属性不存在，则属性访问表达式的值是 undefined。

在两种属性访问表达式中，加标识符的语法更简单，但通过它访问的属性的名字必须是合法的标识符，而且在写代码时已经知道了这个名字。如果属性名中包含空格或标点符，或者是一个数值（对于数组而言），则必须使用方括号语法。方括号也可以用来访问非静态属性名，即属性本身是计算结果（参见 6.3.1 节的例子）。

对象及其属性将在第 6 章详细介绍，数组及其元素将在第 7 章详细介绍。

4.4.1 条件式属性访问

ES2020 增加了两个新的属性访问表达式：

```
expression ?. identifier
expression ?.[ expression ]
```

在 JavaScript 中，null 和 undefined 是唯一两个没有属性的值。在使用普通的属性访问表达式时，如果 . 或 [] 左侧的表达式求值为 null 或 undefined，会报 TypeError。可以使用 ?. 或 ?.[] 语法防止这种错误发生。

比如表达式 a?.b，如果 a 是 null 或 undefined，那么整个表达式求值结果为 undefined，不会尝试访问属性 b。如果 a 是其他值，则 a?.b 求值为 a.b 的值（如果 a 没有名为 b 的属性，则整个表达式的值还是 undefined）。

这种形式的属性访问表达式有时候也被称为"可选链接"，因为它也适用于下面这样更长的属性访问表达式链条：

```
let a = { b: null };
a.b?.c.d    // => undefined
```

a 是个对象，因此 a.b 是有效的属性访问表达式。但 a.b 的值是 null，因此 a.b.c 会抛出 TypeError。但通过使用 ?. 而非 . 就可以避免这个 TypeError，最终 a.b?.c 求值为 undefined。这意味着 (a.b?.c).d 也会抛出 TypeError，因为这个表达式尝试访问 undefined 值的属性。但如果没有括号，即 a.b?.c.d（这种形式是"可选链接"的重要特征）就会直接求值为 undefined 而不会抛出错误。这是因为通过 ?. 访问属性是"短路操作"：如果 ?. 左侧的子表达式求值为 null 或 undefined，那么整个表达式立即求值为 undefined，不会再进一步尝试访问属性。

当然，如果 a.b 是对象，且这个对象没有名为 c 的属性，则 a.b?.c.d 仍然会抛出 TypeError。此时应该再加一个条件式属性访问：

```
let a = { b: {} };
a.b?.c?.d    // => undefined
```

条件式属性访问也可以让我们使用 ?.[] 而非 []。在表达式 a?.[b][c] 中，如果 a 的值是 null 或 undefined，则整个表达式立即求值为 undefined，子表达式 b 和 c 不会被求值。换句话说，如果 a 没有定义，那么 b 和 c 无论谁有副效应（side effect），这个副效应都不会发生：

```
let a;               // 忘记初始化这个变量了!
let index = 0;
try {
    a[index++]; // 抛出 TypeError
} catch(e) {
    index        // 抛出 TypeError 之前发生了递增
}
a?.[index++]     // => undefined: 因为 a 是 undefined
index            // => 1: 因为 ?.[] 短路所以没有发生递增
a[index++]       // !TypeError: 不能索引 undefined
```

使用 ?. 和 ?.[ ] 的条件式属性访问是 JavaScript 最新的特性之一。在 2020 年初，多数主流浏览器的当前版本或预览版已经支持这个新语法。

4.5 调用表达式

调用表达式是 JavaScript 中调用（或执行）函数或方法的一种语法。这种表达式开头是一个表示要调用函数的函数表达式。函数表达式后面跟着左圆括号、逗号分隔的零或多个参数表达式的列表和右圆括号。看几个例子：

```
f(0)           // f 是函数表达式，0 是参数表达式
Math.max(x,y,z) // Math.max 是函数，x、y、z 是参数
a.sort()        // a.sort 是函数，没有参数
```

求值调用表达式时，首先求值函数表达式，然后求值参数表达式以产生参数值的列表。如果函数表达式的值不是函数，则抛出 TypeError。然后，按照函数定义时参数的顺序给参数赋值，之后再执行函数体。如果函数使用了 return 语句返回一个值，则该值就成为调用表达式的值。否则，调用表达式的值是 undefined。关于函数调用的完整细节，包括在参数表达式个数与函数定义的参数个数不匹配时会发生什么，都会在第 8 章介绍。

每个调用表达式都包含一对圆括号和左圆括号前面的表达式。如果该表达式是属性访问表达式，则这种调用被称为方法调用。在方法调用中，作为属性访问主体的对象或数组在执行函数体时会变成 this 关键字的值。这样就可以支持面向对象的编程范式，即函数（这样使用时我们称其为"方法"）会附着在其所属对象上来执行操作。详细内容可以参考第 9 章。

4.5.1 条件式调用

在 ES2020 中，可以使用 ?.() 而非 () 来调用函数。正常情况下，我们调用函数时，如果圆括号左侧的表达式是 null 或 undefined 或任何其他非函数值，都会抛出 TypeError。而使用 ?.() 调用语法，如果 ? 左侧的表达式求值为 null 或 undefined，则整个调用表达式求值为 undefined，不会抛出异常。

数组对象有一个 sort() 方法，接收一个可选的函数参数，用来定义对数组元素排序的规则。在 ES2020 之前，如果想写一个类似 sort() 的这种接收可选函数参数的方法，通常需要在函数内使用 if 语句检查该函数参数是否有定义，然后再调用：

```
function square(x, log) { // 第二个参数是一个可选的函数
    if (log) {            // 如果传入了可选的函数
        log(x);           // 调用这个函数
    }
    return x * x;         // 返回第一个参数的平方
}
```

但有了 ES2020 的条件式调用语法，可以简单地使用 ?.() 来调用这个可选的函数，只有在函数有定义时才会真正调用：

```
function square(x, log) {   // 第二个参数是一个可选的函数
    log?.(x);              // 如果有定义则调用
    return x * x;          // 返回第一个参数的平方
}
```

不过要注意，?.() 只会检查左侧的值是不是 null 或 undefined，不会验证该值是不是函数。因此，这个例子中的 square() 函数在接收到两个数值时仍然会抛出异常。

与条件式属性访问表达式（参见 4.4.1 节）类似，使用 ?.() 进行函数调用也是短路操作：如果 ?. 左侧的值是 null 或 undefined，则圆括号中的任何参数表达式都不会被求值：

```
let f = null, x = 0;
try {
    f(x++);   // 因为 f 是 null 所以抛出 TypeError
} catch(e) {
    x         // => 1: 抛出异常前 x 发生了递增
}
f?.(x++)      // => undefined: f 是 null，但不会抛出异常
x             // => 1: 因为短路，递增不会发生
```

使用 ?.() 的条件式调用表达式既适用于函数调用，也适用于方法调用。因为方法调用又涉及属性访问，所以有必要花时间确认一下自己是否理解下列表达式的区别：

```
o.m()       // 常规属性访问，常规调用
o?.m()      // 条件式属性访问，常规调用
o.m?.()     // 常规属性访问，条件式调用
```

第一个表达式中，o 必须是一个对象且必须有一个 m 属性，且该属性的值必须是函数。第二个表达式中，如果 o 是 null 或 undefined，则表达式求值为 undefined。但如果 o 是任何其他值，则它必须有一个值为函数的属性 m。第三个表达式中，o 必须不是 null 或 undefined。如果它没有属性 m 或属性 m 的值是 null，则整个表达式求值为 undefined。

使用 ?.() 的条件式调用是 JavaScript 最新的特性之一。在 2020 年初，多数主流浏览器的当前版本或预览版已经支持这个新语法。

4.6 对象创建表达式

对象创建表达式创建一个新对象并调用一个函数（称为构造函数）来初始化这个新对象。对象创建表达式类似于调用表达式，区别在于前面多了一个关键字 new：

```
new Object()
new Point(2,3)
```

如果在对象创建表达式中不会给构造函数传参，则可以省略圆括号：

```
new Object
new Date
```

对象创建表达式的值是新创建的对象。第9章将更详细地解释构造函数。

4.7 操作符概述

操作符在 JavaScript 中用于算术表达式、比较表达式、逻辑表达式、赋值表达式等。表 4-1 总结了所有操作符，可以作为一个参考。

注意，多数操作符都以 + 和 = 这样的标点符号表示。不过，有一些也以 delete 和 instanceof 这样的关键字表示。关键字操作符也是常规操作符，与标点符号表示的操作符一样，只不过它们的语法没那么简短而已。

表 4-1 按操作符优先级组织。换句话说，表格前面的操作符比后面的操作符优先级更高。横线分隔的操作符具有不同优先级。"结合性"中的"左"表示"从左到右"，"右"表示"从右到左"。"操作数"表示操作数的个数。"类型"表示操作数的类型，以及操作符的结果类型（→后面）。表格后面的几节解释优先级、结合性和操作数类型的概念。介绍完这些概念后，我们将详细介绍每一个操作符。

表 4-1：JavaScript 操作符

操作符	操作	结合性	操作数	类型
++	先或后递增	右	1	lval→num
--	先或后递减	右	1	lval→num
-	负值	右	1	num→num
+	转换为数值	右	1	any→num
~	反转二进制位	右	1	int→int
!	反转布尔值	右	1	bool→bool
delete	删除属性	右	1	lval→bool
typeof	确定操作数类型	右	1	any→str
void	返回 undefined	右	1	any→undef
**	幂	右	2	num,num→num
*、/、%	乘、除、取余	左	2	num,num→num
+、-	加、减	左	2	num,num→num
+	拼接字符串	左	2	str,str→str

表 4-1：JavaScript 操作符（续）

操作符	操作	结合性	操作数	类型
<<	左移位	左	2	int,int→int
>>	右移位以符号填充	左	2	int,int→int
>>>	右移位以零填充	左	2	int,int→int
<、<=、>、>=	按数值顺序比较	左	2	num,num→bool
<、<=、>、>=	按字母表顺序比较	左	2	str,str→bool
instanceof	测试对象类	左	2	obj,func→bool
in	测试属性是否存在	左	2	any,obj→bool
==	非严格相等测试	左	2	any,any→bool
!=	非严格不相等测试	左	2	any,any→bool
===	严格相等测试	左	2	any,any→bool
!==	严格不相等测试	左	2	any,any→bool
&	计算按位与	左	2	int,int→int
^	计算按位异或	左	2	int,int→int
|	计算按位或	左	2	int,int→int
&&	计算逻辑与	左	2	any,any→any
||	计算逻辑或	左	2	any,any→any
??	选择第一个有定义的操作数	左	2	any,any→any
?:	选择第二或第三个操作数	右	3	bool,any,any→any
=	为变量或属性赋值	右	2	lval,any→any
**=、*=、/=、%=、+=、-=、&=、^=、|=、<<=、>>=、>>>=	操作并赋值	右	2	lval,any→any
,	丢弃第一个操作数，返回第二个	左	2	any,any→any

4.7.1 操作数个数

操作符可以按照它们期待的操作数个数（参数数量）来分类。多数 JavaScript 操作符（如乘法操作符 *）都是二元操作符，可以将两个表达式组合成一个更复杂的表达式。换句话说，这些操作符期待两个操作数。JavaScript 也支持一些一元操作符，这些操作符将一个表达式转换为另一个更复杂的表达式。表达式 -x 中的操作符 - 就是一元操作符，用于对操作数 x 进行求负值操作。最后，JavaScript 也支持一个三元操作符，即条件操作符 ?:，用于将三个表达式组合为一个表达式。

4.7.2 操作数与结果类型

有些操作符适用于任何类型的值，但多数操作符期待自己的操作数是某种特定类型，而且多数操作符也返回（或求值为）特定类型的值。表 4-1 的"类型"列标明了操作数类型（箭头前）和结果类型（箭头后）。

JavaScript 操作符通常会按照需要转换操作数的类型（参见 3.9 节）。比如，乘法操作符 * 期待数值参数，而表达式 "3" * "5" 之所以合法，是因为 JavaScript 可以把操作数转换为数值。因此这个表达式的值是数值 15，而非字符串 "15"。也要记住，每个 JavaScript 值要么是"真值"要么是"假值"，因此期待布尔值操作数的操作符可以用于任何类型的操作数。

有些操作符的行为会因为操作数类型的不同而不同。最明显的，+ 操作符可以把数值加起来，也可以拼接字符串。类似地，比较操作符（如 <）根据操作数类型会按照数值顺序或字母表顺序比较。后面对每个操作符都有详细介绍，包括它们的类型依赖，以及它们执行的类型转换。

注意，表 4-1 中列出的赋值操作符和少数其他操作符期待操作数类型为 lval。lval 即 lvalue（左值），是一个历史悠久的术语，意思是"一个可以合法地出现在赋值表达式左侧的表达式"。在 JavaScript 中，变量、对象属性和数组元素都是"左值"。

4.7.3 操作符副效应

对类似 2 * 3 这样的简单表达式求值不会影响程序状态，程序后续的任何计算也不会被这个求值所影响。但有些表达式是有副效应的，即对它们求值可能影响将来求值的结果。赋值操作符就是明显的例子：把一个值赋给变量或属性，会改变后续使用该变量或属性的表达式的值。类似地，递增和递减操作符 ++ 和 -- 也有副效应，因为它们会执行隐式赋值。同样，delete 操作符也有副效应，因为删除属性类似于（但不同于）给属性赋值 undefined。

其他 JavaScript 操作符都没有副效应，但函数调用和对象创建表达式是否有副效应，取决于函数或构造函数体内是否使用了有副效应的操作符。

4.7.4 操作符优先级

表 4-1 中的操作符是按照优先级从高到低的顺序排列的，表中横线分组了相同优先级的操作符。操作符优先级控制操作符被执行的顺序。优先级高（靠近表格顶部）的操作符先于优先级低（靠近表格底部）的操作符执行。

来看下面这个表达式：

```
w = x + y*z;
```

其中乘法操作符 * 比加法操作符 + 优先级高，因此乘法计算先于加法执行。另外，赋值操作符 = 的优先级最低，因此赋值会在右侧所有操作都执行完之后才会执行。

操作符优先级可以通过圆括号显式改写。比如，要强制先执行上例中的加法计算，可以这样写：

```
w = (x + y)*z;
```

注意，属性访问和调用表达式的优先级高于表 4-1 中列出的任何操作符。看下面的例子：

```
// my 是一个有 function 属性的对象，function 属性
// 是一个函数的数组。这里调用了 x 号函数，并传给它
// 参数 y，然后再求值函数调用返回值的类型
typeof my.functions[x](y)
```

尽管 typeof 是优先级最高的操作符，但 typeof 操作符要基于属性访问、数组索引和函数调用的结果执行，这些操作的优先级全部高于操作符。

实践中，如果你完全不确定自己所用操作符的优先级，最简单的办法是使用圆括号明确求值顺序。最重要的规则在于：乘和除先于加和减执行，而赋值优先级很低，几乎总是最后才执行。

JavaScript 新增的操作符并不总是符合这个优先级模式。比如在表 4-1 中，?? 操作符（参见 4.13.2 节）比 || 和 && 优先级低，而实际上它相对于这两个操作符的优先级并没有定义，ES2020 要求在混用 ?? 和 || 或 && 时使用必须使用圆括号。类似地，新的幂操作符 ** 相对于一元负值操作符的优先级也没有明确定义，因此在同时求负值和求幂时也必须使用圆括号。

4.7.5 操作符结合性

在表 4-1 中，"结合性"标明了操作符的结合性。"左"表示结合性为从左到右，"右"表示结合性为从右到左。操作符结合性规定了相同优先级操作的执行顺序。左结合意味着操作从左到右执行。例如，减操作符具有左结合性，因此：

```
w = x - y - z;
```

就等价于：

```
w = ((x - y) - z);
```

另一方面，下列表达式：

```
y = a ** b ** c;
x = ~-y;
w = x = y = z;
q = a?b:c?d:e?f:g;
```

等价于：

```
y = (a ** (b ** c));
x = ~(-y);
w = (x = (y = z));
q = a?b:(c?d:(e?f:g));
```

因为幂、一元、赋值和三元条件操作符具有右结合性。

4.7.6 求值顺序

操作符的优先级和结合性规定了复杂表达式中操作的执行顺序，但它们没有规定子表达式的求值顺序。JavaScript 始终严格按照从左到右的顺序对表达式求值。例如，在表达式 w = x + y * z 中，子表达式 w 首先被求值，再对 x、y 和 z 求值。然后将 y 和 z 相乘，加到 x 上，再把结果赋值给表达式 w 表示的变量或属性。在表达式中使用圆括号可以改变乘法、加法和赋值的相对顺序，但不会改变从左到右的求值顺序。

求值顺序只在一种情况下会造成差异，即被求值的表达式具有副效应，这会影响其他表达式的求值。比如，表达式 x 递增一个变量，而表达式 z 会使用这个变量，此时保证 x 先于 z 被求值就很重要了。

4.8 算术表达式

本节介绍对操作数执行算术或其他数值操作的操作符。首先介绍幂、乘、除和减这几个简单直观的操作符。之后会介绍加操作符，因为它也执行字符串转换，且具有不同寻常的类型转换规则。一元操作符和位操作符也会在之后介绍。

多数算术操作符（除了下面提到的）都可以用于 BigInt（参见 3.2.5 节）操作数或常规数值，前提是不能混用两种类型。

基本的算术操作符是 **（幂）、*（乘）、/（除）、%（模：除后的余数）、+（加）和 -（减）。如前所述，我们会在单独一节讨论 + 操作符。另外 5 个基本操作符都会对自己的操作数进行求值，必要时将操作数转换为数值，然后计算幂、积、商、余和差。无法转换为数值的非数值操作数则转换为 NaN。如果有操作数是（或被转换成）NaN，则操作结果（几乎始终）是 NaN。

** 操作符的优先级高于 *、/ 和 %（后三个的优先级又高于 + 和 -）。与其他操作符不同，** 具有右结合性，即 2**2**3 相当于 2**8 而非 4**3。另外，类似 -3**2 这样的表达式本质上是有歧义的。取决于一元减号和幂操作的相对优先级，这个表达式可能意味着 (-3)**2，也可能意味着 -(3**2)。对于这种情况，不同语言的处理方式也不同。JavaScript 认为这种情况下不写括号就是语法错误，强制你自己消除表达式的歧义。** 是 JavaScript 中最新的操作符，是 ES2016 中增加的。但 Math.pow() 函数在 JavaScript 很早的版本中就有了，它与 ** 操作符执行完全相同的操作。

/ 操作符用第二个操作数除第一个操作数。如果你习惯了区分整数和浮点数的编程语言，应该知道整数相除得到整数。但在 JavaScript 中，所有数值都是浮点数，因此所有除法操作得到的都是浮点数，比如 5/2 得到 2.5 而不是 2。被 0 除得到正无穷或负无穷，而 0/0 求值为 NaN。这两种情况都不是错误。

% 操作符计算第一个操作数对第二个操作数取模的结果。换句话说，它返回第一个操作数被第二个操作数整除之后的余数。结果的符号与第一个操作数相同。例如，5 % 2 求值为 1，而 -5 % 2 求值为 -1。

虽然模操作数通常用于整数，但也可以用于浮点数。比如，6.5 % 2.1 求值为 0.2。

4.8.1 + 操作符

二元 + 操作符用于计算数值操作数的和或者拼接字符串操作数：

```
1 + 2                      // => 3
"hello" + " " + "there"    // => "hello there"
"1" + "2"                  // => "12"
```

如果两个操作数都是数值或都是字符串，+ 操作符执行后的结果自不必说。但除这两种情况之外的任何情况，都会涉及类型转换，而实际执行的操作取决于类型转换的结果。+ 操作符优先字符串拼接：只要有操作数是字符串或可以转换为字符串的对象，另一个操作数也会被转换为字符串并执行拼接操作。只有任何操作数都不是字符串或类字符串值时才会执行加法操作。

严格来讲，+ 操作符的行为如下所示。

- 如果有一个操作数是对象，则 + 操作符使用 3.9.3 节介绍的对象到原始值的算法把该操作数转换为原始值。Date 对象用 toString() 方法来转换，其他所有对象通过 valueOf() 转换（如果这个方法返回原始值）。不过，多数对象并没有 valueOf() 方法，因此它们也会通过 toString() 方法转换。

- 完成对象到原始值的转换后，如果有操作数是字符串，另一个操作数也会被转换为字符串并进行拼接。

- 否则，两个操作数都被转换为数值（或 NaN），计算加法。

下面是几个例子：

```
1 + 2        // => 3: 加法
"1" + "2"    // => "12": 拼接
"1" + 2      // => "12": 数值转换为字符串后再拼接
1 + {}       // => "1[object Object]": 对象转换为字符串后再拼接
true + true  // => 2: 布尔值转换为字符串后计算加法
2 + null     // => 2: null 转换为 0 后计算加法
2 + undefined // => NaN: undefined 转换为 NaN 后计算加法
```

最后，很重要的一点是要注意 + 操作符在用于字符串和数值时，可能不遵守结合性。换句话说，结果取决于操作执行的顺序。

例如：

```
1 + 2 + " blind mice"    // => "3 blind mice"
1 + (2 + " blind mice")  // => "12 blind mice"
```

第一行没有圆括号，+ 操作符表现出左结合性，即两个数值先相加，然后它们的和再与字符串拼接。第二行中的圆括号改变了操作执行的顺序：数值 2 先与字符串拼接产生一个新字符串，然后数值 1 再与新字符串拼接得到最终结果。

4.8.2 一元算术操作符

一元操作符修改一个操作数的值以产生一个新值。在 JavaScript 中，一元操作符全部具有高优先级和右结合性。本节介绍的算术一元操作符（+、-、++ 和 --）都在必要时将自己唯一的操作数转换为数值。注意，操作符 + 和 - 既是一元操作符，也是二元操作符。

一元算术操作符如下所示。

一元加（+）
　　一元加操作符将其操作数转换为数值（或 NaN）并返回转换后的值。如果操作数是数值，则它什么也不做。由于 BigInt 值不能转换为常规数值，因此这个操作符不应该用于 BigInt。

一元减（-）
　　当 - 用作一元操作符时，它在必要时将操作数转换为数值，然后改变结果的符号。

递增（++）
　　++ 操作符递增其操作数（也就是加 1），这个操作数必须是一个左值（变量、数组

元素或对象属性）。这个操作符将其操作数转换为数值，在这个数值上加 1，然后将
递增后的数值再赋值回这个变量、元素或属性。

++ 操作符的返回值取决于它与操作数的相对位置。如果位于操作数前面，则可以称其
为前递增操作符，即先递增操作数，再求值为该操作数递增后的值。如果位于操作数后
面，则可以称其为后递增操作符，即它也会递增操作数，但仍然求值为该操作数未递增
的值。看看下面两行代码，注意它们的差异：

```
let i = 1, j = ++i;    // i 和 j 都是 2
let n = 1, m = n++;    // n 是 2，m 是 1
```

这说明，表达式 x++ 不一定等价于 x=x+1。++ 操作符不会执行字符串拼接，而始终会将
其操作数转换为数值。如果 x 是字符串 "1"，++x 就是数值 2，但 x+1 则是字符串 "11"。

另外也要注意，由于 JavaScript 会自动插入分号，因此不能在后递增操作符和它前面的
操作数之间插入换行符。如果插入了换行符，JavaScript 会将操作数当成一条完整的语
句，在它后面插入一个分号。

这个操作符（包括其前、后递增形式）主要用于在 for 循环（参见 5.4.3 节）中控制计数
器递增。

递减（--）
    -- 操作符也期待左值操作数。它会将这个操作数转换为数值，减 1，然后把递减后
的值再赋值给操作数。与 ++ 操作符类似，-- 返回的值取决于它与操作数的相对位
置。如果位于操作数前面，它递减并返回递减后的值。如果位于操作数后面，它递
减操作数，但返回未递减的值。在位于操作数后面时，操作数与操作符之间不能有
换行符。

4.8.3 位操作符

位操作符对数值的二进制表示执行低级位操作。尽管它们执行的不是我们熟悉的算术计
算，但由于它们操作的是数值操作数且返回数值，所以也可以把它们归类为算术操作
符。4 个位操作符对操作数的个别二进制位执行布尔代数计算，即将操作数中的每一位
当成布尔值来对待（1 为 true，0 为 false）。另外 3 个位操作符用于左右移位。位操作符
在 JavaScript 编程中不太常用，如果对整数的二进制表示（包括负整数的二进制补码表
示）不熟悉，可以考虑先跳过这一节。

位操作符期待整数操作数，而且将它们当成 32 位整数而非 64 位浮点值。这些操作符必
要时将它们的操作数转换为数值，然后再将得到的数值强制转换为 32 位整数，即丢弃
小数部分和第 32 位以外的部分。移位操作符要求右侧操作数介于 0 到 31 之间。在把操

作数转换为无符号 32 位整数后，它们会丢弃第 5 位以外的位，得到一个近似相等的数值。令人惊讶的是，NaN、Infinity 和 -Infinity 在作为这些位操作符的操作数时都会转换为 0。

除了 >>> 之外的所有位操作符都可以用于常规数据或 BigInt（参见 3.2.5 节）操作数。

按位与（&）

& 操作符对其整数参数的每一位执行布尔与操作。只有两个操作数对应的位都为 1，结果中对应的位才为 1。例如，0x1234 & 0x00FF 求值为 0x0034。

按位或（|）

| 操作符对其整数参数的每一位执行布尔或操作。两个操作数中对应的位都为 1 或有一个为 1，结果中对应的位就为 1。例如，0x1234 0x00FF 求值为 0x12FF。

按位异或（^）

^ 操作符对其整数参数的每一位执行布尔异或操作。异或的意思就是要么操作数一为 true，要么操作数二为 true，二者不能同时为 true。两个操作数中对应的位只有一个为 1，结果中对应的位就为 1。例如，0xFF00 ^ 0xF0F0 求值为 0x0FF0。

按位非（~）

~ 操作符是一元操作符，要出现在其操作数前面。按位非的结果是反转操作数中的所有位。因为 JavaScript 表示有符号整数的方式，对一个值应用 ~ 操作符等于修改其符号并减 1。例如，~0x0F 求值为 0xFFFFFFF0，即 -16。

左移（<<）

<< 操作符将第一个操作数的所有位向左移动第二个操作数指定的位数，第二个操作数应该是介于 0 到 31 之间的整数。例如，在 a<<1 操作中，a 的第 1 位变成第 2 位，a 的第 2 位变成第 3 位，以此类推。新的第 1 位会填充 0，第 32 位的值丢弃。将一个值左移 1 位等于这个值乘以 2，左移 2 位等于乘以 4，以此类推。例如，7<<2 求值为 28。

有符号右移（>>）

>> 操作符将第一个操作数的所有位向右移动第二个操作数指定的位数（介于 0 到 31 之间）。移出右边的位会被丢弃。填充到左边的位取决于原始操作数的符号，以便结果保持相同的符号。如果第一个操作数是正值，则结果的高位填充 0；如果第一个操作数是负值，则结果的高位填充 1。将一个正值右移 1 位等于这个值除以 2（丢弃余数），右移 2 位等于除以 4，以此类推。例如，7>>1 求值为 3，-7 >> 1 求值为 -4。

零填充右移（>>>）

>>> 操作符与 >> 操作符类似，只不过无论第一个操作数的符号是什么，左侧移动的位始终填充 0。如果想把有符号 32 位值看成无符号整数，那可以使用这个操作符。例如，-1 >> 4 求值为 -1，而 -1 >>> 4 求值为 0x0FFFFFFF。这是 JavaScript 中唯一一个不能用于 BigInt 的位操作符。BigInt 不像 32 位整数那样通过设置高位的方式表示负值，这个操作符只对特定的补码表示有意义。

4.9 关系表达式

本节介绍 JavaScript 的关系操作符。这些操作符测试两个值之间的关系（如"等于""小于"或"是……的属性"），并依据相应关系是否存在返回 true 或 false。关系表达式始终求值为布尔值，而该值经常用于控制程序的执行流，如在 if、while 和 for 语句（参见第 5 章）中使用。接下来几小节将介绍相等和不相等操作符、比较操作符和 JavaScript 的另外两个关系操作符 in 和 instanceof。

4.9.1 相等和不相等操作符

== 和 === 操作符分别用两个相同的标准检查两个值是否相同。这两个操作符都接受任意类型的操作数，都在自己的操作数相同时返回 true，不同时返回 false。=== 操作符被称为严格相等操作符（或者全等操作符），它根据严格相同的定义检查两个操作数是否"完全相同"。== 操作符被称为相等操作符，它根据更宽松的（允许类型转换的）相同定义检查两个操作数是否"相等"。

!= 和 !== 操作符测试的关系与 == 和 === 恰好相反。!= 不相等操作符在两个值用 == 测试相等时返回 false，否则返回 true。!== 操作符在两个值严格相等时返回 false，否则返回 true。正如 4.10 节将介绍的，! 操作符计算布尔非操作的值。因此很容易记住 != 和 !== 分别表示"不相等"和"不严格相等"。

=、== 和 === 操作符

JavaScript 支持 =、== 和 === 操作符，它们分别用于赋值、测试相等和严格相等。在实际编码中，一定要确保正确使用它们。表面上看它们都是"等于号"，为了好区分，可以把 = 理解为"取得"或"赋值给"，把 == 理解成"等于"，把 === 理解成"严格等于"。

== 操作符是 JavaScript 早期的特性，被普遍认为是个隐患。因此实践中应该坚持使用 === 而不使用 ==，使用 !== 而不使用 !=。

正如 3.8 节所说，JavaScript 对象是按引用而不是按值比较的。对象与自己相等，但与其他任何对象都不相等。即使两个对象有同样多的属性，每个属性的名字和值也相同，那它们也不相等。类似地，两个数组即使元素相同、顺序相同，它们也不相等。

严格相等

严格相等操作符 === 求值其操作数，然后按下列步骤比较两个值，不做类型转换。

- 如果两个值类型不同，则不相等。

- 如果两个值都是 null 或都是 undefined，则相等。

- 如果两个值都是布尔值 true 或都是布尔值 false，则相等。

- 如果一个或两个值是 NaN，则不相等（虽然有点意外，但 NaN 确实不等于任何其他值，也包括 NaN 自身！要检查某个值 x 是不是 NaN，使用 x !== x 或全局 isNaN() 函数）。

- 如果两个值都是数值且值相同，则相等。如果一个值是 0 而另一个是 -0，则也相等。

- 如果两个值都是字符串且相同位置包含完全相同的 16 位值（参见 3.3 节），则相等。如果两个字符串长度或内容不同，则不相等。两个字符串有可能看起来相同，也表示同样的意思，但底层编码却使用不同的 16 位值序列。JavaScript 不会执行 Unicode 归一化操作，像这样的两个字符串用 === 或 == 操作符都不会判定相等。

- 如果两个值引用同一个对象、数组或函数，则相等。如果它们引用不同的对象，即使两个对象有完全相同的属性，也不相等。

基于类型转换的相等

相等操作符 == 与严格相等类似，但没那么严格。如果两个操作数的值类型不同，它会尝试做类型转换，然后再比较。

- 如果两个值类型相同，则按照前面的规则测试它们是否严格相等。如果严格相等，则相等。如果不严格相等，则不相等。

- 如果两个值类型不同，== 操作符仍然可能认为它们相等。此时它会使用以下规则，基于类型转换来判定相等关系。

  - 如果一个值是 null，另一个值是 undefined，则相等。

  - 如果一个值是数值，另一个值是字符串，把字符串转换为数值，再比较转换后的数值。

  - 如果有一个值为 true，把它转换为 1，再比较。如果有一个值为 false，把它转换为 0，再比较。

- 如果一个值是对象，另一个值是数值或字符串，先使用 3.9.3 节描述的算法把对象转换为原始值，再比较。对象转换为原始值时要么使用其 toString() 方法，要么使用其 valueOf() 方法。JavaScript 内置的核心类先尝试使用 valueOf()，再尝试 toString()。但 Date 类是个例外，这个类执行 toString() 转换。

- 其他任何值的组合都不相等。

下面来看一个比较相等的例子：

```
"1" == true  // => true
```

这个表达式求值为 true，意味着这两个看起来完全不一样的值实际上相等。布尔值 true 首先被转换为数值 1 然后再比较。而字符串 "1" 也被转换为数值 1。此时两个值相等，因此比较返回 true。

4.9.2 比较操作符

比较操作符测试操作数的相对顺序（数值或字母表顺序）。

小于（<）

< 操作符在第一个操作数小于第二个操作数时求值为 true，否则求值为 false。

大于（>）

> 操作符在第一个操作数大于第二个操作数时求值为 true，否则求值为 false。

小于等于（<=）

<= 操作符在第一个操作数小于或等于第二个操作数时求值为 true，否则求值为 false。

大于等于（>=）

>= 操作符在第一个操作数大于或等于第二个操作数时求值为 true，否则求值为 false。

这几个比较操作符的操作数可能是任何类型。但比较只能针对数值和字符串，因此不是数值或字符串的操作数会被转换类型。

比较和转换规则如下。

• 如果有操作数求值为对象，该对象会按照 3.9.3 节的描述被转换为原始值。即如果它的 valueOf() 方法返回原始值，就使用这个值，否则就使用它的 toString() 方法返回的值。

- 如果在完成对象到原始值的转换后两个操作数都是字符串，则使用字母表顺序比较这两个字符串，其中"字母表顺序"就是组成字符串的 16 位 Unicode 值的数值顺序。

- 如果在完成对象到原始值的转换后至少有一个操作数不是字符串，则两个操作数都会被转换为数值并按照数值顺序来比较。0 和 -0 被认为相等。Infinity 比它本身之外的任何数都大，-Infinity 比它本身之外的任何数都小。如果有一个操作数是（或转换后是）NaN，则这些比较操作符都返回 false。虽然算术操作符不允许 BigInt 值与常规数值混用，但比较操作符允许数值与 BigInt 进行比较。

记住，JavaScript 字符串是 16 位整数值的序列，而字符串比较就是比较两个字符串的数值序列。Unicode 定义的这个数值编码顺序不一定与特定语言或地区使用的传统校正顺序（collation order）匹配。特别要注意字符串比较是区分大小写的，而所有大写 ASCII 字母比所有小写 ASCII 字母都小。如果不留意，这条规则很可能导致令人不解的结果。例如，根据 < 操作符，字符串"Zoo"会排在字符串"aardvark"前面。

如果需要更可靠的字符串比较算法，可以用 String.localeCompare() 方法，这个方法也会考虑特定地区的字母表顺序。要执行不区分大小写的比较，可以使用 String.toLowerCase() 或 String.toUpperCase() 把字符串转换为全小写或全大写。如果需要更通用和更好的本地化字符串比较工具，可以使用 11.7.3 节介绍的 Intl.Collator 类。

+ 操作符和比较操作符同样都会对数值和字符串操作数区别对待。+ 偏向字符串，即只要有一个操作数是字符串，它就会执行拼接操作。而比较操作符偏向数值，只有两个操作数均为字符串时才按字符串处理：

```
1 + 2          // => 3: 相加
"1" + "2"      // => "12": 拼接
"1" + 2        // => "12": 2 会转换为 "2"
11 < 3         // => false: 数值比较
"11" < "3"     // => true: 字符串比较
"11" < 3       // => false: 数值比较，"11" 会转换为 11
"one" < 3      // => false: 数值比较，"one" 转换为 NaN
```

最后，注意 <=（小于或等于）和 >=（大于或等于）操作符不依赖相等或严格相等操作符确定两个值是否"相等"。其中，小于或等于操作符只是简单地定义为"不大于"，而大于或等于操作符则定义为"不小于"。还有一个例外情形，即只要有一个操作数是（或可以转换为）NaN，则全部 4 个比较操作符都返回 false。

4.9.3 in 操作符

in 操作符期待左侧操作数是字符串、符号或可以转换为字符串的值，期待右侧操作数是对象。如果左侧的值是右侧的对象的属性名，则 in 返回 true。例如：

```
let point = {x: 1, y: 1};    // 定义对象
"x" in point                 // => true: 对象有名为 "x" 的属性
"z" in point                 // => false: 对象没有名为 "z" 的属性
"toString" in point          // => true: 对象继承了 toString 方法

let data = [7,8,9];          // 数组，有元素（索引）0、1 和 2
"0" in data                  // => true: 数组有元素 "0"
1 in data                    // => true: 数值会转换为字符串
3 in data                    // => false: 没有元素 3
```

4.9.4 instanceof 操作符

instanceof 操作符期待左侧操作数是对象，右侧操作数是对象类的标识。这个操作符在左侧对象是右侧类的实例时求值为 true，否则求值为 false。第 9 章解释了，在 JavaScript 中，对象类是通过初始化它们的构造函数定义的。因而，instanceof 的右侧操作数应该是一个函数。下面看几个例子：

```
let d = new Date();  // 通过 Date() 构造函数创建一个新对象
d instanceof Date    // => true: d 是通过 Date() 创建的
d instanceof Object  // => true: 所有对象都是 Object 的实例
d instanceof Number  // => false: d 不是 Number 对象
let a = [1, 2, 3];   // 通过数组字面量语法创建一个数组
a instanceof Array   // => true: a 是个数组
a instanceof Object  // => true: 所有数组都是对象
a instanceof RegExp  // => false: 数组不是正则表达式
```

注意，所有对象都是 Object 的实例。instanceof 在确定对象是不是某个类的实例时会考虑"超类"。如果 instanceof 的左侧操作数不是对象，它会返回 false。如果右侧操作数不是对象的类，它会抛出 TypeError。

要理解 instanceof 的工作原理，必须理解"原型链"。原型链是 JavaScript 的继承机制，6.3.2 节有详细介绍。为了对表达式 o instanceof f 求值，JavaScript 会求值 f.prototype，然后在 o 的原型链上查找这个值。如果找到了，则 o 是 f（或 f 的子类）的实例，instanceof 返回 true。如果 f.prototype 不是 o 原型链上的一个值，则 o 不是 f 的实例，instanceof 返回 false。

4.10 逻辑表达式

逻辑操作符 &&、|| 和！执行布尔代数操作，经常与关系操作符一起使用，把两个关系表达式组合为更复杂的表达式。接下来几小节介绍这些操作符。为彻底理解它们，建议大家回顾一下 3.4 节介绍的"真性值"和"假性值"的概念。

4.10.1 逻辑与（&&）

&& 操作符可以从不同层次来理解。最简单的情况下，在与布尔操作数共同使用时，&& 对两个值执行布尔与操作：当且仅当第一个操作数为 true 并且第二个操作数也为 true 时，才返回 true。如果有一个操作数是 false，或者两个操作数都是 false，它返回 false。

&& 经常用于连接两个关系表达式：

```
x === 0 && y === 0    // 当且仅当 x 和 y 都为 0 时，整个表达式才为 true
```

关系表达式始终返回 true 或 false，因此在像这样使用时，&& 操作符本身也返回 true 或 false。关系操作符的优先级高于 &&（以及 ||），因此类似这样的表达式可以不带圆括号。

但 && 不要求其操作数是布尔值。我们知道，所有 JavaScript 值要么是"真值"，要么是"假值"（详见 3.4 节。假值包括 false、null、undefined、0、-0、NaN 和 ""。所有其他值，包括所有对象都是真值）。理解 && 的第二个层次是它对真值和假值执行布尔与操作。如果两个操作数都是真值，&& 返回一个真值；否则（一个或两个操作数是假值），&& 返回假值。在 JavaScript 中，期待布尔值的任何表达式或语句都可以处理真值或假值，因此 && 并不总返回 true 或 false 的事实在实践中并不会导致出现问题。

注意，上面谈到 && 返回"一个真值"或"一个假值"时并没有说明这个值是什么。对此，需要从第三个层次上来理解 &&。这个操作符首先对第一个操作数即它左边的表达式求值，如果左边的值是假值，则整个表达式的值也一定是假值，因此 && 返回它左侧的值，不再求值它右侧的表达式。

另一方面，如果 && 左侧的值是真值，则整个表达式的值取决于右侧的值。如果右侧的值是真值，则整个表达式的值一定是真值；如果右侧的值是假值，则整个表达式的值一定是假值。因此，在左侧的值为真值时，&& 操作符求值并返回它右侧的值：

```
let o = {x: 1};
let p = null;
o && o.x    // => 1: o 是真值，因此返回 o.x 的值
p && p.x    // => null: p 是假值，因此返回它，不对 p.x 求值
```

这里关键是要理解，&& 可能会（也可能不会）对其右侧操作数求值。在这个代码示例中，变量 p 的值为 null，表达式 p.x 如果被求值会导致 TypeError。但代码中以惯用方式利用 && 只在 p 为真值（不是 null 或 undefined）时才对 p.x 求值。

&& 的这种行为有时候也被称为短路，可能你也会看到有代码利用这种行为条件式地执行代码。例如，以下两行 JavaScript 代码效果相同：

```
if (a === b) stop();     // 只有 a === b 时才调用 stop()
(a === b) && stop();     // 效果与上面一样
```

一般来说，必须注意 && 右侧包含副效应（赋值、递增、递减或函数调用）的表达式。无论其副效应是否依赖左侧的值。

尽管这个操作符的工作方式比较复杂，但它最常见的用法还是对真值和假值执行布尔代数计算。

4.10.2 逻辑或（||）

|| 操作符对它的操作数执行布尔或操作。如果有一个操作数是真值，这个操作符就返回真值。如果两个操作数都是假值，它就返回假值。

尽管 || 操作符最常用作简单的布尔或操作符，但它与 && 类似，也有更复杂的行为。它首先会对第一个操作数，即它左侧的表达式求值。如果第一个操作数的值是真值，|| 就会短路，直接返回该真值，不再对右侧表达式求值。而如果第一个操作数的值是假值，则 || 会求值其第二个操作数并返回该表达式的值。

与 && 操作符一样，应该避免让右侧操作数包含副效应，除非是有意利用右侧表达式可能不会被求值的事实。

这个操作符的习惯用法是在一系列备选项中选择第一个真值：

```
// 如果 maxWidth 是真值，就使用它；否则，看看 preferences
// 对象。如果 preferences 里也没有真值，就使用硬编码的常量
let max = maxWidth || preferences.maxWidth || 500;
```

注意，如果 0 是 maxWidth 的有效值，则以上代码可能有问题，因为 0 是个假值。此时可以使用 ?? 操作符（参见 4.13.2 节）。

在 ES6 之前，这个惯用法经常用于在函数中给参数提供默认值：

```
// 复制 o 的属性给 p，返回 p
function copy(o, p) {
    p = p || {};  // 如果没有传入对象 p，使用新创建的对象
    // 这里是函数体
}
```

不过在 ES6 及之后的版本中，这个技巧已经没有必要了，因为默认参数可以直接写在函数定义中：function copy(o, p={}) { ... }。

4.10.3 逻辑非（!）

! 操作符是个一元操作符，出现在操作数前面。这个操作符的目的是反转其操作数的布

尔值。例如，如果 x 是真值，!x 会求值为 false。如果 x 是假值，!x 求值为 true。

与 && 和 || 不同，! 操作符将其操作数转换为布尔值（使用第 3 章介绍的规则），然后再反转得到的布尔值。这意味着 ! 始终返回 true 或 false，而要取得任何值 x 对应的布尔值，只要对 x 应用这个操作符两次即可：!!x（参见 3.9.2 节）。

作为一元操作符，! 优先级较高。如果想反转表达式 p && q 的值，需要使用圆括号：!(p && q)。有必要说一下，可以通过如下 JavaScript 语法来表达布尔代数的两个法则：

```
// 德摩根定律
!(p && q) === (!p || !q)  // => true: p 和 q 可以是任何值
!(p || q) === (!p && !q)  // => true: p 和 q 可以是任何值
```

4.11 赋值表达式

JavaScript 使用 = 操作符为变量或属性赋值。例如：

```
i = 0;      // 设置变量 i 为 0
o.x = 1;    // 设置对象 o 的属性 x 为 1
```

= 操作符期待其左侧操作数是一个左值，即变量或对象属性或数组元素。它期待右侧操作数是任意类型的任意值。赋值表达式的值是右侧操作数的值。作为副效应，= 操作符将右侧的值赋给左侧的变量或属性，以便将来对该变量或属性的引用可以求值为这个值。

尽管赋值表达式通常很简单，但有时候你可能也会看到一个大型表达式中会用到赋值表达式的值。例如，可以像下面这样在同一个表达式中赋值并测试这个值：

```
(a = b) === 0
```

如果你要这样做，最好真正明白 = 和 === 操作符的区别。注意，= 的优先级很低，在较大的表达式中使用赋值的值通常需要使用圆括号。

赋值操作符具有右结合性，这意味着如果一个表达式中出现多个赋值操作符，它们会从右向左求值。因此，可以通过如下代码将一个值赋给多个变量：

```
i = j = k = 0;        // 把 3 个变量都初始化为 0
```

4.11.1 通过操作赋值

除了常规的 = 赋值操作符，JavaScript 还支持其他一些赋值操作符，这些操作符通过组合赋值和其他操作符提供了快捷操作。例如，+= 操作符执行加法和赋值操作。下面这个表达式：

```
total += salesTax;
```

等价于:

```
total = total + salesTax;
```

可能你也想到了, += 操作符可以处理数值和字符串。对数值操作数, 它执行加法并赋值;
对字符串操作数, 它执行拼接并赋值。

类似的操作符还有 -=、*=、&=, 等等。表 4-2 列出了全部这样的操作符。

表 4-2: 赋值操作符

操作符	示例	等价于
+=	a += b	a = a + b
-=	a -= b	a = a - b
*=	a *= b	a = a * b
/=	a /= b	a = a / b
%=	a %= b	a = a % b
**=	a **= b	a = a ** b
<<=	a <<= b	a = a << b
>>=	a >>= b	a = a >> b
>>>=	a >>>= b	a = a >>> b
&=	a &= b	a = a & b
|=	a |= b	a = a | b
^=	a ^= b	a = a ^ b

多数情况下, 表达式:

```
a op= b
```

(其中 op 是操作符) 都等价于表达式:

```
a = a op b
```

在第一行, 表达式 a 只被求值一次。而在第二行, 它会被求值两次。这两种情况只有在
a 包含副效应(如函数调用或递增操作符)时才会有区别。比如, 下面这两个表达式就
不一样了:

```
data[i++] *= 2;
data[i++] = data[i++] * 2;
```

4.12 求值表达式

与很多解释型语言一样, JavaScript 有能力解释 JavaScript 源代码字符串, 对它们求值以

产生一个值。JavaScript 是通过全局函数 eval() 来对源代码字符串求值的：

```
eval("3+2")    // => 5
```

对源代码字符串的动态求值是一个强大的语言特性，但这种特性在实际项目当中几乎用不到。如果你发现自己在使用 eval()，那应该好好思考一下到底是不是真需要使用它。特别地，eval() 可能会成为安全漏洞，为此永远不要把来自用户输入的字符串交给它执行。对于像 JavaScript 这么复杂的语言，无法对用户输入脱敏，因此无法保证在 eval() 中安全地使用。由于这些安全问题，某些 Web 服务器使用 HTTP 的 "Content-Security-Policy" 头部对整个网站禁用 eval()。

接下来几小节将解释 eval() 的基本用法，并解释它的两个对优化程序影响不大的受限版本。

---

eval() 是函数还是操作符？

eval() 是一个函数，但之所以在讲表达式的本章介绍它，是因为它其实应该是个操作符。JavaScript 语言最初的版本定义了一个 eval() 函数，而从那时起，语言设计者和解释器开发者一直对它加以限制，导致它越来越像操作符。现代 JavaScript 解释器会执行大量代码分析和优化。一般来说，如果一个函数调用 eval()，则解释器将无法再优化该函数。把 eval() 定义为函数的问题在于可以给它起不同的名字：

```
let f = eval;
let g = f;
```

如果可以这样，那么解释器无法确定哪个函数会调用 eval()，也就无法激进优化。假如 eval() 是个操作符（即保留字），那这个问题就可以避免。后面（4.12.2 节和 4.12.3 节）会介绍对 eval() 的限制，而这些限制也让它更像操作符。

4.12.1 eval()

eval() 期待一个参数。如果给它传入任何非字符串值，它会简单地返回这个值。如果传入字符串，它会尝试把这个字符串当成 JavaScript 代码来解析，解析失败会抛出 SyntaxError。如果解析字符串成功，它会求值代码并返回该字符串中最后一个表达式或语句的值；如果最后一个表达式或语句没有值则返回 undefined。如果求值字符串抛出异常，该异常会从调用 eval() 的地方传播出来。

对于 eval()（在像这样调用时），关键在于它会使用调用它的代码的变量环境。也就是说，它会像本地代码一样查找变量的值、定义新变量和函数。如果一个函数定义了一个局部变量 x，然后调用了 eval("x")，那它会取得这个局部变量的值。如果这个函数调用了 eval("var y = 3;")，则会声明一个新局部变量 y。另外，如果被求值的字符串使用了 let 或 const，则声明的变量或常量会被限制在求值的局部作用域内，不会定义到调用环境中。

类似地，函数也可以像下面这样声明一个局部函数：

```
eval("function f() { return x+1; }");
```

如果在顶级代码中调用 eval()，则它操作的一定是全局变量和全局函数。

注意，传给 eval() 的代码字符串本身必须从语法上说得通：不能使用它向函数中粘贴代码片段。比如，eval("return;") 是没有意义的，因为 return 只在函数中是合法的，即使被求值的字符串使用与调用函数相同的变量环境，这个字符串也不会成为函数的一部分。只要这个字符串本身可以作为独立的脚本运行（即使像 x=0 这么短），都可以合法地传给 eval()。否则，eval() 将抛出 SyntaxError。

4.12.2 全局 eval()

之所以 eval() 会干扰 JavaScript 的优化程序，是因为它能够修改局部变量。不过作为应对，解释器也不会过多优化调用 eval() 的函数。那么，如果某脚本为 eval() 定义了别名，然后又通过另一个名字调用这个函数，JavaScript 解释器该怎么做呢？ JavaScript 规范中说，如果 eval() 被以"eval"之外的其他名字调用时，它应该把字符串当成顶级全局代码来求值。被求值的代码可能定义新全局变量或全局函数，可能修改全局变量，但它不会再使用或修改调用函数的局部变量。因此也就不会妨碍局部优化。

相对而言，使用名字"eval"来调用 eval() 函数就叫作"直接 eval"（这样就有点保留字的感觉了）。直接调用 eval() 使用的是调用上下文的变量环境。任何其他调用方式，包括间接调用，都使用全局对象作为变量环境，因而不能读、写或定义局部变量或函数（无论直接调用还是间接调用都只能通过 var 来定义新变量。在被求值的字符串中使用 let 和 const 创建的变量和常量会被限定在求值的局部作用域内，不会修改调用或全局环境）。

下面来看几个例子：

```
const geval = eval;              // 使用另一个名字，实现全局求值
let x = "global", y = "global";  // 两个全局变量
function f() {                   // 这个函数直接调用 eval()
    let x = "local";             // 定义一个局部变量
    eval("x += 'changed';");     // 直接调用修改局部变量
    return x;                    // 返回修改后的局部变量
}
function g() {                   // 这个函数全局（间接）调用 eval()
```

```
    let y = "local";              // 定义一个局部变量
    geval("y += 'changed';");     // 间接调用修改全局变量
    return y;                     // 返回未修改的局部变量
}
console.log(f(), x); // 局部变量变了，打印 "localchanged global"
console.log(g(), y); // 全局变量变了，打印 "local globalchanged"
```

注意，这种全局求值的能力不仅仅是为了适应优化程序的需求，同时也是一种极其有用的特性，可以让我们把代码字符串作为独立、顶级的脚本来执行。正如本节开始时提到的，真正需要求值代码字符串的场景非常少。假如你必须使用 eval()，那很可能应该使用它的全局求值而不是局部求值。

4.12.3 严格 eval()

严格模式（参见 5.6.3 节）对 eval() 函数增加了更多限制，甚至对标识符"eval"的使用也进行了限制。当我们在严格模式下调用 eval() 时，或者当被求值的代码字符串以"use strict"指令开头时，eval() 会基于一个私有变量环境进行局部求值。这意味着在严格模式下，被求值的代码可以查询和设置局部变量，但不能在局部作用域中定义新变量或函数。

另外，严格模式让 eval() 变得更像操作符，因为"eval"在严格模式下会变成保留字。此时不能再使用新值来重写 eval() 函数。换句话说，通过名字"eval"来声明变量、函数、函数参数或捕获块参数都是不允许的。

4.13 其他操作符

JavaScript 还支持另外一些操作符，接下来几节介绍它们。

4.13.1 条件操作符（?:）

条件操作符是 JavaScript 唯一一个三元操作符（有三个操作数），因此有时候也被叫作三元操作符。这个操作符有时候会被写作 ?:，尽管它在代码中并不是这样的。这个操作符有三个操作数，第一个在 ? 前面，第二个在 ? 和 : 中间，第三个在 : 后面。因此在代码中一般是这样的：

```
    x > 0 ? x : -x     // x 的绝对值
```

条件操作符的操作数可以是任意类型。第一个操作数被求值并解释为一个布尔值。如果第一个操作数的值是真值，那么就求值第二个操作数，并返回它的值。否则，求值第三个操作数并返回它的值。第二个或第三个操作数只有一个会被求值，不可能两个都被求值。

可以使用 if 语句（参见 5.3.1 节）实现类似的结果，但 ?: 操作符更简洁。下面展示了它的典型应用，其中检查了变量如果有定义（一个有意义的真值）就使用它，否则就提供一个默认值：

```
greeting = "hello " + (username ? username : "there");
```

这行代码等价于下面的 if 语句，但更简洁：

```
greeting = "hello ";
if (username) {
    greeting += username;
} else {
    greeting += "there";
}
```

4.13.2 先定义（??）

先定义（first-defined）操作符 ?? 求值其先定义的操作数，如果其左操作数不是 null 或 undefined，就返回该值。否则，它会返回右操作数的值。与 && 或 || 操作符类似，?? 是短路的：它只在第一个操作数求值为 null 或 undefined 时才会求值第二个操作数。如果表达式 a 没有副效应，那么表达式 a ?? b 等价于：

```
(a !== null && a !== undefined) ? a : b
```

?? 是对 ||（参见 4.10.2 节）的一个有用的替代，适合选择先定义的操作数，而不是第一个为真值的操作数。尽管 || 名义上是个逻辑或操作符，习惯上也会使用它选择第一个非假值操作数，比如：

```
// 如果 maxWidth 是真值，就使用它；否则，看看 preferences
// 对象。如果 preferences 里也没有真值，就使用硬编码的常量
let max = maxWidth || preferences.maxWidth || 500;
```

这种习惯用法的问题在于，0、空字符串和 false 都是假值，但这些值在某些情况下是完全有效的。对上面的代码示例来说，maxWidth 如果等于 0，该值就会被忽略。如果我们把 || 操作符改为 ??，那么对这个表达式来说，0 也会成为有效的值：

```
// 如果 maxWidth 有定义，就使用它；否则看看 preferences
// 对象。如果 preferences 里也没有定义，就使用硬编码的常量
let max = maxWidth ?? preferences.maxWidth ?? 500;
```

下面再看几个例子，其中 ?? 的第一个操作数都是假值。如果这个操作数是假值但有定义，?? 仍然返回这个值。只有当第一个操作数"缺值"（nullish）时（即 null 或 undefined），这个操作符才会求值并返回第二个操作数：

```
let options = { timeout: 0, title: "", verbose: false, n: null };
options.timeout ?? 1000      // => 0: 在对象中有定义
```

```
options.title ?? "Untitled"   // => "": 在对象中有定义
options.verbose ?? true       // => false: 在对象中有定义
options.quiet ?? false        // => false: 属性没有定义
options.n ?? 10               // => 10: 属性值为 null
```

注意，如果我们使用 || 而不是 ??，这里的 timeout、title 和 verbose 表达式会求值为不同的结果。

?? 操作符与 && 和 || 操作符类似，但优先级并不比它们更高或更低。如果表达式中混用了 ?? 和它们中的任何一个，必须使用圆括号说明先执行哪个操作：

```
(a ?? b) || c   // ?? 先执行，然后执行 ||
a ?? (b || c)   // || 先执行，然后执行 ??
a ?? b || c     // SyntaxError: 必须有圆括号
```

?? 操作符是 ES2020 定义的，在 2020 年初已经得到所有主流浏览器当前和预览版的支持。这个操作符正式的名字叫"缺值合并"（nullish coalescing）操作符，但我没有使用这个叫法。因为这个操作符会选择自己的一个操作数，但我并没有看到它会"合并"操作数。

4.13.3 typeof 操作符

typeof 是个一元操作符，放在自己的操作数前面，这个操作数可以是任意类型。typeof 操作符的值是一个字符串，表明操作数的类型。表 4-3 列出了所有 JavaScript 值在应用 typeof 操作符后得到的值。

表 4-3: typeof 操作符的返回值

x	typeof x
undefined	"undefined"
null	"object"
true 或 false	"boolean"
任意数值或 NaN	"number"
任意 BigInt	"bigint"
任意字符串	"string"
任意符号	"symbol"
任意函数	"function"
任意非函数对象	"object"

可以像下面这样在表达式中使用 typeof 操作符：

```
// 如果 value 是字符串，把它包含在引号中，否则把它转换为字符串
(typeof value === "string") ? "'" + value + "'" : value.toString()
```

注意，如果操作数的值是 null，typeof 返回"object"。如果想区分 null 和对象，必须显式测试这个特殊值。

尽管 JavaScript 函数是一种对象，typeof 操作符也认为函数不一样，因为它们有自己的返回值。

因为对除函数之外的所有对象和数组值，typeof 都求值为"object"，所以可以只用它来区分对象和其他原始类型。而要区分不同对象的类，必须使用其他方法，例如 instanceof 操作符（参见 4.9.4 节）、class 特性（参见 14.4.3 节），或者 constructor 属性（参见 9.2.2 节和 14.3 节）。

4.13.4 delete 操作符

delete 是一元操作符，尝试删除其操作数指定的对象属性或数组元素。与赋值、递增和递减操作符一样，使用 delete 通常也是为了发挥其属性删除的副效应，而不是使用它返回的值。来看几个例子：

```
let o = { x: 1, y: 2 };  // 先定义一个对象
delete o.x;              // 删除它的属性
"x" in o                 // => false: 这个属性不存在了

let a = [1,2,3];         // 定义一个数组
delete a[2];             // 删除数组的最后一个元素
2 in a                   // => false: 数组元素 2 不存在了
a.length                 // => 3: 但要注意，数组长度没有变化
```

注意，被删除的属性或数组元素不仅会被设置为 undefined 值。当删除一个属性时，这个属性就不复存在了。尝试读取不存在的属性会返回 undefined，但可以通过 in 操作符（参见 4.9.3）测试某个属性是否存在。删除某个数组元素会在数组中留下一个"坑"，并不改变数组的长度。结果数组是一个稀疏数组（参见 7.3 节）。

delete 期待它的操作数是个左值。如果操作数不是左值，delete 什么也不做，且返回 true。否则，delete 尝试删除指定的左值。如果删除成功则返回 true。但是并非所有属性都是可以删除的：不可配置属性（参见 14.1 节）就无法删除。

在严格模式下，delete 的操作数如果是未限定标识符，比如变量、函数或函数参数，就会导致 SyntaxError。此时，delete 操作符只能作用于属性访问表达式（参见 4.4 节）。严格模式也会在 delete 尝试删除不可配置（即不可删除）属性时抛出 TypeError。但在严格模式之外，这两种情况都不会发生异常，delete 只是简单地返回 false，表示不能删除操作数。

下面是几个使用 delete 操作符的例子：

```
let o = {x: 1, y: 2};
delete o.x;     // 删除对象的一个属性；返回 true
typeof o.x;     // 属性不存在；返回 "undefined"
delete o.x;     // 删除不存在的属性；返回 true
delete 1;       // 这样做毫无意义，但会返回 true
// 不能删除变量；返回 false，或在严格模式下报 SyntaxError
delete o;
// 不可删除的属性：返回 false，或在严格模式下报 TypeError
delete Object.prototype;
```

我们会在 6.4 节再看到 delete 操作符。

4.13.5 await 操作符

await 是 ES2017 增加的，用于让 JavaScript 中的异步编程更自然。要理解这个操作符，需要阅读第 13 章。但简单来说，await 期待一个 Promise 对象（表示异步计算）作为其唯一操作数，可以让代码看起来像是在等待异步计算完成（但实际上它不会阻塞主线程，不会妨碍其他异步操作进行）。await 操作符的值是 Promise 对象的兑现值。关键在于，await 只能出现在已经通过 async 关键字声明为异步的函数中。同样，要了解完整的细节，参见第 13 章。

4.13.6 void 操作符

void 是一元操作符，出现在它的操作数前面，这个操作数可以是任意类型。void 是个与众不同的操作符，用处不多：它求值自己的操作数，然后丢弃这个值并返回 undefined。由于操作数的值会被丢弃，只有在操作数有副效应时才有必要使用 void 操作符。

void 操作符太难解释，也很难给出一个实际的例子说明它的用法。一种情况是你要定义一个函数，这个函数什么也不返回，但却使用了箭头函数的简写语法（参见 8.1.3 节），其中函数体是一个会被求值并返回的表达式。如果你只想对这个表达式求值，不想返回它的值，那最简单的方法是用花括号把函数体包起来。此时，作为替代也可以使用 void 操作符：

```
let counter = 0;
const increment = () => void counter++;
increment()     // => undefined
counter         // => 1
```

4.13.7 逗号操作符（,）

逗号操作符是二元操作符，其操作数可以是任意类型。这个操作符会求值其左操作数，求值其右操作数，然后返回右操作数的值。因此，下面这行代码：

```
i=0, j=1, k=2;
```

求值为 2，基本上等价于：

```
i = 0; j = 1; k = 2;
```

换句话说，逗号左侧的操作数始终会被求值，但这个值会被丢弃。而这也意味着只有当左侧表达式有副效应时才有必要使用逗号操作符。逗号操作符唯一常见的使用场景就是有多个循环变量的 for 循环（参见 5.4.3 节）：

```
// 下面第一个逗号是 let 语句语法的一部分
// 第二个逗号是逗号操作符，它让我们把两个表达式（i++ 与 j--）
// 放到了本来期待一个表达式的语句（for 循环）中
for(let i=0,j=10; i < j; i++,j--) {
    console.log(i+j);
}
```

4.14 小结

本章介绍了很多内容，其中包含很多参考资料，可以让你在学习 JavaScript 的过程中反复阅读。下面是其中必须记住的一些要点。

- 表达式是 JavaScript 程序中的短语。

- 任何表达式都可以求值为一个 JavaScript 值。

- 表达式除了产生一个值，也可以有副效应（如变量赋值）。

- 字面量、变量引用和属性访问等简单表达式可以与操作符组合，以产生更大的表达式。

- JavaScript 为算术、比较、布尔逻辑、赋值和位操作定义了操作符，还有其他一些操作符，包括三元条件操作符。

- JavaScript 的 + 操作符既可用于数值加法，也可用于字符串拼接。

- 逻辑操作符 && 和 || 具有特殊的"短路"行为，有时候只会求值它们的一个参数。要熟悉 JavaScript 的惯用做法，必须理解这些操作符的这种特殊行为。

第 5 章

语句

第 4 章把 JavaScript 中的表达式称作短语。那语句就是 JavaScript 中的句子或命令。就像英语句子用句点来结尾和分隔一样，JavaScript 语句以分号（参见 2.6 节）结尾。表达式被求值后产生一个值，而语句在被执行后会导致某事件发生。

一种"导致某事件发生"的方式是求值一个有副效应的表达式。像赋值或函数调用这样有副效应的表达式本身就可以作为语句，在像这样使用时就被称为表达式语句。另一种与之类似的语句是声明语句，用于声明变量和定义新函数。

JavaScript 程序就是一系列待执行的语句。默认情况下，JavaScript 解释器按照它们在源代码中的顺序逐个执行这些语句。另一种"导致某事件发生"的方式是改变这个默认的执行顺序，为此，JavaScript 提供了一些语句或者叫控制结构。

条件

像 if 和 switch 这样的语句让 JavaScript 解释器根据某个表达式的值选择执行或跳过其他语句。

循环

像 while 和 for 这样的语句会重复执行其他语句。

跳转

像 break、return 和 throw 这样的语句会导致解释器跳转到程序的其他部分。

本章各节将依次介绍 JavaScript 中的各种语句，以及它们的语法。本章末尾的表 5-1 总结了这些语法。JavaScript 程序就是一系列语句，以分号作为分隔符。因此只要熟悉 JavaScript 的语句，就可以上手写 JavaScript 程序。

5.1 表达式语句

JavaScript 中最简单的一种语句就是有副效应的表达式。这种语句在第 4 章已经展示过了。赋值语句是一种主要的表达式语句。例如：

```
greeting = "Hello " + name;
i *= 3;
```

递增操作符 ++ 和递减操作符 -- 都跟赋值语句有关。它们都有修改变量值的副效应，就好像执行了赋值语句一样：

```
counter++;
```

delete 操作符有删除对象属性的重要副效应。因此，一般都把它作为一个语句使用，而不是放在某个大的表达式中：

```
delete o.x;
```

函数调用是另一类主要的表达式语句。例如：

```
console.log(debugMessage);
displaySpinner(); // 一个假想的函数，会在网页中显示旋转动图
```

这些函数调用都是表达式，但它们有影响宿主环境或程序状态的副效应，因此在这里作为语句使用。如果是没有副效应的函数，那像这样调用就没有什么意义了，除非它在一个更大的表达式中，或者在赋值语句中。例如，谁也不会像这样计算一次余弦，然后丢掉结果：

```
Math.cos(x);
```

但很可能计算这个值之后把它赋给一个变量，以便将来使用：

```
cx = Math.cos(x);
```

注意，这些例子中的每行代码都以分号结尾。

5.2 复合语句与空语句

与逗号操作符（参见 4.13.7 节）将多个表达式组合为一个表达式一样，语句块将多个语句组合为一个复合语句。语句块其实就是一系列语句，可以放在任何期待一个语句的地方：

```
{
    x = Math.PI;
    cx = Math.cos(x);
    console.log("cos(n) = " + cx);
}
```

关于这个语句块，我们需要说明几点。第一，它没有以分号结尾。块中的单条语句都以分号结尾，但块本身没有。第二，块中的代码相对于包含它们的花括号缩进。这不是必需的，但可以让代码更清晰易读。

就像表达式经常会包含子表达式，很多 JavaScript 语句也包含子语句。例如，while 循环语法只包含一个作为循环体的语句。而使用语句块，可以在这个唯一的子语句中添加任意多个语句。

复合语句允许我们在 JavaScript 语法期待一个语句时使用多个语句。空语句正好相反，它让我们在期待一条语句的地方不包含任何语句。空语句是这样的：

```
;
```

JavaScript 解释器在执行空语句时什么也不会做。空语句偶尔会有用，比如创建一个空循环体的循环。比如下面的 for 循环（for 循环将在 5.4.3 节介绍）：

```javascript
// 初始化一个数组 a
for(let i = 0; i < a.length; a[i++] = 0) ;
```

在这个循环中，所有工作都是通过表达式 a[i++]=0 完成的，不需要循环体。但 JavaScript 语法要求有一条语句作为循环体，此时空语句（就一个分号）可以派上用场。

注意，意外地在 for、while 循环或 if 语句的右括号后面加上分号会导致难以发现的隐患。例如，下面的代码可能并不是作者想要的：

```javascript
if ((a === 0) || (b === 0));  // 这行什么也不做
    o = null;                 // 而这行始终都会执行
```

如果你有意使用空语句，最好通过注释说明一下你的用意。比如：

```javascript
for(let i = 0; i < a.length; a[i++] = 0)
```

5.3 条件语句

条件语句根据指定表达式的值执行或跳过执行某些语句，因此条件语句是代码中需要决策的地方，有时候也被称为"分支"。想象一下，JavaScript 解释器沿一条路径执行代码，条件语句表示代码要分成两条或更多条路径，而解释器必须选择其中一条。

接下来几节介绍 JavaScript 的基本条件语句 if/else，以及较复杂的 switch 多分支语句。

5.3.1 if

if 语句是最基本的控制语句，可以让 JavaScript 做出决策，更精确地说，是有条件地执行语句。这个语句有两种形式，第一种是：

```
if (expression)
    statement
```

在这个形式中，expression（表达式）会被求值。如果结果值是真值，statement（语句）会执行；如果表达式是假值，语句不会执行（参见 3.4 节中关于真值和假值的定义）。例如：

```
if (username == null)     // 如果 username 是 null 或 undefined,
    username = "John Doe";  // 定义这个变量
```

或类似地：

```
// 如果 username 是 null、undefined、false、0、"" 或 NaN, 给它一个新值
if (!username) username = "John Doe";
```

注意，表达式两边的圆括号是 if 语句的语法必需的。

JavaScript 语法要求在 if 关键字和带括号的表达式后面必须只跟一个语句，但我们可以使用语句块把多个语句组合成一个语句。因此 if 语句也可以是类似这样的：

```
if (!address) {
    address = "";
    message = "Please specify a mailing address.";
}
```

if 语句的第二种形式会包含一个 else 子句，会在表达式为 false 时执行。其语法为：

```
if (expression)
    statement1
else
    statement2
```

这种形式在表达式为真值时执行语句 1，在表达式为假值时执行语句 2。例如：

```
if (n === 1)
    console.log("You have 1 new message.");
else
    console.log(`You have ${n} new messages.`);
```

如果在嵌套的 if 语句中包含 else 子句，那么就要留心让 else 子句与相应的 if 语句对应。来看下面这个例子：

```
i = j = 1;
k = 2;
if (i === j)
```

```
    if (j === k)
        console.log("i equals k");
    else
        console.log("i doesn't equal j");    // 错了!
```

在这个例子中，内部的 if 语句构成了外部 if 语句语法所需的那条语句。而 else 语句
对应哪个 if 并不清楚（除了缩进有所暗示之外）。但在这个例子中，缩进是错误的，因
为 JavaScript 解释器实际上会把前面的例子解释为：

```
if (i === j) {
    if (j === k)
        console.log("i equals k");
    else
        console.log("i doesn't equal j");    // 我晕!
}
```

JavaScript 的规则（与多数编程语言一样）是，默认情况下 else 子句属于最近的 if 语
句。为了让这个例子更清晰、易读、易理解、易维护、易调试，应该使用花括号：

```
if (i === j) {
    if (j === k) {
        console.log("i equals k");
    }
} else {   // 花括号的位置起了决定性作用!
    console.log("i doesn't equal j");
}
```

很多程序员都有使用花括号包装 if 和 else 语句（以及其他复合语句，如 while 循环）
的习惯，即使语句体只有一个语句。始终这么做可以避免刚才的问题，建议读者也这么
做。在本书中，我始终在设法减少代码行数，因此不一定处处遵循这个建议。

5.3.2 else if

if/else 语句求值一个表达式并根据结果执行两段代码中的一段。但如果你想执行多段
代码中的一段呢？一种思路是使用 else if 语句。else if 并不是真正的 JavaScript 语
句，而是一个在使用 if/else 时被频繁用到的编程惯例：

```
if (n === 1) {
    // 执行第一个代码块
} else if (n === 2) {
    // 执行第二个代码块
} else if (n === 3) {
    // 执行第三个代码块
} else {
    // 如果前面都失败,执行第四个代码块
}
```

这段代码没有什么特别的，就是一系列 if 语句，每个 if 语句后面都有一个 else 子句。使用 else if 更好，也更容易理解，不推荐使用下面这样的完整嵌套形式：

```
if (n === 1) {
    // 执行第一个代码块
}
else {
    if (n === 2) {
        // 执行第二个代码块
    }
    else {
        if (n === 3) {
            // 执行第三个代码块
        }
        else {
            // 如果前面都失败，执行第四个代码块
        }
    }
}
```

5.3.3 switch

if 语句在程序执行流中会创建一个分支，而使用多个 else if 可以实现多个分支。但是，在所有分析都依赖同一个表达式的值时这并不是最好的办法。因为多个 if 语句重复对一个表达式进行求值太浪费了。

此时最合适的语句是 switch 语句。switch 关键字后面跟着一个带括号的表达式和一个包含在花括号中的代码块：

```
switch(expression) {
    statements
}
```

不过，switch 语句的完整语法比这里展示的要复杂得多。比如，其中代码块的不同位置会有 case 关键字开头的标签，后跟一个表达式和一个冒号。当 switch 执行时，它会计算表达式的值，然后对比 case 标签，看哪个表达式会求值为相同的值（这时的相同意味着 === 操作符返回 true）。如果找到了相同的值，则执行相应 case 语句的代码块。如果没有找到，则再找标签为 default: 的语句。如果没有 default: 标签，switch 语句就跳过整个代码块。

switch 语句不太好用文字来解释，看个例子更容易明白。下面这个 switch 语句与前面多个 if/else 语句的例子是等价的：

```
switch(n) {
case 1:                          // 如果 n === 1，从这里开始执行
    // 执行第一个代码块
```

```
        break;                      // 到这里停止
    case 2:                         // 如果 n === 2，从这里开始执行
        // 执行第二个代码块
        break;                      // 到这里停止
    case 3:                         // 如果 n === 3，从这里开始执行
        // 执行第三个代码块
        break;                      // 到这里停止
    default:                        // 如果前面都失败
        // 执行第四个代码块
        break;                      // 到这里停止
}
```

注意代码中每个 case 末尾的 break 关键字。这个 break 语句（本章后面会介绍）将导致解释器跳到 switch 语句末尾（或"跑出"switch 语句），继续执行后面的语句。switch 语句中的 case 子句只指定了预期代码的起点，并没有指定终点。在没有 break 语句的情况下，switch 语句从匹配其表达式值的 case 代码块开始执行，一直执行到代码块结束。这种情况偶尔是有用的，比如让代码执行流从某个 case 标签直接"穿透"到下一个 case 标签。但 99% 的时候还是需要注意用 break 语句来结束每个 case（不过在函数中使用 switch 时，可以使用 return 语句而非 break 语句。这两个关键字都可以终止 switch 语句，阻止执行流进入下一个 case）。

下面看一个关于 switch 语句的更实际的例子，这个 switch 语句会根据值的类型决定怎么把它转换成字符串：

```
function convert(x) {
    switch(typeof x) {
    case "number":                  // 把数值转换为 16 进制整数
        return x.toString(16);
    case "string":                  // 返回加了引号的字符串
        return '"' + x + '"';
    default:                        // 其他类型值按常规方式转换
        return String(x);
    }
}
```

注意在前面两个例子中，case 关键字后面分别是数值和字符串字面量。这是实践中使用 switch 语句的常见方式，但要注意 ECMAScript 标准允许每个 case 后面跟任意表达式。

switch 语句首先对跟在 switch 关键字后面的表达式求值，然后再按照顺序求值 case 表达式，直至遇到匹配的值[注1]。这里的匹配使用 === 全等操作符，而不是 == 相等操作符，因此表达式必须在没有类型转换的情况下匹配。

注 1：因为 case 表达式是在运行时求值的，所以 JavaScript 的 switch 语句与 C、C++ 和 Java 的 switch 语句相比有很大差别（特别是性能更低）。在上述其他语言中，case 表达式一定是相同类型的编译时常量，而 switch 语句通常可以编译为效率极高的跳转表（jump table）。

考虑到在 switch 语句执行时，并不是所有 case 表达式都会被求值，所以应该避免使用包含副效应的 case 表达式，比如函数调用或赋值表达式。最可靠的做法是在 case 后面只写常量表达式。

正如前面解释的，如果没有与 switch 表达式匹配的 case 表达式，则 switch 语句就会执行标签为 default: 的语句。如果没有 default: 标签，switch 语句会跳过自己的代码体。注意在前面的例子中，default: 标签出现在 switch 体的末尾，在所有 case 标签后面。这个位置是符合逻辑的，也是它最常出现的位置。但事实上，default: 标签可以出现在 switch 语句体的任何位置。

5.4 循环语句

为理解条件语句，我们曾想象 JavaScript 解释器在源代码中会经过不同路径。而循环语句则是把这些路径弯曲又折回起点，以重复执行代码中的某些部分。JavaScript 有 5 种循环语句：while、do/while、for、for/of（及其变体 for/await）和 for/in。接下来几节将分别介绍这 5 种循环。循环的一个常见用途是迭代数组元素。7.6 节详细讨论了这种循环，并介绍了 Array 类定义的特殊循环方法。

5.4.1 while

就像 if 语句是 JavaScript 的基本条件控制语句一样，while 语句是 JavaScript 的基本循环语句，具有如下语法：

```
while (expression)
    statement
```

执行 while 语句时，解释器首先会求值表达式。如果这个表达式的值是假值，则解释器会跳过作为循环体的语句，继续执行程序中的下一条语句。而如果表达式是真值，则解释器会执行语句并且重复，即跳回循环的开头再次求值表达式。另一种解释方式是，解释器会在表达式为真值时重复执行语句。注意，使用 while(true) 可以创造一个无穷循环。

通常我们都不希望 JavaScript 反复执行同样的操作。几乎在每次循环或迭代中，都会有一个或多个变量改变。因为有变量改变，所以执行语句的动作每次循环都可能不同。另外，如果改变的变量会影响表达式，则每次循环这个表达式的值也可能不同。这一点非常重要，否则求值为真值的表达式可能永远不会变，循环也就永远不会结束！下面是一个通过 while 循环打印数值 0 到 9 的例子：

```
let count = 0;
while(count < 10) {
```

```
        console.log(count);
        count++;
    }
```

在这个例子中，变量 count 从 0 开始，每运行一次循环体 count 就递增一次。当循环执行 10 次后，表达式的值变成 false（即变量 count 不再小于 10），于是 while 循环完成，解释器又继续执行程序中的下一条语句。很多循环都有类似 count 的计数器变量。i、j、k 是最常见的循环计数器变量名，当然如果希望让代码更容易理解，还应该使用更具有描述性的名字。

5.4.2 do/while

do/while 循环与 while 循环类似，区别是对循环表达式的测试在循环底部而不是顶部。这意味着循环体始终会至少执行一次。语法如下：

```
do
    statement
while (expression);
```

do/while 循环的使用没有 while 那么频繁，因为实践中很少有需要至少执行一次循环的情况。下面是一个 do/while 循环的例子：

```
function printArray(a) {
    let len = a.length, i = 0;
    if (len === 0) {
        console.log("Empty Array");
    } else {
        do {
            console.log(a[i]);
        } while(++i < len);
    }
}
```

从语法上看，do/while 循环与 while 循环有两个区别。首先，do 循环要求使用两个关键字：do（标记循环开始）和 while（标记循环结束并引入循环条件）。其次，do 循环必须始终以分号终止。而 while 循环在循环体使用花括号时不需要分号。

5.4.3 for

for 语句提供了比 while 语句更方便的循环结构。for 语句简化了遵循常见模式的循环。多数循环都有某种形式的计数器变量，这个变量在循环开始前会被初始化，然后循环的每次迭代都会测试它的值。另外，计数器变量在循环体结束时、在被再次测试之前会递增或者更新。在这种循环模式下，初始化、测试和更新是对循环变量的三个关键操作。for 语句将这三个操作分别设定为一个表达式，让这些表达式成为循环语法中明确的部分：

```
for(initialize ; test ; increment)
    statement
```

initialize、test 和 increment 是三个表达式（以分号隔开），分别负责初始化、测试和递增循环变量。把它们都放在循环的第一行让人更容易理解 for 循环在做什么，避免忘记初始化或递增循环变量。

解释 for 循环的最简单方式是对比等价的 while 循环[注2]：

```
initialize;
while(test) {
    statement
    increment;
}
```

换句话说，initialize 表达式只在循环开始前求值一次。为了起作用，这个表达式必须有副效应（通常是赋值）。JavaScript 也允许 initialize 是变量声明语句，以便可以同时声明并初始化循环计数器。test 表达式会在每次迭代时求值，用于控制是否执行循环体。如果 test 求值为真值，则作为循环体的 statement 就执行。执行后求值 increment 表达式。同样，increment 必须是有副效应的表达式（这样才有作用）；一般来说，要么是赋值表达式，要么使用 ++ 或 -- 操作符。

可以使用 for 循环像下面这样打印数值从 0 到 9，对照一下上一节完成同样操作的while 循环：

```
for(let count = 0; count < 10; count++) {
    console.log(count);
}
```

当然，肯定有比这复杂得多的循环，而且有时候每次迭代要改变的循环变量还不止一个。这种情况是 JavaScript 中的逗号操作符常见的唯一用武之地。因为逗号操作符可以把多个初始化和递增表达式组合成一个表达式，从而满足 for 循环的语法要求：

```
let i, j, sum = 0;
for(i = 0, j = 10 ; i < 10 ; i++, j--) {
    sum += i * j;
}
```

目前为止，所有循环示例中的循环变量都是数值。这种情况常见但不是必需的。以下代码使用 for 循环遍历了一个链表数据结构，返回了列表中的最后一个对象（即第一个没有 next 属性的对象）：

注 2：当我们考虑 5.5.3 节中的 continue 语句时，会发现这个 while 循环并不完全等同于 for 循环。

```
function tail(o) {                              // 返回列表 o 的尾结点
    for(; o.next; o = o.next)/* 空循环体 */; // o.next 为真值时遍历
    return o;
}
```

注意，这段代码中没有 initialize 表达式。对 for 循环而言，三个表达式中任何一个都可以省略，只有两个分号是必需的。如果省略了 test 表达式，循环会永远重复执行。因此 for(;;) 与 while(true) 一样，是另一种编写无穷循环的方式。

5.4.4 for/of

ES6 定义了一个新循环语句：for/of。这种新循环虽然使用 for 关键字，但它与常规 for 循环是完全不同的两种循环（for/of 与 5.4.5 节要讨论的 for/in 循环也是完全不同的）。

for/of 循环专门用于可迭代对象。第 12 章会解释到底什么对象是可迭代对象，但现在只要知道数组、字符串、集合和映射都是可迭代的就行了。它们都是一组或一批元素，可以使用 for/of 循环来循环或迭代这些元素。

例如，下面这个例子演示了如何迭代一个数值数组并计算所有数值之和：

```
let data = [1, 2, 3, 4, 5, 6, 7, 8, 9], sum = 0;
for(let element of data) {
    sum += element;
}
sum          // => 45
```

表面上看，这个语法跟常规 for 循环很像，都是 for 关键字后跟着一对圆括号，其中包含如何循环的细节。具体来说，这里的圆括号中包含一个变量声明（对于已经声明的变量，只包含变量名即可），然后是 of 关键字和一个求值为可迭代对象的表达式（比如这里的 data 数组）。与所有循环一样，for/of 循环的循环体紧跟在圆括号之后，通常包含在花括号中。

在上面的代码中，循环体对应 data 数组中的每个元素都会运行一次。在每次执行循环体之前，都会把数组的下一个元素赋值给元素变量。数组元素是按照从头到尾的顺序迭代的。

数组迭代是"实时"的，即迭代过程中的变化可能影响迭代的输出。如果修改前面的代码，在循环内添加一行 data.push(sum);，则会创建一个无穷循环。因为迭代永远不会触及数组的最后一个元素。

for/of 与对象

对象（默认）是不可迭代的。运行时尝试对常规对象使用 for/of 会抛出 TypeError：

```
let o = { x: 1, y: 2, z: 3 };
for(let element of o) { // 抛出 TypeError，因为 o 不是可迭代对象
    console.log(element);
}
```

如果想迭代对象的属性，可以使用 for/in 循环（见 5.4.5 节），或者基于 Object.keys() 方法的结果使用 for/of：

```
let o = { x: 1, y: 2, z: 3 };
let keys = "";
for(let k of Object.keys(o)) {
    keys += k;
}
keys  // => "xyz"
```

这是因为 Object.keys() 返回一个对象属性名的数组，而数组是可以通过 for/of 来迭代的。也要注意，这种对象的键的迭代并不像上面例子那样是实时的，在循环体内修改对象 o 不会影响迭代。如果你不在乎对象的键，也可以像下面这样迭代每个键对应的值：

```
let sum = 0;
for(let v of Object.values(o)) {
    sum += v;
}
sum // => 6
```

如果你既想要对象属性的键，也想要属性的值，可以基于 Object.entries() 和解构赋值来使用 for/of：

```
let pairs = "";
for(let [k, v] of Object.entries(o)) {
    pairs += k + v;
}
pairs  // => "x1y2z3"
```

Object.entries() 返回一个数组的数组，其中每个内部数组表示对象的一个属性的键 / 值对。这里使用解构赋值把这些内部数组拆开，并将它们的元素赋值给两个变量。

for/of 与字符串

字符串在 ES6 中是可以逐个字符迭代的：

```
let frequency = {};
for(let letter of "mississippi") {
    if (frequency[letter]) {
        frequency[letter]++;
    } else {
        frequency[letter] = 1;
```

```
        }
    }
    frequency    // => {m: 1, i: 4, s: 4, p: 2}
```

注意，字符串是按照 Unicode 码点而不是 UTF-16 字符迭代的。字符串"I ❤ 🐐"
的 .length 是 5（因为两个表情符号分别需要两个 UTF-16 字符表示）。但如果使用 for/
of 来迭代这个字符串，循环体将运行 3 次，每次迭代一个码点"I""❤"和"🐐"。

for/of 与 Set 和 Map

ES6 内置的 Set（集合）和 Map（映射）类是可迭代的。在使用 for/of 迭代 Set 时，循
环体对集合中的每个元素都会运行一次。可以使用类似下面的代码打印出一个文本字符
串中的唯一单词：

```
let text = "Na na na na na na na na Batman!";
let wordSet = new Set(text.split(" "));
let unique = [];
for(let word of wordSet) {
    unique.push(word);
}
unique // => ["Na", "na", "Batman!"]
```

Map 则比较有意思，因为 Map 对象的迭代器并不迭代 Map 键或 Map 值，而是迭代键 /
值对。每次迭代，迭代器都会返回一个数组，其第一个元素是键，第二个元素是对应的
值。给出一个 Map m，可以像下面这样迭代和解构其键 / 值对：

```
let m = new Map([[1, "one"]]);
for(let [key, value] of m) {
    key     // => 1
    value   // => "one"
}
```

for/await 与异步迭代

ES2018 新增了一种新迭代器，称为异步迭代器，同时新增了一种 for/of 循环，即使用
异步迭代器的 for/await 循环。

要理解 for/await 循环，可能需要阅读第 12 章和第 13 章，但这里可以先看一看它的代
码示例：

```
// 从异步可迭代流中读取数据块并将其打印出来
async function printStream(stream) {
    for await (let chunk of stream) {
        console.log(chunk);
    }
}
```

5.4.5 for/in

for/in 循环看起来很像 for/of 循环，只不过 of 关键字换成了 in。与 for/of 循环要求 of 后面必须是可迭代对象不同，for/in 循环的 in 后面可以是任意对象。for/of 循环是 ES6 新增的，而 for/in 是 JavaScript 从一开始就有的（这也是为什么它的语法显得更自然的原因）。

for/in 语句循环指定对象的属性名，语法类似如下所示：

```
for (variable in object)
    statement
```

variable 通常是一个变量名，但也可能是变量声明或任何可以作为赋值表达式左值的东西。object 是一个求值为对象的表达式。跟以前一样，statement 是作为循环体的语句或语句块。

比如，可以这样使用 for/in 循环：

```
for(let p in o) {        // 将 o 的属性名赋值给变量 p
    console.log(o[p]); // 打印每个属性的值
}
```

执行 for/in 语句时，JavaScript 解释器首先求值 object 表达式。如果它求值为 null 或 undefined，解释器会跳过循环并转移到下一个语句。否则，解释器会对每个可枚举的对象属性执行一次循环体。但在每次迭代前，解释器都会求值 variable 表达式，并将属性名字（字符串值）赋值给它。

注意，for/in 循环中的 variable 可能是任意表达式，只要能求值为赋值表达式的左值就可以。这个表达式在每次循环时都会被求值，这意味着每次的求值结果可能都不同。比如，可以用类似下面的代码把一个对象的所有属性复制到数组中：

```
let o = { x: 1, y: 2, z: 3 };
let a = [], i = 0;
for(a[i++] in o) /* 空循环体 */;
```

JavaScript 数组其实就是一种特殊的对象，而数组索引是对象的属性，可以通过 for/in 循环来枚举。例如，在前面的代码后面再执行下面这行代码，会枚举出数组索引 0、1、2：

```
for(let i in a) console.log(i);
```

我自己在写代码时，常常因为本来应该对数组使用 for/of 却意外使用了 for/in 而导致隐错（bug）。在操作数组时，基本上只会用到 for/of 而不是 for/in。

for/in 循环并不会枚举对象的所有属性，比如它不会枚举名字为符号的属性。而对于名字为字符串的属性，它只会遍历可枚举的属性（参见 14.1 节）。JavaScript 核心定义的各种内部方法是不可枚举的。比如，所有对象都有 toString() 方法，但 for/in 循环不会枚举 toString 属性。除了内部方法，内部对象的不少其他属性也是不可枚举的。默认情况下，我们手写代码定义的所有属性和方法都是可枚举的（可以使用 14.1 节介绍的技术让它们不可枚举）。

继承的可枚举属性（参见 6.3.2 节）也可以被 for/in 循环枚举。这意味着如果你使用 for/in 循环，并且代码中会定义被所有对象继承的属性，那你的循环就有可能出现意外结果。为此，很多程序员更愿意基于 Object.keys() 使用 for/of 循环，而不是使用 for/in 循环。

如果 for/in 循环的循环体删除一个尚未被枚举的属性，则该属性就不会再被枚举了。如果循环体在对象上又定义了新属性，则新属性可能会（也可能不会）被枚举。关于 for/in 枚举对象属性的顺序，可以参见 6.6.1 节。

5.5 跳转语句

另一类 JavaScript 语句是跳转语句。顾名思义，跳转语句会导致 JavaScript 解释器跳转到源代码中的新位置。其中，break 语句会让解释器跳转到循环末尾或跳转到其他语句。而 continue 语句会让解释器跳出循环体并返回循环顶部开始新一轮迭代。JavaScript 允许给语句命名或加标签，这样 break 和 continue 就可以识别目标循环或其他语句的标签。

另外，return 语句会让解释器从函数调用跳转回调用位置，同时提供调用返回的值。而 yield 语句是一种在生成器函数中间返回的语句。throw 语句会抛出异常，设计用来与 try/catch/finally 语句共同使用，后者可以构成异常处理代码块。抛出异常是一种复杂的跳转语句：当有异常被抛出时，解释器会跳转到最近的闭合异常处理程序，可能是在同一个函数内部，也可能会上溯到函数调用栈的顶端。

接下来几小节将分别介绍这些跳转语句。

5.5.1 语句标签

通过前置一个标识符和一个冒号，可以为任何语句加上标签：

    identifier: *statement*

给语句加标签之后，就相当于给它起了个名字，可以在程序的任何地方通过这个名字来引用它。任何语句都可以有标签，但只有给那些有语句体的语句加标签才有意义，比如循环语句和条件语句。给循环起个名字，然后在循环体中可以使用 break 和 continue 退出循环或跳到循环顶部开始下一次迭代。break 和 continue 是 JavaScript 中唯一使用语句标签的语句，后面的小节会介绍它们。下面看一个给 while 循环加标签并通过 continue 语句使用这个标签的例子：

```
mainloop: while(token !== null) {
    // 省略的代码
    continue mainloop;  // 跳到命名循环的下一次迭代
    // 省略的其他代码
}
```

这里用作语句标签的 identifier 可以是任何合法的 JavaScript 标识符（非保留字）。这些标签与变量和函数不在同一个命名空间中，因此同一个标识符既可以作为语句标签，也可以作为变量或函数名。语句标签只在定义它的语句（当然包括子语句）中有效。如果一条语句被另一条语句包含，那么它们不能使用相同的标签；如果两条语句没有嵌套关系，那么它们就可以使用相同的标签。已经有标签的语句本身也可以再加标签，这意味着任何语句都可以有多个标签。

5.5.2 break

break 语句在单独使用时，会导致包含它的循环或 switch 语句立即退出。它的语法很简单：

```
break;
```

由于它会导致循环或 switch 退出，因此这种形式的 break 语句只有位于上述两种语句中才合法。

前面我们已经看到在 switch 语句中使用 break 语句的例子了。在循环中，它通常用于提前退出，比如由于出现某个条件，没有必要再完成循环了。当循环有复杂的终止条件时，通常使用 break 语句更便于实现这些条件，而无须在一个循环表达式中包含所有这些条件。下面的代码从数组元素中搜索特定的值，如果到了数组末尾，循环会退出；如果找到了目标值，它会通过 break 语句终止：

```
for(let i = 0; i < a.length; i++) {
    if (a[i] === target) break;
}
```

JavaScript 也允许 break 关键字后面跟一个语句标签（只有标识符，没有冒号）：

```
break labelname;
```

当 break 后面跟一个标签时，它会跳转到具有指定标签的包含语句的末尾或终止该语句。如果没有具有指定标签的包含语句，那么这样使用 break 会导致语法错误。在这种形式的 break 语句中，命名语句不一定是可以中断任何包含语句的循环或 switch:break。这里说的语句甚至可以是一个用花括号包含的语句块，其唯一目的就是通过标签来给这个语句块命名。

break 与 labelname 之间不允许出现换行符。这主要因为 JavaScript 会自动插入省略的分号：如果把一个行终止符放在 break 和后面的标签名之间，JavaScript 会假定你使用简单的、没有标签的 break 语句，将换行符看成一个分号（参见 2.6 节）。

如果想中断一个并非最接近的包含循环或 switch 语句，就要使用这种带标签的 break 语句。来看下面的示例：

```
let matrix = getData();  // 从某个地方取得一个数值的二维数组
// 现在计算矩阵中所有数值之和
let sum = 0, success = false;
// 从一个加标签的语句开始，如果出错可以中断
computeSum: if (matrix) {
    for(let x = 0; x < matrix.length; x++) {
        let row = matrix[x];
        if (!row) break computeSum;
        for(let y = 0; y < row.length; y++) {
            let cell = row[y];
            if (isNaN(cell)) break computeSum;
            sum += cell;
        }
    }
    success = true;
}
// break 语句跳转到这里。如果此时 success == false
// 那说明得到的 matrix 出了问题。否则，sum 会包含
// 这个矩阵中所有单元值的和
```

最后要注意，无论带不带标签，break 语句都不能把控制权转移到函数边界之外。比如，不能给一个函数定义加标签并在函数内部使用这个标签。

5.5.3 continue

continue 语句与 break 语句类似，但 continue 不会退出循环，而是从头开始执行循环的下一次迭代。continue 语句的语法跟 break 语句一样简单：

```
continue;
```

continue 语句也可以带标签：

```
continue labelname;
```

无论带不带标签，continue 语句都只能在循环体内使用。在其他地方使用 continue 都会导致语法错误。

执行 continue 语句时，包含循环的当前迭代会终止，下一次迭代开始。对于不同类型的循环，结果可能有所不同。

- 对于 while 循环而言，循环开始指定的 expression 会再次被求值，如果求值为 true，则会从上到下执行循环体。

- 对于 do/while 循环而言，执行会跳到循环底部，并在底部再次测试条件，然后决定是否从顶部开始重新启动循环。

- 对于 for 循环而言，会求值 increment 表达式，并再次测试 test 表达式，以决定是否该进行下一次迭代。

- 对于 for/of 或 for/in 循环而言，循环会从下一个被迭代的值或者下一个被赋值给指定变量的属性名开始。

要注意 continue 语句在 while 和 for 循环中行为的差异：while 循环直接返回到它的条件，但 for 循环会先求其 increment 表达式，然后再返回其条件。前面，我们曾认为 for 循环的行为"等价于"while 循环。但因为 continue 语句在这两种循环中的不同表现，所以不可能单纯使用 while 循环来模拟 for 循环。

下面这个例子展示了使用没有标签的 continue 语句在发生错误时跳过当前迭代的剩余部分：

```
for(let i = 0; i < data.length; i++) {
    if (!data[i]) continue;  // 不能处理未定义的数据
    total += data[i];
}
```

与 break 语句类似，continue 语句在嵌套循环中也可以使用其带标签的形式，用于重新开始并非直接封闭的循环。同样与 break 语句一样，continue 语句与其 labelname 之间也不能出现换行。

5.5.4 return

我们知道，函数调用是表达式，而所有表达式都有值。函数中的 return 语句指定了函数调用的返回值。以下是 return 语句的语法：

```
return expression;
```

return 语句只能出现在函数体内。如果 return 出现在任何其他地方，都会导致语法错误。执行 return 语句后，包含它的函数向调用者返回 expression 的值。例如：

```
function square(x) { return x*x; } // 函数有一个 return 语句
square(2)                          // => 4
```

如果没有 return 语句，函数调用会依次执行函数体中的每个语句，直至函数末尾，然后返回到其调用者。此时，调用表达式求值为 undefined。return 语句常常是函数中的最后一条语句，但并非必须是最后一条。函数体在执行时，只要执行到 return 语句，就会返回到其调用者，而不管这个 return 语句后面是否还有其他语句。

return 语句后面也可以不带 expression，从而导致函数向调用者返回 undefined。例如：

```
function displayObject(o) {
    // 如果参数为 null 或 undefined 则立即返回
    if (!o) return;
    // 这里是函数的其他代码
}
```

由于 JavaScript 会自动插入分号（参见 2.6 节），因此不能在 return 关键字和它后面的表达式之间插入换行。

5.5.5 yield

yield 语句非常类似于 return 语句，但只能用在 ES6 新增的生成器函数中（参见 12.3 节），以回送生成的值序列中的下一个值，同时又不会真正返回：

```
// 回送一系列整数的生成器函数
function* range(from, to) {
    for(let i = from; i <= to; i++) {
        yield i;
    }
}
```

为了理解 yield，必须理解迭代器和生成器，相关内容将在第 12 章介绍。这里介绍 yield 只是出于完整性考虑（但严格来讲，正如 12.4.2 节所解释的，yield 是一个操作符而非语句）。

5.5.6 throw

异常是一种信号，表示发生了某种意外情形或错误。抛出（throw）异常是为了表明发生了这种错误或意外情形。捕获（catch）异常则是要处理它，即采取必要或对应的措施以从异常中恢复。在 JavaScript 中，每当运行时发生错误或者程序里使用 throw 语句时都会抛出异常。可以使用 try/catch/finally 语句捕获异常，下一节会介绍这个语句。

throw 语句的语法如下：

```
throw expression;
```

expression 可能求值为任何类型的值，可以抛出一个表示错误码的数值，也可以抛出一个包含可读的错误消息的字符串。JavaScript 解释器在抛出错误时会使用 Error 类及其子类，当然我们也可以在自己的代码中使用这些类。Error 对象有一个 name 属性和一个 message 属性，分别用于指定错误类型和保存传入构造函数的字符串。下面这个例子会在收到无效参数时抛出一个 Error 对象：

```
function factorial(x) {
    // 如果收到的参数无效，则抛出异常！
    if (x < 0) throw new Error("x must not be negative");
    // 否则，计算一个值并正常返回
    let f;
    for(f = 1; x > 1; f *= x, x--) /* 空语句 */ ;
    return f;
}
factorial(4)   // => 24
```

抛出异常时，JavaScript 解释器会立即停止正常程序的执行并跳到最近的异常处理程序。异常处理程序是使用 try/catch/finally 语句中的 catch 子句编写的，下一节会介绍。如果发生异常的代码块没有关联的 catch 子句，解释器会检查最接近的上一层代码块，看是否有与之关联的异常处理程序。这个过程一直持续，直至找到处理程序。如果函数中抛出了异常，但函数体内没有处理这个异常的 try/catch/finally 语句，则异常会向上传播到调用函数的代码。在这种情况下，异常是沿 JavaScript 方法的词法结构和调用栈向上传播的。如果没有找到任何异常处理程序，则将异常作为错误报告给用户。

5.5.7 try/catch/finally

try/catch/finally 语句是 JavaScript 的异常处理机制。这个语句的 try 子句用于定义要处理其中异常的代码块。try 块后面紧跟着 catch 子句，catch 是一个语句块，在 try 块中发生异常时会被调用。catch 子句后面是 finally 块，其中包含清理代码，无论 try 块中发生了什么，这个块中的代码一定会执行。catch 和 finally 块都是可选的，但只要有 try 块，就必须有它们两中的一个。try、catch 和 finally 块都以花括号开头和结尾。花括号是语法要求的部分，即使语句块只包含一条语句也不能省略。

下面的代码展示了 try/catch/finally 语句的语法和用途：

```
try {
    // 正常情况下，这里的代码会从头到尾执行，
    // 不会出现问题。但有时候也可能抛出异常：
    // 直接通过 throw 语句抛出，或者由于调用
    // 了一个抛出异常的方法而抛出
}
```

```
catch(e) {
    // 当且仅当 try 块抛出异常时，才会执行这个
    // 块中的语句。这里的语句可以使用局部变量
    // e 引用被抛出的 Error 对象。这个块可以以
    // 某种方式来处理异常，也可以什么也不做以忽略
    // 异常，还可以通过 throw 重新抛出异常
}
finally {
    // 无论 try 块中发生什么，
    // 这个块中包含的语句都会被执行。无论 try 块是否终止，这些语
    // 句都会被执行：
    //   1）正常情况下，在到达 try 块底部时执行
    //   2）由于 break、continue 或 return 语句而执行
    //   3）由于上面的 catch 子句处理了异常而执行
    //   4）由于异常未被处理而继续传播而执行
}
```

注意，catch 关键字后面通常会跟着一个包含在圆括号中的标识符。这个标识符类似函数的参数。当捕获到异常时，与异常关联的值（比如一个 Error 对象）就会被赋给这个参数。与 catch 子句关联的标识符具有块作用域，即只在 catch 块中有定义。

下面是一个实际的 try/catch 语句的例子。例子中用到了上一节定义的 factorial() 方法，以及实现输入和输出的客户端 JavaScript 方法 prompt() 和 alert()：

```
try {
    // 请用户输入一个数值
    let n = Number(prompt("Please enter a positive integer", ""));
    // 假设输入有效，计算该数值的阶乘
    let f = factorial(n);
    // 显示结果
    alert(n + "! = " + f);
}
catch(ex) {      // 如果用户的输入无效，则会跳到这里
    alert(ex);   // 告诉用户发生了什么错误
}
```

这个例子中只包含 try/catch 语句，没有 finally 子句。尽管 finally 没有 catch 使用得频繁，但有时候也很有用。不过，finally 的行为需要再解释一下。只要执行了 try 块中的任何代码，finally 子句就一定会执行，无论 try 块中的代码是怎么执行完的。因此 finally 子句经常用于在执行完 try 子句之后执行代码清理。

正常情况下，JavaScript 解释器会执行到 try 块末尾，然后再执行 finally 块，从而完成必要的清理工作。如果解释器由于 return、continue 或 break 语句而离开了 try 块，则解释器在跳转到新目标之前会执行 finally 块。

如果 try 块中发生了异常，而且有关联的 catch 块来处理这个异常，则解释器会先执行 catch 块，然后再执行 finally 块。如果局部没有 catch 块处理异常，则解释器会先执

行 finally 块，然后再跳转到最接近的包含 catch 子句。

如果 finally 块本身由于 return、continue、break 或 throw 语句导致跳转，或者调用的方法抛出了异常，则解释器会抛弃等待的跳转，执行新跳转。例如，如果 finally 子句抛出异常，该异常会代替正被抛出的其他异常。如果 finally 子句执行了 return 语句，则相应方法正常返回，即使有被抛出且尚未处理的异常。

try 和 finally 可以配对使用，而不带 catch 子句。此时，无论 try 块中发生了什么，finally 块一定会执行，可以正常完成清理任务。前面我们说过，不能完全通过 while 循环来模拟 for 循环，因为 continue 在这两种循环中的行为不一样。如果使用 try/finally 语句，就可以用 while 写出与 for 循环类似的逻辑，正确处理 continue 语句：

```
// 模拟 for(initialize ; test ;increment) 循环体
initialize ;
while( test ) {
    try { body ; }
    finally { increment ; }
}
```

不过要注意的是，包含 break 语句的 body 在 while 循环与在 for 循环中的行为会有所不同（在 while 循环中，break 会导致在退出循环前额外执行一次 increment）。因此即使使用 finally 子句，也不可能完全通过 while 来模拟 for 循环。

干捕获子句

我们偶尔会使用 catch 子句，只为了检测和停止异常传播，此时我们并不关心异常的类型或者错误消息。在 ES2019 及之后的版本中，类似这种情况下可以省略圆括号和其中的标识符，只使用 catch 关键字。下面是一个例子：

```
// 与 JSON.parse() 类似，但返回 undeined 而不是抛出异常
function parseJSON(s) {
    try {
        return JSON.parse(s);
    } catch {
        // 出错了，但我们不关心错误是什么
        return undefined;
    }
}
```

5.6 其他语句

本节介绍剩下的三个 JavaScript 语句：with、debugger 和 "use strict"。

5.6.1 with

with 会运行一个代码块，就好像指定对象的属性是该代码块作用域中的变量一样。它有如下语法：

```
with (object)
    statement
```

这个语句创建了一个临时作用域，以 object 的属性作为变量，然后在这个作用域中执行 statement。

with 在严格模式（参见 5.6.3 节）下是被禁用的，在非严格模式下也应该认为已经废弃了。换句话说，尽可能不使用它。使用 with 的 JavaScript 代码很难优化，与不使用 with 的等价代码相比运行速度明显慢得多。

使用 with 语句主要是为了更方便地使用深度嵌套的对象。例如，在客户端 JavaScript 中，要访问某个 HTML 表单的元素可能要这样写：

```
document.forms[0].address.value
```

如果需要写很多次这样的表达式，则可以使用 with 语句让使用表单对象的属性像使用变量一样：

```
with(document.forms[0]) {
    // 在这里直接访问表单元素。例如：
    name.value = "";
    address.value = "";
    email.value = "";
}
```

这样可以减少键盘输入，因为不用每次都写 document.forms[0] 了。当然，前面的代码不用 with 语句也很容易写成这样：

```
let f = document.forms[0];
f.name.value = "";
f.address.value = "";
f.email.value = "";
```

注意，如果在 with 语句体中使用 const、let 或 var 声明一个变量或常量，那么只会创建一个普通变量，不会在指定的对象上定义新属性。

5.6.2 debugger

debugger 语句一般什么也不做。不过，包含 debugger 的程序在运行时，实现可以（但不是必需）执行某种调试操作。实践中，这个语句就像一个断点，执行中的 JavaScript

会停止，我们可以使用调试器打印变量的值、检查调用栈，等等。例如，假设你在调用函数 f() 时没有传参数，函数就会抛出异常，而你不知道这个调用来自何处。为了调试这个问题，可以修改 f()，像下面这样为它加上 debugger 语句：

```
function f(o) {
  if (o === undefined) debugger;   // 仅为调试才添加的
  ...                              // 这里是函数中的其他代码
}
```

现在，再次调用 f() 而不传参数，执行就会停止，你可以使用调试器检查调用栈，找到这个错误的调用来自何处。

注意，只有调试器还不行，debugger 语句并不为你打开调试器。如果你使用浏览器并且打开了开发者控制台，这个语句就会导致断点。

5.6.3 "use strict"

"use strict" 是 ES5 引入的一个指令。指令不是语句（但非常近似，所以在这里介绍 "use strict"）。"use strict" 与常规语句有两个重要的区别。

- 不包含任何语言关键字：指令是由（包含在单引号或双引号中的）特殊字符串字面量构成的表达式语句。

- 只能出现在脚本或函数体的开头，位于所有其他真正的语句之前 。

"use strict" 指令的目的是表示（在脚本或函数中）它后面的代码是严格代码。如果脚本中有 "use strict" 指令，则脚本的顶级（非函数）代码是严格代码。如果函数体是在严格代码中定义的，或者函数体中有一个 "use strict" 指令，那么它就是严格代码。如果严格代码中调用了 eval()，那么传给 eval() 的代码也是严格代码；如果传给 eval() 的字符串包含 "use strict" 指令，那么相应的代码也是严格代码。除了显式声明为严格的代码，任何位于 class 体（参见第 9 章）或 ES6 模块（参见 10.3 节）中的代码全部默认为严格代码，而无须把 "use strict" 指令显式地写出来。

严格代码在严格模式下执行。严格模式是 JavaScript 的一个受限制的子集，这个子集修复了重要的语言缺陷，提供了更强的错误检查，也增强了安全性。因为严格模式并不是默认的，那些使用语言中有缺陷的遗留特性的旧代码依然可以正确运行。严格模式与非严格模式的区别如下（前三个特别重要）。

- 严格模式下不允许使用 with 语句。

- 在严格模式下，所有变量都必须声明。如果把值赋给一个标识符，而这个标识符是没有声明的变量、函数、函数参数、catch 子句参数或全局对象的属性，都会导致抛出一个 ReferenceError（在非严格模式下，给全局对象的属性赋值会隐式声明一个全局变量，即给全局对象添加一个新属性）。

- 在严格模式下，函数如果作为函数（而非方法）被调用，其 this 值为 undefined（在非严格模式，作为函数调用的函数始终以全局对象作为 this 的值）。另外，在严格模式下，如果函数通过 call() 或 apply()（参见 8.7.4 节）调用，则 this 值就是作为第一个参数传给 call() 或 apply() 的值（在非严格模式下，null 和 undefined 值会被替换为全局对象，而非对象值会被转换为对象）。

- 在严格模式下，给不可写的属性赋值或尝试在不可扩展的对象上创建新属性会抛出 TypeError（在非严格模式下，这些尝试会静默失败）。

- 在严格模式下，传给 eval() 的代码不能像在非严格模式下那样在调用者的作用域中声明变量或定义函数。这种情况下定义的变量和函数会存在于一个为 eval() 创建的新作用域中。这个作用域在 eval() 返回时就会被销毁。

- 在严格模式下，函数中的 Arguments 对象（参见 8.3.3 节）保存着一份传给函数的值的静态副本。在非严格模式下，这个 Arguments 对象具有"魔法"行为，即这个数组中的元素与函数的命名参数引用相同的值。

- 在严格模式下，如果 delete 操作符后面跟一个未限定的标识符，比如变量、函数或函数参数，则会导致抛出 SyntaxError（在非严格模式下，这样的 delete 表达式什么也不做，且返回 false）。

- 在严格模式下，尝试删除一个不可配置的属性会导致抛出 TypeError（在非严格模式下，这个尝试会失败，且 delete 表达式会求值为 false）。

- 在严格模式下，对象字面量定义两个或多个同名属性是语法错误（在非严格模式下，不会发生错误）。

- 在严格模式下，函数声明中有两个或多个同名参数是语法错误（在非严格模式下，不会发生错误）。

- 在严格模式下，不允许使用八进制整数字面量（以 0 开头后面没有 x）（在非严格模式下，某些实现允许使用八进制字面量）。

- 在严格模式下，标识符 eval 和 arguments 被当作关键字，不允许修改它们的值。不能给这些标识符赋值，不能把它声明为变量，不能把它们用作函数名或者函数参数名，也不能把它们作为 catch 块的标识符使用。

- 在严格模式下，检查调用栈的能力是受限制的。arguments.caller 和 arguments.callee 在严格模式函数中都会抛出 TypeError。严格模式函数也有 caller 和 arguments 属性，但读取它们会抛出 TypeError（某些实现在非严格函数中定义了这些非标准属性）。

5.7 声明

关键字 const、let、var、function、class、import 和 export 严格来讲并不是语句，只是看起来很像语句，本书非正式地称它们为语句，因此本章也一并在这里介绍。

这些关键字更准确地讲应该叫作声明而非语句。我们在本章开始时说过，语句会导致"某些事件发生"。声明可以定义新值并给它们命名，以便将来通过这个名字引用相应的值。声明本身不会导致太多事件发生，但通过为值提供名字，它们会为程序中的其他语句定义相应的含义，这一点非常重要。

当程序运行时，解释器会对程序中的表达式求值，而且会执行程序的语句。程序中的声明并不以同样的方式"运行"，但它们定义程序本身的结构。宽泛地说，可以把声明看成程序的一部分，这一部分会在代码运行前预先处理。

JavaScript 声明用于定义常量、变量、函数和类，也用于在模块间导入和导出值。接下来几小节将给出所有这些声明的例子。本书其他地方也有对它们更详细的介绍。

5.7.1 const、let 和 var

本书在 3.10 节详细介绍了 const、let 和 var。在 ES6 及之后的版本中，const 声明常量而 let 声明变量。在 ES6 之前，使用 var 是唯一一个声明变量的方式，无法声明常量。使用 var 声明的变量，其作用域为包含函数，而非包含块。这可能会导致隐含的错误，但在现代 JavaScript 中，没有任何理由再使用 var 而不是 let。

```
const TAU = 2*Math.PI;
let radius = 3;
var circumference = TAU * radius;
```

5.7.2 funtion

function 声明用于定义函数，第 8 章中有详尽的介绍（我们在 4.3 节也看到过 function，但当时是将其作为函数表达式而不是函数声明）。下面是一个函数声明的例子：

```
function area(radius) {
    return Math.PI * radius * radius;
}
```

函数声明会创建一个函数对象，并把这个函数对象赋值给指定的名字（在这里是 area）。然后在程序的任何地方都可以通过这个名字来引用这个函数，以及运行其中的代码。位于任何 JavaScript 代码块中的函数声明都会在代码运行之前被处理，而在整个代码块中函数名都会绑定到相应的函数对象。无论在作用域中的什么地方声明函数，这些函数都会被"提升"，就好像它们是在该作用域顶部定义的一样。于是在程序中，调用函数的代码可能位于声明函数的代码之前。

12.3 节描述一种特殊的函数，叫作生成器。生成器声明使用 function 关键字后跟一个星号。13.3 节介绍了异步函数，同样也是使用 function 关键字声明的，但前面要加一个 async 关键字。

5.7.3 class

在 ES6 及之后的版本中，class 声明会创建一个新类并为其赋予一个名字，以便将来引用。第 9 章详细地介绍了类。下面是一个简单的类声明：

```
class Circle {
    constructor(radius) { this.r = radius; }
    area() { return Math.PI * this.r * this.r; }
    circumference() { return 2 * Math.PI * this.r; }
}
```

与函数不同，类声明不会被提升。因此在代码中，不能在还没有声明类之前就使用类。

5.7.4 import 和 export

import 和 export 声明共同用于让一个 JavaScript 模块中定义的值可以在另一个模块中使用。一个模块就是一个 JavaScript 代码文件，有自己的全局作用域，完全与其他模块无关。如果要在一个模块中使用另一个模块中定义的值（如函数或类），唯一的方式就是在定义值的模块中使用 export 导出值，在使用值的模块中使用 import 导入值。模块是第 10 章的主题，import 和 export 在 10.3 节有详细介绍。

import 指令用于从另一个 JavaScript 代码文件中导入一个或多个值，并在当前模块中为这些值指定名字。import 指令有几种不同的形式。下面是几个例子：

```
import Circle from './geometry/circle.js';
import { PI, TAU } from './geometry/constants.js';
import { magnitude as hypotenuse } from './vectors/utils.js';
```

JavaScript 模块中的值是私有的，除非被显式导出，否则其他模块都无法导入。export 指令就是为此而生的，它声明把当前模块中定义的一个或多个值导出，因而其他模块可以导入这些值。export 指令相比 import 指令有更多变体，下面是其中一种：

```
// geometry/constants.js
const PI = Math.PI;
const TAU = 2 * PI;
export { PI, TAU };
```

export 关键字有时候也用作其他声明的标识符，从而构成一种复合声明，在定义常量、

变量、函数或类的同时又导出它们。如果一个模块只导出一个值，通常会使用特殊的
export default 形式：

```
export const TAU = 2 * Math.PI;
export function magnitude(x,y) { return Math.sqrt(x*x + y*y); }
export default class Circle { /* 这里省略了类定义 */ }
```

5.8 小结

本章介绍了 JavaScript 语言的所有语句，它们的语法全部列举在表 5-1 中。

表 5-1：JavaScript 语句语法

语句	用途
break	退出最内部循环、switch 或有名字的闭合语句
case	在 switch 中标记一条语句
class	声明一个类
const	声明并初始化一个或多个常量
continue	开始最内部循环或命名循环的下一次迭代
debugger	调试器断点
default	在 switch 中标记默认语句
do/while	替代 while 循环的一种结构
export	声明可以被导入其他模块的值
for	一种方便好用的循环
for/await	异步迭代异步迭代器的值
for/in	枚举对象的属性名
for/of	枚举可迭代对象（如数组）的值
function	声明一个函数
if/else	根据某个条件执行一个或另一个语句
import	为在其他模块中定义的值声明名字
label	为语句起个名字，以便与 break 和 continue 一起使用
let	声明并初始化一个或多个块作用域的变量（新语法）
return	从函数中返回一个值
switch	包含 case 或 default：标签的多分支结构
throw	抛出一个异常
try/catch/finally	处理异常和代码清理
"use strict"	对脚本或函数应用严格模式
var	声明并初始化一个或多个变量（老语法）
while	一种基本的循环结构
with	扩展作用域链（在严格模式下被废弃并禁止）
yield	提供一个被迭代的值；只用在生成器函数中

第 6 章

对象

对象是 JavaScript 最基本的数据类型，前几章我们已经多次看到它了。因为对 JavaScript 语言来说对象实在太重要了，所以理解对象的详细工作机制也非常重要，本章就来详尽地讲解对象。一开始我们先正式地介绍一下对象，接下来几节将结合实践讨论创建对象和查询、设置、删除、测试以及枚举对象的属性。在关注属性的几节之后，接着会讨论如何扩展、序列化对象，以及在对象上定义重要方法。本章最后一节比较长，主要讲解 ES6 和这门语言的新近版本新增的对象字面量语法。

6.1 对象简介

对象是一种复合值，它汇聚多个值（原始值或其他对象）并允许我们按名字存储和获取这些值。对象是一个属性的无序集合，每个属性都有名字和值。属性名通常是字符串（也可以是符号，参见 6.10.3 节），因此可以说对象把字符串映射为值。这种字符串到值的映射曾经有很多种叫法，包括"散列""散列表""字典"或"关联数组"等熟悉的基本数据结构。不过，对象不仅仅是简单的字符串到值的映射。除了维持自己的属性之外，JavaScript 对象也可以从其他对象继承属性，这个其他对象称为其"原型"。对象的方法通常是继承来的属性，而这种"原型式继承"也是 JavaScript 的主要特性。

JavaScript 对象是动态的，即可以动态添加和删除属性。不过，可以用对象来模拟静态类型语言中的静态对象和"结构体"。对象也可以用于表示一组字符串（忽略字符串到值的映射中的值）。

在 JavaScript 中，任何不是字符串、数值、符号或 true、false、null、undefined 的值都是对象。即使字符串、数值和布尔值不是对象，它们的行为也类似不可修改的对象。

我们在 3.8 节介绍过对象是可修改的，是按引用操作而不是按值操作的。如果变量 x 指向一个对象，则代码 let y = x; 执行后，变量 y 保存的是同一个对象的引用，而不是该对象的副本。通过变量 y 对这个对象所做的任何修改，在变量 x 上都是可见的。

与对象相关的最常见的操作包括创建对象，以及设置、查询、删除、测试和枚举它们的值。这些基本操作将在本章开头几节介绍。之后几节将讨论更高级的主题。

属性有一个名字和一个值。属性名可以是任意字符串，包括空字符串（或任意符号），但对象不能包含两个同名的属性。值可以是任意 JavaScript 值，或者是设置函数或获取函数（或两个函数同时存在）。6.10.6 节将学习设置函数和获取函数。

有时候，区分直接定义在对象上的属性和那些从原型对象上继承的属性很重要。JavaScript 使用术语"自有属性"指代非继承属性。

除了名字和值之外，每个属性还有 3 个属性特性（property attribute）：

* writable（可写）特性指定是否可以设置属性的值。
* enumerable（可枚举）特性指定是否可以在 for/in 循环中返回属性的名字。
* configurable（可配置）特性指定是否可以删除属性，以及是否可修改其特性。

很多 JavaScript 内置对象拥有只读、不可枚举或不可配置的属性。不过，默认情况下，我们所创建对象的所有属性都是可写、可枚举和可配置的。14.1 节将介绍为对象指定非默认的属性特性值的技术。

6.2 创建对象

对象可以通过对象字面量、new 关键字和 Object.create() 函数来创建。接下来分别介绍这几种技术。

6.2.1 对象字面量

创建对象最简单的方式是在 JavaScript 代码中直接包含对象字面量。对象字面量的最简单形式是包含在一对花括号中的一组逗号分隔的"名:值"对。属性名是 JavaScript 标识符或字符串字面量（允许空字符串）。属性值是任何 JavaScript 表达式，这个表达式的值（可以是原始值或对象值）会变成属性的值。下面看几个示例：

```
let empty = {};                           // 没有属性的对象
let point = { x: 0, y: 0 };               // 包含两个数值属性
let p2 = { x: point.x, y: point.y+1 };    // 值比较复杂
let book = {
    "main title": "JavaScript",           // 属性名包含空格
    "sub-title": "The Definitive Guide",  // 和连字符，因此使用字符串字面量
```

```
        for: "all audiences",              // for 是保留字，但没有引号
        author: {                          // 这个属性的值本身是
            firstname: "David",            // 一个对象
            surname: "Flanagan"
        }
    };
```

对象字面量最后一个属性后面的逗号是合法的，有些编程风格指南鼓励添加这些逗号，以便将来在对象字面量末尾再增加新属性时不会导致语法错误。

对象字面量是一个表达式，每次求值都会创建并初始化一个新的、不一样的对象。字面量每次被求值的时候，它的每个属性的值也会被求值。这意味着同一个对象字面量如果出现在循环体中，或出现在被重复调用的函数体内，可以创建很多新对象，且这些对象属性的值可能不同。

前面展示的对象字面量使用了简单的语法，这种语法是在 JavaScript 最初始的版本中规定的。这门语言最近的版本新增了很多新的对象字面量特性，将在 6.10 节介绍。

6.2.2 使用 new 创建对象

new 操作符用于创建和初始化一个新对象。new 关键字后面必须跟一个函数调用。以这种方式使用的函数被称为构造函数（constructor），目的是初始化新创建的对象。JavaScript 为内置的类型提供了构造函数。例如：

```
let o = new Object();   // 创建一个空对象，与 {} 相同
let a = new Array();    // 创建一个空数组，与 [] 相同
let d = new Date();     // 创建一个表示当前时间的日期对象
let r = new Map();      // 创建一个映射对象，用于存储键 / 值映射
```

除了内置的构造函数，我们经常需要定义自己的构造函数来初始化新创建的对象。相关内容将在第 9 章介绍。

6.2.3 原型

在介绍第三种创建对象的技术之前，必须暂停一下，先介绍原型。几乎每个 JavaScript 对象都有另一个与之关联的对象。这另一个对象被称为原型（prototype），第一个对象从这个原型继承属性。

通过对象字面量创建的所有对象都有相同的原型对象，在 JavaScript 代码中可以通过 Object.prototype 引用这个原型对象。使用 new 关键字和构造函数调用创建的对象，使用构造函数 prototype 属性的值作为它们的原型。换句话说，使用 new Object() 创建的对象继承自 Object.prototype，与通过 {} 创建的对象一样。类似地，通过 new

Array() 创建的对象以 Array.prototype 为原型，通过 new Date() 创建的对象以 Date.prototype 为原型。对于 JavaScript 初学者，这一块很容易迷惑。记住：几乎所有对象都有原型，但只有少数对象有 prototype 属性。正是这些有 prototype 属性的对象为所有其他对象定义了原型。

Object.prototype 是为数不多的没有原型的对象，因为它不继承任何属性。其他原型对象都是常规对象，都有自己的原型。多数内置构造函数（和多数用户定义的构造函数）的原型都继承自 Object.prototype。例如，Date.prototype 从 Object.prototype 继承属性，因此通过 new Date() 创建的日期对象从 Date.prototype 和 Object.prototype 继承属性。这种原型对象链接起来的序列被称为原型链。

6.3.2 节将介绍属性继承的原理。第 9 章会更详细地解释原型与构造函数之间的联系，将展示如何定义新的对象"类"，包括编写构造函数以及将其 prototype 属性设置为一个原型对象，让通过该构造函数创建的"实例"继承这个原型对象的属性。另外，14.3 节还将介绍如何查询（甚至修改）一个对象的原型。

6.2.4 Object.create()

Object.create() 用于创建一个新对象，使用其第一个参数作为新对象的原型：

```
let o1 = Object.create({x: 1, y: 2});      // o1 继承属性 x 和 y
o1.x + o1.y                                 // => 3
```

传入 null 可以创建一个没有原型的新对象。不过，这样创建的新对象不会继承任何东西，连 toString() 这种基本方法都没有（意味着不能对该对象应用 + 操作符）：

```
let o2 = Object.create(null);              // o2 不继承任何属性或方法
```

如果想创建一个普通的空对象（类似 {} 或 new Object() 返回的对象），传入 Object.prototype：

```
let o3 = Object.create(Object.prototype); // o3 与 {} 或 new Object() 类似
```

能够以任意原型创建新对象是一种非常强大的技术，本章多处都会使用 Object.create()（Object.create() 还可接收可选的第二个参数，用于描述新对象的属性。这个参数属于高级特性，将在 14.1 节介绍）。

Object.create() 的一个用途是防止对象被某个第三方库函数意外（但非恶意）修改。这种情况下，不要直接把对象传给库函数，而要传入一个继承自它的对象。如果函数读取这个对象的属性，可以读到继承的值。而如果它设置这个对象的属性，则修改不会影响原始对象。

```
let o = { x: "don't change this value" };
library.function(Object.create(o)); // 防止意外修改
```

要理解其中的原理，需要知道 JavaScript 中属性查询和设置的过程。这些都是下一节的内容。

6.3 查询和设置属性

要获得一个属性的值，可以使用 4.4 节介绍的点（.）或方括号（[]）操作符。左边应该是一个表达式，其值为一个对象。如果使用点操作符，右边必须是一个命名属性的简单标识符。如果使用方括号，方括号中的值必须是一个表达式，其结果为包含目的属性名的字符串：

```
let author = book.author;      // 取得 book 的 "author" 属性
let name = author.surname;      // 取得 author 的 "surname" 属性
let title = book["main title"]; // 取得 book 的 "main title" 属性
```

要创建或设置属性，与查询属性一样，可以使用点或方括号，只是要把它们放到赋值表达式的左边：

```
book.edition = 7;                   // 为 book 创建一个 "edition" 属性
book["main title"] = "ECMAScript";  // 修改 "main title" 属性
```

使用方括号时，我们说过其中的表达式必须求值为一个字符串。更准确的说法是，该表达式必须求值为一个字符串或一个可以转换为字符串或符号的值（参见 6.10.3）。例如，我们会在第 7 章看到在方括号中使用数字是很常见的。

6.3.1 作为关联数组的对象

如前所述，下面两个 JavaScript 表达式的值相同：

```
object.property
object["property"]
```

第一种语法使用点和标识符，与在 C 或 Java 中访问结构体或对象的静态字段的语法类似。第二种语法使用方括号和字符串，看起来像访问数组，只不过是以字符串而非数值作为索引的数组。这种数组也被称为关联数组（或散列、映射、字典）。JavaScript 对象是关联数组，本节解释为什么这一点很重要。

在 C、C++、Java 及类似的强类型语言中，对象只有固定数量的属性，且这些属性的名字必须事先定义。JavaScript 是松散类型语言，并没有遵守这个规则，即 JavaScript 程序可以为任意对象创建任意数量的属性。不过，在使用 . 操作符访问对象的属性时，属性名是通过标识符来表示的。标识符必须直接书写在 JavaScript 程序中，它们不是一种数据类型，因此不能被程序操作。

在通过方括号（[]）这种数组表示法访问对象属性时，属性名是通过字符串来表示的。字符串是一种 JavaScript 数组类型，因此可以在程序运行期间修改和创建。例如，可以在 JavaScript 中这样写：

```
let addr = "";
for(let i = 0; i < 4; i++) {
    addr += customer[`address${i}`] + "\n";
}
```

这段代码读取并拼接了 customer 对象的属性 address0、address1、address2 和 address3。

这个简单的示例演示了使用数组表示法通过字符串表达式访问对象属性的灵活性。这段代码也可以使用点表示法重写，但某些场景只有使用数组表示法才行得通。例如，假设你在写一个程序，利用网络资源计算用户在股市上投资的价值。这个程序允许用户填写自己持有的每只股票的名字和数量。假设使用名为 portfolio 的对象来保存这些信息，该对象对每只股票都有一个属性，其每个属性名都是股票的名字，而属性值是该股票的数量。因此如果一个用户持有 50 股 IBM 股票，则 portfolio.ibm 属性的值就是 50。

这个程序可能包含一个函数，用于为投资组合（portfolio）添加新股票：

```
function addstock(portfolio, stockname, shares) {
    portfolio[stockname] = shares;
}
```

由于用户是在运行时输入股票名字，不可能提前知道属性名。既然不可能在写程序时就知道属性名，那就没办法使用 . 操作符访问 portfolio 对象的属性。不过，可以使用 [] 操作符，因为它使用字符串值（字符串是动态的，可以在运行时修改）而不是标识符（标识符是静态的，必须硬编码到程序中）来命名属性。

第 5 章曾介绍过 for/in 循环（稍后在 6.6 节还会看到）。这个 JavaScript 语句的威力在结合关联数组一起使用时可以明显地体现出来。以下代码演示了如何计算投资组合的总价值：

```
function computeValue(portfolio) {
    let total = 0.0;
    for(let stock in portfolio) {      // 对于投资组合中的每只股票：
        let shares = portfolio[stock];  // 取得股票数量
        let price = getQuote(stock);    // 查询股价
        total += shares * price;        // 把单只股票价值加到总价值上
    }
    return total;                       // 返回总价值
}
```

JavaScript 对象经常像这样作为关联数组使用，理解其原理非常重要。不过，在 ES6 及之后的版本中，使用 Map 类（将在 11.1.2 节介绍）通常比使用普通对象更好。

6.3.2 继承

JavaScript 对象有一组 "自有属性"，同时也从它们的原型对象继承一组属性。要理解这一点，必须更详细地分析属性存取。本节的示例将使用 Object.create() 函数以指定原型来创建对象。不过在第 9 章我们将看到，每次通过 new 创建一个类的实例，都会创建从某个原型对象继承属性的对象。

假设要从对象 o 中查询属性 x。如果 o 没有叫这个名字的自有属性，则会从 o 的原型对象[注1]查询属性 x。如果原型对象也没有叫这个名字的自有属性，但它有自己的原型，则会继续查询这个原型的原型。这个过程一直持续，直至找到属性 x 或者查询到一个原型为 null 的对象。可见，对象通过其 prototype 属性创建了一个用于继承属性的链条或链表：

```
let o = {};               // o 从 Object.prototype 继承对象方法
o.x = 1;                  // 现在它有了自有属性 x
let p = Object.create(o); // p 从 o 和 Object.prototype 继承属性
p.y = 2;                  // 而且有一个自有属性 y
let q = Object.create(p); // q 从 p、o 和 Object.prototype 继承属性
q.z = 3;                  // 且有一个自有属性 z
let f = q.toString();     // toString 继承自 Object.prototype
q.x + q.y                // => 3；x 和 y 分别继承自 o 和 p
```

现在假设你为对象 o 的 x 属性赋值。如果 o 有一个名为 x 的自有（非继承）属性，这次赋值就会修改已有 x 属性的值。否则，这次赋值会在对象 o 上创建一个名为 x 的新属性。如果 o 之前继承了属性 x，那么现在这个继承的属性会被新创建的同名属性隐藏。

属性赋值查询原型链只为确定是否允许赋值。如果 o 继承了一个名为 x 的只读属性，则不允许赋值（关于什么情况下可以设置属性可以参考 6.3.3 节）。不过，如果允许赋值，则只会在原始对象上创建或设置属性，而不会修改原型链中的对象。查询属性时会用到原型链，而设置属性时不影响原型链是一个重要的 JavaScript 特性，利用这一点，可以选择性地覆盖继承的属性：

```
let unitcircle = { r: 1 };          // c 继承自的对象
let c = Object.create(unitcircle);  // c 继承了属性 r
c.x = 1; c.y = 1;                   // c 定义了两个自有属性
c.r = 2;                           // c 覆盖了它继承的属性
unitcircle.r                       // => 1：原型不受影响
```

注 1：记住，几乎所有对象都有原型，但大多数对象没有 prototype 属性。即便不能通过代码直接访问对象的原型，JavaScript 继承机制仍然照常运作。要了解背后的细节，可以参考 14.3 节。

属性赋值要么失败要么在原始对象上创建或设置属性的规则有一个例外。如果 o 继承了属性 x，而该属性是一个通过设置方法定义的访问器属性（参见 6.10.6），那么就会调用该设置方法而不会在 o 上创建新属性 x。要注意，此时会在对象 o 上而不是在定义该属性的原型对象上调用设置方法。因此如果这个设置方法定义了别的属性，那也会在 o 上定义同样的属性，但仍然不会修改原型链。

6.3.3 属性访问错误

属性访问表达式并不总是会返回或设置值。本节解释查询或设置属性时可能出错的情况。

查询不存在的属性不是错误。如果在 o 的自有属性和继承属性中都没找到属性 x，则属性访问表达式 o.x 的求值结果为 undefined。例如，book 对象有一个“sub-title”属性，没有“subtitle”属性：

```
book.subtitle    // => undefined: 属性不存在
```

然而，查询不存在对象的属性则是错误。因为 null 和 undefined 值没有属性，查询这两个值的属性是错误。继续前面的示例：

```
let len = book.subtitle.length; // TypeError: undefined 没有 length 属性
```

如果 . 的左边是 null 或 undefined，则属性访问表达式会失败。因此在写类似 book.author.surname 这样的表达式时，要确保 book 和 book.author 是有定义的。以下是两种防止这类问题的写法：

```
// 简单但麻烦的技术
let surname = undefined;
if (book) {
    if (book.author) {
        surname = book.author.surname;
    }
}

// 取得 surname、null 或 undefined 的简洁的惯用技术
surname = book && book.author && book.author.surname;
```

如果不理解这个惯用表达式为什么可以防止 TypeError 异常，可能需要回头看一看 4.10.1 节中关于 && 操作符短路行为的解释。

正如 4.4.1 节介绍的，ES2020 通过 ?. 支持条件式属性访问，用它可以把前面的赋值表达式改写成：

```
let surname = book?.author?.surname;
```

尝试在 null 或 undefined 上设置属性也会导致 TypeError。而且，尝试在其他值上设置

属性也不总是会成功,因为有些属性是只读的,不能设置,而有些对象不允许添加新属性。在严格模式下(见 5.6.3 节),只要尝试设置属性失败就会抛出 TypeError。在非严格模式下,这些失败通常是静默失败。

关于属性赋值什么时候成功、什么时候失败的规则很容易理解,但却不容易只用简单几句话说清楚。尝试在对象 o 上设置属性 p 在以下情况下会失败。

- o 有一个只读自有属性 p:不可能设置只读属性。

- o 有一个只读继承属性 p:不可能用同名自有属性隐藏只读继承属性。

- o 没有自有属性 p,o 没有继承通过设置方法定义的属性 p,o 的 extensible 特性(参见 14.2 节)是 false。因为 p 在 o 上并不存在,如果没有要调用的设置方法,那么 p 必须要添加到 o 上。但如果 o 不可扩展(extensible 为 false),则不能在它上面定义新属性。

6.4 删除属性

delete 操作符(参见 4.13.4 节)用于从对象中移除属性。它唯一的操作数应该是一个属性访问表达式。令人惊讶的是,delete 并不操作属性的值,而是操作属性本身:

```
delete book.author;        // book 对象现在没有 author 属性了
delete book["main title"]; // 现在它也没有 "main title" 属性了
```

delete 操作符只删除自有属性,不删除继承属性(要删除继承属性,必须从定义属性的原型对象上删除。这样做会影响继承该原型的所有对象)。

如果 delete 操作成功或没有影响(如删除不存在的属性),则 delete 表达式求值为 true。对非属性访问表达式(无意义地)使用 delete,同样也会求值为 true:

```
let o = {x: 1};  // o 有自有属性 x 和继承属性 toString
delete o.x       // => true: 删除属性 x
delete o.x       // => true: 什么也不做(x 不存在)但仍然返回 true
delete o.toString // => true: 什么也不做(toString 不是自有属性)
delete 1         // => true: 无意义,但仍然返回 true
```

delete 不会删除 configurable 特性为 false 的属性。与通过变量声明或函数声明创建的全局对象的属性一样,某些内置对象的属性也是不可配置的。在严格模式下,尝试删除不可配置的属性会导致 TypeError。在非严格模式下,delete 直接求值为 false:

```
// 在严格模式下,以下所有删除操作都会抛出 TypeError,而不是返回 false
delete Object.prototype // => false: 属性不可配置
var x = 1;              // 声明一个全局变量
delete globalThis.x     // => false: 不能删除这个属性
```

```
function f() {}          // 声明一个全局函数
delete globalThis.f      // => false: 也不能删除这个属性
```

在非严格模式下删除全局对象可配置的属性时, 可以省略对全局对象的引用, 只在
delete 操作符后面加上属性名:

```
globalThis.x = 1;        // 创建可配置的全局属性 ( 没有 let 或 var )
delete x                 // => true: 这个属性可以删除
```

在严格模式下, 如果操作数是一个像 x 这样的非限定标识符, delete 会抛出
SyntaxError, 即必须写出完整的属性访问表达式:

```
delete x;                // 在严格模式下报 SyntaxError
delete globalThis.x;     // 这样可以
```

6.5 测试属性

JavaScript 对象可以被想象成一组属性, 实际开发中经常需要测试这组属性的成员
关系, 即检查对象是否有一个给定名字的属性。为此, 可以使用 in 操作符, 或者
hasOwnProperty()、propertyIsEnumerable() 方法, 或者直接查询相应属性。下面的
示例都使用字符串作为属性名, 但这些示例也适用于符号属性 (参见 6.10.3 节)。

in 操作符要求左边是一个属性名, 右边是一个对象。如果对象有包含相应名字的自有属
性或继承属性, 将返回 true:

```
let o = { x: 1 };
"x" in o          // => true: o 有自有属性 "x"
"y" in o          // => false: o 没有属性 "y"
"toString" in o   // => true: o 继承了 toString 属性
```

对象的 hasOwnProperty() 方法用于测试对象是否有给定名字的属性。对继承的属性,
它返回 false:

```
let o = { x: 1 };
o.hasOwnProperty("x")        // => true: o 有自有属性 x
o.hasOwnProperty("y")        // => false: o 没有属性 y
o.hasOwnProperty("toString") // => false: toString 是继承属性
```

propertyIsEnumerable() 方法细化了 hasOwnProperty() 测试。如果传入的命名属性是
自有属性且这个属性的 enumerable 特性为 true, 这个方法会返回 true。某些内置属性
是不可枚举的。使用常规 JavaScript 代码创建的属性都是可枚举的, 除非使用 14.1 节的
技术将它们限制为不可枚举:

```
let o = { x: 1 };
o.propertyIsEnumerable("x")   // => true: o 有一个可枚举属性 x
o.propertyIsEnumerable("toString")   // => false: toString 不是自有属性
Object.prototype.propertyIsEnumerable("toString") // => false:: toString 不可枚举
```

除了使用 in 操作符，通常简单的属性查询配合 !== 确保其不是未定义的就可以了：

```
let o = { x: 1 };
o.x !== undefined      // => true: o 有属性 x
o.y !== undefined      // => false: o 没有属性 y
o.toString !== undefined // => true: o 继承了 toString 属性
```

但有一件事 in 操作符可以做，而简单的属性访问技术做不到。in 可以区分不存在的属性和存在但被设置为 undefined 的属性。来看下面的代码：

```
let o = { x: undefined };  // 把属性显式设置为 undefined
o.x !== undefined          // => false: 属性 x 存在但值是 undefined
o.y !-- undefined          // => false: 属性 y 不存在
"x" in o                   // => true: 属性 x 存在
"y" in o                   // => false: 属性 y 不存在
delete o.x;                // 删除属性 x
"x" in o                   // => false: 属性 x 不存在了
```

6.6 枚举属性

除了测试属性是否存在，有时候也需要遍历或获取对象的所有属性。为此有几种不同的实现方式。

5.4.5 节介绍的 for/in 循环对指定对象的每个可枚举（自有或继承）属性都会运行一次循环体，将属性的名字赋给循环变量。对象继承的内置方法是不可枚举的，但你的代码添加给对象的属性默认是可枚举的。例如：

```
let o = {x: 1, y: 2, z: 3};        // 3 个可枚举自有属性
o.propertyIsEnumerable("toString")  // => false: toString 不可枚举（也不是自有属性）
for(let p in o) {                   // 循环遍历属性
    console.log(p);                 // 打印 x、y、z, 但没有 toString
}
```

为防止通过 for/in 枚举继承的属性，可以在循环体内添加一个显式测试：

```
for(let p in o) {
    if (!o.hasOwnProperty(p)) continue;       // 跳过继承属性
}

for(let p in o) {
    if (typeof o[p] === "function") continue; // 跳过所有方法
}
```

除了使用 for/in 循环，有时候可以先获取对象所有属性名的数组，然后再通过 for/of 循环遍历该数组。有 4 个函数可以用来取得属性名数组：

- Object.keys() 返回对象可枚举自有属性名的数组。不包含不可枚举属性、继承属性或名字是符号的属性（参见 6.10.3 节）。

- Object.getOwnPropertyNames() 与 Object.keys() 类似，但也会返回不可枚举自有属性名的数组，只要它们的名字是字符串。

- Object.getOwnPropertySymbols() 返回名字是符号的自有属性，无论是否可枚举。

- Reflect.ownKeys() 返回所有属性名，包括可枚举和不可枚举属性，以及字符串属性和符号属性（参见 14.6 节）。

6.7 节给出了使用 Object.keys() 和 for/of 循环的示例。

6.6.1　属性枚举顺序

ES6 正式定义了枚举对象自有属性的顺序。Object.keys()、Object.getOwnPropertyNames()、Object.getOwnPropertySymbols()、Reflect.onwKeys() 及 JSON.stringify() 等相关方法都按照下面的顺序列出属性，另外也受限于它们要列出不可枚举属性还是列出字符串属性或符号属性。

- 先列出名字为非负整数的字符串属性，按照数值顺序从最小到最大。这条规则意味着数组和类数组对象的属性会按照顺序被枚举。

- 在列出类数组索引的所有属性之后，再列出所有剩下的字符串名字（包括看起来像负数或浮点数的名字）的属性。这些属性按照它们添加到对象的先后顺序列出。对于在对象字面量中定义的属性，按照它们在字面量中出现的顺序列出。

- 最后，名字为符号对象的属性按照它们添加到对象的先后顺序列出。

for/in 循环的枚举顺序并不像上述枚举函数那么严格，但实现通常会按照上面描述的顺序枚举自有属性，然后再沿原型链上溯，以同样的顺序枚举每个原型对象的属性。不过要注意，如果已经有同名属性被枚举过了，甚至如果有一个同名属性是不可枚举的，那这个属性就不会枚举了。

6.7 扩展对象

在 JavaScript 程序中，把一个对象的属性复制到另一个对象上是很常见的。使用下面的代码很容易做到：

```
let target = {x: 1}, source = {y: 2, z: 3};
for(let key of Object.keys(source)) {
    target[key] = source[key];
}
target  // => {x: 1, y: 2, z: 3}
```

但因为这是个常见操作，各种 JavaScript 框架纷纷为此定义了辅助函数，通常会命名为 extend()。最终，在 ES6 中，这个能力以 Object.assign() 的形式进入了核心 JavaScript 语言。

Object.assign() 接收两个或多个对象作为其参数。它会修改并返回第一个参数，第一个参数是目标对象，但不会修改第二个及后续参数，那些都是来源对象。对于每个来源对象，它会把该对象的可枚举自有属性（包括名字为符号的属性）复制到目标对象。它按照参数列表顺序逐个处理来源对象，第一个来源对象的属性会覆盖目标对象的同名属性，而第二个来源对象（如果有）的属性会覆盖第一个来源对象的同名属性。

Object.assign() 以普通的属性获取和设置方式复制属性，因此如果一个来源对象有获取方法或目标对象有设置方法，则它们会在复制期间被调用，但这些方法本身不会被复制。

将属性从一个对象分配到另一个对象的一个原因是，如果有一个默认对象为很多属性定义了默认值，并且如果该对象中不存在同名属性，可以将这些默认属性复制到另一个对象中。但是，像下面这样简单地使用 Object.assign() 不会达到目的：

```
Object.assign(o, defaults);  // 用 defaults 覆盖 o 的所有属性
```

此时，需要创建一个新对象，先把默认值复制到新对象中，然后再使用 o 的属性覆盖那些默认值：

```
o = Object.assign({}, defaults, o);
```

在后面 6.10.4 节我们会看到，使用扩展操作符 ... 也可以表达这种对象复制和覆盖操作：

```
o = {...defaults, ...o};
```

为了避免额外的对象创建和复制，也可以重写一版 Object.assign()，只复制那些不存在的属性：

```
// 与 Object.assign() 类似，但不覆盖已经存在的属性
//（同时也不处理符号属性）
function merge(target, ...sources) {
    for(let source of sources) {
        for(let key of Object.keys(source)) {
            if (!(key in target)) { // 这里跟 Object.assign() 不同
```

```
                target[key] = source[key];
            }
        }
    }
    return target;
}
Object.assign({x: 1}, {x: 2, y: 2}, {y: 3, z: 4})  // => {x: 2, y: 3, z: 4}
merge({x: 1}, {x: 2, y: 2}, {y: 3, z: 4})          // => {x: 1, y: 2, z: 4}
```

编写类似 merge() 的属性操作辅助方法很简单。例如，可以写一个 restrict() 函数，用于从一个对象中删除另一个模板对象没有的属性。或者写一个 subtract() 函数，用于从一个对象中删除另一个对象包含的所有属性。

6.8 序列化对象

对象序列化（serialization）是把对象的状态转换为字符串的过程，之后可以从中恢复对象的状态。函数 JSON.stringify() 和 JSON.parse() 用于序列化和恢复 JavaScript 对象。这两个函数使用 JSON 数据交换格式。JSON 表示 JavaScript Object Notation (JavaScript 对象表示法)，其语法与 JavaScript 对象和数组字面量非常类似：

```
let o = {x: 1, y: {z: [false, null, ""]}}; // 定义一个测试对象
let s = JSON.stringify(o);   // s == '{"x":1,"y":{"z":[false,null,""]}}'
let p = JSON.parse(s);       // p == {x: 1, y: {z: [false, null, ""]}}
```

JSON 语法是 JavaScript 语法的子集，不能表示所有 JavaScript 的值。可以序列化和恢复的值包括对象、数组、字符串、有限数值、true、false 和 null。NaN、Infinity 和 -Infinity 会被序列化为 null。日期对象会被序列化为 ISO 格式的日期字符串（参见 Date.toJSON() 函数），但 JSON.parse() 会保持其字符串形式，不会恢复原始的日期对象。函数、RegExp 和 Error 对象以及 undefined 值不能被序列化或恢复。JSON. stringify() 只序列化对象的可枚举自有属性。如果属性值无法序列化，则该属性会从输出的字符串中删除。JSON.stringify() 和 JSON.parse() 都接收可选的第二个参数，用于自定义序列化及恢复操作。例如，可以通过这个参数指定要序列化哪些属性，或者在序列化或字符串化过程中如何转换某些值。11.6 节包含这两个函数的完整介绍。

6.9 对象方法

如前所述，所有 JavaScript 对象（除了那些显式创建为没有原型的）都从 Object. prototype 继承属性。这些继承的属性主要是方法，因为它们几乎无处不在，所以对 JavaScript 程序而言特别重要。例如，前面我们已经看到过 hasOwnProperty() 和 propertyIsEnumerable() 方法了（而且我们也介绍了几个定义在 Object 构造函数上的静态方法，例如 Object.create() 和 Object.keys()）。本节讲解 Object.prototype 上

定义的几个通用方法，但这些方法很有可能被更特定的实现所取代。后面几节我们将展示在同一个对象上定义这些方法的示例。在第 9 章，我们还会学习如何为整个对象的类定义更通用的方法。

6.9.1 toString() 方法

toString() 方法不接收参数，返回表示调用它的对象的值的字符串。每当需要把一个对象转换为字符串时，JavaScript 就会调用该对象的这个方法。例如，在使用 + 操作符拼接一个字符串和一个对象时，或者把一个对象传入期望字符串参数的方法时。

默认的 toString() 方法并不能提供太多信息（但可以用于确定对象的类，如 14.4.3 节所示）。例如，下面这行代码只会得到字符串"[object Object]"：

```
let s = { x: 1, y: 1 }.toString();  // s == "[object Object]"
```

由于这个默认方法不会显示太有用的信息，很多类都会重新定义自己的 toString() 方法。例如，在把数组转换为字符串时，可以得到数组元素的一个列表，每个元素也都会转换为字符串。而把函数转换为字符串时，可以得到函数的源代码。可以像下面这样定义自己的 toString() 方法：

```
let point = {
    x: 1,
    y: 2,
    toString: function() { return `(${this.x}, ${this.y})`; }
};
String(point)    // => "(1, 2)": toString() 用于转换为字符串
```

6.9.2 toLocaleString() 方法

除了基本的 toString() 方法之外，对象也都有一个 toLocaleString() 方法。这个方法的用途是返回对象的本地化字符串表示。Object 定义的默认 toLocaleString() 方法本身没有实现任何本地化，而是简单地调用 toString() 并返回该值。Date 和 Number 类定义了自己的 toLocaleString() 方法，尝试根据本地惯例格式化数值、日期和时间。数组也定义了一个与 toString() 类似的 toLocaleString() 方法，只不过它会调用每个数组元素的 toLocaleString() 方法，而不是调用它们的 toString() 方法。对于前面的 point 对象，我们也可以如法炮制：

```
let point = {
    x: 1000,
    y: 2000,
    toString: function() { return `(${this.x}, ${this.y})`; },
    toLocaleString: function() {
        return `(${this.x.toLocaleString()}, ${this.y.toLocaleString()})`;
    }
```

```
};
point.toString()          // => "(1000, 2000)"
point.toLocaleString()    // => "(1,000, 2,000)": 注意千分位分隔符
```

11.7 节介绍的国际化类可以用于实现 toLocaleString() 方法。

6.9.3 valueOf() 方法

valueOf() 方法与 toString() 方法很相似，但会在 JavaScript 需要把对象转换为某些非字符串原始值（通常是数值）时被调用。如果在需要原始值的上下文中使用了对象，JavaScript 会自动调用这个对象的 valueOf() 方法。默认的 valueOf() 方法并没有做什么，因此一些内置类定义了自己的 valueOf() 方法。Date 类定义的 valueOf() 方法可以将日期转换为数值，这样就让日期对象可以通过 < 和 > 操作符来进行比较。类似地，对于 point 对象，我们也可以定义一个返回原点与当前点之间距离的 valueOf()：

```
let point = {
    x: 3,
    y: 4,
    valueOf: function() { return Math.hypot(this.x, this.y); }
};
Number(point)  // => 5: valueOf() 用于转换为数值
point > 4      //
point > 5      // => false
point < 6      // => true
```

6.9.4 toJSON() 方法

Object.prototype 实际上并未定义 toJSON() 方法，但 JSON.stringify() 方法（参见 6.8 节）会从要序列化的对象上寻找 toJSON() 方法。如果要序列化的对象上存在这个方法，就会调用它，然后序列化该方法的返回值，而不是原始对象。Date 类（参见 11.4 节）定义了自己的 toJSON() 方法，返回一个表示日期的序列化字符串。同样，我们也可以给 point 对象定义这个方法：

```
let point = {
    x: 1,
    y: 2,
    toString: function() { return `(${this.x}, ${this.y})`; },
    toJSON: function() { return this.toString(); }
};
JSON.stringify([point])   // => '["(1, 2)"]'
```

6.10 对象字面量扩展语法

最近的 JavaScript 版本从几个方面扩展了对象字面量语法。下面将讲解这些扩展。

6.10.1 简写属性

假设变量 x 和 y 中保存着值，而你想创建一个具有属性 x 和 y 且值分别为相应变量值的对象。如果使用基本的对象字面量语法，需要把每个标识符重复两次：

```
let x = 1, y = 2;
let o = {
    x: x,
    y: y
};
```

在 ES6 及之后，可以删掉其中的分号和一份标识符，得到非常简洁的代码：

```
let x = 1, y = 2;
let o = { x, y };
o.x + o.y  // => 3
```

6.10.2 计算的属性名

有时候，我们需要创建一个具有特定属性的对象，但该属性的名字不是编译时可以直接写在源代码中的常量。相反，你需要的这个属性名保存在一个变量里，或者是调用的某个函数的返回值。不能对这种属性使用基本对象字面量。为此，必须先创建一个对象，然后再为它添加想要的属性：

```
const PROPERTY_NAME = "p1";
function computePropertyName() { return "p" + 2; }

let o = {};
o[PROPERTY_NAME] = 1;
o[computePropertyName()] = 2;
```

而使用 ES6 称为计算属性的特性可以更简单地创建类似对象，这个特性可以让你直接把前面代码中的方括号放在对象字面量中：

```
const PROPERTY_NAME = "p1";
function computePropertyName() { return "p" + 2; }

let p = {
    [PROPERTY_NAME]: 1,
    [computePropertyName()]: 2
};

p.p1 + p.p2 // => 3
```

有了这个语法，就可以在方括号中加入任意 JavaScript 表达式。对这个表达式求值得到的结果（必要时转换为字符串）会用作属性的名字。

一个可能需要计算属性的场景是，有一个 JavaScript 代码库，需要给这个库传入一个包含一组特定属性的对象，而这组属性的名字在该库中是以常量形式定义的。如果通过代码来创建要传给该库的这个对象，可以硬编码它的属性名，但是这样有可能把属性名写错，同时也存在因为库版本升级而修改了属性名导致的错配问题。此时，使用库自身定义的属性名常量，通过计算属性语法来创建这个对象会让你的代码更可靠。

6.10.3 符号作为属性名

计算属性语法也让另一个非常重要的对象字面量特性成为可能。在 ES6 及之后，属性名可以是字符串或符号。如果把符号赋值给一个变量或常量，那么可以使用计算属性语法将该符号作为属性名：

```
const extension = Symbol("my extension symbol");
let o = {
    [extension]: { /* 这个对象中存储扩展数据 */ }
};
o[extension].x = 0; // 这个属性不会与 o 的其他属性冲突
```

如 3.6 节所解释的，符号是不透明值。除了用作属性名之外，不能用它们做任何事情。不过，每个符号都与其他符号不同，这意味着符号非常适合用于创建唯一属性名。创建新符号需要调用 Symbol() 工厂函数（符号是原始值，不是对象，因此 Symbol() 不是构造函数，不能使用 new 调用）。Symbol() 返回的值不等于任何其他符号或其他值。可以给 Symbol() 传一个字符串，在把符号转换为字符串时会用到这个字符串。但这个字符串的作用仅限于辅助调试，使用相同字符串参数创建的两个符号依旧是不同的符号。

使用符号不是为了安全，而是为 JavaScript 对象定义安全的扩展机制。如果你从不受控的第三方代码得到一个对象，然后需要为该对象添加一些自己的属性，但又不希望你的属性与该对象原有的任何属性冲突，那就可以放心地使用符号作为属性名。而且，这样一来，你也不必担心第三方代码会意外修改你以符号命名的属性（当然，第三方代码可以使用 Object.getOwnPropertySymbols() 找到你使用的符号，然后修改或删除你的属性。这也是符号不是一种安全机制的原因）。

6.10.4 扩展操作符

在 ES2018 及之后，可以在对象字面量中使用"扩展操作符"... 把已有对象的属性复制到新对象中：

```
let position = { x: 0, y: 0 };
let dimensions = { width: 100, height: 75 };
let rect = { ...position, ...dimensions };
rect.x + rect.y + rect.width + rect.height // => 175
```

这段代码把 position 和 dimensions 对象的属性"扩展"到了 rect 对象字面量中，就像直接把它们的属性写在了花括号中一样。注意，这个 ... 语法经常被称为扩展操作符，但却不是真正意义上的 JavaScript 操作符。实际上，它是仅在对象字面量中有效的一种特殊语法（在其他 JavaScript 上下文中，三个点有其他用途。只有在对象字面量中，三个点才会产生这种把一个对象的属性复制到另一个对象中的插值行为）。

如果扩展对象和被扩展对象有一个同名属性，那么这个属性的值由后面的对象决定：

```
let o = { x: 1 };
let p = { x: 0, ...o };
p.x   // => 1：对象 o 的值覆盖了初始值
let q = { ...o, x: 2 };
q.x   // => 2：值 2 覆盖了前面对象 o 的值
```

另外要注意，扩展操作符只扩展对象的自有属性，不扩展任何继承属性：

```
let o = Object.create({x: 1}); // o 继承属性 x
let p = { ...o };
p.x                            // => undefined
```

最后，还有一点需要注意，虽然扩展操作符在你的代码中只是三个小圆点，但它可能给 JavaScript 解释器带来巨大的工作量。如果对象有 n 个属性，把这个属性扩展到另一个对象可能是一种 $O(n)$ 操作。这意味着，如果在循环或递归函数中通过 ... 向一个大对象不断追加属性，则很可能你是在写一个低效的 $O(n^2)$ 算法。随着 n 越来越大，这个算法可能会成为性能瓶颈。

6.10.5 简写方法

在把函数定义为对象属性时，我们称该函数为方法。（第 8 章和第 9 章包含更多关于方法的内容）。在 ES6 以前，需要像定义对象的其他属性一样，通过函数定义表达式在对象字面量中定义一个方法：

```
let square = {
    area: function() { return this.side * this.side; },
    side: 10
};
square.area() // => 100
```

但在 ES6 中，对象字面量语法（也包括第 9 章将介绍的类定义语法）经过扩展，允许一种省略 function 关键字和冒号的简写方法，结果代码如下：

```
let square = {
    area() { return this.side * this.side; },
    side: 10
```

```
};
square.area() // => 100
```

这两段代码是等价的，都会给对象字面量添加一个名为 area 的属性，都会把该属性的值设置为指定函数。这种简写语法让人一看便知 area() 是方法，而不是像 side 一样的数据属性。

在使用这种简写语法来写方法时，属性名可以是对象字面量允许的任何形式。除了像上面的 area 一样的常规 JavaScript 标识符之外，也可以使用字符串字面量和计算的属性名，包括符号属性名：

```
const METHOD_NAME = "m";
const symbol = Symbol();
let weirdMethods = {
    "method With Spaces"(x) { return x + 1; },
    [METHOD_NAME](x) { return x + 2; },
    [symbol](x) { return x + 3; }
};
weirdMethods["method With Spaces"](1)  // => 2
weirdMethods[METHOD_NAME](1)           // => 3
weirdMethods[symbol](1)                // => 4
```

使用符号作为方法名并没有看起来那么稀罕。为了让对象可迭代（以便在 for/of 循环中使用），必须以符号名 Symbol.iterator 为它定义一个方法，第 12 章将给出定义这个方法的示例。

6.10.6 属性的获取方法与设置方法

到目前为止，本章讨论的所有对象属性都是数据属性，即有一个名字和一个普通的值。除了数据属性之外，JavaScript 还支持为对象定义访问器属性（accessor property），这种属性不是一个值，而是一个或两个访问器方法：一个获取方法（getter）和一个设置方法（setter）。

当程序查询一个访问器属性的值时，JavaScript 会调用获取方法（不传参数）。这个方法的返回值就是属性访问表达式的值。当程序设置一个访问器属性的值时，JavaScript 会调用设置方法，传入赋值语句右边的值。从某种意义上说，这个方法负责"设置"属性的值。设置方法的返回值会被忽略。

如果一个属性既有获取方法也有设置方法，则该属性是一个可读写属性。如果只有一个获取方法，那它就是只读属性。如果只有一个设置方法，那它就是只写属性（这种属性通过数据属性是无法实现的），读取这种属性始终会得到 undefined。

访问器属性可以通过对象字面量的一个扩展语法来定义（与我们前面看到的其他 ES6 扩

展不同，获取方法和设置方法是在 ES5 中引入的）：

```
let o = {
    // 一个普通的数据属性
    dataProp: value,

    // 通过一对函数定义的一个访问器属性
    get accessorProp() { return this.dataProp; },
    set accessorProp(value) { this.dataProp = value; }
};
```

访问器属性是通过一个或两个方法来定义的，方法名就是属性名。除了前缀是 get 和 set 之外，这两个方法看起来就像用 ES6 简写语法定义的普通方法一样（在 ES6 中，也可以使用计算的属性名来定义获取方法和设置方法。只要把 get 和 set 后面的属性名替换为用方括号包含的表达式即可）。

上面定义的访问器方法只是简单地获取和设置了一个数据属性的值，这种情况使用数据属性或访问器属性都是可以的。不过我们可以看一个有趣的示例，例如下面这个表示 2D 笛卡儿坐标点的对象。这个对象用普通数据属性保存点的 x 和 y 坐标，用访问器属性给出与这个点等价的极坐标：

```
let p = {
    // x 和 y 是常规的可读写数据属性
    x: 1.0,
    y: 1.0,

    // r 是由获取方法和设置方法定义的可读写访问器属性
    // 不要忘了访问器方法后面的逗号。
    get r() { return Math.hypot(this.x, this.y); },
    set r(newvalue) {
        let oldvalue = Math.hypot(this.x, this.y);
        let ratio = newvalue/oldvalue;
        this.x *= ratio;
        this.y *= ratio;
    },

    // theta 是一个只定义了获取方法的只读访问器属性
    get theta() { return Math.atan2(this.y, this.x); }
};
p.r       // => Math.SQRT2
p.theta // => Math.PI / 4
```

注意这个示例的获取和设置方法中使用了关键字 this。JavaScript 会将这些函数作为定义它们的对象的方法来调用。这意味着在这些函数体内，this 引用的是表示坐标点的对象 p。因此访问器属性 r 的获取方法可以通过 this.x 和 this.y 来引用坐标点的 x 和 y 属性。方法和 this 关键字将在 8.2.2 节中详细介绍。

与数据属性一样，访问器属性也是可以继承的。因此，可以把上面定义的对象 p 作为其他点的原型。可以给新对象定义自己的 x 和 y 属性，而它们将继承 r 和 theta 属性：

```
let q = Object.create(p);  // 一个继承获取和设置方法的新对象
q.x = 3; q.y = 4;          // 创建 q 的自有数据属性
q.r                        // => 5: 可以使用继承的访问器属性
q.theta                    // => Math.atan2(4, 3)
```

以上代码使用访问器属性定义了一个 API，提供了一个数据集的两种表示（笛卡儿坐标和极坐标）。使用访问器属性的其他场景还有写入属性时进行合理性检查，以及每次读取属性时返回不同的值：

```
// 这个对象保证序号严格递增
const serialnum = {
    // 这个数据属性保存下一个序号
    // 属性名中的 _ 提示它仅在内部使用
    _n: 0,

    // 返回当前值并递增
    get next() { return this._n++; },

    // 把新值设置为 n，但 n 必须大于当前值
    set next(n) {
        if (n > this._n) this._n = n;
        else throw new Error("serial number can only be set to a larger value");
    }
};
serialnum.next = 10;    // 设置起始序号
serialnum.next          // => 10
serialnum.next          // => 11: 每次读取 next 都得到不同的值
```

最后，再看一个通过获取方法实现"魔法"属性的示例：

```
// 这个对象的访问器属性返回随机数值
// 例如，表达式 "random.octet" 在被求值时
// 会给出一个 0 和 255 之间的随机值
const random = {
    get octet() { return Math.floor(Math.random()*256); },
    get uint16() { return Math.floor(Math.random()*65536); },
    get int16() { return Math.floor(Math.random()*65536)-32768; }
};
```

6.11 小结

本章非常详尽地讲解了 JavaScript 对象，主要包括以下内容。

- 与对象相关的基本概念，例如可枚举和自有属性。

- 对象字面量语法，包括 ES6 及之后增加的很多新特性。

- 如何读取、写入、删除、枚举和检查对象属性的存在。

- JavaScript 如何实现基于原型的继承，以及如何通过 `Object.create()` 创建继承其他对象的对象。

- 如何通过 `Object.assign()` 从一个对象向另一个对象复制属性。

- JavaScript 中所有不是原始值的值都是对象。其中包括接下来两章会讨论的数组和函数。

第 7 章

数组

本章讲解数组。数组是 JavaScript 以及多数其他编程语言的一种基础数据类型。数组是值的有序集合，其中的值叫作元素，每个元素有一个数值表示的位置，叫作索引。JavaScript 数组是无类型限制的，即数组中的元素可以是任意类型，同一数组的不同元素也可以是不同的类型。数组元素甚至可以对象或其他数组，从而可以创建复杂的数据结构，比如对象的数组或者数组的数组。JavaScript 数组是基于零且使用 32 位数值索引的，第一个元素的索引为 0，最大可能的索引值是 4 294 967 294（$2^{32}-2$），即数组最大包含 4 294 967 295 个元素。JavaScript 数组是动态的，它们会按需增大或缩小，因此创建数组时无须声明一个固定大小，也无须在大小变化时重新为它们分配空间。JavaScript 数组可以是稀疏的，即元素不一定具有连续的索引，中间可能有间隙。每个 JavaScript 数组都有 length 属性。对于非稀疏数组，这个属性保存数组中元素的个数。对于稀疏数组，length 大于所有元素的最高索引。

JavaScript 数组是一种特殊的 JavaScript 对象，因此数组索引更像是属性名，只不过碰巧是整数而已。本章经常会谈到数组的这种特殊性。实现通常对数组会进行特别优化，从而让访问数值索引的数组元素明显快于访问常规的对象属性。

数组从 Array.prototype 继承属性，这个原型上定义了很多数组操作方法，7.8 节将介绍。其中很多方法都是泛型的，这意味着它们不仅可以用于真正的数组，也可以用于任何"类数组对象"。7.9 节将讨论类数组对象。最后，JavaScript 字符串的行为类似字母数组，将在 7.10 节讨论。

ES6 增加了一批新的数组类，统称为"定型数组"（typed array）。与常规 JavaScript 数组不同，定型数组具有固定长度和固定的数值元素类型。定型数组具有极高的性能，支持对二进制数据的字节级访问，将在 11.2 节介绍。

7.1 创建数组

创建数组有几种方式。接下来几节将分别介绍：

- 数组字面量

- 对可迭代对象使用 ... 扩展操作符

- Array() 构造函数

- 工厂方法 Array.of() 和 Array.from()

7.1.1 数组字面量

迄今为止，创建数组最简单的方式就是使用数组字面量。数组字面量其实就是一对方括号中逗号分隔的数组元素的列表。例如：

```
let empty = [];                 // 没有元素的数组
let primes = [2, 3, 5, 7, 11];  // 有 5 个数值元素的数组
let misc = [ 1.1, true, "a", ]; // 3 种不同类型的元素，最后还有一个逗号
```

数组字面量中的值不需要是常量，可以是任意表达式：

```
let base = 1024;
let table = [base, base+1, base+2, base+3];
```

数组字面量可以包含对象字面量或其他数组字面量：

```
let b = [[1, {x: 1, y: 2}], [2, {x: 3, y: 4}]];
```

如果数组字面量中连续包含多个逗号，且逗号之间没有值，则这个数组就是稀疏的（参见 7.3 节）。这些省略了值的数组元素并不存在，但按照索引查询它们时又会返回 undefined：

```
let count = [1,,3]; // 索引 0 和 2 有元素，索引 1 没有元素
let undefs = [,,];  // 这个数组没有元素但长度为 2
```

数组字面量语法允许末尾出现逗号，因此 [,,] 的长度是 2 不是 3。

7.1.2 扩展操作符

在 ES6 及之后的版本中，可以使用扩展操作符 ... 在一个数组字面量中包含另一个数组的元素：

```
let a = [1, 2, 3];
let b = [0, ...a, 4]; //b == [0, 1, 2, 3, 4]
```

这里的三个点会"扩展"数组 a，因而它的元素变成了要创建的数组字面量的元素。可以把 ...a 想象成代表数组 a 的所有元素，这些元素依次出现在了包含它们的数组字面量中（注意，虽然我们把这个三个点称作扩展操作符，但它们实际上并不是操作符，因为只能在数组字面量和本书后面介绍的函数调用中使用它们）。

扩展操作符是创建数组（浅）副本的一种便捷方式：

```
let original = [1,2,3];
let copy = [...original];
copy[0] = 0;   // 修改 copy 不会影响 original
original[0]    // => 1
```

扩展操作符适用于任何可迭代对象（可迭代对象可以使用 for/of 循环遍历，5.4.4 节已经看到过，第 12 章还将看到更多的例子）。字符串是可迭代对象，因此可以使用扩展操作符把任意字符串转换为单个字符的数组：

```
let digits = [..."0123456789ABCDEF"];
digits // => ["0","1","2","3","4","5","6","7","8","9","A","B","C","D","E","F"]
```

集合对象（参见 11.1.1 节）是可迭代的，因此要去除数组中的重复元素，一种便捷方式就是先把数组转换为集合，然后再使用扩展操作符把这个集合转换回数组：

```
let letters = [..."hello world"];
[...new Set(letters)]  // => ["h","e","l","o"," ","w","r","d"]
```

7.1.3 Array() 构造函数

另一种创建数组的方式是使用 Array() 构造函数。有三种方式可以调用这个构造函数。

- 不传参数调用：

```
let a = new Array();
```

这样会创建一个没有元素的空数组，等价于数组字面量 []。

- 传入一个数组参数，指定长度：

```
let a = new Array(10);
```

这样会创建一个指定长度的数组。如果提前知道需要多少个数组元素，可以像这样调用 Array() 构造函数来预先为数组分配空间。注意，这时的数组中不会存储任何值，数组索引属性"0"、"1"等甚至都没有定义。

- 传入两个或更多个数组元素，或传入一个非数值元素：

```
let a = new Array(5, 4, 3, 2, 1, "testing, testing");
```

这样调用的话，构造函数参数会成为新数组的元素。使用数组字面量永远比像这样使用 Array() 构造函数更简单。

7.1.4 Array.of()

在使用数值参数调用 Array() 构造函数时，这个参数指定的是数组长度。但在使用一个以上的数值参数时，这些参数则会成为新数组的元素。这意味着使用 Array() 构造函数无法创建只包含一个数值元素的数组。

在 ES6 中，Array.of() 函数可以解决这个问题。这是个工厂方法，可以使用其参数值（无论多少个）作为数组元素来创建并返回新数组：

```
Array.of()         // => []; 返回没有参数的空数组
Array.of(10)       // => [10]; 可以创建只有一个数值元素的数组
Array.of(1,2,3)    // => [1, 2, 3]
```

7.1.5 Array.from()

Array.from() 是 ES6 新增的另一个工厂方法。这个方法期待一个可迭代对象或类数组对象作为其第一个参数，并返回包含该对象元素的新数组。如果传入可迭代对象，Array.from(iterable) 与使用扩展操作符 [...iterable] 一样。因此，它也是创建数组副本的一种简单方式：

```
let copy = Array.from(original);
```

Array.from() 确实很重要，因为它定义了一种给类数组对象创建真正的数组副本的机制。类数组对象不是数组对象，但也有一个数值 length 属性，而且每个属性的键也都是整数。在客户端 JavaScript 中，有些浏览器方法返回的值就是类数组对象，那么像这样先把它们转换成真正的数组便于后续的操作：

```
let truearray = Array.from(arraylike);
```

Array.from() 也接受可选的第二个参数。如果给第二个参数传入了一个函数，那么在构建新数组时，源对象的每个元素都会传入这个函数，这个函数的返回值将代替原始值成为新数组的元素（这一点与本章后面要介绍的数组的 map() 方法很像，但在构建数组期间执行映射的效率要高于先构建一个数组再把它映射为另一个新数组）。

7.2 读写数组元素

可以使用 [] 操作符访问数组元素，方括号左侧应该是一个对数组的引用，方括号内应该是一个具有非负整数值的表达式。这个语法可以读和写数组元素的值。因此，下面都是合法的 JavaScript 语句：

```
let a = ["world"];      // 先创建包含一个元素的数组
let value = a[0];       // 读取元素 0
a[1] = 3.14;            // 写入元素 1
let i = 2;
a[i] = 3;               // 写入元素 2
a[i + 1] = "hello";     // 写入元素 3
a[a[i]] = a[0];         // 读取元素 0 和 2，写入元素 3
```

数组特殊的地方在于，只要你使用小于 $2^{32}-1$ 的非负整数作为属性名，数组就会自动为你维护 length 属性的值。比如在前面的例子中，我们先创建了一个只有一个元素的数组。而在给它的索引 1、2、3 赋值之后，数组的 length 属性也会相应改变，因此：

```
a.length        // => 4
```

记住，数组是一种特殊的对象。用于访问数组元素的方括号与用于访问对象属性的方括号是类似的。JavaScript 会将数值数组索引转换为字符串，即索引 1 会变成字符串 "1"，然后再将这个字符串作为属性名。这个从数值到字符串的转换没什么特别的，使用普通对象也一样：

```
let o = {};     // 创建一个普通对象
o[1] = "one";   // 通过整数索引一个值
o["1"]          // => "one"，数值和字符串属性名是同一个
```

明确区分数组索引和对象属性名是非常有帮助的。所有索引都是属性名，但只有介于 0 和 $2^{32}-2$ 之间的整数属性名才是索引。所有数组都是对象，可以在数组上以任意名字创建属性。只不过，如果这个属性是数组索引，数组会有特殊的行为，即自动按需更新其 length 属性。

注意，可以使用负数或非整数值来索引数组。此时，数值会转换为字符串，而这个字符串会作为属性名。因为这个名字是非负整数，所以会被当成常规的对象属性，而不是数组索引。另外，如果你碰巧使用了非负整数的字符串来索引数组，那这个值会成为数组索引，而不是对象属性。同样，如果使用了与整数相等的浮点值也是如此：

```
a[-1.23] = true;  // 这样会创建一个属性 "-1.23"
a["1000"] = 0;    // 这是数组中第 1001 个元素
a[1.000] = 1;     // 数组索引 1，相当于 a[1] = 1;
```

由于数组索引其实就是一种特殊的对象属性，所以 JavaScript 数组没有所谓"越界"错误。查询任何对象中不存在的属性都不会导致错误，只会返回 undefined。数组作为一种特殊对象也是如此：

```
let a = [true, false]; // 数组的索引 0 和 1 有元素
a[2]                    // => undefined，这个索引没有元素
a[-1]                   // => undefined，这个名字没有属性
```

7.3 稀疏数组

稀疏数组就是其元素没有从 0 开始的索引的数组。正常情况下，数组的 length 属性表明数组中元素的个数。如果数组是稀疏的，则 length 属性的值会大于元素个数。可以使用 Array() 构造函数创建稀疏数组，或者直接给大于当前数组 length 的数组索引赋值。

```
let a = new Array(5); // 没有元素，但 a.length 是 5
a = [];               // 创建一个空数组，此时 length = 0
a[1000] = 0;          // 赋值增加了一个元素，但 length 变成了 1001
```

后面还会看到，使用 delete 操作符也可以创建稀疏数组。

足够稀疏的数组通常是以较稠密数组慢、但内存占用少的方式实现的，查询这种数组的元素与查询常规对象属性的时间相当。

注意，如果省略数组字面量中的一个值（像 [1,,3] 这样重复逗号两次），也会得到稀疏数组，被省略的元素是不存在的：

```
let a1 = [,];          // 这个数组没有元素，但 length 是 1
let a2 = [undefined];  // 这个数组有一个 undefined 元素
0 in a1                // => false：a1 在索引 0 没有元素
0 in a2                // => true：a2 在索引 0 有 undefined 值
```

理解稀疏数组是真正理解 JavaScript 数组的重要一环。但在实践中，我们碰到的多数 JavaScript 数组都不是稀疏的。如果真的碰到了稀疏数组，可以把稀疏数组当成包含 undefined 元素的非稀疏数组。

7.4 数组长度

每个数组都有 length 属性，正是这个属性让数组有别于常规的 JavaScript 对象。对于稠密数组（即非稀疏数组），length 属性就是数组中元素的个数。这个值比数组的最高索引大 1：

```
[].length              // => 0：数组没有元素
["a","b","c"].length   // => 3：最高索引为 2，length 值为 3
```

对于稀疏数组，length 属性会大于元素个数，也可以说稀疏数组的 length 值一定大于数组中任何元素的索引。从另一个角度说，数组（无论稀疏与否）中任何元素的索引都

```
```

不会大于或等于数组的 length。为了维护这种不变式（invariant），数组有两个特殊行为。第一个前面已经提到了，即如果给一个索引为 i 的数组元素赋值，而 i 大于或等于数组当前的 length，则数组的 length 属性会被设置为 i+1。

数组实现以维护长度不变式的第二个特殊行为，就是如果将 length 属性设置为一个小于其当前值的非负整数 n，则任何索引大于或等于 n 的数组元素都会从数组中被删除：

```
a = [1,2,3,4,5];    // 先定义一个包含 5 个元素的数组
a.length = 3;       // a 变成 [1,2,3]
a.length = 0;       // 删除所有元素。a 是 []
a.length = 5;       // 长度是 5，但没有元素，类似 new Array(5)
```

也可以把数组的 length 属性设置为一个大于其当前值的值。这样做并不会向数组中添加新元素，只会在数组末尾创建一个稀疏的区域。

7.5 添加和删除数组元素

我们已经看到过为数组添加元素的最简单方式了，就是给它的一个新索引赋值：

```
let a = [];      // 创建一个空数组
a[0] = "zero";   // 添加一个元素
a[1] = "one";
```

也可以使用 push() 方法在数组末尾添加一个或多个元素：

```
let a = [];             // 创建一个空数组
a.push("zero");         // 在末尾添加一个值，a = ["zero"]
a.push("one", "two");   // 再在末尾添加两个值，a = ["zero", "one", "two"]
```

向数组 a 中推入一个值等同于把这个值赋给 a[a.length]。要在数组开头插入值，可以使用 unshift() 方法（参见 7.8 节），这个方法将已有数组元素移动到更高索引位。与push() 执行相反操作的是 pop() 方法，它删除数组最后一个元素并返回该元素，同时导致数组长度减 1。类似地，shift() 方法删除并返回数组的第一个元素，让数组长度减 1 并将所有元素移动到低一位的索引。7.8 节有对这些方法的更多介绍。

可以使用 delete 操作符删除数组元素：

```
let a = [1,2,3];
delete a[2];     // 现在索引 2 没有元素了
2 in a           // => false: 数组索引 2 没有定义
a.length         // => 3: 删除元素不影响数组长度
```

删除数组元素类似于（但不完全等同于）给该元素赋 undefined 值。注意，对数组元素使用 delete 操作符不会修改 length 属性，也不会把高索引位的元素向下移动来填充被

删除属性的空隙。从数组中删除元素后，数组会变稀疏。

如前所述，把数组 length 属性设置成一个新长度值，也可以从数组末尾删除元素。

splice() 是一个可以插入、删除或替换数组元素的通用方法。这个方法修改 length 属性并按照需要向更高索引或更低索引移动数组元素。详细介绍可参见 7.8 节。

7.6 迭代数组

到 ES6 为止，遍历一个数组（或任何可迭代对象）的最简单方式就是使用 for/of 循环，5.5.4 节介绍过：

```
let letters = [..."Hello world"];  // An array of letters
let string = "";
for(let letter of letters) {
    string += letter;
}
string  // => "Hello world"; 我们重新组装了原始文本
```

for/of 循环使用的内置数组迭代器按照升序返回数组的元素。对于稀疏数组，这个循环没有特殊行为，凡是不存在的元素都返回 undefined。

如果要对数组使用 for/of 循环，并且想知道每个数组元素的索引，可以使用数组的 entries() 方法和解构赋值：

```
let everyother = "";
for(let [index, letter] of letters.entries()) {
    if (index % 2 === 0) everyother += letter;  // 偶数索引的字母
}
everyother  // => "Hlowrd"
```

另一种迭代数组的推荐方式是使用 forEach()。它并不是一种新的 for 循环，而是数组提供的一种用于自身迭代的函数式方法。因此需要给 forEach() 传一个函数，然后 forEach() 会用数组的每个元素调用一次这个函数：

```
let uppercase = "";
letters.forEach(letter => {  // 注意这里使用的是箭头函数
    uppercase += letter.toUpperCase();
});
uppercase  // => "HELLO WORLD"
```

正如我们预期的，forEach() 按顺序迭代数组，而且会将索引作为第二个参数传给函数。与 for/of 循环不同，forEach() 能够感知稀疏数组，不会对没有的元素数组调用函数。

7.8.1 节会更详细地解释 forEach() 方法，该节也将介绍另外两个与数组迭代有关的方法：map() 和 filter()。

当然，使用老式的 for 循环（参见 5.4.3 节）也可以遍历数组：

```
let vowels = "";
for(let i = 0; i < letters.length; i++) { // 对数组中的每个索引
    let letter = letters[i];               // 取得该索引处的元素
    if (/[aeiou]/.test(letter)) {          // 使用正则表达式测试
        vowels += letter;                  // 如果是元音就记住它
    }
}
vowels  // => "eoo"
```

在嵌套循环中，或其他性能攸关的场合，有时候会看到这种简单的数组迭代循环，但只会读取一次数组长度，而不是在每个迭代中都读取一次。下面展示的两种 for 循环形式都是比较推荐的：

```
// 把数组长度保存到局部变量中
for(let i = 0, len = letters.length; i < len; i++) {
    // 循环体不变
}

// 从后向前迭代数组
for(let i = letters.length-1; i >= 0; i--) {
    // 循环体不变
}
```

这两个例子假定数组是稠密的，即所有元素都包含有效数据。如果不是这种情况，那应该在使用每个元素前先进行测试。如果想跳过未定义或不存在的元素，可以这样写：

```
for(let i = 0; i < a.length; i++) {
    if (a[i] === undefined) continue; // 跳过未定义及不存在的元素
    // 这里的循环体
}
```

7.7 多维数组

JavaScript 并不支持真正的多维数组，但我们可以使用数组的数组来模拟。要访问数组的数组的值，使用两个 [] 即可。比如，假设变量 matrix 是一个数值数组的数组，则 matrix[x] 的每个元素都是一个数值数组。要访问这个数组中的某个数值，就要使用 matrix[x][y] 这种形式。下面这个例子利用二维数组生成了乘法表：

```
// 创建一个多维数组
let table = new Array(10);              // 表格的 10 行
for(let i = 0; i < table.length; i++) {
    table[i] = new Array(10);          // 每行有 10 列
}

// 初始化数组
for(let row = 0; row < table.length; row++) {
    for(let col = 0; col < table[row].length; col++) {
        table[row][col] = row*col;
    }
}

// 从这个多维数组中获得 5*7 的值
table[5][7]  // => 35
```

7.8 数组方法

前几节主要介绍 JavaScript 操作数组的基本语法。但一般来说，还是 Array 类定义的方法用处最大。接下来几节将分别讨论这些方法。在学习这些方法时，要记住其中有的方法会修改调用它们的数组，而有些则不会。另外也有几个方法返回数组：有时候返回的这个数组是新数组，原始数组保持不变；而有时候原始数组会被修改，返回的是被修改后的数组的引用。

接下来会集中介绍几个相关的数组方法。

- 迭代器方法用于遍历数组元素，通常会对每个元素调用一次我们指定的函数。

- 栈和队列方法用于在开头或末尾向数组中添加元素或从数组中删除元素。

- 子数组方法用于提取、删除、插入、填充和复制更大数组的连续区域。

- 搜索和排序方法用于在数组中查找元素和对数组元素排序。

下面几节也会介绍 Array 类的静态方法，以及拼接数组和把数组转换为字符串的方法。

7.8.1 数组迭代器方法

本节介绍的方法用于迭代数组元素，它们会按照顺序把数组的每个元素传给我们提供的函数，可便于对数组进行迭代、映射、过滤、测试和归并。

但在讲解这些方法前，有必要从整体上介绍一下这组方法。首先，所有这些方法都接收一个函数作为第一个参数，并且对数组的每个元素（或某些元素）都调用一次这个函数。如果数组是稀疏的，则不会对不存在的数组元素调用传入的这个函数。多数情况下，我们提供的这个函数被调用时都会收到 3 个参数，分别是数组元素的值、数组元素的索引和数组本身。通常，我们只需要这几个参数中的第一个，可以忽略第二和第三个值。

接下来要介绍的多数迭代器方法都接收可选的第二个参数。如果指定这个参数，则第一个函数在被调用时就好像它是第二个参数的方法一样。换句话说，我们传入的第二个参数会成为作为第一个参数传入的函数内部的 this 值。传入函数的返回值通常不重要，但不同的方法会以不同的方式处理这个返回值。本节介绍的所有方法都不会修改调用它们的数组（当然，传入的函数可能会修改这个数组）。

所有这些方法在被调用时第一个参数都是函数，因此在方法调用表达式中直接定义这个函数参数是很常见的，相对而言，使用在其他地方已经定义好的函数倒不常见。箭头函数（参见 8.1.3 节）特别适合在这些方法中使用，接下来的例子中也会使用。

forEach()

forEach() 方法迭代数组的每个元素，并对每个元素都调用一次我们指定的函数。如前所述，传统 forEach() 方法的第一个参数是函数。forEach() 在调用这个函数时会给它传 3 个参数：数组元素的值、数组元素的索引和数组本身。如果只关心数组元素的值，可以把函数写成只接收一个参数，即忽略其他参数：

```
let data = [1,2,3,4,5], sum = 0;
// 计算数组元素之和
data.forEach(value => { sum += value; });              // sum == 15

// 递增每个元素的值
data.forEach(function(v, i, a) { a[i] = v + 1; }); // data == [2,3,4,5,6]
```

注意，forEach() 并未提供一种提前终止迭代的方式。换句话说，在这里没有与常规 for 循环中的 break 语句对等的机制。

map()

map() 方法把调用它的数组的每个元素分别传给我们指定的函数，返回这个函数的返回值构成的数组。例如：

```
let a = [1, 2, 3];
a.map(x => x*x)   // => [1, 4, 9]: 这个函数接收 x 并返回 x*x
```

传给 map() 的函数与传给 forEach() 的函数会以同样的方式被调用。但对于 map() 方法来说，我们传入的函数应该返回值。注意，map() 返回一个新数组，并不修改调用它的数组。如果数组是稀疏的，则缺失元素不会调用我们的函数，但返回的数组也会与原始数组一样稀疏：长度相同，缺失的元素也相同。

filter()

filter() 方法返回一个数组，该数组包含调用它的数组的子数组。传给这个方法的函数应该是个断言函数，即返回 true 或 false 的函数。这个函数与传给 forEach() 和 map() 的函数一样被调用。如果函数返回 true 或返回的值转换为 true，则传给这个函数的元素就是 filter() 最终返回的子数组的成员。看例子：

```
let a = [5, 4, 3, 2, 1];
a.filter(x => x < 3)            // => [2, 1], 小于 3 的值
a.filter((x,i) => i%2 === 0) // => [5, 3, 1], 隔一个选一个
```

注意，filter() 会跳过稀疏数组中缺失的元素，它返回的数组始终是稠密的。因此可以使用 filter() 方法像下面这样清理掉稀疏数组中的空隙：

```
let dense = sparse.filter(() => true);
```

如果既想清理空隙，又想删除值为 undefined 和 null 的元素，则可以这样写：

```
a = a.filter(x => x !== undefined && x !== null);
```

find() 与 findIndex()

find() 和 findIndex() 方法与 filter() 类似，表现在它们都遍历数组，寻找断言函数返回真值的元素。但与 filter() 不同的是，这两个方法会在断言函数找到第一个元素时停止迭代。此时，find() 返回匹配的元素，findIndex() 返回匹配元素的索引。如果没有找到匹配的元素，则 find() 返回 undefined，而 findIndex() 返回 -1：

```
let a = [1,2,3,4,5];
a.findIndex(x => x === 3)  // => 2, 值 3 的索引是 2
a.findIndex(x => x < 0)    // => -1, 数组中没有负数
a.find(x => x % 5 === 0)   // => 5: 5 的倍数
a.find(x => x % 7 === 0)   // => undefined: 数组中没有 7 的倍数
```

every() 与 some()

every() 和 some() 方法是数组断言方法，即它们会对数组元素调用我们传入的断言函数，最后返回 true 或 false。

every() 方法与数学上的"全称"量词∀类似，它在且只在断言函数对数组的所有元素都返回 true 时才返回 true：

```
let a = [1,2,3,4,5];
a.every(x => x < 10)       // => true: 所有值都小 10
a.every(x => x % 2 === 0) // => false: 并非所有值都是偶数
```

some() 方法类似于数学上的"存在"量词∃，只要数组元素中有一个让断言函数返回 true 它就返回 true，但必须数组的所有元素对断言函数都返回 false 才返回 false：

```
let a = [1,2,3,4,5];
a.some(x => x%2===0)   // => true，a 包含偶数
a.some(isNaN)          // => false，a 没有非数值
```

注意，every() 和 some() 都会在它们知道要返回什么值时停止迭代数组。some() 在断言函数第一次返回 true 时返回 true，只有全部断言都返回 false 时才会遍历数组。every() 正好相反，它在断言函数第一次返回 false 时返回 false，只有全部断言都返回 true 时才会遍历数组。同样也要注意，如果在空数组上调用它们，按照数学的传统，every() 返回 true，some() 返回 false。

reduce() 与 reduceRight()

reduce() 和 reduceRight() 方法使用我们指定的函数归并数组元素，最终产生一个值。在函数编程中，归并是一个常见操作，有时候也称为注入（inject）或折叠（fold）。看例子更容易理解：

```
let a = [1,2,3,4,5];
a.reduce((x,y) => x+y, 0)          // => 15；所有值之和
a.reduce((x,y) => x*y, 1)          // => 120；所有值之积
a.reduce((x,y) => (x > y) ? x : y) // => 5，最大值
```

reduce() 接收两个参数。第一个参数是执行归并操作的函数。这个归并函数的任务就是把两个值归并或组合为一个值并返回这个值。在上面的例子中，归并函数通过把两个值相加、相乘和选择最大值来合并两个值。第二个参数是可选的，是传给归并函数的初始值。

在 reduce() 中使用的函数与在 forEach() 和 map() 中使用的函数不同。我们熟悉的值、索引和数组本身在这里作为第二、第三和第四个参数。第一个参数是目前为止归并操作的累计结果。在第一次调用这个函数时，第一个参数作为 reduce() 的第二个参数的初始值。在后续调用中，第一个参数则是上一次调用这个函数的返回值。在第一个例子中，初次调用归并函数传入的是 0 和 1，归并函数把它们相加后返回 1。然后再以参数 1 和 2 调用它并返回 3。接着计算 3+4=6、6+4=10，最后 10+5=15。最终值 15 成为 reduce() 的返回值。

有人可能注意到了，上面例子中第三次调用 reduce() 只传了一个参数，即并未指定初始值。在像这样不指定初始值调用时，reduce() 会使用数组的第一个元素作为初始值。这意味着首次调用归并函数将以数组的第一和第二个元素作为其第一和第二个参数。在求和与求积的例子中，也可以省略这个初始值参数。

如果不传初始值参数，在空数组上调用 reduce() 会导致 TypeError。如果调用它时只有一个值，比如用只包含一个元素的数组调用且不传初始值，或者用空数组调用但传了初

始值，则 reduce() 直接返回这个值，不会调用归并函数。

reduceRight() 与 reduce() 类似，只不过是从高索引向低索引（从右到左）处理数组，而不是从低到高。如果归并操作具有从右到左的结合性，那可能要考虑使用 reduceRight()。比如：

```
// 计算 2^(3^4)。求幂具有从右到左的优先级
let a = [2, 3, 4];
a.reduceRight((acc,val) => Math.pow(val,acc)) // => 2.4178516392292583e+24
```

注意，无论 reduce() 还是 reduceRight() 都不接收用于指定归并函数 this 值的可选参数。它们用可选的初始值参数取代了这个值。如果需要把归并函数作为特定对象的方法调用，可以考虑 8.7.5 节介绍的 Function.bind() 方法。

出于简单考虑，目前为止我们看到的例子都只涉及数值。但 reduce() 和 reduceRight() 并不是专门为数学计算而设计的。只要是能够把两个值（比如两个对象）组合成一个同类型值的函数，都可以用作归并函数。另一方面，使用数组归并表达的算法很容易复杂化，因而难以理解。此时可能使用常规循环逻辑处理数组反倒更容易阅读、编写和分析。

7.8.2 使用 flat() 和 flatMap() 打平数组

在 ES2019 中，flat() 方法用于创建并返回一个新数组，这个新数组包含与它调用 flat() 的数组相同的元素，只不过其中任何本身也是数组的元素会被"打平"填充到返回的数组中。例如：

```
[1, [2, 3]].flat()    // => [1, 2, 3]
[1, [2, [3]]].flat()  // => [1, 2, [3]]
```

在不传参调用时，flat() 会打平一级嵌套。原始数组中本身也是数组的元素会被打平，但打平后的元素如果还是数组则不会再打平。如果想打平更多层级，需要给 flat() 传一个数值参数：

```
let a = [1, [2, [3, [4]]]];
a.flat(1)   // => [1, 2, [3, [4]]]
a.flat(2)   // => [1, 2, 3, [4]]
a.flat(3)   // => [1, 2, 3, 4]
a.flat(4)   // => [1, 2, 3, 4]
```

flatMap() 方法与 map() 方法相似，只不过返回的数组会自动被打平，就像传给了 flat() 一样。换句话说，调用 a.flatMap(f) 等同于（但效率远高于）a.map(f).flat()：

```
let phrases = ["hello world", "the definitive guide"];
let words = phrases.flatMap(phrase => phrase.split(" "));
words // => ["hello", "world", "the", "definitive", "guide"];
```

可以把 flatMap() 想象为一个通用版的 map()，可以把输入数组中的一个元素映射为输出数组中的多个元素。特别地，flatMap() 允许把输入元素映射为空数组，这样打平后并不会有元素出现在输出数组中：

```
// 将非负数映射为它们的平方根
[-2, -1, 1, 2].flatMap(x => x < 0 ? [] : Math.sqrt(x)) // => [1, 2**0.5]
```

7.8.3 使用 concat() 添加数组

concat() 方法创建并返回一个新数组，新数组包含调用 concat() 方法的数组的元素，以及传给 concat() 的参数。如果这些参数中有数组，则拼接的是它们的元素而非数组本身。但要注意，concat() 不会递归打平数组的数组。concat() 并不修改调用它的数组：

```
let a = [1,2,3];
a.concat(4, 5)         // => [1,2,3,4,5]
a.concat([4,5],[6,7])  // => [1,2,3,4,5,6,7]，数组被打平了
a.concat(4, [5,[6,7]]) // => [1,2,3,4,5,[6,7]]，但不会打平嵌套的数组
a                      // => [1,2,3]，原始数组没有改变
```

注意，concat() 会创建调用它的数组的副本。很多情况下，这样做都是正确的，只不过操作代价有点大。如果你发现自己正在写类似 a = a.concat(x) 这样的代码，那应该考虑使用 push() 或 splice() 就地修改数组，就不要再创建新数组了。

7.8.4 通过 push()、pop()、shift() 和 unshift() 实现栈和队列操作

push() 和 pop() 方法可以把数组作为栈来操作。其中，push() 方法用于在数组末尾添加一个或多个新元素，并返回数组的新长度。与 concat() 不同，push() 不会打平数组参数。pop() 方法恰好相反，它用于删除数组最后面的元素，减少数组长度，并返回删除的值。注意，这两个方法都会就地修改数组。组合使用 push() 和 pop() 可以使用 JavaScript 数组实现先进后出的栈。例如：

```
let stack = [];        // stack == []
stack.push(1,2);       // stack == [1,2]
stack.pop();           // stack == [1], 返回 2
stack.push(3);         // stack == [1,3]
stack.pop();           // stack == [1], 返回 3
stack.push([4,5]);     // stack == [1,[4,5]]
stack.pop()            // stack == [1], 返回 [4,5]
stack.pop();           // stack == [], 返回 1
```

push() 方法不会打平传入的数组，如果想把一个数组中的所有元素都推送到另一个数组中，可以使用扩展操作符（参见 8.3.4 节）显式打平它：

```
a.push(...values);
```

unshift() 和 shift() 方法与 push() 和 pop() 很类似，只不过它们是从数组开头而非末尾插入和删除元素。unshift() 用于在数组开头添加一个或多个元素，已有元素的索引会相应向更高索引移动，并返回数组的新长度。shift() 删除并返回数组的第一个元素，所有后续元素都会向下移动一个位置，以占据数组开头空出的位置。使用 unshift() 和 shift() 可以实现栈，但效率不如使用 push() 和 pop()，因为每次在数组开头添加或删除元素都要向上或向下移动元素。不过，倒是可以使用 push() 在数组末尾添加元素，使用 shift() 在数组开头删除元素来实现队列：

```
let q = [];            // q == []
q.push(1,2);           // q == [1,2]
q.shift();             // q == [2]，返回 1
q.push(3)              // q == [2, 3]
q.shift()              // q == [3]，返回 2
q.shift()              // q == []，返回 3
```

unshift() 还有一个特性值得特别说一下。在给 unshift() 传多个参数时，这些参数会一次性插入数组。这意味着一次插入与多次插入之后的数组顺序不一样：

```
let a = [];            // a == []
a.unshift(1)           // a == [1]
a.unshift(2)           // a == [2, 1]
a = [];                // a == []
a.unshift(1,2)         // a == [1, 2]
```

7.8.5 使用 slice()、splice()、fill() 和 copyWithin()

数组定义了几个处理连续区域（或子数组，或数组"切片"）的方法。接下来几节将介绍提取、替换、填充和复制切片的方法。

slice()

slice() 方法返回一个数组的切片（slice）或者子数组。这个方法接收两个参数，分别用于指定要返回切片的起止位置。返回的数组包含第一个参数指定的元素，以及所有后续元素，直到（但不包含）第二个参数指定的元素。如果只指定一个参数，返回的数组将包含从该起点开始直到数组末尾的所有元素。如果任何一个参数是负值，则这个值相对于数组长度指定数组元素。比如，参数 -1 指定数组的最后一个元素，参数 -2 指定倒数第二个元素。注意，slice() 不会修改调用它的数组。下面看几个例子：

```
let a = [1,2,3,4,5];
a.slice(0,3);    // 返回 [1,2,3]
a.slice(3);      // 返回 [4,5]
a.slice(1,-1);   // 返回 [2,3,4]
a.slice(-3,-2);  // 返回 [3]
```

splice()

splice() 是一个对数组进行插入和删除的通用方法。与 slice() 和 concat() 不同，
splice() 会修改调用它的数组。注意，splice() 和 slice() 的名字非常相似，但执行
的操作截然不同。

splice() 可以从数组中删除元素，可以向数组中插入新元素，也可以同时执行这两种操
作。位于插入点或删除点之后的元素的索引会按照需要增大或减少，从而与数组剩余部
分保持连续。splice() 的第一个参数指定插入或删除操作的起点位置。第二个参数指定
要从数组中删除（切割出来）的元素个数（注意，这里是两个方法的另一个不同之处。
slice() 的第二个参数是终点。而 splice() 的第二个参数是长度）。如果省略第二个参
数，从起点元素开始的所有数组元素都将被删除。splice() 返回被删除元素的数组，如
果没有删除元素返回空数组。例如：

```
let a = [1,2,3,4,5,6,7,8];
a.splice(4)     // => [5,6,7,8]，a 现在是 [1,2,3,4]
a.splice(1,2)   // => [2,3]，a 现在是 [1,4]
a.splice(1,1)   // => [4]，a 现在是 [1]
```

splice() 的前两个参数指定要删除哪些元素。这两个参数后面还可以跟任意多个参数，
表示要在第一个参数指定的位置插入到数组中的元素。例如：

```
let a = [1,2,3,4,5];
a.splice(2,0,"a","b")   // => []; a 现在是 [1,2,"a","b",3,4,5]
a.splice(2,2,[1,2],3)   // => ["a","b"]; a 现在是 [1,2,[1,2],3,3,4,5]
```

注意，与 concat() 不同，splice() 插入数组本身，而不是数组的元素。

fill()

fill() 方法将数组的元素或切片设置为指定的值。它会修改调用它的数组，也返回修改
后的数组：

```
let a = new Array(5);  // 创建一个长度为 5 的没有元素的数组
a.fill(0)              // => [0,0,0,0,0]，用 0 填充数组
a.fill(9, 1)           // => [0,9,9,9,9]，从索引 1 开始填充 9
a.fill(8, 2, -1)       // => [0,9,8,8,9]，在索引 2、3 填充 8
```

fill() 的第一个参数是要把数组元素设置成的值。可选的第二个参数指定起始索引，如

果省略则从索引 0 开始填充。可选的第三个参数指定终止索引，到这个索引为止（但不包含）的数组元素会被填充。如果省略第三个参数，则从起始索引开始一直填充到数组末尾。与使用 slice() 一样，也可以传入负值相对于数组末尾指定索引。

copyWithin()

copyWithin() 把数组切片复制到数组中的新位置。它会就地修改数组并返回修改后的数组，但不会改变数组的长度。第一个参数指定要把第一个元素复制到的目的索引。第二个参数指定要复制的第一个元素的索引。如果省略第二个参数，则默认值为 0。第三个参数指定要复制的元素切片的终止索引。如果省略，则使用数组的长度。从起始索引到（但不包含）终止索引的元素会被复制。与使用 slice() 一样，也可以传入负值相对于数组末尾指定索引：

```
let a = [1,2,3,4,5];
a.copyWithin(1)        // => [1,1,2,3,4]: 把数组元素复制到索引 1 及之后
a.copyWithin(2, 3, 5)  // => [1,1,3,4,4]: 把最后两个元素复制到索引 2
a.copyWithin(0, -2)    // => [4,4,3,4,4]: 负偏移量也可以
```

copyWithin() 本意是作为一个高性能方法，尤其对定型数组（参见 11.2 节）特别有用。它模仿的是 C 标准库的 memmove() 函数。注意，即使来源和目标区域有重叠，复制也是正确的。

7.8.6 数组索引与排序方法

数组实现与字符串的同名方法类似的 indexOf()、lastIndexOf() 和 includes() 方法。此外还有 sort() 和 reverse() 方法用于对数组元素重新排序。下面介绍这些方法。

indexOf() 和 lastIndexOf()

indexOf() 和 lastIndexOf() 从数组中搜索指定的值并返回第一个找到的元素的索引，如果没找到则返回 -1。indexOf() 从前到后（或从头到尾）搜索数组，而lastIndexOf() 从后向前搜索数组：

```
let a = [0,1,2,1,0];
a.indexOf(1)       // => 1: a[1] 是 1
a.lastIndexOf(1)   // => 3: a[3] 是 1
a.indexOf(3)       // => -1: 没有元素的值是 3
```

indexOf() 和 lastIndexOf() 使用 === 操作符比较它们的参数和数组元素。如果数组包含对象而非原始值，这些方法检查两个引用是否引用同一个对象。如果想查找对象的内容，可以使用 find() 方法并传入自定义的断言函数。

indexOf() 和 lastIndexOf() 都接收第二个可选的参数，指定从哪个位置开始搜索。如

果省略这个参数，indexOf() 会从头开始搜索，lastIndexOf() 会从尾开始搜索。第二个参数可以是负值，相对于数组末尾偏移，与 slice() 方法一样。比如，-1 指定数组的最后一个元素。

下面这个函数从指定的数组中搜索指定的值，并返回所有匹配元素的索引。这个例子演示了 indexOf() 的第二个参数可以用来找到除第一个之外的匹配值。

```
// 从数组 a 中找到所有值 x，返回匹配索引的数组
function findall(a, x) {
    let results = [],        // 要返回的索引数组
        len = a.length,      // 要搜索的数组长度
        pos = 0;             // 搜索的起始位置
    while(pos < len) {       // 如果还有元素没有搜索到……
        pos = a.indexOf(x, pos); // 搜索
        if (pos === -1) break;   // 如果没有找到，结束
        results.push(pos);   // 否则把索引保存在数组中
        pos = pos + 1;       // 从下一个元素开始搜索
    }
    return results;          // 返回索引数组
}
```

注意，字符串也有 indexOf() 和 lastIndexOf() 方法，跟这两个数组方法类似，区别在于第二个参数如果是负值会被当成 0。

includes()

ES2016 的 includes() 方法接收一个参数，如果数组包含该值则返回 true，否则返回 false。它并不告诉你值的索引，只告诉你是否存在。includes() 方法实际上是测试数组的成员是否属于某个集合。不过要注意，数组并非集合的有效表示方式，如果元素数量庞大，应该选择真正的 Set 对象（参见 11.1.1 节）。

includes() 方法与 indexOf() 方法有一个重要区别。indexOf() 使用与 === 操作符同样的算法测试相等性，而该相等算法将非数值的值看成与其他值都不一样，包括与其自身也不一样。includes() 使用稍微不同的相等测试，认为 NaN 与自身相等。这意味着 indexOf() 无法检测数组中的 NaN 值，但 includes() 可以：

```
let a = [1,true,3,NaN];
a.includes(true)        // => true
a.includes(2)           // => false
a.includes(NaN)         // => true
a.indexOf(NaN)          // => -1, indexOf 无法找到 NaN
```

sort()

sort() 对数组元素就地排序并返回排序后的数组。在不传参调用时，sort() 按字母顺序对数组元素排序（如有必要，临时把它们转换为字符串再比较）：

```
let a = ["banana", "cherry", "apple"];
a.sort(); // a == ["apple", "banana", "cherry"]
```

如果数组包含未定义的元素，它们会被排到数组末尾。

要对数组元素执行非字母顺序的排序，必须给 sort() 传一个比较函数作为参数。这个函数决定它的两个参数哪一个在排序后的数组中应该出现在前面。如果第一个参数应该出现在第二个参数前面，比较函数应该返回一个小于 0 的数值。如果第一个参数应该出现在第二个参数后面，比较函数应该返回一个大于 0 的数值。如果两个值相等（也就是它们的顺序不重要），则比较函数应该返回 0。因此，要对数组元素按照数值而非字母顺序排序，应该这样做：

```
let a = [33, 4, 1111, 222];
a.sort();                 // a == [1111, 222, 33, 4]，字母顺序
a.sort(function(a,b) {    // 传入一个比较函数
    return a-b;           // 取决于顺序，返回 <0、0 或 >0
});                       // a == [4, 33, 222, 1111]，数值顺序
a.sort((a,b) => b-a);     // a == [1111, 222, 33, 4]，相反的数值顺序
```

再来看一个排序数组元素的例子。如果想对字符串数组做不区分大小写的字母序排序，传入的比较函数应该（使用 toLowerCase() 方法）将其两个参数都转换为小写，然后再比较：

```
let a = ["ant", "Bug", "cat", "Dog"];
a.sort();    // a == ["Bug","Dog","ant","cat"]，区分大小写的排序
a.sort(function(s,t) {
    let a = s.toLowerCase();
    let b = t.toLowerCase();
    if (a < b) return -1;
    if (a > b) return 1;
    return 0;
});   // a == ["ant","Bug","cat","Dog"]，不区分大小写的排序
```

reverse()

reverse() 方法反转数组元素的顺序，并返回反序后的数组。这个反序是就地反序，换句话说，不会用重新排序后的元素创建新数组，而是直接对已经存在的数组重新排序：

```
let a = [1,2,3];
a.reverse();   // a == [3,2,1]
```

7.8.7 数组到字符串的转换

Array 类定义了 3 个把数组转换为字符串的方法，通常可以用在记录日志或错误消息的时候（如果想把数组的文本内容保存起来以备后用，可以使用 JSON.stringify()[参见

6.8 节] 方法对数组执行序列化，而不是使用这里介绍的方法）。

join() 方法把数组的所有元素转换为字符串，然后把它们拼接起来并返回结果字符串。可以指定一个可选的字符串参数，用于分隔结果字符串中的元素。如果不指定分隔符，则默认使用逗号：

```
let a = [1, 2, 3];
a.join()               // => "1,2,3"
a.join(" ")            // => "1 2 3"
a.join("")             // => "123"
let b = new Array(10); // 长度为 10 但没有元素的数组
b.join("-")            // => "---------"：包含 9 个连字符的字符串
```

join() 方法执行的是 String.split() 方法的反向操作，后者通过把字符串分割为多个片段来创建数组。

与任何 JavaScript 对象一样，数组也有 toString() 方法。对于数组而言，这个方法的逻辑与没有参数的 join() 方法一样：

```
[1,2,3].toString()         // => "1,2,3"
["a", "b", "c"].toString() // => "a,b,c"
[1, [2,"c"]].toString()    // => "1,2,c"
```

注意，输出中不包含方括号或者数组值的定界符。

toLocaleString() 是 toString() 的本地化版本。它调用 toLocaleString() 方法将每个数组元素转换为字符串，然后再使用（实现定义的）当地分隔符字符串来拼接结果字符串。

7.8.8 静态数组函数

除了前面介绍的数组方法，Array 类也定义了 3 个静态函数，可以通过 Array 构造函数而非数组调用。Array.of() 和 Array.from() 是创建新数组的工厂方法，分别在 7.1.4 节和 7.1.5 节介绍过了。

另一个静态数组函数是 Array.isArray()，用于确定一个未知值是不是数组：

```
Array.isArray([])      // => true
Array.isArray({})      // => false
```

7.9 类数组对象

如前所见，JavaScript 数组具有一些其他对象不具备的特殊特性。

- 数组的 length 属性会在新元素加入时自动更新。

- 设置 length 为更小的值会截断数组。

- 数组从 Array.prototype 继承有用的方法。

- Array.isArray() 对数组返回 true。

这些特性让 JavaScript 数组与常规对象有了明显区别。但是，这些特性并非定义数组的本质特性。事实上，只要对象有一个数值属性 length，而且有相应的非负整数属性，那就完全可以视同为数组。

实践当中，我们偶尔会碰到"类数组"对象。虽然不能直接在它们上面调用数组方法或期待 length 属性的特殊行为，但仍然可以通过写给真正数组的代码来遍历它们。说到底，就是因为很多数组算法既适用于真正的数组，也适用于类数组对象。特别是在将数组视为只读或者至少不会修改数组长度的情况下，就更是这样了。

下面的代码会为一个常规对象添加属性，让它成为一个类数组对象，然后再遍历得到的伪数组的"元素"：

```javascript
let a = {};  // 创建一个常规的空对象

// 添加属性让它变成"类数组"对象
let i = 0;
while(i < 10) {
    a[i] = i * i;
    i++;
}
a.length = i;

// 像遍历真正的数组一样遍历这个对象
let total = 0;
for(let j = 0; j < a.length; j++) {
    total += a[j];
}
```

在客户端 JavaScript 中，很多操作 HTML 文档的方法（比如 document.querySelectorAll()）都返回类数组对象。下面的函数可以用来测试对象是不是类数组对象：

```javascript
// 确定 o 是不是类数组对象
// 字符串和函数有数值 length 属性，但是通过
// typeof 测试可以排除。在客户端 JavaScript 中
// DOM 文本节点有数值 length 属性，可能需要加上
// o.nodeType !== 3 测试来排除
function isArrayLike(o) {
    if (o &&                            // o 不是 null、undefined 等假值
        typeof o === "object" &&        // o 是对象
        Number.isFinite(o.length) &&    // o.length 是有限数值
```

```
        o.length >= 0 &&                    // o.length 是非负数值
        Number.isInteger(o.length) &&       // o.length 是整数
        o.length < 4294967295) {            // o.length < 2^32 - 1
        return true;                         // 那么 o 是类数组对象
    } else {
        return false;                        // 否则不是类数组对象
    }
}
```

下一节会介绍字符串的行为也与数组类似。但无论如何，上面对类数组对象的测试对字符串会返回 false，字符串最好还是作为字符串而非数组来处理。

多数 JavaScript 数组方法有意地设计成了泛型方法，因此除了真正的数组，同样也可以用于类数组对象。但由于类数组对象不会继承 Array.prototype，所以无法直接在它们上面调用数组方法。为此，可以使用 Function.call() 方法（详见 8.7.4 节）来调用：

```
let a = {"0": "a", "1": "b", "2": "c", length: 3}; // 类数组对象
Array.prototype.join.call(a, "+")              // => "a+b+c"
Array.prototype.map.call(a, x => x.toUpperCase())  // => ["A","B","C"]
Array.prototype.slice.call(a, 0)    // => ["a","b","c"]：真正的数组副本
Array.from(a)                       // => ["a","b","c"]：更容易的数组复制
```

倒数第二行代码在类数组对象上调用了 Array 的 slice() 方法，把该对象的元素复制到一个真正的数组对象中。在很多遗留代码中这都是常见的习惯做法，但现在使用 Array.from() 会更容易。

7.10 作为数组的字符串

JavaScript 字符串的行为类似于 UTF-16 Unicode 字符的只读数组。除了使用 charAt() 方法访问个别字符，还可以使用方括号语法：

```
let s = "test";
s.charAt(0)     // => "t"
s[1]            // => "e"
```

当然对字符串来说，typeof 操作符仍然返回"string"，把字符串传给 Array.isArray() 方法仍然返回 false。

可以通过索引访问字符串的好处，简单来说就是可以用方括号代替 charAt() 调用，这样更简洁也更容易理解，可能效率也更高。不过，字符串与数组的行为类似也意味着我们可以对字符串使用泛型的字符串方法。比如：

```
Array.prototype.join.call("JavaScript", " ")  // => "J a v a S c r i p t"
```

一定要记住，字符串是不可修改的值，因此在把它们当成数组来使用时，它们是只读数组。像 push()、sort()、reverse() 和 splice() 这些就地修改数组的数组方法，对字符串都不起作用。但尝试用数组方法修改字符串并不会导致错误，只会静默失败。

7.11 小结

本章深入探讨了 JavaScript 数组，包括稀疏数组和类数组对象的相关细节。通过本章主要应该掌握如下知识点。

- 数组字面量是写在方括号中的逗号分隔的值列表。

- 访问数组元素只要在方括号中指定期待的索引即可。

- ES6 新增的 for/of 循环和 ... 扩展操作符对迭代数组特别有用。

- Array 类定义了操作数组的很多方法，应该熟练掌握这些数组 API。

第 8 章

函数

本章介绍 JavaScript 函数。函数是 JavaScript 程序的一个基本组成部分，也是几乎所有编程语言共有的特性。其他语言中所说的子例程（subroutine）或过程（procedure），就是函数。

函数是一个 JavaScript 代码块，定义之后，可以被执行或调用任意多次。JavaScript 函数是参数化的，即函数定义可以包含一组标识符，称为参数或形参（parameter）。这些形参类似函数体内定义的局部变量。函数调用会为这些形参提供值或实参（argument）。函数通常会使用实参的值计算自己的返回值，这个返回值会成为函数调用表达式的值。除了实参，每个调用还有另外一个值，即调用上下文（invocation context），也就是 this 关键字的值。

如果把函数赋值给一个对象的属性，则可以称其为该对象的方法。如果函数是在一个对象上被调用或通过一个对象被调用，这个对象就是函数的调用上下文或 this 值。设计用来初始化一个新对象的函数称为构造函数（constructor）。构造函数在 6.2 节介绍过，第 9 章还会再介绍。

JavaScript 中的函数是对象，可以通过程序来操控。比如，JavaScript 可以把函数赋值给变量，然后再传递给其他函数。因为函数是对象，所以可以在函数上设置属性，甚至调用函数的方法。

JavaScript 函数可以嵌套定义在其他函数里，内嵌的函数可以访问定义在函数作用域的任何变量。这意味着 JavaScript 函数是闭包（closure），基于闭包可以实现重要且强大的编程技巧。

8.1 定义函数

在 JavaScript 中定义函数最直观的方式就是使用 function 关键字，这个关键字可以用作声明或表达式。ES6 定义了一种新的方式，可以不通过 function 关键字定义函数，即"箭头函数"。箭头函数的语法特别简洁，很适合把函数作为参数传给另一个函数。接下来将分别介绍函数声明、函数表达式和箭头函数这 3 种定义函数的方式。涉及函数形参的一些函数定义语法的细节将在 8.3 节讨论。

在对象字面量和类定义中，有一个定义方法的快捷语法。这个快捷语法在 6.10.5 节介绍过，等价于使用函数定义表达式并使用基本的 name:value 对象字面量语法，将其赋值给对象的属性。另一种特殊情况是在对象字面量中使用关键字 get 和 set 定义特殊的获取和设置方法。这种函数定义语法在 6.10.6 节介绍过。

注意，也可以使用 Function() 构造函数定义新函数，而这是 8.7.7 节的主题。另外，JavaScript 也定义了一些特殊函数。function* 用于定义生成器函数（参见第 12 章），而 async function 用于定义异步函数（参见第 13 章）。

8.1.1 函数声明

函数声明由 function 关键字后跟如下组件构成。

* 命名函数的标识符。这个作为函数名的标识符对于函数声明是必需的，它作为一个变量名使用，新定义的函数对象会赋值给这个变量。

* 一对圆括号，中间包含逗号分隔的零或多个标识符。这些标识符是函数的参数名，它们就像是函数体内的局部变量。

* 一对花括号，其中包含零或多个 JavaScript 语句。这些语句构成函数体，会在函数被调用时执行。

下面是几个函数声明的例子：

```javascript
// 打印对象 o 的每个属性的名字和值。返回 undefined
function printprops(o) {
    for(let p in o) {
        console.log(`${p}: ${o[p]}\n`);
    }
}
// 计算笛卡儿坐标点 (x1,y1) 和 (x2,y2) 之间的距离
function distance(x1, y1, x2, y2) {
    let dx = x2 - x1;
    let dy = y2 - y1;
    return Math.sqrt(dx*dx + dy*dy);
}

// 计算阶乘的递归函数（调用自身的函数）
// 回忆一下：x! 是 x 与所有小于它的正整数的积。
function factorial(x) {
```

```
    if (x <= 1) return 1;
    return x * factorial(x-1);
}
```

要理解函数声明，关键是理解函数的名字变成了一个变量，这个变量的值就是函数本身。函数声明语句会被"提升"到包含脚本、函数或代码块的顶部，因此调用以这种方式定义的函数时，调用代码可以出现在函数定义代码之前。对此，另一种表述方式是：在一个 JavaScript 代码块中声明的所有函数在该块的任何地方都有定义，而且它们会在 JavaScript 解释器开始执行该块中的任何代码之前被定义。

前面看到的 distance() 和 factorial() 函数用来执行计算并得到一个值，它们都使用 return 把该值返回给调用者。return 语句导致函数停止执行并将其表达式（如果有）的值返回给调用者。如果 return 语句没有关联的表达式，则函数的返回值是 undefined。

printprops() 函数不一样：它的任务是输出对象的属性的名字和值。此时并不需要返回值，而且函数也不包含 return 语句。对 printprops() 函数调用的值始终是 undefined。如果函数并不包含 return 语句，那么就简单地执行函数体内的每个语句，直到最后向调用者返回 undefined。

在 ES6 以前，函数声明只能出现在 JavaScript 文件或其他函数的顶部。虽然有些实现弱化了这个限制，但严格来讲在循环体、条件或其他语句块中定义函数都不合法。不过在 ES6 的严格模式下，函数声明可以出现在语句块中。不过，在语句块中定义的函数只在该块中有定义，对块的外部不可见。

8.1.2 函数表达式

函数表达式看起来很像函数声明，但它们出现在复杂表达式或语句的上下文中，而且函数名是可选的。以下是几个函数表达式的示例：

```
// 这个函数表达式定义一个对参数求平方的函数
// 注意，我们把它赋值给了一个变量
const square = function(x) { return x*x; };

// 函数表达式可以包含名字，这对递归有用
const f = function fact(x) { if (x <= 1) return 1; else return x*fact(x-1); };

// 函数表达式也可以用作其他函数的参数:
[3,2,1].sort(function(a,b) { return a-b; });

// 函数表达式也可以定义完立即调用:
let tensquared = (function(x) {return x*x;}(10));
```

注意，函数名对定义为表达式的函数而言是可选的，前面看到的多数函数表达式都没有

名字。函数声明实际上会声明一个变量，然后把函数对象赋值给它。而函数表达式不会声明变量，至于要把新定义的函数赋值给一个常量还是变量都取决于你，这样方便以后多次引用。最佳实践是使用 const 把函数表达式赋值给常量，以防止意外又给它赋予新值而重写函数。

如果需要引用自身，也可以带函数名，比如前面的阶乘函数。如果函数表达式包含名字，则该函数的局部作用域中也会包含一个该名字与函数对象的绑定。实际上，函数名就变成了函数体内的一个局部变量。多数定义为表达式的函数都不需要名字，这让定义更简洁（尽管还达不到下面要介绍的箭头函数的简洁程度）。

使用函数声明定义函数 f() 与创建一个函数表达式再将其赋值给变量 f 有一个重要的区别。在使用声明形式时，先创建好函数对象，然后再运行包含它们的代码，而且函数的定义会被提升到顶部，因此在定义函数的语句之前就可以调用它们。但对于定义为表达式的函数就不一样了，这些函数在定义它们的表达式实际被求值以前是不存在的。不仅如此，要调用函数要求必须可以引用函数，在把函数表达式赋值给变量之前是无法引用函数的，因此定义为表达式的函数不能在它们的定义之前调用。

8.1.3 箭头函数

在 ES6 中，我们可以使用一种特别简洁的语法来定义函数，叫作"箭头函数"。这种语法可以唤起我们对数学符号的记忆，它使用"箭头"分隔函数的参数和函数体。因为箭头函数是表达式而不是语句，所以不必使用 function 关键字，而且也不需要函数名。箭头函数的一般形式是圆括号中逗号分隔的参数列表，后跟箭头 =>，再跟包含在花括号中的函数体：

```
const sum = (x, y) => { return x + y; };
```

但箭头函数还支持一种更简洁的语法。如果函数体只有一个 return 语句，那么可以省略 return 关键字、语句末尾的分号以及花括号，将函数体写成一个表达式，它的值将被返回：

```
const sum = (x, y) => x + y;
```

更进一步，如果箭头函数只有一个参数，也可以省略包围参数列表的圆括号：

```
const polynomial = x => x*x + 2*x + 3;
```

不过要注意，对于没有参数的箭头函数则必须把空圆括号写出来：

```
const constantFunc = () => 42;
```

还要注意，在写箭头函数时，不能在函数参数和箭头之间放换行符。否则，就会出现类似 const polynomial = x 这样的一行代码，而这行代码本身是一条有效的赋值语句。

另外，如果箭头函数的函数体是一个 return 语句，但要返回的表达式是对象字面量，那必须把这个对象字面量放在一对圆括号中，以避免解释器分不清花括号到底是函数体的花括号，还是对象字面量的花括号：

```
const f = x => { return { value: x }; };    // 正: f() 返回一个对象
const g = x => ({ value: x });              // 正: g() 返回一个对象
const h = x => { value: x };                // 误: h() 什么也不返回
const i = x => { v: x, w: x };              // 误: 语法错误
```

在上面代码的第 3 行，函数 h() 是有歧义的：本来想作为对象字面量的代码可能会被解析为标签语句，因而会创建一个返回 undefined 的函数。而在第 4 行，更复杂的对象字面量并不是有效语句，这个不合法代码会导致语法错误。

箭头函数的简洁语法让它们非常适合作为值传给其他函数，而这在使用 map()、filter() 和 reduce()（参见 7.8.1 节）等数组方法时是非常常见的：

```
// 得到一个过滤掉 null 元素的数组
let filtered = [1,null,2,3].filter(x => x !== null); // filtered == [1,2,3]
// 求数值的平方
let squares = [1,2,3,4].map(x => x*x);               // squares == [1,4,9,16]
```

相比以其他方式定义的函数，箭头函数有一个极其重要的区别：它们从定义自己的环境继承 this 关键字的值，而不是像以其他方式定义的函数那样定义自己的调用上下文。这是箭头函数的一个重要且非常有用的特性，本章后面还会提及这个特性。箭头函数与其他函数还有一个区别，就是它们没有 prototype 属性。这意味着箭头函数不能作为新类的构造函数（参见 9.2 节）。

8.1.4 嵌套函数

在 JavaScript 中，函数可以嵌套在其他函数中。例如：

```
function hypotenuse(a, b) {
    function square(x) { return x*x; }
    return Math.sqrt(square(a) + square(b));
}
```

关于嵌套函数，最重要的是理解它们的变量作用域规则：它们可以访问包含自己的函数（或更外层函数）的参数和变量。例如，在上面的代码中，内部函数 square() 可以读写外部函数 hypotenuse() 定义的参数 a 和 b。嵌套函数的这种作用域规则是非常重要的，我们会在 8.6 节再详细解释。

8.2 调用函数

构成函数体的 JavaScript 代码不在定义函数的时候执行，而在调用函数的时候执行。JavaScript 函数可以通过 5 种方式来调用：

- 作为函数

- 作为方法

- 作为构造函数

- 通过 call() 或 apply() 方法间接调用

- 通过 JavaScript 语言特性隐式调用（与常规函数调用不同）

8.2.1 函数调用

函数是通过调用表达式（参见 4.5 节）被作为函数或方法调用的。调用表达式包括求值为函数对象的函数表达式，后跟一对圆括号，圆括号中是逗号分隔的零或多个参数表达式列表。如果函数表达式是属性访问表达式，即函数是对象的属性或数组的元素，那么它是一个方法调用表达式。这种情况会在后面的例子中解释。下面这段代码包含几个常规的函数调用表达式：

```
printprops({x: 1});
let total = distance(0,0,2,1) + distance(2,1,3,5);
let probability = factorial(5)/factorial(13);
```

在一次调用中，每个（位于括号中的）实参表达式都会被求值，求值结果会变成函数的实参。换句话说，这些值会被赋予函数定义中的命名形参。在函数体内，对形参的引用会求值为对应的实参值。

对常规函数调用来说，函数的返回值会变成调用表达式的值。如果函数由于解释器到达末尾而返回，则返回值是 undefined。如果函数由于解释器执行到 return 语句而返回，则返回值是 return 后面表达式的值；如果 return 语句没有值就是 undefined。

条件式调用

在 ES2020 中，可以在函数表达式后面、左圆括号前面插入 ?.，从而只在函数不是 null 或 undefined 时调用函数。换句话说，表达式 f?.(x) 等价于（在没有副效应的前提下）：

```
(f !== null && f !== undefined) ? f(x) : undefined
```

关于条件式调用语法的完整细节，可以参考 4.5.1 节。

对于非严格模式下的函数调用，调用上下文（this 值）是全局对象。但在严格模式下，调用上下文是 undefined。要注意的是，使用箭头语法定义的函数又有不同：它们总是继承自身定义所在环境的 this 值。

要作为函数（而非方法）来调用的函数通常不会在定义中使用 this 关键字。但是可以在这些函数中使用 this 关键字来确定是不是处于严格模式：

```
// 定义并调用函数，以确定当前是不是严格模式
const strict = (function() { return !this; }());
```

递归函数与调用栈

递归函数是调用自己的函数，就像本章开头看到的 factorial() 函数一样。某些算法，比如涉及与树相关的数据结构的算法，利用递归可以非常简洁地实现。但在写递归函数时，一定要考虑内存的限制。如果函数 A 调用函数 B，而函数 B 调用函数 C，JavaScript 解释器需要记住全部 3 个函数的执行上下文。当函数 C 完成时，解释器需要知道在哪里恢复函数 B，而当函数 B 完成时，它需要知道在哪里恢复函数 A。可以把这些函数的依次执行想象成一个调用栈。当函数调用另一个函数时，就会有一个新执行上下文被推到这个调用栈上面。如果函数递归调用自身 100 次，那么这个栈上就会被推入 100 个对象，而后这 100 个对象又会被弹出。这个调用栈会占用内存空间。对于现代的硬件能力而言，写一个调用自己几百次的递归函数通常没什么问题。但如果函数调用自己达到上万次，很可能会导致"最大调用栈溢出"（Maximum call-stack size exceeded）错误。

8.2.2 方法调用

方法其实就是 JavaScript 的函数，只不过它保存为对象的属性而已。如果有一个函数 f 和一个对象 o，那么可以像下面这样给 o 定义一个名为 m 的方法：

```
o.m = f;
```

对象 o 有了方法 m() 后，就可以这样调用：

```
o.m();
```

如果 m() 期待两个参数，可以这样调用：

```
o.m(x, y);
```

这个例子中的代码是调用表达式，包括函数表达式 o.m 和两个参数表达式 x 和 y。这个

函数表达式本身是个属性访问表达式，这意味着函数在这里是作为方法而非常规函数被调用的。

方法调用的参数和返回值与常规函数调用的处理方式完全一样。但方法调用与函数调用有一个重要的区别：调用上下文。属性访问表达式由两部分构成：对象（这里的 o）和属性名（m）。在像这样的方法调用表达式中，对象 o 会成为调用上下文，而函数体可以通过关键字 this 引用这个对象。下面看一个具体的例子：

```
let calculator = { // 对象字面量
    operand1: 1,
    operand2: 1,
    add() {         // 对这个函数使用了方法简写语法
        // 注意这里使用 this 关键字引用了包含对象
        this.result = this.operand1 + this.operand2;
    }
};
calculator.add();  // 方法调用，计算 1+1
calculator.result  // => 2
```

多数方法调用使用点号进行属性访问，但使用方括号的属性访问表达式也可以实现方法调用。比如，下面这两个例子都是方法调用：

```
o["m"](x,y);   // 对 o.m(x,y) 的另一种写法
a[0](z)        // 也是一种方法调用（假设 a[0] 是函数）
```

方法调用也可能涉及更复杂的属性访问表达式：

```
customer.surname.toUpperCase(); // 调用 customer.surname 的方法
f().m();                        // 在 f() 的返回值上调用 m()
```

方法和 this 关键字是面向对象编程范式的核心。任何用作方法的函数实际上都会隐式收到一个参数，即调用它的对象。通常，方法会在对象上执行某些操作，而方法调用语法是表达函数操作对象这一事实的直观方式。比如下面这两行代码：

```
rect.setSize(width, height);
setRectSize(rect, width, height);
```

上面两行代码中的函数是假想的，这两个调用实际上会对（假想的）rect 对象执行相同的操作。但第一行的方法调用语法更清晰地传达出了对象 rect 才是这个操作的焦点。

注意，this 是个关键字，不是变量也不是属性名。JavaScript 语法不允许给 this 赋值。

this 关键字不具有变量那样的作用域机制，除了箭头函数，嵌套函数不会继承包含函数的 this 值。如果嵌套函数被当作方法来调用，那它的 this 值就是调用它的对象。如果嵌套函数（不是箭头函数）被当作函数来调用，则它的 this 值要么是全局对象（非严格模式），要么是 undefined（严格模式）。这里有一个常见的错误，就是对于定义在方法中的嵌套函数，如果将其当作函数来调用，以为可以使用 this 获得这个方法的调用上下文。以下代码演示了这个问题：

```
let o = {                    // 对象 o
    m: function() {          // 对象的方法 m
        let self = this;     // 把 this 值保存在变量中
        this === o           // => true: this 是对象 o
        f();                 // 调用嵌套函数 f()

        function f() {       // 嵌套函数 f
            this === o       // => false: this 是全局对象或 undefined
            self === o       // => true: self 是外部的 this 值
        }
    }
};
o.m();                       // 在对象 o 上调用方法 m
```

在嵌套函数 f() 内部，this 关键字不等于对象 o。这被广泛认为是 JavaScript 语言的一个缺陷，所以了解这个问题很重要。上面的代码演示了一个常见的技巧。在方法 m 中，我们把 this 值赋给变量 self，然后在嵌套函数 f 中，就可以使用 self 而非 this 来引

注 1：这个概念是 Martin Fowler 提出的，可以访问 *http://martinfowler.com/dslCatalog/methodChaining. html* 详细了解。

用包含对象。

在 ES6 及之后的版本中，解决这个问题的另一个技巧是把嵌套函数 f 转换为箭头函数，因为箭头函数可以继承 this 值：

```
const f = () => {
    this === o  // true，因为箭头函数继承 this
};
```

函数表达式不像函数声明语句那样会被提升，因此为了让上面的代码有效，需要将这个函数 f 的定义放到方法 m 中调用函数 f 的代码之前。

还有一个技巧是调用嵌套函数的 bind() 方法，以定义一个在指定对象上被隐式调用的新函数：

```
const f = (function() {
    this === o  // true，因为我们把这个函数绑定到了外部的 this
}).bind(this);
```

8.7.5 节将更详细地介绍 bind()。

8.2.3 构造函数调用

如果函数或方法调用前面加了一个关键字 new，那它就是构造函数调用（构造函数调用在 4.6 节和 6.2.2 节介绍过，第 9 章还会更详细地介绍）。构造函数调用与常规函数和方法调用的区别在于参数处理、调用上下文和返回值。

如果构造函数调用在圆括号中包含参数列表，则其中的参数表达式会被求值，并以与函数和方法调用相同的方式传给函数。不过，假如没有参数列表，构造函数调用时其实也可以省略空圆括号。例如，下面这两行代码是等价的：

```
o = new Object();
o = new Object;
```

构造函数调用会创建一个新的空对象，这个对象继承构造函数的 prototype 属性指定的对象。构造函数就是为初始化对象而设计的，这个新创建的对象会被用作函数的调用上下文，因此在构造函数中可以通过 this 关键字引用这个新对象。注意，即使构造函数调用看起来像方法调用，这个新对象也仍然会被用作调用上下文。换句话说，在表达式 new o.m() 中，o 不会用作调用上下文。

构造函数正常情况下不使用 return 关键字，而是初始化新对象并在到达函数体末尾时隐式返回这个对象。此时，这个新对象就是构造函数调用表达式的值。但是，如果构造函数显式使用了 return 语句返回某个对象，那该对象就会变成调用表达式的值。如果构造函数使用 return 但没有返回值，或者返回的是一个原始值，则这个返回值会被忽略，仍然以新创建的对象作为调用表达式的值。

8.2.4 间接调用

JavaScript 函数是对象，与其他 JavaScript 对象一样，JavaScript 函数也有方法。其中有两个方法——call() 和 apply()，可以用来间接调用函数。这两个方法允许我们指定调用时的 this 值，这意味着可以将任意函数作为任意对象的方法来调用，即使这个函数实际上并不是该对象的方法。这两个方法都支持指定调用参数。其中，call() 方法使用自己的参数列表作为函数的参数，而 apply() 方法则期待数组值作为参数。8.7.4 节会详细介绍 call() 和 apply() 方法。

8.2.5 隐式函数调用

有一些 JavaScript 语言特性看起来不像函数调用，但实际上会导致某些函数被调用。要特别关注会被隐式调用的函数，因为这些函数涉及的 bug、副作用和性能问题都比常规函数更难排查。因为只看代码可能无法知晓什么时候会调用这些函数。

以下是可能导致隐式函数调用的一些语言特性。

*   如果对象有获取方法或设置方法，则查询或设置其属性值可能会调用这些方法。更多信息可以参见 6.10.6 节。

*   当对象在字符串上下文中使用时（比如当拼接对象与字符串时），会调用对象的 toString() 方法。类似地，当对象用于数值上下文时，则会调用它的 valueOf() 方法。更多细节可以参见 3.9.3 节。

*   在遍历可迭代对象的元素时，也会涉及一系列方法调用。第 12 章从函数调用层面解释了迭代器的原理，演示了如何写这些方法来定义自己的可迭代类型。

*   标签模板字面量是一种伪装的函数调用。14.5 节演示了如何编写与模板字面量配合使用的函数。

*   代理对象（参见 14.7 节）的行为完全由函数控制。这些对象上的几乎任何操作都会导致一个函数被调用。

8.3 函数实参与形参

JavaScript 函数定义不会指定函数形参的类型，函数调用也不对传入的实参进行任何类型检查。事实上，JavaScript 函数调用连传入实参的个数都不检查。接下来几节介绍函数调用时传入的实参少于或多于声明的形参时会发生什么。同时，这几节也演示了如何显式测试函数实参的类型，以确保不会以不适当的实参调用函数。

8.3.1 可选形参与默认值

当调用函数时传入的实参少于声明的形参时，额外的形参会获得默认值，通常是 undefined。有时候，函数定义也需要声明一些可选参数。下面看一个例子：

```
// 把对象 o 的可枚举属性名放到数组 a 中，返回 a
// 如果不传 a，则创建一个新数组
function getPropertyNames(o, a) {
    if (a === undefined) a = [];  // 如果是 undefined，创建一个新数组
    for(let property in o) a.push(property);
    return a;
}

// 调用 getPropertyNames() 时可以传一个参数，也可以传两个参数
let o = {x: 1}, p = {y: 2, z: 3};  // 两个用于测试的对象
let a = getPropertyNames(o); // a == ["x"]; o 的属性保存在新数组中
getPropertyNames(p, a);      // a == ["x","y","z"]; 把 p 的属性也放到 a 中
```

这个函数的第一行也可以不使用 if 语句，而是像下面这样约定俗成地使用 ||：

```
a = a || [];
```

4.10.2 节介绍过 || 操作符在其第一个参数是真值时返回第一个参数，否则返回第二个参数。在这里，如果调用函数时传入任何对象作为第二个参数，函数都会使用这个对象。但如果没有给函数传第二个参数（或者传入 null 或其他假值），则会使用新创建的空数组。

注意，在设置有可选参数的函数时，一定要把可选参数放在参数列表最后，这样在调用时才可以省略。调用函数的程序员不可能不传第一个参数而只传第二个参数，他必须在第一个参数的位置显式地传 undefined。

在 ES6 及更高的版本中，可以在函数形参列表中直接为每个参数定义默认值。语法是在形参名后面加上等于号和默认值，这样在没有给该形参传值时就使用这个默认值：

```
// 把对象 o 的可枚举属性名放到数组 a 中，返回 a
// 如果不传 a，则创建一个新数组
function getPropertyNames(o, a = []) {
    for(let property in o) a.push(property);
    return a;
}
```

函数的形参默认值表达式会在函数调用时求值，不会在定义时求值。因此每次调用 getPropertyNames() 函数时如果只传一个参数，都创建并传入一个新的空数组[注2]。如

注 2：注意这里与 Python 不同，Python 中每次调用都共享同一个默认值。

果形参默认值是常量（或类似 [ ]、{ } 这样的字面量表达式），那函数是最容易理解的。但这不是必需的，也可以使用变量或函数调用计算形参的默认值。对此有一种有意思的情形，即如果函数有多个形参，则可以使用前面参数的值来定义后面参数的默认值：

```
// 这个函数返回一个表示矩形尺寸的对象。
// 如果只提供 width，则 height 就是它的两倍。
const rectangle = (width, height=width*2) => ({width, height});
rectangle(1)  // => { width: 1, height: 2 }
```

以上代码演示了形参默认值也可以在箭头函数中使用。同样，对于方法简写函数，以及其他各种形式的函数定义也都是一样的。

8.3.2 剩余形参与可变长度实参列表

形参默认值让我们可以编写用少于形参个数的实参来调用的函数。剩余形参（rest parameter）的作用恰好相反：它让我们能够编写在调用时传入比形参多任意数量的实参的函数。下面是一个示例函数，接收一个或多个实参，返回其中最大的一个：

```
function max(first=-Infinity, ...rest) {
    let maxValue = first; // 假设第一个参数是最大的
    // 遍历其他参数，寻找更大的数值
    for(let n of rest) {
        if (n > maxValue) {
            maxValue = n;
        }
    }
    // 返回最大的数值
    return maxValue;
}

max(1, 10, 100, 2, 3, 1000, 4, 5, 6)  // => 1000
```

剩余形参前面有 3 个点，而且必须是函数声明中最后一个参数。在调用有剩余形参的函数时，传入的实参首先会赋值到非剩余形参，然后所有剩余的实参（也是剩余参数）会保存在一个数组中赋值给剩余形参。最后一点很重要：在函数体内，剩余形参的值始终是数组。数组有可能为空，但剩余形参永远不可能是 undefined（相应地，也要记住，永远不要给剩余形参定义默认值，这样既没有用，也不合法）。

类似前面例子中那样可以接收任意数量实参的函数称为可变参数函数（variadic function）、可变参数数量函数（variable arity function）或变长函数（vararg function）。本书使用最通俗的"变长函数"(vararg)，这个称呼可以追溯到 C 编程语言诞生的时期。

一定要分清在函数定义中用于定义剩余形参的 ... 和 8.3.4 节介绍的扩展操作符 ...，后者可以在函数调用中使用。

8.3.3 Arguments 对象

剩余形参是 ES6 引入 JavaScript 的。在 ES6 之前，变长函数是基于 Arguments 对象实现的。也就是说，在任何函数体内，标识符 arguments 引用该次调用的 Arguments 对象。Arguments 对象是一个类数组对象（参见 7.9 节），它允许通过数值而非名字取得传给函数的参数值。下面是之前展示的 max() 函数，使用 Arguments 对象重写了一下，没有使用剩余参数：

```
function max(x) {
    let maxValue = -Infinity;
    // 遍历 arguments，查找并记住最大的数值
    for(let i = 0; i < arguments.length; i++) {
        if (arguments[i] > maxValue) maxValue = arguments[i];
    }
    // 返回最大的数值
    return maxValue;
}

max(1, 10, 100, 2, 3, 1000, 4, 5, 6)  // => 1000
```

Arguments 对象可以追溯到 JavaScript 诞生之初，也有一些奇怪的历史包袱，导致它效率低且难优化，特别是在非严格模式下。阅读代码的时候，我们还是可以看到 Arguments 的身影，但在新写的代码中应该避免使用它。在重构老代码时，如果碰到了使用 arguments 的函数，通常可以将其替换为 ...args 剩余形参。由于 Arguments 对象属于历史遗留问题，在严格模式下，arguments 会被当成保留字。因此不能用这个名字来声明函数形参或局部变量。

8.3.4 在函数调用中使用扩展操作符

在期待单个值的上下文中，扩展操作符 ... 用于展开或"扩展"数组（或任何可迭代对象，如字符串）的元素。在 7.1.2 节，我们已经看到过如何对数组字面量使用扩展操作符。这个操作符同样可以用在函数调用中：

```
let numbers = [5, 2, 10, -1, 9, 100, 1];
Math.min(...numbers)  // => -1
```

注意，从求值并产生一个值的角度说，... 并不是真正的操作符。应该说，它是一种可以针对数组字面量或函数调用使用的特殊 JavaScript 语法。

如果在函数定义（而非函数调用）时使用同样的 ... 语法，那么会产生与扩展操作符相反的作用。如 8.3.2 节所示，在函数定义中使用 ... 可以将多个函数实参收集到一个数组中。剩余形参和扩展操作符经常同时出现，如以下函数所示，它接收一个函数实参并

返回该函数的可测量版本，以用于测试：

```javascript
// 这个函数接收一个函数并返回一个包装后的版本
function timed(f) {
    return function(...args) {  // 把实参收集到一个剩余形参数组 args 中
        console.log(`Entering function ${f.name}`);
        let startTime = Date.now();
        try {
            // 把收集到的实参传给包装后的函数
            return f(...args);  // 把 args 扩展回原来的形式
        }
        finally {
            // 在返回被包装的返回值之前，打印经过的时间
            console.log(`Exiting ${f.name} after ${Date.now()-startTime}ms`)
        }
    };
}

// 以简单粗暴的方式计算 1 到 n 的数值之和
function benchmark(n) {
    let sum = 0;
    for(let i = 1; i <= n; i++) sum += i;
    return sum;
}

// 调用测试函数的计时版
timed(benchmark)(1000000) // => 500000500000，这是数值之和
```

8.3.5 把函数实参解构为形参

调用函数时如果传入一个实参列表，则所有参数值都会被赋给函数定义时声明的形参。函数调用的这个初始化阶段非常类似变量赋值。因此对于函数使用解构赋值技术（参见3.10.3 节）并不奇怪。

如果我们定义了一个函数，它的形参名包含在方括号中，那说明这个函数期待对每对方括号都传入一个数组值。作为调用过程的一部分，我们传入的数组实参会被解构赋值为单独的命名形参。例如，假设要用数组来表示两个数值的 2D 向量，数组的第一个元素是 X 坐标，第二个元素是 Y 坐标。基于这个简单的数据结构，可以像下面这样写一个把它们相加的函数：

```javascript
function vectorAdd(v1, v2) {
    return [v1[0] + v2[0], v1[1] + v2[1]];
}
vectorAdd([1,2], [3,4])  // => [4,6]
```

如果换成把两个向量实参解构为命名更清晰的形参，以上代码就更好理解了：

```
function vectorAdd([x1,y1], [x2,y2]) { // 把 2 个实参解构赋值为 4 个形参
    return [x1 + x2, y1 + y2];
}
vectorAdd([1,2], [3,4])  // => [4,6]
```

类似地，如果定义的函数需要一个对象实参，也可以把传入的对象解构赋值给形参。还
以前面的向量计算为例，但这次假设我们要求传入一个有 x 和 y 参数的对象：

```
// 用标量乘以向量 {x,y}
function vectorMultiply({x, y}, scalar) {
    return { x: x*scalar, y: y*scalar };
}
vectorMultiply({x: 1, y: 2}, 2)  // => {x: 2, y: 4}
```

这个例子把一个对象实参解构为两个形参，由于形参名与对象的属性名一致，所以相当
清晰。但是，如果需要把解构的属性赋值给不同的名字，那代码会更长也更不好理解。
下面是一个向量加法的例子，用基于对象的向量实现：

```
function vectorAdd(
    {x: x1, y: y1}, // 把第一个对象展开为 x1 和 y1
    {x: x2, y: y2}  // 把第二个对象展开为 x2 和 y2
)
{
    return { x: x1 + x2, y: y1 + y2 };
}
vectorAdd({x: 1, y: 2}, {x: 3, y: 4})  // => {x: 4, y: 6}
```

对于像 {x:x1, y:y1} 这样的解构语法，关键是记住哪些是属性名，哪些是实参名。无
论是解构赋值还是解构函数调用，要记住的是声明的变量或参数都位于对象字面量中期
待值的位置。因此，属性名始终在冒号左侧，而形参（或变量）名则在冒号右侧。

在解构赋值中也可以为形参定义默认值。下面是针对 2D 或 3D 向量乘法的例子：

```
// 用标量乘以向量 {x,y} 或 {x,y,z}
function vectorMultiply({x, y, z=0}, scalar) {
    return { x: x*scalar, y: y*scalar, z: z*scalar };
}
vectorMultiply({x: 1, y: 2}, 2)  // => {x: 2, y: 4, z: 0}
```

有些语言（如 Python）允许函数的调用者在调用函数时使用 name=value 的形式指定实
参，在可选参数很多或参数列表太长无法记住顺序时这种方式是有用的。JavaScript 并
不直接支持这种调用方式，但可以通过把对象参数解构为函数参数来模拟。比如，有一
个函数从指定数组中把指定个数的元素复制到另一个数组中，参数中可选地指定每个数
组的起始索引值。此时至少涉及 5 个参数，其中有的有默认值，而调用者又很难记住这
些参数的顺序。为此可以像下面这样定义 arraycopy() 函数：

```
function arraycopy({from, to=from, n=from.length, fromIndex=0, toIndex=0}) {
    let valuesToCopy = from.slice(fromIndex, fromIndex + n);
    to.splice(toIndex, 0, ...valuesToCopy);
    return to;
}
let a = [1,2,3,4,5], b = [9,8,7,6,5];
arraycopy({from: a, n: 3, to: b, toIndex: 4}) // => [9,8,7,6,1,2,3,5]
```

解构数组时，可以为被展开数组中的额外元素定义一个剩余形参。注意，位于方括号中的剩余形参与函数真正的剩余形参完全不同：

```
// 这个函数期待一个数组参数。数组的前两个元素
// 会展开赋值给 x 和 y，而剩下的所有元素则保存在
// coords 数组中。第一个数组之后的参数则会保存
// 到 rest 数组中
function f([x, y, ...coords], ...rest) {
    return [x+y, ...rest, ...coords];  // 注意：这里是扩展操作符
}
f([1, 2, 3, 4], 5, 6)   // => [3, 5, 6, 3, 4]
```

在 ES2018 中，解构对象时也可以使用剩余形参。此时剩余形参的值是一个对象，包含所有未被解构的属性。对象剩余形参经常与对象扩展操作一起使用，后者也是 ES2018 中新增的特性：

```
// 用标量乘以向量 {x,y} 或 {x,y,z}，其他属性保持不变
function vectorMultiply({x, y, z=0, ...props}, scalar) {
    return { x: x*scalar, y: y*scalar, z: z*scalar, ...props };
}
vectorMultiply({x: 1, y: 2, w: -1}, 2)  // => {x: 2, y: 4, z: 0, w: -1}
```

最后，要记住一点，除了解构作为参数的对象和数组，也可以解构对象的数组、有数组属性的对象，以及有对象属性的对象，无论层级多深。比如，有关图形的代码中，圆形可以表示为包含 x、y、radius 和 color 属性的对象，其中 color 属性本身是一个包含红、绿、蓝组件的数组。那么定义的函数可以只接收一个圆形对象，但可以将该对象解构为 6 个具体的参数：

```
function drawCircle({x, y, radius, color: [r, g, b]}) {
    // 未实现
}
```

如果函数参数解构的复杂程度超过了这个示例，我个人觉得代码会变得更难理解，而不是更容易理解。有时，通过对象属性和数组索引来获取值反倒更清晰。

8.3.6 参数类型

JavaScript 方法的参数没有预定义的类型，在调用传参时也没有类型检查。可以用描述

性强的名字作为函数参数，同时通过在注释中解释函数的参数来解决这个问题（此外，可以选择 17.8 节介绍的一种语言扩展，在 JavaScript 之上引入类型检查能力）。

正如 3.9 节所介绍的，JavaScript 会按需执行任意的类型转换。因此如果你的函数接收字符串参数，而调用时传的是其他类型的值，则这个值在函数想把它当成字符串使用时，会尝试将它转换为字符串。所有原始类型的值都可以转换为字符串，所有对象都有 toString() 方法（尽管有些不一定真正有用），因此这种情况下永远不会出错。

不过也并非没有例外。仍以前面的 arraycopy() 方法为例。该方法期待一个或多个数组参数，如果参数类型不对就会失败。除非你写的是个私有函数，只会在自己的代码内部调用，否则就必须增加像下面这样用于检查参数类型的代码。对函数来说，在发现传入的值不对时立即失败，一定好过先执行逻辑再以出错告终，而且前者比后者更清晰。下面看一个执行类型检查的函数示例：

```
// 返回可迭代对象 a 中所有元素之和。
// a 的元素必须全部是数值。
function sum(a) {
    let total = 0;
    for(let element of a) { // 如果 a 不是可迭代对象则抛出 TypeError
        if (typeof element !== "number") {
            throw new TypeError("sum(): elements must be numbers");
        }
        total += element;
    }
    return total;
}
sum([1,2,3])     // => 6
sum(1, 2, 3);    // !TypeError: 1 不是可迭代对象
sum([1,2,"3"]); // !TypeError: 元素 2 不是数值
```

8.4 函数作为值

函数最重要的特性在于可以定义和调用它们。函数定义和调用是 JavaScript 和大多数语言的语法特性。但在 JavaScript 中，函数不仅是语法，也是值。这意味着可以把函数赋值给变量、保存为对象的属性或者数组的元素、作为参数传给其他函数，等等[注 3]。

要理解函数既是 JavaScript 数据又是 JavaScript 语法到底意味着什么，可以看看下面的例子：

```
function square(x) { return x*x; }
```

这个定义创建了一个新函数对象并把它赋值给变量 square。函数的名字其实不重要，因

注 3：如果不是非常熟悉更偏向静态的语言，可能不会觉得这是个非常有意思的点。在静态语言中，函数虽然是程序的一部分，但不能通过程序来操作。

为它就是引用函数对象的一个变量名。把函数赋值给另一个变量同样可以调用：

```
let s = square;   // s 也引用了与 square 相同的函数对象
square(4)         // => 16
s(4)              // => 16
```

除了变量，也可以把函数赋值给对象的属性。如前所述，这时候把函数称作“方法”：

```
let o = {square: function(x) { return x*x; }}; // 对象字面量
let y = o.square(16);                          // y == 256
```

函数甚至可以没有名字，比如可以把匿名函数作为一个数组元素：

```
let a = [x => x*x, 20]; // 数组字面量
a[0](a[1])              // => 400
```

上面最后一行代码的语法看起来有点奇怪，但它仍然是合法的函数调用表达式。

为了更好地理解把函数作为值有多大用处，可以想一想 Array.sort() 方法。这个方法可以对数组元素进行排序。因为可能的排序方式有很多种（按数值排序、按字母排序、按日期排序，还有升序、降序，等等），所以 sort() 方法可选地接收一个函数作为参数，并根据这个函数的返回值决定如何排序。这个函数的任务非常简单：对于传给它的两个值，它要返回一个表示哪个值在排序后的数组中排在前面的值。这个函数参数让 Array.sort() 变得非常通用，而且无比灵活。可以通过它把任何类型的数据按照任何可以想象出来的方式进行排序。具体例子可以参考 7.8.6 节。

示例 8-1 演示了把函数当作值可以做什么事。这个例子可能有点不好理解，可以参考注释。

示例 8-1：函数作为值

```
// 这里定义了几个简单的函数
function add(x,y) { return x + y; }
function subtract(x,y) { return x - y; }
function multiply(x,y) { return x * y; }
function divide(x,y) { return x / y; }

// 这个函数接收前面定义的任意一个函数
// 作为参数，然后再用两个操作数调用它
function operate(operator, operand1, operand2) {
    return operator(operand1, operand2);
}

// 可以像这样调用这个函数，计算 (2+3) + (4*5) 的值
let i = operate(add, operate(add, 2, 3), operate(multiply, 4, 5));

// 为演示方便，我们又一次实现了这些简单的函数
```

```
// 这次把它们放到了对象字面量中
const operators = {
    add:      (x,y) => x+y,
    subtract: (x,y) => x-y,
    multiply: (x,y) => x*y,
    divide:   (x,y) => x/y,
    pow:      Math.pow  // 预定义的函数也没问题
};

// 这个函数只接收操作的名字, 然后在对象中查询
// 这个名字, 然后再使用传入的操作数调用它
// 注意这里调用操作函数的语法
function operate2(operation, operand1, operand2) {
    if (typeof operators[operation] === "function") {
        return operators[operation](operand1, operand2);
    }
    else throw "unknown operator";
}

operate2("add", "hello", operate2("add", " ", "world")) // => "hello world"
operate2("pow", 10, 2)  // => 100
```

8.4.1 定义自己的函数属性

函数在 JavaScript 中并不是原始值, 而是一种特殊的对象。这意味着函数也可以有属性。如果一个函数需要一个"静态"变量, 且这个变量的值需要在函数每次调用时都能访问到, 则通常把这个变量定义为函数自身的一个属性。比如, 假设我要写一个每次调用都返回唯一整数的函数, 那么每次调用都不能返回相同的值。为保证这一点, 函数需要记录自己已经返回过的值, 这个信息必须在每次调用时都能访问到。可以把这个信息保存一个全局变量中, 但其实没有这个必要, 因为这个信息只有函数自己会用到。更好的方式是把这个信息保存在函数对象的一个属性中。下面就是一个每次调用都返回唯一整数值的函数实现:

```
// 初始化函数对象的计数器 (counter) 属性
// 函数声明会被提升, 因此我们可以在函数声明
// 之前在这里就给它赋值
uniqueInteger.counter = 0;

// 这个函数每次被调用时都返回一个不同的整数
// 它使用自身的属性记住下一个要返回什么值
function uniqueInteger() {
    return uniqueInteger.counter++;  // Return and increment counter property
}
uniqueInteger()  // => 0
uniqueInteger()  // => 1
```

再看一个例子, 下面的 factorial() 函数使用了自身的属性来缓存之前计算的结果 (函数将自身作为一个数组):

```
// 计算阶乘并把结果缓存到函数本身的属性中
function factorial(n) {
    if (Number.isInteger(n) && n > 0) {         // 仅限于正整数
        if (!(n in factorial)) {                // 如果没有缓存的结果
            factorial[n] = n * factorial(n-1);  // 计算并缓存这个结果
        }
        return factorial[n];                    // 返回缓存的结果
    } else {
        return NaN;                             // 如果输入有问题
    }
}
factorial[1] = 1;  // 初始化缓存，保存最基础的值
factorial(6)  // => 720
factorial[5]  // => 120。上面的调用缓存了这个值
```

8.5 函数作为命名空间

在函数体内声明的变量在函数外部不可见。为此，有时候可以把函数用作临时的命名空间，这样可以保证在其中定义的变量不会污染全局命名空间。

假设有一段 JavaScript 代码，你想在几个不同的 JavaScript 程序中使用它（或在客户端 JavaScript 中，在不同网页中使用它）。再假设这段代码跟多数代码一样定义了存储中间计算结果的变量。问题来了：这段代码可能被很多程序用到，我们不知道那些程序创建的变量会不会跟这段代码中的变量冲突。解决方案就是把这段代码放到一个函数中，然后调用这个函数。这样，原本可能会定义在全局的变量就变成函数的局部变量了：

```
function chunkNamespace() {
    // 要复用的代码放在这里
    // 在这里定义的任何变量都是函数的局部变量，
    // 不会污染全局命名空间
}
chunkNamespace();  // 别忘了调用这个函数！
```

以上代码只定义了一个全局变量，即函数 chunkNamespace。如果就连定义一个属性也嫌多，那可以在一个表达式中定义并调用匿名函数

```
(function() {  // 将 chunkNamespace() 函数重写为一个无名表达式
    // 要复用的代码放在这里
}());          // 函数定义结束后立即调用它
```

在一个表达式中定义并调用匿名函数的技术非常常用，因此甚至有了别称，叫"立即调用函数表达式"（immediately invoked function expression）。注意前面代码中括号的使用。位于 function 关键字前面的左开括号是必需的，因为如果没有它，JavaScript 解释器会把 function 关键字作为函数声明语句来解析。有了这对括号，解释器会把它正确地识别为函数定义表达式。而且开头的括号也便于程序员知道这是个定义后立即调用的函

数，而不是为后面使用而定义的函数。

函数作为命名空间真正的用武之地，还是在命名空间中定义一个或多个函数，而这些函数又使用该命名空间中的变量，最后这些函数又作为命名空间函数的返回值从内部传递出来。类似这样的函数被称为闭包（closure），也是下一节的主题。

8.6 闭包

与多数现代编程语言一样，JavaScript 使用词法作用域（lexical scoping）。这意味着函数执行时使用的是定义函数时生效的变量作用域，而不是调用函数时生效的变量作用域。为了实现词法作用域，JavaScript 函数对象的内部状态不仅要包括函数代码，还要包括对函数定义所在作用域的引用。这种函数对象与作用域（即一组变量绑定）组合起来解析函数变量的机制，在计算机科学文献中被称作闭包（closure）。

严格来讲，所有 JavaScript 函数都是闭包。但由于多数函数调用与函数定义都在同一作用域内，所以闭包的存在无关紧要。闭包真正值得关注的时候，是定义函数与调用函数的作用域不同的时候。最常见的情形就是一个函数返回了在它内部定义的嵌套函数。很多强大的编程技术都是建立在这种嵌套函数闭包之上的，因此嵌套函数闭包在 JavaScript 程序中也变得比较常见。乍一接触闭包难免不好理解，但只有真正理解了，才能用好它们。

要理解闭包，第一步需要先回顾嵌套函数的词法作用域规则。来看下面的代码：

```
let scope = "global scope";          // 全局变量
function checkscope() {
    let scope = "local scope";       // 局部变量
    function f() { return scope; }   // 返回当前作用域中的值
    return f();
}
checkscope()                          // => "local scope"
```

checkscope() 函数声明了一个局部变量，然后定义了一个返回该变量的值的函数并调用了该函数。很显然，调用 checkscope() 应该返回"local scope"。现在，我们稍微改一改代码。你知道下面的代码返回什么吗？

```
let scope = "global scope";          // 全局变量
function checkscope() {
    let scope = "local scope";       // 局部变量
    function f() { return scope; }   // 返回当前作用域中的值
    return f;
}
let s = checkscope()();               // 这里返回什么？
```

在上面的代码中，我们把 checkscope() 中的一对圆括号转移到了外部。转移前调用的是嵌套函数并返回结果，而现在 checkscope() 返回的是嵌套函数。当我们在定义它的函数外部（通过最后一行代码的第二对圆括号）调用这个嵌套函数时会发生什么？

还记得词法作用域的基本规则吧：JavaScript 函数是使用定义它们的作用域来执行的。在定义嵌套函数 f() 的作用域中，变量 scope 绑定的值是"local scope"，该绑定在 f 执行时仍然有效，无论它在哪里执行。因此前面代码示例最后一行返回"local scope"，而非"global scope"。简言之，这正是闭包惊人且强大的本质：它们会捕获自身定义所在外部函数的局部变量（及参数）绑定。

在 8.4.1 节，我们定义了一个 uniqueInteger() 函数，该函数使用一个函数自身的属性来跟踪要返回的下一个值。该方式有一个缺点，就是容易被错误或恶意代码重置计数器，或者把计数器设置为非整数，导致 uniqueInteger() 函数违反自己契约的"唯一"（unique）或"整数"（integer）规则。闭包可以捕获一次函数调用的局部变量，可以将这些变量作为私有状态。为此，可以像下面这样改写 uniqueInteger() 函数，使用立即调用函数表达式定义一个命名空间，再通过一个闭包利用该命名空间来保证自己的状态私有：

```
let uniqueInteger = (function() {  // 定义并调用
    let counter = 0;               // 下面函数的私有状态
    return function() { return counter++; };
}());
uniqueInteger()  // => 0
uniqueInteger()  // => 1
```

为了理解这段代码，必须仔细看几遍。乍一看，第一行代码像一条赋值语句，把一个函数赋值给变量 uniqueInteger。实际上（如第一行代码开头的左圆括号所提示的），这行代码定义并调用了一个函数，因此真正赋给 uniqueInteger 的是这个函数的返回值。再仔细看一下函数体，你会发现它的返回值是另一个函数。换句话说，这个嵌套的函数最终被赋值给了 uniqueInteger。这个嵌套函数有权访问其作用域中的变量，而且可以使用定义在外部函数中的变量 counter。外部函数一旦返回，就没有别的代码能够看到变量 counter 了，此时内部函数拥有对它的专有访问权。

类似 counter 这样的私有变量并非只能由一个闭包独享。同一个外部函数中完全可以定义两个或更多嵌套函数，而它们共享相同的作用域。来看下面的代码：

```
function counter() {
    let n = 0;
    return {
        count: function() { return n++; },
        reset: function() { n = 0; }
    };
}
```

```
let c = counter(), d = counter();        // 创建两个计数器
c.count()                                // => 0
d.count()                                // => 0: 它们分别计数
c.reset();                               // reset() 和 count() 方法共享状态
c.count()                                // => 0: 因为重置了 c
d.count()                                //
```

这个 counter() 函数返回一个"计数器"对象。该对象有两个方法：count() 和 reset()。前者返回下一个整数，后者重置内部状态。首先要理解的是，这两个方法都有权访问私有变量 n。其次是要知道，每次调用 counter() 都会创建一个新作用域（与之前调用创建的作用域相互独立），还有作用中域中的一个新私有变量。因此如果调用两次 counter()，就会得到拥有两个不同私有变量的计数器对象。在一个计数器上调用 count() 或 reset() 不会影响另一个计数器。

有一点需要指出的是，可以将这种闭包技术与属性获取方法和设置方法组合使用。下面这个 counter() 函数是 6.10.6 节中代码的变体，但它使用了闭包保存私有状态而非依赖常规对象属性：

```
function counter(n) {   // 函数参数 n 是私有变量
    return {
        // 属性获取方法，返回递增后的私有计数器值
        get count() { return n++; },
        // 属性设置方法，不允许 n 的值减少
        set count(m) {
            if (m > n) n = m;
            else throw Error("count can only be set to a larger value");
        }
    };
}

let c = counter(1000);
c.count           // => 1000
c.count           // => 1001
c.count = 2000;
c.count           // => 2000
c.count = 2000;   // 错误：计数只能设置为更大的数
```

注意这个版本的 counter() 函数没有声明局部变量，只使用自己的参数 n 保存供属性访问器方法共享的私有状态。这样可以让 counter() 的调用者指定私有变量的初始值。

示例 8-2 基于前面介绍的闭包技术实现了一个通用的共享私有状态的函数。例子中的函数 addPrivateProperty() 定义了一个私有变量和两个分别用于获取和设置该变量值的嵌套函数，而且将这两个嵌套函数作为方法添加到了调用时指定的对象。

示例 8-2：使用闭包的私有属性访问器方法

```
// 这个函数按照指定的名字为对象 o 添加属性访问器方法
// 方法命名为 get<name> 和 set<name>
// 如果提供断言（predicate）函数，则设置
// 方法用它测试自己的参数，在存储前先验证
// 如果断言返回 false，则设置方法抛出异常
//
// 操作的值并没有保存在对象 o 上，而是保存在了
// 这个函数的一个局部变量中。获取方法和设置
// 方法也是在函数局部定义的，因而可以访问这个
// 局部变量。这意味着该变量对两个访问器方法
// 而言是私有的，除了设置方法，没有别的途径可以
// 设置或修改这个变量的值
function addPrivateProperty(o, name, predicate) {
    let value;  // 这是属性值

    // 获取方法简单地返回属性值
    o[`get${name}`] = function() { return value; };

    // 设置方法保存值或在断言失败时抛出异常

    o[`set${name}`] = function(v) {
        if (predicate && !predicate(v)) {
            throw new TypeError(`set${name}: invalid value ${v}`);
        } else {
            value = v;
        }
    };
}

// 下面的代码演示了如何使用 addPrivateProperty() 方法
let o = {};  // 先创建一个空对象

// 添加属性访问器方法 getName() 和 setName()
// 确保只能设置字符串值
addPrivateProperty(o, "Name", x => typeof x === "string");

o.setName("Frank");      // 设置属性的值
o.getName()              // => "Frank"
o.setName(0);            // !TypeError: 尝试设置一个错误类型的值
```

前面的几个例子都是在相同作用域中定义两个闭包，共享访问相同的私有变量或变量。这个技术很重要，但同样重要的是应该知道什么情况下闭包会意外地共享访问不该被共享的变量。比如下面的代码：

```
// 这个函数返回一个始终返回 v 的函数
function constfunc(v) { return () => v; }

// 创建一个常量函数的数组
let funcs = [];
```

```
for(var i = 0; i < 10; i++) funcs[i] = constfunc(i);

// 索引 5 对应的函数返回数值 5
funcs[5]()    // => 5
```

在编写这种使用循环创建多个闭包的代码时，一个常见的错误是把循环转移到定义闭包的函数中。比如下面的代码：

```
// 返回一个函数数组，其中的函数返回数值 0-9
function constfuncs() {
    let funcs = [];
    for(var i = 0; i < 10; i++) {
        funcs[i] = () => i;
    }
    return funcs;
}

let funcs = constfuncs();
funcs[5]()    // => 10；为什么这时候不返回 5？
```

以上代码创建了 10 个闭包并将它们保存在一个数组中。而闭包全部是在同一个函数调用中定义的，因此它们可以共享访问变量 i。当 constfuncs() 返回后，变量 i 的值是10，全部 10 个闭包共享这个值。因此，返回的函数数组中的所有函数都返回相同的值。这绝对不是我们想要的结果。关键是要记住，与闭包关联的作用域是"活的"。嵌套函数不会创建作用域的私有副本或截取变量绑定的静态快照。从根本上说，这里的问题在于通过 var 声明的变量在整个函数作用域内都有定义。代码中的 for 循环使用 var i 声明循环变量，因此变量 i 的作用域是整个函数体，而不是更小的循环体。这段代码演示了 ES5 及之前版本代码中常见的一类错误，而 ES6 增加的块级作用域变量解决了这个问题。只要把这里的 var 替换成 let 或 const，问题马上就会消失。因为 let 和 const 是块级作用域的标志，这意味着每次循环都会定义一个与其他循环不同的独立作用域，而每个作用域中都有自己独立的 i 绑定。

在写闭包的时候，要注意：this 是 JavaScript 关键字，不是变量。如前所述，箭头函数继承包含它们的函数中的 this 值，但使用 function 定义的函数并非如此。因此如果你要写的闭包需要使用其包含函数的 this 值，那应该在返回闭包之前使用箭头函数或调用 bind()，也可把外部的 this 值赋给你的闭包将继承的变量：

```
const self = this;  // 让嵌套函数可以访问外部的 this 值
```

8.7 函数属性、方法与构造函数

前面已经介绍了，函数在 JavaScript 中也是一种值。对函数使用 typeof 操作符会返回字符串"function"，但函数实际上是一种特殊的 JavaScript 对象。由于函数是对象，因此它们也有属性和方法。甚至还有一个 Function() 构造函数可以用来创建新函数对象。接下来几节将介绍函数的 length、name 和 prototype 属性，讨论 call()、apply() 和 toString() 方法，以及 Funtion() 构造函数。

8.7.1 length 属性

函数有一个只读的 length 属性，表示函数的元数（arity），即函数在参数列表中声明的形参个数。这个值通常表示调用函数时应该传入的参数个数。如果函数有剩余形参，则这个剩余形参不包含在 length 属性内。

8.7.2 name 属性

函数有一个只读的 name 属性，表示定义函数时使用的名字（如果是用名字定义的），如果是未命名的函数，表示在第一次创建这个函数时赋给该函数的变量名或属性名。这个属性主要用于记录调试或排错消息。

8.7.3 prototype 属性

除了箭头函数，所有函数都有一个 prototype 属性，这个属性引用一个被称为原型对象的对象。每个函数都有自己的原型对象。当函数被作为构造函数使用时，新创建的对象从这个原型对象继承属性。原型和 prototype 属性在 6.2.3 节讨论过，第 9 章还会再次介绍。

8.7.4 call() 和 apply() 方法

call() 和 apply() 允许间接调用（参见 8.2.4 节）一个函数，就像这个函数是某个其他对象的方法一样。call() 和 apply() 的第一个参数都是要在其上调用这个函数的对象，也就是函数的调用上下文，在函数体内它会变成 this 关键字的值。要把函数 f() 作为对象 o 的方法进行调用（不传参数），可以使用 call() 或 apply()：

```
f.call(o);
f.apply(o);
```

这两行代码都类似于下面的代码（假设 o 并没有属性 m）：

```
o.m = f;     // 把 f 作为 o 的一个临时方法
o.m();       // 调用它，不传参数
delete o.m;  // 删除这个临时方法
```

我们知道，箭头函数从定义它的上下文中继承 this 值。这个 this 值不能通过 call() 和 apply() 方法重写。如果对箭头函数调用这两个方法，那第一个参数实际上会被忽略。

除了作为调用上下文传给 call() 的第一参数，后续的所有参数都会传给被调用的函数（调用箭头函数时不会忽略这些参数）。比如，要将函数 f() 作为对象 o 的方法进行调用，并同时给函数 f() 传两个参数，可以这样写：

```
f.call(o, 1, 2);
```

apply() 方法与 call() 方法类似，只不过要传给函数的参数需要以数组的形式提供：

```
f.apply(o, [1,2]);
```

如果函数定义时可以接收任意多个参数，则使用 apply() 方法可以在调用这个函数时把任意长度的数组内容传给它。在 ES6 及之后的版本中可以使用扩展操作符，但我们也有可能看到使用 apply() 的 ES5 代码。例如，在不使用扩展操作符的情况下，想找到一个数值数组中的最大值，可以使用 apply() 方法把数组的元素传给 Math.max() 函数：

```
let biggest = Math.max.apply(Math, arrayOfNumbers);
```

下面定义的 trace() 函数与 8.3.4 节定义的 timed() 函数类似，但 trace() 函数操作的是方法而不是函数，它使用了 apply() 方法而不是扩展操作符，这样一来，就可以用与包装方法（新方法）相同的参数和 this 值调用被包装的方法（原始方法）：

```
// 将对象 o 的方法 m 替换成另一个版本，
// 新版本在调用原始方法前、后会打印日志
function trace(o, m) {
    let original = o[m];          // 在闭包中记住原始方法
    o[m] = function(...args) {    // 定义新方法
        console.log(new Date(), "Entering:", m);    // 打印消息
        let result = original.apply(this, args);    // 调用原始方法
        console.log(new Date(), "Exiting:", m);     // 打印消息
        return result;                              // 返回结果
    };
}
```

8.7.5 bind() 方法

bind() 方法的主要目的是把函数绑定到对象。如果在函数 f 上调用 bind() 方法并传入对象 o，则这个方法会返回一个新函数。如果作为函数来调用这个新函数，就会像 f 是 o 的方法一样调用原始函数。传给这个新函数的所有参数都会传给原始函数。例如：

```
function f(y) { return this.x + y; } // 这个函数需要绑定
let o = { x: 1 };                    // 要绑定的对象
let g = f.bind(o);                   // 调用 g(x) 会在 o 上调用 f()
g(2)                                 // => 3
let p = { x: 10, g };                // 作为这个对象的方法调用 g()
p.g(2)                               // => 3: g 仍然绑定到 o，而非 p
```

箭头函数从定义它们的环境中继承 this 值，且这个值不能被 bind() 覆盖，因此如果前

面代码中的函数 f() 是以箭头函数定义的，则绑定不会起作用。不过，由于调用 bind() 最常见的目的是让非箭头函数变得像箭头函数，因此这个关于绑定箭头函数的限制在实践中通常不是问题。

事实上，除了把函数绑定到对象，bind() 方法还会做其他事。比如，bind() 也可以执行"部分应用"，即在第一个参数之后传给 bind() 的参数也会随着 this 值一起被绑定。部分应用是函数式编程中的一个常用技术，有时候也被称为柯里化（currying）。下面是几个使用 bind() 方法实现部分应用的例子：

```
let sum = (x,y) => x + y;      // 返回 2 个参数之和
let succ = sum.bind(null, 1);  // 把第一个参数绑定为 1
succ(2)   // => 3: x 绑定到 1, 2 会传给参数 y

function f(y,z) { return this.x + y + z; }
let g = f.bind({x: 1}, 2);     // 绑定 this 和 y
g(3)      // => 6: this.x 绑定到 1, y 绑定到 2, z 是 3
```

bind() 返回函数的 name 属性由单词"bound"和调用 bind() 的函数的 name 属性构成。

8.7.6 toString() 方法

与所有 JavaScript 对象一样，函数也有 toString() 方法。ECMAScript 规范要求这个方法返回一个符合函数声明语句的字符串。实践中，这个方法的多数（不是全部）实现都返回函数完整的源代码。内置函数返回的字符串中通常包含"[native code]"，表示函数体。

8.7.7 Function() 构造函数

因为函数是对象，所以就有一个 Function() 构造函数可以用来创建新函数：

```
const f = new Function("x", "y", "return x*y;");
```

这行代码创建了一个新函数，差不多相当于使用如下语法定义的函数：

```
const f = function(x, y) { return x*y; };
```

Function() 构造函数可以接收任意多个字符串参数，其中最后一个参数是函数体的文本。这个函数体文本中可以包含任意 JavaScript 语句，相互以分号分隔。传给这个构造函数的其他字符串都用于指定新函数的参数名。如果新函数没有参数，可以只给构造函数传一个字符串（也就是函数体）。

注意，Function() 构造函数不接收任何指定新函数名字的参数。与函数字面量一样，Function() 构造函数创建的也是匿名函数。

要理解 Function() 构造函数，需要理解以下几点。

- Function() 函数允许在运行时动态创建和编译 JavaScript 函数。

- Function() 构造函数每次被调用时都会解析函数体并创建一个新函数对象。如果在循环中或者被频繁调用的函数中出现了对它的调用，可能会影响程序性能。相对而言，出现在循环中的嵌套函数和函数表达式不会每次都被重新编译。

- 最后，也是关于 Function() 非常重要的一点，就是它创建的函数不使用词法作用域，而是始终编译为如同顶级函数一样，如以下例子所示：

```
let scope = "global";
function constructFunction() {
    let scope = "local";
    return new Function("return scope");  // 不会捕获局部作用域
}
// 这行代码返回 "global"，因为 Function()
// 构造函数返回的函数不使用局部作用域。
constructFunction()()  // => "global"
```

最好将 Function() 构造函数作为在自己私有作用域中定义新变量和函数的 eval()（参见 4.12.2 节）的全局作用域版。我们自己写的代码中可能永远也用不到这个构造函数。

8.8 函数式编程

JavaScript 并不是 Lisp 或 Haskell 那样的函数式编程语言，但 JavaScript 可以把函数作为对象来操作意味着可以在 JavaScript 中使用函数式编程技巧。像 map() 和 reduce() 这样的数组方法就特别适合函数式编程风格。接下来几节将介绍 JavaScript 中的函数式编程技巧，其中的内容并不是想告诉大家这些技巧是推荐的编程风格，只是想探究一下 JavaScript 函数的强大功能。

8.8.1 使用函数处理数组

假设有一个数值数组，我们希望计算这些数值的平均值和标准差。如果使用非函数式风格的代码，可能会这样写：

```
let data = [1,1,3,5,5];  // 这是数值数组

// 平均值等于所有元素之和除以元素个数
let total = 0;
for(let i = 0; i < data.length; i++) total += data[i];
let mean = total/data.length;  // mean == 3, 平均值为 3

// 要计算标准差，首先要计算每个元素
```

```
// 相对于平均值偏差的平方
total = 0;
for(let i = 0; i < data.length; i++) {
    let deviation = data[i] - mean;
    total += deviation * deviation;
}
let stddev = Math.sqrt(total/(data.length-1));  // stddev == 2
```

而使用数组方法 map() 和 reduce()（这两个方法的介绍可以参考 7.8.1 节），可以像下面这样以简洁的函数式风格实现同样的计算：

```
// 首先，定义两个简单的函数
const sum = (x,y) => x+y;
const square = x => x*x;

// 然后，使用数组方法计算平均值和标准差
let data = [1,1,3,5,5];
let mean = data.reduce(sum)/data.length;  // mean == 3
let deviations = data.map(x => x-mean);
let stddev = Math.sqrt(deviations.map(square).reduce(sum)/(data.length-1));
stddev  // => 2
```

新版本的代码看起来与第一个版本差别很大，但仍然调用对象上的方法，因此还可以看出一些面向对象的痕迹。下面我们再来定义 map() 和 reduce() 方法的函数版：

```
const map = function(a, ...args) { return a.map(...args); };
const reduce = function(a, ...args) { return a.reduce(...args); };
```

定义了 map() 和 reduce() 函数后，计算平均值和标准差的的代码就变成这样了：

```
const sum = (x,y) => x+y;
const square = x => x*x;

let data = [1,1,3,5,5];
let mean = reduce(data, sum)/data.length;
let deviations = map(data, x => x-mean);
let stddev = Math.sqrt(reduce(map(deviations, square), sum)/(data.length-1));
stddev  // => 2
```

8.8.2 高阶函数

高阶函数就是操作函数的函数，它接收一个或多个函数作为参数并返回一个新函数。例如：

```
// 这个高阶函数返回一个新函数
// 新函数把参数传给 f 并返回 f 返回值的逻辑非
function not(f) {
    return function(...args) {          // 返回一个新函数
        let result = f.apply(this, args);  // 新函数调用 f
        return !result;                  // 对结果求逻辑非
    };
}
```

```
const even = x => x % 2 === 0;  // 确定数值是不是偶数的函数
const odd = not(even);          // 确定数值是不是奇数的新函数
[1,1,3,5,5].every(odd)          // => true: 数组的所有元素都是奇数
```

这个 not() 函数就是一个高阶函数，因为它接收一个函数参数并返回一个新函数。再比如下面的 mapper() 函数。这个函数接收一个函数参数并返回一个新函数，新函数使用传入的函数把一个数组映射为另一个数组。这个函数使用了前面定义的 map() 函数，理解这两个函数之间的区别非常重要：

```
// 返回一个函数，这个函数接收一个数组并对
// 每个元素应用 f，返回每个返回值的数组
// 比较一下这个函数与前面的 map() 函数
function mapper(f) {
    return a => map(a, f);
}

const increment = x => x+1;
const incrementAll = mapper(increment);
incrementAll([1,2,3])  // => [2,3,4]
```

下面是一个更通用的例子，这个高阶函数接收两个函数 f 和 g，返回一个计算 f(g()) 的新函数：

```
// 返回一个计算 f(g(...)) 的新函数
// 返回的函数 h 会把它接收的所有参数传给 g，
// 再把 g 的返回值传给 f，然后返回 f 的返回值
// f 和 g 被调用时都使用与 h 被调用时相同的 this 值
function compose(f, g) {
    return function(...args) {
        // 这里对 f 使用 call 是因为只给它传一个值，
        // 而对 g 使用 apply 是因为正在传一个值的数组
        return f.call(this, g.apply(this, args));
    };
}

const sum = (x,y) => x+y;
const square = x => x*x;
compose(square, sum)(2,3)  // => 25，平方和
```

后面两节中定义的 partial() 和 memoize() 函数是两个更重要的高阶函数。

8.8.3 函数的部分应用

函数 f 的 bind() 方法（参见 8.7.5 节）返回一个新函数，这个新函数在指定的上下文中以指定的参数调用 f。我们说它把这个函数绑定到了一个对象并部分应用了参数。bind() 方法在左侧部分应用参数，即传给 bind() 的参数会放在传给原始函数的参数列表的开头。但是也有可能在右侧部分应用参数：

```
// 传给这个函数的参数会传到左侧
function partialLeft(f, ...outerArgs) {
    return function(...innerArgs) { // 返回这个函数
        let args = [...outerArgs, ...innerArgs]; // 构建参数列表
        return f.apply(this, args);          // 然后通过它调用 f
    };
}

// 传给这个函数的参数会传到右侧
function partialRight(f, ...outerArgs) {
    return function(...innerArgs) {   // 返回这个函数
        let args = [...innerArgs, ...outerArgs]; // 构建参数列表
        return f.apply(this, args);          // 然后通过它调用 f
    };
}

// 这个函数的参数列表作为一个模板。这个参数列表中的 undefined 值
// 会被来自内部参数列表的值填充
function partial(f, ...outerArgs) {
    return function(...innerArgs) {
        let args = [...outerArgs]; // 外部参数模板的局部副本
        let innerIndex=0;           // 下一个是哪个内部参数
        //·循环遍历 args，用内部参数填充 undefined 值
        for(let i = 0; i < args.length; i++) {
            if (args[i] === undefined) args[i] = innerArgs[innerIndex++];
        }
        // 现在把剩余的内部参数都加进来
        args.push(...innerArgs.slice(innerIndex));
        return f.apply(this, args);
    };
}

// 下面是有 3 个参数的函数
const f = function(x,y,z) { return x * (y - z); };
// 注意这 3 个部分应用的区别
partialLeft(f, 2)(3,4)          // => -2: 绑定第一个参数: 2 * (3 - 4)
partialRight(f, 2)(3,4)         // =>  6: 绑定最后一个参数: 3 * (4 - 2)
partial(f, undefined, 2)(3,4)  // => -6: 绑定中间的参数: 3 * (2 - 4)
```

这些部分应用函数允许在已经定义的函数基础上轻松定义有意思的函数。下面是几个例子：

```
const increment = partialLeft(sum, 1);
const cuberoot = partialRight(Math.pow, 1/3);
cuberoot(increment(26))  // => 3
```

部分应用的函数如果与其他高阶函数组合会更有意思。例如，下面的代码通过组合与部分应用定义 not() 函数：

```
const not = partialLeft(compose, x => !x);
const even = x => x % 2 === 0;
const odd = not(even);
const isNumber = not(isNaN);
odd(3) && isNumber(2)   // => true
```

还可以使用组合和部分应用以函数方式重新计算平均值和标准差：

```
// sum() 和 square() 函数在前面定义过。下面是更多函数
const product = (x,y) => x*y;
const neg = partial(product, -1);
const sqrt = partial(Math.pow, undefined, .5);
const reciprocal = partial(Math.pow, undefined, neg(1));

// 现在计算平均值和标准差
let data = [1,1,3,5,5];   // 数据
let mean = product(reduce(data, sum), reciprocal(data.length));
let stddev = sqrt(product(reduce(map(data,
                                     compose(square,
                                             partial(sum, neg(mean)))),
                                 sum),
                          reciprocal(sum(data.length,neg(1)))));
[mean, stddev]   // => [3, 2]
```

注意这里计算平均值和标准差的代码完全是函数调用，没有操作符，圆括号的数量已经多到让 JavaScript 看起来像 Lisp 了。同样，这并不是本书推荐的 JavaScript 编程风格。但通过这个例子我们可以知道 JavaScript 中的函数如何实现多层嵌套。

8.8.4 函数记忆

在 8.4.1 节，我们定义了一个缓存自己之前计算结果的阶乘函数。在函数式编程中，这种缓存被称为函数记忆（memoization）。下面的代码展示了高阶函数 memoize() 可以接收一个函数参数，然后返回这个函数的记忆版：

```
// 返回 f 的记忆版
// 只适用于 f 的参数都有完全不同的字符串表示的情况
function memoize(f) {
    const cache = new Map();   // cache 保存在这个闭包中

    return function(...args) {
        // 创建参数的字符串版，以用作缓存键
        let key = args.length + args.join("+");
        if (cache.has(key)) {
            return cache.get(key);
        } else {
            let result = f.apply(this, args);
            cache.set(key, result);
```

```
            return result;
        }
    };
}
```

这个 memoize() 函数创建了一个新对象作为缓存使用，并将这个对象赋值给一个局部变量，从而让它（在闭包中）成为被返回的函数的私有变量。返回的函数将其参数数组转换为字符串，并使用该字符串作为缓存对象的属性。如果缓存存在某个值，就直接返回该值；否则，就调用指定的函数计算这些参数的值，然后缓存这个值，最后返回这个值。下面是使用 memoize() 的例子：

```
// 使用欧几里德算法返回两个整数的最大公约数：
// http://en.wikipedia.org/wiki/Euclidean_algorithm
function gcd(a,b) {      // 省略了对 a 和 b 的类型检查
    if (a < b) {            // 开始时保证 a ≥ b
        [a, b] = [b, a];    // 用解构赋值交换变量
    }
    while(b !== 0) {        // 这是求最大公约数的欧几里德算法
        [a, b] = [b, a%b];
    }
    return a;
}

const gcdmemo = memoize(gcd);
gcdmemo(85, 187)  // => 17

// 注意，在编写需要记忆的递归函数时，
// 我们通常希望递归记忆版，而非原始版
const factorial = memoize(function(n) {
    return (n <= 1) ? 1 : n * factorial(n-1);
});
factorial(5)       // => 120：也为 4、3、2 和 1 缓存了值
```

8.9 小结

本章需要重点掌握以下内容。

- 可以使用 function 关键字和 ES6 的箭头语法定义函数。

- 可以调用函数，包括作为方法调用和作为构造函数调用。

- 某些 ES6 特性可以让我们为可选函数参数定义默认值、使用剩余参数把多个参数收集到一个数组中，以及把对象或数组参数解构为个别的函数参数。

- 可以在函数调用中使用扩展操作符 ... 把数组元素或其他可迭代对象作为参数传入。

- 在包含函数内部定义并返回的函数仍然可以访问这个包含函数的词法作用域，因而可以读写其中定义的变量。以这种方式使用的函数叫作闭包，应该好好理解。

- 函数也是 JavaScript 可以操作的对象，这让函数式编程风格成为可能。

第 9 章

类

第 6 章介绍了 JavaScript 对象。当时把对象当作一种独特的属性集合，每个对象都不一样。然而，多个对象经常需要共享一些属性，此时可以为这些对象定义一个类。这个类的成员或实例，各自拥有属性来保存或定义自己的状态，但也有方法定义它们的行为。这些方法是由类定义且由所有实例共享的。想象有一个 Complex 类，表示和执行复数的计算。Complex 的实例会有属性保存复数的实数和虚数部分（状态）。同时 Complex 类也会定义对这些数执行加法和乘法操作（行为）的方法。

在 JavaScript 中，类使用基于原型的继承。如果两个对象从同一个原型继承属性（通常是以函数作为值的属性，或者方法），那我们说这些对象是同一个类的实例。简言之，这就是 JavaScript 类原理。JavaScript 原型和继承在 6.2.3 节和 6.3.2 节介绍过，要理解本章需要熟悉这两节的内容。本章 9.1 节介绍原型。

如果两个对象继承同一个原型，通常（但不必定）意味着它们是通过同一个构造函数或工厂函数创建和初始化的。构造函数已经在 4.6 节、6.2.2 节和 8.2.3 节介绍过，本章 9.2 节还会介绍。

JavaScript 一直允许定义类。ES6 新增了相关语法（包括 class 关键字）让创建类更容易。通过新语法创建的 JavaScript 类与老式的类原理相同，本章先解释创建类的老方式，因为它可以更明显地展示类的底层工作机制。讲完这些基础知识，我们再转移到使用新的、简单的类定义语法。

如果你熟悉 Java 或 C++ 等强类型面向对象语言，会发现 JavaScript 类与这些语言的类非常不一样。虽然语法上有些类似，JavaScript 也可以模拟一些"经典的"类特性，但最重要的是要明白：JavaScript 的类和基于原型的继承机制与 Java 等语言中类和基于类的继承机制有着本质区别。

9.1 类和原型

在 JavaScript 中，类意味着一组对象从同一个原型对象继承属性。因此，原型对象是类的核心特征。第 6 章介绍的 `Object.create()` 函数用于创建一个新对象，这个新对象继承指定的原型对象。如果我们定义了一个原型对象，然后使用 `Object.create()` 创建一个继承它的对象，那我们就定义了一个 JavaScript 类。通常，一个类的实例需要进一步初始化，因此常见的做法是定义一个函数来创建和初始化新对象。示例 9-1 演示了这个过程，它为一个表示数值范围的类定义了一个原型对象，同时也定义了一个工厂函数用于创建和初始化该类的新实例。

示例 9-1：一个简单的 JavaScript 类

```
// 这个工厂函数返回一个新范围对象
function range(from, to) {
    // 使用 Object.create() 创建一个对象，继承下面定义的
    // 原型对象。这个原型对象保存为这个函数的一个属性，为
    // 所有范围对象定义共享方法（行为）
    let r = Object.create(range.methods);

    // 保存新范围对象的起点和终点（状态）
    // 这些属性不是继承的，是当前对象独有的
    r.from = from;
    r.to = to;

    // 最后返回新对象
    return r;
}

// 这个原型对象定义由所有范围对象继承的方法
range.methods = {
    // 如果 x 在范围内则返回 true，否则返回 false
    // 这个方法适用于文本、日期和数值范围

    includes(x) { return this.from <= x && x <= this.to; },

    // 这个生成器函数让这个类的实例可迭代
    // 注意：只适用于数值范围
    *[Symbol.iterator]() {
        for(let x = Math.ceil(this.from); x <= this.to; x++) yield x;
    },

    // 返回范围的字符串表示
    toString() { return "(" + this.from + "..." + this.to + ")"; }
};

// 下面是使用范围对象的示例
let r = range(1,3);        // 创建一个范围对象
r.includes(2)              // => true: 2 在范围内
r.toString()               // => "(1...3)"
[...r]                     // => [1, 2, 3]; 通过迭代器转换为数组
```

示例 9-1 中有几个方面需要注意：

- 这段代码定义了一个工厂函数 range()，用于创建新的 Range 对象。

- 它使用 range() 函数的 methods 属性保存定义这个类的原型对象。把原型对象放在这里没有什么特别的，也不是习惯写法。

- 这个 range() 函数为每个 Range 对象定义 from 和 to 属性。这两个属性是非共享、非继承属性，定义每个范围对象独有的状态。

- range.methods 对象使用了 ES6 定义方法的简写语法，所以没有出现 function 关键字（参见 6.10.5 节关于对象字面量简写方法语法的内容）。

- 原型的方法中有一个是计算的名字（参见 6.10.2 节）Symbol.iterator，这意味着它为 Range 对象定义了一个迭代器。这个方法的名字前面有一个星号 *，表示它是一个生成器函数，而非普通函数。迭代器和生成器在第 12 章介绍。现在只要知道这个 Range 类的实例可以与 for/of 循环和扩展操作符 ... 一起使用就可以了。

- 定义在 range.methods 中的共享方法都会用到在 range() 工厂函数中初始化的 from 和 to 属性，它们通过 this 关键字引用调用它们的对象。使用 this 是所有类方法的基本特征。

9.2 类和构造函数

例 9-1 展示了一种定义 JavaScript 类的简单方式。不过，这种方式并非习惯写法，因为它没有定义构造函数。构造函数是一种专门用于初始化新对象的函数。8.2.3 节介绍过，构造函数要使用 new 关键字调用。使用 new 调用构造函数会自动创建新对象，因此构造函数本身只需要初始化新对象的状态。构造函数调用的关键在于构造函数的 prototype 属性将被用作新对象的原型。6.2.3 节介绍了原型并强调几乎所有对象都有原型，但只有少数对象有 prototype 属性。现在终于可以明确了：只有函数对象才有 prototype 属性。这意味着使用同一个构造函数创建的所有对象都继承同一个对象，因而是同一个类的成员。示例 9-2 展示了如何修改示例 9-1 中的 Range 类来使用构造函数而非工厂函数。示例 9-2 演示了在不支持 ES6 class 关键字的 JavaScript 版本中创建类的习惯做法。虽然 class 目前已经得到全面支持，但仍有很多老 JavaScript 代码是以这种方式来定义类的。因此我们应该熟悉这种习惯写法，以便理解老代码，同时也理解在使用 class 关键字时"底层"都发生了什么。

示例 9-2：使用构造函数的 Range 类

```
// 这是用来初始化新 Range 对象的构造函数
// 注意它不创建或返回对象，只初始化 this
function Range(from, to) {
```

```
    // 保存新范围对象的起点和终点（状态）
    // 这些属性不是继承的，是当前对象独有的
    this.from = from;
    this.to = to;
}

// 所有 Range 对象都继承这个对象
// 注意这个属性必须命名为 prototype 才行
Range.prototype = {
    // 如果 x 在范围内则返回 true，否则返回 false
    // 这个方法适用于文本、日期和数值范围
    includes: function(x) { return this.from <= x && x <= this.to; },

    // 这个生成器函数让这个类的实例可迭代
    // 注意：只适用于数值范围
    [Symbol.iterator]: function*() {
        for(let x = Math.ceil(this.from); x <= this.to; x++) yield x;
    },

    // 返回范围的字符串表示
    toString: function() { return "(" + this.from + "..." + this.to + ")"; }
};

// 下面是使用这个新 Range 类的示例
let r = new Range(1,3);    // 创建一个 Range 对象
r.includes(2)              // => true: 2 在范围内
r.toString()              // => "(1...3)"
[...r]                    // => [1, 2, 3]; 通过迭代器转换为数组
```

有必要仔细地比较一下示例 9-1 和示例 9-2，观察这两种定义类的方式之间的区别。首先，注意 range() 工厂函数在转换为构造函数时被重命名为了 Range()。这是一个非常常见的编码约定。因为构造函数在某种意义上是定义类的，而类名（按照惯例）应以大写字母开头。普通函数和方法的名字则以小写字母开头。

其次，注意 Range() 构造函数是以 new 关键字调用的（在示例末尾），而 range() 工厂函数被调用时没有这个关键字。示例 9-1 使用普通函数调用（参见 8.2.1 节）创建新对象，而示例 9-2 使用构造函数调用（参见 8.2.3 节）创建新对象。因为 Range() 构造函数是通过 new 调用的，所以它没有调用 Object.create()，也没有执行任何创建对象的操作。新对象是在调用构造函数之前自动创建的，可以通过 this 来访问。Range() 构造函数仅仅需要初始化 this。构造函数甚至不需要返回新创建的对象，它调用会自动创建新对象，并将构造函数作为该对象的方法来调用，然后返回新对象。构造函数调用与普通函数调用的这个重要区别也是我们用首字母大写的名字命名构造函数的一个原因。构造函数在编写时就会考虑它会作为构造函数以 new 关键字来调用，因此把它们当成普通函数来调用通常会有问题。这个命名约定让构造函数有别于普通函数，方便程序员知道什么时候使用 new。

> **构造函数和 new.target**
>
> 在函数体内，可以通过一个特殊表达式 new.target 判断函数是否作为构造函数被调用了。如果该表达式的值有定义，就说明函数是作为构造函数，通过 new 关键字调用的。在 9.5 节讨论子类时，我们会看到 new.target 并非一直引用它所在的构造函数，也可能引用子类的构造函数。
>
> 如果 new.target 是 undefined，那么包含函数就是作为普通函数被调用的，没有使用 new 关键字。JavaScript 的各种错误构造函数可以不使用 new 调用，如果想在自己的构造函数中模拟这个特性，可以像下面这样编码：
>
> ```
> function C() {
>     if (!new.target) return new C();
>     //    这里是初始化代码
> }
> ```
>
> 这个技术只适用于以这种老方式定义的构造函数。使用 class 关键字创建的类不允许不使用 new 调用它们的构造函数。

示例 9-1 和示例 9-2 的另一个关键区别是命名原型对象的方式。在第一个示例中，原型是 range.methods。这是一个方便且好懂的名字，但太随意。在第二个示例中，原型是 Range.prototype，这个名字是强制性的。对构造函数 Range() 的调用会自动把 Range.prototype 作为新 Range 对象的原型。

最后，要注意示例 9-1 和示例 9-2 相比没有变化的部分，两个类的范围相关方法是以相同方式定义和调用的。因为示例 9-2 演示了 JavaScript 在 ES6 之前创建类的习惯做法，所以原型对象中没有使用 ES6 简写语法定义方法，而是明确使用了 function 关键字。但那些方法的实现在两个示例中都是一样的。

还有一点很重要，就是这两个范围类的示例都没使用箭头函数定义构造函数或方法。8.1.3 节讲过，用箭头函数方式定义的函数没有 prototype 属性，因此不能作为构造函数使用。而且，箭头函数中的 this 是从定义它们的上下文继承的，不会根据调用它们的对象来动态设置。这样定义的方法就不能用了，因为方法的典型特点就是使用 this 引用调用它们的实例。

好在 ES6 新增的类语法不允许使用箭头函数定义方法，因此在使用该语法时不必担心自己会意外犯这种错误。稍后我们会讲解 ES6 的 class 关键字，但首先要把关于构造函数的内容介绍完。

9.2.1 构造函数、类标识和 instanceof

如前所见，原型对象是类标识的基本：当且仅当两个对象继承同一个原型对象时，它们才是同一个类的实例。初始化新对象状态的构造函数不是基本标识，因为两个构造函数的 prototype 属性可能指向同一个原型对象，此时两个构造函数都可以用于创建同一个类的实例。

虽然构造函数不像原型那么基本，但构造函数充当类的外在表现。最明显的，构造函数的名字通常都用作类名。例如，我们说 Range() 构造函数可以创建 Range 对象。但更根本的问题在于，在使用 instanceof 操作符测试类的成员关系时，构造函数是其右操作数。如果想测试对象 r 是不是 Range 对象，可以这样编码：

```
r instanceof Range    // => true: r 继承了 Range.prototype
```

4.9.4 节介绍了 instanceof 操作符，其左操作数应该是要检测的对象，右操作数应该是代表某个类的构造函数。对于表达式 o instanceof C，如果 o 继承 C.prototype，则表达式求值为 true。这里的继承不一定是直接继承，如果 o 继承的对象继承了 C.prototype，这个表达式仍然求值为 true。

严格来讲，对于前面的表达式，instanceof 操作符并非检查 r 是否通过 Range 构造函数初始化，而是检查 r 是否继承 Range.prototype。如果我们定义了一个函数 Strange()，并将其 prototype 属性设置为等于 Range.prototype，那么 instanceof 操作符也会将 new Strange() 创建的对象判定为 Range 对象（尽管它们不能像真正的 Range 对象一样工作，因为它们的 from 和 to 属性都没有初始化）：

```
function Strange() {}
Strange.prototype = Range.prototype;
new Strange() instanceof Range    // => true
```

虽然 instanceof 不能验证使用的是哪个构造函数，但它仍然以构造函数作为其右操作数，因为构造函数是类的公共标识。

如果不想以构造函数作为媒介，直接测试某个对象原型链中是否包含指定原型，可以使用 isPrototypeOf() 方法。例如在示例 9-1 中，我们定义类时没有使用构造函数，因而无法对这个类使用 instanceof 操作符。此时，可以通过如下代码检测对象 r 是不是这个无构造函数类的成员：

```
range.methods.isPrototypeOf(r);   // range.methods 是 r 的原型对象
```

9.2.2 constructor 属性

在示例 9-2 中，我们把 Range.prototype 设置为一个新对象，其中包含我们的类的方法。尽管把方法定义为对象字面量的属性很便捷，但实际上没有必要创建一个新对象。任何普通 JavaScript 函数（不包括箭头函数、生成器函数和异步函数）都可以用作构造函数，而构造函数调用需要一个 prototype 属性。为此，每个普通 JavaScript 函数[注1]自动拥有一个 prototype 属性。这个属性的值是一个对象，有一个不可枚举的 constructor 属性。而这个 constructor 属性的值就是该函数对象：

```
let F = function() {}; // 这是一个函数对象
let p = F.prototype;   // 这是一个与 F 关联的原型对象
let c = p.constructor; // 这是与原型关联的函数
c === F                // => true: 对任何 F, F.prototype.constructor === F
```

这个预定义对象及其 constructor 属性的存在，意味着对象也会继承一个引用其构造函数的 constructor 属性。因为构造函数充当类的公共标识，所以这个 constructor 属性返回对象的类：

```
let o = new F();       // 创建类 F 的对象 o
o.constructor === F    // => true: constructor 属性指定类
```

图 9-1 直观地展示了构造函数、其原型对象、原型对构造函数的反向引用，以及通过该构造函数创建的实例之间的关系。

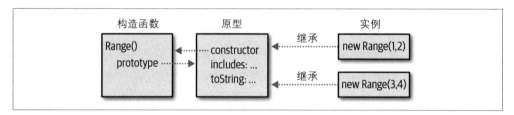

图 9-1：构造函数及其原型和实例

注意，图 9-1 使用了 Range() 构造函数作为示例。但实际上，例 9-2 定义的 Range 类用自己的对象重写了预定义的 Range.prototype 对象。而它定义的这个新的原型对象并没有 constructor 属性。所以按照定义，Range 类的实例都没有 constructor 属性。这个问题可以通过显式地为原型添加一个 constructor 属性来解决：

```
Range.prototype = {
    constructor: Range,  // 显式设置反向引用 constructor

    /* 以下是方法定义 */
};
```

另一个在老代码中常见的技术是使用预定义的原型对象及其 constructor 属性，然后像下面这样每次给它添加一个方法：

注 1：除了 ES5 的 Function.bind() 方法返回的函数，绑定函数没有自己的 prototype 属性，但在被当作构造函数调用时，它们使用底层函数的 prototype 属性。

```javascript
// 扩展预定义的 Range.prototype 对象，不重写
// 自动创建的 Range.prototype.constructor 属性
Range.prototype.includes = function(x) {
    return this.from <= x && x <= this.to;
};
Range.prototype.toString = function() {
    return "(" + this.from + "..." + this.to + ")";
};
```

9.3 使用 class 关键字的类

JavaScript 早在它最初的版本就支持类，只不过自 ES6 引入 class 关键字才有了自己的语法。示例 9-3 展示了以这种新语法重写的 Range 类。

示例 9-3：使用 class 重写的 Range 类

```javascript
class Range {
    constructor(from, to) {
        // 保存新范围对象的起点和终点（状态）
        // 这些属性不是继承的，是当前对象独有的
        this.from = from;
        this.to = to;
    }

    // 如果 x 在范围内则返回 true，否则返回 false
    // 这个方法适用于文本、日期和数值范围
    includes(x) { return this.from <= x && x <= this.to; }

    // 这个生成器函数让这个类的实例可迭代
    // 注意：只适用于数值范围
    *[Symbol.iterator]() {
        for(let x = Math.ceil(this.from); x <= this.to; x++) yield x;
    }

    // 返回范围的字符串表示
    toString() { return `(${this.from}...${this.to})`; }
}
// 下面是使用这个新 Range 类的示例
let r = new Range(1,3);  // 创建一个 Range 对象
r.includes(2)            // => true: 2 在范围内
r.toString()             // => "(1...3)"
[...r]                   // => [1, 2, 3]; 通过迭代器转换为数组
```

示例 9-2 和示例 9-3 中定义的类工作方式完全一样，理解这一点非常重要。新增 class 关键字并未改变 JavaScript 类基于原型的本质。虽然示例 9-3 使用了 class 关键字，但得到的 Range 对象是一个构造函数，与示例 9-2 定义的版本一样。新的 class 语法虽然明确、方便，但最好把它看成示例 9-2 中更基础的类定义机制的"语法糖"。

对于示例 9-3 展示的类语法，需要注意以下几点：

- 类是以 class 关键字声明的，后面跟着类名和花括号中的类体。

- 类体包含使用对象字面量方法简写形式（示例 9-1 中使用过）定义的方法，因此省略了 function 关键字。但与对象字面量不同的是方法之间没有逗号（尽管类体与对象字面量表面上相似，但它们不是一回事。特别地，类体中不支持名/值对形式的属性定义）。

- 关键字 constructor 用于定义类的构造函数。但实际定义的函数并不叫 "constructor"。class 声明语句会定义一个新变量 Range，并将这个特殊构造函数的值赋给该变量。

- 如果类不需要任何初始化，可以省略 constructor 关键字及其方法体，解释器为隐式为你创建一个空构造函数。

如果想定义一个继承另一个类（或作为另一个类子类）的类，可以使用 extends 关键字和 class 关键字：

```
// Span 与 Range 相似，但初始化使用的
// 不是起点和终点，而是起点和长度。
class Span extends Range {
    constructor(start, length) {
        if (length >= 0) {
            super(start, start + length);
        } else {
            super(start + length, start);
        }
    }
}
```

创建子类本身是另外一个话题。我们将在 9.5 节再探讨这里展示的 extends 和 super 关键字。

与函数定义类似，类声明也有语句和表达式两种形式。就像可以这样声明函数一样：

```
let square = function(x) { return x * x; };
square(3)  // => 9
```

我们也可以这样写：

```
let Square = class { constructor(x) { this.area = x * x; } };
new Square(3).area  // => 9
```

与函数定义表达式一样，类定义表达式也可以包含可选的类名。如果提供了名字，则该名字只能在类体内部访问到。

虽然函数表达式很常见（特别是箭头函数简写形式），但在 JavaScript 编程中，除非需要写一个以类作为参数且返回其子类的函数，否则类定义表达式并不常用。

最后，在结束对 class 关键字的讨论之前，我们再总结两点 class 语法并不显而易见的情形：

- 即使没有出现 "use strict" 指令，class 声明体中的所有代码默认也处于严格模式（参见 5.6.3 节）。这意味着不能在类体中使用八进制整数字面量或 with 语句，而且忘记在声明之前使用变量也会导致语法错误。

- 与函数声明不同，类声明不会"提升"。8.1.1 节介绍过，函数定义就像是会被提升到包含文件或包含函数顶部一样，因此函数调用语句可以出现在函数定义之前。尽管类声明与函数声明有几分相似，但类声明不会被提升。换句话说，不能在声明类之前初始化它。

9.3.1 静态方法

在 class 体中，把 static 关键字放在方法声明前面可以定义静态方法。静态方法是作为构造函数而非原型对象的属性定义的。

例如，假设在示例 9-3 中添加如下代码：

```
static parse(s) {
    let matches = s.match(/^\(((\d+)\.\.\.(\d+)\)$/);
    if (!matches) {
        throw new TypeError(`Cannot parse Range from "${s}".`)
    }
    return new Range(parseInt(matches[1]), parseInt(matches[2]));
}
```

这段代码定义的方法是 Range.parse()，而非 Range.prototype.parse()，必须通过构造函数而非实例调用它：

```
let r = Range.parse('(1...10)'); // 返回一个新 Range 对象
r.parse('(1...10)');             // TypeError: r.parse 不是一个函数
```

有人也把静态方法称为类方法，因为它们要通过类（构造函数）名调用。这么叫是为了区分类方法和在类实例上调用的普通实例方法。由于静态方法是在构造函数而非实例上调用的，所以在静态方法中使用 this 关键字没什么意义。

示例 9-4 将展示静态方法的示例。

9.3.2 获取方法、设置方法及其他形式的方法

在 class 体内，可以像在对象字面量中一样定义获取方法和设置方法（参见 6.10.6 节）。唯一的区别是类体内的获取方法和设置方法后面不加逗号。示例 9-4 展示了如何在类中定义获取方法。

一般来说，对象字面量支持的所有简写的方法定义语法都可以在类体中使用。这包括生成器方法（带 *）和名字为方括号中表达式值的方法。事实上，前面我们已经看到了一

个通过计算的名字定义的生成器方法（在示例 9-3 中），该方法让 Range 类变得可迭代：

```
*[Symbol.iterator]() {
    for(let x = Math.ceil(this.from); x <= this.to; x++) yield x;
}
```

9.3.3 公有、私有和静态字段

在关于使用 class 关键字定义类的讨论中，我们只介绍了类体中方法的定义。ES6 标准只允许创建方法（包括获取方法、设置方法和生成器）和静态方法，还没有定义字段的语法。如果想在类实例上定义字段（这只是面向对象的"属性"的同义词），必须在构造函数或某个方法中定义。如果想定义类的静态字段，必须在类体之外，在定义类之后定义。示例 9-4 中也包含这两种字段的示例。

不过，扩展类语法以支持定义实例和静态字段的标准化过程还在继续。本节后面展示的代码在 2020 年初还不是标准 JavaScript 写法，但 Chrome 已经支持，Firefox 已经部分支持了（仅公有实例字段）。其中定义公有实例字段的语法在使用 React 框架和 Babel 转译器的 JavaScript 程序员中已经很常用了。

假设你写了一个类似下面的类，使用构造函数初始了 3 个字段：

```
class Buffer {
    constructor() {
        this.size = 0;
        this.capacity = 4096;
        this.buffer = new Uint8Array(this.capacity);
    }
}
```

如果使用将来可能会被标准化的新实例字段语法，那可以这样写：

```
class Buffer {
    size = 0;
    capacity = 4096;
    buffer = new Uint8Array(this.capacity);
}
```

也就是说，字段初始化的代码从构造函数中挪了出来，直接写在了类体内（当然，这些代码仍然作为构造函数的一部分运行。如果没有定义构造函数，这些字段则作为隐式创建的构造函数的一部分被初始化）。注意，虽然赋值语句左操作数中的 this. 前缀已经不见了，但要引用这些字段仍然要加上 this.，即便是在初始化赋值的右操作数中。使用这种语法初始化实例字段的好处是可以把初始化代码放到类定义的顶部（但不是必需的），让读者对实例都有哪些字段一目了然。声明字段时也可以不初始化，只写字段名和分号。这样一来，字段的初始值就是 undefined。不过更好的做法是始终给所有类字段赋一个初始值。

在不使用这种字段语法的情况下，类体看起来非常像使用简写方法语法的对象字面量（除了没有逗号）。这种字段语法（等号和分号，而不是冒号加逗号）使得类体更明确地区别于对象字面量。

试图标准化这些实例字段的同一提案也定义了私有实例字段。如果像前面示例中那样使用实例字段初始化语法，但字段名前面加上 #（通常不是合法的 JavaScript 标识符字符），则该字段就只能在类体中（带着 # 前缀）使用，对类体外部的任何代码都不可见、不可访问（因而无法修改）。对于前面假想的 Buffer 类，如果你想确保类用户不会意外修改实例的 size 字段，可以使用私有的 #size 字段，然后定义一个获取函数，只允许读取该字段的值：

```
class Buffer {
    #size = 0;
    get size() { return this.#size; }
}
```

要注意的是，私有字段必须先使用这种语法声明才能使用。换句话说，如果没有直接在类体中"声明" #size 字段，就不能在类的构造函数中写 this.#size = 0;。

最后，还有一个相关提案希望将在字段前使用 static 关键字标准化。根据这份提案，如果在公有或私有字段声明前加上 static，这些字段就会被创建为构造函数的属性，而非实例属性。以前面创建的静态 Range.parse() 方法为例，其中定义了一个相当复杂的正则表达式。如果把这个正则表达式提炼为一个静态字段会更有利于维护。使用新的静态字段语法，可以这样写：

```
static integerRangePattern = /^\((\d+)\.\.\.(\d+)\)$/;
static parse(s) {
    let matches = s.match(Range.integerRangePattern);
    if (!matches) {
        throw new TypeError(`Cannot parse Range from "${s}".`)
    }
    return new Range(parseInt(matches[1]), matches[2]);
}
```

如果想让这个字段只能在类内部访问，可以使用类似 #pattern 的名字把它变成私有静态字段。

9.3.4 示例：复数类

示例 9-4 定义了一个表示复数的类。这个类相对比较简单，但包含了实例方法（包括获取方法）、静态方法、实例字段和静态字段。代码中的注释解释了应该怎么在类体中使用尚未成为标准的定义实例字段和静态字段的语法。

```
/**
 * 这个 Complex 类的实例代表复数
 * 复数是一个实数和一个虚数之和,
 * 而虚数 i 是 -1 的平方根
 */
class Complex {
    // 在这种类字段声明标准化之后, 我们可以
    // 像下面这样, 声明私有字段来保存复数的
    // 实数和虚数部分:
    //
    // #r = 0;
    // #i = 0;

    // 这个构造函数定义了它需要在每个实例上
    // 创建的实例属性 r 和 i。这两个字段保存
    // 复数的实数和虚数部分, 即对象的状态
    constructor(real, imaginary) {
        this.r = real;        // 这个字段保存这个数的实数部分
        this.i = imaginary;   // 这个字段保存这个数的虚数部分
    }

    // 这里是两个实例方法, 用于做复数的加法
    // 和乘法。如果 c 和 d 是这个类两个实例, 则
    // 可以写 c.plus(d) 或 d.times(c)
    plus(that) {
        return new Complex(this.r + that.r, this.i + that.i);
    }
    times(that) {
        return new Complex(this.r * that.r - this.i * that.i,
                           this.r * that.i + this.i * that.r);
    }

    // 而这里是两个复数计算方法的静态版本。这样可以写
    // Complex.sum(c,d) 和 Complex.product(c,d)
    static sum(c, d) { return c.plus(d); }
    static product(c, d) { return c.times(d); }

    // 这些也是实例方法, 但是使用获取函数定义的,
    // 因此可以像使用字段一样使用它们。如果我们
    // 使用的是私有字段 this.#r 和 this.#i, 那这里的获取方法就有用了
    get real() { return this.r; }
    get imaginary() { return this.i; }
    get magnitude() { return Math.hypot(this.r, this.i); }

    // 每个类都应该有一个 toString() 方法
    toString() { return `{${this.r},${this.i}}`; }

    // 这个方法可以用来测试类的两个实例是否
    // 表示相同的值
    equals(that) {
        return that instanceof Complex &&
            this.r === that.r &&
            this.i === that.i;
    }
```

```
        // 如果类体支持静态字段，那我们就可以像
        // 下面这样定义一个常量 Complex.ZERO:
        // static ZERO = new Complex(0,0);
    }

    // 下面定义了几个保存预定义复数的类字段
    Complex.ZERO = new Complex(0,0);
    Complex.ONE = new Complex(1,0);
    Complex.I = new Complex(0,1);
```

有了示例 9-4 中的 Complex 类，就可以像下面这样使用构造函数、实例字段、实例方法、类字段和类方法：

```
    let c = new Complex(2, 3);        // 通过构造函数创建一个新对象
    let d = new Complex(c.i, c.r);    // 使用 c 的实例字段
    c.plus(d).toString()              // => "{5,5}";使用实例方法
    c.magnitude                       // =>Math.hypot(2,3);使用获取函数
    Complex.product(c, d)             // => new Complex(0, 13);使用静态方法
    Complex.ZERO.toString()           // => "{0,0}";使用静态属性
```

9.4 为已有类添加方法

JavaScript 基于原型的继承机制是动态的。换句话说，对象从它的原型继承属性，如果在创建对象之后修改了原型的属性，则对象继承修改后的属性。这意味着只要给原型对象添加方法，就可以增强 JavaScript 类。

例如，下面的代码为示例 9-4 定义的 Complex 类添加了一个计算共轭复数的方法：

```
    // 返回当前复数的共轭复数
    Complex.prototype.conj = function() { return new Complex(this.r, -this.i); };
```

内置 JavaScript 类的原型对象也跟这里一样是开放的，因此我们可以为数值、字符串、数组、函数等添加方法。如果想在旧版本 JavaScript 中添加新语言特性，就可以这么做：

```
    // 如果字符串上没有定义 startsWith() 方法……
    if (!String.prototype.startsWith) {
        // ……则使用已有的 indexOf() 方法实现一个
        String.prototype.startsWith = function(s) {
            return this.indexOf(s) === 0;
        };
    }
```

下面是另一个示例：

```
    // 多次调用函数 f，传给它迭代数值
    // 如，要打印 3 次 "hello":
    //     let n = 3;
    //     n.times(i => { console.log(`hello ${i}`); });
    Number.prototype.times = function(f, context) {
        let n = this.valueOf();
```

```
        for(let i = 0; i < n; i++) f.call(context, i);
    };
```

像这样给内置类型的原型添加方法通常被认为是不好的做法。因为如果 JavaScript 未来
某个新版本也定义了同名方法，就会导致困惑和兼容性问题。当然，给 Object.prototype
添加方法也是可以的，这样所有对象都会继承新方法。但最好不要这样做，因为添加到
Object.prototype 上的属性在 for/in 循环中是可见的（尽管使用 14.1 节介绍的 Object.
defineProperty() 方法把新属性设置为不可枚举能够避免这个问题）。

9.5 子类

在面向对象编程中，类 B 可以扩展或子类化类 A。此时我们说 A 是父类，B 是子类。B
的实例继承 A 的方法。类 B 也可以定义自己的方法，其中有些方法可能覆盖类 A 的同
名方法。如果 B 的方法覆盖了 A 的方法，B 中的覆盖方法经常需要调用 A 中被覆盖的
方法。类似地，子类构造函数 B() 通常必须调用父类构造函数 A() 才能将实例完全初
始化。

本节首先展示如何以 ES6 之前的旧方式定义子类，然后迅速转换为使用 class 和
extends 关键字定义子类，以及通过 super 关键字调用父类构造函数。接下来讨论如何
避免使用子类，利用对象组合而非继承。本节最后将展示一个综合性的示例，其中定义
了几个层次的 Set 类，演示了如何利用抽象类分隔接口与实现。

9.5.1 子类与原型

假设我们想定义示例 9-2 中 Range 类的一个子类 Span。这个子类与 Range 相似，但不
是初始化起点和终点，而是初始化起点和距离或跨度（span）。Span 类的实例也是父类
Range 的实例。跨度的实例从 Span.prototype 继承了自定义的 toString() 方法，但为
了成为 Range 的子类，它也必须从 Range.prototype 继承方法（如 includes()）。

示例 9-5：Range 的简单的子类（Span.js）

```
// 这是子类构造函数
function Span(start, span) {
    if (span >= 0) {
        this.from = start;
        this.to = start + span;
    } else {
        this.to = start;
        this.from = start + span;
    }
}

// 确保 Span 的原型继承 Range 的原型
```

```
Span.prototype = Object.create(Range.prototype);

// 不想继承 Range.prototype.constructor
// 因此需要定义自己的 constructor 属性
Span.prototype.constructor = Span;

// 通过定义自己的 toString() 方法，Span
// 覆盖了 toString()，否则就要从 Range 继承
Span.prototype.toString = function() {
    return `(${this.from}... +${this.to - this.from})`;
};
```

为了让 Span 成为 Range 的子类，需要让 Span.prototype 继承 Range.prototype。前面示例中最关键的一行代码就是这一行，如果你能明白，那就理解了 JavaScript 中子类的工作机制：

```
Span.prototype = Object.create(Range.prototype);
```

通过 Span() 构造函数创建的对象会继承 Span.prototype 对象。但我们在创建该对象时让它继承了 Range.prototype，因此 Span 对象既会继承 Span.prototype，也会继承 Range.prototype。

注意，Span() 构造函数像 Range() 构造函数一样，也设置了 from 和 to 属性，因此不需要调用 Range() 构造函数来初始化新对象。类似地，Span 的 toString() 方法完全重新实现了字符串转换逻辑，不需要调用 Range 的 toString()。这让 Span 成为一个特例，只有在知道父类实现细节的前提下才可能这样定义子类。健壮的子类化机制应该允许类调用父类的方法和构造函数，但在 ES6 之前，JavaScript 中没有简单的办法做这些。

好在 ES6 通过 super 关键字作为 class 语法的一部分解决了这个问题。下面将演示其工作原理。

9.5.2 通过 extends 和 super 创建子类

在 ES6 及以后，要继承父类，可以简单地在类声明中加上一个 extends 子句，甚至对内置的类也可以这样：

```
// Array 的一个简单子类，为第一个和最后一个元素添加了获取函数
class EZArray extends Array {
    get first() { return this[0]; }
    get last() { return this[this.length-1]; }
}

let a = new EZArray();
a instanceof EZArray   // => true: a 是子类的实例
a instanceof Array     // => true: a 也是父类的实例
a.push(1,2,3,4);       // a.length == 4; 可以使用继承的方法
```

```
a.pop()                  // => 4：使用另一个继承的方法
a.first                  // => 1：子类定义的 first 获取方法
a.last                   // => 3：子类定义的 last 获取方法
a[1]                     // => 2：普通数组访问语法仍然有效
Array.isArray(a)         // => true：子类实例确实是数组
EZArray.isArray(a)       // => true：子类也继承了静态方法
```

这个 EZArray 子类定义了两个简单的获取方法。EZArray 的实例就像普通数组一样，拥有继承的方法和属性，如 push()、pop() 和 length。但是它也有子类定义的 first 和 last 获取方法。另外，子类实例不仅继承了 pop() 等实例方法，子类本身也继承了 Array.isArray 这种静态方法。这是 ES6 类语法带来的新特性：EZArray() 是个函数，但它继承 Array()：

```
// EZArray 的实例之所以能继承实例方法，是因为
// EZArray.prototype 继承 Array.prototype
Array.prototype.isPrototypeOf(EZArray.prototype) // => true

// EZArray 之所以能继承静态方法和属性，是因为
// EZArray 继承 Array。这是 extends 关键字独有
// 的特性，在 ES6 之前是不可能做到的
Array.isPrototypeOf(EZArray) // => true
```

EZArray 子类太简单，很难充分说明问题。示例 9-6 是一个相对更完善的示例，该示例为内置 Map 类定义了一个 TypedMap 子类，添加了类型检查以确保映射的键和值都是指定的类型（根据 typeof）。重点是，该示例展示了使用 super 关键字调用父类构造函数和方法。

示例 9-6：Map 检查键和值类型的子类（TypedMap.js）

```
class TypedMap extends Map {
    constructor(keyType, valueType, entries) {
        // 如果指定了条目，检查它们的类型
        if (entries) {
            for(let [k, v] of entries) {
                if (typeof k !== keyType || typeof v !== valueType) {
                    throw new TypeError(`Wrong type for entry [${k}, ${v}]`);
                }
            }
        }

        // 使用（通过类型检查的）初始条目初始化父类
        super(entries);

        // 然后初始化子类，保存键和值的类型
        this.keyType = keyType;
        this.valueType = valueType;
    }

    // 现在，重定义 set() 方法，为所有
    // 新增映射条目添加类型检查逻辑
```

```
        set(key, value) {
            // 如果键或值的类型不对就抛出错误
            if (this.keyType && typeof key !== this.keyType) {
                throw new TypeError(`${key} is not of type ${this.keyType}`);
            }
            if (this.valueType && typeof value !== this.valueType) {
                throw new TypeError(`${value} is not of type ${this.valueType}`);
            }

            // 如果类型正确，则调用超类的 set()
            // 方法为映射添加条目。同时，返回父类
            // 方法返回的值
            return super.set(key, value);
        }
}
```

TypedMap() 构造函数的前两个参数是期望的键和值类型，应该是字符串，例如
“number”“boolean”等 typeof 操作符返回的值。还可以指定第三个参数：一个 [key,
value] 数组的数组（或可迭代对象），用于指定映射的初始条目。如果指定了初始条目，
则构造函数的第一件事就是检查它们的类型是否正确。然后，再通过 super 调用父类构
造函数，就像它是一个函数名一样。Map() 构造函数接收一个可选的参数：一个 [key,
value] 数组的可迭代对象。因此，TypedMap() 构造函数可选的第三个参数就是 Map()
构造函数可选的第一个参数，我们通过 super(entries) 把它传给父类构造函数。

在调用父类构造函数初始化父类状态后，TypedMap() 构造函数接着通过把 this.keyType
和 this.valueType 设置为指定类型初始化了自己这个子类的状态。之所以要保存这两
个值，是因为后面的 set() 方法要使用。

关于在构造函数中使用 super()，有几个重要的规则需要知道：

*   如果使用 extends 关键字定义了一个类，那么这个类的构造函数必须使用 super()
    调用父类构造函数。

*   如果没有在子类中定义构造函数，解释器会自动为你创建一个。这个隐式定义的构
    造函数会取得传给它的值，然后把这些值再传给 super()。

*   在通过 super() 调用父类构造函数之前，不能在构造函数中使用 this 关键字。这条
    强制规则是为了确保父类先于子类得到初始化。

*   在没有使用 new 关键字调用的函数中，特殊表达式 new.target 的值是 undefined。
    而在构造函数中，new.target 引用的是被调用的构造函数。当子类构造函数被调
    用并使用 super() 调用父类构造函数时，该父类构造函数通过 new.target 可以获
    取子类构造函数。设计良好的父类无须知道自己是否有子类，但它们可以使用 new.
    target.name 来记录日志消息。

在示例 9-6 中，构造函数后面是一个名为 set() 的方法。父类 Map() 定义了一个名为 set() 的方法用于向映射中添加新条目。我们说 TypedMap 中的这个 set() 方法覆盖了其父类的 set() 方法。这个简单的 TypedMap 子类并不知道怎么向映射中添加新条目，但它知道怎么检查类型，这也是它先做的：验证添加到映射的键和值都是正确的类型，如果不是则抛出错误。这个 set() 方法本身不能向映射中添加键和值，但这正是父类 set() 方法的作用。因此我们再次使用 super 关键字，调用父类的这个方法。此时，super 的角色很像 this 关键字，它引用当前对象，但允许访问父类定义的被覆盖的方法。

在构造函数中，必须先调用父类构造函数才能访问 this 并初始化子类的新对象。但在覆盖方法时则没有这个限制。覆盖父类方法的方法不一定调用父类的方法。如果它确实要通过 super 调用父类被覆盖的方法（或其他方法），那在覆盖方法的开头、中间或末尾调用都没问题。

最后，在结束对 TypedMap 类的讨论之前，有必要提醒一下大家：这个类非常适合使用私有字段。对于当前写的这个类，用户可以修改 keyType 或 valueType 属性，绕过类型检查。而在私有字段得到支持后，我们可以把这两个属性改为 #keyType 和 #valueType，这样外部就无法修改它们了。

9.5.3 委托而不是继承

使用 extends 关键字可以轻松地创建子类。但这并不意味就应该创建很多子类。如果你写了一个类，这个类与另一类有相同的行为，可以通过创建子类来继承该行为。但是，在你的类中创建另一个类的实例，并在需要时委托该实例去做你希望的事反而更方便，也更灵活。这时候，不需要创建一个类的子类，只要包装或组合其他类即可。这种委托策略常常被称为"组合"（composition），也是面向对象编程领域奉行的一个准则，即开发者应该"能组合就不继承"（favor composition over inheritance）[注2]。

例如，假设我们想写一个 Histogram（直方图）类，这个类有些像 JavaScript 的 Set 类，但除了记录一个值是否被添加到集合，它还要维护值被添加的次数。因为这个 Histogram 类的 API 类似于 Set，可以考虑扩展 Set 并添加一个 count() 方法。但从另一个角度有看，在思考如何实现这个 count() 方法时，又会发现这个 Histogram 类更像是 Map 而不是 Set。因为它需要维护值与添加次数的映射。所以与其创建 Set 的子类，不如创建一个类，为它定义类似 Set 的 API，但通过把相应操作委托给一个内部 Map 对象来实现那些方法。示例 9-7 展示了这个类。

注 2：参见《设计模式：可复用面向对象软件的基础》（机械工业出版社）和《Effective Java 中文版》（机械工业出版社）。

示例 9-7：通过委托实现的类似 Set 的类（Histogram.js）

```
/**
 * 一个类似 Set 的类，但会记录值被添加的次数
 * 可以像使用 Set 一样调用 add() 和 remove()，
 * 调用 count() 获取某个值已经被添加了多少次
 * 默认迭代器回送至少被添加过 1 次的值。如果想
 * 迭代 [value, count] 对，使用 entries()
 */
class Histogram {
    // 初始化只涉及创建一个要委托的 Map 对象
    constructor() { this.map = new Map(); }

    // 对给定的键，次数就是映射中的值
    // 如果映射中不存在这个键，则为 0
    count(key) { return this.map.get(key) || 0; }

    // 这个类似 Set 的方法 has() 在次数大于 0 时返回 true
    has(key) { return this.count(key) > 0; }

    // 直方图的大小就是映射中条目的数量
    get size() { return this.map.size; }

    // 要添加一个键，只需递增其在映射中的次数
    add(key) { this.map.set(key, this.count(key) + 1); }

    // 删除键稍微麻烦点，因为必须在次数
    // 回到 0 时从映射中删除相应的键
    delete(key) {
        let count = this.count(key);
        if (count === 1) {
            this.map.delete(key);
        } else if (count > 1) {
            this.map.set(key, count - 1);
        }
    }

    // 迭代直方图就是返回映射中存储的键
    [Symbol.iterator]() { return this.map.keys(); }

    // 其他迭代器方法直接委托给映射对象
    keys() { return this.map.keys(); }
    values() { return this.map.values(); }
    entries() { return this.map.entries(); }
}
```

例 9-7 中 Histogram() 构造函数只做了一件事，就是创建了一个 Map 对象。而这个类的多数方法只有一行，因为都委托给了相应的映射方法，所以实现特别简单。由于使用委托而非继承，Histogram 对象既不是 Set 的实例，也不是 Map 的实例。但 Histogram 实现了一些常用的 Set 方法，在像 JavaScript 这样的弱类型语言中，这通常就足够了。正式的继承关系有时候确实好，但并不是必需的。

9.5.4 类层次与抽象类

示例 9-6 演示了如何创建 Map 的子类。示例 9-7 演示了如何委托 Map 对象而不创建子类。使用 JavaScript 类封装数据和组织代码通常是个不错的技术，因此你可能会经常使用 class 关键字。但是，你可能会发现自己更喜欢组合而不是继承，因而几乎不会用到 extends（除非你使用某个库或框架，要求你必须扩展其基类）。

然而，确实也存在需要多级子类的情况。本章最后就来看一个扩展性的示例，其中涉及表示不同集合的类层次（示例 9-8 定义的集合类与 JavaScript 内置的 Set 类相似，但不完全兼容）。

示例 9-8 定义了很多子类，同时也演示了如何定义抽象类，也就是不包含完整实现的类。抽象类在这里作为一组相关子类的公共父类。抽象父类可以定义部分实现，供所有子类继承和共享。子类只需实现父类定义（但未实现）的抽象方法。不过，JavaScript 没有正式定义抽象方法或抽象类的语法。这里只是借用它们来指代未实现的方法和未完全实现的类。

示例 9-8 包含完善的注释，自成一体。建议读者将它作为本章展示 JavaScript 类使用的顶级范例。示例 9-8 定义的最后一个类通过 &、| 和 ~ 操作符实现了很多位操作，相关内容可以参考 4.8.3 节。

示例 9-8：抽象与具体的集合类层次（Sets.js）

```
/**
 * AbstractSet 类只定义了一个抽象方法 has()
 */
class AbstractSet {
    // 抛出错误，强制子类必须
    // 定义这个方法的可用版本
    has(x) { throw new Error("Abstract method"); }
}

/**
 * NotSet 是 AbstractSet 的一个具体子类
 * 这个集合的成员是不属于其他集合的任何值
 * 因为使用另一个集合定义，所以它不可写
 * 而且因为它有无限个成员，所以不可枚举
 * 这个类只支持检测成员关系和使用数学符号
 * 把集合转换为字符串
 */
class NotSet extends AbstractSet {
    constructor(set) {
        super();
        this.set = set;
    }

    // 实现继承的抽象方法
    has(x) { return !this.set.has(x); }
    // 同时覆盖 Object 的方法
```

```
        toString() { return `{ x| x ∉ ${this.set.toString()} }`; }
}


/**
 * Range 集合是 AbstractSet 的一个具体子类
 * 这个集合的成员是介于 from 和 to（含二者）之间的所有值
 * 由于其成员可能是浮点数值，因此不可枚举，也不具备
 * 有意义的大小
 */
class RangeSet extends AbstractSet {
    constructor(from, to) {
        super();
        this.from = from;
        this.to = to;
    }

    has(x) { return x >= this.from && x <= this.to; }
    toString() { return `{ x| ${this.from} ≤ x ≤ ${this.to} }`; }
}


/*
 * AbstractEnumerableSet 是 AbstractSet 的一个抽象子类
 * 这个抽象类定义了一个抽象的获取方法，返回集合的大小，
 * 还定义了一个抽象迭代器。然后在此基础上实现了具体的
 * isEmpty()、toString() 和 equals() 方法。实现这个
 * 迭代器、大小获取方法以及（继承的）has() 方法的子类
 * 无偿获得这些具体方法
 */
class AbstractEnumerableSet extends AbstractSet {
    get size() { throw new Error("Abstract method"); }
    [Symbol.iterator]() { throw new Error("Abstract method"); }

    isEmpty() { return this.size === 0; }
    toString() { return `{${Array.from(this).join(", ")}}`; }
    equals(set) {
        // 如果另一个集合不是 AbstractEnumerableSet，那肯定不等于当前集合
        if (!(set instanceof AbstractEnumerableSet)) return false;

        // 如果两个集合大小不一样，它们也不相等
        if (this.size !== set.size) return false;

        // 循环检查集合的元素
        for(let element of this) {
            // 只要有一个元素不在另一个集合中，它们就不相等
            if (!set.has(element)) return false;
        }

        // 元素匹配，因此两个集合相等
        return true;
    }
}
/*
 * SingletonSet 是 AbstractEnumerableSet 的一个具体子类
 * 单体集合是只有一个成员的只读集合
```

```
     */
class SingletonSet extends AbstractEnumerableSet {
    constructor(member) {
        super();
        this.member = member;
    }

    // 实现3个抽象方法，同时继承基于这3个方法实现的
    // isEmpty()、equals() 和 toString()
    has(x) { return x === this.member; }
    get size() { return 1; }
    *[Symbol.iterator]() { yield this.member; }
}

/*
 * AbstractWritableSet 是 AbstractEnumerableSet 的一个抽象子类
 * 这个抽象类定义了抽象方法 insert() 和 remove()，分别用于
 * 插入和删除个别集合元素，然后在此基础上实现了具体的 add()、
 * subtract() 和 intersect() 方法。注意，我们的 API 从这里
 * 开始偏离了标准的 JavaScript Set 类
 */
class AbstractWritableSet extends  AbstractEnumerableSet {
    insert(x) { throw new Error("Abstract method"); }
    remove(x) { throw new Error("Abstract method"); }

    add(set) {
        for(let element of set) {
            this.insert(element);
        }
    }

    subtract(set) {
        for(let element of set) {
            this.remove(element);
        }
    }

    intersect(set) {
        for(let element of this) {
            if (!set.has(element)) {
                this.remove(element);
            }
        }
    }
}

/**
 * BitSet 是 AbstractWritableSet 的一个具体子类
 * 这个类是非常高效的固定大小集合的实现，
 * 用于元素为小于某个最大值的非负整数集合
 */
class BitSet extends AbstractWritableSet {
    constructor(max) {
        super();
```

```
            this.max = max;   // 可存储的最大整数
            this.n = 0;        // 集合中整数的个数
            this.numBytes = Math.floor(max / 8) + 1;    // 需要多少字节
            this.data = new Uint8Array(this.numBytes); // 实际的字节
        }

        // 内部方法，检测一个值是否为当前集合的合法成员
        _valid(x) { return Number.isInteger(x) && x >= 0 && x <= this.max; }

        // 测试数据数组中指定字节的指定位是否有值
        // 返回 true 或 false
        _has(byte, bit) { return (this.data[byte] & BitSet.bits[bit]) !== 0; }

        // x 在这个 BitSet 中吗？
        has(x) {
            if (this._valid(x)) {
                let byte = Math.floor(x / 8);
                let bit = x % 8;
                return this._has(byte, bit);
            } else {
                return false;
            }
        }

        // 把 x 插入当前 BitSet
        insert(x) {
            if (this._valid(x)) {              // 如果这个值有效
                let byte = Math.floor(x / 8);  // 转换为字节和位
                let bit = x % 8;
                if (!this._has(byte, bit)) {   // 如果对应的位没有值
                    this.data[byte] |= BitSet.bits[bit]; // 则设置该位的值
                    this.n++;                            // 并递增集合大小
                }
            } else {
                throw new TypeError("Invalid set element: " + x );
            }
        }

        remove(x) {
            if (this._valid(x)) {              // 如果这个值有效
                let byte = Math.floor(x / 8);  // 则计算字节和位
                let bit = x % 8;
                if (this._has(byte, bit)) {    // 如果该位已经设置了值
                    this.data[byte] &= BitSet.masks[bit];  // 则取消设置的值
                    this.n--;                              // 并递减集合大小
                }
            } else {
                throw new TypeError("Invalid set element: " + x );
            }
        }

        // 获取方法，返回集合大小
        get size() { return this.n; }
```

```
    // 迭代集合，只依次检查每一位
    // (应该可以更聪明一点，大幅优化这里的逻辑)
    *[Symbol.iterator]() {
        for(let i = 0; i <= this.max; i++) {
            if (this.has(i)) {
                yield i;
            }
        }
    }
}

// has()、insert() 和 remove() 方法会用的几个预定义值
BitSet.bits = new Uint8Array([1, 2, 4, 8, 16, 32, 64, 128]);
BitSet.masks = new Uint8Array([~1, ~2, ~4, ~8, ~16, ~32, ~64, ~128]);
```

9.6 小结

本章讲解了 JavaScript 类的主要特性。

- 如果对象是同一个类的成员，则它们都会从同一个原型对象继承属性。原型对象是 JavaScript 类的关键特性，只使用 `Object.create()` 方法就可以定义类。

- 在 ES6 之前，定义类通常第一步都是定义一个构造函数。使用 `function` 关键字创建的函数有 `prototype` 属性，这个属性的值是一个对象，该对象会用作以 new 调用构造函数而创建的所有对象的原型。通过初始化这个原型对象，可以为类定义共享方法。虽然原型对象是类的关键特性，但构造函数则是类的公共标识。

- ES6 新增了 `class` 关键字，让定义类更方便。但在底层，仍然是构造函数和原型机制在起作用。

- 子类在类声明中通过 `extends` 关键字定义。

- 子类可以通过 `super` 关键字调用父类构造函数或父类中被覆盖的方法。

第 10 章

模块

模块化编程的目标是能够用不同作者和来源的代码模块组装成大型程序，即使不同模块的作者无法预知如何使用，代码仍然可以正确运行。实践中，模块化的作用主要体现在封装和隐藏私有实现细节，以及保证全局命名空间清洁上，因而模块之间不会意外修改各自定义的变量、函数和类。

直到几年前，JavaScript 还没有内置对模块的支持。大型项目的程序员想方设法地利用类、对象和闭包的弱模块化能力。由于打包工具的支持，基于闭包的模块化在实践中成为常用模块化形式，核心是沿用了 Node 的 require() 函数。基于 require() 的模块是 Node 编程环境的基础，但并未被作为 JavaScript 语言的官方部分采用。事实上，ES6 使用 import 和 export 关键字定义了自己的模块。尽管 import 和 export 在多年前就已经被列为这门语言的关键字，但直到最近才真正被浏览器和 Node 实现。实践中，JavaScript 的模块化仍然依赖代码打包工具。

本章的主要内容包括：

- 基于类、对象和闭包的模块。
- Node 中使用 require() 的模块。
- ES6 中使用 export、import 和 import() 的模块。

10.1 基于类、对象和闭包的模块

尽管可能显而易见，但还是有必要指出：类的一个重要特性，就是它们充当了自己方法的模块。大家可以回头看一看示例 9-8，示例 9-8 中定义了几个不同的类，这些类都有一个名叫 has() 的方法。你可以在一个程序中同时使用该示例定义的多个集合类，而不必担心 BitSet 的 has() 方法会被 SingletonSet 的 has() 方法重写。

不相关的类的方法之所以能够相互独立，是因为每个类的方法都被定义为独立原型对

象的属性。而类之所以成为模块，是因为对象是模块：给一个 JavaScript 对象定义属性非常像声明变量，但给对象添加属性不影响程序的全局命名空间，也不影响其他对象的属性。JavaScript 定义了不少数学函数和常量，但并没有把它们定义在全局命名空间中，而是将它们分组作为属性定义在全局 Math 对象上。示例 9-8 也可以借鉴同样的思路。例如，不是把 SingletonSet 和 BitSet 定义为全局类，而是只定义一个全局 Sets 对象，通过这个对象的属性引用不同的类。然后，这个 Sets 库的用户可以通过类似 Sets.Singleton 和 Sets.Bit 这样的方式引用这些类。

使用类和对象实现模块化是 JavaScript 编程中常见且有用的技术，但这还不够。特别地，类和对象没有提供任何方式来隐藏模块的内部实现细节。再看看示例 9-8，如果我们把该示例写成一个模块，那么可能会希望把各种抽象类作为模块的内部代码，只对模块用户暴露具体的子类。类似地，在 BitSet 类中，_valid() 和 _has() 是内部辅助方法，也不应该暴露给类的用户。而 BitSet.bits 和 BitSet.masks 也是实现细节，最好也隐藏。

正如我们在 8.6 节中看到的，在函数中声明的局部变量和嵌套函数都是函数私有的。这意味着我们可以使用立即调用的函数表达式来实现某种模块化，把实现细节和辅助函数隐藏在包装函数中，只将模块的公共 API 作为函数的值返回。以 BitSet 类为例，可以像下面这样实现这个模块：

```
const BitSet = (function() { // 将 BitSet 设置为这个函数的返回值
    // 这里是私有实现细节
    function isValid(set, n) { ... }
    function has(set, byte, bit) { ... }
    const BITS = new Uint8Array([1, 2, 4, 8, 16, 32, 64, 128]);
    const MASKS = new Uint8Array([~1, ~2, ~4, ~8, ~16, ~32, ~64, ~128]);

    // 这个模块的公共 API 就是 BitSet 类，在这里定义并返回
    // 这个类可以使用上面定义的私有函数和常量，但这些私有
    // 函数和常量对这个类的用户是不可见的
    return class BitSet extends AbstractWritableSet {
        // ……省略实现……
    };
}());
```

如果模块需要暴露多个值，这种实现模块化的方式就比较有意思了。例如，以下代码定义了一个小型统计模块，暴露了 mean() 和 stddev() 函数，同时隐藏了实现细节：

```
// 可以像这样定义 stats 模块
const stats = (function() {
    // 模块私有的辅助函数
    const sum = (x, y) => x + y;
    const square = x => x * x;

    // 要导出的公有函数
    function mean(data) {
        return data.reduce(sum)/data.length;
```

```
    }

    // 另一个要导出的公有函数
    function stddev(data) {
        let m = mean(data);
        return Math.sqrt(
            data.map(x => x - m).map(square).reduce(sum)/(data.length-1)
        );
    }

    // 将公有函数作为一个对象的属性导出出来
    return { mean, stddev };
}());

// 下面是使用这个模块的示例
stats.mean([1, 3, 5, 7, 9])    // => 5
stats.stddev([1, 3, 5, 7, 9]) // =>Math.sqrt(10)
```

10.1.1 基于闭包的自动模块化

我们注意到，在一个 JavaScript 代码文件开头和末尾插入一些文本，把它转换为类似的模块是一个相当机械的过程。这里所需要的就是对 JavaScript 代码文件设定一些规则，按照规则可以指定哪些值要导出，哪些值不导出。

可以想象有一个工具，它能解析代码文件，把每个文件的内容包装在一个立即调用的函数表达式中，还可以跟踪每个函数的返回值，并将所有内容拼接为一个大文件。结果可能类似如下所示：

```
const modules = {};
function require(moduleName) { return modules[moduleName]; }

modules["sets.js"] = (function() {
    const exports = {};

    // sets.js 文件的内容在这里：
    exports.BitSet = class BitSet { ... };

    return exports;
}());

modules["stats.js"] = (function() {
    const exports = {};

    // stats.js 文件的内容在这里：
    const sum = (x, y) => x + y;
    const square = x = > x * x;
    exports.mean = function(data) { ... };
    exports.stddev = function(data) { ... };

    return exports;
}());
```

把所有模块都打包到类似上面的单个文件中之后，可以像下面这样写代码来使用它们：

```
// 取得对所需模块（或模块内容）的引用
const stats = require("stats.js");
const BitSet = require("sets.js").BitSet;

// 接下来写使用这些模块的代码
let s = new BitSet(100);
s.insert(10);
s.insert(20);
s.insert(30);
let average = stats.mean([...s]); // 平均数是 20
```

以上代码展示了针对浏览器的代码打包工具（如 webpack 和 Parcel）的基本工作原理，也是对 Node 程序中使用的 require() 函数的一个简单介绍。

10.2 Node 中的模块

编写 Node 程序时，可以随意将程序拆分到任意多个文件中。这些 JavaScript 代码文件被假定始终存在于一个快速文件系统中。与通过相对较慢的网络连接读取 JavaScript 文件的浏览器不同，把所有 Node 代码都写到一个 JavaScript 文件中既无必要也无益处。

在 Node 中，每个文件都是一个拥有私有命名空间的独立模块。在一个文件中定义的常量、变量、函数和类对该文件而言都是私有的，除非该文件会导出它们。而被模块导出的值只有被另一个模块显式导入后才会在该模块中可见。

Node 模块使用 require() 函数导入其他模块，通过设置 Exports 对象的属性或完全替换 module.exports 对象来导出公共 API。

10.2.1 Node 的导出

Node 定义了一个全局 exports 对象，这个对象始终有定义。如果要写一个导出多个值的 Node 模块，可以直接把这些值设置为 exports 对象的属性：

```
const sum = (x, y) => x + y;
const square = x => x * x;

exports.mean = data => data.reduce(sum)/data.length;
exports.stddev = function(d) {
    let m = exports.mean(d);
    return Math.sqrt(d.map(x => x - m).map(square).reduce(sum)/(d.length-1));
};
```

不过，更多的时候我们只想让模块导出一个函数或类，而非一个包含很多函数或类的对象。为此，只要把想导出的值直接赋给 module.exports 即可：

```
module.exports = class BitSet extends AbstractWritableSet {
    // 省略实现
};
```

module.exports 的默认值与 exports 引用的是同一个对象。在前面的统计模块中，实际上也可以直接把 mean 函数赋值给 module.exports.mean，而不是 exports.mean。另一种重写这个统计模块的方式是在模块末尾导出一个对象，而不是写一个函数导出一个函数：

```
// 定义所有公有函数和私有函数
const sum = (x, y) => x + y;
const square = x => x * x;
const mean = data => data.reduce(sum)/data.length;
const stddev = d => {
    let m = mean(d);
    return Math.sqrt(d.map(x => x - m).map(square).reduce(sum)/(d.length-1));
};

// 最后只导出公有函数
module.exports = { mean, stddev };
```

10.2.2 Node 的导入

Node 模块通过调用 require() 函数导入其他模块。这个函数的参数是要导入模块的名字，返回值是该模块导出的值（通常是一个函数、类或对象）。

如果想导入 Node 内置的系统模块或通过包管理器安装在系统上的模块，可以使用模块的非限定名，即不带会被解析为文本系统路径的"/"字符的模块名：

```
// 这些都是 Node 内置的模块
const fs = require("fs");           // 内置的文件系统模块
const http = require("http");       // 内置的 HTTP 模块

// Express HTTP 服务器框架是第三方模块
// 不属于 Node，但已经安装在本地
const express = require("express");
```

如果想导入你自己代码中的模块，则模块名应该是指向包含模块代码的模块文件的路径（相对于当前模块文件）。虽然可以使用以"/"开头的绝对路径，但在导入自己程序的模块时，通常都使用以"./"或"../"开头的模块名，以表示它们相对于当前的目录或父目录。例如：

```
const stats = require('./stats.js');
const BitSet = require('./utils/bitset.js');
```

虽然省略导入文件的 .js 后缀，Node 仍然可以找到这些文件，但包含这些文件扩展名还是很常见的。

如果模块只导出一个函数或类，则只要调用 require() 取得返回值即可。如果模块导出一个带多个属性的对象，则有两个选择：一是导入整个对象；二是（通过解构赋值）只导入打算使用的特定属性。比较一下这两种方式：

```
// 导入整个 stats 对象，包含所有函数
const stats = require('./stats.js');

// 虽然导入了用不到的函数，但这些函数

// 都隐藏在 "stats" 命名空间之后
let average = stats.mean(data);

// 当然，也可以使用常见的解构赋值直接
// 向本地命名空间中导入想用的函数：
const { stddev } = require('./stats.js');

// 这样当然简洁明了，只是 stddev() 函数没有
// 'slats' 前缀作为命名空间，因此少了上下文信息
let sd = stddev(data);
```

10.2.3 在 Web 上使用 Node 风格的模块

通过 Exports 对象和 require() 函数定义和使用的模块是内置于 Node 中的。但如果使用 webpack 等打包工具来处理代码，也可以对浏览器中运行的代码使用这种风格的模块。目前，这种做法仍然非常常见，很多在浏览器上运行的代码都是这么做的。

不过，既然 JavaScript 有自己的标准模块语法，开发者即便使用打包工具，通常也会在自己的代码中使用基于 import 和 export 语句的官方 JavaScript 模块。

10.3 ES6 中的模块

ES6 为 JavaScript 添加了 import 和 export 关键字，终于将模块作为核心语言特性来支持了。ES6 模块化与 Node 的模块化在概念上是相同的：每个文件本身都是模块，在文件中定义的常量、变量、函数和类对这个文件而言都是私有的，除非它们被显式导出。另外，一个模块导出的值只有在显式导入它们的模块中才可以使用。ES6 模块与 Node 模块的区别在于导入和导出所用的语法，以及浏览器中定义模块的方式。后面几节将详细介绍这些内容。

首先要注意，ES6 模块与常规 JavaScript "脚本" 也有很多重要的区别。最明显的区别是模块化本身：在常规脚本中，顶级声明的变量、函数和类会进入被所有脚本共享的全局上下文。而在模块中，每个文件都有自己的私有上下文，可以使用 import 和 export 语句，当然这正是模块应有之义。但除此之外，模块与脚本还有其他区别。ES6 模块中的代码（与 ES6 的 class 定义中的代码类似）自动应用严格模式（参见 5.6.3 节）。这意味

着在使用 ES6 模块时，永远不用再写 use strict 了。同时也意味着模块中的代码无法使用 with 语句和 arguments 对象或未声明的变量。ES6 模块甚至比严格模式还要更严格：在严格模式下，在作为函数调用的函数中 this 是 undefined。而在模块中，即便在顶级代码中 this 也是 undefined（相对而言，浏览器和 Node 中的脚本都将 this 设置为全局对象）。

Web 和 Node 中的 ES6 模块

在 webpack 等打包工具的帮助下，开发者早已开始在 Web 项目中使用 ES6 模块了。打包工具负责把独立的 JavaScript 代码模块组合成一个大型非模块化的包，以便包含在网页中。不过在写作本书时，ES6 模块已经得到了除 Internet Explorer 之外所有浏览器的原生支持。在以原生方式使用时，ES6 模块是通过特殊的 `<script type="module">` 标签添加到 HTML 页面中的，本章稍后会介绍。

在此期间，为倡导 JavaScript 模块，支持两种完全不兼容模块系统的 Node 显得很尴尬。Node 13 开始支持 ES6 模块，但目前绝大多数 Node 程序使用的仍然是 Node 模块。

10.3.1 ES6 的导出

要从 ES6 模块导出常量、变量、函数或类，只要在声明前加上 export 关键字即可：

```
export const PI = Math.PI;

export function degreesToRadians(d) { return d * PI / 180; }

export class Circle {
    constructor(r) { this.r = r; }
    area() { return PI * this.r * this.r; }
}
```

要取代使用多个 export 关键字的做法，可以先正常定义常量、变量、函数和类，不加 export 关键字。然后（通常在模块末尾）只用一个 export 语句声明真正要导出的值。也就是说，前面使用三个 export 的代码等价于下面这一行代码：

```
export { Circle, degreesToRadians, PI };
```

这个语法看起来是 export 关键字后跟一个对象字面量（使用了简化写法），但这里的花括号实际上不会定义对象字面量。这个导出语法仅仅是要求在一对花括号中给出一个逗号分隔的标识符列表。

一个模块只导出一个值（通常是一个函数或类）的情况是很常见的，此时通常可以使用

export default 而不是 export：

```
export default class BitSet {
    // 省略实现
}
```

与非默认导出相比，默认导出（export default）在导入时稍微简单一些。因此在只有一个导出值的情况下，使用 export default 可以简化使用导出值的模块代码。

使用 export 的常规导出只对有名字的声明有效。而使用 export default 的默认导出则可以导出任意表达式，包括匿名函数表达式和匿名类表达式。这意味着如果使用 export default，则可以导出对象字面量。因此，与 export 语法不同，位于 export default 后面的花括号是实实在在会被导出的对象字面量。

模块中同时有一些常规导出和一个默认导出是合法的，只是不太常见。如果模块中有默认导出，那就只能有一个。

最后，要注意 export 关键字只能出现在 JavaScript 代码的顶层。不能在类、函数、循环或条件内部导出值（这是 ES6 模块系统的重要特性，用以支持静态分析：模块导出的值在每次运行时都相同，而导出的符号可以在模块实际运行前确定）。

10.3.2 ES6 的导入

导入其他模块导出的值要使用 import 关键字。最简单的形式是导入定义了默认导出的模块：

```
import BitSet from './bitset.js';
```

首先是 import 关键字，跟着一个标识符，再跟着一个 from 关键字，最后的字符串字面值是要导入其默认导出的模块的名字。指定模块默认导出的值会变成当前模块中指定标识符的值。

获得导入值的标识符是一个常量，就像是使用 const 关键字声明的一样。与导出类似，导入也只能出现在模块顶层，不允许在类、函数、循环或条件中出现。按照近似普适的惯例，一个模块所需的导入都应该放在这个模块的开头。不过有意思的是，这个规则并不是强制性的。导入与函数声明类似，会被"提升"到顶部，因此所有导入的值在模块代码运行时都是可用的。

从中导入值的模块以常量字符串字面量的形式在单引号或双引号中给出（不能使用变量或其他值作为字符串的表达式，也不能把字符串放在反引号中，因为模板字面量有可能插入变量，并非只包含常量值）。在浏览器中，这个字符串会被解释为一个相对于导入模块位置的 URL（在 Node 中，或当使用打包工具时，这个字符串会被解释为相对于当前模块的文件名，不过这在实践中没有太大差别）。模块标识符字符串必须是一个以"/"开头的绝对路径，或者是一个以"./"或"../"开头的相对路径，又或者是一个带有协议及主机名的完整 URL。ES6 规范不允许类似"util.js"的非限定模块标识符字符串，因为它存在歧义：它是当前模块同级目录下的一个模块呢，还是安装在特殊位置的某个系统模块呢？（webpack 等代码打包工具不会限制这种"裸模块标识符"，因为通过配置很容易在指定的库目录中找到裸模块。）JavaScript 语言未来的某个版本可能会允许"裸模块标识符"，但现在还不允许。如果想从当前模块的同级目录导入模块，只需要在模块名前面加上"./"，也就是使用"./util.js"而非"util.js"。

到现在为止，我们只考虑了从使用 export default 的模块导入一个值的情形。要从导出多个值的模块导入值，就要使用稍微不一样的语法：

```
import { mean, stddev } from "./stats.js";
```

前面提到过，默认导出在定义它们的模块中不需要名字，在导入这些值的时候可以再给它们提供一个局部名。但非默认导出在导出它们的模块中则是有名字的，在导入这些值时，需要通过名字引用它们。导出模块可以导出任意多个命名的值。引用该模块的 import 语句可以导入这些值的任意子集，只要在花括号中列出它们的名字即可。花括号让 import 语句看起来像是解构赋值，而解构赋值也确实是这种导入风格一个不错的类比。花括号中的标识符都会被提升到导入模块顶部，行为类似常量。

风格指南有时会推荐显式导入模块将用到的所有符号。不过在从定义了很多导出的模块导入值时，可以像下面这样以一条 import 语句轻松地导入所有值：

```
import * as stats from "./stats.js";
```

像这样一条 import 语句可以创建一个对象，并将其赋值给一个名为 stats 的常量。被导入模块的每个非默认导出都会变成这个 stats 对象的一个属性。非默认导出始终有名字，这些名字将作为这个对象的属性名。这些属性是常量，不能被重写或删除在使用前面这个带通配符的导入语句时，导入模块需要通过 stats 对象使用导入的 mean() 和 stddev() 函数，即要通过 stats.mean() 和 stats.stddev() 调用它们。

模块通常要么定义一个默认导出，要么定义多个命名导出。一个模块同时使用 export 和 export default 虽然合法，但并不常见。不过要是真有模块这么做，也可以只通过一条 import 语句同时导入默认值和命名值：

```
import Histogram, { mean, stddev } from "./histogram-stats.js";
```

前面我们介绍了如何从带有默认导出的模块导入，以及如何从带有非默认导出或已命名导出的模块导入。而 import 语句还有另一种形式，用于导入没有任何导出的模块。要在程序中包含没有导出的模块，只要在 import 关键字后面直接写出模块标识符即可：

```
import "./analytics.js";
```

这样的模块会在被首次导入时运行一次（之后再导入时则什么也不做）。如果模块中只定义了一些函数，那么它至少要导出其中一个函数才能有用。而如果模块中运行一些代码，那么即便没有符号导入也会很有用。Web 应用可以使用分析模块（如 analytics.js）运行注册各种事件处理程序的代码，然后通过这些事件处理程序在合适的时机向服务器发送遥测数据。虽然模块是自包含的，不需要导出任何值，但仍然需要通过 import 导入才能让它作为程序的一部分运行。

注意，对那些有导出的模块也可以使用这种什么也不导入的 import 语法。如果模块定义了与它的导出值无关的有用行为，而你的程序不需要它的任何导出值，那么可以只为它的默认行为导入这个模块。

10.3.3 导入和导出时重命名

如果两个模块使用相同的名字导出了两个不同的值，而你希望同时导入这两个值，那必须在导入时对其中一个或这两个进行重命名。类似地，如果在导入某个值时发现它的名字已经被占用了，则需要重命名这个导入值。可以在命名导入时使用 as 关键字对导入值进行重命名：

```
import { render as renderImage } from "./imageutils.js";
import { render as renderUI } from "./ui.js";
```

这两行代码向当前模块导入了两个函数。这两个函数在定义它们的模块中都被命名为 render()，但在导入时被重命名为更好理解且没有歧义的 renderImage() 和 renderUI()。

我们知道默认导出没有名字。导入模块在导入默认导出时始终需要选择一个名字。因此这种情况下不需要特殊语法。

尽管如此，导入时重命名的机制也为同时定义了默认导出和命名导出的模块提供了另一种导入方式。上一节的示例中有一个 "./histogram-stats.js" 模块，下面是同时导入其默认导出和命名导出的另一种方式：

```
import { default as Histogram, mean, stddev } from "./histogram-stats.js";
```

在这种情况下，JavaScript 关键字 default 充当一个占位符，允许我们指明想导入模块的默认导出并为其提供一个名字。

导出值时也可以重命名，但仅限于使用 export 语句的花括号形式。通常并不需要这样做，但如果你在模块内部使用了简洁短小的名字，那在导出值时可能希望使用更有描述性同时也不容易与其他模块冲突的名字。与导入时重命名类似，导出时重命名也要使用 as 关键字：

```
export {
    layout as calculateLayout,
    render as renderLayout
};
```

请大家始终记住，虽然这里的花括号看起来像对象字面量，但其实并不是。而且，export 关键字需要 as 前面是一个标识符，而非表达式。这意味着不能像下面这样在导出时重命名：

```
export { Math.sin as sin, Math.cos as cos }; // SyntaxError
```

10.3.4 再导出

本章我们一直在用一个假想的"./stats.js"模块作示例，这个模块导出了 mean() 和 stddev() 函数。如果我们确实要写这样一个模块，但考虑到很多用户可能只需要其中某个函数，那我们可能会在"./stats/mean.js"模块中定义 mean()，在"./stats/stddev.js"模块中定义 stddev()。这样，程序只需导入真正要用的函数，而不会因导入不需要的代码造成体积膨胀。

不过，就算在单独的模块里定义了这些统计函数，仍然会有很多程序需要同时使用这两个函数。这时候如果有一个方便的"./stats.js"模块，它们只要一行代码就可以全都导入了。

在通过独立文件实现的情况下，定义这样一个"./stats.js"模块也很简单：

```
import { mean } from "./stats/mean.js";
import { stddev } from "./stats/stddev.js";
export { mean, stddev };
```

ES6 模块预见到了这个使用场景，并为此提供了一种特殊语法。这种语法不需要先导入再导出，而是把导入和导出合二为一，通过组合 export 和 from 关键字构造一条"再导出"语句：

```
export { mean } from "./stats/mean.js";
export { stddev } from "./stats/stddev.js";
```

注意，这里的代码并未使用名字 mean 和 stddev。如果不需要选择性地再导出，而是希望导出另一个模块的所有命名值，则可以使用通配符：

```
export * from "./stats/mean.js";
export * from "./stats/stddev.js";
```

再导出语法允许使用 as 进行重命名，就像在常规 import 和 export 语句中一样。假设我们想再导出 mean() 函数，但又想用 average() 作为这个函数的另一个名字，那可以这样做：

```
export { mean, mean as average } from "./stats/mean.js";
export { stddev } from "./stats/stddev.js";
```

这个示例中的所有再导出语句都假定"./stats/mean.js"和"./stats/stddev.js"模块使用 export 而非 export default 导出它们的函数。不过，因为这两个模块都只有一个导出，所以实际上使用 export default 来定义更合理。假设我们已经这样做了，那么再导出语法会稍微复杂一点，因为需要为没有命名的默认导出定义名字。我们可以这样做：

```
export { default as mean } from "./stats/mean.js";
export { default as stddev } from "./stats/stddev.js";
```

如果想将另一个模块的命名符号再导出为当前模块的默认导出，可以在 import 语句后面加一个 export default；或者，可以像下面这样组合这两个语句：

```
// 从 ./stats.js 中导入 mean() 函数
// 并将其作为当前模块的默认导出
export { mean as default } from "./stats.js"
```

最后，要把另一个模块的默认导出再导出为当前模块的默认导出（虽然这样做似乎没有什么意义，因为用户可以直接导出另一个模块），可以这样写：

```
// 这个 average.js 模块只是再导出了 ./stats/mean.js 的默认导出
export { default } from "./stats/mean.js"
```

10.3.5 在网页中使用 JavaScript 模块

前几节以比较抽象的方式介绍了 ES6 模块及其 import 和 export 声明。本节和后面将具体讨论如何在浏览器中使用 ES6 模块。如果你还没有太多 Web 开发经验，建议先阅读第 15 章之后再阅读后面的内容。

2020 年年初，使用 ES6 的产品代码仍然要通过 webpack 等工具来打包。这样做有一定的代价[注1]，但总体上来看，代码打包后的性能是比较好的。随着网络速度的提升和浏览器厂商不断优化自己的 ES6 模块实现，这种状况迟早会改变。

尽管在线上部署时还要依赖打包工具，但鉴于目前浏览器对 JavaScript 模块的原生支持，开发期间它们已经不是必需的了。我们知道，模块代码默认在严格模式下运行，this 不引用全局对象，顶级声明默认不会全局共享。因为模块代码必须与传统非模块代码以不

注 1：例如，对于更新比较频繁的 Web 应用，经常回访的用户会发现使用小模块而不是大文件的平均加载时间更短，因为可以更好地利用浏览器缓存。

同方式运行，所以必须修改 HTML 和 JavaScript 才能使用模块。如果想在浏览器中以原生方式使用 import 指令，必须通过 `<script type="module">` 标签告诉浏览器你的代码是一个模块。

ES6 模块的一个非常棒的特性是每个模块的导入都是静态的。因此只要有一个起始模块，浏览器就可以加载它导入的所有模块，然后加载第一批模块导入的所有模块，以此类推，直到加载完所有程序代码。前面我们已经看到，import 语句中的模块标识符可以被看成相对 URL。而 `<script type="module">` 标签用于标记一个模块化程序的起点。这个起点模块导入的任何模块预期都不会出现在 `<script>` 标签中。这些依赖模块会像常规 JavaScript 文件一样按需加载，而且会像常规 ES6 模块一样在严格模式下执行。使用 `<script type="module">` 标签定义模块化 JavaScript 程序的主入口可以像下面这样简单：

```
<script type="module">import "./main.js";</script>
```

位于行内 `<script type="module">` 标签中的代码是一个 ES6 模块，因此可以使用 export 语句。不过，这样做没有任何意义，因为 HTML 的 `<script>` 标签语法没有提供为行内模块定义名字的方法。因此，即便这个模块导出了值，其他模块也没有办法导入。

带有 type="module" 属性的脚本会像带有 defer 属性的脚本一样被加载和执行。HTML 解析器一碰到 `<script>` 标签，就会开始加载代码（对于模块而言，加载代码可能是一个递归加载多个 JavaScript 文件的过程）。不过，代码执行则会推迟到 HTML 解析完成才开始。HTML 解析一完成，脚本（包括模块和非模块）就会按照它们在 HTML 文档中出现的顺序执行。

添加 async 属性可以改变执行模块代码的时机。这个属性会像对常规脚本一样对模块起作用。添加了 async 属性的模块会在代码加载完毕后立即执行，而不管 HTML 解析是否完成，同时也有可能改变脚本执行的相对顺序。

支持 `<script type="module">` 的浏览器必须也支持 `<script nomodule>`。支持模块的浏览器会忽略带有 nomodule 属性的脚本，不执行它们。不支持模块的浏览器因为不认识 nomodule 属性，所以会忽略这个属性的存在而运行其脚本。这样就为兼容旧版本浏览器提供了一个强大的技术。支持 ES6 模块的浏览器也支持类、箭头函数和 for/of 循环等其他现代 JavaScript 特性。如果用 `<script type="module">` 来加载现代 JavaScript 代码，你就知道它只会在支持它的浏览器中运行。同时为了兼容 IE11（2020 年唯一不支持 ES6 的浏览器），可以使用 Babel 和 webpack 等工具把代码转换为非模块化的 ES5 代码，然后通过 `<script nomodule>` 来加载这些效率没那么高的转换代码。

常规脚本与模块脚本的另一个重要区别涉及跨源加载。常规 `<script>` 标签可以从互联网上的任何服务器加载 JavaScript 代码文件，而互联网广告、分析和追踪代码都依赖这个事实。但 `<script type="module">` 增加了跨源加载的限制，即只能从包含模块的 HTML 文档所在的域加载模块，除非服务器添加了适当的 CORS 头部允许跨源加载。这个新的安全限制带来了一个副作用，就是不能在开发模式下使用 file:URL 来测试 ES6 模块。为此在使用 ES6 模块时，需要启动一个静态 Web 服务器来测试。

有些程序员喜欢使用扩展名 `.mjs` 来区分模块化 JavaScript 文件和使用 `.js` 扩展名的常规、非模块化 JavaScript 文件。对浏览器和 `<script>` 标签而言，文件扩展名其实无关紧要（不过，MIME 类型很重要，因此如果你使用 `.mjs` 文件，就需要配置 Web 服务器以跟 `.js` 文件相同的 MIME 类型来发送它们）。Node 对 ES6 模块的支持则依赖文件扩展名，即要靠扩展名来区分要加载的文件使用了哪种模块系统。换句话说，如果你希望自己写的 ES6 模块可以在 Node 中使用，就要考虑使用 `.mjs` 命名约定。

10.3.6 通过 import() 动态导入

前面说到 ES6 的 `import` 和 `export` 指令都是静态的，因此 JavaScript 解释器和其他 JavaScript 工具可以通过简单的文本分析确定加载之后模块之间的关系，而不必实际执行模块代码。静态导入的模块可以保证导入的值在任何模块代码运行之前就可以使用。

我们知道，Web 应用中的代码必须通过网络传输，而不是从文件系统读取的。传输完成后，代码可能会在 CPU 相对较慢的移动设备上执行。这不是静态模块导入的适用场景，因为静态模块导入需要先加载完全部程序再执行。

对于 Web 应用来说，先加载足够的代码用于渲染用户可见的第一个页面是很常见的。这样，当用户有了可以交互的预备内容后，可以再开始加载 Web 应用所需的其他（通常更庞大的）代码。使用浏览器提供的 DOM API 向当前 HTML 文档注入新 `<script>` 标签可以方便地动态加载代码，Web 应用在很多年前就已经开始这么做了。

虽然浏览器很早就可以动态加载脚本了，但 JavaScript 语言本身却一直不支持动态导入。随着 ES2020 引入 `import()`，这个局面终于被扭转了（2020 年年初，所有支持 ES6 模块的浏览器都支持动态导入）。传给 `import()` 一个模块标识符，它就会返回一个期约对象，表示加载和运行指定模块的异步过程。动态导入完成后，这个期约会"兑现"（参见第 13 章关于异步编程及期约的详细介绍）并产生一个对象，与使用静态导入语句 `import * as` 得到的对象类似。

也就是说，如果是静态导入"./stats.js"模块，我们要这样写：

```
import * as stats from "./stats.js";
```

如果要动态导入并使用这个模块，那就要这样写：

```
import("./stats.js").then(stats => {
    let average = stats.mean(data);
})
```

或者，在一个 async 函数中（同样，要理解下面的代码可能需要先看第 13 章），可以通过 await 简化代码：

```
async analyzeData(data) {
    let stats = await import("./stats.js");
    return {
        average: stats.mean(data),
        stddev: stats.stddev(data)
    };
}
```

传给 import() 的参数应该是一个模块标识符，与使用静态 import 指令时完全一样。但对于 import()，则没有使用常量字符串字面量的限制。换句话说，任何表达式只要可以求值为一个字符串且格式正确，就没问题。

动态 import() 虽然看起来像函数调用，但其实并不是。事实上，import() 是一个操作符，而圆括号则是这个操作符语法必需的部分。之所以使用如此特别的语法，是因为 import() 需要将模块标识符作为相对于当前运行模块的 URL 来解析，而这在实现上需要一些特殊处理，这些特殊处理在 JavaScript 函数中是不合法的。实践中，这个函数与操作符的区别极少显现，只有在编写类似 console.log(import); 或 let require = import; 这样的代码时才会被注意到。

另外，要注意动态 import() 不仅在浏览器中有，webpack 等打包工具也在积极地利用它。使用打包工具最简单的方式是告诉它程序的主入口，让它找到所有静态 import 指令并把所有代码汇总为一个大文件。而通过有意识地使用动态 import() 调用，可以把这样一个大文件拆分成多个小文件，实现按需加载。

10.3.7 import.meta.url

关于 ES6 模块系统，还有最后一个特性需要讨论。在 ES6 模块（而非常规 <script> 或通过 require() 加载的 Node 模块）中，import.meta 这个特殊语法引用一个对象，这个对象包含当前执行模块的元数据。其中，这个对象的 url 属性是加载模块时使用的 URL（在 Node 中是 file://URL）。

import.meta.url 的主要使用场景是引用与模块位于同一（或相对）目录下的图片、数据文件或其他资源。使用 URL() 构造函数可以非常方便地相对于 import.meta.url 这样的绝对 URL 来解析相对 URL。例如，假设你要写一个模块，其中包含需要本地化的字符串，而相关的本地化文件保存在 l10n/ 目录下，这个目录也保存着模块本身。你的模块可以使用通过下面的函数创建的 URL 来加载其字符串：

```
function localStringsURL(locale) {
    return new URL(`l10n/${locale}.json`, import.meta.url);
}
```

10.4 小结

模块化的目标是让程序员隐藏自己代码的实现细节，从而让不同来源的代码块可以组装成一个大型程序，又不必担心某个代码块会重写其他代码块的函数或变量。本章解释了三种不同的 JavaScript 模块系统：

- 在 JavaScript 早期，模块化只能通过巧妙地使用立即调用的函数表达式来实现。

- Node 在 JavaScript 语言之上加入了自己的模块系统。Node 模块通过 require() 导入，并通过设置 Exports 对象的属性或直接设置 module.exports 属性来定义导出。

- 在 ES6 中，JavaScript 终于有了自己依托 import 和 export 关键字的模块系统，ES2020 又通过 import() 增加了对动态导入的支持。

第 11 章

JavaScript 标准库

某些数据类型，比如数值和字符串（参见第 3 章）、对象（参见第 6 章）和数组（参见第 7 章）对 JavaScript 而言非常之基础，因此可以将其看作这门语言的一部分。本章介绍另外一些重要但却没那么基础的 API，可以把它们看作 JavaScript 的"标准库"，包括 JavaScript 内置的、在浏览器和 Node[注1] 中对所有 JavaScript 程序都可用的类和函数。

本章各节相互独立，可以按照任意顺序阅读。内容包括：

- 表示值的集合的 Set 和一组值到另一组值映射的 Map；

- 用于表示二进制数据的数组、被称为定型数组（Typed Array）的类数组对象，以及从非数组二进制数据中提取值的相关类；

- 正则表达式和 RegExp 类，这个类定义用于处理文本的文本模式，该节也会详细介绍正则表达式语法；

- 表示和操作日期与时间的 Date 类；

- Error 类及其子类，JavaScript 程序在出错时会抛出这些类的实例；

- JSON 对象，其方法支持 JavaScript 对象、数组、字符串、数值和布尔值等复合数据结构的序列化和反序列化；

- Intl 对象以及它定义的类，可用于 JavaScript 程序本地化；

- Console 对象，其方法以各种方式输出字符串，对调试程序和记录程序行为特别有用；

- URL 类，用于简化解析和操作 URL 的任务，该节也介绍用于编码和解码 URL 及其组件的全局函数；

- setTimeout() 和用于指定在一段时间后再执行代码的相关函数。

本章有几节（特别是关于定型数组和正则表达式的两节）比较长，因为要真正理解和有

注 1：本章涵盖的内容并非都是由 JavaScript 语言规范定义的。其中一些类和函数先由浏览器实现，后来被 Node 采用，从而成为 JavaScript 库的事实成员。

效使用这些类型，需要先掌握一定的背景知识。不过其他节就比较短了，只会介绍一种新 API 并展示它们的用例。

11.1 集合与映射

JavaScript 的 Object 类型是一种万能数据结构，可用于把字符串（对象的属性名）映射为任意值。当被映射的值是固定值（如 true）时，对象实际上是一组字符串。

对象在 JavaScript 编程中经常被用作映射和集合，但却要受到对字符串约束的限制。另外，由于对象正常都会继承带名字（如 toString）的属性，而这些属性明显也不是为映射和集合而准备的。

为此，ES6 新增了真正的 Set 和 Map 类，接下来进行讨论。

11.1.1 Set 类

集合就是一组值，与数组类似。但与数组不同的是，集合没有索引或顺序，也不允许重复：一个值要么是集合的成员，要么不是；这个值不可能在一个集合中出现多次。

可以使用 Set() 构造函数创建集合对象：

```
let s = new Set();        // 一个新的、空集合
let t = new Set([1, s]); // 一个有两个成员的新集合
```

Set() 构造函数的参数不一定是数组，但必须是一个可迭代对象（包括其他集合）：

```
let t = new Set(s);                    // 一个复制了 s 元素的新集合
let unique = new Set("Mississippi"); // 4 个元素: "M""i""s" 和 "p"
```

集合的 size 属性类似数组的 length 属性，保存着集合包含多少个值：

```
unique.size        // => 4
```

集合不一定在创建时初始化，可以在创建之后再通过 add()、delete() 和 clear() 方法给它添加元素或从中删除元素。记住，集合不能包含重复的值，因此添加集合中已经存在的值没有效果：

```
let s = new Set(); // 创建空集合
s.size             // => 0
s.add(1);          // 添加一个数值
s.size             // => 1。现在集合有了一个成员
s.add(1);          // 再次添加相同的数值
s.size             // => 1。大小并没有变
s.add(true);       // 添加另一个值；注意，混合值的类型没问题
s.size             // => 2
```

```
s.add([1,2,3]);         // 添加一个数组值
s.size                  // => 3。添加的是数组，而非数组的元素
s.delete(1)             // => true: 成功删除元素 1
s.size                  // => 2: 大小回到 2
s.delete("test")        // => false: "test" 不是成员，删除失败
s.delete(true)          // => true: 删除成功
s.delete([1,2,3])       // => false: 集合中包含的是另一个数组
s.size                  // => 1: 集合中还有一个数组
s.clear();              // 清空集合
s.size                  // => 0
```

关于这段代码有几个地方需要着重说明一下。

- add() 方法接收一个参数，如果传入一个数组，它会把数组而不是数组的元素添加到集合中。add() 始终返回调用它的集合，因此如果想给集合添加多个值，可以连缀调用 add()，如 s.add('a').add('b').add('c');。

- delete() 方法一次也只删除一个集合元素。不过，与 add() 不同，delete() 返回一个布尔值。如果指定的值确实是一个集合成员，那么 delete() 删除它并返回 true；否则，delete() 什么也不做并返回 false。

- 最后，很重要的一点是要记住集合成员是根据严格相等来判断是否重复的，类似于使用 === 操作符。集合可以既包含数值 1，也包含字符串 "1"，因为它认为这两个值不同。如果值是对象（或数组、函数），那么也会像使用 === 一样进行比较。这也是以上代码中不能删除数组元素的原因。我们给集合添加的是一个数组，而传给 delete() 方法的则是另一个不同的数组（尽管两个数组包含相同的元素）。如果真想删除第一个数组，必须传入该数组的引用。

 Python 程序员请注意：JavaScript 集合和 Python 集合有明显的区别。Python 集合比较成员的相等性，而不是全等性。但 Python 集合只允许不可修改成员，如元组，而不允许列表和字典。

实践中，使用集合时最重要的不是添加和删除元素，而是检查某个值是不是集合的成员。为此要使用 has() 方法：

```
let oneDigitPrimes = new Set([2,3,5,7]);
oneDigitPrimes.has(2)    // => true: 2 是一位数字的素数
oneDigitPrimes.has(3)    // => true: 3 也是
oneDigitPrimes.has(4)    // => false: 4 不是素数
oneDigitPrimes.has("5")  // => false: "5" 不是数值
```

关于集合，最重要的是要知道它专门为成员测试做了优化，无论集合有多少成员，has() 方法都非常快。数组的 includes() 方法也执行成员测试，但其执行速度与数组大小成反比。因此，使用数组作为集合比使用真正的 Set 对象要慢得多。

Set 类是可迭代的，这意味着可以使用 for/of 循环枚举集合的所有元素：

```
let sum = 0;
for(let p of oneDigitPrimes) { // 循环遍历一位数字的素数
    sum += p;                  // 求它们的和
}
sum                            // => 17: 2 + 3 + 5 + 7
```

因为 Set 对象是可迭代的，所以可以使用扩展操作符 ... 把集合转换为数组或参数：

```
[...oneDigitPrimes]        // => [2,3,5,7]: 把集合转换为数组
Math.max(...oneDigitPrimes) // => 7: 把集合元素作为参数传给函数
```

集合经常被称为"无序集合"，但对 JavaScript 的 Set 类而言，这并不正确。JavaScript 集合是无索引的：不能像对数组那样取得集合的第一个或第三个元素。但 JavaScript 的 Set 类会记住元素的插入顺序，而且始终按该顺序迭代集合：第一个元素第一个迭代（假定之前没有删除它），刚刚添加的元素最后一个迭代[注2]。

除了可以迭代，Set 类也实现了一个 forEach() 方法，与数组的同名方法类似：

```
let product = 1;
oneDigitPrimes.forEach(n => { product *= n; });
product    // => 210: 2 * 3 * 5 * 7
```

数组的 forEach() 方法把数组索引作为回调函数的第二个参数。但集合没有索引，所以这个方法的 Set 类版本传给回调的第一个和第二个参数都是元素的值。

11.1.2 Map 类

Map 对象表示一组被称为键的值，其中每个键都关联着（或映射到）另一个值。从某种角度看，映射类似数组，只不过它并不局限于用连续的整数作为键，而是允许使用任何值作为"索引"。同样与数组类似，映射速度也很快：无论映射有多大，查询与某个键关联的值都很快（虽然没有通过索引访问数组那么快）。

可以使用 Map() 构造函数创建映射对象：

```
let m = new Map();  // 创建一个新的、空映射
let n = new Map([   // 初始化新映射，包含字符串到数值的映射
    ["one", 1],
    ["two", 2]
]);
```

Map() 构造函数的可选参数应该是一个可迭代对象，产出值为包含两个元素的数组 [key, value]。实践中，这意味着如果想在创建映射时初始化它，通常需要把关联的键和值写

注2：这种可预测的顺序是 JavaScript 集合可能让 Python 程序员感到吃惊的另一个特性。

成数组的数组的形式。不过，也可以使用 Map() 构造函数复制其他映射，或者从已有对象复制属性名和值：

```
let copy = new Map(n); // 一个新映射，与映射 n 拥有相同的键和值
let o = { x: 1, y: 2 }; // 一个有两个属性的对象
let p = new Map(Object.entries(o)); // 相当于 new Map([["x", 1], ["y", 2]])
```

创建 Map 对象后，可以使用 get() 方法和键来查询关联的值，可以使用 set() 方法添加新的键/值对。不过，要记住，映射是一组键，每个键关联一个值。这跟一组键/值对不完全一样。如果调用 set() 传入一个映射中已经存在的键，将会修改与该键关联的值，而不是添加新的键/值映射。除了 get() 和 set()，Map 类也定义了与 Set 类似的方法，包括检查映射中是否包含指定键的 has()、从映射中删除指定键（及其关联值）的 remove()、删除映射中所有键/值对的 clear() 和保存映射中有多少个键的 size 属性。

```
let m = new Map();      // 开始先创建一个空映射
m.size                  // => 0: 空映射，还没有键
m.set("one", 1);        // 映射键 "one" 和值 1
m.set("two", 2);        // 添加键 "two" 和值 2。
m.size                  // => 2: 现在映射有两个键
m.get("two")            // => 2: 返回与键 "two" 关联的值
m.get("three")          // => undefined: 这个键不存在
m.set("one", true);     // 修改与已有的键关联的值
m.size                  // => 2: 大小没有变
m.has("one")            // => true: 映射有键 "one"
m.has(true)             // => false: 映射没有键 true
m.delete("one")         // => true: 键 "one" 存在且删除成功
m.size                  // => 1
m.delete("three")       // => false: 删除不存在的键失败
m.clear();              // 删除映射中所有的键和值
```

与集合的 add() 方法类似，映射的 set() 方法可以连缀调用，这样就不必在创建映射时用数组的数组去初始化它了：

```
let m = new Map().set("one", 1).set("two", 2).set("three", 3);
m.size      // => 3
m.get("two")  // => 2
```

与集合一样，任何 JavaScript 值都可以在映射中作为键或值。这包括 null、undefined 和 NaN，以及对象和数组等引用类型。同样与集合类一样，映射按照全等性而非相等性比较键。因此如果你在映射中使用对象或数组作为键，那么这样的键与任何其他对象或数组都不一样，即便它们有完全一样的属性或元素：

```
let m = new Map();      // 开始先创建一个空映射
m.set({}, 1);           // 映射空对象到值 1
m.set({}, 2);           // 映射另一个空对象到值 2
m.size                  // => 2: 这个映射中有两个键
m.get({})               // => undefined: 但这个空对象不是映射的键
m.set(m, undefined);    // 把映射自身映射到值 undefined
```

```
m.has(m)          // => true: m 是自己的一个键
m.get(m)          // => undefined: 与 m 不是键时取得的值一样
```

映射对象是可迭代的，迭代的每个值是一个两个元素的数组，其中第一个元素是键，第二个元素是与该键关联的值。如果对映射对象使用扩展操作符，会得到一个数组的数组，就像传给 Map() 构造函数的一样。在使用 for/of 循环迭代映射时，习惯上通过解构赋值把键和值赋给不同的变量：

```
let m = new Map([["x", 1], ["y", 2]]);
[...m]     // => [["x", 1], ["y", 2]]

for(let [key, value] of m) {
    // 第一次迭代，键是“x”值是 1
    // 第二次迭代，键是“y”值是 2
}
```

与 Set 类一样，Map 类也是按照插入顺序迭代的，即迭代的第一个键 / 值对是最早添加到映射中的，最后一个键 / 值对是最晚添加的。

如果只想迭代映射的键或关联的值，可以使用 keys() 和 values() 方法。这两个方法返回的可迭代对象可用于按照插入顺序迭代键和值（另外，entries() 方法返回的可迭代对象用于迭代键 / 值对，与直接迭代映射一样）。

```
[...m.keys()]      // => ["x", "y"]: 只有键
[...m.values()]    // => [1, 2]: 只有值
[...m.entries()]   // => [["x", 1], ["y", 2]]: 等价于 [...m]
```

映射也实现了 forEach() 方法，通过这个最早由 Array 类实现的方法也可以迭代映射：

```
m.forEach((value, key) => {   // 注意是（value, key）而不是（key, value）
    // 第一次迭代，值是 1 键是“x”
    // 第二次迭代，值是 2 键是“y”
});
```

这里传给回调的参数值在前、键在后，而 for/of 循环则是键在前、值在后。本节开头提到过，可以把映射想象成一种通用数组，只不过整数索引被替换为任何键值。数组的 forEach() 方法是先传数组元素，后传数组索引。同样地，映射的 forEach() 方法也先传映射的值，后传映射的键。

11.1.3 WeakMap 和 WeakSet

WeakMap（弱映射）类是 Map 类的一个变体（不是子类），它不会阻止键值被当作垃圾收集。垃圾收集是 JavaScript 解释器收回内存空间的过程，凡是已经“无法访问”因而无法被程序使用的对象，都会被当作垃圾收回。常规映射对自己的键值保持着“强”引用，即使对它们的所有其他引用都不存在了，仍然可以通过映射访问这些键。相对而

言，WeakMap 保持着对它们键值的"弱"引用，因此无法通过 WeakMap 访问这些键。也就是说，WeakMap 的存在并不妨碍它们的键值被回收。

WeakMap() 构造函数与 Map() 构造函数类似，但 WeakMap 与映射则有明确区别。

- WeakMap 的键必须是对象或数组，原始值不受垃圾收集控制，不能作为键。

- WeakMap 只实现了 get()、set()、has() 和 delete() 方法。特别地，WeakMap 不是可迭代对象，所以没有定义 keys()、values() 和 forEach() 方法。如果 WeakMap 是可迭代的，那么它的键就是可访问的，也就谈不上"弱"了。

- 类似地，WeakMap 没有实现 size 属性，因为弱映射的大小可能随着对象被当作垃圾收集而随时改变。

WeakMap 的主要用途是实现值与对象的关联而不导致内存泄漏。例如，假设你要写一个接收对象参数的函数，然后需要基于这个对象执行某些耗时操作。考虑到效率，你会缓存计算后的值以备将来使用。如果使用 Map 对象实现这个缓存，就会阻止其中的对象被当作垃圾回收。而使用 WeakMap 则可以避免这个问题（使用一个私有的 Symbol 属性直接在对象上缓存计算后的值通常也可以实现类似的效果，参见 6.10.3 节）。

WeakSet（弱集合）实现了一组对象，不会妨碍这些对象被作为垃圾收集。WeakSet() 构造函数与 Set() 构造函数类似，但正如弱映射与映射一样，弱集合与集合也有着类似的区别。

- WeakSet 不允许原始值作为成员。

- WeakSet 只实现了 add()、has() 和 delete() 方法，而且不可迭代。

- WeakSet 没有 size 属性。

WeakSet 的使用场景不多，其主要应用场景与 WeakMap 类似。例如，如果你想把一个对象标记（或标注）为具有特殊属性或类型，可以把它添加到一个 WeakSet 中。然后，无论在哪里，只要想检查该属性或类型，就可以测试该 WeakSet 是否包含相应成员。如果使用常规集合来保存这些被标记的对象，就会妨碍它们被当作垃圾收集，而使用 WeakSet 则没有这个问题。

11.2 定型数组与二进制数据

常规 JavaScript 数组可以包含任意类型的元素，可以动态扩展或收缩。JavaScript 实现进行了很多优化，因此 JavaScript 数组在典型的使用场景下速度非常快。然而，这种数组与 C 和 Java 等较低级语言的数组类型还是有很大区别。ES6 新增了定型数组（typed array）[注3]，与这些语言的低级数组非常接近。定型数组严格来讲并不是数组（Array.

注 3：定型数组最初在浏览器支持 WebGL 图形时就引入了客户端 JavaScript，只是到 ES6 才被提升为核心语言特性。

isArray() 对它们返回 false），但它们实现了 7.8 节描述的所有数组方法，外加几个它们自己的方法。定型数组与常规数组存在如下几个非常重要的区别。

- 定型数组的元素全部都是数值。与常规 JavaScript 数组不同，定型数组允许指定存储在数组中的数值的类型（有符号和无符号数组以及 IEEE-754 浮点数）和大小（8位到 64 位）。

- 创建定型数组时必须指定长度，且该长度不能再改变。

- 定型数组的元素在创建时始终都会被初始化为 0。

11.2.1 定型数组的类型

JavaScript 并未定义 TypedArray 类，而是定义了 11 种定型数组，每种都有自己的元素类型和构造函数。

构造函数	数值类型
Int8Array()	有符号字节
Uint8Array()	无符号字节
Uint8ClampedArray()	无符号字节（上溢不归零）
Int16Array()	有符号 16 位短整数
Uint16Array()	无符号 16 位短整数
Int32Array()	有符号 32 位整数
Uint32Array()	无符号 32 位整数
BigInt64Array()	有符号 64 位 BigInt 值（ES2020）
BigUint64Array()	无符号 64 位 BigInt 值（ES2020）
Float32Array()	32 位浮点值
Float64Array()	64 位浮点值：常规 JavaScript 数值

名字以 Int 开头的类型保存有符号 1、2、4 字节（8、16、32 位）整数。名字以 Uint 开头的类型保存相同长度的无符号整数。BigInt 和 BigUint 类型保存 64 位整数，以 JavaScript 的 BigInt 值（参见 3.2.5 节）表示。名字以 Float 开头的类型保存浮点数。Float64Array 的元素与常规 JavaScript 数值是同一种类型。Float32Array 的元素精度较低、表示的范围也较小，但只占用一半内存（这个类型对应 C 和 Java 中的 float）。

Uint8ClampedArray 是 Uint8Array 的一种特殊变体。这两种类型都保存无符号字节，可表示的数值范围是 0 到 255。对 Uint8Array 来说，如果要存储到数组元素的值大于 255 或小于 0，这个值会"翻转"为其他值。这涉及计算机内存的底层工作机制，速度非常快。Uint8ClampedArray 还会额外做一些类型检查，如果你要存储的值大于 255 或小于 0，那它会"固定"为 255 或 0，而不会翻转（这种固定行为对 HTML <canvas> 元素的低级 API 操作像素颜色是必需的）。

上面每种定型数组构造函数都有一个 BYTES_PER_ELEMENT 属性，根据类型不同，这个属性的值可能是 1、2、4、8。

11.2.2 创建定型数组

创建定型数组最简单的方式就是调用相应的构造函数，并传入一个表示数组元素个数的数值参数：

```
let bytes = new Uint8Array(1024);       // 1024 字节
let matrix = new Float64Array(9);       // 3×3 矩阵
let point = new Int16Array(3);          // 3D 空间中的一个点
let rgba = new Uint8ClampedArray(4);    // 4 字节的 RGBA 像素值
let sudoku = new Int8Array(81);         // 9×9 的数独网格
```

如果以这种方式创建定型数组，则数组元素一定会全部初始化为 0、0n 或 0.0。不过假如你知道想要通过定型数组保存的值，也可以在创建它们时指定这些值。每种定型数组构造函数都有静态的工厂方法 from() 和 of()，类似于 Array.from() 和 Array.of()：

```
let white = Uint8ClampedArray.of(255, 255, 255, 0);  // RGBA 不透明白色
```

我们知道，Array.from() 工厂方法期待一个类数组或可迭代对象作为其第一个参数。定型数组的这个方法也一样，但期待这个可迭代或类数组对象还必须拥有数值类型的元素。比如，字符串是可迭代的，但把字符串传给 from() 工厂方法显然不妥。

如果你只使用带一个参数的 from()，可以把 .from 去掉而直接把可迭代或类数组对象传给构造函数，结果完全相同。注意，构造函数和 from() 工厂方法都支持复制已有的定型数组，尽管类型可能会改变：

```
let ints = Uint32Array.from(white);  // 同样 4 个数值，但变成了整数
```

在通过已有数组、可迭代或类数组对象创建新定型数组时，为适应类型限制，已有的值可能被截短。在此过程中，不会有警告，也不会报错：

```
// 浮点数被截短为整数，长整数被截短为 8 位
Uint8Array.of(1.23, 2.99, 45000) // => new Uint8Array([1, 2, 200])
```

最后，还有一种创建定型数组的方式，该方式要用到 ArrayBuffer 类型。ArrayBuffer 是对一块内存的不透明引用。可以通过构造函数创建 ArrayBuffer，只要传入想分配内存的字节数即可：

```
let buffer = new ArrayBuffer(1024*1024);
buffer.byteLength   // => 1024*1024, 1 兆内存
```

ArrayBuffer 类不允许读取或写入分配的任何字节。但是可以创建使用该缓冲区内存的
定型数组，通过这个数组来读取或写入该内存。为此，在调用定型数组的构造函数时
需要将 ArrayBuffer 作为第一个参数，将该缓冲区内的字节偏移量作为第二个参数，将
数组的长度（单位是元素而非字节）作为第三个参数。第二个参数和第三个参数是可选
的。如果省略第二个和第三个参数，则数组会使用缓冲区的所有内存。如果只省略长度
参数，则数组会使用从起点位置到缓冲区结束的所有可用内存。关于这种形式的定型数
组构造函数，还要记住一点：数组的内存必须是对齐的，所以如果你指定了字节偏移量，
那么这个值应该是类型大小的倍数。例如，Int32Array() 构造函数要求必须是 4 的倍数，
而 Float64Array() 则要求必须是 8 的倍数。

以前面创建的 ArrayBuffer 为例，可以像下面这样创建定型数组：

```
let asbytes = new Uint8Array(buffer);            // 按字节查看
let asints = new Int32Array(buffer);             // 按 32 位有符号整数查看
let lastK = new Uint8Array(buffer, 1023*1024);   // 按字节查看最后 1 千字节
let ints2 = new Int32Array(buffer, 1024, 256);   // 按 256 位整数查看第二个 1 千字节
```

这 4 个定型数组提供了对 ArrayBuffer 所表示内存的 4 个不同视图。关键是要知道，所
有定型数组底层都有一个 ArrayBuffer，即便你没有明确指定。如果调用定型数组构造函
数时没有传缓冲区对象，则会自动以适当大小创建一个缓冲区。稍后也会介绍，所有定
型数组都有一个 buffer 属性，引用自己底层的 ArrayBuffer 对象。之所以需要直接使用
ArrayBuffer 对象，是因为有时候可能需要一个缓冲区的多个定型数组视图。

11.2.3 使用定型数组

创建定型数组后，可以通过常规的中括号语法读取或写入其元素，与操作其他类数组对
象一样：

```
// 返回小于 n 的最大素数，使用埃拉托斯特尼筛法
function sieve(n) {
    let a = new Uint8Array(n+1);          // 如果 x 是合数，a[x] 等于 1
    let max = Math.floor(Math.sqrt(n));   // 不分解大于这个数的数
    let p = 2;                            // 2 是第一个素数
    while(p <= max) {                     // 对小于 max 的素数
        for(let i = 2*p; i <= n; i += p)  // 将 p 的倍数标记为合数
            a[i] = 1;
        while(a[++p]) /* 空循环 */;       // 下一个未标记的索引是素数
    }
    while(a[n]) n--;                      // 向后循环查找最后一个素数
    return n;                             // 返回它
}
```

这个函数用于计算小于你指定数值的最大素数。代码中如果使用常规 JavaScript 数组也没问题，但按照我的测试，使用 Uint8Array() 而非 Array() 可以让代码快 4 倍以上，且占用内存少 8 倍。

定型数组并不是真正的数组，但它们重新实现了多数数组方法，因此几乎可以像使用常规数组一样使用它们：

```
let ints = new Int16Array(10);        // 10 个短整数
ints.fill(3).map(x=>x*x).join("")     // => "9999999999"
```

记住，定型数组的长度是固定的，因此 length 属性是只读的，而定型数组并未实现改变数组长度的方法（如 push()、pop()、unshift()、shift() 和 splice()），但实现了修改数组内容而不改变长度的方法（如 sort()、reverse() 和 fill()）。诸如 map() 和 slice() 等返回新数组的方法，则返回与调用它们的定型数组相同类型的数组。

11.2.4 定型数组的方法与属性

除了标准的数组方法，定型数组也实现了它们自己的一些方法。其中，set() 方法用于一次性设置定型数组的多个元素，即把其他常规数组或定型数组的元素复制到当前定型数组中：

```
let bytes = new Uint8Array(1024);         // 1K 缓冲区
let pattern = new Uint8Array([0,1,2,3]);  // 4 字节的数组
bytes.set(pattern);        // 把它们复制到另一个字节数组的开头
bytes.set(pattern, 4);     // 使用不同的偏移量再复制一次
bytes.set([0,1,2,3], 8);   // 或者直接从一个常规数组复制值
bytes.slice(0, 12)         // => new Uint8Array([0,1,2,3,0,1,2,3,0,1,2,3])
```

set() 方法以一个数组或定型数组作为其第一个参数，以一个元素偏移量作为其可选的第二个参数，如果不指定则默认为 0。如果是从一个定型数组向另一个定型数组复制值，那么操作可能极快。

定型数组也有一个 subarray 方法，返回调用它的定型数组的一部分：

```
let ints = new Int16Array([0,1,2,3,4,5,6,7,8,9]);        // 10 个短整数
let last3 = ints.subarray(ints.length-3, ints.length);  // 其中最后 3 个
last3[0]          // => 7: 与 ints[7] 相同
```

subarray() 接收与 slice() 方法相同的参数，而且看起来行为方式也相同。但有一点重要区别：slice() 以新的、独立的定型数组返回指定的元素，不与原始数组共享内存；而 subarray() 则不复制内存，只返回相同底层值的一个新视图：

```
ints[9] = -1;  // 修改原始数组中的一个值
last3[2]         // => -1: 子数组中也会反映这个变化
```

说到 subarray() 方法返回已有数组的新视图，就要再次提到 ArrayBuffer。每个定型数组都有 3 个属性与底层的缓冲区相关：

```
last3.buffer                    // 定型数组的 ArrayBuffer 对象
last3.buffer === ints.buffer    // => true: 都是同一个缓冲区的视图
last3.byteOffset                // => 14: 这个视图从缓冲区的字节 14 开始
last3.byteLength                // => 6: 这个视图长度为 6 字节（3 个 16 位整数长）
last3.buffer.byteLength         // => 20: 但底层缓冲区长度为 20 字节
```

buffer 属性是数组的 ArrayBuffer，byteOffset 是数组数据在这个底层缓冲区的起点位置，而 byteLength 是数组数据的字节长度。对于任何定型数组 a，以下不变式都成立：

```
a.length * a.BYTES_PER_ELEMENT === a.byteLength   // => true
```

ArrayBuffer 只是不透明的字节块。通过定型数组可以访问其中的字节，但 ArrayBuffer 本身并不是定型数组。另外要小心，你可以像对任何 JavaScript 对象一样对 ArrayBuffer 使用数值索引。但这样做并不会访问缓冲区中的字节，只会导致难解的 bug：

```
let bytes = new Uint8Array(8);
bytes[0] = 1;             // 将第 1 个字节设置为 1
bytes.buffer[0]           // => undefined: 缓冲区没有索引 0
bytes.buffer[1] = 255;    // 尝试错误地设置缓冲区的字节
bytes.buffer[1]           // => 255: 实际上这只是设置了一个常规 JS 属性
bytes[1]                  // => 0: 上面那一行并未设置字节
```

前面我们介绍过，可以通过 ArrayBuffer() 构造函数创建 ArrayBuffer，然后再使用这个缓冲区来创建定型数组。另一种方式是先创建一个初始化的定型数组，然后使用该数组的缓冲区创建其他视图：

```
let bytes = new Uint8Array(1024);            // 1024 字节
let ints = new Uint32Array(bytes.buffer);    // 或者 256 个整数
let floats = new Float64Array(bytes.buffer); // 或者 128 个双精度浮点数
```

11.2.5 DateView 与字节序

使用定型数组可以查看相同字节序列的 8、16、32 或 64 位视图。这就涉及"字节序"问题了。所谓字节序，就是多个字节排列为更长机器字的顺序。为效率考虑，定型数组使用底层硬件的原生字节序。在小端系统中，ArrayBuffer 中的字节排列顺序为低字节到高字节。在大端系统中，字节排列顺序为高字节到低字节。可以使用以下代码确定底层平台的字节序：

```
// 如果整数 0x00000001 在内存中排列为 01 00 00 00，
// 则底层平台使用小端字节序。在大端字节序平台中，
// 看到的字节排列应该是 00 00 00 01。
let littleEndian = new Int8Array(new Int32Array([1]).buffer)[0] === 1;
```

今天，市面上常见的 CPU 都是小端字节序。很多网络协议及某些二进制文件格式则要求使用大端字节序。如果你的定型数组要使用来自网络或文件的数据，可以假定平台字节序与数据字节序一致。通常，在使用外部数据时，可以使用 Int8Array 和 Uint8Array 来查看数组中的单个字节，但不应该使用字大小为多字节的其他定型数组。此时，可以使用 DataView 类，这个类定义的方法可以显式指定读、写 ArrayBuffer 值时的字节序：

```
// 假设要处理一个二进制字节的定型数组
// 首先，创建 DataView 对象，以便从字节
// 中灵活地读取值
let view = new DataView(bytes.buffer,
                        bytes.byteOffset,
                        bytes.byteLength);

let int = view.getInt32(0);      // 从字节 0 开始按大端字节序读取有符号整数
int = view.getInt32(4, false);   // 下一个整数还是大端字节序
int = view.getUint32(8, true);   // 下一个整数是小端字节序且无符号
view.setUint32(8, int, false);   // 将其以大端字节序写回缓冲区
```

DataView 为 10 种定型数组类（不包括 Uint8ClampedArray）定义了 10 个 get 方法。这些方法的名字类似 getInt16、getUint32()、getBigInt64() 和 getFloat64()。它们的第一个参数是 ArrayBuffer 中的字节偏移量，表示读取值的开始位置。所有这些读取方法（除 getInt8() 和 getUint8() 之外）都接收一个可选的布尔值作为第二个参数。如果第二个参数被省略或是 false，则使用大端字节序。如果第二个参数是 true，则使用小端字节序。

DataView 也定义了 10 个对应的设置方法，用于向底层 ArrayBuffer 写入值。这些方法的第一个参数是偏移量，表示写入值的开始位置。其中每个方法（除 setInt8() 和 setUint8() 之外）都接收一个可选的第三个参数。如果这个参数被省略或是 false，则以大端字节序格式写入值，即最高有效字节在前。如果这个参数是 true，则以小端字节序格式写入值，即最低有效字节在前。

定型数组和 DataView 提供了处理二进制数据所需的全部工具，可以让你编写能够解压 ZIP 文件或者从 JPEG 文件中提取元数据之类的 JavaScript 程序。

11.3 正则表达式与模式匹配

正则表达式是一种描述文本模式的对象。JavaScript 的 RegExp 类表示正则表达式，String 和 RegExp 都定义了使用正则表达式对文本执行强大模式匹配和搜索替换功能的方法。但是，为了高效地使用 RegExp API，必须学习如何通过正则表达式语法来描述文本模式。正则表达式语法是正则表达式自己的"迷你"编程语言。好在 JavaScript 的正则表达式语法与很多其他语言的非常相似，因此很多读者可能已经有所了解了

（如果并没有，那通过学习 JavaScript 正则表达式掌握的知识，同样也适用于其他语言编程）。

接下来几节首先会介绍正则表达式语法，然后在解释完如何编写正则表达式之后，将解释如何在 String 和 RegExp 类的方法中使用它们。

11.3.1 定义正则表达式

在 JavaScript 中，正则表达式通过 RegExp 对象来表示。RegExp 对象可以使用 RegExp() 构造函数来创建，但更多的是通过一种特殊的字面量语法来创建。与字符串字面量就是包含在引号中的字符类似，正则表达式字面量就是包含在一对斜杠（/）字符之间的字符。因此，可以在 JavaScript 代码中这样声明一个正则表达式：

```
let pattern = /s$/;
```

这行代码创建了一个新的 RegExp 对象，并将它赋值给变量 pattern。这个特殊的 RegExp 对象匹配任意以字母 "s" 结尾的字符串。同样的正则表达式也可以使用 RegExp() 构造函数像下面这样来创建：

```
let pattern = new RegExp("s$");
```

正则表达式模式由一系列字符构成。多数字符，包括所有字母数字字符，都只用来描述直接匹配的字符。因此，正则表达式 /java/ 就匹配任何包含子串 "java" 的字符串。正则表达式中还有一些字符并不直接匹配字符本身，而是具有特殊的含义。例如，正则表达式 /s$/ 包含两个字符，第一个 "s" 匹配自身，而第二个 "$" 就是一个特殊字符，匹配字符串的末尾。因此，这个正则表达式就匹配任何以字母 "s" 作为最后一个字符的字符串。

后面还会看到，正则表达式也支持一个或多个标志字符，用于控制匹配的方式。在正则表达式字面量中，标志需要放在第二个斜杠字符后面，在 RegExp() 构造函数中，标志要作为第二个字符串参数。比如，要匹配以 "s" 或 "S" 结尾的字符串，可以给正则表达式添加 i 标志，表示希望匹配不区分大小写：

```
let pattern = /s$/i;
```

下面几节将介绍 JavaScript 正则表达式中使用的各种字符和元字符。

字面量字符

所有字母字符和数字在正则表达式中都匹配自身的字面值。JavaScript 正则表达式语法通过以反斜杠（\）开头的转义序列也支持一些非字母字符。例如，\n 匹配字符串中换行字符的字面值。表 11-1 列出了这些字符。

表 11-1：正则表达式字面量字符

字符	匹配目标
字母数字字符	自身
\0	NUL 字符（\u0000）
\t	制表符（\u0009）
\n	换行符（\000A）
\v	垂直制表符（\u000B）
\f	进纸符（\u000C）
\r	回车符（\u000D）
\x*nn*	十六进制数值 *nn* 指定的拉丁字符。例如，\x0A 等同于 \n
\u*xxxx*	十六进制数值 *xxxx* 指定的 Unicode 字符。例如，\u0009 等同于 \t
\u{*n*}	码点 *n* 指定的 Unicode 字符，其中 *n* 是介于 0 到 10FFFF 之间的 1 到 6 个十六进制数字。注意，这种语法仅在使用 u 标志的正则表达式中支持
\c*X*	控制字符 ^*X*。例如，\cJ 等价于换行符 \n

有一些英文标点符号在正则表达式中具有特殊含义，它们是：

^ $. * + ? = ! : | \ / ( ) [ ] { }

这些字符的含义在下面各节中讨论。其中有的字符只在正则表达式的特定上下文中具有特殊含义，在其他上下文中仍然按字面值对待。但作为一个通用的规则，如果想在正则表达式中包含这些标点符号的字面值，必须在这些字符前面加个反斜杠（\）。其他标点符号字符，如引号和 @，在正则表达式不具有特殊含义，仅匹配自身的字面值。

如果记不住哪些标点符号字符需要使用反斜杠转义，可以给所有标点符号字符前面都加上反斜杠。与此同时，也要知道很多字母和数字前面如果加了反斜杠也会具有特殊含义，因此任何想匹配字面值的字母和数字都不应该加反斜杠。当然，要在正则表达式中匹配反斜杠的字面值，必须使用另一个反斜杠来转义它。例如，下面这个正则表达式匹配任何包含一个反斜杠的字符串：/\\/（如果使用 RegExp() 构造函数，则要记住，正则表达式中的任何反斜杠都要写两次，因为字符串也使用反斜杠作为转义字符）。

字符类

把个别字面值字符放到方括号中可以组合成字符类。字符类匹配方括号中包含的任意字符。因此，正则表达式 /[abc]/ 匹配 a、b 或 c 中的任意一个字母。也可以定义排除性的字符类，匹配除方括号中包含的字符之外的任意字符。排除性字符类就是把插入符号（^）作为方括号中的第一个字符。如正则表达式 /[^abc]/ 匹配除 a、b 和 c 之外的任意一个字符。字符类可以使用连字符表示字符范围。要匹配拉丁字母表中的任意一个小写字母，可以使用 /[a-z]/（如果想通过字符类匹配真正的连字符，只要把它放到右方括号前面，作为字符类的最后一个字符即可）。

某些字符类很常用，JavaScript 正则表达式语法中包含一些特殊字符和转义序列来表示这些字符类。例如，\s 匹配空格字符、制表字符和其他 Unicode 空白字符。而 \S 匹配任何非 Unicode 空白字符。表 11-2 列出了这些特殊字符并总结了字符类语法（注意，其中一些字符类转义序列只匹配 ASCII 字符，目前尚未扩展到匹配 Unicode 字符。不过，要匹配 Unicode 字符，也可以自己定义 Unicode 字符类。例如，要匹配任何西里尔字母，可以定义 Unicode 字符类 /[\u0400-\u04FF]/）。

表 11-2：正则表达式字符类

字符	匹配目标
[...]	方括号中的任意一个字符
[^...]	不在方括号中的任意一个字符
.	除换行或其他 Unicode 行终止符之外的任意字符。如果 RegExp 使用 s 标志，则句点匹配任意字符，包括行终止符
\w	任意 ASCII 单词字符。等价于 [a-zA-Z0-9_]
\W	任意非 ASCII 单词字符。等价于 [^a-zA-Z0-9_]
\s	任意 Unicode 空白字符
\S	任意非 Unicode 空白字符
\d	任意 ASCII 数字字符。等价于 [0-9]
\D	任意非 ASCII 数字字符。等价于 [^0-9]
[\b]	退格字符字面值（特例）

注意，所有特殊字符类转义序列本身也可以出现在方括号中。\s 匹配任意空白字符，而 \d 匹配任意数字，所以 /[\s\d]/ 匹配任意空白字符或数字。不过有一个特例，即 \b 转义序列有一个特殊含义。如果出现在字符类中，\b 表示退格字符。因此要在正则表达式中表示一个退格字符的字面值，就要使用只包含一个元素的字符类：/[\b]/。

Unicode 字符类

在 ES2018 中，如果正则表达式使用了 u 标志，则支持字符类 \p{...} 及其排除性形式 \P{...}（在 2020 年初，除 Firefox 之外，Node、Chrome、Edge 和 Safari 都实现了这个特性）。这些字符类建立在 Unicode 标准定义的属性基础之上，它们表示的字符集可能随着 Unicode 标准的发展而变化。

\d 字符类只匹配 ASCII 数字。如果想从世界书写体系中匹配一个十进制数字，可以使用 /\p{Decimal_Number}/u。如果想匹配任意语言中的非十进制数字，可以大写 p，即写成 /P{Decimal_Number}/u。如果想匹配任意类数值字符，包括分数和罗

马数字，可以使用 /p{Number}/。注意，"Decimal_Number" 和 "Number" 并非 JavaScript 或正则表达式语法特有的，它们是 Unicode 标准定义的字符类别的名字。

\w 字符类只匹配 ASCII 文本，但使用 \p 可以模拟一个这样的国际化版本：

`/[\p{Alphabetic}\p{Decimal_Number}\p{Mark}]/u`

如果真要完全兼容世界上各式各样的语言，其实还需要添加 "Connector_Punctuation" 和 "Join_Control" 两个分类。

最后一个例子要展示的是 \p 语法也支持定义匹配特定字母表或文字（script）中字符的正则表达式：

```
let greekLetter = /\p{Script=Greek}/u;
let cyrillicLetter = /\p{Script=Cyrillic}/u;
```

重复

基于目前所学的正则表达式语法，我们可以用 /\d\d/ 描述两位数字，用 /\d\d\d\d/ 描述四位数字。但是没有方法描述任意位数的数值或者三个字母的字符串后跟一个可选的数字。这些更复杂的模式需要用到指定正则表达式中的某个元素可能重复多少次的语法。

指定重复的字符始终跟在应用它们的模式后面。由于某些重复的形式非常常用，还会有特殊字符表示这些情况。例如，+ 表示前面的模式出现一次或多次的情形。

表 11-3 总结了表示重复的正则表达式语法。

表 11-3：正则表达式重复字符

字符	含义
{n,m}	匹配前项至少 n 次，但不超过 m 次
{n,}	匹配前项 n 或更多次
{n}	匹配前项恰好 n 次
?	匹配前项零或一次。换句话说，前项是可选的。等价于 {0,1}
+	匹配前项一或多次。等价于 {1,}
*	匹配前项零或多次。等价于 {0,}

下面的代码展示了几个例子：

```
let r = /\d{2,4}/;   // 匹配 2 到 4 位数字
r = /\w{3}\d?/;      // 匹配 3 个字母后跟 1 个可选的数字
r = /\s+java\s+/;    // 匹配 "java" 且前后有一个或多个空格
r = /[^(]*/;         // 匹配零或多个非开始圆括号字符
```

注意，在所有这些例子中，重复说明符都应用给它们前面的一个字符或字符类。如果

想匹配更复杂的表达式重复的情形，需要使用圆括号定义一个匹配组，后面几节会介绍。

使用 * 和 ? 重复字符时要小心。因为这些字符匹配它们前面的字符或模式的零个实例，也就是它们可以匹配不存在。例如，正则表达式 /a*/ 实际上会匹配字符串"bbbb"，因为这个字符串包含零个字母"a"！

非贪婪重复

表 11-3 中列出的重复字符会尽可能多地匹配，同时也允许正则表达式剩余的部分继续匹配。我们说这种重复是"贪婪的"。在重复字符后面简单地加个问号，就可以指定非贪婪地重复，如 ??、+?、*?，甚至 {1,5}?。举个例子，正则表达式 /a+/ 匹配一个或多个字母"a"。在应用到字符串"aaa"时，它匹配全部 3 个字母。/a+?/ 同样也匹配一个或多个字符"a"，但在应用到字符串"aaa"时，它只匹配第一个字母"a"。

使用非贪婪重复不一定总能得到期待的结果。比如模式 /a+b/ 匹配一个或多个"a"后跟字母"b"。在应用到字符串"aaab"时，它匹配整个字符串。而使用非贪婪版本的 /a+?b/ 时似乎应该匹配字母"b"前面有最少的字母"a"。在应用到同样的字符串"aaab"时，我们本意是希望它只匹配一个"a"和最后的字母"b"。但事实上，这个模式也会匹配整个字符串，与贪婪的版本一样。这是因为正则表达式模式的匹配会从字符串的第一个位置开始查找匹配项。由于在字符串一开始就找到了匹配项，所以从后续字母开始的更短的匹配项就不在考虑之列了。

任选、分组和引用

正则表达式的语法中也包含指定任选、分组子表达式和引用前面子表达式的特殊字符。竖线字符 | 用于分隔任选模式。例如，/ab|cd|ef/ 匹配字符串"ab"或字符串"cd"或字符串"ef"。而 /\d{3}|[a-z]{4}/ 匹配 3 个数字或 4 个小写字母。

注意，在找到匹配项之前，会从左到右依次适配任选模式。如果左边的任选模式匹配，则忽略右边的模式，即使右边的模式可以得到"更好"的匹配。比如，模式 /a|ab/ 应用到字符串"ab"只会匹配字母"a"。

圆括号在正则表达式中有几种不同的作用。一种作用是把独立的模式分组为子表达式，从而让这些模式可以被 |、*、+、? 等当作一个整体。例如，/java(script)?/ 匹配"java"后跟可选的"script"。而 /(ab|cd)+|ef/ 匹配字符串"ef"，也匹配一个或多个字符串"ab"或"cd"。

圆括号在正则表达式中的另一个作用是在完整的模式中定义子模式。当正则表达式成功匹配一个目标字符串后，可以从目标字符串中提取出与圆括号包含的子模式对应的部分。例如，假设要查找一个或多个小写字母后跟一个或多个数字。可以使用模式 /[a-z]+\d+/。但假设我们只关心每个匹配项中的数字部分。如果把匹配数字的模式放到一对圆括号中（/[a-z]+(\d+)/），那么就可以从整个模式的匹配项中提取出相应的数字（后面会解释）。

与圆括号分组的子表达式相关的一个用途是在同一个正则表达式中回引子表达式。回引前面的子表达式要使用 \ 字符加上数字。这里的数字指的是圆括号分组的子表达式在整个正则表达式中的位置。例如，\1 回引第一个子表达式，\3 回引第三个。注意，由于子表达式可能会嵌套，所以它们的位置是按照左括号来计算的。例如，在下面的正则表达式中，嵌套的子表达式 ([Ss]cript) 要使用 \2 来引用：

```
/([Jj]ava([Ss]cript)?)\sis\s(fun\w*)/
```

对正则表达式中前面子表达式的引用并不会引用该子表达式的模式，而是会引用该模式匹配的文本。因此，引用可以用来强制字符串中不同的部分包含完全相同的字符。例如，下面的正则表达式匹配位于一对单或双引号间的一个或多个字符。但是，它不要求开始和结尾的引号匹配（即必须都是单引号或都是双引号）：

```
/['"][^'"]*['"]/
```

如果想要求引号必须匹配，可以使用引用：

```
/(['"])[^'"]*\1/
```

这个 \1 匹配第一个圆括号分组的子表达式匹配的内容。在这个例子中，它强制结尾的引号必须匹配开始的引号。这个正则表达式不允许双引号字符串中出现单引号或者单引号字符串中出现双引号（在字符类中使用引用是不合法的，因此不能这么写：/(['"])[^\1]*\1/）。

在后面介绍 RegExpAPI 时我们会看到，这种对圆括号分组子表达式的引用在正则表达式搜索替换操作中是非常强大的特性。

如果不想让圆括号分组的子表达式生成数字引用，那么可以不用 (和) 分组，而是开头用 (?:，结尾用)。来看下面的模式：

```
/([Jj]ava(?:[Ss]cript)?)\sis\s(fun\w*)/
```

在这个例子中，子表达式 (?:[Ss]cript) 仅仅是一个分组，从而让 ? 重复字符可以应用到该组。这样修改后的圆括号不会产生引用，因此在这个正则表达式中 \2 引用的是 (fun\w*) 匹配的文本。

表 11-4 总结了正则表达式的任选、分组和引用操作符。

表 11-4：正则表达式任选、分组和引用字符

字符	含义
\\|	任选：可以匹配左侧的子表达式，也可以匹配右侧的子表达式。
(...)	分组：将模式分组为一个单元，以便使用 *、+、?、| 等。同时记住与分组匹配的字符，以便在后面的引用中使用
(?:...)	仅分组：将模式分组为一个单元，但不记住分组匹配的字符
\n	匹配与第 n 个分组匹配的相同字符。分组是圆括号（可能嵌套）中的子表达式 分组编号是按照左圆括号从左到右计数的。由 (?: 开头的分组不计数

命名捕获组

ES2018 标准化了一个新特性，让正则表达式可以自我解释且更容易理解。这个新特殊被称为"命名捕获组"（named capture gorup），即可以给正则表达式中的每个左圆括号指定一个关联的名字，以便后面使用这个名字而不是数字来引用匹配的文本。同样重要的是，使用名字可以让阅读代码的人更容易理解正则表达式中该部分的用途。在 2020 年年初，除了 Firefox，Node、Chrome、Edge 和 Safari 都实现了这个特性。

要命名一个分组，使用 (?<...> 而不是 (，把分组的名字放在尖括号内。例如，下面这个正则表达式可以用来检查美国邮件地址最后一行的格式：

```
/(?<city>\w+) (?<state>[A-Z]{2}) (?<zipcode>\d{5})(?<zip9>-\d{4})?/
```

注意，分组的名字为正则表达式提供了很多上下文信息，让它变得更容易理解了。在 11.3.2 节讨论 String 的 replace() 和 match() 方法，以及 RegExp 的 exec() 方法时，我们还会看到 RegExp API 也支持按照名字而非位置引用与每个分组匹配的文本。

如果想在正则表达式中回引某个命名捕获组，可以使用名字。在前面的例子中，我们可以使用正则表达式的"反向引用"来写一个 RegExp，让它匹配单引号或双引号字符串，同时两头的引号也必须匹配。使用命名捕获组和命名反向引用，也可以把该 RegExp 重写为这样：

```
/(?<quote>['"])[^'"]*\k<quote>/
```

这里的 \k<quote> 是一个命名反向引用，引用捕获开引号的命名分组。

指定匹配位置

如前所述，正则表达式的很多组件匹配字符串中的一个字符。例如，\s 匹配一个空白符。还有一些正则表达式组件匹配字符间的位置而非实际的字符。例如，\b 匹配 ASCII 词

边界，即 \w（ASCII 单词字符）与 \W（非单词字符）的边界，或者 ASCII 单词字符与字符串开头或末尾的边界[注4]。像 \b 这样的组件并不表示匹配的字符串中用到的任何字符，它们表示的是匹配可以发生的合法位置。有时候，这些组件也被称作正则表达式锚点，因为它们把模式锚定到被搜索字符串中特定的位置。最常用的锚点组件是 ^ 和 $，分别把模式锚定字符串开头和末尾的位置。

例如，要匹配独占一行的"JavaScript"字符串，可以使用正则表达式 /^JavaScript$/。如果想搜索"Java"这个单词（不是作为前缀，因为它在"avaScript"中），可以使用模式 /\sJava\s/，即单词前后必须有一个空格。但这个方案存在两个问题。首先，它不匹配位于字符串开头或末尾的"Java"，只匹配两侧有空格的情况。其次，在这个模式找到匹配项之后，返回的匹配字符串前后都会带空格，这通常并不是我们想要的。为此，可以把匹配实际空格的 \s 替换成匹配（或锚定）词边界的 \b：/\bJava\b/。相应地，组件 \B 锚定与非词边界匹配的位置。换句话说，模式 /\B[Ss]cript/ 匹配"JavaScript"和"postscript"，但不匹配"script"或"Scripting"。

可以使用任意正则表达式作为锚定条件。如果在 (?= 和) 字符之间包含一个表达式，因为这些字符构成向前查找断言，所以就意味着其中的字符必须存在，但并不实际匹配。比如，要匹配常用编程语言的名字，但必须后面跟着一个冒号，可以使用 /[Jj]ava([Ss]cript)?(?=\:)/。这个模式匹配"JavaScript: The Definitive Guide"中的"JavaScript"，但不匹配"Java in a Nutshell"中的"Java"，因为它的后面没有冒号。

如果把前面提到的断言改为以 (?! 开头，那就变成了否定式向前查找断言，表示必须不存在断言中指定的字符。例如，/Java(?!Script)([A-Z]\w*)/ 匹配"Java"后跟一个大写字母及任意数量的 ASCII 单词字符，但"Java"后面必须不能是"Script"。因此它匹配"JavaBeans"，不匹配"Javanese"，匹配"JavaScrip"，不匹配"JavaScript"或"JavaScripter"。表 11-5 总结了正则表达式锚点字符。

表 11-5：正则表达式锚点字符

字符	含义
^	匹配字符串开头，或者在使用 m 标志时，匹配一行的开头
$	匹配字符串末尾，或者在使用 m 标志时，匹配一行的末尾
\b	匹配单词边界。换句话说，匹配 \w 字符和 \W 字符之间或 \w 与字符串开头或末尾之间的位置（但要注意，[\b] 匹配退格字符）
\B	匹配非单词边界的位置
(?=p)	肯定式向前查找断言。要求后面的字符匹配模式 p，但匹配结果不包含与之匹配的字符
(?!p)	否定式向前查找断言。要求后面的字符不匹配模式 p

注 4：有一个例外，就是在字符类中（方括号中），\b 匹配退格字符。

向后查找断言

ES2018 扩展了正则表达式语法，支持"向后查找"断言。向后查找断言与向前查找断言类似，但关注的是当前匹配位置之前的文本。在 2020 年年初，Node、Chrome 和 Edge 实现了这个特性，Firefox 和 Safari 还没有实现。

肯定式向后查找断言使用 (?<=...)，否定式向后查找断言使用 (?<!...)。例如，要搜索美国邮件地址，希望从中匹配 5 位邮政编码，但仅限于前面是两位字母的州简写的情况，可以这样写：

```
/(?<= [A-Z]{2} )\d{5}/
```

而要匹配前面不带 Unicode 货币符号的数字字符串，可以像下面这样使用否定式向后断言：

```
/(?<![\p{Currency_Symbol}\d.])\d+(\.\d+)?/u
```

标志

每个正则表达式都可以带一个或多个标志，用于修改其行为。JavaScript 定义了 6 个标志，每个标志都用一个字母表示。标志在正则表达式字面量中放在第二个斜杠后面，或者在使用 RegExp() 构造函数时要以字符串形式作为第二个参数。JavaScript 正则表达式支持的标志及含义如下所示。

g

    g 标志表示正则表达式是"全局性的"（global），换句话说，使用这个标志意味着想要找到字符串中包含的所有匹配项，而不只是找到第一个匹配项。这个标志不改变模式匹配的方式，但正如后面会看到的，它会从重要的方面修改 String 的 match() 方法和 RegExp 的 exec() 方法的行为。

i

    i 标志表示模式匹配应该不区分大小写。

m

    m 标志表示匹配应该以"多行"（multiline）模式进行。意思是这个 RegExp 要用于多行字符串，而且 ^ 和 $ 锚点应该既匹配字符串的开头和末尾，也匹配字符串中任何一行的开头和末尾。

s

    与 m 标志类似，s 标志同样可以用在要搜索的文本包含换行符的时候。正常情况下，句点"."在正则表达式中匹配除行终止符之外的任何字符。但在使用 s 标志时，".",将匹配任何字符，包括行终止符。s 标志是 ES2018 引入 JavaScript 的，在 2020 年年初得到了除 Firefox 之外，包括 Node、Chrome、Edge 和 Safari 的支持。

u

u 标志代表 Unicode，可以让正则表达式匹配完整的码点而不是匹配 16 位值。这个标志是 ES6 新增的，如果没有特殊原因，应该对所有正则表达式都使用这个标志。如果不使用这个标志，那你的正则表达式将无法识别表情符号和其他需要 16 位以上表示的字符（包括很多中文字符）。没有 u 标志，".",字符匹配任意 1 个 UTF-16 16 位值。而有 u 标志，".",匹配一个 Unicode 码点，包括超过 16 位编码的值。在正则表达式上添加 u 标志之后，就可以使用新的 \u{...} 转义序列表示 Unicode 字符，同时也可以使用 \p{...} 表示 Unicode 字符类。

y

y 标志表示正则表达式是"有粘性的"（sticky），应该在字符串开头匹配或在紧跟前一个匹配的第一个字符处匹配。在应用给只想查找一个匹配项的正则表达式时，这个标志的作用就类似给正则表达式加上了 ^ 锚点，将其锚定到字符串的开头。对于用来在字符串中反复查找所有匹配项的正则表达式，这个标志比较有用。这时候，它会导致 String 的 match() 方法和 RegExp 的 exec() 方法产生特殊行为，强制将每个后续匹配都锚定到前一个匹配（在字符串中）的结束位置。

以上这些标志可以任意组合，顺序也不分先后。例如，想让正则表达式识别 Unicode、不区分大小写，同时还想用它查找一个字符串中的所有匹配项，指定标志时可以用 uig、gui，或者这 3 个字母的其他组合形式。

11.3.2 模式匹配的字符串方法

到现在为止，我们介绍了定义正则表达式的语法，但还没有解释怎么在 JavaScript 代码中使用这些正则表达式。从本节开始，我们就来介绍使用 RegExp 对象的相关 API。本节先介绍使用正则表达式执行模式匹配，以及搜索替换操作的字符串方法。后面几节将继续讨论 RegExp 对象的方法和属性，以及相关的 JavaScript 正则表达式模式匹配操作。

search()

String 支持 4 个使用正则表达式的方法。最简单的是 search()，这个方法接收一个正则表达式参数，返回第一个匹配项起点字符的位置，如果没有找到匹配项，则返回 -1：

```
"JavaScript".search(/script/ui)  // => 4
"Python".search(/script/ui)      // => -1
```

如果 search() 方法的参数不是正则表达式，它会先把这个参数传给 RegExp() 构造函数，把它转换为正则表达式。search() 方法不支持全局搜索，因此其正则表达式参数中包含的 g 标志会被忽略。

replace()

replace() 方法执行搜索替换操作。它接收一个正则表达式作为第一个参数，接收一个替换字符串作为第二个参数。它搜索调用它的字符串，寻找与指定模式匹配的文本。如果正则表达式带 g 标志，replace() 方法会用替换字符串中的所有匹配项；否则，它只替换第一个匹配项。如果 replace() 的第一个参数是字符串而非正则表达式，这个方法不会像 search() 那样将字符串通过 RegExp() 转换为正则表达式，而是会按照字面值搜索。比如，可以像下面这样使用 replace() 规范文本字符串中所有 "JavaScript" 的大小写：

```
// 无论之前是什么大小形式，都替换成规范的大小写形式。
text.replace(/javascript/gi, "JavaScript");
```

不过，replace() 的能力远不止这些。还记得吗，正则表达式中括号分组的子表达式是从左到右编号的，而且正则表达式能够记住每个子表达式匹配的文本。如果替换字符串中出现了 $ 符号后跟一个数字，replace() 会将这两个字符替换为与指定子表达式匹配的文本。这个特性非常厉害。比如，可以通过它将字符串中的引号替换成其他字符：

```
// quote 表示一个引号后跟任意多个
// 非引号字符，最后又是一个引号
let quote = /"([^"]*)"/g;
// 将直引号替换成书名号，同时
// 引用的文本不变（保存在 $1 中）
'He said "stop"'.replace(quote, '«$1»')  // => 'He said «stop»'
```

如果 RegExp 中使用的是命名捕获组，可以通过名字而非数字来引用匹配的文本：

```
let quote = /"(?<quotedText>[^"]*)"/g;
'He said "stop"'.replace(quote, '«$<quotedText>»')  // => => 'He said «stop»'
```

除了给 replace() 传替换字符串，还可以传一个函数，这个函数会被调用以计算替换的值。这个替换函数在被调用时会接收到几个参数。第一个是匹配的整个文本。然后，如果 RegExp 有捕获组，则后面几个参数分别是这些捕获组匹配的子字符串。再接下来的参数是在字符串找到匹配项的位置。再然后一个参数是调用 replace() 方法的整个字符串。最后，如果 RegExp 包含命名捕获组，替换函数还会收到一个参数，这个参数是一个对象，其属性名是捕获组的名字，属性值是匹配的文本。比如，下面的代码使用替换函数将字符串中的十进制整数替换成了十六进制：

```
let s = "15 times 15 is 225";
s.replace(/\d+/gu, n => parseInt(n).toString(16))  // => "f times f is e1"
```

`match()`

`match()` 是字符串最通用的正则表达式方法,它只有一个正则表达式参数(或者如果参数不是正则表达式,会把它传给 `RegExp()` 构造函数),返回一个数组,其中包含匹配的结果;如果没有找到匹配项,就返回 `null`。如果正则表达式有 g 标志,这个方法返回的数组会包含在字符串中找到的所有匹配项。例如:

```
"7 plus 8 equals 15".match(/\d+/g)  // => ["7", "8", "15"]
```

如果正则表达式没有 g 标志,`match()` 不会执行全局搜索,只会查找第一个匹配项。在非全局搜索时,`match()` 仍然返回数组,但数组元素完全不同。在没有 g 标志的情况下,返回数组的第一个元素是匹配的字符串,剩下的所有元素是正则表达式中括号分组的捕获组匹配的子字符串。因此,如果 `match()` 返回一个数组 a,则 a[0] 包含与整个正则表达式匹配的字符串,a[1] 包含与第一个捕获组匹配的子字符串,以此类推。如果与 `replace()` 方法做个比较,则 a[1] 相当于 $1,a[2] 相当于 $2,以此类推。

比如,下面的代码是一个解析 URL[注5] 的例子:

```
// 一个非常简单的解析 URL 的 RegExp
let url = /(\w+):\/\/([\w.]+)\/(\S*)/;
let text = "Visit my blog at http://www.example.com/~david";
let match = text.match(url);
let fullurl, protocol, host, path;
if (match !== null) {
    fullurl = match[0];    // fullurl == "http://www.example.com/~david"
    protocol = match[1];   // protocol == "http"
    host = match[2];       // host == "www.example.com"
    path = match[3];       // path == "~david"
}
```

在非全局搜索的情况下,`match()` 返回的数组除了可以通过数值索引的元素,也有一些对象属性。其中,`input` 属性引用调用 `match()` 的字符串。`index` 属性是匹配项在字符串中的起始位置。如果正则表达式包含命名捕获组,则返回的数组也有一个 `groups` 属性,其值是一个对象。这个对象的属性就是命名捕获组的名字,而属性的值就是匹配的文本。比如,可以将前面那个匹配 URL 的例子重写成下面这样:

```
let url = /(?<protocol>\w+):\/\/(?<host>[\w.]+)\/(?<path>\S*)/;
let text = "Visit my blog at http://www.example.com/~david";
let match = text.match(url);
match[0]                   // => "http://www.example.com/~david"
match.input                // => text
match.index                // => 17
match.groups.protocol      // => "http"
match.groups.host          // => "www.example.com"
match.groups.path          // => "~david"
```

注5:使用正则表达式解析 URL 并不是个好主意。本书 11.9 节介绍了一个更靠谱的 URL 解析器。

我们知道，match() 的行为会因为 RegExp 是否带 g 标志而有很大不同。另外，是否设置 y 标志对 match() 的行为也有一些影响。前面介绍过了，y 标志通过控制字符串匹配的开始位置让正则表达式"有粘性"。如果 RegExp 同时设置了 g 和 y 标志，match() 返回包含所有匹配字符串的数组，就跟只设置了 g 而没有设置 y 一样。但第一个匹配项必须始于字符串开头，每个后续的匹配项必须从前一个匹配项的后一个字符开始。

如果只设置了 y 而没有设置 g 标志，match() 会尝试找到第一个匹配项，且默认情况下，这个匹配项被限制在字符串开头。不过，这个默认的起始位置是可以修改的，设置 RegExp 对象的 lastIndex 属性就可以指定匹配开始的位置。如果找到了匹配项，lastIndex 属性会自动被更新为匹配项之后第一个字符的位置，因此如果你像这里一样再次调用 match()，它会继续寻找后面的匹配项（lastIndex 看起来并不像是一个可以指定下一次匹配开始位置的属性。在后面介绍 RegExp 的 exec() 方法时还会碰到这个属性，到时候这个名字会显得更有意义）。

```
let vowel = /[aeiou]/y;    // 粘着元音匹配
"test".match(vowel)        // => null: "test" 开头的字符不是元音字母
vowel.lastIndex = 1;       // 指定一个不同的匹配位置
"test".match(vowel)[0]     // => "e": 在位置 1 找到了元音字母
vowel.lastIndex            // => 2: lastIndex 会自动更新
"test".match(vowel)        // => null: 位置 2 不是元音字母
vowel.lastIndex            // => 0: 匹配失败后，lastIndex 会被重置
```

有一点值得注意，即给字符串的 match() 方法传一个非全局正则表达式，相当于把字符串传给正则表达式的 exec() 方法。这两种情况下返回的数组及其属性都相同。

matchAll()

matchAll() 方法是 ES2020 中定义的，在 2020 年年初已经被现代浏览器和 Node 实现。matchAll() 接收一个带 g 标志的正则表达式。但它并不像 match() 那样返回所有匹配项的数组，而是返回一个迭代器，每次迭代都产生一个与使用 match() 时传入非全局 RegExp 得到的匹配对象相同的对象。正因为如此，matchAll() 成为循环遍历字符串中所有匹配项最简单和最通用的方式。

可以像下面这样使用 matchAll() 遍历字符串中包含的单词：

```
// 位于词边界之间的一个或多个 Unicode 字母字符
const words = /\b\p{Alphabetic}+\b/gu; // Firefox 还不支持 \p
const text = "This is a naïve test of the matchAll() method.";
for(let word of text.matchAll(words)) {
    console.log(`Found '${word[0]}' at index ${word.index}.`);
}
```

也可以设置 RegExp 对象的 lastIndex 属性，告诉 matchAll() 从字符串中的哪个索引开始匹配。但是，与其他模式匹配方法不同的是，matchAll() 不会修改传入 RegExp 的

lastIndex 属性，这也使得它不太可能在代码中导致 bug。

split()

String 对象的最后一个正则表达式方法是 split()。这个方法使用传入的参数作为分隔符，将调用它的字符串拆分为子字符串保存到一个数组中。可以像这样给它传入一个字符串参数：

```
"123,456,789".split(",")         // => ["123", "456", "789"]
```

split() 方法也可以接收一个正则表达式参数，这样就可以指定更通用的分隔符。下面这个例子中指定的分隔符允许逗号两侧包含任意数量的空格：

```
"1, 2, 3,\n4, 5".split(/\s*,\s*/)  // => ["1", "2", "3", "4", "5"]
```

出乎意料的是，如果调用 split() 时传入 RegExp 作为分隔符，且这个正则表达式中包含捕获组，则捕获组匹配的文本也会包含在返回的数组中。比如：

```
const htmlTag = /<([^>]+)>/;  // < 后跟一个或多个非 > 字符，再后跟 >
"Testing<br/>1,2,3".split(htmlTag)  // => ["Testing", "br/", "1,2,3"]
```

11.3.3 RegExp 类

本节介绍 RegExp() 构造函数、RegExp 实例的属性，以及 RegExp 类定义的两个重要的模式匹配方法。

RegExp() 构造函数接收一个或两个字符串参数，创建一个新 RegExp 对象。这个构造函数的第一个参数是包含正则表达式主体的表达式，即在正则表达式字面量中出现在斜杠中间的部分。注意，字符串字面量和正则表达式都使用 \ 字符转义，因此在以字符串字面量形式给 RegExp() 传入正则表达式时，必须把所有 \ 字符替换成 \\。RegExp() 的第二个参数是可选的。如果提供了这个参数，则代表指定正则表达式的标志。这个参数应该是 g、i、m、s、u、y 或它们的任意组合。

例如：

```
// 查找字符串中包含的所有 5 位数字。注意这里的双反斜杠 \\。
let zipcode = new RegExp("\\d{5}", "g");
```

RegExp() 构造函数主要用于动态创建正则表达式，即创建那些无法用正则表达式字面量语法表示的正则表达式。例如，要搜索用户输入的字符串，就必须使用 RegExp() 在运行时创建正则表达式。

除了给 RegExp() 的第一个参数传字符串，也可以传一个 RegExp 对象。这样可以复制已有的正则表达式，并且修改它的标志：

```
let exactMatch = /JavaScript/;
let caseInsensitive = new RegExp(exactMatch, "i");
```

RegExp 属性

RegExp 对象有以下属性。

source

这是个只读属性，包含正则表达式的源文本，即出现在 RegExp 字面量的两个斜杠中间的字符。

flags

这是个只读属性，包含指定 RegExp 标题的一个或多个字母。

global

只读布尔属性，如果设置了 g 标志则为 true。

ignoreCase

只读布尔属性，如果设置了 i 标志则为 true。

multiline

只读布尔属性，如果设置了 m 标志则为 true。

dotAll

只读布尔属性，如果设置了 s 标志则为 true。

unicode

只读布尔属性，如果设置了 u 标志则为 true。

sticky

只读布尔属性，如果设置了 y 标志则为 true。

lastIndex

这是个可以读、写的整数属性。对于带有 g 或 y 标志的模式，这个属性用于指定下一次匹配的起始字符位置。接下来要介绍的 RegExp 类的 exec() 和 test() 方法都会用到这个属性。

test()

RegExp 类的 test() 方法是使用正则表达式的最简单方式。该方法接收一个字符串参数，如果字符串与模式匹配则返回 true，如果没有找到匹配项则返回 false。

test() 方法的原理很简单，它会调用下面介绍的（更复杂的）exec() 方法，如果

exec() 返回非空值就返回 true。正因为如此，如果调用 test() 的 RegExp 使用了 g 或 y 标志，则这个方法的行为取决于 RegExp 对象的 lastIndex 属性的值，而这个属性的值可能会被意外修改。详细信息可以参考下面将介绍的"lastIndex 属性与重用 RegExp"。

exec()

RegExp 的 exec() 方法是使用正则表达式最通常、最强大的方式。该方法接收一个字符串参数，并从这个字符串寻找匹配。如果没有找到匹配项，则返回 null。而如果找到了匹配项，则会返回一个数组，跟字符串的 match() 方法在非全局搜索时返回的数组一样。这个数组的元素 0 包含匹配整个正则表达式的字符串，后面的数组元素包含与正则表达式中捕获组匹配的子字符串。这个返回的数组也有对象属性：index 属性包含匹配项起始字符的位置，input 属性包含搜索的目标字符串，而 groups 属性（如果有捕获组）引用一个对象，保存与每个命名捕获组匹配的子字符串。

与 String 的 match() 方法不同，exec() 方法无论正则表达式是否设置了 g 标志都会返回相同的数组。我们知道，match() 方法在收到一个全局正则表达式时会返回所有匹配项的数组。相对而言，exec() 始终返回一个匹配项，并提供关于该匹配项的完整信息。在通过设置了全局 g 或粘着 y 标志的正则表达式调用 exec() 时，exec() 会根据 RegExp 对象的 lastIndex 属性来决定从哪里开始查找匹配（如果设置了 y 标志，那么也会限制匹配项必须从该位置开始）。对一个新创建的 RegExp 对象来说，它的 lastIndex 为 0，因此搜索从字符串的起点开始。但每次 exec() 成功执行，找到一个匹配项，都会更新 RegExp 的 lastIndex 属性，将其改写为匹配文本之后第一个字符的索引。如果 exec() 没有找到匹配项，它会将 lastIndex 重置为 0。这个特殊行为让我们得以重复调用 exec()，从而逐个找到字符串中所有的匹配项（尽管像我们前面介绍的，ES2020 及之后的版本为 String 新增了 matchAll() 方法。而 matchAll() 是遍历所有匹配的更简单方式）。例如，下面代码中的循环会运行两次：

```js
let pattern = /Java/g;
let text = "JavaScript > Java";
let match;
while((match = pattern.exec(text)) !== null) {
    console.log(`Matched ${match[0]} at ${match.index}`);
    console.log(`Next search begins at ${pattern.lastIndex}`);
}
```

lastIndex 属性与重用 RegExp

正如前面介绍的，JavaScript 正则表达式 API 其实挺复杂的。其中配合 g 和 y 标志的 lastIndex 属性则是这套 API 中最费解的地方。每当使用这两个标志时，都要在调用 match()、exec() 或 test() 方法时特别小心。因为这些方法的行为依赖于

lastIndex，而 lastIndex 的值依赖于之前对 RegExp 对象做了什么。这一连串的依赖很容易导致写出问题代码。

比如，假设我们想找到一段 HTML 文本中所有 <p> 标签的索引，可能会写出下面这样的代码：

```
let match, positions = [];
while((match = /<p>/g.exec(html)) !== null) { // 可能无穷循环
    positions.push(match.index);
}
```

这段代码不会达成我们想要的结果。如果 html 字符串包含至少一个 <p> 标签，那循环将永远不会停止。问题在于 while 循环条件中使用了一个 RegExp 字面量。循环的每次迭代都创建一个新的 RegExp 对象，其 lastIndex 初始值为 0。因此 exec() 每次都从字符串的开头查找，如果有匹配，那就会一遍一遍不停地匹配。解决方案当然就是只定义一次 RegExp，把它们保存在一个变量中，让循环的每次迭代都使用同一个 RegExp 对象。

另一方面，有时候重用一个 RegExp 对象也是不对的。比如，假设要遍历一个词典中的所有单词，查找其中所有包含双字母的单词：

```
let dictionary = [ "apple", "book", "coffee" ];
let doubleLetterWords = [];
let doubleLetter = /(\w)\1/g;

for(let word of dictionary) {
    if (doubleLetter.test(word)) {
        doubleLetterWords.push(word);
    }
}
doubleLetterWords  // => ["apple", "coffee"]: 没有 "book"！
```

由于这个 RegExp 设置了 g 标志，所以它的 lastIndex 属性会在每次成功匹配后被修改，而（基于 exec() 的）test() 方法就会从 lastIndex 指定的位置开始下一次搜索。在匹配完"apple"中的"pp"后，lastIndex 值被更新为 3，因此再从位置 3 开始搜索"book"时就会跳过其中包含的"oo"。

要解决这个问题，可以删除 g 标志（在这个特定的例子中 g 标志并不是必需的），也可以把 RepExp 字面量挪到循环体内，以便每次迭代时都创建一个新实例，还可以在每次调用 test() 之前把 lastIndex 重置为 0。

举上面这些例子是为了说明 lastIndex 让 RegExp API 很容易出错。因此在使用 g 或 y 标志和循环时要格外注意。在 ES2020 及之后的版本中，应该使用 String 的 matchAll() 方法而不是 exec() 来避开这个问题，因为 matchAll() 不会修改 lastIndex。

11.4 日期与时间

Date 类是 JavaScript 中用于操作日期和时间的 API。使用 Date() 构造函数可以创建一个日期对象。在不传参数的情况下，这个构造函数会返回一个表示当前日期和时间的 Date 对象：

```
let now = new Date();    // 当前时间
```

如果传入一个数值参数，Date() 构造函数会将其解释为自 1970 年至今经过的毫秒数：

```
let epoch = new Date(0); // 格林尼治标准时间 1970 年 1 月 1 日 0 时
```

如果传入一个或多个整数参数，它们会被解释为本地时区的年、月、日、时、分、秒和毫秒，如下所示：

```
let century = new Date(2100,        // 2100 年
                       0,           // 1 月
                       1,           // 1 日
                       2, 3, 4, 5); // 本地时间 02:03:04.005
```

Date API 有个奇怪的地方，即每年第一个月对应数值 0，而每月第一天对应数值 1。如果省略时间字段，Date() 构造函数默认它们都为 0，将时间设置为半夜 12 点。

注意，在使用多个参数调用时，Date() 构造函数会使用本地计算机的时区来解释它们。如果想以 UTC（Universal Coordinated Time，通用协调时间；也称 GMT，即 Greenwich Mean Time，格林尼治标准时间）指定日期和时间，可以使用 Date.UTC()。这个静态方法接收与 Date() 构造函数同样的参数，但使用 UTC 来解释它们，并返回毫秒时间戳，可以传给 Date() 构造函数：

```
// 英格兰 2100 年 1 月 1 日半夜 12 点
let century = new Date(Date.UTC(2100, 0, 1));
```

如果要打印日期（比如，使用 console.log(century)），默认会以本地时区打印。如果想以 UTC 显示日期，应该先使用 toUTCString() 或 toISOString() 转换它。

最后，如果给 Date() 构造函数传入字符串，它会尝试按照日期和时间格式来解析该字符串。这个构造函数可以解析 toString()、toUTCString() 和 toISOString() 方法产生的格式：

```
let century = new Date("2100-01-01T00:00:00Z");  // ISO 格式的日期
```

有了一个 Date 对象后，可以通过很多方法获取或设置这个对象的年、月、日、时、分、秒和毫秒字段。这些方法都有两种形式，一种使用本地时间获取和设置，另一种使用 UTC 时间获取和设置。比如，要获取或设置一个 Date 对象的年份，可以使用

getFullYear()、getUTCFullYear()、setFullYear()或setUTCFullYear()：

```
let d = new Date();                  // 先用当前日期创建
d.setFullYear(d.getFullYear() + 1);  // 增加 1 年
```

要获取或设置 Date 的其他字段，只要将前面方法中的"FullYear"替换成"Month""Date""Hours""Minutes""Seconds"或"Milliseconds"即可。其中一些日期设置方法允许我们一次性设置多个字段。setFullYear()和setUTCFullYear()也可选地允许同时设置月和日。而setHours()和setUTCHours()除了支持小时字段，还允许我们指定分钟、秒和毫秒字段。

注意，查询日的方法是getDate()和getUTCDate()。而名字听起来更自然的函数getDay()和getUTCDay()返回的是代表周几的数值（0 表示周日，6 表示周六）。周几字段是只读的，因此没有对应的setDay()方法。

11.4.1 时间戳

JavaScript 在内部将日期表示为整数，代表自 1970 年 1 月 1 日半夜 12 点起（或之前）的毫秒数。最大支持的整数是 8 640 000 000 000 000，因此 JavaScript 表示的时间不会超过 27 万年。

对于任何 Date 对象，getTime()方法返回这个内部值，而setTime()方法设置这个值。因此，可以像下面这样给一个 Date 对象添加 30 秒：

```
d.setTime(d.getTime() + 30000);
```

这些毫秒值有时候也被称为时间戳（timestamp），有时候直接使用这些值比使用 Date 对象更方便。静态的 Date.now() 方法返回当前时间的时间戳，经常用于度量代码运行时间：

```
let startTime = Date.now();
reticulateSplines(); // 执行一些耗时操作
let endTime = Date.now();
console.log(`Spline reticulation took ${endTime - startTime}ms.`);
```

高精度时间戳

Date.now() 返回的时间戳是以毫秒为单位的。毫秒对计算机来说实际上是个比较长的时间单位。有时候可能需要使用更高的精度来表示经历的时间。此时可以使用 performance.now()，虽然它返回的也是以毫秒为单位的时间戳，但返回值并不是整数，包含毫秒后面的小数部分。performance.now() 返回的值并不是像 Date.now() 返回的值一样的绝对时间戳，而是相对于网页加载完成后或 Node 进程启动后经过的时间。

performance 对象是 W3C 定义的 Performance API 的一部分，已经被浏览器和 Node

实现。要在 Node 中使用 performance 对象，必须先导入它：

```
const { performance } = require("perf_hooks");
```

高精度计时可能会让一些没有底线的网站用于采集访客指纹，因此浏览器（特别是 Firefox）默认可能会降低 performance.now() 的精度。作为 Web 开发者，应该可以通过某种方式更新启用高精度计时（比如在 Firefox 中可以设置 privacy. reduceTimePrecision 为 false）。

11.4.2 日期计算

Date 对象可以使用 JavaScript 标准的 <、<=、> 和 >= 等比较操作符进行比较。可以用一个 Date 对象减去另一个以确定两个日期相关的毫秒数（这本质上是因为 Date 类定义了 valueOf() 方法，这个方法返回的是日期的时间戳）。

如果想要给 Date 对象加或减指定数量的秒、分或小时，最简单的方式就是像前面例子中（给日期加上 30 秒）那样修改时间戳。但这种方式在涉及加天时就比较麻烦了，因为这不适合所有月份和年份，不同月份和年份的天数也可能不一样。要完成涉及天数、月数和年数的计算，可以使用 setDate()、setMonth() 和 setYear()。比如，下面的代码给当前日期加上了 3 个月和 2 周：

```
let d = new Date();
d.setMonth(d.getMonth() + 3, d.getDate() + 14);
```

日期设置方法即使在数值溢出的情况下也能正确工作。比如，在给当前月份加了 3 个月之后，最终值可能大于 11（11 表示 12 月）。setMonth() 在遇到这种情况时会按照需要增加年份。类似地，在将天数设置为超过相应月份的天数时，月份也会相应递增。

11.4.3 格式化与解析日期字符串

如果使用 Date 类去记录日期和时间（而不只是度量时间），那很可能需要通过代码向用户展示日期和时间。Date 类定义了一些方法，可以将日期对象转换为字符串。下面是几个例子：

```
let d = new Date(2020, 0, 1, 17, 10, 30); // 2020 年元旦 5:10:30pm
d.toString()  // => "Wed Jan 01 2020 17:10:30 GMT-0800 (Pacific Standard Time)"
d.toUTCString()         // => "Thu, 02 Jan 2020 01:10:30 GMT"
d.toLocaleDateString()  // => "1/1/2020": 'en-US' locale
d.toLocaleTimeString()  // => "5:10:30 PM": 'en-US' locale
d.toISOString()         // => "2020-01-02T01:10:30.000Z"
```

下面分别介绍 Date 类定义的全部字符串格式化方法。

toString()

这个方法使用本地时区但不按照当地惯例格式化日期和时间。

toUTCString()

这个方法使用 UTC 时区但不按照当地惯例格式化日期。

toISOString()

这个方法以标准的 ISO-8601"年 - 月 - 日时 : 分 : 秒 : 毫秒"格式打印日期和时间。字母"T"在输出中分隔日期部分和时间部分。时间以 UTC 表示，可以通过输出末尾的字母"Z"看出来。

toLocaleString()

这个方法使用本地时区及与用户当地惯例一致的格式。

toDateString()

这个方法只格式化 Date 的日期部分，忽略时间部分。它使用本地时区，但不与当地惯例适配。

toLocaleDateString()

这个方法只格式化日期部分。它使用本地时区，也适配当地惯例。

toTimeString()

这个方法只格式化时间部分。它使用本地时区，但不与当地惯例适配。

toLocaleTimeString()

这个方法只格式化时间部分。它使用本地时区，也适配当地惯例。

注意，这些日期到字符串的转换方法都可以用于格式化日期和时间并展示给用户。11.7.2 节介绍了更通用的适配当地惯例的日期和时间格式化技术。

最后，除了将 Date 对象转换为字符串的方法，还有一个静态的 Date.parse() 方法。该方法接收一个字符串参数，并尝试将其作为日期和时间来解析，返回一个表示该日期的时间戳。Date.parse() 可以像 Date() 构造函数一样解析同样的字符串，也可以解析 toISOString()、toUTCString() 和 toString() 的输出。

11.5 Error 类

JavaScript 的 throw 和 catch 语句可以抛出和捕获任何 JavaScript 值，包括原始值。虽然没有用来表示错误的异常类型，但 JavaScript 定义了一个 Error 类。惯常的做法是使用 Error 类或其子类的实例作为 throw 抛出的错误。使用 Error 对象的一个主要原因就是在创建 Error 对象时，该对象能够捕获 JavaScript 的栈状态，如果异常未被捕获，则会显示包含错误消息的栈跟踪信息，而这对排查错误很有帮助（注意，栈跟踪信息会展示创建 Error 对象的地方，而不是 throw 语句抛出它的地方。如果你始终在抛出之前创建该对象，如 throw new Error()，就不会造成任何困惑）。

Error 对象有两个属性：message 和 name，还有一个 toString() 方法。message 属性的值是我们传给 Error() 构造函数的值，必须时会被转换为字符串。对使用 Error() 创建的错误对象，name 属性的值始终是"Error"。toString() 方法返回一个字符串，由 name 属性的值后跟一个冒号和一个空格，再后跟 message 属性的值构成。

虽然 ECMAScript 标准并没有定义，但 Node 和所有现代浏览器也都在 Error 对象上定义了 stack 属性。这个属性的值是一个多行字符串，包含创建错误对象时 JavaScript 调用栈的栈跟踪信息。在捕获到异常错误时，可以将这个属性的信息作为日志收集起来。

除了 Error 类，JavaScript 还定义了一些它的子类，以便触发 ECMAScript 定义的一些特殊类型的错误。这些子类包括：EvalError、RangeError、ReferenceError、SyntaxError、TypeError 和 URIError。你可以按照自己认为合适的方式在代码中使用这些错误类。与基类 Error 一样，这些子类也都有一个构造函数，接收一个消息参数。每个子类的实例都有一个 name 属性，其值就是构造函数的名字。

作为开发者，我们可以自己定义 Error 的子类，以便更好地封装自己程序的错误信息。注意，自定义错误对象可以不限于 message 和 name 属性。在定义自己的子类时，可以任意添加新属性以提供更多的错误细节。例如，要写一个解析器，可以定义一个 ParseError 类，并为它定义 line 和 column 属性，以表示解析失败的具体位置。如果要使用 HTTP 请求，可能需要定义一个 HTTPError 类，这个类通过 status 属性保存请求失败对应的 HTTP 状态码（例如 404 或 500）。

例如：

```
class HTTPError extends Error {
    constructor(status, statusText, url) {
        super(`${status} ${statusText}: ${url}`);
        this.status = status;
        this.statusText = statusText;
        this.url = url;
    }

    get name() { return "HTTPError"; }
}

let error = new HTTPError(404, "Not Found", "http://example.com/");
error.status        // => 404
error.message       // => "404 Not Found: http://example.com/"
error.name          // => "HTTPError"
```

11.6 JSON 序列化与解析

当程序需要保存数据或需要通过网络连接向另一个程序传输数据时，必须将内存中的数据结构转换为字节或字符的序列，才可以保存或传输。而且，之后可以再被解析或恢复为原来内存中的数据结构。这个将数据结构转换为字节或字符流的方式称为序列化（serialization），也称为编排（marshaling）或制备（pickling）。

JavaScript 中序列化数据的最简单方式是使用一种称为 JSON 的序列化格式。JSON 是 "JavaScript Object Notation"（JavaScript 对象表示法）的简写形式。顾名思义，这种格式使用 JavaScript 对象和数组字面量语法，将对象和数组形式的数据结构转换为字符串。JSON 支持原始数值和字符串，也支持 true、false 和 null 值，以及在这些原始值基础上构建起来的对象和数组。JSON 不支持其他 JavaScript 类型，如 Map、Set、RegExp、Date 或定型数组。但不管怎么说，实践已经证明 JSON 是一种非常通用的数据格式，就连很多非 JavaScript 程序都支持它。

JavaScript 通过两个函数——JSON.stringify() 和 JSON.parse() 支持 JSON 序列化和反序列化。这两个函数在 6.8 节简单介绍过。如果一个对象或数组，不包含任何无法序列化的值（如 RegExp 对象或定型数组），都可以把它传给 JSON.stringify() 进行序列化。顾名思义，JSON.stringify() 返回一个字符串值。而给定 JSON.stringify() 返回的字符串，可以把它传给 JSON.parse() 再重建原始的数据结构：

```
let o = {s: "", n: 0, a: [true, false, null]};
let s = JSON.stringify(o);  // s == '{"s":"","n":0,"a":[true,false,null]}'
let copy = JSON.parse(s);   // copy == {s: "", n: 0, a: [true, false, null]}
```

如果不考虑将序列化之后的数据保存到文件中，或者通过网络发送出去，可以使用这对函数（以没有那么高效的方式）创建对象的深度副本：

```
// 创建任何可序列化对象或数组的深度副本
function deepcopy(o) {
    return JSON.parse(JSON.stringify(o));
}
```

JSON 是 JavaScript 的子集

数据被序列化为 JSON 格式后，结果是有效的 JavaScript 表达式源代码，可以求值为原始数据结构的一个副本。如果在 JSON 字符串前面加上 var data = 并将结果传给 eval()，就可以把原始数据结构的一个副本赋值给变量 data。但是请不要这样做，因为这是一个巨大的安全漏洞。如果攻击者可以向 JSON 文件中注入任意 JavaScript 代码，那就可以让你的程序运行他们的代码。使用 JSON.parse() 解码 JSON 格式的数据既快也安全。

JSON 有时候也被用为人类友好的配置文件格式。如果你发现自己在手工编辑 JSON 文件，注意 JSON 格式是 JavaScript 的严格子集。不允许有注释，属性名也必须包含在双引号中（尽管 JavaScript 也不强制要求如此）。

通常，我们只会给 JSON.stringify() 和 JSON.parse() 传一个参数。这两个函数其实都可以接收可选的第二个参数，让我们能够扩展 JSON 格式，下一节会详细介绍。JSON.stringify() 还接收可选的第三个参数，我们这里先来讨论它。如果你希望 JSON 格式字符串对人类友好（比如要用作配置文件），那可以在第二个参数传 null，第三个参数传一个数值或字符串。JSON.stringify() 的第三个参数告诉它应该把数据格式化为多行缩进格式。如果第三个参数是个数值，则该数值表示每级缩进的空格数。如果第三个参数是空白符（如 '\t'）字符串，则每级缩进就使用该字符串。

```
let o = {s: "test", n: 0};
JSON.stringify(o, null, 2)  // => '{\n "s": "test",\n "n": 0\n}'
```

JSON.parse() 忽略空白符，因此给 JSON.stringify() 传第三个参数不会影响将其输出的字符串再转换为原型的数据结构。

11.6.1 JSON 自定义

如果 JSON.stringify() 在序列化时碰到了 JSON 格式原生不支持的值，它会查找这个值是否有 toJSON() 方法。如果有这个方法，就会调用它，然后将其返回值字符串化以代替原始值。Date 对象实现了 toJSON() 方法，这个方法返回与 toISOString() 方法相同的值。这意味着如果序列化的对象中包含 Date，则该日期会自动转换为一个字符串。而在解析序列化之后的字符串时，重新创建的数据结构就不会与开始时的完全一样了，因为原来的 Date 值变成了字符串。

如果想重新创建这个 Date 对象（或以其他方式修改解析后的对象），可以给 JSON.parse() 的第二个参数传一个"复活"（reiver）函数。如果指定了这个"复活"函数，该函数就会在解析输入字符串中的每个原始值时被调用（但解析包含这些原始值的对象和数组时不会调用）。调用这个函数时会给它传入两个参数。第一个是属性名，可能是对象属性名，也可能是转换为字符串的数组索引。第二个参数是该对象属性或数组元素对应的原始值。而且，这个函数会作为包含上述原始值的对象或数组的方法调用，因此可以在其中通过 this 关键字引用包含对象。

复活函数的返回值会变成命名属性的新值。如果复活函数返回它的第二个参数，那么属性保持不变。如果它返回 undefined，则相应的命名属性会从对象或数组中删除，即 JSON.parse() 返回给用户的对象中将不包含该属性。

下面来看一个例子。这个例子调用 JSON.parse() 时传入了复活函数，用于过滤某些属性并重新创建 Date 对象：

```
let data = JSON.parse(text, function(key, value) {
    // 删除以下划线开头的属性和值
    if (key[0] === "_") return undefined;
```

```
    // 如果值是 ISO 8601 格式的日期字符串，则转换为 Date。
    if (typeof value === "string" &&
        /^\d\d\d\d-\d\d-\d\dT\d\d:\d\d:\d\d.\d\d\dZ$/.test(value)) {
        return new Date(value);
    }

    // 否则，返回原始值
    return value;
});
```

除了使用前面提到的 toJSON()，JSON.stringify() 也支持给它传入一个数组或函数作为第二个参数来自定义其输出字符串。

如果第二个参数传入的是一个字符串数组（或者数值数组，其中的数值会转换为字符串），那么这些字符串会被当作对象属性（或数组元素）的名字。任何名字不在这个数组之列的属性会被字符串化过程忽略。而且，返回字符串中包含的属性的顺序也会与它们在这个数组中的顺序相同（这在编写测试时非常有用）。

如果给 JSON.stringify() 的第二个参数传入一个函数，则该函数就是一个替代函数（作用与传给 JSON.parse() 的可选的复活函数恰好相反）。这个替代函数的第一个参数是对象属性名或值在对象中的数组索引，第二个参数是值本身。这个替代函数会作为包含要被字符串化的值的对象或数组的方法调用。替代函数的返回值会替换原始值。如果替代函数返回 undefined 或什么也不返回，则该值（及其数组元素或对象属性）将在字符串化过程中被忽略。

```
    // 指定要序列化的字段，以及序列化它们的顺序
    let text = JSON.stringify(address, ["city","state","country"]);

    // 指定替代函数，忽略值为 RegExp 的属性
    let json = JSON.stringify(o, (k, v) => v instanceof RegExp ? undefined : v);
```

这里对 JSON.stringify() 的两次调用友好地使用了第二个参数，即产生的序列化输出在反序列化时不需要特殊的复活函数。但一般来说，如果为某个类型定义了 toJSON() 方法，或者使用替代函数将本来无法序列化的值变成了可序列化的值，应该都要写一个自定义的复活函数让 JSON.parse() 能够复原最初的数据结构。如果真的这样做了，那你应该知道自己是在自定义数据格式，因而也牺牲了可移植性以及与庞大 JSON 工具、语言生态的兼容性。

11.7 国际化 API

JavaScript 国际化 API 包括 3 个类：Intl.NumberFormat、Intl.DateTimeFormat 和 Intl.Collator。这 3 个类允许我们以适合当地的方式格式化数值（包括货币数量和百分数）、日期和时间，以及以适合当地的方式比较字符串。这些类并不是 ECMAScript 标准定义的，而是 ECMA402 标准定义的，而且得到了浏览器的普遍支持。Node 也支持 Intl API，

但在写作本书时，预构建版 Node 二进制文件中并未包含除 US English 地区之外的国际化 API 依赖的本地化数据。因此要在 Node 中使用这些类，可能需要单独下载数据包或者使用自定义构建的 Node 版本。

国际化的一个重点是显示已经翻译为用户语言的文本。实现这个目标有很多种方式，本节介绍的 Intl API 并未涉及其中任何一种方式。

11.7.1 格式化数值

世界各地的用户对数值格式的预期是不同的。小数点可能是句点，也可能是逗号。千分位分隔符可能是逗号，也可能是句点，而且并不是所有地区都是 3 个数字一组。某些地区的货币要以百为单位分隔，有些则以千为单位，还有的不需要分隔。最后，虽然所谓的阿拉伯数字 0 到 9 在很多语言中使用，但其实也不是普适的，某些国家的用户期待看到以自己的文字书写的数字。

Intl.NumberFormat 类定义了一个 format() 方法，考虑到了上述所有格式化的可能性。这个构造函数接收两个参数，第一个参数指定作为数值格式化依据的地区，第二个参数是用于指定格式化细节的对象。如果第一个参数被省略，或者传入的是 undefined，则使用系统设置中的地区（假设该地区为用户偏好地区）。如果第一个参数是字符串，那它指定就是期望地区，例如 "en-US"（美国英语）和 "fr"（法语）。第一个参数也可以是一个地区字符串数组，此时 Intl.NumberFormat 会选择支持最好的一个。

如果指定 Intl.NumberFormat() 构造函数的第二个参数，则该函数应该是一个对象，且包含一个或多个下列属性。

style
  指定必需的数值格式类型。默认为 "decimal"，如果指定 "percent" 则按百分比格式化数值，指定 "curreny" 则表示数值为货币数量。

currency
  如果 style 的值为 "currency"，则这个属性是必需的，用于指定 3 个字母的 ISO 货币代码（如 "USD" 表示美元，"GBP" 表示英镑）。

currencyDisplay
  如果 style 的值为 "currency"，则这个属性指定如何显示货币值。默认值为 "symbol"，即如果货币有符号则使用货币符号。值 "code" 表示使用 3 个字母的 ISO 代码，值 "name" 表示以完整形式拼出货币的名字。

useGrouping
  如果不想让数值有千分位分隔符（或其他地区相关的样式），将这个属性设置为 false。

`minimumIntegerDigits`

数值中最少显示几位整数。如果数值的位数小于这个值，则在左侧填补 0。默认值是 1，但最高可以设置为 21。

`minimumFractionDigits`、`maximumFractionDigits`

这两个属性控制数值小数部分的格式。如果数值的小数部分位数小于最小值，则在右侧填补 0。如果大于最小值，则小数部分会被舍入。这两个属性的取值范围是 0 到 20。默认最小值为 0，最大值为 3，但格式化货币数量时是例外，此时小数部分的长度根据指定的货币会有所不同。

`minimumSignificantDigits`、`maximumSignificantDigits`

这两个属性控制数值中有效位的数量，比如让它们适合格式化科学数据。如果指定，这两个属性会覆盖前面列出的整数和小数属性。合法取值范围是 1 到 21。

以期望的地区和选项创建了 `Intl.NumberFormat` 对象之后，可以把要格式化的数值传给这个对象的 `format()` 方法，该方法返回适当格式化之后的字符串。例如：

```
let euros = Intl.NumberFormat("es", {style: "currency", currency: "EUR"});
euros.format(10)    // => "10,00 €": 10 欧元，西班牙惯例

let pounds = Intl.NumberFormat("en", {style: "currency", currency: "GBP"});
pounds.format(1000) // => "1,000.00": 1000 镑，英国格式
```

`Intl.NumberFormat`（及其他 Intl 类）有一个很有用的特性，即它的 `format()` 方法会绑定到自己所属的 NumberFormat 对象。因此，不需要定义变量引用这个格式化对象，然后再在上面调用 `format()` 方法，而是可以直接把这个 `format()` 方法赋值给一个变量，然后就像使用独立的函数一样使用它，比如：

```
let data = [0.05, .75, 1];
let formatData = Intl.NumberFormat(undefined, {
    style: "percent",
    minimumFractionDigits: 1,
    maximumFractionDigits: 1
}).format;

data.map(formatData)    // => ["5.0%", "75.0%", "100.0%"]: 地区是 en-US
```

某些语言，比如阿拉伯语，使用自己的文字表示十进制数字：

```
let arabic = Intl.NumberFormat("ar", {useGrouping: false}).format;
arabic(1234567890)    // => "١٢٣٤٥٦٧٨٩٠"
```

其他语言，如印地语（北印度语）使用有自己数字符号的文字，但倾向于默认使用 ASCII 数字 0～9。如果想覆盖这种用于数字的默认文字，可以在地区中加上 `-u-nu-`，后面跟上简写形式的文字名。比如，可以像下面这样使用印度风格的分组和梵文字母来

格式化数值：

```
let hindi = Intl.NumberFormat("hi-IN-u-nu-deva").format;
hindi(1234567890)      // => "१,२३,४५,६७,८९०"
```

-u- 在地区中表示后面是一个 Unicode 扩展。nu 是记数制扩展的名字，deva 则是梵文 Devanagari 的简写。Intl API 标准也为其他一些记数制定义了名字，大多数针对南亚和东南亚的印欧语系。

11.7.2 格式化日期和时间

Intl.DateTimeFormat 类与 Intl.NumberFormat 类很相似。Intl.DateTimeFormat() 构造函数与 Intl.NumberFormat() 接收相同的两个参数：一个地区或地区数组，另一个是格式化选项的对象。使用 Intl.DateTimeFormat 实例的方式也是调用其 format() 方法，将 Date 对象转换为字符串。

正如 11.4 节提到的，Date 类定义了简单的 toLocaleDateString() 和 toLocaleTimeString() 方法，可以生成适合用户地区的输出。但这些方法不支持对要显示的日期和时间进行任何控制。比如，想要在输出中省略年份，同时增加一周就做不到。你希望月份以数值表示，还是希望用名字表示？ Intl.DateTimeFormat 类提供了细粒度的控制，通过传给构造函数的第二个选项对象的属性来实现。但是，Intl.DateTimeFormat 并不能始终严格按照我们的要求来输出。比如，如果我们指定了格式化时和秒的选项，但省略了分钟的，格式化的结果仍然会包含分钟的。背后的思想是可以通过选项对象指定想向用户展示哪些日期和时间的字段，以及这些字段的展示样式（如展示名字还是数值），而格式化程序则会选择与这个选项对象含义最接近的地区格式。

选项对象中的属性如下所示。只需为你想在格式化输出中看到的日期和时间字段指定属性即可。

year

年，使用 "numeric" 表示完整的 4 位数年份，或使用 "2-digit" 表示两位数简写形式。

month

月，使用 "numeric" 表示可能比较短的数字，如"1"，或使用 "2-digit" 表示始终使用 2 位数字，如"01"。使用 "long" 表示全名，如" January"，使用 "short" 表示简称，如" Jan"，而使用 "narrow" 表示高度简写的名字，如" J"，但不保证唯一。

day

日，使用 "numeric" 表示 1 位或 2 位数字，或使用 "2-digit" 表示 2 位数字。

weekday

周，使用 "long" 表示全名，如 "Monday"，或使用 "short" 表示简称，如 "Mon"，或使用 "narrow" 表示高度简写的名字，如 "M"，但不保证唯一。

era

这个属性指定日期在格式化时是否考虑纪元，例如 CE 或 BCE。这个属性在格式化很久以前的日期或者使用日文日历时有用。合法值为 "long" "short" 和 "narrow"。

hour、minute、second

这几个属性指定如何显示时间。使用 "numeric" 表示 1 位或 2 位数字，使用 "2-digit" 表示强制 1 位数值在左侧填补 0。

timeZone

这个属性指定格式化日期时使用的时区。如果省略，则使用本地时区。实现可能始终以 UTC 时区为准，也可能以 IANA（Internet Assigned Numbers Authority，因特网地址分配机构）的时区（如 "America/Los_Angeles"）为准。

timeZoneName

这个属性指定在格式化的日期和时间中如何显示时区。使用 "long" 表示时区全称，而 "short" 表示简写或数值形式的时区。

hour12

这是个布尔值属性，指定是否使用 12 小时制。默认值取决于地区设置，但可以使用这个属性来覆盖。

hourCycle

这个属性允许指定半夜 12 点是写为 0 时、12 时还是 24 时。默认值取决于地区设备，但可以使用这个属性来覆盖。注意 hour12 相比这个属性具有更高的优先级。使用 "h11" 指定半夜 12 点是 0 时，而此前 1 小时是晚上 11 点。使用 "h12" 指定半夜是 12 点。使用 "h23" 指定半夜是 0 时，而此前 1 小时是 23 时。最后，使用 "h24" 将半夜指定为 24 时。

下面是几个例子：

```
let d = new Date("2020-01-02T13:14:15Z");  // January 2nd, 2020, 13:14:15 UTC

// 没有选项对象，就是基本的数值式日期格式
Intl.DateTimeFormat("en-US").format(d) // => "1/2/2020"
Intl.DateTimeFormat("fr-FR").format(d) // => "02/01/2020"

// 周和月使用名字
let opts = { weekday: "long", month: "long", year: "numeric", day: "numeric" };
Intl.DateTimeFormat("en-US", opts).format(d) // =>"Thursday, January 2, 2020"
```

```
Intl.DateTimeFormat("es-ES", opts).format(d) // =>"jueves, 2 de enero de 2020"

// 纽约时间，但适合讲法语的加拿大人
opts = { hour: "numeric", minute: "2-digit", timeZone: "America/New_York" };
Intl.DateTimeFormat("fr-CA", opts).format(d) // => "8 h 14"
```

Intl.DateTimeFormat 默认使用儒略历，但也可以使用其他日历。虽然有些地区默认可能使用非儒略历，但可以在地区中添加 -u-ca- 后跟日期名来明确指定要使用什么日历。可以使用的日历名包括“buddhist”“chinese”“coptic”“ethiopic”“gregory”“hebrew”“indian”“islamic”“iso8601”“japanese”和“persian”。继续前面的例子，可以使用各种非公历来确定年份：

```
let opts = { year: "numeric", era: "short" };
Intl.DateTimeFormat("en", opts).format(d)              // => "2020 AD"
Intl.DateTimeFormat("en-u-ca-iso8601", opts).format(d) // => "2020 AD"
Intl.DateTimeFormat("en-u-ca-hebrew", opts).format(d)  // => "5780 AM"
Intl.DateTimeFormat("en-u-ca-buddhist", opts).format(d)// => "2563 BE"
Intl.DateTimeFormat("en-u-ca-islamic", opts).format(d) // => "1441 AH"
Intl.DateTimeFormat("en-u-ca-persian", opts).format(d) // => "1398 AP"
Intl.DateTimeFormat("en-u-ca-indian", opts).format(d)  // => "1941 Saka"
Intl.DateTimeFormat("en-u-ca-chinese", opts).format(d) // => "36 78"
Intl.DateTimeFormat("en-u-ca-japanese", opts).format(d)// => "2 Reiwa"
```

11.7.3 比较字符串

按字母顺序对字符串排序（或者更通用的说法是对非字母文字“整理排序”）是一个经常会超出英语人士预想的问题。英语的字母表相对较小，没有重音字母，而且有字符编码的优势（ASCII，已经整合到 Unicode 中），其中数字值完全匹配英语标准的字符串排序习惯。对其他语言来说就没有那么简单了。比如，西班牙语就将 ñ 看成位于 n 后面、o 前面的字母。立陶宛语字母的 Y 位于 J 前面，威尔士语将二合字母 CH 和 DD 当成一个字母，但 CH 在 C 后面，DD 则在 D 后面。

如果想以自然的方式向用户显示字符串，只使用字符串数组的 sort() 方法是不够的。但如果创建一个 Intl.Collator 对象，可以将这个对象的 compare() 方法传给 sort() 方法，以执行适合当地的字符串排序。Intl.Collator 对象可以配置让 compare() 方法执行不匹配大小写的比较，甚至只考虑基本字母且忽略重音和其他变音符号的比较。

与 Intl.NumberFormat() 和 Intl.DateTimeFormat() 类似，Intl.Collator() 构造函数也接收两个参数。第一个参数指定地区或地区数组，第二个参数是一个可选的对象，其属性指定具体执行哪种比较。以下是选项对象参数支持的属性。

usage

这个属性指定如何使用整理器（collator）对象，默认值为 "sort"，但也可以指定为

"search"。背后的思想是在排序字符串时，我们通常希望整理器区分尽可能多的字符串以产生可靠的排序。但在比较两个字符串时，某些地区可能想进行不那么严格的比较，比如忽略重音。

sensitivity

这个属性指定整理器在比较字符串时是否区分字母大小写和重音。值 "base" 意味着比较时忽略大小写和重音，只考虑每个字符的基本字母（不过要注意，某些语言认为有的重读字符不同于基本字母）。"accent" 在比较时考虑重音但忽略大小写。"case" 考虑大小写但忽略重音。而 "variant" 执行严格的比较，既区分大小写也考虑重音。这个属性的默认值在 usage 是 "sort" 时是 "variant"。如果 usage 是 "search"，默认的大小写规则取决于地区。

ignorePunctuation

将这个属性设置为 true 以便在比较字符串时忽略空格和标点符号。比如，将这个属性设置为 true 时，字符串“any one”和“anyone”会被认为相等。

numeric

如果比较的内容是整数或包含整数，而你希望按照数值顺序而非字母顺序对它们进行排序，要将这个属性设置为 true。设置这个选项后，字符串“Version 9”会排在“Version 10”前面。

caseFirst

这个属性指定是大写字母还是小写字母应该排在前面。如果指定 "upper"，则 "A" 会排在 "a" 前面。如果指定 "lower"，则 "a" 会排在 "A" 前面。无论哪种形式优先，同一字母的大写变体和小写变体在排序中都会紧挨在一起，而不同于所有 ASCII 大写字母会位于所有 ASCII 小写字母之前的 Unicode 字典顺序（即 Array 的 sort() 方法的默认行为）。这个属性的默认值因地区而异，实现可能会忽略这个属性，不允许我们覆盖大小写排列的顺序。

在通过选项为目标地区创建 Intl.Collator 对象之后，可以使用它的 compare() 方法比较两个字符串。这个方法返回一个数值。如果返回的值小于 0，则第一个字符串位于第二个字符串前面。如果返回的值大于 0，则第一个字符串位于第二个字符串后面。如果 compare() 返回 0，则说明整理器认为两个字符串相等。

compare() 方法接收两个字符串参数，返回一个小于、等于或大于 0 的数值，这跟 Array 的 sort() 方法期待的可选参数和返回值特点完全一致。同样，Intl.Collator 也会自动将 compare() 方法绑定到它的实例，因此可以直接把这个方法传给 sort() 而无须编写包装函数再通过整理器调用它。下面是几个例子：

```
// 按照用户地区排序的简单整理器
// 千万不要像这个例子这样什么也不传就对人类可读的字符串进行排序
const collator = new Intl.Collator().compare;
["a", "z", "A", "Z"].sort(collator)        // => ["a", "A", "z", "Z"]

// 文件名经常包含数值，因此需要进行特殊排序。
const filenameOrder = new Intl.Collator(undefined, { numeric: true }).compare;
["page10", "page9"].sort(filenameOrder) // => ["page9", "page10"]

// 查找大致匹配目标字符串的所有字符串
const fuzzyMatcher = new Intl.Collator(undefined, {
    sensitivity: "base",
    ignorePunctuation: true
}).compare;
let strings = ["food", "fool", "Føø Bar"];
strings.findIndex(s => fuzzyMatcher(s, "foobar") === 0)  // => 2
```

有些地区可能存在多种整理顺序。比如在德国，电话号码簿使用与字典顺序稍微不一样的字母发音排序。1994 年以前在西班牙，"ch"和"ll"被当成两个字母，因此该国目前有一个现代排序和一个传统排序。而在中国，整理顺序可以基于字符的编码、字符的笔画或字符的拼音。这些不同的整理方式无法通过 Intl.Collator 的选项对象来指定，但可以通过给地区字符串添加 -u-co- 及期待的变体名字来指定。比如，在德国可以使用 "de-DE-u-co-phonebk" 来指定按字母发音排序。

```
// 1994 年以前，西班牙将 CH 和 LL 当成两个字母
const modernSpanish = Intl.Collator("es-ES").compare;
const traditionalSpanish = Intl.Collator("es-ES-u-co-trad").compare;
let palabras = ["luz", "llama", "como", "chico"];
palabras.sort(modernSpanish)        // => ["chico", "como", "llama", "luz"]
palabras.sort(traditionalSpanish) // => ["como", "chico", "luz", "llama"]
```

11.8 控制台 API

本书几乎随处可见 console.log() 函数。在浏览器中，console.log() 会在开发者工具面板的"控制台"标签页中打印字符串，这是排查问题时非常有用的功能。在 Node 中，console.log() 是通用的输出函数，可以将其参数打印到进程的标准输出流，通常会作为程序输出显示在用户的终端窗口中。

除了 console.log() 之外，控制台 API 还定义了其他几个非常有用的函数。这个 API 并不是 ECMAScript 标准，但已经被浏览器和 Node 支持，并已经正式写入标准并通过 WHATWG 标准化：*https://console.spec.whatwg.org/*。

控制台 API 定义了以下函数。

console.log()
　　这是最常用的控制台函数。它将参数转换为字符串并输出到控制台。它会在参数之间输出空格，并在输出所有参数后重新开始一行。

`console.debug()`、`console.info()`、`console.warn()`、`console.error()`

这几个函数与 `console.log()` 几乎相同。在 Node 中，`console.error()` 将其输出发送到标准错误流，而不是标准输出流。除此之外的其他函数都是 `console.log()` 的别名。在浏览器中，这几个函数生成的输出消息前面可能会带一个图标，表示级别或严重程度。开发者控制台可能也支持开发者按照级别筛选控制台消息。

`console.assert()`

如果这个函数的第一个参数是真值（也就是断言通过），则这个函数什么也不做。但如果第一个参数是 false 或其他假值，则剩余参数会像被传给 `console.error()` 一样打印出来，且前面带一个"Assertion failed"前缀。注意，与典型的 `assert()` 函数不同，`console.assert()` 不会在断言失败时抛出异常。

`console.clear()`

这个函数在可能的情况下清空控制台。在浏览器及 Node 中通过终端显示输出时，这个函数是有效的。如果 Node 的输出被重定向到文件或管道，则调用这个函数没有任何效果。

`console.table()`

这个函数有一个极其强大但却鲜为人知的特性，即可以生成表列数据输出，这对于需要产生摘要数据的 Node 程序尤其有用。`console.table()` 尝试以表列形式显示其参数（如果无法实现，则使用常规的 `console.log()` 格式）。如果参数是相对比较短的对象数组，而数组中的所有对象具有（不那么多的）相同属性时，使用这个函数效果最好。在这种情况下，数组中的每个对象的信息会显示在表格的一行中，对象的每个属性就是表格的一列。也可以传入一个属性数组作为可选的第二个参数，以指定想要显示的列。如果传入的是对象而非对象的数组，那么输出会用一列显示属性名，一列显示属性值。如果属性值本身也是对象，则它们的属性名会变成表格的列。

`console.trace()`

这个函数会像 `console.log()` 一样打印它的参数，此外在输出之后还会打印栈跟踪信息。在 Node 中，这个函数的输出会进入标准错误而不是标准输出。

`console.count()`

这个函数接收一个字符串参数，并打印该字符串，后面跟着已经通过该字符串调用的次数。在调试事件处理程序时，如果需要知道事件处理程序被触发的次数，可以使用这个函数。

`console.countReset()`

这个函数接收一个字符串参数，并重置针对该字符串的计数器。

`console.group()`

这个函数将它的参数像传给 `console.log()` 一样打印到控制台，然后设置控制台的内部状态，让所有后续的控制台消息（在下一次调用 console.groupEnd() 之前）相对刚刚打印的消息缩进。这样可以通过缩进从视觉上把相关消息分为一组。在浏览器中，开发者控制台通常支持分组后消息以组为单位折叠和扩展。console.group() 的参数通常用于为分组提供解释性的名字。

console.groupCollapsed()

这个函数与 console.group() 类似，但在浏览器中分组默认会被"折叠"，因而其中包含的消息会隐藏，除非用户点击扩展分组。在 Node 中，这个函数与 console.group() 是同义函数。

console.groupEnd()

这个函数没有参数，本身也没有输出，只用于结束由最近一次调用 conosle.group() 或 console.groupCollapsed() 导致的缩进和分组。

console.time()

这个函数接收一个字符串参数，并记录以该字符串调用自身时的时间，没有输出。

console.timeLog()

这个函数接收一个字符串作为第一个参数。如果这个字符串之前传给过 console.time()，那么它会打印该字符串及自上次调用 console.time() 之后经过的时间。如果还有额外的参数传给 console.timeLog()，则这些参数会像被传给 console.log() 一样打印出来。

console.timeEnd()

这个函数接收一个字符串参数。如果该参数之前传给过 console.time()，则它打印该参数及经过的时间。在调用 console.timeEnd() 之后，如果不再调用 console.time()，则调用 console.timeLog() 将是不合法的。

11.8.1 通过控制台格式化输出

像 console.log() 这样打印自己参数的控制台函数都有一个不太为人所知的特性：如果第一个参数是包含 %s、%i、%d、%f、%o、%O 或 %c 的字符串，则这个参数会被当成格式字符串[注6]，后续参数的值会被代入这个字符串，以取代这些两个字符的 % 序列。

这些序列的含义如下。

%s

这个参数会被转换为字符串。

注6：C 程序员会从 printf() 函数中认识很多这种字符序列。

%i 和 %d

这个参数会被转换为数值，然后截断为整数。

%f

这个参数会被转换为数值。

%o 和 %O

这个参数会被转换为对象，对象的属性名和值会显示出来（在浏览器中，显示结果通常是可以交互的，用户可以扩展和折叠属性以查看嵌套的数据结构）。%o 和 %O 都会显示对象细节。但大写的变体使用实现决定的输出格式，即由实现决定什么格式对软件开发者最有用。

%c

在浏览器中，这个参数会被解释为 CSS 样式字符串，用于给后面的文本添加样式（直到下一个 %c 序列或字符串结束）。在 Node 中，%c 序列及其对应的参数会被忽略。

注意，在使用控制台函数时，通常并不需要格式字符串。一般来说，只要把一个或多个值（包括对象）传给这些函数，由实现决定如何以有用的方式显示它们就可以了。比如，给 console.log() 传入一个 Error 对象，它会自动在打印输出中包含栈跟踪信息。

11.9 URL API

由于 JavaScript 多用于浏览器和服务器，因此 JavaScript 代码经常需要操作 URL。URL 类可以解析 URL，同时允许修改已有的 URL（如添加搜索参数或修改路径），还可以正确处理对不同 URL 组件的转义和反转义。

URL 类并不是 ECMAScript 标准定义的，但 Node 和所有浏览器（除 Internet Explorer 之外）都实现了它。这个类是在 WHATWG 中标准化的，参见 *https://url.spec.whatwg.org/*。

使用 URL() 构造函数创建 URL 对象时，要传入一个绝对 URL 作为参数。也可以将一个相对 URL 作为第一个参数，将其相对的绝对 URL 作为第二个参数。创建了 URL 对象后，可以通过它的各种属性查询 URL 不同部分的非转义值：

```
let url = new URL("https://example.com:8000/path/name?q=term#fragment");
url.href         // => "https://example.com:8000/path/name?q=term#fragment"
url.origin       // => "https://example.com:8000"
url.protocol     // => "https:"
url.host         // => "example.com:8000"
url.hostname     // => "example.com"
url.port         // => "8000"
url.pathname     // => "/path/name"
url.search       // => "?q=term"
url.hash         // => "#fragment"
```

尽管并不常用，但 URL 可以包含用户名或者用户和密码，URL 类也可以解析这些 URL 组件：

```
let url = new URL("ftp://admin:1337!@ftp.example.com/");
url.href         // => "ftp://admin:1337!@ftp.example.com/"
url.origin       // => "ftp://ftp.example.com"
url.username     // => "admin"
url.password     // => "1337!"
```

这里的 origin 属性就是 URL 协议和主机的组合（如果提供了端口，则也会包含在内），而且它是个只读属性。但前面例子中展示的其他属性是可读写属性，即可以通过设置这些属性来设置 URL 中对应的部分：

```
let url = new URL("https://example.com");  // 创建服务器 URL
url.pathname = "api/search";               // 为这个 API 添加路径
url.search = "q=test";                     // 添加查询参数
url.toString() // => "https://example.com/api/search?q=test"
```

URL 类有一个重要特性，即它会在需要时正确地在 URL 中添加标点符号及转义特殊字符：

```
let url = new URL("https://example.com");
url.pathname = "path with spaces";
url.search = "q=foo#bar";
url.pathname  // => "/path%20with%20spaces"
url.search    // => "?q=foo%23bar"
url.href      // => "https://example.com/path%20with%20spaces?q=foo%23bar"
```

以上例子中的 href 属性比较特殊，读取 href 属性相当于调用 toString()，即将 URL 的所有部分组合成一个字符串形式的正式 URL。将 href 设置为一个新字符串会返回新字符串的 URL 解析器，就好像再次调用了 URL() 构造函数一样。

在前面的例子中，我们使用 search 属性引用 URL 中的整个查询部分。查询部分从一个问号开头到 URL 末尾或第一个井字符结束。有时候，把这个部分作为一个 URL 属性就足够了。但是，HTTP 请求经常会使用 application/x-www-form-urlencoded 格式将多个表单字段的值或多个 API 参数编码为 URL 的查询部分。在这个格式中，URL 的查询部分以问号开头，然后是一个或多个由和号（&）分隔的名/值对。可以有多个相同的名字，此时该搜索参数就有多个值。

如果要把这种名/值对编码为 URL 的查询部分，那么 searchParams 属性比 search 属性更有用。search 属性是一个可读写的字符串，通过它可以获取或设置 URL 的查询部分。searchParams 属性则是一个对 URLSearchParams 对象的只读引用，而 URLSearchParams 对象具有获取、设置、添加、删除和排序参数（该参数编码为 URL 的查询部分）的 API：

```
let url = new URL("https://example.com/search");
url.search                                // => "": 还没有参数
url.searchParams.append("q", "term");     // 添加一个搜索参数
url.search                                // => "?q=term"
url.searchParams.set("q", "x");           // 修改这个参数的值
url.search                                // => "?q=x"
url.searchParams.get("q")                 // => "x": 查询参数值
url.searchParams.has("q")                 // => true: 有一个 q 参数
url.searchParams.has("p")                 // => false: 没有 p 参数
url.searchParams.append("opts", "1");     // 再添加一个搜索参数
url.search                                // => "?q=x&opts=1"
url.searchParams.append("opts", "&");     // 为同一个参数再添加一个值
url.search                                // => "?q=x&opts=1&opts=%26": 有转义
url.searchParams.get("opts")              // => "1": 第一个值
url.searchParams.getAll("opts")           // => ["1", "&"]: 所有值
url.searchParams.sort();                  // 对参数进行排序
url.search                                // => "?opts=1&opts=%26&q=x"
url.searchParams.set("opts", "y");        // 修改 opts 参数
url.search                                // => "?opts=y&q=x"
// searchParams 是可迭代对象
[...url.searchParams]                     // => [["opts", "y"], ["q", "x"]]
url.searchParams.delete("opts");          // 删除 opts 参数
url.search                                // => "?q=x"
url.href                                  // => "https://example.com/search?q=x"
```

searchParams 属性的值是一个 URLSearchParams 对象。如果想把 URL 参数编码为查询字符串，可以创建 URLSearchParams 对象，追加参数，然后再将它转换为字符串并将其赋值给 URL 的 search 属性：

```
let url = new URL("http://example.com");
let params = new URLSearchParams();
params.append("q", "term");
params.append("opts", "exact");
params.toString()            // => "q=term&opts=exact"
url.search = params;
url.href                     // => "http://example.com/?q=term&opts=exact"
```

11.9.1 遗留 URL 函数

在前面介绍的 URL API 标准化之前，JavaScript 语言也曾多次尝试支持对 URL 的转义和反转义。第一次尝试定义全局的 escape() 和 unescape() 函数，这两个函数如今已经废弃，但仍然被广泛实现了。不应该再使用这两个函数了。

在废弃 escape() 和 unescape() 的同时，ECMAScript 增加了两对替代性的全局函数。

encodeURI() 和 decodeURI()

encodeURI() 接收一个字符串参数，返回一个新字符串，新字符串中非 ASCII 字符及某些 ASCII 字符（如空格）会被转义。decodeURI() 正好相反。需要转义的字符首先会被转换为它们的 UTF-8 编码，然后再将该编码的每个字节替换为 %xx 转义序

列，其中 xx 是两个十六进制数字。因为 encodeURI() 是要编码整个 URL，所以不会转义 URL 分隔符（如 /、? 和 #）。但这意味着 encodeURI() 不能正确地处理其组件中包含这些字符的 URL。

encodeURIComponent() 和 decodeURIComponent()

这对函数与 encodeURI() 和 decodeURI() 类似，只不过它们专门用于转义 URL 的单个组件，因此它们也会转义用于分隔 URL 组件的 /、? 和 # 字符。这两个函数是最有用的遗留 URL 函数，但要注意 encodeURIComponent() 也会转义路径名中的 / 字符，而这可能并不是我们想要的。另外它也会把查询参数中的空格转换为 %20，而实际上查询参数中的空格应该被转义为 +。

这些遗留函数的根本问题在于它们都在寻求把一种编码模式应用给 URL 的所有部分，而事实却是 URL 的不同部分使用的是不同的编码方案。如果想正确地格式化和编码 URL，最简单的办法就是使用 URL 类完成所有 URL 相关的操作。

11.10 计时器

从 JavaScript 问世开始，浏览器就定义了两个函数：setTimeout() 和 setInterval()。利用这两个函数，程序可以让浏览器在指定的时间过后调用一个函数，或者每经过一定时间就重复调用一次某个函数。这两个函数至今没有被写进核心语言标准，但所有浏览器和 Node 都支持，属于 JavaScript 标准库的事实标准。

setTimeout() 的第一个参数是函数，第二个参数是数值，数值表示过多少毫秒之后调用第一个函数。在经过指定时间后（如果系统忙可能会稍微晚一点），将会调用作为第一个参数的函数，没有参数。例如，下面是 3 个 setTimeout() 调用，分别在 1 秒、2 秒和 3 秒之后打开一条控制台消息：

```
setTimeout(() => { console.log("Ready..."); }, 1000);
setTimeout(() => { console.log("set..."); }, 2000);
setTimeout(() => { console.log("go!"); }, 3000);
```

注意，setTimeout() 并不会等到指定时间之后再返回。前面这 3 行代码都会立即运行并返回，只是在未到 1000 毫秒时什么也不会发生。

如果省略传给 setTimeout() 的第二个参数，则该参数默认值为 0。但这并不意味着你的函数会立即被调用，只意味着这个函数会被注册到某个地方，将被"尽可能快地"调用。如果浏览器由于处理用户输入或其他事件而没有空闲，那么调用这个函数的时机可能在 10 毫秒甚至更长时间以后。

setTimeout() 注册的函数只会被调用一次。有时候，这个函数本身会再次调用

setTimeout()，以便将来某个时刻会再有一次调用。不过，要想重复调用某个函数，通常更简单的方式是使用 setInterval()。setInterval() 接收的参数与 setTimeout() 相同，但会导致每隔指定时间（同样是个近似的毫秒值）就调用一次指定函数。

setTimeout() 和 setInterval() 都返回一个值。如果把这个值保存在变量中，之后可以把它传给 clearTimeout() 或 clearInterval() 以取消对函数的调用。在浏览器中，这个返回值通常是一个数值，而在 Node 中则是一个对象。具体什么类型其实不重要，只要把它当成一个不透明的值就行了。这个值的唯一作用就是可以把它传给 clearTimeout() 以取消使用 setTimeout() 注册的函数调用（假设函数尚未被调用），或者传给 clearInterval() 以取消对通过 setInterval() 注册的函数的重复调用。

下面这个例子演示了使用 setTimeout()、setInterval() 和 clearInterval()，以及控制台 API 显示简单的数字时钟：

```
// 每隔 1 秒：清空控制台并打印当前时间
let clock = setInterval(() => {
    console.clear();
    console.log(new Date().toLocaleTimeString());
}, 1000);

// 10 秒钟后：停止重复上面的代码
setTimeout(() => { clearInterval(clock); }, 10000);
```

在第 13 章介绍异步编程时，我们还会看到 setTimeout() 和 setInterval()。

11.11 小结

学习一门编程语言不仅是掌握其语法。同等重要的是学习其标准库，从而熟练掌握语言本身提供的所有工具。本章讲述了 JavaScript 的标准库，主要包括如下内容。

- 重要的数据结构，如 Set、Map 和定型数组。

- 用于操作日期和 URL 的 Date 与 URL 类。

- JavaScript 的正则表达式语法及处理文本模式匹配的 RegExp 类。

- JavaScript 的国际化库，可以格式化日期、时间、数值，以及排序字符串。

- 序列化和反序列化简单数据结构的 JSON 对象，以及用于打印消息的 console 对象。

第 12 章

迭代器与生成器

可迭代对象及其相关的迭代器是 ES6 的一个特性，在本书前面我们已经看到了一些示例。数组（包括 Typed Array）是可迭代的，字符串、Set 对象和 Map 对象也是。这意味着这些数据结构的内容可以通过 5.4.4 节介绍的 for/of 循环来迭代（或循环访问）：

```
let sum = 0;
for(let i of [1,2,3]) { // 对每个值都循环一次
    sum += i;
}
sum    // => 6
```

迭代器让 ... 操作符能够展开或 "扩展" 可迭代对象，像在 7.1.2 节中看到的那样得到初始化数组或函数调用的参数列表：

```
let chars = [..."abcd"]; // chars == ["a", "b", "c", "d"]
let data = [1, 2, 3, 4, 5];
Math.max(...data)         // => 5
```

迭代器也可以用于解构赋值：

```
let purpleHaze = Uint8Array.of(255, 0, 255, 128);
let [r, g, b, a] = purpleHaze; // a == 128
```

迭代 Map 对象时，返回值是 [key, value] 对，在 for/of 循环中可以直接使用解构赋值：

```
let m = new Map([["one", 1], ["two", 2]]);
for(let [k,v] of m) console.log(k, v); // 打印 'one 1' 和 'two 2'
```

如果只想迭代键或值，而不是键 / 值对，可以使用 keys() 或 values() 方法：

```
[...m]          // => [["one", 1], ["two", 2]]: 默认迭代
[...m.entries()] // => [["one", 1], ["two", 2]]: entries() 方法相同
[...m.keys()]   // => ["one", "two"]: keys() 方法只迭代键
[...m.values()] // => [1, 2]: values() 方法只迭代值
```

最后，有些会接收 Array 对象的内置函数和构造函数（在 ES6 及之后的版本中）可以接收任意迭代器。例如，Set() 构造函数就是这样一个 API：

```
// 字符串是可迭代的，因此两个集合相同：
new Set("abc") // => new Set(["a", "b", "c"])
```

本章解释迭代器的原理，并展示如何创建可迭代的数据结构。理解了迭代器的基本概念后，我们再讲解生成器。生成器也是 ES6 的一个新特性，主要用于简化迭代器的创建。

12.1 迭代器原理

for/of 循环和扩展操作符可以直接操作可迭代对象，但有必要理解这种迭代是如何发生的。要理解 JavaScript 中的这种迭代，必须理解 3 个不同的类型。首先是可迭代对象，类似于 Array、Set、Map，都是可以迭代的。其次是迭代器对象，用于执行迭代。最后是迭代结果对象，保存每次迭代的结果。

可迭代对象指的是任何具有专用迭代器方法，且该方法返回迭代器对象的对象。迭代器对象指的是任何具有 next() 方法，且该方法返回迭代结果对象的对象。迭代结果对象是具有属性 value 和 done 的对象。要迭代一个可迭代对象，首先要调用其迭代器方法获得一个迭代器对象。然后，重复调用这个迭代器对象的 next() 方法，直至返回 done 属性为 true 的迭代结果对象。这里比较特别的地方是，可迭代对象的迭代器方法没有使用惯用名称，而是使用了符号 Symbol.iterator 作为名字。因此可迭代对象 iterable 的简单 for/of 循环也可以写成如下这种复杂的形式：

```
let iterable = [99];
let iterator = iterable[Symbol.iterator]();
for(let result = iterator.next(); !result.done; result = iterator.next()) {
    console.log(result.value)  // result.value == 99
}
```

内置可迭代数据类型的迭代器对象本身也是可迭代的（也就是说，它们有一个名为 Symbol.iterator 的方法，返回它们自己）。在下面的代码所示的需要迭代"部分使用"的迭代器时，这种设计是有用的：

```
let list = [1,2,3,4,5];
let iter = list[Symbol.iterator]();
let head = iter.next().value;  // head == 1
let tail = [...iter];          // tail == [2,3,4,5]
```

12.2 实现可迭代对象

在 ES6 中，可迭代对象非常重要。因此，只要你的数据类型表示某种可迭代的结构，就应该考虑把它们实现为可迭代对象。第 9 章的示例 9-2 和示例 9-3 展示的 Range 类就是可迭代的。那些类使用生成器函数把自己转换为可迭代的类。本章后面会讲解生成器，这里我们先再实现一次可迭代的 Range 类，但这次不使用生成器。

为了让类可迭代，必须实现一个名为 Symbol.iterator 的方法。这个方法必须返回一个迭代器对象，该对象有一个 next() 方法。而这个 next() 方法必须返回一个迭代结果对象，该对象有一个 value 属性和/或一个布尔值 done 属性。示例 12-1 实现了一个可迭代的 Range 类，演示了如何创建可迭代对象、迭代器对象和迭代结果对象。

示例 12-1：可迭代的数值 Range 类

```
/*
 * Range 对象表示一个数值范围 {x: from <= x <= to}
 * Range 定义了 has() 方法用于测试给定数值是不是该范围的成员
 * Range 是可迭代的，迭代其范围内的所有整数
 */
class Range {
    constructor (from, to) {
        this.from = from;
        this.to = to;
    }

    // 让 Range 对象像数值的集合一样
    has(x) { return typeof x === "number" && this.from <= x && x <= this.to; }

    // 使用集合表示法返回当前范围的字符串表示
    toString() { return `{ x | ${this.from} ≤ x ≤ ${this.to} }`; }

    // 通过返回一个迭代器对象，让 Range 对象可迭代
    // 注意这个方法的名字是一个特殊符号，不是字符串
    [Symbol.iterator]() {
        // 每个迭代器实例必须相互独立、互不影响地迭代自己的范围
        // 因此需要一个状态变量跟踪迭代的位置。从第一个大于等于
        // from 的整数开始
        let next = Math.ceil(this.from);  // 这是下一个要返回的值
        let last = this.to;               // 不会返回大于它的值
        return {                          // 这是迭代器对象
            // 这个 next() 方法是迭代器对象的标志
            // 它必须返回一个迭代结果对象
            next() {
                return (next <= last)   // 如果还没有返回 last
                    ? { value: next++ } // 则返回 next 并给它加 1
                    : { done: true };   // 否则返回表示完成的对象
            },

            // 为了方便起见，让迭代器本身也可迭代
            [Symbol.iterator]() { return this; }
        };
    }
}

for(let x of new Range(1,10)) console.log(x); // 打印数值 1 到 10
```

```
[...new Range(-2,2)]                              // => [-2, -1, 0, 1, 2]
```

除了可以把类变成可迭代的类之外，定义返回可迭代值的函数也很有用。例如，下面定义了两个函数，可以代替 JavaScript 数组的 map() 和 filter() 方法：

```
// 返回一个可迭代对象，迭代的结果是对传入的
// 可迭代对象的每个值应用 f() 的结果
function map(iterable, f) {
    let iterator = iterable[Symbol.iterator]();
    return {        // 这个对象既是迭代器对象也是可迭代对象
        [Symbol.iterator]() { return this; },
        next() {
            let v = iterator.next();
            if (v.done) {
                return v;
            } else {
                return { value: f(v.value) };
            }
        }
    };
}

// 把一个范围内的整数映射为它们的平方并转换为一个数组
[...map(new Range(1,4), x => x*x)]   // => [1, 4, 9, 16]

// 返回一个可迭代对象
// 只迭代 predicate 返回 true 的函数
function filter(iterable, predicate) {
    let iterator = iterable[Symbol.iterator]();
    return { // 这个对象既是迭代器对象也是可迭代对象
        [Symbol.iterator]() { return this; },
        next() {
            for(;;) {
                let v = iterator.next();
                if (v.done || predicate(v.value)) {
                    return v;
                }
            }
        }
    };
}

// 筛选整数范围，只保留偶数
[...filter(new Range(1,10), x => x % 2 === 0)]   // => [2,4,6,8,10]
```

可迭代对象与迭代器有一个重要的特点，即它们天性懒惰：如果计算下一个值需要一定的计算量，则相应计算会推迟到实际需要下一个值的时候再发生。例如，假设有一个非常长的文本字符串，你想对它进行分词，返回以空格分隔的单词。如果使用字符串的 split() 方法，那么哪怕一个单词都还没用也要处理整个字符串。这样可能会占用很多内存来保存返回的数组和其中的字符串。下面这个函数可以对字符串中的单词进行懒惰

迭代，不必把它们全部保存在内存里（使用 11.3.2 节介绍的返回迭代器的 matchAll()
方法实现这个函数更简单，该方法是 ES2020 新增的）：

```
function words(s) {
    var r = /\s+|$/g;                      // 匹配一个或多个空格或末尾
    r.lastIndex = s.match(/[^ ]/).index;   // 开始匹配第一个非空格
    return {                               // 返回一个可迭代的迭代器对象
        [Symbol.iterator]() {              // 这个方法是可迭代对象必需的
            return this;
        },
        next() {                           // 这个方法是迭代器必需的
            let start = r.lastIndex;       // 从上次匹配结束的地方恢复
            if (start < s.length) {        // 如果还没有处理完
                let match = r.exec(s);     // 匹配下一个单词边界
                if (match) {               // 如果找到了一个单词，则返回它
                    return { value: s.substring(start, match.index) };
                }
            }
            return { done: true };         // 否则，返回表示处理完成的结果
        }
    };
}

[...words(" abc def  ghi! ")] // => ["abc", "def", "ghi!"]
```

12.2.1 "关闭"迭代器：return() 方法

想象一下，如果我们在服务器端实现了上面的 words() 迭代器，它不接收字符串，而是
接收文件名，然后打开文件，读取行，再迭代行。在大多数操作系统中，打开文件读取
内容的程序都需要记得在读取后关闭文件。因此，这个假想的迭代器需要确保在 next()
方法返回最后一个单词后关闭文件。

但迭代器有时候不一定会跑完，如 for/of 循环可能被 break、return 或异常终止。类
似地，在使用迭代器进行解构赋值时，next() 方法被调用的次数取决于要赋值变量的个
数。虽然迭代器可能还剩下很多值没有返回，但是已经用不到它们了。

我们假想的文件内单词迭代器即使永远跑不到终点，也需要关闭它打开的文件。为此，
除了 next() 方法，迭代器对象还可以实现 return() 方法。如果迭代在 next() 返回
done 属性为 true 的迭代结果之前停止（最常见的原因是通过 break 语句提前退出 for/
of 循环），那么解释器就会检查迭代器对象是否有 return() 方法。如果有，解释器就会
调用它（不传参数），让迭代器有机会关闭文件、释放内存，或者做一些其他清理工作。
这个 return() 方法必须返回一个迭代器结果对象。这个对象的属性会被忽略，但返回
非对象值会导致报错。

for/of 循环和扩展操作符是 JavaScript 中非常有用的特性，因此你在创建 API 时，应该
尽可能使用它们。但是可迭代对象、它的迭代器对象，加上迭代器的结果对象让事情变

得有点复杂。好在生成器可以极大地简化自定义迭代器的创建，本章剩下的部分将介绍生成器。

12.3 生成器

生成器是一种使用强大的新 ES6 语法定义的迭代器，特别适合要迭代的值不是某个数据结构的元素，而是计算结果的场景。

要创建生成器，首先必须定义一个生成器函数。生成器函数在语法上类似常规的 JavaScript 函数，但使用的关键字是 function* 而非 function（严格来讲，function* 并不是一个新关键字，只是在 function 后面、函数名前面加了个 *。）调用生成器函数并不会实际执行函数体，而是返回一个生成器对象。这个生成器对象是一个迭代器。调用它的 next() 方法会导致生成器函数的函数体从头（或从当前位置）开始执行，直至遇见一个 yield 语句。yield（回送）是 ES6 的新特性，类似于 return 语句。yield 语句的值会成为调用迭代器的 next() 方法的返回值。看一个示例就明白了：

```javascript
// 这个生成器函数回送一组素数（10进制）
function* oneDigitPrimes() { // 调用这个函数不会运行下面的代码
    yield 2;                 // 而只会返回一个生成器对象。调用
    yield 3;                 // 该对象的 next() 会开始运行，直至
    yield 5;                 // 一个 yield 语句为 next() 方法提供
    yield 7;                 // 返回值
}

// 调用生成器函数，得到一个生成器
let primes = oneDigitPrimes();

// 生成器是一个迭代器对象，可以迭代回送的值
primes.next().value         // => 2
primes.next().value         // => 3
primes.next().value         // => 5
primes.next().value         // => 7
primes.next().done          // => true

// 生成器有一个 Symbol.iterator 方法，因此也是可迭代对象
primes[Symbol.iterator]()   // => primes

// 可以像使用其他可迭代对象一样使用生成器
[...oneDigitPrimes()]       // => [2,3,5,7]
let sum = 0;
for(let prime of oneDigitPrimes()) sum += prime;
sum                         // => 17
```

在这个示例中，我们使用 function* 语句定义了生成器。与常规函数一样，也可以使用表达式定义生成器。同样，只要在 function 关键字前面加个星号即可：

```
const seq = function*(from,to) {
    for(let i = from; i <= to; i++) yield i;
};
[...seq(3,5)]   // => [3, 4, 5]
```

在类和对象字面量中，定义方法时可以使用简写形式，省略 function 关键字。在这种情况下定义生成器，只要在应该出现 function 关键字的地方（如果用的话）加一个星号：

```
let o = {
    x: 1, y: 2, z: 3,
    // 这个生成器会回送当前对象的每个键
    *g() {
        for(let key of Object.keys(this)) {
            yield key;
        }
    }
};
[...o.g()] // => ["x", "y", "z", "g"]
```

注意，不能使用箭头函数语法定义生成器函数。

生成器在定义可迭代类时特别有用。例如，可以把示例 12-1 中的 [Symbol.iterator]() 方法替换成像下面这样更简短的 *[Symbol.iterator]() 生成器函数：

```
*[Symbol.iterator]() {
    for(let x = Math.ceil(this.from); x <= this.to; x++) yield x;
}
```

关于这个基于生成器的迭代器函数的作用，可以参考第 9 章的示例 9-3。

12.3.1 生成器的示例

如果确实生成自己通过某种计算回送的值，生成器还会有更大的用处。例如，下面这个生成器函数回送的是斐波纳契数：

```
function* fibonacciSequence() {
    let x = 0, y = 1;
    for(;;) {
        yield y;
        [x, y] = [y, x+y];   // 注意：解构赋值
    }
}
```

注意这个 fibonacciSequence() 生成器函数中有一个无限循环，永远回送值而不返回。如果通过扩展操作符 ... 来使用它，就会一直循环到内存耗尽，程序崩溃为止。不过，通过设置退出条件，可以在 for/of 循环中使用它：

```
// 返回第 n 个斐波纳契数
function fibonacci(n) {
    for(let f of fibonacciSequence()) {
        if (n-- <= 0) return f;
    }
}
fibonacci(20)    // => 10946
```

配合下面这个 take() 生成器，这种无穷生成器可以派上更大的用场：

```
// 回送指定可迭代对象的前 n 个元素
function* take(n, iterable) {
    let it = iterable[Symbol.iterator](); // 取得可迭代对象的生成器
    while(n-- > 0) {            // 循环 n 次：
        let next = it.next();  // 从迭代器中取得下一项
        if (next.done) return; // 如果没有更多值了，直接返回
        else yield next.value; // 否则，回送这个值
    }
}

// 包含前 5 个斐波纳契数的数组
[...take(5, fibonacciSequence())]   // => [1, 1, 2, 3, 5]
```

下面也是一个有用的生成器函数，它可以交替回送多个可迭代对象的元素：

```
// 拿到一个可迭代对象的数组，交替回送它们的元素
function* zip(...iterables) {
    // 取得每个可迭代对象的迭代器
    let iterators = iterables.map(i => i[Symbol.iterator]());
    let index = 0;
    while(iterators.length > 0) {        // 在还有迭代器的情况下
        if (index >= iterators.length) {    // 如果到了最后一个迭代器
            index = 0;                      // 返回至第一个迭代器
        }
        let item = iterators[index].next(); // 从下一个迭代器中取得下一项
        if (item.done) {                 // 如果该迭代器完成
            iterators.splice(index, 1);  // 则从数组中删除它
        }
        else {                           // 否则，
            yield item.value;            // 回送迭代的值
            index++;                     // 并前进到下一个迭代器
        }
    }
}

// 交替 3 个可迭代对象
[...zip(oneDigitPrimes(),"ab",[0])]    // => [2,"a",0,3,"b",5,7]
```

12.3.2 yield* 与递归生成器

除了前面定义的交替多个可迭代对象的 zip() 生成器，按顺序回送它们的元素的生成器函数也很有用。为此，可以写出下面的函数：

```
function* sequence(...iterables) {
    for(let iterable of iterables) {
        for(let item of iterable) {
            yield item;
        }
    }
}

[...sequence("abc",oneDigitPrimes())]   // => ["a","b","c", 2,3,5,7]
```

这种在生成器函数中回送其他可迭代对象元素的操作很常见，所以 ES6 为它定义了特殊语法。yield* 关键字与 yield 类似，但它不是只回送一个值，而是迭代可迭代对象并回送得到的每个值。使用 yield* 可以将前面定义的 sequence() 生成器函数简化成这样：

```
function* sequence(...iterables) {
    for(let iterable of iterables) {
        yield* iterable;
    }
}

[...sequence("abc",oneDigitPrimes())]   // => ["a","b","c", 2,3,5,7]
```

数组的 forEach() 方法通常是遍历数组元素的简便方式，因此你可能会忍不住把 sequence() 函数写成这样：

```
function* sequence(...iterables) {
    iterables.forEach(iterable => yield* iterable );   // 错误
}
```

可是，这样写不行。yield 和 yield* 只能在生成器函数中使用，而这里嵌套的箭头函数是一个常规函数，不是 function* 生成器函数，所以不能出现 yield。

yield* 可以用来迭代任何可迭代对象，包括通过生成器实现的。这意味着使用 yield* 可以定义递归生成器，利用这个特性可以通过简单的非递归迭代遍历递归定义的树结构。

12.4 高级生成器特性

生成器函数最常见的用途是创建迭代器，但生成器的基本特性是可以暂停计算，回送中间结果，然后在某个时刻再恢复计算。这意味着生成器拥有超越迭代器的特性，接下来几节将探讨这些特性。

12.4.1 生成器函数的返回值

到目前为止，我们看到的生成器函数都没有 return 语句，或者即便有，也用于提前退出，而不是返回值。与其他函数一样，生成器函数也可以返回值。为了理解这种情况下会发生什么，我们来回忆一下迭代的原理。next() 方法的返回值是一个有 value 或 done 属性的对象。通常，无论是迭代器还是生成器，如果这个 value 属性有定义，那么 done 属性未定义或为 false。如果 done 是 true，那么 value 就是未定义的。但对于返回值的生成器，最后一次调用 next() 返回的对象的 value 和 done 都有定义：value 是生成器返回的值，done 是 true（表示没有可迭代的值了）。最后这个值会被 for/of 循环和扩展操作符忽略，但手工迭代时可以通过显式调用 next() 得到：

```
function *oneAndDone() {
    yield 1;
    return "done";
}

// 正常迭代中不会出现返回的值
[...oneAndDone()]   // => [1]

// 但在显式调用 next() 时可以得到
let generator = oneAndDone();
generator.next()            // => { value: 1, done: false}
generator.next()            // => { value: "done", done: true }
// 如果生成器已经完成，则不会再返回值
generator.next()            // => { value: undefined, done: true }
```

12.4.2 yield 表达式的值

在前面的讨论中，我们一直把 yield 看成一个产生值但自己没有值的语句。事实上，yield 是一个表达式（回送表达式），可以有值。

调用生成器的 next() 方法时，生成器函数会一直运行直到到达一个 yield 表达式。yield 关键字后面的表达式会被求值，该值成为 next() 调用的返回值。此时，生成器函数就在求值 yield 表达式的中途停了下来。下一次调用生成器的 next() 方法时，传给 next() 的参数会变成暂停的 yield 表达式的值。换句话说，生成器通过 yield 向调用者返回值，而调用者通过 next() 给生成器传值。生成器和调用者是两个独立的执行流，它们交替传值（和控制权）。来看下面的代码：

```
function* smallNumbers() {
    console.log("next() 第一次被调用；参数被丢弃 ");
    let y1 = yield 1;    // y1 == "b"
    console.log("next() 第二次被调用，参数是 ", y1);
    let y2 = yield 2;    // y2 == "c"
    console.log("next() 第三次被调用，参数是 ", y2);
    let y3 = yield 3;    // y3 == "d"
    console.log("next() 第四次被调用，参数是 ", y3);
    return 4;
}

let g = smallNumbers();
console.log(" 创建了生成器；代码未运行 ");
```

```
let n1 = g.next("a");    // n1.value == 1
console.log(" 生成器回送 ", n1.value);
let n2 = g.next("b");    // n2.value == 2
console.log(" 生成器回送 ", n2.value);
let n3 = g.next("c");    // n3.value == 3
console.log(" 生成器回送 ", n3.value);
let n4 = g.next("d");    // n4 == { value: 4, done: true }
console.log(" 生成器返回 ", n4.value);
```

以上代码执行时，会打印下列输出，这些输出演示了两个代码块的交互过程：

```
创建了生成器；代码未运行
next() 第一次被调用；参数被丢弃
生成器回送 1
next() 第二次被调用，参数是 b
生成器回送 2
next() 第三次被调用，参数是 c
生成器回送 3
next() 第四次被调用，参数是 d
生成器返回 4
```

注意以上代码是不对称的。第一次调用 next() 启动生成器，但传入的值无法在生成器中访问到。

12.4.3 生成器的 return() 和 throw() 方法

如前所见，我们可以接收生成器函数回送或返回的值。同时，也可以通过生成器的 next() 方法给运行中的生成器传值。

除了通过 next() 为生成器提供输入之外，还可以调用它的 return() 和 throw() 方法，改变生成器的控制流。顾名思义，在生成器上调用这两个方法会导致它返回值或抛出异常，就像生成器函数中的一下条语句是 return 或 throw 一样。

本章前面讲过，如果迭代器定义了 return() 方法且迭代提前停止，解释器会自动调用 return() 方法，从而让迭代器有机会关闭文件或做一些其他清理工作。对生成器而言，我们无法定义这样一个 return() 方法来做清理工作，但可以在生成器函数中使用 try/finally 语句，保证生成器返回时（在 finally 块中）做一些必要的清理工作。在强制生成器返回时，生成器内置的 return() 方法可以保证这些清理代码运行（生成器也不会再被使用）。

正如 next() 方法可以让我们给运行中的生成器传入任意值一样，生成器的 throw() 方法也为我们提供了（以异常形式）向生成器发送任意信号的途径。调用 throw() 方法就会导致生成器函数抛出异常。如果生成器函数中有适当的异常处理代码，则这个异常就不一定致命，而是可以成为一种改变生成器行为的手段。例如，有一个计数器生成器，不断回送递增的整数。那我们可以把它写成一旦遇到 throw() 发送的异常就把计数器归零。

当生成器使用 yield* 回送其他可迭代对象的值时，调用生成器的 next() 方法会导致调用该可迭代对象 next() 方法。同样，return() 和 throw() 方法也是如此。如果一个生成器的 yield* 作用于一个可迭代对象，而该对象定义了这两个方法，那么在生成器上调用 return() 或 throw() 会导致相应迭代器的 return() 或 throw() 方法被调用。所有迭代器都必须有 next() 方法。需要在未完成迭代时做清理工作的迭代器应该定义 return() 方法。而任何迭代器都可以定义 throw() 方法，但其现实意义未知。

12.4.4 关于生成器的最后几句话

生成器是一种非常强大的通用控制结构，它赋予我们通过 yield 暂停计算并在未来某个时刻以任意输入值重新启动计算的能力。可以使用生成器在单线程 JavaScript 代码中创建某种协作线程系统。也可以利用生成器来掩盖程序中的异步逻辑，这样尽管某些函数调用依赖网络事件，实际上是异步的，但代码看起来还是顺序的、同步的。

利用生成器来做这些事情会造成代码非常难以理解或解释。不过，一切都过去了，这么做唯一有实践价值的场景就是管理异步代码。JavaScript 已经专门为此新增了 async 和 await 关键字（参见第 13 章），因此没有任何理由再以这种方式滥用生成器了。

12.5 小结

本章，我们学习了如下内容：

- 通过 for/of 循环和扩展操作符 ... 使用可迭代对象。

- 如果一个对象有一个方法的名字是符号 [Symbol.iterator] 且该方法返回一个迭代器对象，则该对象就是可迭代对象。

- 迭代器对象有一个 next() 方法，该方法返回一个迭代结果对象。

- 迭代结果对象有一个 value 属性，保存下一次迭代的值（如果有这个值）。如果迭代完成，则该结果对象必须有一个值为 true 的 done 属性。

- 可以定义自己的可迭代对象，只要实现一个 [Symbol.iterator]() 方法，让它返回一个带有 next() 方法的对象，而这个 next() 方法返回迭代结果对象即可。进而可以实现接收迭代器参数并返回迭代器值的函数。

- 生成器函数（以 function* 而非 function 定义的函数）是另一种定义迭代器的方式。

- 调用生成器函数时，函数体不会立即执行，但返回的值是一个可迭代的迭代器对象。每次调用这个迭代器的 next() 方法时，都会运行生成器函数中的一块代码。

- 生成器函数可以使用 yield 操作符指定迭代器的返回值。每次调用 next() 都会导致生成器函数运行到下一个 yield 表达式。而该 yield 表达式的值会变成迭代器的返回值。如果没有 yield 表达式了，生成器函数就会返回，迭代完成。

第 13 章

异步 JavaScript

有些计算机程序（例如科学模拟和机器学习模型）属于计算密集型。换句话说，这些程序会持续不断地运行，不会暂停，直到计算出结果为止。不过，大多数现实中的计算机程序则明显是异步的。这意味着它们常常必须停止计算，等待数据到达或某个事件发生。浏览器中的 JavaScript 程序是典型的事件驱动型程序，即它们会等待用户单击或触发，然后才会真正执行。而基于 JavaScript 的服务器则通常要等待客户端通过网络发送请求，然后才能执行操作。

这种异步编程在 JavaScript 中是司空见惯的。本章将介绍三种重要的语言特性，可以让编写异步代码更容易。ES6 新增的期约（Promise）是一种对象，代表某个异步操作尚不可用的结果。关键字 async 和 await 是 ES2017 中引入的，为简化异步编程提供了新语法，它允许开发者将基于期约的异步代码写成同步的形式。最后，异步迭代器和 for/await 循环是 ES2018 中引入的，允许在看起来同步的简单循环中操作异步事件流。

讽刺的是，JavaScript 虽然提供了这些编写异步代码的强大特性，但其核心语言特性中却没有一个是异步的。因此，为了演示期约、async、await 和 for/await，我们首先会介绍客户端和服务器端 JavaScript，解释浏览器和 Node 的某些异步特性（第 15 章和第 16 章将更详尽地介绍客户端和服务器端 JavaScript）。

13.1 使用回调的异步编程

在最基本的层面上，JavaScript 异步编程是使用回调实现的。回调就是函数，可以传给其他函数。而其他函数会在满足某个条件或发生某个（异步）事件时调用（"回调"）这个函数。回调函数被调用，相当于通知你满足了某个条件或发生了某个事件，有时这个调用还会包含函数参数，能够提供更多细节。通过具体的示例会更容易理解这些，接下来的几个小节将演示几种不同形式的基于回调的异步编程，包括客户端 JavaScript 和 Node。

13.1.1 定时器

一种最简单的异步操作就是在一定时间过后运行某些代码。如 11.10 节所示，可以使用 setTimeout() 函数来实现这种操作：

```
setTimeout(checkForUpdates, 60000);
```

setTimeout() 函数的第一个参数是一个函数，第二个参数是以毫秒为单位的时间间隔。在前面的代码中，假想的函数 checkForUpdates() 会在 setTimeout() 调用之后 60 000 毫秒（1 分钟）被调用。checkForUpdates() 是你的程序中可能会定义的一个回调函数，而 setTimeout() 则是用来注册你的回调函数的函数，它还指定在什么异步条件下调用回调函数。

setTimeout() 只会调用一次指定的回调函数，不传参数，然后就没事了。如果你编写了一个确实会检查更新的函数，那可能需要重复运行它。此时可以使用 setInterval() 而非 setTimeout()：

```
// 1 分钟后调用 checkForUpdates，然后每过 1 分钟就调用一次
let updateIntervalId = setInterval(checkForUpdates, 60000);

// setInterval() 返回一个值，把这个值传给 clearInterval()
// 可以停止这种重复调用（类似地，setTimeout() 也返回一个值，
// 可以把它传给 clearTimeout()）
function stopCheckingForUpdates() {
    clearInterval(updateIntervalId);
}
```

13.1.2 事件

客户端 JavaScript 编程几乎全都是事件驱动的。也就是说，不是运行某些预定义的计算，而是等待用户做一些事，然后响应用户的动作。用户在按下键盘按键、移动鼠标、单击鼠标或轻点触摸屏设备时，浏览器会生成事件。事件驱动的 JavaScript 程序在特定上下文中为特定类型的事件注册回调函数，而浏览器在指定的事件发生时调用这些函数。这些回调函数叫作事件处理程序或者事件监听器，是通过 addEventListener() 注册的：

```
// 要求浏览器返回一个对象，表示与下面的
// CSS 选择符匹配的 HTML <button> 元素
let okay = document.querySelector('#confirmUpdateDialog button.okay');

// 接下来注册一个回调函数，当用户
// 单击该按钮时会被调用
okay.addEventListener('click', applyUpdate);
```

在这个示例中，applyUpdate() 是一个假想的回调函数，假设是我们在某个地方实现的。调用 document.querySelector() 会返回一个对象，表示网页中单个特定的元素。在这

个元素上调用 addEventListener() 可以注册回调函数。addEventListener() 的第一个参数是一个字符串，指定要注册的事件类型（在这里是一次鼠标单击或轻点触摸屏）。如果用户单击或轻点了网页中指定的那个元素，浏览器就会调用 applyUpdate() 回调函数，并给它传入一个对象，其中包含有关事件的详细信息（例如事件发生的时间和鼠标指针的坐标）。

13.1.3 网络事件

JavaScript 编程中另一个常见的异步操作来源是网络请求。浏览器中运行的 JavaScript 可以通过类似下面的代码从 Web 服务器获取数据：

```javascript
function getCurrentVersionNumber(versionCallback) { // 注意回调参数
    // 通过脚本向后端版本 API 发送一个 HTTP 请求
    let request = new XMLHttpRequest();
    request.open("GET", "http://www.example.com/api/version");
    request.send();

    // 注册一个将在响应到达时调用的回调
    request.onload = function() {
        if (request.status === 200) {
            // 如果 HTTP 状态码没问题，则取得版本号并调用回调
            let currentVersion = parseFloat(request.responseText);
            versionCallback(null, currentVersion);
        } else {
            // 否则，通过回调报告错误
            versionCallback(response.statusText, null);
        }
    };
    // 注册另一个将在网络出错时调用的回调
    request.onerror = request.ontimeout = function(e) {
        versionCallback(e.type, null);
    };
}
```

客户端 JavaScript 代码可以使用 XMLHttpRequest 类及回调函数来发送 HTTP 请求并异步处理服务器返回的响应[注1]。这里定义的 getCurrentVersionNumber() 函数（可以想象 13.1.1 节讨论的那个假想的 checkForUpdates() 函数会使用它）会发送 HTTP 请求并定义事件处理程序，后者在收到服务器响应或者超时或其他错误导致请求失败时会被调用。

注意上面的代码示例并没有像之前的示例一样调用 addEventListener()。对于大多数 Web API（包括 XMLHttpRequest）来说，都可以通过在生成事件的对象上调

注 1：XMLHttpRequest 类与 XML 没有特殊的关系。在现代客户端 JavaScript 中，这个类很大程度上已经被 fetch() API 所取代。本书 15.11.1 节将介绍 fetch() API。这里展示的代码示例是本书保留的最后一个基于 XMLHttpRequest 的示例。

用 addEventListener() 并将相关事件的名字传给回调函数来定义事件处理程序。不过，一般也可以通过将回调函数赋值给这个对象的一个属性来注册事件监听器。我们在上面的示例代码中也是这么做的，即把函数赋值给 onload、onerror 和 ontimeout 属性。按照惯例，像这样的事件监听器属性的名字总是以 on 开头。相较而言，addEventListener() 是一种更灵活的技术，因为它支持多个事件处理程序。不过假如你确定没有别的代码会给同一个对象的同一个事件再注册监听器，就可以简单一点，把相应的属性设置为你的回调。

关于这个示例中的 getCurrentVersionNumber() 函数，还有一点需要注意。因为发送的是异步请求，所以它不能同步返回调用者关心的值（当前版本号）。为此，调用者给它传了一个回调函数，在结果就绪或错误发生时会被调用。在这里，调用者提供了一个接收两个参数的回调函数。如果 XMLHttpRequest 正常工作，则 getCurrentVersionNumber() 调用回调时会给第一个参数传 null，把版本号作为第二个参数。否则，如果发生错误，则 getCurrentVersionNumber() 调用回调时将错误细节作为第一个参数，将 null 作为第二个参数。

13.1.4 Node 中的回调与事件

Node.js 服务器端 JavaScript 环境底层就是异步的，定义了很多使用回调和事件的 API。例如，读取文件内容的默认 API 就是异步的，会在读取文件内容后调用一个回调函数：

```
const fs = require("fs"); // "fs" 模块有文件系统相关的 API
let options = {              // 保存程序选项的对象
    // 默认选项可以写在这里
};

// 读取配置文件，然后调用回调函数
fs.readFile("config.json", "utf-8", (err, text) => {
    if (err) {
        // 如果有错误，显示一条警告消息，但仍然继续
        console.warn("Could not read config file:", err);
    } else {
        // 否则，解析文件内容并赋值给选项对象
        Object.assign(options, JSON.parse(text));
    }

    // 无论是什么情况，都会启动运行程序
    startProgram(options);
});
```

Node 的 fs.readFile() 函数以接收两个参数的回调作为最后一个参数。它会异步读取指定文件，然后调用回调。如果读取文件成功，它会把文件内容传给回调的第二个参数。如果发生错误，它会把错误传给回调的第一个参数。在这个示例中，我们把回调写成了一个箭头函数，对于这种简单操作，箭头函数既简洁又自然。

Node 也定义一些基于事件的 API。下面这个函数展示了在 Node 中如何通过 HTTP 请求获取 URL 的内容。它包含两层处理事件监听器的异步代码。注意，Node 使用 on() 方法而非 addEventListener() 注册事件监听器：

```
const https = require("https");

// 读取 URL 的文本内容，将其异步传给回调
function getText(url, callback) {
    // 对 URL 发送一个 HTTP GET 请求
    request = https.get(url);

    // 注册一个函数处理"response"事件
    request.on("response", response => {
        // 这个响应事件意味着收到了响应头
        let httpStatus = response.statusCode;

        // 此时并没有收到 HTTP 响应体
        // 因此还要再注册几个事件处理程序，以便收到响应体时被调用
        response.setEncoding("utf-8");  // 应该收到 Unicode 文本
        let body = "";                  // 需要在这里累积

        // 每个响应体块就绪时都会调用这个事件处理程序
        response.on("data", chunk => { body += chunk; });

        // 响应完成时会调用这个事件处理程序
        response.on("end", () => {
            if (httpStatus === 200) {   // 如果 HTTP 响应码没问题
                callback(null, body);   // 把响应体传给回调
            } else {                    // 否则传错误
                callback(httpStatus, null);
            }
        });
    });

    // 这里也为底层网络错误注册了一个事件处理程序
    request.on("error", (err) => {
        callback(err, null);
    });
}
```

13.2 期约

前面介绍了在客户端和服务器端 JavaScript 环境中回调和基于事件异步编程的示例。接下来介绍期约（Promise），这是一种为简化异步编程而设计的核心语言特性。

期约是一个对象，表示异步操作的结果。这个结果可能就绪也可能未就绪。而期约 API 在这方面故意含糊：没有办法同步取得期约的值，只能要求期约在值就绪时调用一个回调函数。假设我们要定义一个像上一节中 getText() 函数一样的异步 API，但希望它基于期约，没有回调参数，返回一个期约对象。然后调用者可以在这个期约对象上注册一

个或多个回调，当异步计算完成时，它们会被调用。

由此，在最简单的情况下，期约就是一种处理回调的不同方式。不过，使用期约也有实际的好处。基于回调的异步编程有一个现实问题，就是经常会出现回调多层嵌套的情形，造成代码缩进过多以致难以阅读。期约可以让这种嵌套回调以一种更线性的期约链形式表达出来，因此更容易阅读和推断。

回调的另一个问题是难以处理错误。如果一个异步函数（或异步调用的回调）抛出异常，则该异常没有办法传播到异步操作的发起者。异步编程的一个基本事实就是它破坏了异常处理。对此，一个补救方式是使用回调参数严密跟踪和传播错误并返回值。但这样非常麻烦，容易出错。期约则标准化了异步错误处理，通过期约链提供了一种让错误正确传播的途径。

期约表示的是一次异步计算的未来结果。不过，不能使用它们表示重复的异步计算。本章后面，我们会用期约写一个代替 setTimeout() 的函数。但是，不能使用期约代替 setInterval()，因为后者会重复调用回调函数，而这并不是设计期约时所考虑的用例。类似地，可以使用期约代替 XMLHttpRequest 对象的"加载"（load）事件处理程序，因为回调只会被调用一次。但显然不能使用期约代替 HTML 按钮对象的"单击"(click) 事件处理程序，因为我们通常允许用户多次单击按钮。

以下几节将：

- 解释期约相关的术语，展示期约的基本用法。
- 展示如何连缀期约。
- 演示如何基于期约创建自己的 API。

 期约乍一看很简单，而事实上，它的基本用例确实简单而直观。但有时期约也会导致极大的困扰。期约是异步编程的一种强大的惯用方法，只有深刻理解它才能正确自如地运用它。花点时间把它彻底搞清楚是非常值得的。建议读者专心致志地学完这一章，尽管它有点长。

13.2.1 使用期约

自从核心 JavaScript 语言支持期约以后，浏览器也开始实现基于期约的 API。上一节我们实现了一个 getText() 函数，它能发送异步 HTTP 请求，并将 HTTP 响应体传给以字符串形式指定的一个回调函数。想象一下这个函数还有一个变体叫 getJSON()，它不接收回调参数，而是把 HTTP 响应体解析成 JSON 格式并返回一个期约。本章后面会实现这个 getJSON() 函数，现在我们先来看看怎么使用这个返回期约的辅助函数：

```
getJSON(url).then(jsonData => {
    // 这是一个回调函数，它会在解析得到 JSON 值
    // 之后被异步调用，并接收该 JSON 值作为参数
});
```

getJSON() 向指定的 URL 发送一个异步 HTTP 请求，然后在请求结果待定期间返回一个期约对象。这个期约对象有一个实例方法叫 then()。回调函数并没有被直接传给 getJSON()，而是传给了这个 then() 方法。当 HTTP 响应到达时，响应体会被解析为 JSON 格式，而解析后的值会被传给作为 then() 的参数的函数。

可以把这个 then() 方法想象成客户端 JavaScript 中注册事件处理程序的 addEventListener() 方法。如果多次调用一个期约对象的 then() 方法，则指定的每个函数都会在预期计算完成后被调用。

不过，与很多事件监听器不同，期约表示的是一次计算，每个通过 then() 方法注册的函数都只会被调用一次。有必要指出的是，即便调用 then() 时异步计算已经完成，传给 then() 的函数也会被异步调用。

在最简单的语法层面，then() 方法是期约独有的特性，而直接把 .then() 附加给返回期约的函数调用是一种惯用方法，不需要先把期约对象赋值给某个中间变量。

以动词开头来命名返回期约的函数以及使用期约结果的函数也是一种惯例。遵循这个惯例可以增加代码的可读性：

```
// 假设你有一个类似的函数可以显示用户简介
function displayUserProfile(profile) { /* 省略实现细节 */ }

// 下面演示了如何在返回期约的函数中使用这个函数
// 注意，这行代码读起来就像一句英语一样容易理解：
getJSON("/api/user/profile").then(displayUserProfile);
```

使用期约处理错误

异步操作，尤其是那些涉及网络的操作，通常都会有多种失败原因。健壮的代码必须处理各种无法避免的错误。

对期约而言，可以通过给 then() 方法传第二个函数来实现错误处理：

```
getJSON("/api/user/profile").then(displayUserProfile, handleProfileError);
```

期约表示在期约对象被创建之后发生的异步计算的未来结果。因为计算是在返回期约对象之后执行的，所以没办法让该计算像以往那样返回一个值，或者抛出一个可以捕获的异常。我们传给 then() 的函数可以提供一个替代手段。同步计算在正常结束后会向调用者返回计算结果，而基于期约的异步计算在正常结束后，则会把计算结果传给作为

then() 的第一个参数的函数。

同步计算出错会抛出一个异常，该异常会沿调用栈向上一直传播到一个处理它的 catch 子句。而异步计算在运行时，它的调用者已经不在调用栈里，因此如果出现错误，根本没办法向调用者抛回异常。

为此，基于期约的异步计算把异常（通常是某种 Error 对象，尽管不是必需的）传给作为 then() 的第二个参数的函数。因此对于上面的代码而言，如果 getJSON() 正常结束，它会把计算结果传给 displayUserProfile()。如果出现了错误（如用户没有登录、服务器下线、用户网络中断、请求超时等），则 getJSON() 会把 Error 对象传给 handleProfileError()。

实际开发中，很少看到给 then() 传两个函数的情况。因为在使用期约时，还有一种更好也更符合传统的错误处理方式。为理解这种方式，可以先考虑一下如果 getJSON() 正常结束但 displayUserProfile() 中发生错误会怎么样。回调函数在 getJSON() 返回时是被异步调用的，因此也是异步执行的，不能明确地抛出一个异常（因为调用栈里没有处理这种异常的代码）。

处理这个代码中错误的更符合传统的方式如下：

```
getJSON("/api/user/profile").then(displayUserProfile).catch(handleProfileError);
```

这行代码意味着 getJSON() 正常返回的结果仍然会传给 displayUserProfile()，但 getJSON() 和 displayUserProfile() 在执行时发生的任何错误（包括 displayUserProfile 抛出的任何异常）都会传给 handleProfileError()。这个 catch() 方法只是对调用 then() 时以 null 作为第一个参数，以指定的错误处理函数作为第二个参数的一种简写形式。

在下一节讨论期约链时，我们还会更详尽地介绍 catch() 以及这种惯用的错误处理方式。

期约相关的术语

在进一步讨论期约之前，有必要熟悉几个术语。如果不是讨论编程，而是讨论人类的承诺，我们会说承诺得到"信守"或被"背弃"。而在讨论 JavaScript 期约时，对应的术语是得到"兑现"（fulfill）和被"拒绝"（reject）。想象一下，调用一个期约的 then() 方法时传入了两个回调函数。如果第一个回调被调用，我们说期约得到兑现，而如果第二个回调被调用，我们说期约被拒绝。如果期约既未兑现，也未被拒绝，那它就是待定（pending）。而期约一旦兑现或被拒绝，我们说它已经落定（settle），永远不会再从兑现变成拒绝，反之亦然。

> 还记得本节开始时我们给期约的定义是："期约是一个对象，表示异步操作的结果。"
> 关键是要记住期约不仅是在某些异步代码完成时注册回调的抽象方式，它还表示该
> 异步代码的结果。如果异步代码正常结束（期约兑现），那这个结果基本上就是代码
> 的返回值。如果异步代码没有正常结束（期约被拒绝），那这个结果就是一个 Error
> 对象或者某个其他值（如果非异步代码抛出了异常）。任何已经落定的期约都有一个
> 与之关联的值，而这个值不会再改变。如果期约兑现，那这个值会传给作为 then()
> 的第一个参数注册的回调函数。如果期约被拒绝，那这个值是一个错误，会传给使
> 用 catch() 注册的或作为 then() 的第二个参数注册的回调函数。
>
> 之所在要在这里准确定义期约相关的术语，是因为期约也可能被解决（resolve）。这个
> 解决状态很容易与兑现状态或落定状态混淆，但严格来讲它们并不是一回事。理解这个
> 解决状态是深刻理解期约的一个关键。在后面讨论期约链之后，我们还会再讨论它。

13.2.2 期约链

期约有一个最重要的优点，就是以线性 then() 方法调用链的形式表达一连串异步操作，
而无须把每个操作嵌套在前一个操作的回调内部。例如，下面是一个假想的期约链：

```
fetch(documentURL)                       // 发送 HTTP 请求
    .then(response => response.json())   // 获取 JSON 格式的响应体
    .then(document => {                  // 在取得解析后的 JSON 时
        return render(document);         // 把文档显示给用户
    })
    .then(rendered => {                  // 在取得渲染的文档后
        cacheInDatabase(rendered);       // 把它缓存在本地数据库中
    })
    .catch(error => handle(error));      // 处理发生的错误
```

以上代码说明期约链更容易表达一连串异步操作。在此，我们并不打算讨论这个示例的
期约链，而是要继续探讨使用期约链发送 HTTP 请求。

本章前面，我们看到了在 JavaScript 中使用 XMLHttpRequest 对象发送 HTTP 请求的
示例。那个名字有点怪的对象有着古老而简陋的 API，很大程度上已经被更新的基于
期约的 Fetch API（参见 15.11.1 节）取代。这个新 HTTP API 的最简单形式就是函数
fetch()。传给它一个 URL，它返回一个期约。这个期约会在 HTTP 响应开始到达且
HTTP 状态和头部可用时兑现：

```
fetch("/api/user/profile").then(response => {
    // 在期约解决时，可以访问 HTTP 状态和头部
    if (response.ok &&
        response.headers.get("Content-Type") === "application/json") {
        // 在这里可以做什么？现在还没有得到响应体
    }
});
```

在 fetch() 返回的期约兑现时，传给它的 then() 方法的函数会被调用，这个函数会收到一个 Response 对象。通过这个响应对象可以访问请求状态和头部，这个对象也定义了 text() 和 json() 等方法，通过它们分别可以取得文本和 JSON 格式的响应体。不过，虽然最初的期约兑现了，但响应体尚未到达。因此用于取得响应体的 text() 和 json() 方法本身也返回期约。下面是使用 fetch() 和 response.json() 方法取得 HTTP 响应体的幼稚方式：

```
fetch("/api/user/profile").then(response => {
    response.json().then(profile => {  // 获取 JSON 格式的响应体
        // 在响应体到达时，它会自动被解析为
        // JSON 格式并传入这个函数
        displayUserProfile(profile);
    });
});
```

说这是使用期约的幼稚方式，是因为我们像嵌套回调一样嵌套了它们，而这违背了期约的初衷。使用期约的首选方式是像以下代码这样写成一串期约链：

```
fetch("/api/user/profile")
    .then(response => {
        return response.json();
    })
    .then(profile => {
        displayUserProfile(profile);
    });
```

这段代码中的方法调用忽略了传给方法的参数：

```
fetch().then().then()
```

像这样在一个表达式中调用多个方法，我们称其为方法链。我们知道，fetch() 函数返回一个期约对象，而这个链上的第一个 .then() 调用了返回的期约对象上的一个方法。不过链中还有第二个 .then()，这意味着第一个 then() 方法调用本身必须返回一个期约。

有时候，当 API 被设计为使用这种方法链时只会有一个对象，它的每个方法都返回对象本身，以便后续调用。然而这并不是期约的工作方式。我们在写 .then() 调用链时，并不会在一个期约上注册多个回调。相反，每个 then() 方法调用都返回一个新期约对象。这个新期约对象在传给 then() 的函数执行结束才会兑现。

我们再回到上面那个原始 fetch() 链的简化形式。如果我们在别的地方定义了要传给 then() 的函数，那么可以把代码重构为如下所示：

```
fetch(theURL)          // 任务 1，返回期约 1
    .then(callback1)    // 任务 2，返回期约 2
    .then(callback2);   // 任务 3，返回期约 3
```

下面我们逐步剖析这段代码。

1. 第 1 行，调用 fetch() 并传入一个 URL。这个方法会向该 URL 发送一个 HTTP GET 请求并返回一个期约。我们称这个 HTTP 请求为"任务 1"，称这个期约为"期约 1"。

2. 第 2 行，调用期约 1 的 then() 方法，传入 callback1 函数，我们希望这个函数在期约 1 兑现时被调用。这个 then() 方法会把我们的回调保存在某个地方，并返回一个新期约。我们称这一步返回的新期约为"期约 2"，并说"任务 2"在 callback1 被调用时开始。

3. 第 3 行，调用期约 2 的 then() 方法，传入 callback2 函数，我们希望这个函数在期约 2 兑现时被调用。这个 then() 方法会记住我们的回调并返回另一个期约。我们说"任务 3"在 callback2 被调用时开始，并称最后这个期约为"期约 3"，但实际上并不需要给它命名，因为根本不会使用它。

4. 当这个表达式一开始执行，前面 3 步将同步发生。然后在第 1 步创建的 HTTP 请求通过互联网发出时有一个异步暂停。

5. 终于，HTTP 响应开始到达。fetch() 调用的异步逻辑将 HTTP 状态和头部包装到一个 Response 对象中，并将这个对象作为值兑现期约 1。

6. 期约 1 兑现后，它的值（Response 对象）会传给 callback1() 函数，此时任务 2 开始。这个任务的职责是以给定的 Response 对象作为输入，获取 JSON 格式的响应体。

7. 假设任务 2 正常结束，即成功解析 HTTP 响应体并生成了一个 JSON 对象。然后这个 JSON 对象被用于兑现期约 2。

8. 兑现期约 2 的值在传给 callback2() 函数时变成了任务 3 的输入。然后任务 3 以某种方式把数据显示给用户。任务 3 完成时（假设正常结束），期约 3 也会兑现。但由于我们并未给期约 3 注册回调，因此在它落定时什么也不会发生。此时这个异步计算链结束。

13.2.3 解决期约

在上一节逐步分析抓取 URL 的期约链时，我们说到了期约 1、期约 2 和期约 3。但实际上这里还有第 4 个期约对象。而这也引出了我们关于"解决"（resolve）期约意味着什么的重要讨论。

我们知道，fetch() 返回一个期约对象，在兑现时，它会把一个 Response 对象传给我们注册的回调函数。这个 Response 对象有 .text()、.json() 以及其他方法，用于获取不同格式的 HTTP 响应体。但由于响应体可能并未到达，这些方法必须返回期约对象。在我们研究的这个示例中，"任务 2"调用 .json() 方法并返回它的值。这个值就是第 4 个期约对象，也就是 callback1() 函数的返回值。

下面我们再重写一次抓取 URL 的代码，这一次使用冗余和非惯用方法，以便回调和期约更加明显：

```
function c1(response) {              // 回调 1
    let p4 = response.json();
    return p4;                       // 返回期约 4
}

function c2(profile) {              // 回调 2

    displayUserProfile(profile);
}

let p1 = fetch("/api/user/profile");  // 期约 1，任务 1
let p2 = p1.then(c1);                 // 期约 2，任务 2
let p3 = p2.then(c2);                 // 期约 3，任务 3
```

为了让期约链有效工作，任务 2 的输出必须成为任务 3 的输入。在该示例中，任务 3 的输入是从 URL 抓取到响应体后又解析生成的 JSON 对象。不过，正如刚才所说，回调 c1 的返回值并不是一个 JSON 对象，而是表示该 JSON 对象的期约 p4。这看起来好像矛盾了，但并没有：在 p1 兑现后，c1 被调用，任务 2 开始。而当 p2 兑现时，c2 被调用，任务 3 开始。不过，c1 被调用时任务 2 开始并不意味着任务 2 一定在 c1 返回时结束。期约是用于管理异步任务的，如果任务 2 是异步的（这里确实是），那么它在回调返回时就不会结束。

下面我们可以讨论真正掌握期约需要理解的最后一个细节了。当把回调 c 传给 then() 方法时，then() 返回期约 p，并安排好在将来某个时刻异步调用 c。届时，这个回调执行某些计算并返回一个值 v。当这个回调返回值 v 时，p 就以这个值得到解决。当期约以一个非期约值解决时，就会立即以这个值兑现。因此如果 c 返回非期约值，则该返回值就变成了 p 的值，然后 p 兑现，结束。可是，如果这个返回值 v 是一个期约，那么 p 会得到解决但并未兑现。此时，p 要等到期约 v 落定之后才能落定。如果 v 兑现了，那么 p 也会以相同的值兑现。如果 v 被拒绝了，那么 p 也会以相同的理由被拒绝。这就是期约"解决"状态的含义，即一个期约与另一个期约发生了关联（或"锁定"了另一个期约）。此时我们并不知道 p 将会兑现还是被拒绝。但回调 c 已经无法控制这个结果了。说 p 得到了"解决"，意思就是现在它的命运完全取决于期约 v 会怎么样。

好，我们再回到抓取 URL 的示例。当 c1 返回 p4 时，p2 得到解决。但解决并不等同于兑现，因此任务 3 还不会开始。当 HTTP 响应体全部可用时，.json() 方法才可以解析它并以解析后的值兑现 p4。p4 兑现后，p2 也会自动以该解析后的 JSON 值兑现。此时，解析后的 JSON 对象被传给 c2，任务 3 开始。

这可能是 JavaScript 中最不好理解的地方之一，你可能需要把这一节多读几遍。图 13-1 形象地展示了这个过程，可能有助于你想清楚这一点。

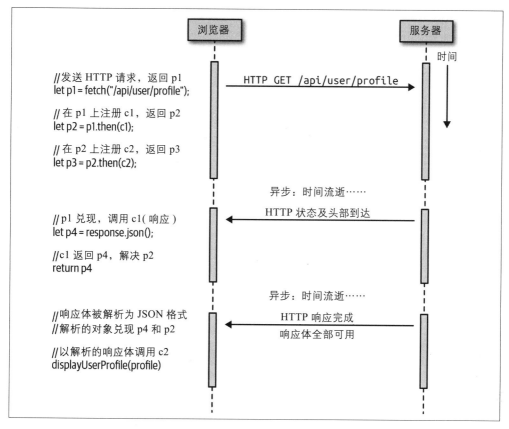

图 13-1：通过期约抓取 URL

13.2.4 再谈期约和错误

本章前面，我们介绍过可以给 .then() 方法传第二个回调函数，而这第二个函数会在期约被拒绝时调用。在这种情况发生时，传给这第二个回调函数的参数是一个值（通常是一个 Error 对象），表示拒绝理由。我们也知道给一个 .then() 方法传两个回调是很少见的（甚至并非惯用方法）。事实上，基于期约的错误一般是通过给期约链添加一个 .catch() 方法调用来处理的。既然我们已经了解了期约链，现在可以更详尽地讨论错误处理了。在讨论之前，我想要强调一点：细致的错误处理在异步编程中确实非常重要。在同步代码中，如果不编写错误处理逻辑，你至少会看到异常和栈追踪信息，从而能够查找出错的原因。而在异步代码中，未处理的异常往往不会得到报告，错误只会静默发生，导致它们更难调试。好消息是 .catch() 方法可以让处理期约错误更容易。

catch 和 finally 方法

期约的 .catch() 方法实际上是对以 null 为第一个参数、以错误处理回调为第二个参数的 .then() 调用的简写。对于任何期约 p 和错误回调 c，以下两行代码是等价的：

```
p.then(null, c);
p.catch(c);
```

之所以应该首选 .catch() 简写形式，一方面是因为它更简单，另一方面是因为它的名字对应 try/catch 异常处理语句的 catch 子句。如前所述，传统的异常处理在异步代码中并不适用。当同步代码出错时，我们可以说一个异常会"沿着调用栈向上冒泡"，直到碰上一个 catch 块。而对于异步期约链，类似的比喻可能是一个错误"沿着期约链向下流淌"，直到碰上一个 .catch() 调用。

在 ES2018 中，期约对象还定义了一个 .finally() 方法，其用途类似 try/catch/finally 语句的 finally 子句。如果你在期约链中添加一个 .finally() 调用，那么传给 .finally() 的回调会在期约落定时被调用。无论这个期约是兑现还是被拒绝，你的回调都会被调用，而且调用时不会给它传任何参数，因此你也无法知晓期约是兑现了还是被拒绝了。但假如你需要在任何情况下都运行一些清理代码（如关闭打开的文件或网络连接），那么 .finally() 回调是做这件事的理想方式。与 .then() 和 .catch() 一样，.finally() 也返回一个新期约对象。但 .finally() 回调的返回值通常会被忽略，而解决或拒绝调用 finally() 的期约的值一般也会用来解决或拒绝 .finally() 返回的期约。不过，如果 .finally() 回调抛出异常，就会用这个错误值拒绝 .finally() 返回的期约。

前几节展示的 URL 抓取代码并没有做任何错误处理。下面我们来改正一下，并将其重构为一个更接近现实的版本：

```
fetch("/api/user/profile")     // 发送 HTTP 请求
    .then(response => {        // 在状态和头部就绪时调用
        if (!response.ok) {    // 如果遇到 404 Not Found 或类似的错误
            return null;       // 可能用户未登录；返回空简介
        }

        // 检查头部以确保服务器发送给我们的是 JSON
        // 如果不是，说明服务器坏了，这是一个严重错误
        let type = response.headers.get("content-type");
        if (type !== "application/json") {
            throw new TypeError(`Expected JSON, got ${type}`);
        }

        // 如果到这里了，说明状态码是 2xx，内容类型也是 JSON
        // 因此我们可以安心地返回一个期约，表示解析响应体
        // 之后得到的 JSON 对象
        return response.json();
```

```
    })
    .then(profile => {          // 调用时传入解析后的响应体或 null
        if (profile) {
            displayUserProfile(profile);
        }
        else { // 如果遇到了 404 错误并返回 null，则会走到这里
            displayLoggedOutProfilePage();
        }
    })
    .catch(e => {
        if (e instanceof NetworkError) {
            // fetch() 在互联网连接故障时会走到这里
            displayErrorMessage("Check your internet connection.");
        }
        else if (e instanceof TypeError) {
            // 在上面抛出 TypeError 时会走到这里
            displayErrorMessage("Something is wrong with our server!");
        }
        else {
            // 走到这里说明发生了意料之外的错误
            console.error(e);
        }
    });
```

下面我们通过分析不同的错误来理解以上代码。我们会使用之前用过的命名模式：p1 是 fetch() 调用返回的期约。p2 是第一个 .then() 调用返回的期约，而 c1 是传给该 .then() 调用的回调。p3 是第二个 .then() 调用返回的期约，而 c2 是我们传给该调用的回调。最后，c3 是我们传给 .catch() 调用的回调（这个调用也返回一个期约，但不用给它命名）。

第一种可能失败的情况是 fetch() 请求本身。如果网络连接出现故障（或由于其他因素无法发送 HTTP 请求），那么期约 p1 会以一个 NetworkError 对象被拒绝。我们并没有给 .then() 调用传错误处理回调函数作为第二个参数，因此 p2 也会以同一个 NetworkError 对象被拒绝（如果我们给第一个 .then() 调用传了错误处理程序，该程序就会被调用。如果它正常返回，p2 会以该处理程序返回的值解决或兑现）。不过，我们并未传这个处理程序，因此 p2 被拒绝，而 p3 也会以同样的理由被拒绝。此时，c3 错误处理回调被调用，其中特定于 NetworkError 的代码会运行。

代码的另一种失败方式是 HTTP 请求返回了 404 Not Found 或其他 HTTP 错误。这些都是有效的 HTTP 响应，因此 fetch() 调用不会认为它们是错误。此时，fetch() 会把 404 Not Found 封装在一个 Response 对象中并以该对象兑现 p1。p1 兑现导致 c1 被调用。c1 中的代码会检查 Response 对象的 ok 属性，如果检测到它并未收到一个正常的 HTTP 响应，就会简单地返回 null。因为这个返回值并不是期约，所以它会立即兑现 p2，从而导致 c2 被以这个值调用。c2 中的代码显式检查了输入值是否为假，据此向用户显示不同的结果。这是将反常条件作为非错误且实际上不使用错误处理程序来处理的一个示例。

在 c1 中，如果我们拿到了正常的 HTTP 响应码，但 Content-Type 头部设置得不对，则会发生更严重的错误。我们的代码期待 JSON 格式的响应，因此如果服务器给我们发送的是 HTML、XML 或纯文本，那么后续处理就会出问题。c1 中包含检查 Content-Type 头部的代码。如果这个头部不对，它会将其视为一个不可恢复问题，抛出 TypeError。如果传给 .then()（或 .catch()）的回调抛出一个值，则这个 .then() 返回的期约会以这个抛出的值被拒绝。在这里，c1 的代码抛出 TypeError 会导致 p2 以该 TypeError 对象被拒绝。因为我们没有给 p2 指定错误处理程序，所以 p3 也会被拒绝。此时不会调用 c2，TypeError 会直接传给 c3，其中包含显式检查和处理这种错误的代码。

关于以上代码有两点需要说明一下。第一，注意这个错误对象是以常规、同步 throw 语句抛出的，而该错误最终在期约链中被一个 .catch() 方法调用处理。这充分说明了为什么应该尽量使用这种简写形式，而不是给 .then() 传第二个参数。同时也说明了为什么在期约链末尾添加一个 .catch() 调用是个惯例。

在结束错误处理这个话题之前，我想再指出一点。尽管在期约链末尾加上一个 .catch()来清理（或至少记录）链调用中发生的任何错误是一个惯例，在期约链的任何地方使用 .catch() 也是完全有效的。如果期约链的某一环会因错误而失败，而该错误属于某种可恢复的错误，不应该停止后续环节代码的运行，那么可以在链中插入一个 .catch()调用，得到类似如下所示的代码：

```
startAsyncOperation()
    .then(doStageTwo)
    .catch(recoverFromStageTwoError)
    .then(doStageThree)
    .then(doStageFour)
    .catch(logStageThreeAndFourErrors);
```

记住，传给 .catch() 的回调只会在上一环的回调抛出错误时才会被调用。如果该回调正常返回，那么这个 .catch() 回调就会被跳过，之前回调返回的值会成为下一个 .then() 回调的输入。还有，.catch() 回调不仅仅可以用于报告错误，还可以处理错误并从错误中恢复。一个错误只要传给了 .catch() 回调，就会停止在期约链中向下传播。.catch() 回调可以抛出新错误，但如果正常返回，那这个返回值就会用于解决或兑现与之关联的期约，从而停止错误传播。

下面我们来更具体地解释一下。在刚才的代码示例中，无论 startAsyncOperation()还是 doStageTwo() 抛出错误，都会调用 recoverFromStageTwoError() 函数。如果 recoverFromStageTwoError() 正常返回，那么它的返回值会传给 doStageThree()，异步操作将正常继续。而如果 recoverFromStageTwoError() 不能恢复，它自己应该抛出一个错误（或者把传给它的错误再抛出来）。此时，doStageThree() 和 doStageFour() 都不会被调用，recoverFromStageTwoError() 抛出的错误会直接传给 logStageThreeAndFourErrors()。

有时候，在复杂的网络环境下，错误可能多少会以某种概率随机发生。处理这些错误时，可以简单地重新发送异步请求。想象一下你写了一个基于期约的操作来查询数据库：

```
queryDatabase()
    .then(displayTable)
    .catch(displayDatabaseError);
```

现在假设瞬间网络负载问题会导致这个查询有 1% 的失败概率。一个简单的解决方案是通过 .catch() 调用来重新发送请求：

```
queryDatabase()
    .catch(e => wait(500).then(queryDatabase))  // 如果失败，等待并重试
    .then(displayTable)
    .catch(displayDatabaseError);
```

如果我们假想的失败真是随机的，那么加上这行代码应该可以把错误率从 1% 降到 0.01%。

从期约回调中返回

我们最后再回顾一次前面抓取 URL 的示例，看看传给第一个 .then() 的 c1 回调。注意 c1 有三种方式可以终止。首先，它可以正常返回由 .json() 调用返回的期约。这会导致 p2 被解决，但该期约是兑现还是被拒绝则取决于新返回的期约。第二，c1 可以正常返回 null 值，这会导致 p2 立即兑现。最后，c1 可以抛出一个错误，这会导致 p2 被拒绝。这些就是一个期约的三种可能的结果。而我们通过 c1 的代码理解了回调如何导致每一种结果。

在期约链中，一个环节返回（或抛出）的值会成为下一个环节的输入。因此每个环节返回什么至关重要。实际开发中，忘记从回调函数中返回值是导致期约相关问题的常见原因。而使用 JavaScript 的箭头函数快捷语法又让这个问题雪上加霜。再看一下在前面看到过的这行代码：

```
.catch(e => wait(500).then(queryDatabase))
```

通过学习第 8 章我们知道，箭头函数有很多简略写法。因为这里正好只有一个参数（错误值），所以可以省略包含参数的小括号。因为函数体就是一个表达式，所以可以省略包含函数体的大括号。此时表达式的值就变成了函数的返回值。因为有这些简略写法，前面的代码是正确的。但我们再来看看下面这个乍一看无害的修改：

```
.catch(e => { wait(500).then(queryDatabase) })
```

由于加上了大括号，就无法利用自动返回了。现在这个函数返回的是 undefined，而非返回期约。这意味着期约链下一环节的回调会接收到 undefined 参数，而不是重试查询的结果。这种微妙的错误可能并不容易发现。

13.2.5 并行期约

我们已经花了很多时间讨论期约链，但主要针对的是顺序运行一个较大异步操作的多个异步环节。然而有时候，我们希望并行执行多个异步操作。函数 Promise.all() 可以做到这一点。Promise.all() 接收一个期约对象的数组作为输入，返回一个期约。如果输入期约中的任意一个拒绝，返回的期约也将拒绝；否则，返回的期约会以每个输入期约兑现值的数组兑现。例如，假如你想抓取多个 URL 的文本内容，可以使用如下代码：

```
// 先定义一个 URL 数组
const urls = [ /* 零或多个 URL */ ];
// 然后把它转换为一个期约对象的数组
promises = urls.map(url => fetch(url).then(r => r.text()));
// 现在用一个期约来并行运行数组中的所有期约
Promise.all(promises)
    .then(bodies => { /* 处理得到的字符串数组 */ })
    .catch(e => console.error(e));
```

Promise.all() 实际上比刚才描述的稍微更灵活一些。其输入数组可以包含期约对象和非期约值。如果这个数组的某个元素不是期约，那么它就会被当成一个已兑现期约的值，被原封不动地复制到输出数组中。

由 Promise.all() 返回的期约会在任何一个输入期约被拒绝时拒绝。这会在第一个拒绝发生时立即发生，此时其他期约的状态可能还是待定。在 ES2020 中，Promise.allSettled() 也接收一个输入期约的数组，与 Promise.all() 一样。但是，Promise.allSettled() 永远不拒绝返回的期约，而是会等所有输入期约全部落定后兑现。这个返回的期约解决为一个对象数组，其中每个对象都对应一个输入期约，且都有一个 status 属性，值为 fulfilled 或 rejected。如果 status 属性值为 fulfilled，那么该对象还会有一个 value 属性，包含兑现的值。而如果 status 属性值为 rejected，那么该对象还会有一个 reason 属性，包含对应期约的错误或拒绝理由：

```
Promise.allSettled([Promise.resolve(1), Promise.reject(2), 3]).then(results => {
    results[0]  // => { status: "fulfilled", value: 1 }
    results[1]  // => { status: "rejected", reason: 2 }
    results[2]  // => { status: "fulfilled", value: 3 }
});
```

你可能偶尔想同时运行多个期约，但只关心第一个兑现的值。此时，可以使用 Promise.race() 而不是 Promise.all()。Promise.race() 返回一个期约，这个期约会在输入数组中的期约有一个兑现或拒绝时马上兑现或拒绝（或者，如果输入数组中有非期约值，则直接返回其中第一个非期约值）。

13.2.6 创建期约

在前面的几个示例中，我们一直使用返回期约的函数 fetch()，因为它是浏览器内置返回期约的一个最简单的函数。我们关于期约的讨论也建立在假想的返回期约的函数 getJSON() 和 wait() 上。让函数返回期约是很有用的，本节将展示如何创建你自己基于期约的 API。特别地，我们会看到 getJSON() 和 wait() 的实现。

基于其他期约的期约

如果有其他返回期约的函数，那么基于这个函数写一个返回期约的函数很容易。给定一个期约，调用 .then() 就可以创建（并返回）一个新期约。因此，如果以已有的 fetch() 函数为起点，可以像下面这样实现 getJSON()：

```
function getJSON(url) {
    return fetch(url).then(response => response.json());
}
```

这段代码没什么可说的，因为 fetch() API 的 Response 对象有一个预定义的 json() 方法。这个 json() 方法返回一个期约，这个期约又通过我们的回调返回（这个回调是一个箭头函数，只包含一个表达式，因此会隐式返回）。所以，getJSON() 返回的期约会解决为 response.json() 返回的期约。当该期约兑现时，getJSON() 返回的期约也会以相同的值兑现。注意，getJSON() 的实现没有错误处理。没有检查 response.ok 和 Content-Type 头部，我们只是简单地让 json() 方法在响应体无法解析为 JSON 时以 SyntaxError 拒绝返回的期约。

下面我们再写另一个返回期约的函数，这一次把 getJSON() 作为初始期约的来源：

```
function getHighScore() {
    return getJSON("/api/user/profile").then(profile => profile.highScore);
}
```

我们假设这个函数是某个 Web 游戏的代码，而 URL"/api/user/profile"会返回一个 JSON 格式的数据结构，其中包含 highScore 属性。

基于同步值的期约

有时候，我们可能需要实现一个已有的基于期约的 API，并从一个函数返回期约，尽管要执行的计算实际上并不涉及异步操作。在这种情况下，静态方法 Promise.resolve() 和 Promise.reject() 可以帮你达成目的。Promise.resolve() 接收一个值作为参数，并返回一个会立即（但异步）以该值兑现的期约。类似地，Promise.reject() 也接收一个参数，并返回一个以该参数作为理由拒绝的期约（明确一下：这两个静态方法返回的期约在被返回时并未兑现或拒绝，但它们会在当前同步代码块运行结束后立即兑现或拒绝。通常，这会在几毫秒之后发生，除非有很多待定的异步任务等待运行）。

我们在 13.2.3 节讨论过，解决期约并不等同于兑现期约。调用 Promise.resolve() 时，我们通常会传入兑现值，创建一个很快就兑现为该值的期约对象。但是这个方法的名字并不叫 Promise.fulfill()。如果把期约 p1 传给 Promise.resolve()，它会返回一个新期约 p2，p2 会立即解决，但要等到 p1 兑现或被拒绝时才会兑现或被拒绝。

写一个基于期约的函数，其中值是同步计算得到的，但使用 Promise.resolve() 异步返回是可能的，但不常见。不过在一个异步函数中包含同步执行的代码，通过 Promise.resolve() 和 Promise.reject() 来处理这些同步操作的值倒是相当常见。特别地，如果在开始异步操作前检测错误条件（如坏参数值），那可以通过返回 Promise.reject() 创建的期约来报告该错误（这种情况下也可以同步抛出一个错误，但这种做法并不推荐，因为这样一来，函数的调用者为了处理错误既要写同步的 catch 子句，还要使用异步的 .catch() 方法）。最后，Promise.resolve() 有时候也可以用来创建一个期约链的第一个期约。稍后可以看到几个这样使用它的示例。

从头开始创建期约

对于 getJSON() 和 getHighScore()，我们都是一开始先调用一个现有函数得到初始期约，然后再通过调用该期约的 .then() 方法创建并返回新期约。如果我们不能使用一个返回期约的函数作为起点，那么怎么写一个返回期约的函数呢？这时候，可以使用 Promise() 构造函数来创建一个新期约对象，而且可以完全控制这个新期约。过程如下：调用 Promise() 构造函数，给它传一个函数作为唯一参数。传的这个函数需要写成接收两个参数，按惯例要将它们命名为 resolve 和 reject。构造函数同步调用你的函数并为 resolve 和 reject 参数传入对应的函数值。调用你的函数后，Promise() 构造函数返回新创建的期约。这个返回的期约由你传给 Promise() 构造函数的函数控制。你传的函数应该执行某些异步操作，然后调用 resolve 函数解决或兑现返回的期约，或者调用 reject 函数拒绝返回的期约。你的函数不一定非要执行异步操作，可以同步调用 resolve 或 reject，但此时创建的期约仍会异步解决、兑现或拒绝。

如果单凭阅读代码，可能很难理解把一个函数传给构造函数，而构造函数又把其他函数传给这个函数。也许看几个示例就好理解了。下面是本章前面几个示例中用到的基于期约的 wait() 函数的实现：

```
function wait(duration) {
    // 创建并返回新期约
    return new Promise((resolve, reject) => { // 这两个函数控制期约
        // 如果参数无效，拒绝期约
        if (duration < 0) {
            reject(new Error("Time travel not yet implemented"));
        }
        // 否则，异步等待，然后解决期约
        // setTimeout 调用 resolve() 时未传参，
        // 这意味着新期约会以 undefined 值兑现
        setTimeout(resolve, duration);
```

```
        });
    }
```

注意，用来控制 Promise() 构造函数创建的期约命运的那对函数叫 resolve() 和 reject()，不是 fulfill() 和 reject()。如果把一个期约传给 resolve()，返回的期约将会解决为该新期约。不过，通常在这里都会传一个非期约值，这个值会兑现返回的期约。

示例 13-1 是另一个使用 Promise() 构造函数的示例。这个示例实现了在 Node 中使用的 getJSON() 函数，而 Node 并没有内置的 fetch() API。本章一开始，我们就介绍了异步回调与事件。这个示例中也用到了回调和事件处理程序，因此它很好地示范了如何在其他异步编程风格基础上实现基于期约的 API。

示例 13-1：异步 getJSON() 函数

```javascript
const http = require("http");

function getJSON(url) {
    // 创建并返回一个新期约
    return new Promise((resolve, reject) => {
        // 向指定的 URL 发送一个 HTTP GET 请求
        request = http.get(url, response => { // 收到响应时调用
            // 如果 HTTP 状态码不对，拒绝这个期约
            if (response.statusCode !== 200) {
                reject(new Error(`HTTP status ${response.statusCode}`));
                response.resume();  // 这样不会导致内存泄漏
            }
            // 如果响应头不对同样拒绝
            else if (response.headers["content-type"] !== "application/json") {
                reject(new Error("Invalid content-type"));
                response.resume();  // 不会造成内存泄漏
            }
            else {
                // 否则，注册事件处理程序读取响应体
                let body = "";
                response.setEncoding("utf-8");
                response.on("data", chunk => { body += chunk; });
                response.on("end", () => {
                    // 接收完全部响应体后，尝试解析它
                    try {
                        let parsed = JSON.parse(body);
                        // 如果解析成功，兑现期约
                        resolve(parsed);

                    } catch(e) {
                        // 如果解析失败，拒绝期约
                        reject(e);
                    }
                });
            }
        });
    });
```

```
        // 如果收到响应之前请求失败（如网络故障），
        // 我们也会拒绝期约
        request.on("error", error => {
            reject(error);
        });
    });
}
```

13.2.7 串行期约

使用 Promise.all() 可以并行执行任意数量的期约，而期约链则可以表达一连串固定数量的期约。不过，按顺序运行任意数量的期约有点棘手。比如，假设我们有一个要抓取的 URL 数组，但为了避免网络过载，你想一次只抓取一个 URL。假如这个数组是任意长度，内容也未知，那就不能提前把期约链写出来，而是要像以下代码这样动态构建：

```
function fetchSequentially(urls) {
    // 抓取 URL 时，要把响应体保存在这里
    const bodies = [];

    // 这个函数返回一个期约，它只抓取一个 URL 响应体
    function fetchOne(url) {
        return fetch(url)
            .then(response => response.text())
            .then(body => {
                // 把响应体保存到数组，这里故意
                // 省略了返回值（返回 undefined）
                bodies.push(body);
            });
    }

    // 从一个立即（以 undefined 值）兑现的期约开始
    let p = Promise.resolve(undefined);

    // 现在循环目标 URL，构建任意长度的期约链，
    // 链的每个环节都会拿取一个 URL 的响应体
    for(url of urls) {
        p = p.then(() => fetchOne(url));
    }

    // 期约链的最后一个期约兑现后，响应体数组（bodies）
    // 也已经就绪。因此，可以将这个 bodies 数组通过期约
    // 返回。注意，这里并未包含任何错误处理程序
    // 我们希望把错误传播给调用者
    return p.then(() => bodies);
}
```

有了这个 fetchSequentially() 函数定义，就可以像使用前面演示的 Promise.all() 并行抓取一样，按顺序依次抓取每个 URL：

```
fetchSequentially(urls)
    .then(bodies => { /* 处理抓到的字符串数组 */ })
    .catch(e => console.error(e));
```

fetchSequentially() 函数首先会创建一个返回后立即兑现的期约。然后基于这个初始
期约构建一个线性的长期约链并返回链中的最后一个期约。这有点类似摆好一排多米诺
骨牌，然后推倒第一张。

还有一种（可能更简练）的实现方式。不是事先创建期约，而是让每个期约的回调创建
并返回下一个期约。换句话说，不是创建并连缀一串期约，而是创建解决为其他期约的
期约。这种方式创建的就不是多米诺骨牌形式的期约链了，而是像俄罗斯套娃那样一系
列相互嵌套的期约。此时，我们的代码可以返回第一个（最外层的）期约，知道它最终
会兑现（或拒绝）为序列中最后一个（最内层的）期约兑现（或拒绝）的值。下面这个
promiseSequence() 函数是一个通用函数，不限于抓取 URL。之所以把它放到讨论期
约的最后，是因为它比较复杂。不过，如果你认真地读了这一章，应该可以理解它的工
作原理。特别要注意 promiseSequence() 内部的那个函数，看起来它是在递归地调用自
身，但因为这个"递归"调用是通过 .then() 方法完成的，所以不会有任何传统递归的
行为发生：

```
// 这个函数接收一个输入值数组和一个 promiseMaker 函数
// 对输入数组中的任何值 x，promiseMaker(x) 都应该返回
// 一个兑现为输出值的期约。这个函数返回一个期约，该期约
// 最终会兑现为一个包含计算得到的输出值的数组
//
// promiseSequence() 不是一次创建所有期约然后让它们
// 并行运行，而是每次只运行一个期约，直到上一个期约兑现
// 之后，才会调用 promiseMaker() 计算下一个值
function promiseSequence(inputs, promiseMaker) {
    // 为数组创建一个可以修改的私有副本
    inputs = [...inputs];

    // 这是要用作期约回调的函数
    // 它的伪递归魔术是核心逻辑
    function handleNextInput(outputs) {
        if (inputs.length === 0) {
            // 如果没有输入值了，则返回输出值的数组
            // 这个数组最终兑现这个期约，以及所有之前
            // 已经解决但尚未兑现的期约
            return outputs;
        } else {
            // 如果还有要处理的输入值，那么我们将返回
            // 一个期约对象，把当前期约解决为一个来自
            // 新期约的未来值
            let nextInput = inputs.shift(); // 取得下一个输入值
            return promiseMaker(nextInput)  // 计算下一个输出值
                // 然后用这个新输出值创建一个新输出值的数组
                .then(output => outputs.concat(output))
                // 然后"递归"，传入新的、更长的输出值的数组
```

```
                        .then(handleNextInput);
            }
        }

        // 从一个以空数组兑现的期约开始
        // 使用上面的函数作为它的回调
        return Promise.resolve([]).then(handleNextInput);
    }
```

这个 promiseSequence() 故意写成了通用的。我们可以像下面这样使用它抓取多个 URL 的响应：

```
// 传入一个 URL，返回一个以该 URL 的响应体文本兑现的期约
function fetchBody(url) { return fetch(url).then(r => r.text()); }
// 使用它依次抓取一批 URL 的响应体
promiseSequence(urls, fetchBody)
    .then(bodies => { /* 处理字符串数组 */ })
    .catch(console.error);
```

13.3 async 和 await

ES2017 新增了两个关键字：async 和 await，代表异步 JavaScript 编程范式的迁移。这两个新关键字极大简化了期约的使用，允许我们像编写因网络请求或其他异步事件而阻塞的同步代码一样，编写基于期约的异步代码。虽然理解期约的工作原理仍然很重要，但在通过 async 和 await 使用它们时，很多复杂性（有时候甚至连期约自身的存在感）都消失了。

正如本章前面所讨论的，异步代码不能像常规同步代码那样返回一个值或抛出一个异常。这也是期约会这么设计的原因所在。兑现期约的值就像一个同步函数返回的值，而拒绝期约的值就像一个同步函数抛出的值。后者的相似性通过 .catch() 方法的命名变得很明确。async 和 await 接收基于期约的高效代码并且隐藏期约，让你的异步代码像低效阻塞的同步代码一样容易理解和推理。

13.3.1 await 表达式

await 关键字接收一个期约并将其转换为一个返回值或一个抛出的异常。给定一个期约 p，表达式 await p 会一直等到 p 落定。如果 p 兑现，那么 await p 的值就是兑现 p 的值。如果 p 被拒绝，那么 await p 表达式就会抛出拒绝 p 的值。我们通常并不会使用 await 来接收一个保存期约的变量，更多的是把它放在一个会返回期约的函数调用前面：

```
let response = await fetch("/api/user/profile");
let profile = await response.json();
```

这里的关键是要明白，await 关键字并不会导致你的程序阻塞或者在指定的期约落定前

什么都不做。你的代码仍然是异步的，而 await 只是掩盖了这个事实。这意味着任何使用 await 的代码本身都是异步的。

13.3.2 async 函数

因为任何使用 await 的代码都是异步的，所以有一条重要的规则：只能在以 async 关键字声明的函数内部使用 await 关键字。以下是使用 async 和 await 将本章前面的 getHighScore() 函数重写之后的样子：

```
async function getHighScore() {
    let response = await fetch("/api/user/profile");
    let profile = await response.json();
    return profile.highScore;
}
```

把函数声明为 async 意味着该函数的返回值将是一个期约，即便函数体中不出现期约相关的代码。如果 async 函数会正常返回，那么作为该函数真正返回值的期约对象将解决为这个明显的返回值。如果 async 函数会抛出异常，那么它返回的期约对象将以该异常被拒绝。

这个 getHighScore() 函数前面加了 async，因此它会返回一个期约。由于它返回期约，所以我们可以对它使用 await 关键字：

```
displayHighScore(await getHighScore());
```

不过要记住，这行代码只有在它位于另一个 async 函数内部时才能运行！你可以在 async 函数中嵌套 await 表达式，多深都没关系。但如果是在顶级[注2]或因为某种原因在一个非 async 函数内部，那么就不能使用 await 关键字，而是必须以常规方式来处理返回的期约：

```
getHighScore().then(displayHighScore).catch(console.error);
```

可以对任何函数使用 async 关键字。例如，可以在 function 关键字作为语句和作为表达式时使用，也可以对箭头函数和类及对象字面量中的简写方法使用（关于不同函数的各种写法，可以参考第 8 章）。

13.3.3 等候多个期约

假设我们使用 async 写重写了 getJSON() 函数：

注 2：通常可以在浏览器开发者控制台的顶级使用 await。目前还有一个待定状态的提案，旨在让将来的某个 JavaScript 版本支持顶级 await。

```
async function getJSON(url) {
    let response = await fetch(url);
    let body = await response.json();
    return body;
}
```

再假设我们想使用这个函数抓取两个 JSON 值：

```
let value1 = await getJSON(url1);
let value2 = await getJSON(url2);
```

以上代码的问题在于它不必顺序执行。这样写就意味着必须等到抓取第一个 URL 的结果之后才会开始抓取第二个 URL 的值。如果第二个 URL 并不依赖从第一个 URL 抓取的值，那么应该可以尝试同时抓取两个值。这个示例显示了 async 函数本质上是基于期约的。要等候一组并发执行的 async 函数，可以像使用期约一样直接使用 Promise.all()：

```
let [value1, value2] = await Promise.all([getJSON(url1), getJSON(url2)]);
```

13.3.4 实现细节

最后，为了理解 async 函数的工作原理，有必要了解一下后台都发生了什么。

假设你写了一个这样的 async 函数：

```
async function f(x) { /* 函数体 */ }
```

可以把这个函数想象成一个返回期约的包装函数，它包装了你原始函数的函数体：

```
function f(x) {
    return new Promise(function(resolve, reject) {
        try {
            resolve((function(x) { /* 函数体 */ })(x));
        }
        catch(e) {
            reject(e);
        }
    });
}
```

像这样以语法转换的形式解释 await 关键字比较困难。但可以把 await 关键字想象成分隔代码体的记号，它们把函数体分隔成相对独立的同步代码块。ES2017 解释器可以把函数体分割成一系列独立的子函数，每个子函数都将被传给位于它前面的以 await 标记的那个期约的 then() 方法。

13.4 异步迭代

本章开始先讨论了基于回调和事件的异步编程，之后在介绍期约时，也强调过它只适合单次运行的异步计算，不适合与重复性异步事件来源一起使用，例如 setInterval()、浏览器中的 click 事件，或者 Node 流的 data 事件。由于一个期约无法用于连续的异步事件，我们也不能使用常规的 async 函数和 await 语句来处理这些事件。

不过，ES2018 为此提供了一个解决方案。异步迭代器与第 12 章描述的迭代器类似，但它们是基于期约的，而且使用时要配合一个新的 for/of 循环：for/await。

13.4.1 for/await 循环

Node 12 的可读流实现了异步可迭代。这意味着可以像下面这样使用 for/await 循环从一个流中读取连续的数据块：

```
const fs = require("fs");

async function parseFile(filename) {
    let stream = fs.createReadStream(filename, { encoding: "utf-8"});
    for await (let chunk of stream) {
        parseChunk(chunk); // 假设 parseChunk() 是在其他地方定义的
    }
}
```

与常规的 await 表达式类似，for/await 循环也是基于期约的。大体上说，这里的异步迭代器会产生一个期约，而 for/await 循环等待该期约兑现，将兑现值赋给循环变量，然后再运行循环体。之后再从头开始，从迭代器取得另一个期约并等待这个新期约兑现。

假设有如下 URL 数组：

```
const urls = [url1, url2, url3];
```

可以对每个 URL 调用 fetch() 以取得一个期约的数组：

```
const promises = urls.map(url => fetch(url));
```

在本章前面我们看到过，此时可以使用 Promise.all() 来等待数组中的所有期约兑现。但假设我们希望第一次抓取的结果尽快可用，不想因此而等待抓取其他 URL（当然，也许第一次抓取的时间是最长的，因此这样不一定比使用 Promise.all() 更快）。数组是可迭代的，因此我们可以使用常规的 for/of 循环来迭代这个期约数组：

```
for(const promise of promises) {
    response = await promise;
    handle(response);
}
```

这个示例代码使用了常规的 for/of 循环和一个常规迭代器。但由于这个迭代器返回期约，所以我们也可以使用新的 for/await 循环让代码更简单：

```
for await (const response of promises) {
    handle(response);
}
```

这里的 for/await 循环只是把 await 调用内置在循环中，从而让代码稍微简洁了一点。但这两个示例做的事情是一样的。关键在于，这两个示例都只能在以 async 声明的函数内部才能使用。从这方面来说，for/await 循环与常规的 await 表达式没什么不同。

不过，最重要的是应该知道，在这个示例中我们是对一个常规的迭代器使用了 for/await。如果是完全异步的迭代器，那么还会更有意思。

13.4.2 异步迭代器

让我们来回顾几个第 12 章的术语。可迭代对象是可以在 for/of 循环中使用的对象。它以一个符号名字 Symbol.iterator 定义了一个方法，该方法返回一个迭代器对象。这个迭代器对象有一个 next() 方法，可以反复调用它获取可迭代对象的值。迭代器对象的这个 next() 方法返回迭代结果对象。迭代结果对象有一个 value 属性或一个 done 属性。

异步迭代器与常规迭代器非常相似，但有两个重要区别。第一，异步可迭代对象以符号名字 Symbol.asyncIterator 而非 Symbol.iterator 实现了一个方法（如前所示，for/await 与常规迭代器兼容，但它更适合异步可迭代对象，因此会在尝试 Symbol.iterator 法前先尝试 Symbol.asyncIterator 方法）。第二，异步迭代器的 next() 方法返回一个期约，解决为一个迭代器结果对象，而不是直接返回一个迭代器结果对象。

 上一节，当我们对一个常规同步可迭代的期约数组使用 for/await 时，操作的是同步迭代器结果对象。其中，value 属性是一个期约对象，但 done 属性是一个同步值。真正的异步迭代器返回的是迭代结果对象的期约，其中 value 和 done 都是异步值。两者的区别很微妙：对于异步迭代器，关于迭代何时结束的选择可以异步实现。

13.4.3 异步生成器

如第 12 章所述，实现迭代器的最简单方式通常是使用生成器。同理，对于异步迭代器也是如此，我们可以使用声明为 async 的生成器函数来实现它。声明为 async 的异步生成器同时具有异步函数和生成器的特性，即可以像在常规异步函数中一样使用 await，也可以像在常规生成器中一样使用 yield。但通过 yield 生成的值会自动包装到期约中。就连异步生成器的语法也是 async function 和 function * 的组合：async function *。下面这个示例展示了使用异步生成器和 for/await 循环，通过循环代码而非 setInterval() 回调函数实现以固定的时间间隔重复运行代码：

```javascript
// 一个基于期约的包装函数，包装 setTimeout() 以实现等待
// 返回一个期约，这个期约会在指定的毫秒数之后兑现
function elapsedTime(ms) {
    return new Promise(resolve => setTimeout(resolve, ms));
}

// 一个异步迭代器函数，按照固定的时间间隔
// 递增并生成指定（或无穷）个数的计数器
async function* clock(interval, max=Infinity) {
    for(let count = 1; count <= max; count++) { // 常规 for 循环
        await elapsedTime(interval);            // 等待时间流逝
        yield count;                            // 生成计数器
    }
}

// 一个测试函数，使用异步迭代器和 for/await
async function test() {                         // 使用 async 声明，以便使用 for/await
    for await (let tick of clock(300, 100)) {   // 循环 100 次，每次间隔 300ms
        console.log(tick);
    }
}
```

13.4.4 实现异步迭代器

除了使用异步生成器实现异步迭代器，还可以直接实现异步迭代器。这需要定义一个包含 Symbol.asyncIterator() 方法的对象，该方法要返回一个包含 next() 方法的对象，而这个 next() 方法要返回解决为一个迭代器结果对象的期约。在下面的代码中，我们重新实现了前面示例中的 clock() 函数。但它在这里并不是一个生成器，只是会返回一个异步可迭代对象。注意这个示例中的 next() 方法，它并没有显式返回期约，我们只是把它声明为了 async next()：

```javascript
function clock(interval, max=Infinity) {
    // 一个 setTimeout 的期约版，可以实现等待
    // 注意参数是一个绝对时间而非时间间隔
    function until(time) {
        return new Promise(resolve => setTimeout(resolve, time - Date.now()));
    }

    // 返回一个异步可迭代对象
    return {
        startTime: Date.now(), // 记住开始时间
        count: 1,              // 记住第几次迭代
        async next() {         // 方法使其成为迭代器
            if (this.count > max) {     // 该结束了吗
                return { done: true };  // 表示结束的迭代结果
            }
            // 计算下次迭代什么时间开始，
```

```
        let targetTime = this.startTime + this.count * interval;
        // 等待该时间到来,
        await until(targetTime);
        // 在迭代结果对象中返回计数器的值
        return { value: this.count++ };
    },
    // 这个方法意味着这个迭代器对象同时也是一个可迭代对象
    [Symbol.asyncIterator]() { return this; }
    };
}
```

这个基于迭代器的 clock() 函数修复了基于生成器版本的一个缺陷。注意,在这个更新的代码中,我们使用的是每次迭代应该开始的绝对时间减去当前时间,得到要传给 setTimeout() 的时间间隔。如果在 for/await 循环中使用 clock(),这个版本会更精确地按照指定的时间间隔运行循环迭代。因为这个时间间隔包含了循环体运行的时间。不过这个修复并不仅仅与计时精度有关。for/await 循环在开始下一次迭代之前,总会等待一次迭代返回的期约兑现。但如果不是在 for/await 循环中使用异步迭代器,那你可以在任何时候调用 next() 方法。对于基于生成器的 clock() 版本,如果你连续调用 3 次 next() 方法,就可以得到 3 个期约,而这 3 个期约将几乎同时兑现,而这可能并非你想要的。在这里实现的这个基于迭代器的版本则没有这个问题。

异步迭代器的优点的是它允许我们表示异步事件流或数据流。前面讨论的 clock() 函数写起来相当简单,因为其中的异步性源于由我们决定的 setTimeout() 调用。但是,在面对其他异步源时,比如事件处理程序的触发,要实现异步迭代器就会困难很多。因为通常我们只有一个事件处理程序响应事件,但每次调用迭代器的 next() 方法都必须返回一个独一无二的期约对象,而在第一个期约解决之前很有可能出现多次调用 next() 的情况。这意味着任何异步迭代器方法都必须能在内部维护一个期约队列,让这些期约按照异步事件发生的顺序依次解决。如果把这个期约队列的逻辑封装到一个 AsyncQueue 类中,再基于这个类编写异步迭代器就会简单多了[注3]。

下面定义的这个 AsyncQueue 类包含一个队列类应有的 enqueue() 和 dequeue() 方法。其中,dequeue() 方法返回一个期约而不是一个实际的值。这意味着在尚未调用 enqueue() 之前调用 dequeue() 是没有问题的。这个 AsyncQueue 类也是一个异步迭代器,有意设计为与 for/await 循环配合使用,其循环体会在每次入队一个新值时运行一次(AsyncQueue 类有一个 close() 方法,一经调用就不能再向队列中加入值了。当一个关闭的队列变空时,for/await 循环会停止循环)。

注意,AsyncQueue 类的实现没有使用 async 和 await,而是直接使用期约。实现代码有点复杂,你可以通过它来测试自己对本章那么大篇幅所介绍内容的理解。即使不能完全理解这个 AsyncQueue 的实现,也要看一看它后面那个更短的示例,它基于 AsyncQueue

---

注 3:我是从 Axel Rauschmayer 博士的博客(*https://2ality.com/*)中学到这种异步迭代方法的。

实现一个简单但非常有意思的异步迭代器。

```
/**
 * 一个异步可迭代队列类。使用 enqueue() 添加值，
 * 使用 dequeue() 移除值。dequeue() 返回一个期约，
 * 这意味着，值可以在入队之前出队。这个类实现了
 * [Symbol.asyncIterator] 和 next()，因而可以
 * 与 for/await 循环一起配合使用（这个循环在调用
 * close() 方法前不会终止）
 */
class AsyncQueue {
    constructor() {
        // 已经入队尚未出队的值保存在这里
        this.values = [];
        // 如果期约出队时它们对应的值尚未入队，
        // 就把那些期约的解决方法保存在这里
        this.resolvers = [];
        // 一旦关闭，任何值都不能再入队，
        // 也不会再返回任何未兑现的期约
        this.closed = false;
    }

    enqueue(value) {
        if (this.closed) {
            throw new Error("AsyncQueue closed");
        }
        if (this.resolvers.length > 0) {
            // 如果这个值已经有对应期约，则解决该期约
            const resolve = this.resolvers.shift();
            resolve(value);
        }
        else {
            // 否则，让它去排队
            this.values.push(value);
        }
    }

    dequeue() {
        if (this.values.length > 0) {
            // 如果有一个排队的值，为它返回一个解决期约
            const value = this.values.shift();
            return Promise.resolve(value);
        }
        else if (this.closed) {
            // 如果没有排队的值，而且队列已关闭，
            // 返回一个解决为 EOS（流终止）标记的期约
            return Promise.resolve(AsyncQueue.EOS);
        }
        else {
            // 否则，返回一个未解决的期约，
            // 将解决方法排队，以便后面使用
            return new Promise((resolve) => { this.resolvers.push(resolve); });
        }
    }
```

```
    close() {
        // 一旦关闭，任何值都不能再入队
        // 因此以 EOS 标记解决所有待决期约
        while(this.resolvers.length > 0) {
            this.resolvers.shift()(AsyncQueue.EOS);
        }
        this.closed = true;
    }

    // 定义这个方法，让这个类成为异步可迭代对象
    [Symbol.asyncIterator]() { return this; }

    // 定义这个方法，让这个类成为异步迭代器
    // dequeue() 返回的期约会解决为一个值，
    // 或者在关闭时解决为 EOS 标记。这里，我们
    // 需要返回一个解决为迭代器结果对象的期约
    next() {
        return this.dequeue().then(value => (value === AsyncQueue.EOS)
                                    ? { value: undefined, done: true }
                                    : { value: value, done: false });
    }
}

// dequeue() 方法返回的标记值，在关闭时表示"流终止"
AsyncQueue.EOS = Symbol("end-of-stream");
```

因为这个 AsyncQueue 类定义了异步迭代的基础，所以我们可以创建更有意思的异步迭代器，只要简单地对值异步排队即可。下面这个示例使用 AsyncQueue 产生了一个浏览器事件流，可以通过 for/await 循环来处理：

```
// 把指定文档元素上指定类型的事件推入一个 AsyncQueue 对象，
// 然后返回这个队列，以便将其作为事件流来使用
function eventStream(elt, type) {
    const q = new AsyncQueue();              // 创建一个队列
    elt.addEventListener(type, e=>q.enqueue(e)); // 入队事件
    return q;
}

async function handleKeys() {
    // 取得一个 keypress 事件流，对每个事件都执行一次循环
    for await (const event of eventStream(document, "keypress")) {
        console.log(event.key);
    }
}
```

13.5 小结

本章，我们学习了如下内容：

* 实际当中的大部分 JavaScript 编程都是异步编程。

- 过去，异步操作都以事件和回调函数的方式处理。然而，这样可能导致代码逻辑复杂化。因为回调可能发生多层嵌套，另外也很难进行可靠的错误处理。

- 期约提供了一种结构化回调函数的新方式。如果使用得当（可惜的是，期约很容易使用失当），它们可以把原本需要嵌套的异步代码转换为线性的 then() 调用链，其中前一个异步操作与后一个异步操作环环相扣。另外，期约也支持在 then() 调用链的末尾用一个 catch() 调用集中处理错误。

- async 和 await 关键字可以让我们以同步代码的形式写出基于期约的异步代码。这样可以让代码更容易理解和推断。如果把函数声明为 async，它会隐式返回一个期约。在 async 函数内部，你可以使用 await 等候一个期约（或一个返回期约的函数），就像该期约值是同步计算得到的一样。

- 异步迭代的对象可以在 for/await 循环中使用。要创建异步可迭代对象，可以实现 [Symbol.asyncIterator]() 方法，也可以调用一个 async function * 生成器函数。异步迭代器在 Node 中可能代替基于流的 data 事件，在客户端 JavaScript 中可以用来表示用户输入事件流。

第 14 章

元编程

本章介绍一些高级 JavaScript 特性，这些特性日常使用不多，但是对编写可重用的库极其有用。如果你希望对 JavaScript 对象的工作细节做修改，那应该好好读一下。

这里讲述的很多特性都可以宽泛地归类为"元编程"特性。如果说常规编程是写代码去操作数据，那么元编程就是写代码去操作其他代码。在像 JavaScript 这样的动态语言中，编程与元编程之间的界限是模糊的。在更习惯于静态语言的程序员眼里，即便是迭代对象属性的 for/in 循环这个小小的能力都可能被打上"元"标签。

本章主要介绍的元编程特性如下。

- 14.1 节讲解控制对象属性的可枚举、可删除和可配置能力。

- 14.2 节讲解控制对象的可扩展能力，以及创建"封存"(sealed) 和"冻结"(frozen) 对象。

- 14.3 节讲解查询和设置对象的原型。

- 14.4 节介绍使用公认符号（well-know symbol）调优类型的行为。

- 14.5 节介绍使用模板标签函数创建 DSL（Domain-Specific Language，领域专用语言）。

- 14.6 节介绍通过反射 API 探究对象。

- 14.7 节介绍通过代理控制对象行为。

14.1　属性的特性

JavaScript 的属性有名字和值，但每个属性也有 3 个关联的特性，用于指定属性的行为以及你可以对它执行什么操作。

- 可写（writable）特性指定是否可以修改属性的值。

- 可枚举（enumerable）特性指定是否可以通过 for/in 循环和 Object.keys() 方法枚举属性。

- 可配置（configurable）特性指定是否可以删除属性，以及是否可以修改属性的特性。

对象字面量中定义的属性，或者通过常规赋值方式给对象定义的属性都可写、可枚举和可配置。但 JavaScript 标准库中定义的很多属性并非如此。

本节讲解与查询和设置属性的特性有关的 API。这个 API 对库作者来说尤其重要，因为：

- 它允许库作者给原型对象添加方法，并让它们像内置方法一样不可枚举；
- 它允许库作者"锁住"自己的对象，定义不能修改或删除的属性。

我们在 6.10.6 节介绍过，"数据属性"有一个值，而"访问器属性"有一个获取方法和设置方法。对于本节而言，我们将把访问器属性的获取方法（get）和设置方法（set）作为属性的特性来看待。按照这个逻辑，我们甚至也会把数据属性的值（value）当成一个特性。这样我们就可以说一个属性有一个名字和 4 个特性。数据属性的 4 个特性是 value、writable、enumerable 和 configurable。访问器属性没有 value 特性或 writable 特性，它们的可写能力取决于是否存在设置方法。因此访问器属性的 4 个特性是 get、set、enumerable 和 configurable。

用于查询和设置属性特性的 JavaScript 方法使用一个被称为属性描述符（property descriptor）的对象，这个对象用于描述属性的 4 个特性。属性描述符对象拥有与它所描述的属性的特性相同的属性名。因此，数据属性的属性描述符有如下属性：value、writable、enumerable 和 configurable。而访问器属性的属性描述符没有 value 和 writable 属性，只有 get 和 set 属性。其中，writable、enumerable 和 configurable 属性是布尔值，而 get 和 set 属性是函数值。

要获得特定对象某个属性的属性描述符，可以调用 Object.getOwnPropertyDescriptor()：

```
// 返回 {value: 1, writable:true, enumerable:true, configurable:true}
Object.getOwnPropertyDescriptor({x: 1}, "x");

// 这个对象有一个只读的访问器属性
const random = {
    get octet() { return Math.floor(Math.random()*256); },
};

// 返回 { get: /*func*/, set:undefined, enumerable:true, configurable:true}
Object.getOwnPropertyDescriptor(random, "octet");

// 对继承的属性或不存在的属性返回 undefined
Object.getOwnPropertyDescriptor({}, "x")        // => undefined; 没有这个属性
Object.getOwnPropertyDescriptor({}, "toString") // => undefined; 继承的属性
```

顾名思义，Object.getOwnPropertyDescriptor() 只对自有属性有效。要查询继承属性的特性，必须自己沿原型链上溯（可以参考 14.3 节的 Object.getPrototypeOf() 或 14.6 节的 Reflect.getPrototypeOf()[译注1]）。

要设置属性的特性或者要创建一个具有指定特性的属性，可以调用 Object.defineProperty() 方法，传入要修改的对象、要创建或修改的属性的名字，以及属性描述符对象：

```
let o = {};  // 一开始没有任何属性
// 创建一个不可枚举的数据属性 x，值为 1
Object.defineProperty(o, "x", {
    value: 1,
    writable: true,
    enumerable: false,
    configurable: true
});

// 确认已经有了这个属性，而且不可枚举
o.x            // => 1
Object.keys(o) // => []

// 现在，修改属性 x，把它设置为只读
Object.defineProperty(o, "x", { writable: false });

// 试着修改这个属性的值
o.x = 2;       // 静默失败或在严格模式下抛出 TypeError
o.x            // => 1

// 这个属性依然是可以配置的，因此可以像这样修改它的值：
Object.defineProperty(o, "x", { value: 2 });
o.x            // => 2

// 把 x 由数据属性修改为访问器属性
Object.defineProperty(o, "x", { get: function() { return 0; } });
o.x            // => 0
```

传给 Object.defineProperty() 的属性描述符不一定 4 个特性都包含。如果是创建新属性，那么省略的特性会取得 false 或 undefined 值。如果是修改已有的属性，那么省略的特性就不用修改。注意，这个方法只修改已经存在的自有属性，或者创建新的自有属性，不会修改继承的属性。也可以参考 14.6 节非常类似的 Reflect.defineProperty()。

如果想一次性创建或修改多个属性，可以使用 Object.defineProperties()。第一个参数是要修改的对象，第二个参数也是一个对象，该对象将要创建或修改的属性的名称映射到这些属性的属性描述符。例如：

译注 1：原文的 Reflect.getOwnPropertyDescriptor() 是错误的。

```
let p = Object.defineProperties({}, {
    x: { value: 1, writable: true, enumerable: true, configurable: true },
    y: { value: 1, writable: true, enumerable: true, configurable: true },
    r: {
        get() { return Math.sqrt(this.x*this.x + this.y*this.y); },
        enumerable: true,
        configurable: true
    }
});
p.r    // => Math.SQRT2
```

这段代码操作的是一个空对象，为该对象添加了两个数据属性和一个只读的访问器属性。它依赖的事实是 Object.defineProperties()（与 Object.defineProperty() 一样）返回修改后的对象。

6.2 节介绍过 Object.create() 方法，这个方法的第一个参数是新创建对象的原型对象。这个方法也接收第二个可选的参数，该参数与 Object.defineProperties() 的第二个参数一样。给 Object.create() 传入一组属性描述符，可以为新创建的对象添加属性。

如果创建或修改属性的行为是不被允许的，Object.defineProperty() 和 Object.defineProperties() 会抛出 TypeError。比如给一个不可扩展的对象（参见 14.2 节）添加新属性。导致这两个方法抛出 TypeError 的其他原因涉及特性本身。writable 特性控制对 value 属性的修改，而 configurable 特性控制对其他特性的修改（也控制是否可以删除某个属性）。不过，这里的规则并非直观明了。比如，虽然某个属性是不可写的，但如果它是可以配置的，仍然可以修改它的值。再比如，即使某个属性是不可配置的，但仍然可以把该属性由可写修改为不可写。下面给出了全部规则，在调用 Object.defineProperty() 或 Object.defineProperties() 时如果违反这些规则就会抛出 TypeError。

- 如果对象不可扩展，可以修改其已有属性，但不能给它添加新属性。

- 如果属性不可配置，不能修改其 configurable 或 enumerable 特性。

- 如果访问器属性不可配置，不能修改其获取方法或设置方法，也不能把它修改为数据属性。

- 如果数据属性不可配置，不能把它修改为访问器属性。

- 如果数据属性不可配置，不能把它的 writable 特性由 false 修改为 true，但可以由 true 修改为 false。

- 如果数据属性不可配置且不可写，则不能修改它的值。不过，如果这个属性可配置但不可写，则可以修改它的值（相当于先把它配置为可写，然后修改它的值，再把它配置为不可写）。

6.7 节介绍了 Object.assign() 函数，该函数可以把一个或多个源对象的属性值复制到目标对象。Object.assign() 只复制可枚举属性和属性值，但不复制属性的特性。这个结果通常都是我们想要的，但是也要清楚这个结果意味着什么。比如，它意味着如果源对象有一个访问器属性，那么复制到目标对象的是获取函数的返回值，而不是获取函数本身。示例 14-1 演示了如何使用 Object.getOwnPropertyDescriptor() 和 Object.defineProperty() 创建 Object.assign() 的一个变体，让这个变体能够复制全部属性描述符而不仅仅复制属性的值。

示例 14-1：从一个对象向另一个对象复制属性及它们的特性

```
/*
 * 定义一个新的 Object.assignDescriptors() 函数
 * 这个函数与 Object.assign() 类似，只不过会从源对象
 * 向目标对象复制属性描述符，而不仅仅复制属性的值
 * 这个函数会复制所有自有属性，包括可枚举和不可枚举的
 * 因为是复制描述符，它也会从源对象复制获取方法并重写
 * 目标对象的设置方法，而不是调用相应的获取方法和设置方法
 *
 * Object.assignDescriptors() 会将自己代码中封装的
 * Object.defineProperty() 抛出的 TypeError 传播出来
 * 如果目标对象被封存或冻结，或者如果有任何来源属性尝试
 * 修改目标对象上已有的不可配置属性，就会发生错误
 *
 * 注意，这里是使用 Object.defineProperty() 把属性
 * assignDescriptors 添加给 Object 的，因此可以把这
 * 个新函数像 Object.assign() 一样设置为不可枚举属性
 */
Object.defineProperty(Object, "assignDescriptors", {
    // 与调用 Object.assign() 时的特性保持一致
    writable: true,
    enumerable: false,
    configurable: true,
    // 这个函数是 assignDescriptors 属性的值
    value: function(target, ...sources) {
        for(let source of sources) {
            for(let name of Object.getOwnPropertyNames(source)) {
                let desc = Object.getOwnPropertyDescriptor(source, name);
                Object.defineProperty(target, name, desc);
            }

            for(let symbol of Object.getOwnPropertySymbols(source)) {
                let desc = Object.getOwnPropertyDescriptor(source, symbol);
                Object.defineProperty(target, symbol, desc);
            }
        }
        return target;
    }
});

let o = {c: 1, get count() {return this.c++;}}; // 定义包含获取方法的对象
let p = Object.assign({}, o);                    // 复制属性的值
let q = Object.assignDescriptors({}, o);         // 复制属性描述符
```

```
p.count    // => 1: 这只是一个数据属性,
p.count    // => 1: 因此它的值并不递增
q.count    // => 2: 复制的时候就会递增,
q.count    // => 3: 复制的是获取方法,因此每次访问都会递增
```

14.2 对象的可扩展能力

对象的可扩展（extensible）特性控制是否可以给对象添加新属性,即是否可扩展。普通 JavaScript 对象默认是可扩展的,但可以使用本节介绍的方法修改。

要确定一个对象是否可扩展,把它传给 Object.isExtensible() 即可。要让一个对象不可扩展,把它传给 Object.preventExtensions() 即可。如此,如果再给该对象添加新属性,那么在严格模式下就会抛出 TypeErrror,而在非严格模式下则会静默失败。此外,修改不可扩展对象的原型始终都会抛出 TypeError。

注意,把对象修改为不可扩展是不可逆的（即无法再将其改回可扩展）。也要注意,调用 Object.preventExtensions() 只会影响对象本身的可扩展能力。如果给一个不可扩展对象的原型添加了新属性,则这个不可扩展对象仍然会继承这些新属性。

14.6 节还介绍了两个类似的函数：Reflect.isExtensible() 和 Reflect.preventExtensions()。

这个 extensible 特性的作用是把对象"锁定"在已知状态,阻止外部篡改。对象的 extensible 特性经常需要与属性的 configurable 和 writable 特性协同发挥作用。JavaScript 为此还定义了可以一起设置这些特性的函数。

- Object.seal() 类似 Object.preventExtensions(),但除了让对象不可扩展,它也会让对象的所有自有属性不可扩展。这意味着不能给对象添加新属性,也不能删除或配置已有属性。不过,可写的已有属性依然可写。没有办法"解封"已被"封存"的对象。可以使用 Object.isSealed() 确定对象是否被封存。

- Object.freeze() 会更严密地"锁定"对象。除了让对象不可扩展,让它的属性不可配置,该函数还会把对象的全部自有属性变成只读的（如果对象有访问器属性,且该访问器属性有设置方法,则这些属性不会受影响,仍然可以调用它们给属性赋值）。使用 Object.isFrozen() 确定对象是否被冻结。

对于 Object.seal() 和 Object.freeze(),关键在于理解它们只影响传给自己的对象,而不会影响该对象的原型。如果你想彻底锁定一个对象,那可能也需要封存或冻结其原型链上的对象。

Object.preventExtensions()、Object.seal() 和 Object.freeze() 全都返回传给它们的对象,这意味着可以在嵌套函数调用中使用它们：

```
// 创建一个原型被冻结的封存对象，它有一个不可枚举的自有属性
let o = Object.seal(Object.create(Object.freeze({x: 1}),
                                  {y: {value: 2, writable: true}}));
```

如果你写的 JavaScript 库要把某些对象传给用户写的回调函数，为避免用户代码修改这些对象，可以使用 Object.freeze() 冻结它们。这样做虽然简单方便，但也有弊端。比如被冻结的对象可能影响常规的 JavaScript 测试策略。

14.3 prototype 特性

对象的 prototype 特性指定对象从哪里继承属性（更多关于原型和属性继承的内容可以参见 6.2.3 节和 6.3.2 节）。由于这个特性实在太重要了，我们平时只会说"o 的原型"，而不说"o 的 prototype 特性"。但也要记住，当 prototype 以代码字体出现时，它指的是一个普通对象的属性，而不是 prototype 特性。第 9 章解释过，构造函数的 prototype 属性用于指定通过该构造函数创建的对象的 prototype 特性。

对象的 prototype 特性是在对象被创建时设定的。使用对象字面量创建的对象使用 Object.prototype 作为其原型。使用 new 创建的对象使用构造函数的 prototype 属性的值作为其原型。而使用 Object.create() 创建的对象使用传给它的第一个参数（可能是 null）作为其原型。

要查询任何对象的原型，都可以把该对象传给 Object.getPrototypeOf()：

```
Object.getPrototypeOf({})       // => Object.prototype
Object.getPrototypeOf([])       // => Array.prototype
Object.getPrototypeOf(()=>{})   // => Function.prototype
```

14.6 节介绍了一个非常类似的函数：Reflect.getPrototypeOf()。

要确定一个对象是不是另一个对象的原型（或原型链中的一环），可以使用 isPrototypeOf() 方法：

```
let p = {x: 1};                     // 定义一个原型对象
let o = Object.create(p);           // 用该原型创建一个对象
p.isPrototypeOf(o)                  // => true: o 继承 p
Object.prototype.isPrototypeOf(p)   // => true: p 继承 Object.prototype
Object.prototype.isPrototypeOf(o)   // => true: o 也继承 Object.prototype
```

注意，isPrototypeOf() 的功能与 instanceof 操作符类似（参见 1.9.4 节）。

对象的 prototype 特性在它创建时会被设定，且通常保持不变。不过，可以使用 Object.setPrototypeOf() 修改对象的原型：

```
let o = {x: 1};
let p = {y: 2};
Object.setPrototypeOf(o, p); // 把 o 的原型设置为 p
o.y      // => 2: o 现在继承了属性 y
let a = [1, 2, 3];
Object.setPrototypeOf(a, p); // 把数组 a 的原型设置为 p
a.join   // => undefined: a 不再有 join() 方法
```

一般来说很少需要使用 Object.setPrototypeOf()。JavaScript 实现可能会基于对象原型固定不变的假设实现激进的优化。这意味着如果你调用过 Object.setPrototypeOf()，那么任何使用该被修改对象的代码都可能比正常情况下慢很多。

14.6 节介绍了一个非常类似的函数：Reflect.setPrototypeOf()。

JavaScript 的一些早期浏览器实现通过 __proto__（前后各有两个下划线）属性暴露了对象的 prototype 特性。这个属性很早以前就已经被废弃了，但网上仍然有很多已有代码依赖 __proto__。ECMAScript 标准为此也要求所有浏览器的 JavaScript 实现都必须支持它（尽管标准并未要求，但 Node 也支持它）。在现代 JavaScript 中，__proto__ 是可读且可写的，你可以（但不应该）使用它代替 Object.getPrototypeOf() 和 Object.setPrototypeOf()。__proto__ 的一个有意思的用法是通过它定义对象字面量的原型：

```
let p = {z: 3};
let o = {
    x: 1,
    y: 2,
    __proto__: p
};
o.z   // => 3: o 继承 p
```

14.4 公认符号

Symbol 类型是在 ES6 中添加到 JavaScript 中的。之所以增加这个新类型，主要是为了便于扩展 JavaScript 语言，同时又不会破坏对 Web 上已有代码的向后兼容性。第 12 章介绍了一个符号的例子，通过该例子我们知道一个类只要实现"名字"为 Symbol.iterator 符号的方法，这个类就是可迭代的。

Symbol.iterator 是最为人熟知的"公认符号"(well-known symbol)。所谓"公认符号"，其实就是 Symbol() 工厂函数的一组属性，也就是一组符号值。通过这些符号值，我们可以控制 JavaScript 对象和类的某些底层行为。接下来几节将分别介绍这些公认符号及它们的用途。

14.4.1 Symbol.iterator 和 Symbol.asyncIterator

Symbol.iterator 和 Symbol.asyncIterator 符号可以让对象或类把自己变成可迭代对

象和异步可迭代对象。第 12 章和 13.4.2 节分别详尽介绍了这两个符号。出于完整性的考虑，这里我们只提及一下。

14.4.2 Symbol.hasInstance

在 4.9.4 节讲述 instanceof 操作符时，我们说过其右侧必须是一个构造函数，而表达式 o instanceof f 在求值时会在 o 的原型链中查找 f.prototype 的值，这是没有问题的，但在 ES6 及之后的版本中，Symbol.hasInstance 提供了一个替代选择。在 ES6 中，如果 instanceof 的右侧是一个有 [Symbol.hasInstance] 方法的对象，那么就会以左侧的值作为参数来调用这个方法并返回这个方法的值，返回值会被转换为布尔值，变成 intanceof 操作符的值。当然，如果右侧的值没有 [Symbol.hasInstance] 方法且是一个函数，则 instanceof 操作符仍然照常行事。

Symbol.hasInstance 意味着我们可以使用 instanceof 操作符对适当定义的伪类型对象去执行通用类型检查。例如：

```
// 定义一个作为"类型"的对象，以便与 instanceof 一起使用
let uint8 = {
    [Symbol.hasInstance](x) {
        return Number.isInteger(x) && x >= 0 && x <= 255;
    }
};
128 instanceof uint8      // => true
256 instanceof uint8      // => false: 太大
Math.PI instanceof uint8  // => false: 不是整数
```

注意，这个例子很巧妙，但却让人困惑。因为它使用了不是类的对象，而正常情况下应该是一个类。实际上，要写一个不依赖 Symbol.hasInstance 的 isUnit8() 函数也很容易（而且对读者来说代码也更清晰）。

14.4.3 Symbol.toStringTag

调用一个简单 JavaScript 对象的 toString() 方法会得到字符串 "[object Object]"：

```
{}.toString()  // => "[object Object]"
```

如果调用与内置类型实例的方法相同的 Object.prototype.toString() 函数，则会得到一些有趣的结果：

```
Object.prototype.toString.call([])     // => "[object Array]"
Object.prototype.toString.call(/./)    // => "[object RegExp]"
Object.prototype.toString.call(()=>{}) // => "[object Function]"
Object.prototype.toString.call("")     // => "[object String]"
Object.prototype.toString.call(0)      // => "[object Number]"
Object.prototype.toString.call(false)  // => "[object Boolean]"
```

这说明，使用这种 Object.prototype.toString().call() 技术检查任何 JavaScript 值，都可以从一个包含类型信息的对象中获取以其他方式无法获取的"类特性"。下面这个 classof() 函数无论怎么说都比 typeof 操作符更有用，因为 typeof 操作符无法区分不同对象的类型：

```
function classof(o) {
    return Object.prototype.toString.call(o).slice(8,-1);
}

classof(null)       // => "Null"
classof(undefined)  // => "Undefined"
classof(1)          // => "Number"
classof(10n**100n)  // => "BigInt"
classof("")         // => "String"
classof(false)      // => "Boolean"
classof(Symbol())   // => "Symbol"
classof({})         // => "Object"
classof([])         // => "Array"
classof(/./)        // => "RegExp"
classof(()=>{})     // => "Function"
classof(new Map())  // => "Map"
classof(new Set())  // => "Set"
classof(new Date()) // => "Date"
```

在 ES6 之前，Object.prototype.toString() 这种特殊的用法只对内置类型的实例有效。如果你对自己定义的类的实例调用 classof()，那只能得到"Object"。而在 ES6 中，Object.prototype.toString() 会查找自己参数中有没有一个属性的符号名是 Symbol.toStringTag。如果有这样一个属性，则使用这个属性的值作为输出。这意味着如果你自己定义了一个类，那很容易可以让它适配 classof() 这样的函数：

```
class Range {
    get [Symbol.toStringTag]() { return "Range"; }
    // 省略这个类其余的代码
}
let r = new Range(1, 10);
Object.prototype.toString.call(r)    // => "[object Range]"
classof(r)                           // => "Range"
```

14.4.4 Symbol.species

在 ES6 之前，JavaScript 没有提供任何实际的方式去创建内置类（如 Array）的子类。但在 ES6 中，我们使用 class 和 extends 关键字就可以方便地扩展任何内置类。9.5.2 节使用下面这个简单的 Array 子类演示了这一点：

```
// 一个简单的 Array 子类，添加了第一个和最后一个元素的获取方法
class EZArray extends Array {
    get first() { return this[0]; }
    get last() { return this[this.length-1]; }
```

```
}
let e = new EZArray(1,2,3);
let f = e.map(x => x * x);
e.last   // => 3: EZArray 实例 e 的最后一个元素
f.last   // => 9: f 也是 EZArray 的实例，有 last 属性
```

Array 定义了 concat()、filter()、map()、slice() 和 splice() 方法，这些方法仍然返回数组。在创建类似 EZArray 的数组子类时也会继承这些方法，这些方法应该返回 Array 的实例，还是返回 EZArray 的实例？两种结果似乎都有其合理的一面，但 ES6 规范认为这 5 个数组方法（默认）将返回子类的实例。

以下是实现过程。

- 在 ES6 及之后版本中，Array() 构造函数有一个名字为 Symbol.species 符号属性（注意这个符号是构造函数的属性名。这里介绍的其他大多数公认符号都是原型对象的方法名）。

- 在使用 extends 创建子类时，子类构造函数会从超类构造函数继承属性（这是除子类实例继承超类方法这种常规继承之外的一种继承）。这意味着 Array 的每个子类的构造函数也会继承名为 Symbol.species 的属性（如果需要，子类也可以用同一个名字定义自有属性）。

- 在 ES6 及之后的版本中，map() 和 slice() 等创建并返回新数组的方法经过了一些修改。修改后它们不仅会创建一个常规的 Array，还（实际上）会调用 new this. constructor[Symbol.species]() 创建新数组。

接下来是最有意思的部分。假设 Array[Symbol.species] 仅仅是一个常规数据属性，是按如下的方式定义的：

```
Array[Symbol.species] = Array;
```

那么子类构造函数将作为它的"物种"（species）继承 Array() 构造函数，在数组子类上调用 map() 将返回这个超类的实例而不返回子类实例。但 ES6 中实际结果并非如此。原因在于 Array[Symbol.species] 是一个只读的访问器属性，其获取函数简单地返回 this。子类构造函数继承了这个获取函数，这意味着默认情况下，每个子类构造函数都是它自己的"物种"。

不过，有时候我们可能需要修改这个默认行为。如果想让 EZArray 继承的返回数组的方法都返回常规 Array 对象，只需将 EZArray[Symbol.species] 设置为 Array 即可。但由于这个继承的属性是一个只读的访问器，不能直接用赋值操作符来设置这个值。此时可以使用 defineProperty()：

```
EZArray[Symbol.species] = Array; // 尝试设置只读属性会失败

// 可以使用 defineProperty():
Object.defineProperty(EZArray, Symbol.species, {value: Array});
```

最简单的做法其实是在一开始创建子类时就定义自己的 Symbol.species 获取方法：

```
class EZArray extends Array {
    static get [Symbol.species]() { return Array; }
    get first() { return this[0]; }
    get last() { return this[this.length-1]; }
}

let e = new EZArray(1,2,3);
let f = e.map(x => x - 1);
e.last  // => 3
f.last  // => undefined: f 是一个常规数组，没有 last 获取方法
```

增加 Symbol.species 的主要目的就是允许更灵活地创建 Array 的子类，但这个公认符号的用途并不局限于此。定型数组与 Array 类一样，也以同样的方式使用了这个符号。类似地，ArrayBuffer 的 slice() 方法也会查找 this.constructor 的 Symbol.species 属性，而不是简单地创建新 ArrayBuffer。而返回新 Promise 对象的方法（比如 then()）同样也是通过这个"物种协议"来创建返回的期约。最后，（举个例子）如果某一天你会创建 Map 的子类，并且会定义返回新 Map 对象的方法，那么为这个子类的子类考虑，或许你会用到 Symbol.species。

14.4.5 Symbol.isConcatSpreadable

Array 的方法 concat() 是使用 Symbol.species 确定对返回的数组使用哪个构造函数的方法之一。但 concat() 也使用 Symbol.isConcatSpreadable。7.8.3 节介绍过，数组的 concat() 方法对待自己的 this 值和它的数组参数不同于对待非数组参数。换句话说，非数组参数会被简单地追加到新数组末尾，但对于数组参数，this 数组和参数数组都会被打平或"展开"，从而实现数组元素的拼接，而不是拼接数组参数本身。

在 ES6 之前，concat() 只使用 Array.isArray() 确定是否将某个值作为数组来对待。在 ES6 中，这个算法进行了一些调整：如果 concat() 的参数（或 this 值）是对象且有一个 Symbol.isConcatSpreadable 符号属性，那么就根据这个属性的布尔值来确定是否应该"展开"参数。如果这个属性不存在，那么就像语言之前的版本一样使用 Array.isArray()。

在两种情况下可能会用到这个 Symbol。

- 如果你创建了一个类数组对象（参见 7.9 节），并且希望把它传给 concat() 时该对象能像真正的数组一样，那可以给这个对象添加这么一个符号属性：

```
let arraylike = {
    length: 1,
    0: 1,
    [Symbol.isConcatSpreadable]: true
};
[].concat(arraylike)  // => [1]：（如果不展开，这里就是 [[1]]）
```

- Array 的子类默认是可展开的，因此如果你定义了一个数组的子类，但不希望它在传给 concat() 时像数组一样，那么可以[注1]像下面这样给这个子类添加一个获取方法：

```
class NonSpreadableArray extends Array {
    get [Symbol.isConcatSpreadable]() { return false; }
}
let a = new NonSpreadableArray(1,2,3);
[].concat(a).length // => 1；（如果 a 被展开，这里将是 3 个元素）
```

14.4.6 模式匹配符号

11.3.2 节记述了使用 RegExp 参数执行模式匹配操作的 String 方法。在 ES6 及之后的版本中，这些方法都统一泛化为既能够使用 RegExp 对象，也能使用任何通过具有符号名的属性定义了模式匹配行为的对象。match()、matchAll()、search()、replace() 和 split() 这些字符串方法中的任何一个，都有一个与之对应的公认符号：Symbol.match、Symbol.search，等等。

RegExp 是描述文本模式的一种通用且强大的方式，但同时它们也比较复杂，而且也不太适合模糊匹配。有了泛化之后的字符串方法，你可以使用公认的符号方法定义自己的模式类，提供自定义匹配。例如，可以使用 Intl.Collator（参见 11.7.3 节）执行字符串比较，从而在比较时忽略重音。或者，可以基于 Soundex 算法实现一个模式类，从而根据读音的近似程度匹配单词或者近似地匹配到某个给定的莱文斯坦（Levenshtein）距离。

一般来说，在像下面这样调用上面 5 个字符串方法时：

```
string.method(pattern, arg)
```

该调用会转换为对模式对象上相应符号化命名方法的调用：

```
pattern[symbol](string, arg)
```

以下面这个模式匹配类为例。这个类使用我们在文件系统中熟悉的 * 和 ? 通配符实现了模式匹配。这种风格的模式匹配可以追溯到 Unix 操作系统诞生之初，而模式也被称为 glob[译注2]：

注 1：由于 V8 JavaScript 引擎的一个 bug，这段代码在 Node 13 中将无法正确运行。
译注 2：glob 是 global 的简写。

```
class Glob {
    constructor(glob) {
        this.glob = glob;

        // 内部使用 RegExp 实现 glob 匹配
        // ? 匹配除 / 之外的任意字符, * 匹配 0 或多个这样的字符
        // 每个匹配都使用一个捕获组
        let regexpText = glob.replace("?", "([^/])").replace("*", "([^/]*)");

        // 使用 u 标签表示支持 Unicode 的匹配
        // glob 是要匹配整个字符串, 所以使用 ^ 和 $ 锚点
        // 这里没有实现 search() 和 matchAll(), 因为
        // 它们对这样的模式没有用
        this.regexp = new RegExp(`^${regexpText}$`, "u");
    }

    toString() { return this.glob; }

    [Symbol.search](s) { return s.search(this.regexp); }
    [Symbol.match](s)  { return s.match(this.regexp); }
    [Symbol.replace](s, replacement) {
        return s.replace(this.regexp, replacement);
    }
}

let pattern = new Glob("docs/*.txt");
"docs/js.txt".search(pattern)    // => 0: 从第 0 个字符开始匹配
"docs/js.htm".search(pattern)    // => -1: 不匹配
let match = "docs/js.txt".match(pattern);
match[0]      // => "docs/js.txt"
match[1]      // => "js"
match.index   // => 0
"docs/js.txt".replace(pattern, "web/$1.htm")   // => "web/js.htm"
```

14.4.7 Symbol.toPrimitive

3.9.3 节解释过 JavaScript 有 3 个稍微不同的算法, 用于将对象转换为原始值。大致来讲, 对于预期或偏好为字符串值的转换, JavaScript 会先调用对象的 toString() 方法。如果 toString() 方法没有定义或者返回的不是原始值, 还会再调用对象的 valueOf() 方法。对于偏好为数值的转换, JavaScript 会先尝试调用 valueOf() 方法, 然后在 valueOf() 没有定义或者返回的不是原始值时再调用 toString()。最后, 如果没有偏好, JavaScript 会让类来决定如何转换。Date 对象首先使用 toString(), 其他所有类型则首先调用 valueOf()。

在 ES6 中, 公认符号 Symbol.toPrimitive 允许我们覆盖这个默认的对象到原始值的转换行为, 让我们完全控制自己的类实例如何转换为原始值。为此, 需要定义一个名字为这个符号的方法。这个方法必须返回一个能够表示对象的原始值。这个方法在被调用时会收到一个字符串参数, 用于告诉你 JavaScript 打算对你的对象做什么样的转换。

- 如果这个参数是 `"string"`，则表示 JavaScript 是在一个预期或偏好（但不是必需）为字符串的上下文中做这个转换。比如，把对象作为字符串插值到一个模板字面量中。

- 如果这个参数是 `"number"`，则表示 JavaScript 是在一个预期或偏好（但不是必需）为数值的上下文中做这个转换。在通过 < 或 > 操作符比较对象，或者使用算术操作符 - 或 * 来计算对象时属于这种情况。

- 如果这个参数是 `"default"`，则表示 JavaScript 做这个转换的上下文可以接受数值也可以接受字符串。在使用 +、== 或 != 操作符时就是这样。

很多类都可以忽略这个参数，在任何情况下都返回相同的原始值。如果你希望自己类的实例可以通过 < 或 > 来比较，那么就需要给这个类定义一个 [Symbol.toPrimitive] 方法。

14.4.8 Symbol.unscopables

最后一个要介绍的公认符号不好理解，它是针对废弃的 `with` 语句所导致的兼容性问题而引入的一个变通方案。我们知道，`with` 语句会取得一个对象，而在执行语句体时，就好像在相应的作用域中该对象的属性是变量一样。但这样一来如果再给 Array 类添加新方法就会导致兼容性问题，有可能破坏某些既有代码。Symbol.unscopables 应运而生。在 ES6 及之后的版本中，`with` 语句被稍微进行了修改。在取得对象 o 时，`with` 语句会计算 `Object.keys(o[Symbol.unscopables]||{})` 并在创建用于执行语句体的模拟作用域时，忽略名字包含在结果数组中的那些属性。ES6 使用这个机制给 Array.prototype 添加新方法，同时又不会破坏线上已有的代码。这意味着可以通过如下方式获取最新 Array 方法的列表：

```
let newArrayMethods = Object.keys(Array.prototype[Symbol.unscopables]);
```

14.5 模板标签

位于反引号之间的字符串被称为"模板字面量"，我们在 3.3.4 节介绍过。如果一个求值为函数的表达式后面跟着一个模板字面量，那就会转换为一个函数调用，而我们称其为"标签化模板字面量"。可以把定义使用标签化模板字面量的标签函数看成是元编程，因为标签化模板经常用于定义 DSL（Domain-Specific Language，领域专用语言）。而定义新的标签函数类似于给 JavaScript 添加新语法。标签化模板字面量已经被很多前端 JavaScript 包采用了。GraphQL 查询语言使用 gql`` 标签函数支持在 JavaScript 代码中嵌入查询。而 Emotion 库使用 css`` 标签函数支持在 JavaScript 中嵌入 CSS 样式。本节讲解如何写类似这样的标签函数。

标签函数并没有什么特别之处，它们就是普通的 JavaScript 函数，定义它们不涉及任何特殊语法。当函数表达式后面跟着一个模板字面量时，这个函数会被调用。第一个参数是一个字符串数组，然后是 0 或多个额外参数，这些参数可以是任何类型的值。

参数的个数取决于被插值到模板字面量中值的个数。如果模板字面量就是一个字符串，没有插值的位置，那么标签函数在被调用时只会收到一个该字符串的数组，没有额外的参数。如果模板字面量包含一个要插入的值，那么标签函数被调用时会收到两个参数。第一个是包含两个字符串的数组，第二个是被插入的值。第一个数组中的两个字符串：一个是插入值左侧的字符串，另一个是插入值右侧的字符串。而且这两个字符串都可能是空字符串。如果模板字面量包含两个要插入的值，那么标签函数在被调用时会收到三个参数：一个包含三个字符串的数组和两个要插入的值。数组中的三个字符串（其中任何一个甚至全部都可能是空字符串）分别是第一个插入值左侧、两个插入值之间和最后一个插入值右侧的字符串。推而广之，如果模板字面量有 n 个插值，那么标签函数在被调用时会收到 n+1 个参数。第一个参数是一个 n+1 个字符串的数组，其余 n 个参数是要插入的值，顺序为它们在模板字面量中出现的顺序。

模板字面量的值始终是一个字符串。但标签化模板字面量的值则是标签函数返回的值。这个值可能是字符串，但在标签函数被用于实现 DSL 时，返回的值通常是一个非字符串数据结构或者说是对字符串进行解析之后的表示。

作为一个返回字符串的标签函数的例子，可以看看下面这个 html`` 模板。这个模板可以保证向 HTML 字符串中安全地插值。在使用要插入的值构建最终字符串之前，标签会先对它们进行 HTML 转义：

```javascript
function html(strings, ...values) {
    // 把每个值都转换为字符串并转义特殊 HTML 字符
    let escaped = values.map(v => String(v)
                                    .replace("&", "&amp;")
                                    .replace("<", "&lt;")
                                    .replace(">", "&gt;")
                                    .replace('"', "&quot;")
                                    .replace("'", "&#39;"));

    // 返回拼接在一起的字符串和转义值
    let result = strings[0];
    for(let i = 0; i < escaped.length; i++) {
        result += escaped[i] + strings[i+1];
    }
    return result;
}

let operator = "<";
```

```
html`<b>x ${operator} y</b>`                        // => "<b>x &lt; y</b>"

let kind = "game", name = "D&D";
html`<div class="${kind}">${name}</div>` // =>'<div class="game">D&amp;D</div>'
```

下面这个例子是一个不返回字符串而返回字符串解析后表示的标签函数，其中用到了
14.4.6 节定义的 Glob 模式类。由于 Glob() 构造函数只接收一个字符串参数，我们可以
定义一个标签函数来创建新 Glob 对象：

```
function glob(strings, ...values) {
    // 把 strings 和 values 装配成一个字符串
    let s = strings[0];
    for(let i = 0; i < values.length; i++) {
        s += values[i] + strings[i+1];
    }
    // 返回解析该字符串之后的表示
    return new Glob(s);
}

let root = "/tmp";
let filePattern = glob`${root}/*.html`;  // RegExp 的替代
"/tmp/test.html".match(filePattern)[1]   // => "test"
```

我们在 3.3.4 节曾提到过一个 String.raw`` 标签函数，这个函数返回字符串"未处理"
（raw）的形式，不会解释任何反斜杠转义序列。这个函数使用了当时还没有讨论的标签
函数调用特性实现。当标签函数被调用时，我们知道它的第一个参数是一个字符串数
组。不过这个数组也有一个名为 raw 的属性，该属性的值是另一个字符串数组，数组的
元素个数相同。参数数组中包含的字符串已经跟往常一样解释了转义序列。而未处理数
组中包含的字符串并没有解释转义序列。如果你想定义 DSL，而文法中会使用反斜杠，
那么这个不起眼的特性很重要。

例如，如果我们想让 glob`` 标签函数支持匹配 Windows 风格路径（使用反斜杠而不
是正斜杠）的模式，也不希望用户双写每个反斜杠，那可以使用 strings.raw[] 取代
strings[] 来重写该函数。当然，这样做的问题在于我们不能再在 glob 字面量中使用类
似 \u 的转义序列。

14.6 反射 API

与 Math 对象类似，Reflect 对象不是类，它的属性只是定义了一组相关函数。这些 ES6
添加的函数为"反射"对象及其属性定义了一套 API。这里有一个小功能：Reflect 对象
在同一个命名空间里定义了一组便捷函数，这些函数可以模拟核心语言语法的行为，复
制各种既有对象功能的特性。

```
```

Reflect 函数虽然没有提供新特性，但它们用一个方便的 API 筛选出了一组特性。重点在于，这组 Reflect 函数一对一地映射了我们要在 14.7 节学习的 Proxy 处理器方法。

反射 API 包括下列函数。

Reflect.apply(f, o, args)

这个函数将函数 f 作为 o 的方法进行调用（如果 o 是 null，则调用函数 f 时没有 this 值），并传入 args 数组的值作为参数。相当于 f.apply(o, args)。

Reflect.construct(c, args, newTarget)

这个函数像使用了 new 关键字一样调用构造函数 c，并传入 args 数组的元素作为参数。如果指定了可选的 newTarget 参数，则将其作为构造函数调用中 new.target 的值。如果没有指定，则 new.target 的值是 c。

Reflect.defineProperty(o, name, descriptor)

这个函数在对象 o 上定义一个属性，使用 name（字符串或符号）作为属性名。描述符对象 descriptor 应该定义这个属性的值（或获取方法、设置方法）和特性。Reflect.defineProperty() 与 Object.defineProperty() 非常类似，但在成功时返回 true，失败时返回 false（Object.defineProperty() 成功时返回 o，失败时抛出 TypeError）。

Reflect.deleteProperty(o, name)

这个函数根据指定的字符串或符号名 name 从对象 o 中删除属性。如果成功（或指定属性不存在）则返回 true，如果无法删除该属性则返回 false。调用这个函数类似于执行 delete o[name]。

Reflect.get(o, name, receiver)

这个函数根据指定的字符串或符号名 name 返回属性的值。如果属性是一个有获取方法的访问器属性，且指定了可选的 receiver 参数，则将获取方法作为 receiver 而非 o 的方法调用。调用这个函数类似于求值 o[name]。

Reflect.getOwnPropertyDescriptor(o, name)

这个函数返回描述对象 o 的 name 属性的特性的描述符对象。如果属性不存在则返回 undefined。这个函数基本等于 Object.getOwnPropertyDescriptor()，只不这个反射 API 的版本要求第一个参数必须是对象，否则会抛出 TypeError。

Reflect.getPrototypeOf(o)

这个函数返回对象 o 的原型，如果 o 没有原型则返回 null。如果 o 是原始值而非对象，则抛出 TypeError。这个函数基本等于 Object.getPrototypeOf()，只不过 Object.getPrototypeOf() 只对 null 和 undefined 参数抛出 TypeError，且会将其他原始值转换为相应的包装对象。

Reflect.has(o, name)

这个函数在对象 o 有指定的属性 name（必须是字符串或符号）时返回 true。调用这个函数类似于求值 name in o。

Reflect.isExtensible(o)

这个函数在对象 o 可扩展（参见 14.2 节）时返回 true，否则返回 false。如果 o 不是对象则抛出 TypeError。Object.isExtensible() 与这个函数类似，但在参数不是对象时只会返回 false。

Reflect.ownKeys(o)

这个函数返回包含对象 o 属性名的数组，如果 o 不是对象则抛出 TypeError。返回数组中的名字可能是字符串或符号。调用这个函数类似于调用 Object.getOwn Property-Names() 和 Object.getOwnPropertySymbols() 并将它们返回的结果组合起来。

Reflect.preventExtensions(o)

这个函数将对象 o 的可扩展特性（参见 14.2 节）设置为 false，并返回表示成功的 true。如果 o 不是对象则抛出 TypeError。Object.preventExtensions() 具有相同的效果，但返回对象 o 而不是 true，另外对非对象参数也不抛出 TypeError。

Reflect.set(o, name, value, receiver)

这个函数根据指定的 name 将对象 o 的属性设置为指定的 value。如果成功则返回 true，失败则返回 false（如属性是只读的）。如果 o 不是对象则抛出 TypeError。如果指定的属性是一个有设置方法的访问器属性，且如果指定了可选的 receiver 参数，则将设置方法作为 receiver 而非 o 的方法进行调用。调用这个函数类似于求值 o[name] = value。

Reflect.setPrototypeOf(o, p)

这个函数将对象 o 的原型设置为 p，成功返回 true，失败返回 false（如果 o 不可扩展或操作本身会导致循环原型链）。如果 o 不是对象或 p 既不是对象也不是 null 则抛出 TypeError。Object.setPrototypeOf() 与这个函数类似，但在成功时返回 o，在失败时抛出 TypeError。注意，调用这两个函数中的任何一个都可能导致代码变慢，因为它们会破坏 JavaScript 解释器的优化。

常规语法	反射 API
f.apply(o, args)	Reflect.apply(f, o, args)
new c(...args)	Reflect.construct(c, args, newTarget)
Object.defineProperty(o, name, descriptor)	Reflect.defineProperty(o, name, descriptor)
delete o[name]	Reflect.deleteProperty(o, name)
o[name]	Reflect.get(o, name, receiver)
Object.getOwnPropertyDescriptor(o, name)	Reflect.getOwnPropertyDescriptor(o, name)
Object.getPrototypeOf(o)	Reflect.getPrototypeOf(o)
name in o	Reflect.has(o, name)
Object.isExtensible(o)	Reflect.isExtensible(o)
Object.getOwnPropertyNames() Object.getOwnPropertySymbols()	Reflect.ownKeys(o)
Object.preventExtensions(o)	Reflect.preventExtensions(o)
o[name] = value	Reflect.set(o, name, value, receiver)
Object.setPrototypeOf(o, p) o = Object.create(p)	Reflect.setPrototypeOf(o, p)

14.7 代理对象

ES6 及之后版本中的 Proxy 类是 JavaScript 中最强大的元编程特性。使用它可以修改 JavaScript 对象的基础行为。14.6 节介绍的反射 API 是一组函数,通过它们可以直接对 JavaScript 对象执行基础操作。而 Proxy 类则提供了一种途径,让我们能够自己实现基础操作,并创建具有普通对象无法企及能力的代理对象。

创建代理对象时,需要指定另外两个对象,即目标对象 (target) 和处理器对象 (handlers):

```
let proxy = new Proxy(target, handlers);
```

得到的代理对象没有自己的状态或行为。每次对它执行某个操作(读属性、写属性、定义新属性、查询原型、把它作为函数调用)时,它只会把相应的操作发送给处理器对象或目标对象。

代理对象支持的操作就是反射 API 定义的那些操作。假设 p 是一个代理对象,我们想执行 delete p.x。而 Reflect.deleteProperty() 函数具有与 delete 操作符相同的行为。当使用 delete 操作符删除代理对象上的一个属性时,代理对象会在处理器对象上查找 deleteProperty() 方法。如果存在这个方法,代理对象就调用它。如果不存在这个方法,代理对象就在目标对象上执行属性删除操作。

对所有基础操作,代理都这样处理:如果处理器对象上存在对应方法,代理就调用该方法执行相应操作（这里方法的名字和签名与 14.6 节介绍的反射函数完全相同）。如果处理器对象上不存在对应方法，则代理就在目标对象上执行基础操作。这意味着代理可以从目标对象或处理器对象获得自己的行为。如果处理器对象是空的，那代理本质上就是目标对象的一个透明包装器：

```
let t = { x: 1, y: 2 };
let p = new Proxy(t, {});
p.x          // => 1
delete p.y   // => true: 从代理上删除属性 y
t.y          // => undefined: 也就从目标对象上删除了它
p.z = 3;     // 在代理上定义一个新属性
t.z          // 也就在目标上定义了这个属性
```

这种透明包装代理本质上就是底层目标对象，这意味着没有理由使用代理来代替包装的对象。然而，透明包装器在创建"可撤销代理"时有用。创建可撤销代理不使用 Proxy() 构造函数，而要使用 Proxy.revocable() 工厂函数。这个函数返回一个对象，其中包含代理对象和一个 revoke() 函数。一旦调用 revoke() 函数，代理立即失效：

```
function accessTheDatabase() { /* 省略访问数据库的代码 */ return 42; }
let {proxy, revoke} = Proxy.revocable(accessTheDatabase, {});

proxy()    // => 42: 可以通过代理访问底层的目标函数
revoke();  // 但我们可以随时关闭这个访问通道
proxy();   // !TypeError: 不能再调用底层的函数了
```

注意，除了演示可撤销代理，前面的代码也演示了代理既可以封装目标函数也可以封装目标对象。但这里的关键是可撤销代理充当了某种代码隔离的机制，而这可以在我们使用不信任的第三方库时派上用场。如果必须向一个不受自己控制的库传一个函数，则可以给它传一个可撤销代理，然后在使用完这个库之后撤销代理。这样可以防止第三方库持有对你函数的引用，在你不知道的时候调用它。这种防御型编程并非 JavaScript 程序特有的，但 Proxy 类让它成为可能。

如果我们给 Proxy() 构造函数传一个非空的处理器对象，那定义的就不再是一个透明包装器对象了，而是要在代理中实现自定义行为。有了恰当自定义的处理器，底层目标对象本质上就变得不相干了。

例如，在下面的代码中，我们实现了一个对象，让它看起来好像有无数个只读属性，而每个属性的值就是属性的名字：

```
// 使用代理创建一个对象，让它看起来似乎什么属性都有
// 只不过每个属性的值就是这个属性的名字
let identity = new Proxy({}, {
    // 每个属性都以自己的名字作为值
    get(o, name, target) { return name; },
```

```
    // 每个属性的名字都有定义
    has(o, name) { return true; },
    // 因为可枚举的属性太多，所以干脆抛出错误
    ownKeys(o) { throw new RangeError("Infinite number of properties"); },
    // 所有属性都有，且不可写、不可配置、不可枚举
    getOwnPropertyDescriptor(o, name) {
        return {
            value: name,
            enumerable: false,
            writable: false,
            configurable: false
        };
    },
    // 所有属性都是只读的，因此不能设置
    set(o, name, value, target) { return false; },
    // 所有属性都不可配置，因此不能删除
    deleteProperty(o, name) { return false; },
    // 所有属性都有但都不可配置，因此不能定义新属性
    defineProperty(o, name, desc) { return false; },
    // 实际上，这就意味着这个对象不能扩展
    isExtensible(o) { return false; },
    // 所有属性都定义在这个对象上，因此即便
    // 它有原型也不需要再从中继承什么了
    getPrototypeOf(o) { return null; },
    // 这个对象不可扩展，因此不能修改它的原型
    setPrototypeOf(o, proto) { return false; },
});
```

```
identity.x                  // => "x"
identity.toString           // => "toString"
identity[0]                 // => "0"
identity.x = 1;             // 设置属性没有效果
identity.x                  // => "x"
delete identity.x           // => false: 也不能删除属性
identity.x                  // => "x"
Object.keys(identity);      // !RangeError: 无法列出全部属性
for(let p of identity) ;    // !RangeError
```

代理对象可以从目标对象和处理器对象获得它们的行为，到目前为止我们看到的示例都只用到它们其中一个。而同时用到这两个对象的代理通常才更有用。

例如，下面的代码为目标对象创建了一个只读包装器。当代码尝试从该对象读取值时，读取操作会正常转发给目标对象。但当代码尝试修改对象或它的属性时，处理器对象的方法会抛出 TypeError。类似这样的代理在编写测试的时候有用。假设你写了一个函数，它接收一个对象参数，你希望这个函数不会以任何方式修改它收到的参数。如果你的测试接收只读的包装器对象，那么任何写入操作都会抛出异常从而导致测试失败：

```
function readOnlyProxy(o) {
    function readonly() { throw new TypeError("Readonly"); }
    return new Proxy(o, {
        set: readonly,
```

```
            defineProperty: readonly,
            deleteProperty: readonly,
            setPrototypeOf: readonly,
        });
    }

    let o = { x: 1, y: 2 };        // 普通可写对象
    let p = readOnlyProxy(o);      // 它的只读版本
    p.x                            // => 1: 读取属性正常
    p.x = 2;                       // !TypeError: 不能修改属性
    delete p.y;                    // !TypeError: 不能删除属性
    p.z = 3;                       // !TypeError: 不能添加属性
    p.__proto__ = {};              // !TypeError: 不能修改原型
```

另一种使用代理的技术是为它定义处理器方法，拦截对象操作，但仍然把操作委托给目标对象。反射 API（参见 14.6 节）的函数与处理器方法具有完全相同的签名，从而实现这种委托也很容易。

例如，下面这个函数返回的代理会把所有操作都委托给目标对象，只通过处理器方法打印出执行了什么操作：

```
    /*
     * 返回一个封装 o 的代理对象，对于任何操作都打印一条日志
     * 然后把操作委托给该对象。objname 是一个字符串，它会
     * 出现在日志消息中作为对象的标识。如果 o 的自有属性的值
     * 是对象或函数，那么在查询这些属性的值时会得到一个新的
     * loggingProxy，这样可以保证代理打印日志的行为能够
     * 一直"持续"下去
     */
    function loggingProxy(o, objname) {
        // 为日志代理对象定义处理器
        // 每个处理器都先打印一条消息，再委托到目标对象
        const handlers = {
            // 这个处理器比较特殊，因为对于值为对象或函数
            // 的自有属性，它会返回一个值的代理，而不是值
            get(target, property, receiver) {
                // 打印 get 操作
                console.log(`Handler get(${objname},${property.toString()})`);

                // 使用反射 API 获取属性值
                let value = Reflect.get(target, property, receiver);

                // 如果属性是目标的自有属性，而且值
                // 为对象或函数，则返回这个值的代理
                if (Reflect.ownKeys(target).includes(property) &&
                    (typeof value === "object" || typeof value === "function")) {
                    return loggingProxy(value, `${objname}.${property.toString()}`);
                }

                // 否则原封不动地返回值
                return value;
            },
```

```
    // 下面这三个方法没什么特别之处：
    // 它们打印各自的操作，然后委托到目标对象
    // 如果说它们有什么特别之处，那仅仅是都不会
    // 打印 receiver 对象，否则会导致无穷递归
    set(target, prop, value, receiver) {
        console.log(`Handler set(${objname},${prop.toString()},${value})`);
        return Reflect.set(target, prop, value, receiver);
    },
    apply(target, receiver, args) {
        console.log(`Handler ${objname}(${args})`);
        return Reflect.apply(target, receiver, args);
    },
    construct(target, args, receiver) {
        console.log(`Handler ${objname}(${args})`);
        return Reflect.construct(target, args, receiver);
    }
};

// 剩下的其他处理器都可以自动生成
// 元编程必胜！
Reflect.ownKeys(Reflect).forEach(handlerName => {
    if (!(handlerName in handlers)) {
        handlers[handlerName] = function(target, ...args) {
            // 打印操作日志
            console.log(`Handler ${handlerName}(${objname},${args})`);
            // 委托操作
            return Reflect[handlerName](target, ...args);
        };
    }
});

// 返回使用日志处理器为对象创建的代理
return new Proxy(o, handlers);
}
```

前面定义的 loggingProxy() 函数创建的代理可以把使用对象的各种操作打印出来。如果你想知道某个没有文档的函数怎么使用你传给它的对象，那就创建这样一个日志代理吧。

来看下面的例子，通过日志可以看到数组迭代的真正过程：

```
// 定义一个数据数组和一个带有函数属性的对象
let data = [10,20];
let methods = { square: x => x*x };

// 为个数组和对象创建日志代理
let proxyData = loggingProxy(data, "data");
let proxyMethods = loggingProxy(methods, "methods");

// 假设你想了解 Array.map() 方法的执行过程
data.map(methods.square)          // => [100, 400]

// 首先，先看看日志代理数组
proxyData.map(methods.square)     // => [100, 400]
```

```
// 它会打印如下日志:
// Handler get(data,map)
// Handler get(data,length)
// Handler get(data,constructor)
// Handler has(data,0)
// Handler get(data,0)
// Handler has(data,1)
// Handler get(data,1)

// 接着再试试代理方法对象
data.map(proxyMethods.square)    // => [100, 400]
// 日志输出:
// Handler get(methods,square)
// Handler methods.square(10,0,10,20)
// Handler methods.square(20,1,10,20)

// 最后,我们再通过日志代理来了解一下迭代协议
for(let x of proxyData) console.log("Datum", x);
// 日志输出:
// Handler get(data,Symbol(Symbol.iterator))
// Handler get(data,length)
// Handler get(data,0)
// Datum 10
// Handler get(data,length)
// Handler get(data,1)
// Datum 20
// Handler get(data,length)
```

根据第一段日志输出,我们知道 Array.map() 方法会先检查每个数组元素是否存在(因为调用了 has() 处理器),然后才真正读取元素的值(此时触发 get() 处理器)。由此可以推断,它能够区分不存在的和存在但值为 undefined 的数组元素。

第二段日志输出可以提醒我们,传给 Array.map() 的函数在被调用时会收到 3 个参数:元素的值、元素的索引和数组本身(这个日志输出有个问题:Array.toString() 方法的返回值不包含方括号,如果输出的参数列表是 (10, 0, [10, 20]) 就更清楚了)。

第三段日志输出告诉我们,for/of 循环依赖于一个符号名为 [Symbol.iterator] 的方法。同时也表明,Array 类对这个迭代器方法的实现在每次迭代时都会检查数组长度,并没有假定数组长度在迭代过程中保持不变。

14.7.1 代理不变式

前面定义的 readOnlyProxy() 函数创建的代理对象实际上是冻结的,即修改属性值或属性特性、添加或删除属性,都会抛出异常。但是,只要目标对象没有被冻结,那么通过 Reflect.isExtensible() 和 Reflect.getOwnPropertyDescriptor() 查询代理对象,都会告诉我们应该可以设置、添加或删除属性。也就是说,readOnlyProxy() 创建的对象与目标对象的状态不一致。为此,可以再添加 isExtensible() 和 getOwnProperty

Descriptor() 处理器来消除一致，或者也可以保留这种轻微的不一致。

代理处理器 API 允许我们定义存在重要不一致的对象，但在这种情况下，Proxy 类本身会阻止我们创建不一致得离谱的代理对象。本节一开始，我们说代理是一种没有自己的行为的对象，因为它们只负责把所有操作转发给处理器对象和目标对象。其实这么说也不全对：转发完操作后，Proxy 类会对结果执行合理性检查，以确保不违背重要的 JavaScript 不变式（invariant）。如果检查发现违背了，代理会抛出 TypeError（不让操作继续）。

举个例子，如果我们为一个不可扩展对象创建了代理，而它的 isExtensible() 处理器返回 true，代理就会抛出 TypeError：

```
let target = Object.preventExtensions({});
let proxy = new Proxy(target, { isExtensible() { return true; }});
Reflect.isExtensible(proxy);  // !TypeError: 违背了不变式
```

相应地，不可扩展目标的代理就不能定义返回目标真正原型之外其他值的 getPrototypeOf() 处理器。同样，如果目标对象的某个属性不可写、不可配置，那么如果 get() 处理器返回了跟这个属性的实际值不一样的结果，Proxy 类也会抛出 TypeError：

```
let target = Object.freeze({x: 1});
let proxy = new Proxy(target, { get() { return 99; }});
proxy.x;              // !TypeError: get() 返回的值与目标不匹配
```

Proxy 还遵循其他一些不变式，几乎都与不可扩展的目标对象和目标对象上不可配置的属性有关。

14.8 小结

本章，我们学习了如下内容。

- JavaScript 对象有一个可扩展的特性，而对象属性有可写、可枚举和可配置特性以及实际的值和获取函数、设置函数特性。使用这些特性可以通过不同的方式"锁定"对象，包括创建"封存"和"冻结"对象。

- JavaScript 定义了用于遍历对象原型链，甚至修改对象原型的函数（这样做可能导致代码变慢）。

- Symbol 对象有一些属性的值是所谓的"周知符号"，这些符号可以用作自定义对象或类的属性或方法名。定义这样的属性或方法可以控制自定义对象与 JavaScript 语言特性及核心库的交互。例如，周知符号可以把类变成可迭代对象，并控制在把实例传给 Object.prototype.toString() 时显示的字符串。在 ES6 之前，这种定制化仅限于内置在实现中的原生类。

- 标签模板字面量是一种函数调用语法，定义一个新标签函数类似于给语言本身添加一种新的字面量语法。通过定义标签函数，解析传入的模板字符串参数，可以在 JavaScript 代码中嵌入 DSL（领域专用语言）。标签函数也支持访问原始、未转义的字符串字面量，其中反斜杠没有特殊含义。

- Proxy 类和相关的反射 API 让我们可以从底层控制 JavaScript 对象的基础行为。代理对象既可用作随意的可撤销包装器，以强化代码封装严密性，也可用于实现非标准对象行为（例如早期浏览器定义的一些特殊 API）。

第 15 章

浏览器中的 JavaScript

JavaScript 创造于 1994 年，其明确的目的就是为浏览器显示的文档赋予动态行为。自此以后，这门语言经过了多次重大改进，而与此同时，Web 平台的范围与能力也出现了爆炸式增长。今天，Web 对 JavaScript 程序员而言已经是一个完善的应用开发平台。浏览器专注于格式化文本与图片的显示，但与原生操作系统一样，浏览器也提供了其他服务，包括图形、视频、音频、网络、存储和线程。JavaScript 这门语言能够使 Web 应用使用 Web 平台提供的服务，本章将介绍如何使用这些服务最重要的部分。

本章首先会介绍 Web 平台的编程模型，解释如何把脚本嵌入 HTML 页面中（见 15.1 节），以及事件如何异步触发 JavaScript 代码（见 15.2 节）。在这两节的基础性内容之后，接下来各节将分别讲解可以在 Web 应用中使用的核心 JavaScript API：

- 15.3 节和 15.4 节分别讲解控制文档内容和样式。

- 15.5 节讲解确定文档元素在屏幕上的位置。

- 15.6 节讲解创建可复用的用户界面组件。

- 15.7 节和 15.8 节介绍绘图。

- 15.9 节讲解播放和生成声音。

- 15.10 节介绍管理浏览器导航和历史。

- 15.11 节讲解通过网络交换数据。

- 15.12 节介绍在用户计算机上存储数据。

- 15.13 节讲解通过线程执行并行计算。

客户端 JavaScript

在本书中以及各种网站上，你都会看到"客户端 JavaScript"的说法。这个概念指的

> 就是在浏览器中运行的 JavaScript 代码。与之相对的是"服务器端"代码，也就是运行在服务器上的程序。
>
> 这两"端"指的是网络连接的两端，分成了服务器和浏览器。开发 Web 应用通常涉及编写两"端"的程序。客户端和服务器端经常也被称为"前端"和"后端"。

本书之前的版本一直在尝试全面介绍由浏览器定义的所有 JavaScript API，结果造成这本书在十年前就已经非常厚了。Web API 的数量和复杂性持续增长，我不再认为有必要在一本书中全部介绍它们。到了撰写第 7 版的时候，我的目标是全面讲解 JavaScript 语言，深入介绍如何在 Node 和浏览器中使用这门语言。本章不会介绍所有 Web API，但会介绍其中最重要的部分，并且详细到可以让你看完后立即上手。此外，在你学习了本章讲解的核心 API 之后，应该可以自己在需要时再选择性地学习新 API（比如 15.15 节总结的那些）。

Node 有自己唯一的实现，也有自己唯一的官方文档。相对而言，Web API 则是通过主要浏览器厂商的共识来定义的。Web API 的官方文档就是一系列规范，这些规范的目标读者是实现它们的 C++ 程序员，而不是使用这些 API 的 JavaScript 程序员。好在，Mozilla 的"MDN Web 文档"项目已经成为 Web API 的一个靠谱、全面的文档来源[注1]。

废弃的 API

在 JavaScript 面世以来的二十多年间，浏览器厂商一直在增加新功能和 API，供程序员使用。其中有很多 API 已经过时了，包括下面这些。

- 从未被标准化或从未被其他浏览器厂商实现过的专有 API。微软的 Internet Explorer 定义了很多这种 API。其中一些（如 innerHTML）属性被证明有用而最终标准化了，还有一些（如 attachEvent() 方法）已经废弃多年了。

- 低效 API（如 document.write() 方法），只要使用就会导致严重的性能问题，因此已经无法被人接受了。

- 过时的 API，已经在很久以前就被实现同样目的的新 API 取代。例如，document.bgColor 的目的是通过 JavaScript 设置文档的背景颜色。而在 CSS 出现后，document.bgColor 成了一个历史遗迹，没什么人用了。

注 1：本书前几版都包含篇幅庞大的参考部分，囊括了 JavaScript 标准库和 Web API。由于 MDN 的出现，这一部分内容已经显得不合时宜了，因此第 7 版删掉了这一部分。今天，在 MDN 上查找某个 API 要比翻阅一本书效率高得多。而我在 MDN 的前同事会及时更新在线文档，努力让它们与时俱进，这一点是这本书无法做到的。

- 设计有缺陷的 API，已经被更好的 API 取代。在 Web 早期，标准委员会以语言无关的方式定义了关键的 Document Object Model API，以便同样的 API 既可以在 Java 程序中用来操作 XML 文档，也可以在 JavaScript 程序中用来操作 HTML 文档。这就导致了该 API 并不完全适合 JavaScript 语言，存在很多 Web 开发者并不特别关注的功能。为弥补这种早期的设计缺陷，经过几十年的改进，今天的浏览器才都支持了更为优化的 Document Object Model。

- 在可预见的未来，浏览器厂商可能需要支持这些废弃的 API，以保证向后兼容。但本书已经没有任何理由再讲解它们，或者说让读者再去学习它们了。Web 平台已经成熟且稳定，如果你是一名 Web 开发老兵，还记得本书第 4 版和第 5 版，那么你不仅需要学习很多新东西，同时可能还需要忘记很多过时的知识。

15.1 Web 编程基础

本节讲解如何编写 Web 应用中的 JavaScript 程序，如何将这些程序加载到浏览器，以及如何获取输入、产生输出，如何运行响应事件的异步代码。

15.1.1 HTML <script> 标签中的 JavaScript

浏览器显示 HTML 文档。如果想让浏览器执行 JavaScript 代码，那么必须在 HTML 文档中包含（或引用）相应代码，这时候就要用到 HTML<script> 标签。

JavaScript 代码可以出现在 HTML 文件的 <script> 与 </script> 标签之间，也就是嵌入 HTML 中。比如，下面示例中展示的 HTML 文件包含一个 <script> 标签，其中的 JavaScript 代码能够动态更新文档中的一个元素，让它像是一个数字时钟：

```html
<!DOCTYPE html>              <!-- 这是一个 HTML5 文件 -->
<html>                      <!-- 根元素 -->
<head>                      <!-- 标题、脚本和样式可以放这里 -->
<title>Digital Clock</title>
<style>                     /* 时钟的 CSS 样式表 */
#clock {                    /* 应用于带有 id="clock" 属性的元素的样式 */
  font: bold 24px sans-serif;  /* 字体比较大且加粗 */
  background: #ddf;         /* 背景为浅灰色 */
  padding: 15px;            /* 周围有一些空间 */
  border: solid black 2px;  /* 实心边框 */
  border-radius: 10px;      /* 边框有圆角 */
}
</style>
</head>
<body>                      <!-- 这个主体包含文档内容 -->
<h1>Digital Clock</h1>      <!-- 显示标题 -->
<span id="clock"></span>    <!-- 我们会向这个元素中插入时间 -->
```

```
<script>
// 定义一个函数，用于显示当前时间
function displayTime() {
    let clock = document.querySelector("#clock"); // 取得带有 id="clock" 属性的元素
    let now = new Date();                          // 取得当前时间
    clock.textContent = now.toLocaleTimeString(); // 在时钟里显示时间
}
displayTime()                    // 立即显示时间
setInterval(displayTime, 1000); // 然后每秒更新一次
</script>
</body>
</html>
```

虽然 JavaScript 代码可直接嵌入 <script> 标签中，但更常见的方式是使用 <script> 标签的 src 属性指定 JavaScript 代码文件的 URL（绝对 URL 或者相对于当前 HTML 文件的相对 URL）。如果把前面示例中的 JavaScript 代码拿出来放到 *scripts/digital_clock.js* 文件中，则引用该代码文件的 <script> 标签就是这样的：

```
<script src="scripts/digital_clock.js"></script>
```

JavaScript 文件只包含纯 JavaScript 代码，不包含 <script> 或其他 HTML 标签。按照约定，JavaScript 代码文件以 *.js* 结尾。

包含 src 属性的 <script> 标签就如同指定 JavaScript 文件的内容直接出现在 <script> 和 </script> 标签之间一样。注意，即便指定了 src 属性，后面的 </script> 标签也是 HTML 文件必需的，HTML 不支持 <script/> 标签。

使用 src 有如下优点：

- 简化 HTML 文件，因为可以把大段的 JavaScript 代码从中移走。换句话说，这样可以实现内容与行为分离。

- 在多个网页共享同一份 JavaScript 代码时，使用 src 属性可以只维护一份代码，而无须在代码变化时修改多个 HTML 文件。

- 如果一个 JavaScript 文件被多个页面共享，那它只会被使用它的第一个页面下载一次，后续页面可以从浏览器缓存中获取该文件。

- 因为 src 以任意 URL 作为值，所以来自一个 Web 服务器的 JavaScript 程序或网页可以利用其他服务器暴露的代码。很多互联网广告就依赖这个事实。

模块

10.3 节讲解了 JavaScript 模块，介绍了 import 和 export 指令。如果你用模块写了一个 JavaScript 程序（且没有使用代码打包工具把所有模块都整合到一个非 JavaScript 模块文件中），那必须使用一个带有 type="module" 属性的 <script> 标签来加载这个程序的

顶级模块。这样，浏览器会加载你指定的模块，并加载这个模块导入的所有模块，以及（递归地）加载所有这些模块导入的模块。完整的细节可以参考 10.3.5 节。

指定脚本类型

在 Web 的早期，人们认为浏览器将来有一天可能实现 JavaScript 以外的语言。为此，程序员需要给 <script> 标签添加 language="javascript" 或 type="application/javascript" 属性。这些完全是没有必要的。JavaScript 本来就是 Web 的默认（也是唯一）语言。因此 language 属性被废弃了，而 type 属性也只有两个使用场景：

- 用于指定脚本是模块；
- 在网页中嵌入数据但不会显示（参见 15.3.4 节）。

脚本运行时机：async 与 defer

在浏览器引入 JavaScript 语言之初，还没有任何 API 可以遍历和操作已经渲染好的文档的结构或内容。JavaScript 代码能够影响文档内容的唯一方式，就是在浏览器加载文档的过程中动态生成内容。为此，要使用 document.write() 方法在脚本所在的位置向 HTML 中注入文本。

虽然现在已经不再提倡使用 document.write() 生成内容了，但由于还存在这种可能，浏览器在解析遇到的 <script> 元素时的默认行为是必须要运行脚本，就是为了确保不漏掉脚本可能输出的 HTML 内容，然后才能再继续解析和渲染文档。这有可能严重拖慢网页的解析和渲染过程。

好在默认的这种同步或阻塞式脚本执行模式并非唯一选项。<script> 标签也支持 defer 和 async 属性，这两个属性会导致脚本以不同的方式执行。这两个是布尔值属性，没有值，因此只要它们出现在 <script> 标签上就会生效。但要注意，这两个属性只对使用 src 属性的 <script> 标签起作用：

```
<script defer src="deferred.js"></script>
<script async src="async.js"></script>
```

defer 和 async 属性都会明确告诉浏览器，当前链接的脚本中没有使用 document.write() 生成 HTML 输出。因此浏览器可以在下载脚本的同时继续解析和渲染文档。其中，defer 属性会让浏览器把脚本的执行推迟到文档完全加载和解析之后，此时已经可以操作文档了。而 async 属性会让浏览器尽早运行脚本，但在脚本下载期间同样不会阻塞文档解析。如果 <script> 标签上同时存在这两个属性，则 async 属性起作用。

有一点要注意，推迟（defer）的脚本会按照它们在文档中出现的顺序运行。因为异步（async）脚本会在它们加载完毕后运行，所以其运行顺序无法预测。

带有 type="module" 属性的脚本默认会在文档加载完毕后执行，就好像有一个 defer 属性一样。可以通过 async 属性来覆盖这个默认行为，这样会导致代码在模块及其所有依赖加载完毕后就立即执行。

如果不使用 async 和 defer 属性（特别是对那些直接包含在 HTML 中的代码），也可以选择把 <script> 标签放在 HTML 文件的末尾。这样，脚本在运行的时候就知道自己前面的文档内容已经解析，可以操作了。

按需加载脚本

有时，文档在刚刚加载完成时可能并不需要某些 JavaScript 代码，只有当用户执行了某些操作，比如单击某个按钮或打开某个菜单时才需要。如果你的代码是以模块形式写的，则可以使用 import() 来按需加载，具体可以参考 10.3.6 节。

如果没有使用模块，可以通过向文档中动态添加 <script> 标签的方式按需加载脚本：

```
// 异步加载和执行指定 URL 的脚本
// 返回期约，脚本加载完毕后解决
function importScript(url) {
    return new Promise((resolve, reject) => {
        let s = document.createElement("script"); // 创建一个 <script> 元素
        s.onload = () => { resolve(); };          // 加载后解决期约
        s.onerror = (e) => { reject(e); };        // 失败时拒绝期约
        s.src = url;                              // 设置脚本的 URL
        document.head.append(s);                  // 把 <script> 添加到文档
    });
}
```

这个 importScript() 函数使用 DOM API（参见 15.3 节）创建了一个新的 <script> 标签，并将其添加到了文档的 <head> 元素中。这个函数也使用了事件处理程序（参见 15.2 节）来判断脚本何时加载成功，何时加载失败。

15.1.2 文档对象模型

客户端 JavaScript 编程中最重要的一个对象就是 Document 对象，它代表浏览器窗口或标签页中显示的 HTML 文档。用于操作 HTML 文档的 API 被称为文档对象模型（Document Object Model，DOM），将在 15.3 节详细讲解。但 DOM 对于客户端 JavaScript 编程实在太重要了，因此有必要先在这里介绍一下。

HTML 文档包含一组相互嵌套的 HTML 元素，构成了一棵树。以下面这个简单的 HTML 文档为例：

```
<html>
  <head>
```

```
    <title>Sample Document</title>
  </head>
  <body>
    <h1>An HTML Document</h1>
    <p>This is a <i>simple</i> document.
  </body>
</html>
```

顶级的 `<html>` 标签包含 `<head>` 和 `<body>` 标签。而 `<head>` 标签包含 `<title>` 标签，`<body>` 标签包含 `<h1>` 和 `<p>` 标签。`<title>` 和 `<h1>` 标签包含文本字符串，而 `<p>` 标签包含两个文本字符串和一个位于它们之间的 `<i>` 标签。

DOM API 与 HTML 文档的这种树形结构可谓一一对应。文档中的每个 HTML 标签都有一个对应的 JavaScript Element 对象，而文档中的每一行文本也都有一个与之对应的 Text 对象。Element 和 Text 类，以及 Documetn 类本身，都是一个更通用的 Node 类的子类。各种 Node 对象组合成一个树形结构，JavaScript 可以使用 DOM API 对其进行查询和遍历。图 15-1 形象地展示了文档的 DOM 表示是一棵树。

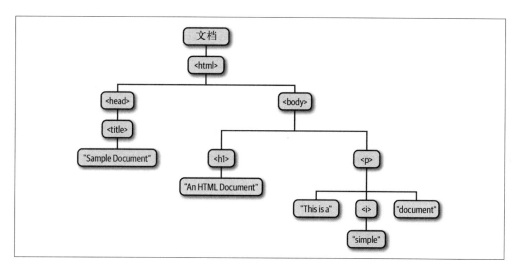

图 15-1：HTML 文档的树形表示

如果你对计算机编程中的树形结构还不熟悉，那至少应该知道这种结构借用了家谱中的一些概念。比如，直接位于一个节点上方的节点是该节点的父亲，而位于一个节点下一级的节点则是该节点的孩子。位于同一层级的节点具有相同的父节点，它们之间互为兄弟。一个节点之下任意层级中的节点，都是该节点的后代。而父亲、祖父和所有位于一个节点之上的节点，都是该节点的祖先。

DOM API 包含创建新 Element 和 Text 节点的方法，也包含把它们作为其他 Element 对象的孩子插入文档的方法。还有用来在文档中移动元素的方法，以及把它们从文档中彻底删除的方法。服务器端应用可以通过 console.log() 产生纯文本输出，而客户端 JavaScript 应用则可以使用 DOM API 通过构建或操作文档树产生格式化的 HTML 输出。

每个 HTML 标签类型都有一个与之对应的 JavaScript 类，而文档中出现的每个标签在 JavaScript 中都有对应类的一个实例表示。例如，<body> 标签由 HTMLBodyElement 的实例表示，而 <table> 标签则由 HTMLTableElement 的实例表示。JavaScript 中这些元素对象都有与 HTML 标签的属性对应的属性。例如，表示 <img> 标签的 HTMLImageElement 对象有一个 src 属性，对应着标签的相应属性。这个属性的初始值就是 HTML 标签中相应属性的值。在 JavaScript 中修改这个属性的值，也会改变 HTML 属性的值（并导致浏览器加载和显示新图片）。多数 JavaScript 元素类都只是镜像 HTML 标签的属性，但有些也定义了额外的方法。比如，HTMLAudioElement 和 HTMLVideoElement 类都定义了 play() 和 pause() 方法，用于控制音频和视频文件的回放。

15.1.3 浏览器中的全局对象

每个浏览器窗口或标签页都有一个全局对象（参见 3.7 节）。在一个窗口中运行的所有 JavaScript 代码（不包括在工作线程中运行的代码，参见 15.13 节）都共享一个全局对象。无论文档中包含多少脚本或模块，这个事实都不会改变：文档中的所有脚本和模块共享同一个全局对象，如果有脚本在该对象上定义了一个属性，则该属性也将对所有其他脚本可见。

全局对象上定义了 JavaScript 标准库，比如 parseInt() 函数、Math 对象、Set 类等。在浏览器中，全局对象也包含各种 Web API 的主入口。例如，document 属性表示当前显示的文档，fetch() 方法用于发送 HTTP 网络请求，而 Audio() 构造函数允许 JavaScript 程序播放声音。

在浏览器中，全局对象具有双重角色。它既是定义 JavaScript 语言内置类型和函数的地方，也代表当前浏览器窗口定义了 history（表示浏览器浏览历史，参见 15.10.2 节）和 innerWidth（表示窗口的像素宽度）等 Web API 的属性。全局对象的属性中有一个属性叫 window，它的值就是全局对象本身。这意味着在客户端代码中可以直接通过 window 引用全局对象。在使用窗口特定的功能时，最好加上 window 前缀。比如，写 window.innerWidth 比只写 innerWidth 更明确。

15.1.4 脚本共享一个命名空间

在模块中，定义在模块顶级（即位于任何函数或类定义之外）的常量、变量、函数和类是模块私有的，除非它们被明确地导出。被导出时，这些模块成员可以被其他模块有选择地导入（注意，模块的这个性质使用代码打包工具时也得到了维护）。

不过在非模块脚本中，情况完全不同。如果在顶级脚本中定义了一个常量、变量、函数或类，则该声明将对同一文档中的所有脚本可见。如果一个脚本定义了函数 f()，另一个脚本定义了类 C，第三个脚本无须采取任何导入操作即可调用该函数和实例化该类。因此如果没有使用模块，同一个文档中共享同一个命名空间的独立脚本就如同它们是一个更大脚本的组成部分一样。这对于小程序或许会很方便，但在大型程序中避免命名冲突则会变成一件麻烦事，特别是在某些脚本还是第三方库的情况下。

这个共享的命名空间在运行时有一些历史遗留问题。比如，顶级的 var 和 function 声明会在共享的全局对象上创建属性。如果一个脚本定义了顶级函数 f()，那么同一个文档中的另一个脚本可以用 f() 或者 window.f() 调用该函数。而使用 ES6 中 const、let 和 class 的顶级声明则不会在全局对象上创建属性。但是，它们仍然会定义在一个共享的命名空间内。如果一个脚本定义了类 C，另一个脚本也可以通过 new C()（但不能通过 new window.C()）创建该类的实例。

简单来说，在模块中，顶级声明被限制在模块内部，可以明确导出。而在非模块脚本中，顶级声明被限制在包含文档内部，顶级声明由文档中所有的脚本共享。以前的 var 和 function 声明是通过全局对象的属性共享的，而现在的 const、let 和 class 声明也会被共享且拥有相同的文档作用域，但它们不作为 JavaScript 可以访问到的任何对象的属性存在。

15.1.5 JavaScript 程序的执行

客户端 JavaScript 中没有程序的正式定义，但我们可以说 JavaScript 程序由文档中包含和引用的所有 JavaScript 代码组成。这些分开的代码共享同一个全局 Window 对象，它们可以通过这个对象访问表示 HTML 文档的同一个底层 Document 对象。不是模块的脚本还额外共享同一个顶级命名空间。

如果网页中包含嵌入的窗格（<iframe> 元素），被嵌入文档与嵌入它的文档中的 JavaScript 代码拥有不同的全局对象和 Document 对象，可以看成两个不同的 JavaScript 程序。但要记住，关于 JavaScript 程序的边界在哪里并没有正式的定义。如果包含文档与被包含文档是从同一个服务器加载的，则一个文档中的代码就能够与另一个文档中的代码交互。此时，如果你愿意，可以把它们看成一个程序整体的两个互操作的部分。15.13.6 节将解释 JavaScript 程序如何与在 <iframe> 中运行的 JavaScript 代码相互发送和接收消息。

我们可以把 JavaScript 程序的执行想象成发生在两个阶段。在第一阶段，文档内容加载完成，<script> 元素指定的（内部和外部）代码运行。脚本通常按照它们在文档中出现的顺序依次执行，不过也可以使用前面介绍过的 async 和 defer 属性来修改。任何一个脚本中的 JavaScript 代码都自上而下运行，当然还要服从 JavaScript 的条件、循环和其他控制语句。有的脚本在这个阶段并不真正做任何事，仅仅是定义供第二阶段使用的函数和类。而有的脚本在第一阶段可能会做很多重要的事情，而在第二阶段则什么也不做。想象一下在文档最末尾有一个脚本，它会找到文档中所有的 \<h1\> 和 \<h2\> 标签，然后修改文档，在开头的地方插入一个目录。这件事完全可以在第一阶段完成（15.3.6 节恰好有一个为文档插入目录的示例）。

当文档加载完毕且所有脚本都运行之后，JavaScript 执行就进入了第二阶段。这个阶段是异步的、事件驱动的。如果脚本要在第二阶段执行，那么它在第一阶段必须要做一件事，就是至少要注册一个将被异步调用的事件处理程序或其他回调函数。在事件驱动的第二阶段，作为对异步事件的回应，浏览器会调用事件处理程序或其他回调。事件处理程序通常是为响应用户操作（如鼠标点击、敲击键盘等）而被调用的，但也可能会被网络活动、文档和资源加载事件、流逝的时间或者 JavaScript 代码中的错误触发。事件和事件处理程序在 15.2 节有详细的讲解。

事件驱动阶段发生的第一批事件主要有"DOMContentLoaded"和"load"。"DOMContentLoaded"在 HTML 文档被完全加载和解析后触发。而"load"事件在所有文档的外部资源（如图片）都完全加载后触发。JavaScript 程序经常使用这两个事件作为触发器或启动信号。经常可以看到某些程序的脚本定义了一些函数，但除了注册会被事件驱动阶段开始时的"load"事件触发的事件处理程序之外，其他什么也不做。而负责操作文档、执行程序预定逻辑的正是这个"load"事件处理程序。注意，在 JavaScript 编程中，类似这里所说的"load"事件处理程序再去注册其他事件处理程序也是很常见的。

JavaScript 程序的加载阶段相对比较短，理想情况下少于 1 秒。文档加载一完成，事件驱动阶段将在浏览器显示文档的过程中一直持续。因为这个阶段是异步的和事件驱动的，所以可能会有很长一段时间什么也不会发生，也不会执行任何 JavaScript 代码。而这个过程时不时地会被用户操作或网络事件打断。接下来我们将更详细地讲解这两个阶段。

客户端 JavaScript 的线程模型

JavaScript 是单线程的语言，而单线程执行让编程更容易：你可以保证自己写的两个事件处理程序永远不会同时运行。在操作文档内容时，你敢肯定不会有别的线程会同时去修改它。而且，在写 JavaScript 代码时，你永远不需要关心锁、死锁或者资源争用。

单线程执行意味着浏览器会在脚本和事件处理程序执行期间停止响应用户输入。JavaScript 程序员为此有责任确保 JavaScript 脚本和事件处理程序不会长时间运行。如果脚本执行计算量大的任务，就会导致文档加载延迟，用户在脚本执行结束前将看不到文档内容。如果事件处理程序执行计算密集型任务，浏览器可能会变得没有响应，有可能导致用户以为程序已经崩溃了。

Web 平台定义了一种受控的编程模型，即 Web 工作线程（Web worker）。工作线程是一个后台线程，可以执行计算密集型任务而不冻结用户界面。工作线程中运行的代码无权访问文档内容，不会与主线程或其他工作线程共享任何状态，只能通过异步消息事件与主线程或其他工作线程通信。因此这种并发对主线程没有影响，工作线程也不会改变 JavaScript 程序的单线程执行模型。要全面了解 Web 的安全线程机制，请参考 15.13 节。

客户端 JavaScript 时间线

前面介绍了 JavaScript 程序会从脚本执行阶段开始，然后过渡到事件处理阶段。这两个阶段可以进一步分成下列步骤。

1. 浏览器创建 Document 对象并开始解析网页，随着对 HTML 元素及其文本内容的解析，不断向文档中添加 Element 对象和 Text 节点。此时，document.readyState 属性的值是"loading"。

2. HTML 解析器在碰到一个没有 async、defer 或 type="module" 属性的 `<script>` 标签时，会把该标签添加到文档中，然后执行其中的脚本。脚本是同步执行的，而且在脚本下载（如果需要）和运行期间，HTML 解析器会暂停。类似这样的脚本可以使用 document.write() 向输入流中插入文本，而该文本在解析器恢复时将成为文档的一部分。类似这样的脚本经常只会定义函数和注册事件处理程序，以便后面使用，但它也可以遍历和操作当时已经存在的文档树。换句话说，不带 async 或 defer 属性的非模块脚本可以看到它自己的 `<script>` 标签及该标签之前的文档内容。

3. 解析器在碰到一个有 async 属性集的 `<script>` 元素时，会开始下载该脚本的代码（如果该脚本是模块，也会递归地下载模块的所有依赖）并继续解析文档。脚本在下载完成后会尽快执行，但解析器不会停下来等待它下载。异步（async）脚本必须不使用 document.write() 方法。它们可以看到自己的 `<script>` 标签及该标签之前的文档内容，同时也有可能访问更多文档内容。

4. 当文档解析完成后，document.readState 属性变成"interactive"。

5. 任何有 defer 属性集的脚本（以及任何没有 async 属性的模块脚本）都会在按照它们在文档中出现的顺序依次执行。异步脚本也有可能在此时执行。延迟脚本可以访问完整的文档，必须不使用 document.write() 方法。

6. 浏览器在 Document 对象上派发"DOMContentLoaded"事件。这标志着程序执行从同步脚本执行阶段过渡到异步的事件驱动阶段。但要注意，此时仍然可能存在尚未执行的 async 脚本。

7. 此时文档已经解析完全，但浏览器可能仍在等待其他内容（如图片）加载。当所有外部资源都加载完成，且所有 `async` 脚本都加载并执行完成时，`document.readyState` 属性变成"complete"，浏览器在 Window 对象上派发"load"事件。

8. 从这一刻起，作为对用户输入事件、网络事件、定时器超时等的响应，浏览器开始异步调用事件处理程序。

15.1.6 程序输入与输出

与任何程序一样，客户端 JavaScript 程序也处理输入数据，产生输出数据。输入的来源有很多种：

- 文档的内容本身，JavaScript 代码可以通过 DOM API 来访问（参见 15.3 节）。

- 事件形式的用户输入，如在 HTML `<button>` 元素上单击鼠标（或点按触屏），或在 HTML `<textarea>` 元素中输入文本。15.2 节将讲解 JavaScript 程序如何响应类似的用户事件。

- 当前显示文档的 URL 可以在客户端 JavaScript 中通过 `document.URL` 读到。如果把这个字符串传给 `URL()` 构造函数（参见 11.9 节），则可以方便地取得 URL 的路径、查询字符串和片段值。

- HTTP "Cookie"请求头的内容在客户端代码中可以通过 `document.cookie` 读到。Cookie 通常被服务器端代码用来维持用户会话，但需要时客户端代码也可以读取（和写入）Cookie。更多内容可以参见 15.12.2 节。

- 全局 `navigator` 属性暴露了关于浏览器、操作系统以及它们能力的信息。例如，`navigator.userAgent` 是标识浏览器身份的字符串，`navigator.language` 是用户偏好的语言，而 `navigator.hardwareConcurrency` 返回浏览器可用的逻辑 CPU 的个数。类似地，全局 `screen` 属性暴露了用户显示器尺寸的信息，比如 `screen.width` 和 `screen.height` 分别是显示器的宽度和高度。从某种意义上看，这些 `navigator` 和 `screen` 的值对浏览器而言就相当于 Node 程序中的环境变量。

客户端 JavaScript 通常以借助 DOM API（参见 15.3 节）操作 HTML 文档的形式（或者通过使用 React 或 Angular 等高级框架操作文档）产生输出。客户端代码也可以使用 `console.log()` 及其相关方法（参见 11.8 节）产生输出。但这种输出只能在开发者控制台看到，因此只能用于调试，不能用作对用户的输出。

15.1.7 程序错误

与直接运行在操作系统上的应用程序（例如 Node 应用程序）不同，在浏览器中运行的 JavaScript 程序不会真正"崩溃"。如果 JavaScript 程序在运行期间出现异常，且代码中没有 catch 语句处理它，开发者控制台将会显示一条错误消息，但任何已经注册的事件处理程序照样会继续运行和响应事件。

如果你想定义一个终极错误处理程序，希望在出现这种未捕获异常时调用，那可以把 Window 对象的 onerror 属性设置为一个错误处理函数。当未捕获异常沿调用栈一路向上传播，错误消息即将显示在开发者控制台中时，window.onerror 函数将会以三个字符串参数被调用。window.onerror 收到的第一个参数是描述错误的消息。第二个参数是一个字符串，包含导致错误的 JavaScript 代码的 URL。第三个参数是文档中发生错误的行号。如果 onerror 处理程序返回 true，意味着通知浏览器它已经处理了错误，不需要进一步行动了，换句话说，也就是浏览器不应该再显示自己的错误消息了。

如果期约被拒绝而没有 .catch() 函数处理它，那么这种情况非常类似未处理异常，也就是程序中意料之外的错误或逻辑错误。可以通过定义 window.onunhandledrejection 函数或者使用 window.addEventListener() 为"unhandledrejection"事件注册一个处理程序来发现它。传给这个处理程序的事件对象会有一个 promise 属性，其值为被拒绝的 Promise 对象，还有一个 reason 属性，其值为本来要传给 .catch() 函数的拒绝理由。与前面介绍的错误处理程序类似，如果在这个未处理拒绝事件对象上调用 preventDefault()，浏览器就会认为错误已经处理，而不会在开发者控制台中显示错误消息了。

虽然定义 onerror 和 onunhandledrejection 处理程序经常不是必需的，但如果你想知道用户浏览器中发生了哪些意外错误，则作为一种"遥感"机制，可以利用它们把客户端错误上报给服务器（比如使用 fetch() 函数发送 HTTP POST 请求）。

15.1.8 Web 安全模型

由于网页可以在你的私人设备上执行任意 JavaScript 代码，因此存在明显的安全隐患。浏览器厂商一直在努力平衡两个相互制约的目标：

- 定义强大的客户端 API，让 Web 应用用途更广。
- 防止恶意代码读取或修改用户数据、侵犯用户隐私、欺诈用户或浪费用户的时间。

接下来将简单介绍 Web 平台的安全限制和已知问题，希望每个 JavaScript 程序员都有所了解。

JavaScript 不能做什么

浏览器对恶意代码的第一道防线就是不支持某些能力。例如，客户端 JavaScript 不能向客户端计算机中写入或删除任何文件，也不能展示任意目录的内容。这意味着

JavaScript 程序不能删除数据，也不能植入病毒。

类似地，客户端 JavaScript 没有通用网络能力。客户端 JavaScript 程序可以发送 HTTP 请求（参见 15.11.1 节）。而另一个标准，即 WebSocket（参见 15.11.3 节），定义了一套类似套接口的 API，用于跟特定的服务器通信。但这些 API 都无法随意访问任意服务器。使用客户端 JavaScript 写不出通用互联网客户端和服务器。

同源策略

同源策略指的是对 JavaScript 代码能够访问和操作什么 Web 内容的一整套限制。通常在页面中包含 `<iframe>` 元素时就会涉及同源策略。此时，同源策略控制着一个窗格中的 JavaScript 与另一个窗格中的 JavaScript 的交互。比如，脚本只能读取与包含它的文档同源的 Window 和 Document 对象的属性。

文档的源就是文档 URL 的协议、主机和端口。从不同服务器加载的文档是不同源的，从相同主机的不同端口加载的文档也是不同源的。而且，对于通过 `http:` 协议加载的文档与通过 `https:` 协议加载的文档来说，即便它们来自同一台服务器，也是不同源的。浏览器通常把每个 `file:` URL 看成一个独立的源，这意味着如果你写的程序会显示同一台服务器上的多个文档，则可能无法使用 `file:` URL 在本地测试它，而必须在开发期间运行一个静态 Web 服务器。

有一点非常重要，就是应该知道脚本自身的源与同源策略不相关，相关的是包含脚本的文档的源。比如，假设主机 A 上有一个脚本，而主机 B 上的一个网页（使用 `<script>` 元素的 `src` 属性）包含了这个脚本。则该脚本的源是主机 B，且该脚本对包含它的文档具有完全访问权。如果文档中嵌入的 `<iframe>` 包含另一个来自主机 B 的文档，则该脚本同样拥有对这个文档的完全访问权。但是，如果顶级文档包含另一个 `<iframe>`，其中显示的文档来自主机 C（或者甚至来自主机 A），则同源策略就会起作用，并阻止该脚本访问这个嵌入的文档。

同源策略也会应用到脚本发起的 HTTP 请求（参见 15.11.1 节）中。JavaScript 代码可以向托管其包含文档的服务器发送任意 HTTP 请求，但不能与其他服务器通信（除非那些服务器开启了后面介绍的 CORS）。

同源策略对使用多子域的大型网站造成了麻烦。比如，来自 *orders.example.com* 的脚本可能需要读取 *example.com* 上文档的属性。为了支持这种多子域名网站，脚本可以通过把 `document.domain` 设置为一个域名后缀来修改自己的源。因此，源为 *https://orders.example.com* 的脚本通过把 `document.domain` 设置为“example.com”，可以把自己的源修改为 *https://example.com*。但是，该脚本不能把 `document.domain` 设置为“orders.example”“ample.com”或“com”。

第二种缓解同源策略的技术是跨源资源共享（Cross-Origin Resource Sharing，CORS），它允许服务器决定对哪些源提供服务。CORS 扩展了 HTTP，增加了一个新的 `Origin:` 请求头和一个新的 `Access-Control-Allow-Origin` 响应头。服务器可以使用这个头部明确列出对哪些源提供服务，或者使用通配符表示可以接收任何网站的请求。浏览器会根据这些 CORS 头部的有无决定是否放松同源限制。

跨站点脚本

跨站点脚本（Cross-Site Scripting，XSS）是一种攻击方式，指攻击者向目标网站注入 HTML 标签或脚本。客户端 JavaScript 程序员必须了解并防范跨站点脚本。

如果网页的内容是动态生成的，比如根据用户提交的数据生成内容，但却没有提前对那些数据"消毒"（删除嵌入的 HTML 标签等），那就可能成为跨站点脚本的攻击目标。下面看一个非常简单的示例，这个示例使用 JavaScript 根据用户输入的名字给出问候：

```
<script>
let name = new URL(document.URL).searchParams.get("name");
document.querySelector('h1').innerHTML = "Hello " + name;
</script>
```

这两行脚本会从文档 URL 中提取"name"这个查询参数，然后使用 DOM API 把一个 HTML 字符串注入文档的第一个 `<h1>` 标签中。页面期望的调用方式是使用类似下面这样的 URL：

```
http://www.example.com/greet.html?name=David
```

对于这个 URL，网页会显示文本"Hello David"。但是，如果查询参数是下面这样的，会发生什么呢？

```
name=%3Cimg%20src=%22x.png%22%20onload=%22alert(%27hacked%27)%22/%3E
```

把这个经过 URL 转义的参数解码后，就会导致下面的 HTML 被注入文档：

```
Hello <img src="x.png" onload="alert('hacked')"/>
```

于是，在图片加载后，`onload` 属性中的 JavaScript 字符串就会执行。全局 `alert()` 函数将显示一个模态对话框。显示一个对话框没什么大不了，但这演示了在这个网站上显示未经处理的 HTML 会导致任意代码执行的可能性。

之所以称其为跨站点脚本攻击，是因为会涉及不止一个网站。网站 B 包含一个特殊编制的链接（类似前面示例中的 URL），指向网站 A。如果网站 B 能够说服用户点击该链接，用户就会导航到网站 A，但网站 A 此时会运行来自网站 B 的代码。该代码可能会破坏网站 A 的页面，或者导致它功能失效。更危险的是，恶意代码可能读取网站 A 存储的

cookie（可能包含个人账号或其他用户身份信息）并将该数据发送回网站 B。这种注入的代码甚至可以跟踪用户的键盘输入，并将该数据发送回网站 B。

一般来说，防止 XSS 攻击的办法是从不可信数据中删除 HTML 标签，然后再用它去动态创建文档内容。对于前面展示的 *greet.html*，可以通过把不可信输入中的特殊 HTML 字符替换成等价的 HTML 实体来解决问题：

```
name = name
    .replace(/&/g, "&amp;")
    .replace(/</g, "&lt;")
    .replace(/>/g, "&gt;")
    .replace(/"/g, "&quot;")
    .replace(/'/g, "&#x27;")
    .replace(/\//g, "&#x2F;")
```

应对 XSS 攻击的另一个思路是让自己的 Web 应用始终在一个 `<ifarme>` 中显示不可信内容，并将这个 `<iframe>` 的 `sandbox` 属性设置为禁用脚本和其他能力。

跨站点脚本作为一种有害的漏洞，其根源可以追溯到 Web 的架构设计。深入理解这个漏洞是非常有必要的，但进一步讨论则超出了本书的范畴。网上有很多相关的文章和资源，大家可以自行学习。

15.2 事件

客户端 JavaScript 程序使用异步事件驱动的编程模型。在这种编程风格下，浏览器会在文档、浏览器或者某些元素或与之关联的对象发生某些值得关注的事情时生成事件。例如，浏览器会在它加载完文档时生成事件，在用户把鼠标移到超链接上时生成事件，也会在用户敲击键盘上的键时生成事件。如果 JavaScript 应用关注特定类型的事件，那它可以注册一个或多个函数，让这些函数在该类型事件发生时被调用。注意，这并非 Web 编程的专利，任意具有图形用户界面的应用都是这样设计的。换句话说，界面就在那里等待用户与之交互（也可以说，它们在等待事件发生），然后给出响应。

在客户端 JavaScript 中，事件可以在 HTML 文档中的任何元素上发生，这也导致了浏览器的事件模型比 Node 的事件模型明显更复杂。本节就从几个重要的定义开始解释这个事件模型。

事件类型

　　事件类型是一个字符串，表示发生了什么事件。例如，"mousemove"表示用户移动了鼠标，"keydown"表示用户按下了键盘上的某个键，而"load"表示文档（或其他资源）已经通过网络加载完成。因为事件类型是字符串，所以有时也称它为事件名称。我们确实要使用这个名称来谈论某种事件。

事件目标

事件目标是一个对象，而事件就发生在该对象上或者事件与该对象有关。说到某个事件，必须明确它的类型和目标。比如，Window 对象上发生了加载（load）事件，或者一个 `<button>` 元素上发生了单击（click）事件。Window、Document 和 Element 对象是客户端 JavaScript 应用中最常见的事件目标，不过也有一些事件会在其他对象上发生。例如，Worker 对象（15.13 节介绍的一种线程）是"message"事件的目标，这种事件在工作线程向主线程发消息时发生。

事件处理程序或事件监听器

事件处理程序或事件监听器是一个函数，负责处理或响应事件[注2]。应用通过浏览器注册自己的事件处理程序，指定事件类型和事件目标。当事件目标上发生指定类型的事件时，浏览器会调用这个处理程序。当事件处理程序在某个对象上被调用时，我们说浏览器"触发""派发"或"分派"了该事件。注册事件处理程序有不同的方式，15.2.2 节和 15.2.3 节将具体介绍处理程序的注册和调用。

事件对象

事件对象是与特定事件关联的对象，包含有关该事件的细节。事件对象作为事件处理程序的参数传入。所有事件对象都有 `type` 和 `target` 属性，分别表示事件类型和事件目标。每种事件类型都为相关的事件对象定义了一组属性。比如，与鼠标事件相关的事件对象包含鼠标指针的坐标，与键盘事件相关的事件对象包含与被按下的键以及按住不放的修饰键的信息。很多事件类型只定义几个标准属性（包括 `type` 和 `target`），并没有其他有用信息。对这些事件，重要的是它们发生了，而不是事件的细节。

事件传播

事件传播是一个过程，浏览器会决定在这个过程中哪些对象触发事件处理程序。对于 Window 对象上的"load"或 Worker 对象上的"message"等特定于一个对象的事件，不需要传播。但对于发生在 HTML 文档中的某些事件，则会"冒泡"(bubble)到文档根元素。如果用户在一个超链接上移动鼠标，这个鼠标事件首先会在定义该超链接的 `<a>` 元素上触发，然后在包含元素上触发，可能经过一个 `<p>` 元素、一个 `<section>` 元素，然后到达文档对象本身。有时，只给文档或包含元素注册一个事件处理程序，比给你关心的每个元素都分别注册一个处理程序更方便。事件处理程序可以阻止事件传播，从而让事件不再冒泡，也就不会在包含元素上触发处理程序。为此，事件处理程序需要调用事件对象上的一个方法。在另外一种事件传播形式，即事件捕获（event capturing）中，注册在包含元素上的处理程序在事件被发送到实际目标之前，有机会先拦截（或捕获）事件。事件冒泡和捕获将在 15.2.4 节详细介绍。

注 2：某些资料（包括 HTML 规范在内）会根据它们注册的对象来严格区分处理程序和监听器。本书将这两个概念视为同义词。

有些事件有与之关联的默认动作（default action）。比如，单击一个超链接，默认动作是让浏览器跟随链接，加载一个新页面。事件处理程序可以通过调用事件对象的一个方法来阻止这个默认动作。对此，我们有时也称为"取消"事件，将在 15.2.5 节介绍。

15.2.1 事件类别

客户端 JavaScript 支持的事件类型非常多，本章不可能全部介绍。不过，可以将这些事件分成通用的类别，从而了解它们的范围和差异。

设备相关输入事件

这类事件直接与特定输入设备（例如鼠标或键盘）相关。这类事件类型包括 "mouse-down" "mousemove" "mouseup" "touchstart" "touchmove" "touchend" "keydown" "keyup"，等等。

设备无关输入事件

这类输入事件并不与特定输入设备直接相关。比如，"click"事件表示一个链接或按钮（或其他文档元素）已经被激活。一般来说，这个事件是通过鼠标触发的，但也可能是通过键盘或（在触屏设备上）通过轻击触发的。而"input"事件是对"keydown"事件的设备无关的替代，既支持键盘输入，也支持剪切粘贴和表意文字的输入法。"pointerdown" "pointermove" 和 "pointerup" 事件是对鼠标和触摸事件的设备无关的替代。它们既适用于鼠标类型的指针，也适用于触屏，以及手写笔输入。

用户界面事件

UI 事件是高级事件，通常在定义应用界面的 HTML 表单元素上触发。这类事件包括 "focus"（当文本输入字段获得键盘焦点时）、"change"（当用户修改了表单元素显示的值时）和 "submit"（当用户单击表单中的"提交"按钮时）。

状态变化事件

有些事件并不直接由用户活动触发，而是由网络或浏览器活动触发。这类事件表示某种生命期或状态相关的变化。其中，分别由 Window 和 Document 对象在文档加载结束时触发的 "load" 和 "DOMContentLoaded" 事件可能是这类事件中最常用的两个事件（参见 15.1.5 节）。浏览器会在网络连接变化时在 Window 对象上触发 "online" 和 "offline" 事件。浏览器的历史管理机制（见 15.10.4 节）会触发 "popstate" 事件作为对浏览器 "后退" 按钮的回应。

API 特定事件

有一些 HTML 及相关规范定义的 Web API 包含自己的事件类型。HTML 的 <video>
和 <audio> 元素定义了一系列事件，比如 "waiting" "playing" "seeking" "volumecha-

nge"，等等。可以使用这些事件自定义媒体播放。一般来说，在 JavaScript 支持期约以前定义的异步 Web 平台 API 都是事件驱动的，会定义 API 特定事件。比如，IndexedDB API（见 15.12.3 节）在数据库请求成功和失败时分别触发"success"和"error"事件。虽然用于发送 HTTP 请求的新 fetch() API（见 15.11.1 节）是基于期约的，但它取代的 XMLHttpRequest API 则定义了一些 API 特定事件。

15.2.2 注册事件处理程序

有两种注册事件处理程序的方式。第一种是 Web 早期就有的，即设置作为事件目标的对象或文档元素的一个属性。第二种（更新也更通用）是把处理程序传给这个对象或元素的 addEventListener() 方法。

设置事件处理程序属性：JavaScript

注册事件处理程序最简单的方式就是把事件目标的一个属性设置为关联的事件处理程序函数。按照惯例，事件处理程序属性的名字都由"on"和事件名称组成，比如：onclick、onchange、onload、onmouseover，等等。注意，这些属性名是区分大小写的，必须全部小写[注3]，即便事件类型包含多个单词（如"mousedown"）。以下代码包含两个以这种方式注册事件处理程序的地方：

```
// 设置 Winodw 对象的 onload 属性为一个函数
// 这个函数是事件处理程序：它会在文档加载完成时被调用
window.onload = function() {
    // 查找一个 <form> 元素
    let form = document.querySelector("form#shipping");
    // 在这个表单上注册一个事件处理程序，在表单被提交之前
    // 会调用这个函数。假设其他地方已经定义了 isFormValid()
    form.onsubmit = function(event) { // 当用户提交表单时
        if (!isFormValid(this)) {      // 检查表单是否有效
            event.preventDefault();    // 若无效，则阻止提交
        }
    };
};
```

使用事件处理程序属性有一个缺点，即这种方式假设事件目标对每种事件最多只有一个处理程序。一般来说，使用 addEventListener() 注册事件处理程序更好，因为该技术不会重写之前注册的处理程序。

设置事件处理程序属性：HTML

文档元素的事件处理程序属性也可以直接在 HTML 文件中作为对应 HTML 标签的属

注3：如果你使用 React 框架创建过客户端用户界面，可能会觉得不可思议。React 对客户端事件模型做了很多小改动，其中一个就是把事件处理程序属性的名字改成了驼峰大小写形式：onClick、onMouseOver，等等。不过，在基于原生 Web 平台开发时，事件处理程序属性必须全部小写。

性来定义（在 JavaScript 中注册在 Window 元素上的处理程序在 HTML 中可以定义为 <body> 标签的属性）。现代 Web 开发中通常不提倡使用这种技术，但它是可能的。之所以在这里记述下来，是因为你仍然有可能在已有代码中看到它们。

在使用 HTML 属性定义事件处理程序时，属性的值应该是一段 JavaScript 代码字符串。这段代码应该是事件处理程序函数的函数体，不是完整的函数声明。换句话说，HTML 事件处理程序的代码应该没有外围的大括号，前面也没有 function 关键字。例如：

```
<button onclick="console.log('Thank you');">Please Click</button>
```

如果一个 HTML 事件处理程序属性包含多条 JavaScript 语句，则必须用分号分隔这些语句，或者用回车把这个属性值分成多行。

在给 HTML 事件处理程序属性指定 JavaScript 代码字符串时，浏览器会把这个字符串转换为一个函数，这个函数类似如下所示：

```
function(event) {
    with(document) {
        with(this.form || {}) {
            with(this) {
                /* 你的代码在这里 */
            }
        }
    }
}
```

这个 event 参数意味着你的处理程序代码可以通过它引用当前的事件对象。而 with 语句意味着你的处理程序可以直接引用目标对象、外层 <form>（如果有），乃至 Document 对象的属性，就像它们都是作用域内的变量一样。严格模式下（见 5.6.3 节）是禁止使用 with 语句的，但 HTML 属性中的 JavaScript 代码没有严格这一说。这样定义的事件处理程序将在一个可能存在意外变量的环境中执行，因此可能是一些讨厌的 bug 的来源，也是避免在 HTML 中编写事件处理程序的一个充分理由。

addEventListener()

任何可以作为事件目标的对象（包括 Window 和 Document 对象以及所有文档元素），都定义了一个名为 addEventListener() 的方法，可以使用它来注册目标为调用对象的事件处理程序。addEventListener() 接收 3 个参数。第一个参数是注册处理程序的事件类型。事件类型（或名称）是一个字符串，不包含作为 HTML 元素属性使用时的前缀 "on"。第二个参数是当指定类型的事件发生时调用的函数。第三个参数是可选的，下面会介绍。

以下代码在一个 <button> 元素上为 "click" 事件注册了两个事件处理程序。注意这里使用的两种技术的差异：

```
<button id="mybutton">Click me</button>
<script>
let b = document.querySelector("#mybutton");
b.onclick = function() { console.log("Thanks for clicking me!"); };
b.addEventListener("click", () => { console.log("Thanks again!"); });
</script>
```

以"click"作为第一参数调用 addEventListener() 不会影响 onclick 属性的值。在这段代码中，单击一次按钮会在开发者控制台打印两条消息。如果我们先调用 addEventListener()，然后设置 onclick，那么仍然会看到两条消息，只是顺序相反。更重要的是，可以多次调用 addEventListener() 在同一个对象上为同一事件类型注册多个处理程序。当对象上发生该事件时，所有为这个事件而注册的处理程序都会按照注册它们的顺序被调用。在同一个对象上以相同的参数多次调用 addEventListener() 没有作用，同一个处理程序只能注册一次，重复调用不会改变处理程序被调用的顺序。

与 addEventListener() 对应的是 removeEventListener() 方法，它们的前两个参数是一样的（第三个参数也是可选的），只不过是用来从同一个对象上移除而不是添加事件处理程序。有时，临时注册一个事件处理程序，然后很快移除它是很有用的。比如，在"mousedown"事件发生时，可以为"mousemove"和"mouseup"事件注册临时事件处理程序，以便知道用户是否拖动鼠标。然后，在"mouseup"事件发生时移除这两个处理程序。此时，移除处理程序的代码大致如下：

```
document.removeEventListener("mousemove", handleMouseMove);
document.removeEventListener("mouseup", handleMouseUp);
```

addEventListener() 可选的第三个参数是一个布尔值或对象。如果传入 true，函数就会被注册为捕获事件处理程序，从而在事件派发的另一个阶段调用它。15.2.4 节将介绍事件捕获。如果在注册事件监听器时给第三个参数传了 true，那么要移除该事件处理程序，必须在调用 removeEventListener() 时也传入 true 作为第三个参数。

注册捕获事件处理程序只是 addEventListener() 支持的 3 个选项之一。如果要传入其他选项，可以给第三个参数传一个对象，显式指定这些选项：

```
document.addEventListener("click", handleClick, {
    capture: true,
    once: true,
    passive: true
});
```

如果这个 Options（选项）对象的 capture 属性为 true，那么函数就会被注册为捕获处理程序。如果这个属性为 false 或省略该属性，那么处理程序就不会注册到捕获阶段。

如果选项对象有 once 属性且值为 true，那么事件监听器在被触发一次后会自动移除。如果这个属性为 false 或省略该属性，那么处理程序永远不会被自动移除。

如果选项对象有 passive 属性且值为 true，则表示事件处理程序永远不调用 prevent Default() 取消默认动作（参见 15.2.5 节）。这对于移动设备上的触摸事件特别重要。如果"touchmove"事件可以阻止浏览器的默认滚动动作，那浏览器就不能实现平滑滚动。passive 属性提供了一种机制，即在注册一个可能存在破坏性操作的事件处理程序时，让浏览器知道可以在事件处理程序运行的同时安全地开始其默认行为（如滚动）。平滑滚动对保证良好的用户体验非常重要，因此 Firefox 和 Chrome 都默认把"touchmove"和"mousewheel"事件设置为"被动式"（passive: true）。如果确实想为这两个事件注册一个会调用 preventDefault() 的事件处理程序，应该显式地将passive 属性设置为 false。

可以把选项对象传给 removeEventListener()，但其中只有 capture 属性才是有用的。换句话说，移除监听器时不需要指定 once 或 passive，指定了也会被忽略。

15.2.3 调用事件处理程序

注册事件处理程序后，浏览器会在指定对象发生指定事件时自动调用它。本节介绍调用事件处理程序的细节，解释事件处理程序的参数、调用上下文（this 值）和事件处理程序返回值的含义。

事件处理程序的参数

事件处理程序被调用时会接收到一个 Event 对象作为唯一的参数。这个 Event 对象的属性提供了事件的详细信息。

type
　　发生事件的类型。

target
　　发生事件的对象。

currentTarget
　　对于传播的事件，这个属性是注册当前事件处理程序的对象。

timeStamp
　　表示事件发生时间的时间戳（毫秒），不是绝对时间。可以用第二个事件的时间戳减去第一个事件的时间戳来计算两个事件相隔多长时间。

isTrusted

如果事件由浏览器自身派发，这个属性为 true；如果事件由 JavaScript 代码派发，这个属性为 false。

事件处理程序的上下文

在通过设置属性注册事件处理程序时，看起来就像为目标对象定义了一个新方法：

```
target.onclick = function() { /* 处理程序的代码 */ };
```

因此，没有意外，这个事件处理程序将作为它所在对象的方法被调用。换句话说，在事件处理程序的函数体中，this 关键字引用的是注册事件处理程序的对象。

即便使用 addEventListener() 注册，处理程序在被调用时也会以目标作为其 this 值。不过，这不适用于箭头函数形式的处理程序。箭头函数中 this 的值始终等于定义它的作用域的 this 值。

处理程序的返回值

在现代 JavaScript 中，事件处理程序不应该返回值。在比较老的代码中，我们还可以看到返回值的事件处理程序，而且返回的值通常用于告诉浏览器不要执行与事件相关的默认动作。比如，如果一个表单 Submit 按钮的 onclick 处理程序返回 false，浏览器将不会提交表单（通常因为事件处理程序确定用户输入未能通过客户端验证）。

阻止浏览器执行默认动作的标准且推荐的方式，是调用 Event 对象的 preventDefault() 方法（参见 15.2.5 节）。

调用顺序

一个事件目标可能会为一种事件注册多个处理程序。当这种事件发生时，浏览器会按照注册处理程序的顺序调用它们。有意思的是，即便混合使用 addEventListener() 注册的事件处理程序和在对象属性 onclick 上注册的事件处理程序，结果仍然如此。

15.2.4 事件传播

如果事件的目标是 Window 或其他独立对象，浏览器对这个事件的响应就是简单地调用该对象上对应的事件处理程序。如果事件目标是 Document 或其他文档元素，就没有那么简单了。

注册在目标元素上的事件处理程序被调用后，多数事件都会沿 DOM 树向上"冒泡"。目标父元素的事件处理程序会被调用。然后注册在目标祖父元素上的事件处理程序会被调用。就这样一直向上到 Document 对象，然后到 Window 对象。由于事件冒泡，我们可以不用给个别文档元素注册很多事件处理程序，而是只在它们的公共祖先元素上注册一个事件处理程序，然后在其中处理事件。比如，可以在 <form> 元素上注册一个"change"事件处理程序，而不是在表单的每个元素上都注册一个"change"事件处理程序。

多数在文档元素上发生的事件都会冒泡。明显的例外是"focus""blur"和"scroll"事件。文档元素的"load"事件冒泡，但到 Document 对象就会停止冒泡，不会传播到 Window 对象（Window 对象的"load"事件处理程序只会在整个文档加载完毕后才被触发）。

事件冒泡是事件传播的第三个"阶段"。调用目标对象本身的事件处理程序是第二个阶段。第一阶段，也就是在目标处理程序被调用之前的阶段，叫作"捕获"阶段。还记得 addEventListener() 接收的第三个可选参数吧。如果这个参数是 true 或 {capture: true}，那么就表明该事件处理程序会注册为捕获事件处理程序，将在事件传播的第一阶段被调用。事件传播的捕获阶段差不多与冒泡阶段正好相反。最先调用的是 Window 对象上注册的捕获处理程序，然后才调用 Document 对象的捕获处理程序，接着才是 <body> 元素。然后沿 DOM 树一直向下，直到事件目标父元素的捕获事件处理程序被调用。注册在事件目标本身的捕获事件处理程序不会在这个阶段被调用。

事件捕获提供了把事件发送到目标之前先行处理的机会。捕获事件处理程序可用于调试，或者使用下一节介绍的事件取消技术过滤事件，让目标事件处理程序永远不会被调用。事件捕获最常见的用途是处理鼠标拖动，因为鼠标运动事件需要被拖动的对象来处理，而不是让位于其上的文档元素来处理。

15.2.5 事件取消

浏览器对很多用户事件都会作出响应，无论你是否在代码中指定。比如，用户在一个链接上单击鼠标，浏览器就会跟随该链接。如果一个 HTML 文本输入元素获得了键盘焦点，而且用户按了某个键，浏览器就会打出用户的输入。如果用户在触摸屏上滑动手指，浏览器就会滚动。如果你为这些事件注册了事件处理程序，那么就可以阻止浏览器执行其默认动作，为此要调用事件对象的 preventDefault() 方法（除非你注册处理程序时传入了 passive 选项，该选项会导致 preventDefault() 无效）。

取消与事件关联的默认动作只是事件取消的一种情况。除此之外，还可以调用事件对象的 stopPropagation() 方法，取消事件传播。如果同一对象上也注册了其他处理程序，则这些处理程序仍然会被调用。但是，在这个对象上调用 stopPropagation() 方法之后，其他对象上的事件处理程序都不会再被调用。stopPropagation() 可以在捕获阶段、在事件目标本身，以及在冒泡阶段起作用。stopImmediatePropagation() 与 stopPropagation() 类似，只不过它也会阻止在同一个对象上注册的后续事件处理程序的执行。

15.2.6 派发自定义事件

客户端 JavaScript 事件 API 相对比较强大，可以使用它定义和派发自己的事件。比如，假设你的程序需要周期性地执行耗时计算或者发送网络请求，而在执行此操作期间，不能执行其他操作。你想在此时显示一个转轮图标，告诉用户应用程序正忙。但忙碌的模块不需要知道应该在哪里显示转轮图标，它只需要派发一个事件，宣布自己正忙，然后在自己不忙的时候再派发另一个事件即可。UI 模块可以为这两个事件注册处理程序，然后以适当的方式在 UI 上告知用户即可。

如果一个 JavaScript 对象有 addEventListener() 方法，那它就是一个"事件目标"。这意味着该对象也有一个 dispatchEvent() 方法。可以通过 CustomEvent() 构造函数创建自定义事件对象，然后再把它传给 dispatchEvent()。CustomEvent() 的第一个参数是一个字符串，表示事件类型；第二个参数是一个对象，用于指定事件对象的属性。可以将这个对象的 detail 属性设置为一个字符串、对象或其他值，表示事件的上下文。如果你想在一个文档元素上派发自己的事件，并希望它沿文档树向上冒泡，则要在第二个参数中添加 bubbles:true。下面看一个例子：

```javascript
// 派发一个自定义事件，通知 UI 自己正忙
document.dispatchEvent(new CustomEvent("busy", { detail: true }));

// 执行网络操作
fetch(url)
  .then(handleNetworkResponse)
  .catch(handleNetworkError)
  .finally(() => {
      // 无论网络请求成功还是失败，都再派发
      // 一个事件，通知 UI 自己现在已经不忙了
      document.dispatchEvent(new CustomEvent("busy", { detail: false }));
  });

// 在代码其他地方为 "busy" 事件注册一个处理程序，
// 并通过它显示或隐藏转轮图标，告知用户忙与闲
document.addEventListener("busy", (e) => {
    if (e.detail) {
        showSpinner();
    } else {
        hideSpinner();
    }
});
```

15.3 操作 DOM

客户端 JavaScript 存在的目的就是把静态 HTML 文档转换为交互式 Web 应用。因此通过脚本操作网页内容无疑是 JavaScript 的核心目标。

每个 Window 对象都有一个 document 属性，引用一个 Document 对象。这个 Document 对象代表窗口的内容，也是本节的主题。不过，Document 对象并不是孤立存在的，它是 DOM 中表示和操作文档内容的核心对象。

15.1.2 节介绍了 DOM。本节详细讲解 DOM API，包括以下内容：

- 如何查询或选择文档中特定的元素。
- 如何遍历文档，如何查找任何文档元素的祖先、同辈和后代。
- 如何查询和设置文档元素的属性。
- 如何查询、设置和修改文档的内容。
- 如何修改文档的结构，包括创建、插入和删除节点。

15.3.1 选择 Document 元素

客户端 JavaScript 程序经常需要操作文档中的一个或多个元素。全局 document 属性引用 Document 对象，而 Document 对象有 head 和 body 属性，分别引用 `<head>` 和 `<body>` 标签对应的 Element 对象。但一个程序要想操作文档中嵌入层级更多的元素，必须先通过某种方式获取或选择表示该元素的 Element 对象。

通过 CSS 选择符选择元素

CSS 样式表有一个非常强大的语法，就是它的选择符（selector）。选择符用来描述文档中元素或元素的集合。DOM 方法 querySelector() 和 querySelectorAll() 让我们能够在文档中找到与指定选择符匹配的元素。在介绍这两个方法前，我们先来简单讲解一下 CSS 选择符语法。

CSS 选择符通过标签名、标签 id 属性的值或标签 class 属性中的词来描述元素：

```
div                 // 任意 <div> 元素
#nav                // id="nav" 的元素
.warning            // class 属性中包含 "warning" 的元素
```

字符 # 用于根据 id 属性匹配，字符 . 用于根据 class 属性匹配。此外，也可以根据更通用的属性值来选择元素：

```
p[lang="fr"]        // 法语写的段落：<p lang="fr">
*[name="x"]         // 任何有 name="x" 属性的元素
```

注意这两个例子组合了标签名选择符（或标签名通配符 *）与属性选择符。还可以使用更复杂的组合：

```
span.fatal.error          // class 属性中包含"fatal"和"error"的任何 <span> 元素
span[lang="fr"].warning // class 属性中包含"warning"的法语 <span> 元素
```

选择符也可以指明文档结构：

```
#log span                // id="log" 的元素的后代中的 <span> 元素
#log>span                // id="log" 的元素的子元素中的 <span> 元素
body>h1:first-child      // <body> 的子元素中的第一个 <h1>
img + p.caption          // 紧跟 <img> 的 class 属性中包含"caption"的 <p>
h2 ~ p                   // <h2> 后面所有同辈元素中的 <p>
```

如果两个选择符被一个逗号隔开，则意味着要选择匹配其中任一选择符的元素：

```
button, input[type="button"] // 所有 <button>，以及所有 <input type="button">
```

也就是说，CSS 选择符可以通过元素类型（标签）、ID、类名、属性，以及元素在文档中的位置来引用元素。querySelector() 方法接收一个 CSS 选择符字符串作为参数，返回它在文档中找到的第一个匹配的元素；如果没有找到，则返回 null：

```
// 查找文档中所有 HTML 标签包含属性 id="spinner" 的元素
let spinner = document.querySelector("#spinner");
```

querySelectorAll() 也类似，只不过返回文档中所有的匹配元素，而不是只返回第一个：

```
// 查找所有 <h1>、<h2> 和 <h3> 标签的 Element 对象
let titles = document.querySelectorAll("h1, h2, h3");
```

querySelectorAll() 的返回值不是 Element 对象的数组，而是一个类似数组的 NodeList 对象。NodeList 对象有一个 length 属性，可以像数组一样通过索引访问，因此可以使用传统的 for 循环遍历。NodeList 也是可迭代对象，因此也可以在 for/of 循环中使用它们。如果想把 NodeList 转换为真正的数组，只要把它传给 Array.from() 即可。

如果文档中没有与指定选择符匹配的元素，则 querySelectorAll() 返回的 NodeList 的 length 属性为 0。

Element 类和 Document 类都实现了 querySelector() 和 querySelectorAll()。当在元素上调用时，这两个方法只返回该元素后代中的元素。

我们知道，CSS 也定义了 ::first-line 和 ::first-letter 伪元素。在 CSS 中，它们只匹配文本节点的一部分，而不匹配实际的元素。在 querySelector() 或 querySelectorAll() 中使用它们什么也找不到。而且，很多浏览器也拒绝对 :link 和 :visited 伪类返回匹配结果，因为这有可能暴露用户的浏览历史。

还有一个基于 CSS 的元素选择方法：closest()。这个方法是 Element 类定义的，以一个选择符作为唯一参数。如果选择符匹配那个调用它的元素，则返回该元素；否则，

就返回与选择符匹配的最近祖先元素；如果没有匹配，则返回 null。某种意义上看，closest() 是 querySelector() 的逆向操作：closest() 从当前元素开始，沿 DOM 树向上匹配；而 querySelector() 则从当前元素开始，沿 DOM 树向下匹配。如果你在文档树中某个高层级注册了事件处理程序，closest() 通常能派上用场。比如，在处理一个单击事件时，你可能想知道该事件是否发生在一个超链接上。事件对象会告诉你事件目标，但该目标也许是超链接的文本而非 <a> 标签本身。为此，可以让事件处理程序像这样查找最近的超链接：

```
// 查找有 href 属性的最近的外围 <a> 标签
let hyperlink = event.target.closest("a[href]");
```

下面是使用 closest() 的另一个例子：

```
// 如果 e 被包含在一个 HTML 列表元素内则返回 true
function insideList(e) {
    return e.closest("ul,ol,dl") !== null;
}
```

另一个相关的方法 matches() 既不返回祖先，也不返回后代，只会检查元素是否与选择符匹配。如果匹配，返回 true；否则，返回 false：

```
// 如果 e 是一个 HTML 标题元素则返回 true
function isHeading(e) {
    return e.matches("h1,h2,h3,h4,h5,h6");
}
```

其他选择元素的方法

除了 querySelector() 和 querySelectorAll()，DOM 也定义了一些老式的元素选择方法。如今，这些方法多多少少已经被废弃了。不过，实际开发中仍然可能会用到其中某些方法（特别是 getElementById()）：

```
// 通过 id 属性查找元素。参数就是 id 属性的值，不包含 CSS 选择符前缀 #
// 类似于 document.querySelector("#sect1")
let sect1 = document.getElementById("sect1");

// 查找具有 name="color" 属性的所有元素（如表单的复选框）
// 类似于 document.querySelectorAll('*[name="color"]')
let colors = document.getElementsByName("color");

// 查找文档中所有的 <h1> 元素
// 类似于 document.querySelectorAll("h1")
let headings = document.getElementsByTagName("h1");

// getElementsByTagName() 在 Element 对象上也有定义
// 取得 sec1 的后代中的所有 <h2> 元素
```

```
let subheads = sect1.getElementsByTagName("h2");

// 查找所有类名中包含"tooltip"的元素
// 类似于 document.querySelectorAll(".tooltip")
let tooltips = document.getElementsByClassName("tooltip");

// 查找 sect1 的后代中所有类名包含"sidebar"的元素
// 类似于 sect1.querySelectorAll(".sidebar")
let sidebars = sect1.getElementsByClassName("sidebar");
```

与 querySelectorAll() 类似，上面代码中的方法也返回 NodeList（除了 getElementById()，它返回一个 Element 对象）。但是，与 querySelectorAll() 不同的是，这些老式选择方法返回的 NodeList 是"活的"。所谓"活的"，指的是这些 NodeList 的 length 属性和其中包含的元素会随着文档内容或结构的变化而变化。

预选择的元素

由于历史原因，Document 类定义了一些快捷属性，可以通过它们直接访问某种节点。例如，通过 images、forms 和 links 属性可以直接访问文档中的 `<img>`、`<form>` 和 `<a>` 元素（但只有 `<a>` 标签有 href 属性）。这些属性引用的是 HTMLCollection 对象，与 NodeList 对象非常相似，只是还可以通过元素 ID 或名字来索引其中的元素。例如，使用 document.forms 属性，可以像下面这样访问 `<form id="address">` 标签：

```
document.forms.address;
```

还有一个更古老的选择元素的 API，即 document.all 属性。这个属性引用的对象类似于 HTMLCollection，包含文档中的所有元素。document.call 已经被废弃，因此实际开发中不应该再使用了。

15.3.2 文档结构与遍历

从 Document 中选择一个 Element 之后，常常还需要查找文档结构中相关的部分（父亲、同辈、孩子）。如果我们只关心文档中的 Element 而非其中的文本（以及元素间的空白，其实也是文本），有一个遍历 API 可以让我们把文档作为一棵 Element 对象树，树中不包含同样属于文档的 Text 节点。这个遍历 API 不涉及任何方法，而只是 Element 对象上的一组属性。使用这些属性可以引用当前元素的父亲、孩子和同辈：

parentNode

这个属性引用元素的父节点，也就是另一个 Element 对象，或者 Document 对象。

children

这个属性是 NodeList，包含元素的所有子元素，不含非 Element 节点，如 Text 节点（也不含 Comment 节点）。

childElementCount

这个属性是元素所有子元素的个数。与 `children.length` 返回的值相同。

firstElementChild、lastElementChild

这两个属性分别引用元素的第一个子元素和最后一个子元素。如果没有子元素，它们的值为 null。

previousElementSibling、nextElementSibling

这两个属性分别引用元素左侧紧邻的同辈元素和右侧紧邻的同辈元素，如果没有相应的同辈元素则为 null。

使用这些 Element 属性，可以用下面任意一个表达式引用 Document 第一个子元素的第二个子元素：

```
document.children[0].children[1]
document.firstElementChild.firstElementChild.nextElementSibling
```

在标准 HTML 文档中，这两个表达式引用的都是文档的 <body> 标签。

下面这两个函数演示了如何使用这些属性对文档执行深度优先的遍历，并对文档的每个元素都调用一次指定的函数：

```
// 递归遍历 Document 或 Element e
// 在 e 和每个后代元素上调用函数 f
function traverse(e, f) {
    f(e);                              // 在 e 上调用 f()
    for(let child of e.children) {     // 迭代所有孩子
        traverse(child, f);            // 每个孩子递归
    }
}

function traverse2(e, f) {
    f(e);                              // 在 e 上调用 f()
    let child = e.firstElementChild;   // 链表式迭代孩子
    while(child !== null) {
        traverse2(child, f);           // 并在这里递归
        child = child.nextElementSibling;
    }
}
```

作为节点树的文档

如果在遍历文档或文档中的某些部分时不想忽略 Text 节点，可以使用另一组在所有 Node 对象上都有定义的属性。通过这些属性可以看到 Element、Text 节点，甚至 Comment 节点（表示文档中的 HTML 注释）。

所有 Node 对象都定义了以下属性：

parentNode

当前节点的父节点，对于没有父节点的节点或 Document 对象则为 null。

childNodes

只读的 NodeList 对象，包含节点的所有子节点（不仅仅是 Element 子节点）。

firstChild、lastChild

当前节点的第一个子节点和最后一个子节点，如果没有子节点则为 null。

previousSibling、nextSibling

当前节点的前一个同辈节点和后一个同辈节点。这两个属性通过双向链表连接节点。

nodeType

表示当前节点类型的数值。Document 节点的值为 9，Element 节点的值为 1，Text 节点的值为 3，Comment 节点的值为 8。

nodeValue

Text 或 Comment 节点的文本内容。

nodeName

Element 节点的 HTML 标签名，会转换为全部大写。

使用这些 Node 属性，可以用下面任意一个表达式引用 Document 第一个子节点的第二个子节点：

```
document.childNodes[0].childNodes[1]
document.firstChild.firstChild.nextSibling
```

假设这个示例中的文档对应如下 HTML：

```
<html><head><title>Test</title></head><body>Hello World!</body></html>
```

则第一个子节点的第二个子节点是 <body> 元素，它的 nodeType 是 1，nodeName 是 "BODY"。

不过要注意，这套 API 对于文档中文本的变化极为敏感。如果在上例文档的 <html> 和 <head> 之间插入一个换行符，则表示该换行符的 Text 节点就会成为第一个子节点的第一个子节点，而第二个子节点就变成 <head> 元素而不是 <body> 元素。

为理解这套基于 Node 的遍历 API，可以看看下面这个返回元素或文档中所有文本的函数：

```
// 返回元素 e 的纯文本内容，递归包含子元素
// 这个方法类似元素的 textContent 属性
function textContent(e) {
    let s = "";                            // 在这里累积文本
    for(let child = e.firstChild; child !== null; child = child.nextSibling) {
        let type = child.nodeType;
        if (type === 3) {                  // 如果是 Text 节点
            s += child.nodeValue;          // 把文本内容追加到字符串
        } else if (type === 1) {           // 而如果是 Element 节点
            s += textContent(child);       // 则递归
        }
    }
    return s;
}
```

这个函数仅仅是为演示而写的，实践中可以直接通过 e.textContent 取得元素 e 的文本内容。

15.3.3 属性[译注1]

HTML 元素由标签名和一组称为属性的名/值对构成。比如，<a> 元素定义一个超链接，使用其 href 属性的值作为链接的目标。

Element 类定义了通用的 getAttribute()、setAttribute()、hasAttribute() 和 removeAttribute() 方法，用于查询、设置、检测和删除元素的属性。但 HTML 元素的属性（指所有标准 HTML 元素的标准属性）同时也在表示这些元素的 HTMLElement 对象上具有相应的属性。而作为 JavaScript 属性来存取它们，通常要比调用 getAttribute() 及其他方法来得更便捷。

作为元素属性的 HTML 属性

表示 HTML 文档中元素的 Element 对象通常会定义读/写属性，镜像该元素的 HTML 属性。HTMLElement 为通用 HTML 属性（如 id、title、lang 和 dir）和事件处理程序属性（如 onclick）定义了属性。特定的 Element 子类型则定义了特定于相应元素的属性。例如，要查询图片的 URL，可以使用表示 <img> 元素的 HTMLImageElement 的 src 属性：

译注 1： 原文 attribute 指的是 HTML 中的"属性"，而 JavaScript 中的"属性"是 property。在以往的译著中，当 attribute 和 property 同时出现时，通常会"临时"将 attribute 翻译成"特性"。本书将两个英文单词均译为"属性"，必要时会冠以"HTML"或"JavaScript"这样的定语以示区别。事实上，类似这样的例子并不鲜见。如 argument 和 parameter 的译法均为"参数"，proxy 和 agent 的译法为"代理"。相信只要上下文有足够信息辅助区分就没有问题。

```
let image = document.querySelector("#main_image");
let url = image.src;        // src 属性是图片的 URL
image.id === "main_image"   // => true; 我们通过 id 找到了图片
```

类似地, 可以使用如下代码设置 <form> 元素的表单提交属性:

```
let f = document.querySelector("form");              // 文档中的第一个 <form>
f.action = "https://www.example.com/submit"; // 设置要提交给哪个 URL
f.method = "POST";                                   // 设置 HTTP 请求类型
```

对于某些元素 (比如 <input>), 有的 HTML 属性名会映射到不同的 JavaScript 属性。比如, <input> 元素在 HTML 中的 value 属性是由 JavaScript 的 defaultValue 属性镜像的。JavaScript 的 value 属性包含的是用户当前在 <input> 元素中输入的值。但是修改这个 value 属性, 既不会影响 JavaScript 的 defaultValue 属性, 也不会影响 HTML 的 value 属性。

HTML 属性是不区分大小写的, 但 JavaScript 属性名区分大小写。要把 HTML 属性转换为 JavaScript 属性, 全部小写即可。如果 HTML 属性包含多个单词, 则从第二个单词开始, 每个单词的首字母都大写。比如, defaultChecked 和 tabIndex。不过, 事件处理程序属性是例外, 比如 onclick, 需要全部小写。

有些 HTML 属性名是 JavaScript 中的保留字。对于这些属性, 通用规则是对应的 JavaScript 属性包含前缀 "html"。比如, <label> 元素在 HTML 中的 for 属性, 变成了 JavaScript 的 htmlFor 属性。"class" 也是 JavaScript 的保留字, 但这个非常重要的 HTML class 属性是个例外, 它在 JavaScript 代码中会变成 className。

JavaScript 中表示 HTML 属性的这些属性通常都是字符串值。但是当 HTML 属性是布尔值或数字值时 (如 <input> 元素的 defaultChecked 和 maxLength 属性), 相应的 JavaScript 属性则是布尔值或数值, 不是字符串。事件处理程序属性的值则始终是函数 (或 null)。

注意, 这个基于属性的 API 只能获取和设置 HTML 中对应的属性值, 并没有定义从元素中删除属性的方式。特别地, 不能用 delete 操作符来删除 HTML 属性。如果真想删除 HTML 属性, 可以在 JavaScript 中调用 removeAttribute() 方法。

class 属性

HTML 元素的 class 属性特别重要。它的值是空格分隔的 CSS 类名的列表, 用于给元素应用 CSS 样式。由于 class 在 JavaScript 中是保留字, 所以这个 HTML 属性是通过 Element 对象上的 className 属性反映出来的。className 属性可用于设置或返回 HTML 中 class 属性的字符串值。但 class 属性这个名字并不恰当, 因为它的值是一个 CSS 类名的列表。在这个列表中添加或删除某个类名 (而不是把列表作为整个字符串来操作）在客户端 JavaScript 编程中非常常见。

为此，Element 对象定义了 classList 属性，支持将 class 属性作为一个列表来操作。classList 属性的值是一个可迭代的类数组对象。虽然这个属性的名字叫 classList，但它的行为更像类名的集合，而且定义了 add()、remove()、contains() 和 toggle() 方法：

```
// 在想让用户知道现在正忙的时候，就显示一个
// 转轮图标。为此必须删除 hidden 类，添加
// animated 类（假设样式表有正确的配置）
let spinner = document.querySelector("#spinner");
spinner.classList.remove("hidden");
spinner.classList.add("animated");
```

dataset 属性

有时候在 HTML 元素上附加一些信息很有用，因为 JavaScript 代码在选择并操作相应的元素时可以使用这些信息。在 HTML 中，任何以前缀"data-"开头的小写属性都被认为是有效的，可以将它们用于任何目的。这些"数据集"（dataset）属性不影响它们所在元素的展示，在保证文档正确性的前提下定义了一种附加额外数据的标准方式。

在 DOM 中，Element 对象有一个 dataset 属性，该属性引用的对象包含与 HTML 中的 data- 属性对应的属性，但不带这个前缀。也就是说，dataset.x 中保存的是 HTML 中 data-x 属性的值。连字符分隔的属性将映射为驼峰式属性名：HTML 中的 data-section-number 会变成 JavaScript 中的 dataset.sectionNumber。

假设某 HTML 文档中包含以下内容：

```
<h2 id="title" data-section-number="16.1">Attributes</h2>
```

那么可以使用以下 JavaScript 访问其中的节号（section number）：

```
let number = document.querySelector("#title").dataset.sectionNumber;
```

15.3.4 元素内容

现在看一下图 15-1 所示的文档树，问问自己 <p> 元素包含哪些"内容"？这个问题有两个答案。

- 它的内容是 HTML 字符串"This is a <i>simple</i> document"。
- 它的内容是纯文本字符串"This is a simple document"。

这两个答案都是正确的，而且每个答案都有自己适用的场景。接下来几小节介绍如何操作元素内容的 HTML 表示和纯文本表示。

作为 HTML 的内容

读取一个 Element 的 innerHTML 属性会返回该元素内容的标记字符串。在元素上设置这个属性会调用浏览器的解析器，并以新字符串解析后的表示替换元素当前的内容。可以打开开发者控制台，运行下面的代码试试效果：

```
document.body.innerHTML = "<h1>Oops</h1>";
```

你会发现整个网页都不见了，取而代之的是一个标题"Oops"。浏览器非常擅长解析 HTML，设置 innerHTML 通常效率很高。不过要注意，通过 += 操作符给 innerHTML 追加文本的效率不高。因为这个操作既会涉及序列化操作，也会涉及解析操作：先把元素内容转换为字符串，然后再把新字符串转换回元素内容。

 在使用这些 HTML API 时，一定要注意永远不要把用户输入直接插到文档中。如果这样做，恶意用户可能会将他们的脚本插入你的应用。详情可以参见 15.1.8 节的"跨站点脚本"。

Element 的 outerHTML 属性与 innerHTML 属性类似，只是返回的值包含元素自身。在读取 outerHTML 时，该值包含元素的开始和结束标签。而在设置元素的 outerHTML 时，新内容会取代元素自身。

另一个相关的 Element 方法是 insertAdjacentHTML()，用于插入与指定元素"相邻"（adjacent）的任意 HTML 标记字符串。要插入的标签作为第二个参数传入，而"相邻"的精确含义取决于第一个参数的值。第一个参数可以是以下字符串值中的一个："before-begin""afterbegin""beforeend""afterend"。图 15-2 展示了这几个值对应的插入位置。

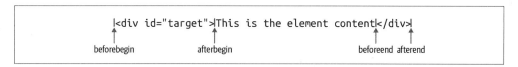

图 15-2：insertAdjacentHTML() 的插入位置

作为纯文本的内容

有时候，我们希望得到元素的纯文本内容，或者向文档中插入纯文本（不转义 HTML 中使用的尖括号和 & 字符）。这样做的标准方式是使用 textContent 属性：

```
let para = document.querySelector("p"); // 文档中的第一个 <p>
let text = para.textContent;            // 取得该段落的文本
para.textContent = "Hello World!";      // 修改该段落的文本
```

这个 textContent 属性是由 Node 类定义的，因此在 Text 节点和 Element 节点上都可以使用。对于 Element 节点，它会找到并返回元素所有后代中的文本。

Element 类定义了一个 innerText 属性，与 textContent 类似。但 innerText 有一些少见和复杂的行为，如试图阻止表格格式化。这个属性的定义不严谨，浏览器间的实现也存在兼容性问题，因此不应该再使用了。

<script> 元素中的文本

行内（即那些没有 src 属性的）<script> 元素有一个 text 属性，可以用于获取它们的文本。浏览器永远不会显示 <script> 元素的内容，HTML 解析器会忽略脚本中的尖括号和 & 字符。这就让 <script> 元素成为在 Web 应用中嵌入任意文本数据的理想场所。只要把这个元素的 type 属性设置为某个值（如 text/x-custom-data），明确它不是可执行的 JavaScript 代码即可。这样，JavaScript 解释器将会忽略这个脚本，但该元素还会出现在文档树中，它的 text 属性可以返回你在其中保存的数据。

15.3.5 创建、插入和删除节点

我们已经知道了如何获取及使用 HTML 和纯文本字符串修改文档内容。也知道了可以遍历 Document，查找构成文档的个别 Element 和 Text 节点。当然，在个别节点的层级修改文档也是可能的。Document 类定义了创建 Element 对象的方法，而 Element 和 Text 对象拥有在树中插入、删除和替换节点的方法。

使用 Document 类的 createElement() 方法可以创建一个新元素，并通过自己的 append() 和 prepend() 方法为自己添加文本或其他元素：

```
let paragraph = document.createElement("p");   // 创建一个空的 <p> 元素
let emphasis = document.createElement("em");    // 创建一个空的 <em> 元素
emphasis.append("World");                       // 向 <em> 元素中添加文本
paragraph.append("Hello ", emphasis, "!");      // 向 <p> 中添加文本和 <em>
paragraph.prepend("¡");                         // 在 <p> 的开头再添加文本
paragraph.innerHTML                             // => "¡Hello <em>World</em>!"
```

append() 和 prepend() 接收任意多个参数，这些参数可以是 Node 对象或字符串。字符串参数会自动转换为 Text 节点（也可以使用 document.createTextNode() 来创建 Text 节点，但很少需要这样做）。append() 把参数添加到孩子列表的末尾。prepend() 把参数添加到孩子列表的开头。

如果想在包含元素的孩子列表中间插入 Element 或 Text 节点，那 append() 和 prepend() 都派不上用场。这时候，应该先获取对一个同辈节点的引用，然后调用 before() 在该同辈前面插入新内容，或调用 after() 在该同辈后面插入新内容。例如：

```
// 找到 class="greetings" 的标题元素
let greetings = document.querySelector("h2.greetings");

// 在这个标题后面插入新创建的 paragraph 和一条水平线
greetings.after(paragraph, document.createElement("hr"));
```

与 append() 和 prepend() 类似，after() 和 before() 也接收任意个数的字符串和元素参数，在将字符串转换为 Text 节点后把它们全部插入文档中。append() 和 prepend() 只在 Element 对象上有定义，但 after() 和 before() 同时存在于 Element 和 Text 节点上，因此可以使用它们相对于 Text 节点插入内容。

要注意的是，元素只能被插入到文档中的一个地方。如果某个元素已经在文档中了，你又把它插入到了其他地方，那它会转移到新位置，而不会复制一个新的过去：

```
// 刚才我们在这个元素后面插入了 paragraph
// 但现在又把它转移到了元素的前面
greetings.before(paragraph);
```

如果确实想创建一个元素的副本，可以使用 cloneNode() 方法，传入 true 以复制其全部内容：

```
// 创建 paragraph 的一个副本，再把它插入到 greetings 元素后面
greetings.after(paragraph.cloneNode(true));
```

调用 remove() 方法可以把 Element 或 Text 节点从文档中删除，或者可以调用 replaceWith() 替换它。remove() 不接收参数，replaceWith() 与 before() 和 after() 一样，接收任意个数的字符串和元素：

```
// 从文档中删除 greetings 元素，并代之以
// paragraph 元素（如果 paragraph 已经在
// 文档中了，则把它从当前位置移走）
greetings.replaceWith(paragraph);

// 删除 paragraph 元素
paragraph.remove();
```

DOM API 也定义了插入和删除内容的老一代方法。比如，appendChild()、insertBefore()、replaceChild() 和 removeChild()，都比这里介绍的方法难用，因此不应该再使用它们了。

15.3.6 示例：生成目录

示例 15-1 展示了如何动态为文档创建目录。这个示例演示了前几节介绍的很多操作 DOM 的技术，里边的注释非常多，因此代码应该很容易看懂。

示例 15-1：使用 DOM API 生成目录

```
/**
 * TOC.js: 为文档创建一个目录
 *
 * 这个脚本在 DOMContentLoaded 事件触发时运行,
 * 将自动为文档生成一个目录。它没有定义任何全局
 * 符号,因此不会与其他脚本发生冲突
 *
 * 脚本在运行时,首先会查找一个 id 为 "TOC" 的文档
 * 元素。如果没有这个元素,它就会在文档开头创建
 * 一个。然后,它会找到所有 <h2> 到 <h6> 标签,将
 * 它们当作每一节的标题,并在 TOC 元素中创建一个
 * 目录。脚本还会给每个节标题添加一个节号,并将
 * 标题包装在一个用 name 属性定义的锚元素中,以便
 * TOC 可以链接到它们。生成的锚元素有 "TOC" 开头的
 * 的名字,因此你不应该在自己的 HTML 中再使用它
 *
 * 生成的 TOC 条目可以通过 CSS 添加样式。所有条目都
 * 有一个 TOCEntry 类,而且每个条目还有一个与
 * 节标题级别对应的类: <h1> 生成的条目有 TOCLevel1,
 * <h2> 生成的条目有 TOCLevel2,……。插入到标题
 * 中的节号有类 TOCSectNum。
 *
 * 使用这个脚本时,可以使用以下样式表:
 *
 *   #TOC { border: solid black 1px; margin: 10px; padding: 10px; }
 *   .TOCEntry { margin: 5px 0px; }
 *   .TOCEntry a { text-decoration: none; }
 *   .TOCLevel1 { font-size: 16pt; font-weight: bold; }
 *   .TOCLevel2 { font-size: 14pt; margin-left: .25in; }
 *   .TOCLevel3 { font-size: 12pt; margin-left: .5in; }
 *   .TOCSectNum:after { content: ": "; }
 *
 * 要隐藏节号,可以加上:
 *
 *   .TOCSectNum { display: none }
 **/
document.addEventListener("DOMContentLoaded", () => {
    // 查找 TOC 容器元素
    // 如果没找到,则在文档开头创建一个
    let toc = document.querySelector("#TOC");
    if (!toc) {
        toc = document.createElement("div");
        toc.id = "TOC";
        document.body.prepend(toc);
    }
```

```
// 查找所有节标题元素。这里假设文档的标题
// 使用 <h1>，文档中的各节使用 <h2> 到 <h6>
let headings = document.querySelectorAll("h2,h3,h4,h5,h6");

// 数组化一个数组，用来跟踪节号
let sectionNumbers = [0,0,0,0,0];

// 遍历我们找到的节标题元素
for(let heading of headings) {
    // 如果标题位于 TOC 容器中则跳过
    if (heading.parentNode === toc) {
        continue;
    }

    // 确定标题的级别
    // 减 1，因为 <h2> 算 1 级标题
    let level = parseInt(heading.tagName.charAt(1)) - 1;

    // 递增这个标题级别的节号
    // 并把所有低级编号重置为 0
    sectionNumbers[level-1]++;
    for(let i = level; i < sectionNumbers.length; i++) {
        sectionNumbers[i] = 0;
    }

    // 现在组合所有标题级别的节号
    // 以产生类似 2.3.1 这样的节号
    let sectionNumber = sectionNumbers.slice(0, level).join(".");

    // 把节号添加到节标题中
    // 把编号放在 <span> 中方便添加样式
    let span = document.createElement("span");
    span.className = "TOCSectNum";
    span.textContent = sectionNumber;
    heading.prepend(span);

    // 把标题包装在一个命名的锚元素中，以便可以链接到它
    let anchor = document.createElement("a");
    let fragmentName = `TOC${sectionNumber}`;
    anchor.name = fragmentName;
    heading.before(anchor);      // 在标题前插入锚元素
    anchor.append(heading);      // 把标题移到锚元素内

    // 接下来创建对这一节的链接
    let link = document.createElement("a");
    link.href = `#${fragmentName}`;      // 链接目标

    // 把标题文本复制到链接中。此时可以放心使用
    // innerHTML，因为没有插入任何不可信字符串
    link.innerHTML = heading.innerHTML;

    // 把链接放到一个 div 中，以便根据级别添加样式
    let entry = document.createElement("div");
    entry.classList.add("TOCEntry", `TOCLevel${level}`);
    entry.append(link);
```

```
        // 把 div 添加到 TOC 容器中
        toc.append(entry);
    }
});
```

15.4 操作 CSS

我们已经知道了 JavaScript 可以控制 HTML 文档的逻辑结构和内容。通过对 CSS 编程，JavaScript 也可以控制文档的外观和布局。接下来几节讲解几种 JavaScript 可以用来操作 CSS 的不同技术。

本书是讲 JavaScript 而不是讲 CSS 的，因此本节假设读者已经了解如何使用 CSS 为 HTML 内容添加样式。不过，这里还是有必要提几个 JavaScript 中常用的 CSS 样式：

- 把 display 样式设置为"none"可以隐藏元素。随后再把 display 设置为其他值可以再显示元素。

- 把 position 样式设置为"absolute""relative"或"fixed"，然后再把 top 和 left 样式设置为相应的坐标，可以动态改变元素的位置。这个技术对于使用 JavaScript 显示模态对话框或工具提示条等动态内容很重要。

- 通过 transform 样式可以移动、缩放和旋转元素。

- 通过 transition 样式可以动态改变其他 CSS 样式。这些动画由浏览器自动处理，不需要 JavaScript，但可以使用 JavaScript 启动动画。

15.4.1 CSS 类

使用 JavaScript 影响文档内容样式的最简单方式是给 HTML 标签的 class 属性添加或删除 CSS 类名。15.3.3 节在"class 属性"中介绍过，Element 对象的 classList 属性可以用来方便地实现此类操作。

比如，假设文档的样式表包含一个"hidden"类的定义：

```
.hidden {
  display:none;
}
```

基于这个定义，可以通过如下代码隐藏（和显示）元素：

```
// 假设"tooltip"元素在 HTML 中有 class="hidden"
// 可以像这样让它变得可见：
document.querySelector("#tooltip").classList.remove("hidden");

// 可以像这样让它再隐藏起来：
document.querySelector("#tooltip").classList.add("hidden");
```

15.4.2 行内样式

继续前面工具提示条（tooltip）的例子，假设文档的结构中只包含一个提示条元素，而我们想在显示它之前先动态把它定位好。一般来说，我们不可能针对提示条的所有可能位置都创建一个类，因此 classList 属性不能用于定位。

这种情况下，我们需要用程序修改提示条在 HTML 中的 style 属性，设置只针对它自己的行内样式。DOM 在所有 Element 对象上都定义了对应的 style 属性。但与大多数镜像属性不同，这个 style 属性不是字符串，而是 CSSStyleDeclaration 对象，是对 HTML 中作为 style 属性值的 CSS 样式文本解析之后得到的一个表示。要在 JavaScript 中显示和设置提示条的位置，可以使用类似下面的代码：

```
function displayAt(tooltip, x, y) {
    tooltip.style.display = "block";
    tooltip.style.position = "absolute";
    tooltip.style.left = `${x}px`;
    tooltip.style.top = `${y}px`;
}
```

命名约定：JavaScript 中的 CSS 属性

很多 CSS 样式属性（比如 font-size）的名字中都包含连字符。连字符在 JavaScript 中被会解释为减号，因此不允许出现在属性名其他标识符中。为此，CSSStyleDeclaration 对象的属性名与实际的 CSS 属性名稍微有点不一样。如果 CSS 属性名包含一个或多个连字符，对应的 CSSStyleDeclaration 属性名将剔除连字符，并将每个连字符后面的字母变成大写。例如，JavaScript 会使用 borderLeftWidth 属性访问 border-left-width 这个 CSS 属性，而 CSS 的 font-family 属性在 JavaScript 中也会被写成 fontFamily。

在使用 CSSStyleDeclaration 的样式属性时，要记住所有值都必须是字符串。在样式表或 style 属性里，可以这样写：

```
display: block; font-family: sans-serif; background-color: #ffffff;
```

但在 JavaScript 要对元素 e 设置相同的样式，必须给所有值都加上引号：

```
e.style.display = "block";
e.style.fontFamily = "sans-serif";
e.style.backgroundColor = "#ffffff";
```

注意分号不包含在字符串中，它们只是普通的 JavaScript 分号。我们在 CSS 样式表中使用的分号在通过 JavaScript 设置字符串值时并不是必需的。

还有，要记住很多 CSS 属性要求包含单位，如"px"表示像素，"pt"表示点。因此，像下面这样设置 marginLeft 属性是不正确的：

```
e.style.marginLeft = 300;      // 不正确：这是一个数值，不是字符串
e.style.marginLeft = "300";    // 不正确：没有包含单位
```

在 JavaScript 中设置样式属性时单位是必需的，就跟在样式表中设置样式属性一样。把元素 e 的 marginLeft 属性设置为 300 像素的正确方式是：

```
e.style.marginLeft = "300px";
```

如果想把某个 CSS 属性设置为计算值，也要确保在计算表达式末尾加上单位：

```
e.style.left = `${x0 + left_border + left_padding}px`;
```

我们知道，有些 CSS 属性是其他属性的简写形式，比如 margin 是 margin-top、margin-right、margin-bottom 和 margin-left 的简写。CSSStyleDeclaration 对象上也有与这些简写属性对应的属性。例如，可以像这样设置 margin 属性：

```
e.style.margin = `${top}px ${right}px ${bottom}px ${left}px`;
```

有时候，以字符串而非 CSSStyleDeclaration 对象形式设置和读取行内样式会更方便。为此，可以使用 Element 的 getAttribute() 和 setAttribute() 方法，或者也可以使用 CSSStyleDeclaration 对象的 cssText 属性：

```
// 把元素 e 的行内样式复制给元素 f
f.setAttribute("style", e.getAttribute("style"));

// 或者，这样也可以
f.style.cssText = e.style.cssText;
```

在读取元素的 style 属性时，应该知道它只表示元素的行内样式，而多数元素的多数样式都是在样式表中指定的，不是写在行内的。并且，通过 style 属性读到的任何单位和简写属性，都是对应 HTML 属性中实际使用的格式，你的代码可能必须进行复杂解析才能解释它们。一般来说，如果你想知道一个元素的样式，那需要的可能是计算样式，也就是下一节要讨论的。

15.4.3 计算样式

元素的计算样式（computed style）是浏览器根据一个元素的行内样式和所有样式表中适用的样式规则导出（或计算得到）的一组属性值，浏览器实际上使用这组属性值来显示该元素。与行内样式类似，计算样式同样以 CSSStyleDeclaration 对象表示。但与行内样式不同的是，计算样式是只读的，不能修改计算样式，但表示一个元素计算样式的 CSSStyleDeclaration 对象可以让你知道浏览器在渲染该元素时，使用了哪些属性和值。

使用 Window 对象的 getComputedStyle() 方法可以获取一个元素的计算样式。这个方法的第一个参数是要查询的元素，可选的第二个参数用于指定一个 CSS 伪元素（如 ::before 或 ::after）：

```
let title = document.querySelector("#section1title");
let styles = window.getComputedStyle(title);
let beforeStyles = window.getComputedStyle(title, "::before");
```

getComputedStyle() 的返回值是一个 CSSStyleDeclaration 对象，该对象包含应用给指定元素（或伪元素）的所有样式。这个 CSSStyleDeclaration 对象与表示行内样式的 CSSStyleDeclaration 对象有一些重要的区别：

- 计算样式的属性是只读的。

- 计算样式的属性是绝对值，百分比和点等相对单位都被转换成了绝对值。任何指定大小的属性（如外边距大小和字体大小）都将以像素度量。相应的值会包含"px"后缀，虽然还需要解析，但不用考虑解析或转换其他单位。值为颜色的属性将以"rgb()"或"rgb()"格式返回。

- 简写属性不会被计算，只有它们代表的基础属性会被计算。例如，不能查询 margin 属性，而要查询 marginLeft、marginTop 等。类似地，不要查询 border 甚至 borderWidth，而要查询 borderLeftWidth、borderTopWidth。

- 计算样式的 cssText 属性是 undefined。

getComputedStyle() 返回的 CSSStyleDeclaration 对象中包含的属性，通常要比行内 style 属性对应的 CSSStyleDeclaration 对象多很多。但计算样式比较难说，查询它们并一定总能得到想要的信息。以 font-family 属性为例，它接收逗号分隔的字体族的列表，以实现跨平台兼容。在查询计算样式的 fontFamily 属性时，只是得到应用给元素的最特定于 font-family 样式的值，这可能会返回类似"arial,helvetica,sans-serif"这样的值，并不说明实际使用了哪种字体。再比如，如果某元素没有被绝对定义，通过计算样式查询其 top 和 left 属性经常会返回 auto。这是个合法的 CSS 值，但却不一定是你想找的。

尽管 CSS 可以精确指定文档元素的位置和大小，查询元素的计算样式并非确定该元素大小和位置的理想方式。15.5.2 节介绍了一个更简单易用的替代方案。

15.4.4 操作样式表

除了操作 class 属性和行内样式，JavaScript 也可以操作样式表。样式表是通过 `<sytle>` 标签或 `<link rel="stylesheet">` 标签与 HTML 文档关联起来的。这两个标签都是普通的 HTML 标签，因此可以为它们指定一个 id 属性，然后使用 document.querySelector()

找到它们。

<style> 和 <link> 标签对应的 Element 对象都有 disabled 属性，可以用它禁用整个样式表。比如，可以像下面这样使用这个属性：

```
// 这个函数可以实现"light"和"dark"主题的切换
function toggleTheme() {
    let lightTheme = document.querySelector("#light-theme");
    let darkTheme = document.querySelector("#dark-theme");
    if (darkTheme.disabled) {          // 当前是浅色主题，切换到深色主题
        lightTheme.disabled = true;
        darkTheme.disabled = false;
    } else {                           // 当前是深色主题，切换到浅色主题
        lightTheme.disabled = false;
        darkTheme.disabled = true;
    }
}
```

另一个操作样式表的简单方式是使用前面介绍的 DOM API 向文档中插入新样式表。例如：

```
function setTheme(name) {
    // 创建新 <link rel="stylesheet"> 元素，用以加载指定 name 的样式表
    let link = document.createElement("link");
    link.id = "theme";
    link.rel = "stylesheet";
    link.href = `themes/${name}.css`;

    // 通过 id="theme" 查找当前的 <link> 元素
    let currentTheme = document.querySelector("#theme");
    if (currentTheme) {
        // 如果找到了，则将当前主题替换为新主题
        currentTheme.replaceWith(link);
    } else {
        // 否则，直接插入包含主题的 <link> 元素
        document.head.append(link);
    }
}
```

虽然算不上巧妙，但也可以向文档中插入一段包含 <style> 标签的 HTML 字符串。这是一种好玩的技术，例如：

```
document.head.insertAdjacentHTML(
    "beforeend",
    "<style>body{transform:rotate(180deg)}</style>"
);
```

浏览器定义了一套 API，以便 JavaScript 能够在样式表中查询、修改、插入或删除样式规则。这套 API 太专业了，我们没办法在这里讲解。大家可以在 MDN 上自行搜索"CSS Object Model"或"CSSStyleSheet"并阅读。

15.4.5 CSS 动画与事件

假设你的样式表中定义了下面两个 CSS 类：

```
.transparent { opacity: 0; }
.fadeable { transition: opacity .5s ease-in }
```

如果把第一个样式应用给某个元素，该元素会变成完全透明，不可见。而第二个样式中的过渡属性（transition）会告诉浏览器当元素的不透明度（opacity）变化时，该变化应该在 0.5 秒的时间内以动画的形式呈现。其中的 ease-in 要求不透明度的变化动画应该先慢后快。

现在假设 HTML 文档中包含一个有 "fadeable" 类的元素：

```
<div id="subscribe" class="fadeable notification">...</div>
```

在 JavaScript 中，可以为它添加 "transparent" 类：

```
document.querySelector("#subscribe").classList.add("transparent");
```

这个元素是为不透明度动画而配置的。给它添加 "transparent" 类，改变不透明度，会触发一次动画：浏览器会在半秒内让元素 "淡出" 为完全透明。

相反的过程也能触发动画：如果删除 "fadable" 元素的 "transparent" 类，又会改变不透明度，因此元素将淡入，变得再次可见。

这个过程不需要 JavaScript 做任何事情，是纯粹的 CSS 动画效果。但 JavaScript 可以用来触发这种动画。

JavaScript 也可以用来监控 CSS 过渡动画的进度，因为浏览器在过渡动画的开始和结束都会触发事件。首次触发过渡时，浏览器会派发 "transitionrun" 事件。这时候可能刚刚指定 transition-delay 样式，而视觉上还没有任何变化。当发生视觉变化时，又会派发 "transitionstart" 事件，而当动画完成时，则会派发 "transitionend" 事件。当然，所有这些事件的目标都是发生动画的元素。这些事件传给处理程序的事件对象是一个 TransitionEvent 对象。该对象的 propertyName 属性是发生动画的 CSS 属性，而 "transitionend" 事件对应的事件对象的 elapsedTime 属性是从 "transitionstart" 事件开始经过的秒数。

除了过渡之外，CSS 也支持更复杂的动画形式，可以称其为 "CSS 动画"。这会用到 animation-name、animation-duration 和特殊的 @keyframes 规则来定义动画细节。讲解 CSS 动画的原理超出了本书范畴，但如果你是在一个 CSS 类上定义了所有这些动画属性，那只要使用 JavaScript 把这个类添加到要做成动画的元素上就可以触发动画。

与 CSS 过渡类似，CSS 动画也触发事件，可以供 JavaScript 代码监听。动画开始时触发"animationstart"事件，完成时触发"animationend"事件。如果动画会重复播放，则每次重复（不包括最后一次）都会触发"animationiteration"事件。事件目标是发生动画的元素，而传给处理程序的事件对象是 AnimationEvent 对象。这个对象的 animationName 属性是定义动画的 animation-name 属性，而 elapsedTime 属性反映了自动画开始以后经过了多少秒。

15.5 文档几何与滚动

本章到现在，我们一直把文档想象成元素和文本节点的抽象树。但当浏览器在窗口中渲染文档时，它会创建文档的一个视觉表示，其中每个元素都有自己的位置和大小。有时候，Web 应用可以把文档看成元素的树，不考虑这些元素在屏幕上如何展示。但有时候，又必须知道某个元素精确的几何位置。例如，要使用 CSS 动态把一个元素（如提示条）定位到某个常规定位的元素旁边，必须先知道这个常规定位元素的位置。

接下来几节将介绍如何在基于树的抽象文档模型和基于几何坐标系的文档视图之间切换。

15.5.1 文档坐标与视口坐标

文档元素的位置以 CSS 像素度量，其中 x 坐标向右表示增大，y 坐标向下表示增大。但是有两个点可以用作坐标原点：元素的 x 和 y 坐标可以相对于文档的左上角，也可以相对于显示文档的视口（viewport）的左上角。在顶级窗口和标签页中，"视口"就是浏览器窗口中实际显示文档内容的区域。因此不包含浏览器的"外框"（chrome），如菜单、工具条和标签。对于显示在 <iframe> 标签中的文档，由 DOM 中的内嵌窗格（iframe）元素定义嵌套文档的视口。无论哪种情况，说到元素位置，必须首先搞清楚是使用文档坐标还是视口坐标（有时候，视口坐标也被称为"窗口坐标"）。

如果文档比视口小，或者如果文档没有被滚动过，则文档左上角就位于视口左上角，文档和视口坐标系是相同的。但通常情况下，要实现这两种坐标系的转换，都必须加上或减去滚动位移（scroll offset）。如果元素在文档坐标中的 y 坐标是 200 像素，用户向下滚动了 75 像素，则元素在视口坐标中的 y 坐标是 125 像素。类似地，如果用户在视口中水平滚动 200 像素之后元素在视口坐标中的 x 坐标是 400 像素，则元素在文档坐标中的 x 坐标是 600 像素。

如果以打印的纸质文档做比喻，则任由用户怎么上下左右移动文档，其中每个元素在文档坐标中都拥有不变的位置。纸质文档具有的这种性质也适用于简单的网页文档，但一般来说，文档坐标并不真正适合网页。问题在于 CSS 的 overflow 属性允许文档中的元素包含比它能显示的更多的内容。元素可以有自己的滚动条，并作为它们所包含内容的视口。Web 允许在滚动文档中存在滚动元素，意味着不可能只使用一个 (x,y) 点描述元素在文档中的位置。

既然文档坐标实际上没有什么用，客户端 JavaScript 更多地会使用视口坐标。接下来介绍的 getBoundingClientRect() 和 elementFromPoint() 方法使用的就是视口坐标，而鼠标和指针事件对象的 clientX 和 clientY 属性使用的也是这个坐标。

在使用 CSS 的 position:fixed 显式定位元素时，top 和 left 属性相对于视口坐标来解释。如果使用 position:relative，则元素会相对于没给它设置 position 属性时的位置进行定位。如果使用 position:absolute，则 top 和 left 相对于文档或者最近的包含定位元素。这意味着，如果一个相对定位元素中包含一个绝对定位元素，则绝对定位元素会相对于这个相对定位的包含元素而不是整个文档定位。实践中，经常会把元素设置为相对定位，同时将其 top 和 left 设置为 0（这样作为容器它的布局没有变化），从而为它包含的绝对定位元素建立一个新的坐标系统。可以把这个新的坐标系统称为"容器坐标"，以便区分于文档坐标和视口坐标。

CSS 像素

如果读者跟我一样，还记得分辨率为 1024×768 的显示器和 320×480 的触屏手机，那可能你仍然认为"像素"这个词指的就是硬件意义上的"画面元素"（picture element，即 pixel）。今天的 4K 显示器和"视网膜"屏的分辨率已经非常高，因此又分出了软件像素与硬件像素的概念。那么一个 CSS 像素（也就是客户端 JavaScript 中的像素），实际上可能相当于多个设备像素。Window 对象的 devicePixelRatio 属性表示多少设备像素对应一个软件像素。比如，设备像素比（dpr，device pixel ratio）为 2，意味着每个软件像素实际上是一个 2×2 硬件像素的网格。devicePixelRatio 的值取决于硬件的物理分辨率、操作系统的设置，还有浏览器的缩放级别。

devicePixelRatio 不一定是整数。如果 CSS 中设置的字体大小为 12px，但设备的像素比为 2.5，那么实际的字体大小就是 30 设备像素。因为 CSS 中使用的像素值不再直接对应屏幕上的像素，像素坐标也不需要必须为整数。如果 devicePixelRatio 是 3，那么坐标 3.33 完全没问题。但如果这个比率是 2，坐标 3.33 会简单地被舍入为 3.5。

15.5.2 查询元素的几何大小

调用 getBoundingClientRect() 方法可以确定元素的大小（包括 CSS 边框和内边距，不包括外边距）和位置（在视口坐标中）。这个方法没有参数，返回一个对象，对象有 left、right、top、bottom、width 和 height 属性。其中，left 和 top 属性是元素左上角的 x 和 y 坐标，right 和 bottom 属性是右下角的坐标。这两对属性值的差就是 widht 和 height 属性。

块级元素（如图片、段落和 <div> 元素）在浏览器的布局中始终是矩形。行内元素（如 <span>、<code> 和 <b> 元素）则可能跨行，因而包含多个矩形。比如，<em> 和 </em> 标签间的文本显示在了两行上，则它的矩形会包含第一行末尾和第二行开头。如果在这个元素上调用 getBoundingClientRect()，则边界矩形将包含两行的整个宽度。如果想查询行内元素中的个别矩形，可以调用 getClientRects() 方法，得到一个只读的类数组对象，其元素为类似 getBoundingClientRect() 返回的矩形对象。

15.5.3 确定位于某一点的元素

使用 getBoundingClientRect() 方法可以确定视口中某个元素的当前位置。有时候，我们想从另一个方向出发，确定在视口中某个给定位置上的是哪个元素。为此可以使用 Document 对象的 elementFromPoint() 方法。调用这个方法并传入一个点的 x 和 y 坐标（视口坐标，而非文档坐标。比如，可以使用鼠标事件中的 clientX 和 clientY 坐标）。elementFromPoint() 返回一个位于指定位置的 Element 对象。选择元素的碰撞检测（hit detection）算法并没有明确规定，但这个方法的意图是返回相应位置上最内部（嵌套最深）、最外层（最大的 CSS z-index 属性）的元素。

15.5.4 滚动

Window 对象的 scrollTo() 方法接收一个点的 x 和 y 坐标（文档坐标），并据以设置滚动条的位移。换句话说，这个方法会滚动窗口，从而让指定的点位于视口的左上角。如果这个点太接近文档底部或右边，浏览器会尽可能让视口左上角接近这个点，但不可能真的移动到该点。以下代码会滚动浏览器让文档最底部的页面显示出来：

```
// 取得文档和视口的高度
let documentHeight = document.documentElement.offsetHeight;
let viewportHeight = window.innerHeight;
// 滚动到最后一 "页" 在视口中可见
window.scrollTo(0, documentHeight - viewportHeight);
```

Window 对象的 scrollBy() 方法与 scrollTo() 类似，但它的参数是个相对值，会加在当前滚动位置之上：

```
// 每 500 毫秒向下滚动 50 像素。注意，没有办法停止！
setInterval(() => { scrollBy(0,50)}, 500);
```

如果想让 scrollTo() 和 scrollBy() 平滑滚动，需要传入一个对象，而不是两个数值，比如：

```
window.scrollTo({
  left: 0,
  top: documentHeight - viewportHeight,
  behavior: "smooth"
});
```

有时候，我们不是想让文档滚动既定的像素距离，而是想滚动到某个元素在视口中可见。此时可以在相应 HTML 元素上调用 scrollIntoView() 方法。这个方法保证在上面调用它的那个元素在视口中可见。默认情况下，滚动后的结果会尽量让元素的上边对齐或接近视口上沿。如果给这个方法传入唯一的参数 false，则滚动后的结果会尽量让元素的底边对齐视口下沿。为了让元素可见，浏览器也会水平滚动视口。

同样可以给 scrollIntoView() 传入一个对象，设置 behavior:"smooth" 属性，以实现平滑滚动。而设置 block 属性可以指定元素在垂直方向上如何定位，设置 inline 属性可以指定元素在水平方向上如何定位（假设需要水平滚动）。这两个属性的有效值均包括 start、end、nearest 和 center。

15.5.5 视口大小、内容大小和滚动位置

前面说过，浏览器窗口和一些 HTML 元素可以显示滚动的内容。在这种情况下，我们有时候需要知道视口大小、内容大小和视口中内容的滚动位移。本节介绍这些细节。

对浏览器窗口而言，视口大小可以通过 window.innerWidth 和 window.innerHeight 属性获得（针对移动设备优化的网页通常会在 <head> 中使用 <meta name="viewport"> 标签为页面设置想要的视口宽度）。文档的整体大小与 <html> 元素，即 document.documentElement 的大小相同。要获得文档的宽度和高度，可以使用 document.documentElement 的 getBoundingClientRect() 方法，也可以使用 document.documentElement 的 offsetWidth 和 offsetHeight 属性。文档在视口中的滚动位移可以通过 window.scrollX 和 window.scrollY 获得。这两个属性都是只读的，因此不能通过设置它们的值来滚动文档。滚动文档应该使用 window.scrollTo()。

对元素来说，问题稍微复杂一点。每个 Element 对象都定义了下列三组属性：

```
offsetWidth     clientWidth     scrollWidth
offsetHeight    clientHeight    scrollHeight
offsetLeft      clientLeft      scrollLeft
offsetTop       clientTop       scrollTop
offsetParent
```

元素的 offsetWidth 和 offsetHeight 属性返回它们在屏幕上的 CSS 像素大小。这个大小包含元素边框和内边距，但不包含外边距。元素的 offsetLeft 和 offsetTop 属性返回元素的 x 和 y 坐标。对很多元素来说，这两个值都是文档坐标。但对定位元素的后代

或者另一些元素（如表格单元）来说，这两个值是相对于祖先元素而非文档的坐标。而 offsetParent 属性保存着前述坐标值相对于哪个元素。这一组属性都是只读的。

元素的 clientWidth 和 clientHeight 属性与 offsetWidth 和 offsetHeight 属性类似，只是它们不包含元素边框，只包含内容区及内边距。clientLeft 和 clientTop 属性没有多大用处，它们是元素内边距外沿到边框外沿的水平和垂直距离。一般来说，这两个值就等于左边框和上边框的宽度。这一组属性都是只读的。对于行内元素（如 <i>、<code> 和 <span>），这些属性的值全为 0。

元素的 scrollWidth 和 scrollHeight 属性是元素内容区大小加上元素内边距，再加上溢出内容的大小。在内容适合内容区而没有溢出时，这两个属性等同于 clientWidth 和 clientHeight。但在有溢出时，这两个属性还包含溢出内容，因此它们的值大于 clientWidth 和 clientHeight。scrollLeft 和 scrollTop 是元素内容在元素视口中的滚动位移。与本节介绍的其他属性不同，scrollLeft 和 scrollTop 是可写属性，因此可以通过设置它们的值滚动元素中的内容（在多数浏览器中，Element 对象也跟 Window 对象一样有 scrollTo() 和 scrollBy() 方法，但并非所有浏览器都支持）。

15.6 Web 组件

HTML 是一种文档标记语言，为此也定义了丰富的标签。过去 30 年，HTML 已经变成 Web 应用描述用户界面的语言，但 <input> 和 <button> 等简单的 HTML 标签并不能满足现代 UI 设计的需要。Web 开发者可以凑合着使用它们，但必须以 CSS 和 JavaScript 来增强这些 HTML 标签的外观和行为。下面来看一个典型的用户界面组件，如图 15-3 所示。

图 15-3：搜索框用户界面组件

使用 HTML 的 <input> 元素可以从用户接收一行输入，但它本身没有任何途径来显示图标，比如在左侧显示放大镜，在右侧显示取消 X。为了在网页中实现类似这样的现代用户界面元素，至少需要使用 4 个 HTML 标签：一个 <input> 标签用于接收和显示用户的输入、两个 <img> 标签（或者两个 <span> 标签显示 Unicode 图形）和一个作为容器的 <div> 元素包含前面 3 个子元素。另外，必须使用 CSS 隐藏 <input> 元素的默认边框，并为容器定义一个边框。还需要使用 JavaScript 让所有这些 HTML 元素协同工作。比如当用户单击 X 图标时，需要一个事件处理程序清除 <input> 元素中的用户输入。

这是个不小的工作量，但每次要在 Web 应用中显示搜索框时都要这么做。今天的多数

Web 应用都不是用"原始的"HTML 写的。相反，很多 Web 开发者使用 React、Angular 等框架，这些框架支持创建类似这个搜索框的可重用的用户界面组件。Web 组件是浏览器原生支持的替代这些框架的特性，主要涉及相对比较新的三个 Web 标准。这些 Web 标准允许 JavaScript 使用新标签扩展 HTML，扩展后的标签就是自成一体的、可重用的 UI 组件。

接下来几小节将展示如何在你自己的网页中使用其他开发者定义的 Web 组件，然后解释构成 Web 组件的这三个技术，最后通过一个示例将这三个技术整合在一起，实现图 15-3 所展示的搜索框组件。

15.6.1 使用 Web 组件

Web 组件是在 JavaScript 中定义的，因此要在 HTML 中使用 Web 组件，需要包含定义该组件的 JavaScript 文件。Web 组件是相对比较新的技术，经常以 JavaScript 模块形式写成，因此需要在 HTML 中像下面这样包含 Web 组件：

```
<script type="module" src="components/search-box.js">
```

Web 组件要定义自己的 HTML 标签名，但有一个重要的限制就是标签名必须包含一个连字符（这意味着未来的 HTML 版本可以增加没有连字符的新标签，而这些标签不会跟任何人的 Web 组件冲突）。要使用 Web 组件，只要像下面这样在 HTML 文件中使用其标签即可：

```
<search-box placeholder="Search..."></search-box>
```

Web 组件可以像常规 HTML 标签一样具有属性。你使用组件的文档应该告诉你它支持哪些属性。Web 组件不能使用自关闭标签定义，比如不能写成 `<search-box />`。你的 HTML 文件必须既包含开标签也包含闭标签。

与常规 HTML 元素类似，有的 Web 组件需要子组件，而有的 Web 组件不需要（也不显示）子组件。还有的 Web 组件可选地接收有标识的子组件，这些子组件会出现在命名的"插槽"（slot）中。在图 15-3 展示并在示例 15-3 中实现的 `<search-box>` 组件，就使用"插槽"传递要显示的两个图标。如果想在 `<search-box>` 中使用不同的图标，可以这样使用 HTML：

```
<search-box>
  <img src="images/search-icon.png" slot="left"/>
  <img src="images/cancel-icon.png" slot="right"/>
</search-box>
```

这个 slot 属性是对 HTML 的一个扩展，用于指定把哪个子元素放到哪里。而插槽的名字"left"和"right"是由这个 Web 组件定义的。如果你使用的组件支持插槽，其文档中应该说明。

前面提到过 Web 组件经常以 JavaScript 模块来实现，因此可以通过 `<script type="module">` 标签引入 HTML 文件中。可能你还记得，本章开头介绍过模块就像添加了 deferr 属性一样，会在文档内容解析之后加载。这意味着浏览器通常会在运行包含 `<search-box>` 定义的代码之前，就要解析和渲染 `<search-box>` 标签。这在使用 Web 组件时是正常的。浏览器中的 HTML 解析器很灵活，对自己不理解的输入非常宽容。当在 Web 组件还没有定义就遇到其标签时，浏览器会向 DOM 树中添加一个通用的 HTMLElement，即便它们不知道要对它做什么。之后，当自定义元素有定义之后，这个通用元素会被"升级"，从而具备预期的外观和行为。

如果 Web 组件包含子元素，那么在组件有定义之前它们可能会被不适当地显示出来。可以使用下面的 CSS 将 Web 组件隐藏到它们有定义为止：

```css
/*
 * 让 <search-box> 组件在有定义前不可见
 * 同时尝试复现其最终布局和大小，以便近旁
 * 内容在它有定义时不会移动
 */
search-box:not(:defined) {
    opacity:0;
    display: inline-block;
    width: 300px;
    height: 50px;
}
```

与常规 HTML 元素一样，Web 组件可以在 JavaScript 中使用。如果在网页中包含 `<search-box>` 标签，就可以通过 querySelector() 和适当的 CSS 选择符获得对它的引用，就像对任何其他 HTML 标签一样。一般来说，只有在定义这个组件的模块运行之后这样做才有意义。因此在查询 Web 组件时要注意不要过早地做这件事。Web 组件实现通常都会（但并非必须）为它们支持的每个 HTML 属性都定义一个 JavaScript 属性。另外，与 HTML 元素相似，它们也可能定义有用的方法。同样，你所使用 Web 组件的文档应该指出可以在 JavaScript 中使用什么属性和方法。

知道了如何使用 Web 组件，接下来三节将介绍用于实现 Web 组件的三个浏览器特性。

DocumentFragment 节点

在介绍 Web 组件 API 之前，需要简单回顾一下 DOM API，解释一下 DocumentFragment 是什么。DOM API 将文档组织成一个 Node 对象树，其中 Node 可以是 Document、Element、Text 节点，或者 Comment 节点。但这些节点类型都不能用来表示一个文档片段，或者一组没有父节点的同辈节点。这时候就要用到 DocumentFragment 了。

DocumentFragment 也是一种 Node 类型，可以临时充当一组同辈节点的父节点，方便将这些同辈节点作为一个单元来使用。可以使用 `document.createDocumentFragment()` 来创建 DocumentFragment 节点。创建 DocumentFragment 节点后，就可以像使用 Element 一样，通过 `append()` 为它添加内容。DocumentFragment 与 Element 的区别在于它没有父节点。但更重要的是，当你向文档中插入 DocumentFragment 节点时，DocumentFragment 本身并不会被插入，实际上插入的是它的子节点。

15.6.2 HTML 模板

HTML 的 `<template>` 标签跟 Web 组件的关系虽然没那么密切，但通过它确实可以对网页中频繁使用的组件进行优化。`<template>` 标签及其子元素永远不会被浏览器渲染，只能在使用 JavaScript 的网页中使用。这个标签背后的思想是，当网页包含多个重复的基本 HTML 结构时（比如表格行或 Web 组件的内部实现），就可以使用 `<template>` 定义一次该结构，然后通过 JavaScript 按照需要任意重复使用该结构。

在 JavaScript 中，`<template>` 标签对应的是一个 HTMLTemplateElement 对象。这个对象只定义了一个 content 属性，而这个属性的值是包含 `<template>` 所有子节点的 DocumentFragment。可以克隆这个 DocumentFragment，然后把克隆的副本插入文档中需要的地方。这个片段自身不会被插入，只有其子节点会。假设你的文档中包含一个 `<table>` 和 `<template id="row">` 标签，而后者作为模板定义了表格中行的结构，那可以像下面这样使用模板：

```
let tableBody = document.querySelector("tbody");
let template = document.querySelector("#row");
let clone = template.content.cloneNode(true);  // 深度克隆
// ……先使用 DOM 把内容插入克隆的 <td> 元素……
// 然后把克隆且已初始化的表格行插入表格体
tableBody.append(clone);
```

这个模板元素并非只有出现在 HTML 文档中才可以使用。也可以在 JavaScript 代码中创建一个模板，通过 innerHTML 创建其子节点，然后再按照需要克隆任意多个副本。这样还不必每次都解析 innerHTML。而且这也是 Web 组件中使用 HTML 模板的方式，示例 15-3 演示了这个技术。

15.6.3 自定义元素

实现 Web 的第二个浏览器特性是"自定义元素"，即可以把一个 HTML 标签与一个 JavaScript 类关联起来，然后文档中出现的这个标签就会在 DOM 树中转换为相应类的实例。创建自定义元素需要使用 customElements.define() 方法，这个方法以一个

Web 组件的标签名作为第一个参数（记住这个标签名必须包含一个连字符），以一个 HTMLElement 的子类作为其第二个参数。文档中具有该标签名的任何元素都会被"升级"为这个类的一个新实例。如果浏览器将来再解析 HTML，都会自动为遇到的这个标签创建一个这个类的实例。

传给 customElements.define() 的类应该扩展 HTMLElement，且不是一个更具体的类型（如 HTMLButtonElement[注4]）。第 9 章曾介绍过，当一个 JavaScript 类扩展另一个类时，构造函数必须先调用 super() 然后才能使用 this 关键字。因此如果自定义元素类有构造器，应该先调用 super()（没有参数），然后再干别的。

浏览器会自动调用自定义元素类的特定"生命期方法"。当自定义元素被插入文档时，会调用 connectedCallback() 方法。很多自定义元素通过这个方法来执行初始化。还有一个 disconnectedCallback() 方法，会在（如果）自定义元素从文档中被移除时调用，但用得不多。

如果自定义元素类定义了静态的 observedAttributes 属性，其值为一个属性名的数组，且如果任何这些命名属性在这个自定义元素的一个实例上被设置（或修改），浏览器就会调用 attributeChangedCallback() 方法，传入属性名、旧值和新值。这个回调可以根据属性值的变化采取必要的步骤以更新组件。

自定义元素类也可以按照需要定义其他属性和方法。通常，它们都会定义设置方法和获取方法，让元素的属性可以暴露为 JavaScript 属性。

下面举一个自定义元素的例子。假设我们想在一个常规文本段落中显示圆圈。我希望可以像下面这样写 HTML，以提出图 15-4 所示的数学故事问题：

```
<p>
    The document has one marble: <inline-circle></inline-circle>.
    The HTML parser instantiates two more marbles:
    <inline-circle diameter="1.2em" color="blue"></inline-circle>
    <inline-circle diameter=".6em" color="gold"></inline-circle>.
    How many marbles does the document contain now?
</p>
```

The document has one marble: ○. The HTML parser instantiates two more marbles: ● ○. How many marbles does the document contain now?

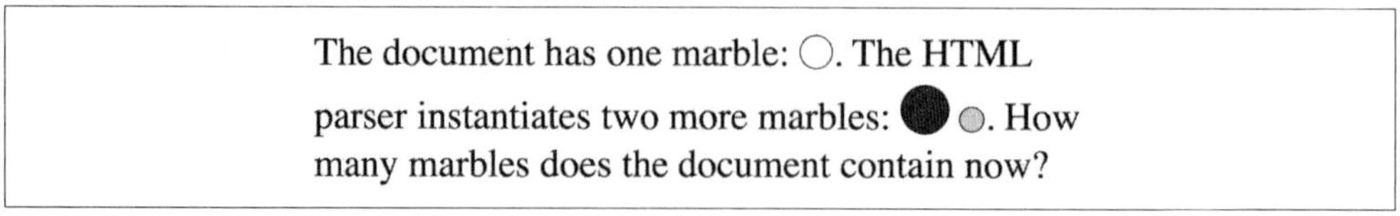

图 15-4：行内圆圈自定义元素

注 4：自定义元素规范允许创建 <button> 和其他特定元素类的子类，但 Safari 不支持。让自定义组件扩展除 HTMLElement 之外的其他元素必须使用不同的语法。

示例 15-2 中的代码实现了这个 `<inline-circle>` 自定义元素：

示例 15-2：`<inline-circle>` 自定义元素

```
customElements.define("inline-circle", class InlineCircle extends HTMLElement {
    // 浏览器会在一个 <inline-circle> 元素被插入文档时
    // 调用这个方法。还有一个 disconnectedCallback()
    // 方法，但这个例子中没有用到。
    connectedCallback() {
        // 设置创建圆圈所需的样式
        this.style.display = "inline-block";
        this.style.borderRadius = "50%";
        this.style.border = "solid black 1px";
        this.style.transform = "translateY(10%)";

        // 如果没有定义大小，则基于当前
        // 字体大小来设置一个默认大小
        if (!this.style.width) {
            this.style.width = "0.8em";
            this.style.height = "0.8em";
        }
    }

    // 这个静态的 observedAttributes 属性用于指定我们
    // 想在哪个属性变化时收到通知（这里使用了
    // 获取方法，是因为只能对方法使用 static 关键字）
    static get observedAttributes() { return ["diameter", "color"]; }

    // 这个回调会在上面列出的属性变化时被调用，
    // 从自定义元素被解析开始，包括之后的变化
    attributeChangedCallback(name, oldValue, newValue) {
        switch(name) {
        case "diameter":
            // 如果 diameter 属性改变了，更新大小样式
            this.style.width = newValue;
            this.style.height = newValue;
            break;
        case "color":
            // 如果 color 属性改变了，更新颜色样式
            this.style.backgroundColor = newValue;
            break;
        }
    }

    // 定义与元素的标签属性对应的 JavaScript 属性
    // 这些获取和设置方法只是获取和设置底层属性
    // 如果设置了 JavaScript 的属性，则修改底层的
    // 属性会触发调用 attributeChangedCallback()
    // 进而更新元素的样式
    get diameter() { return this.getAttribute("diameter"); }
    set diameter(diameter) { this.setAttribute("diameter", diameter); }
    get color() { return this.getAttribute("color"); }
    set color(color) { this.setAttribute("color", color); }
});
```

15.6.4 影子 DOM

示例 15-2 定义的自定义元素并没有恰当地封装。比如，设置其 diameter 或 color 属性会导致其 style 属性被修改，而对于一个真正的 HTML 元素，这并不是我们希望看到的行为。要把一个自定义元素转换为真正的 Web 组件，还需要使用一个强大的封装机制：影子 DOM（shadow DOM）。

影子 DOM 允许把一个"影子根节点"（shadow root）附加给一个自定义元素（也可以附加给 <div>、<span>、<body>、<article>、<main>、<nav>、<header>、<footer>、<section>、<p>、<blockquote>、<aside> 或 <h1> 到 <h6> 元素），而后者被称为"影子宿主"（shadow host）。影子宿主元素与所有 HTML 元素一样，随时可以作为包含后代元素和文本节点的正常 DOM 树的根。影子根节点则是另一个更私密的后代元素树的根，这些元素从影子根节点上生长出来，可以把它们当成一个迷你文档。

"影子 DOM"中的"影子"指的是作为影子根节点后代的元素"藏在影子里"。也就是说，这个子树并不属于常规 DOM 树，不会出现在它们宿主元素的 children 数组中，而且对 querySelector() 等常规 DOM 遍历方法也不可见。相对而言，影子宿主的常规、普通 DOM 子树有时候也被称为"阳光 DOM"（light DOM）。

要理解影子 DOM 的用途，可以想象一下 HTML 的 <audio> 和 <video> 元素。这两个元素都会显示一个并不简单的用户界面，用于控制媒体播放，但播放和暂停按钮以及其他 UI 元素都不属于 DOM 树，不能通过 JavaScript 操控。既然浏览器是设计用来显示 HTML 的，那浏览器厂商只有使用 HTML 来显示这样的内部 UI 才是最自然的。事实上，多数浏览器很早就实现了这样的机制，只不过影子 DOM 让它成为 Web 平台的标准而已。

影子 DOM 封装

影子 DOM 的关键特性是它所提供的封装。影子根节点的后代对常规 DOM 树而言是隐藏且独立的，几乎就像它们是在一个独立的文档中一样。影子 DOM 提供了三种非常重要的封装。

- 前面已经提到过，影子 DOM 中的元素对 querySelectorAll() 等常规 DOM 方法是不可见的。在创建影子根节点并将其附加于影子宿主时，可以指定其模式是"开放"（open）还是"关闭"（closed）。关闭的影子根节点将被完全封闭，不可访问。不过，影子根节点更多地是以"开放"模式创建的，这意味着影子宿主会有一个 shadowRoot 属性，如果需要，JavaScript 可以通过这个属性来访问影子根节点的元素。

- 在影子根节点之下定义的样式对该子树是私有的，永远不会影响外部的阳光 DOM

元素（影子根节点可以为其宿主元素定义默认样式，但这些样式可以被阳光 DOM 样式覆盖）。类似地，应用给影子宿主元素的阳光 DOM 样式也不会影响影子根节点。影子 DOM 中的元素会从阳光 DOM 继承字体大小和背景颜色等，而影子 DOM 中的样式可以选择使用阳光 DOM 中定义的 CSS 变量。不过在大多数情况下，阳光 DOM 的样式与影子 DOM 的样式是完全独立的。因此 Web 组件的作者和 Web 组件的用户不用担心他们的样式会冲突或抵触。可以像这样限定 CSS 的范围或许是影子 DOM 最重要的特性。

- 影子 DOM 中发生的某些事件（如"load"）会被封闭在影子 DOM 中。另外一些事件，像 focus、mouse 和键盘事件则会向上冒泡、穿透影子 DOM。当一个发源于影子 DOM 内的事件跨过了边界开始向阳光 DOM 传播时，其 target 属性会变成影子宿主元素，就好像事件直接起源于该元素一样。

影子 DOM 插槽和阳光 DOM 子元素

作为影子宿主的 HTML 元素有两个后代子树。一个是 children[] 数组，即宿主元素常规的阳光 DOM 后代；另一个则是影子根节点及其后代。有人可能会问：位于同一宿主元素中的两个完全不同的内容树是怎么显示的呢？下面是它们的工作原理：

- 影子根节点的后代始终显示在影子宿主内。

- 如果这些后代中包含一个 <slot> 元素，那么宿主元素的常规阳光 DOM 子元素会像它们本来就是该 <slot> 的子元素一样显示，替代该插槽中的任何影子 DOM 元素。如果影子 DOM 不包含 <slot>，那么宿主的阳光 DOM 内容永远不会显示。如果影子 DOM 有一个 <slot>，但影子宿主没有阳光 DOM 子元素，那么该插槽的影子 DOM 内容作为默认内容显示。

- 当阳光 DOM 内容显示在影子 DOM 插槽中时，我们说那些元素"已分配"（distributed），此时关键要理解：那些元素实际上并未变成影子 DOM 的一部分。使用 querySelector() 依旧可以查询它们，它们仍然作为宿主元素的子元素或后代出现在阳光 DOM 中。

- 如果影子 DOM 定义了多个 <slot>，且通过 name 属性为它们命名，那么影子宿主的阳光 DOM 后代可以通过 slot="slotname" 属性指定自己想出现在哪个插槽中。15.6.1 节展示过一个这种用法的例子，该例子演示了如何自定义由 <search-box> 组件显示的图标。

影子 DOM API

就其强大的能力而言，影子 DOM 并未提供太多 JavaScript API。要把一个阳光 DOM 元素转换为影子宿主，只要调用其 attachShadow() 方法，传入 {mode:"open"} 这个唯一的参数即可。这个方法返回一个影子根节点对象，同时也将该对象设置为这个宿主的 shadowRoot 属性的值。这个影子根节点对象是一个 DocumentFragment，可以使用 DOM 方法为它添加内容，也可以直接将其 innerHTML 属性设置为一个 HTML 字符串。

如果你的 Web 组件想知道影子 DOM(slot) 中的阳光 DOM 内容什么时候变化，那它可以直接在该 <slot> 元素上注册一个"slotchanged"事件。

15.6.5 示例：<search-box> Web 组件

图 15-3 直观地展示了一个 <search-box> Web 组件。示例 15-3 演示了定义 Web 组件的三种技术。这个示例用自定义元素实现了 <search-box> 组件，并使用 <template> 标签来提高效率，使用影子根节点做到了封装。

这个示例展示了如何直接使用低级 Web 组件 API。实践中，很多 Web 组件都是使用某个高级的库（比如 lit-element）创建的。之所以使用库，一个原因是叫重用且可定制的组件其实很难写好，很多细节都必须处理到位。示例 15-3 演示了如何实现 Web 组件并添加了一些基本的键盘焦点处理逻辑，但没有考虑无障碍，也没有使用恰当的 ARIA 属性，好让这个组件便于在屏幕阅读器和其他辅助技术中使用。

示例 15-3：实现 Web 组件

```
/**
 * 这个类定义了一个自定义的 HTML <search-box> 元素，用于显示一个
 * <input> 文本输入字段加两个图标或表情符号（emoji）。默认情况下，它
 * 在文本字段的左侧显示一个放大镜表情符号（表示搜索），在文本字段的右
 * 侧显示一个 X 表情符号（表示取消）。它会隐藏输入字段的边框，显示自己
 * 环绕一周的边框，让两个表情符号看起来位于输入字段的内部。类似地，当
 * 内部输入字段获得焦点时，焦点环也会显示在 <search-box> 的周围
 *
 * 要覆盖默认的图标，可以让 <search-box> 包含 <span> 或 <img> 子元素，
 * 并分别指定 slot="left" 和 slot="right" 属性
 *
 * <search-box> 支持正常的 HTML disabled 和 hidden 属性，以及 size
 * 和 placeholder 属性，它们对这个元素具有对 <input> 元素一样的作用
 *
 * 内部 <input> 元素的输入事件会向上冒泡，事件目标会被设置为外部的
 * <search-box> 元素
 *
 * 当用户单击左侧绘文字（放大镜）时，这个元素会发送"search"事件，
 * 事件对象的 detail 属性会设置为当前输入的字符串。另外，当内部文本
 * 字段生成"change"事件（文本发生变化且用户按下回车或 Tab 键）时，
 * 也会派发这个"search"事件
```

```
 *
 * 当用户单击右侧表情符号（X）时，这个元素会发送"clear"事件。如果这个
 * 事件的处理程序没有调用 preventDefault()，则这个元素会在事件派发
 * 完成时清除用户的输入
 *
 * 注意，HTML 和 JavaScript 都没有 onsearch 和 onclear 属性。"search"
 * 和"clear"事件的处理程序只能通过 addEventListener() 来注册
 */
class SearchBox extends HTMLElement {
    constructor() {
        super(); // 调用超类的构造器；必须先调用

        // 创建一个影子 DOM 树并将其附加到这个元素，
        // 设置为 this.shadowRoot 的值
        this.attachShadow({mode: "open"});

        // 克隆模板，模板定义了这个自定义组件的后代和样式，
        // 然后把内容追加到影子根节点
        this.shadowRoot.append(SearchBox.template.content.cloneNode(true));

        // 取得对影子 DOM 中重要元素的引用
        this.input = this.shadowRoot.querySelector("#input");
        let leftSlot = this.shadowRoot.querySelector('slot[name="left"]');
        let rightSlot = this.shadowRoot.querySelector('slot[name="right"]');

        // 当内部输入字段获得或失去焦点时，设置或移除
        // focused 属性，以便样式表在整个组件上显示
        // 或隐藏人造的焦点环。注意，"blur"和"focus"
        // 现在变量 x 的值就是 0
        // 事件会冒泡，就像起源自 <search-box> 一样
        this.input.onfocus = () => { this.setAttribute("focused", ""); };
        this.input.onblur = () => { this.removeAttribute("focused");};

        // 如果用户点击了放大镜，则触发"search"事件。同样，
        // 在输入字发生"change"事件时也触发这个事件
        // ("change"事件不会冒泡到影子 DOM 外面)
        leftSlot.onclick = this.input.onchange = (event) => {
            event.stopPropagation();      // 阻止单击事件冒泡
            if (this.disabled) return;    // 如果被禁用则什么也不做
            this.dispatchEvent(new CustomEvent("search", {
                detail: this.input.value
            }));
        };

        // 如果用户单击了 X，则触发"clear"事件。如果事件的
        // 处理程序没有调用 preventDefault()，则清除输入
        rightSlot.onclick = (event) => {
            event.stopPropagation();      // 不让单击事件向上冒泡
            if (this.disabled) return;    // 如果被禁用则什么也不做
            let e = new CustomEvent("clear", { cancelable: true });
            this.dispatchEvent(e);
            if (!e.defaultPrevented) {    // 如果事件没有被取消
```

```
            this.input.value = "";   // 则清除输入字段
        }
    };
}

// 在有些属性被设置或改变时，我们需要设置内部 <input>
// 元素对应的值。这个生命期方法与下面代码的静态属性
// observedAttributes 相互配合，实现回调
attributeChangedCallback(name, oldValue, newValue) {
    if (name === "disabled") {
        this.input.disabled = newValue !== null;
    } else if (name === "placeholder") {
        this.input.placeholder = newValue;
    } else if (name === "size") {
        this.input.size = newValue;
    } else if (name === "value") {
        this.input.value = newValue;
    }
}

// 最后，为我们支持的 HTML 属性定义相应的获取方法和设置方法
// 获取方法简单地返回属性的值（或存在与否），而设置方法也只
// 是设置属性的值（或存在与否）。当某个设置方法修改了一个属性
// 时，浏览器会自动调用上面的 attributeChangedCallback 回调

get placeholder() { return this.getAttribute("placeholder"); }
get size() { return this.getAttribute("size"); }
get value() { return this.getAttribute("value"); }
get disabled() { return this.hasAttribute("disabled"); }
get hidden() { return this.hasAttribute("hidden"); }

set placeholder(value) { this.setAttribute("placeholder", value); }
set size(value) { this.setAttribute("size", value); }
set value(text) { this.setAttribute("value", text); }
set disabled(value) {
    if (value) this.setAttribute("disabled", "");
    else this.removeAttribute("disabled");
}
set hidden(value) {
        if (value) this.setAttribute("hidden", "");
        else this.removeAttribute("hidden");
    }
}

// 这个静态属性对 attributeChangedCallback 方法是必需的
// 只有在这个数组中列出的属性名才会触发对该方法的调用
SearchBox.observedAttributes = ["disabled", "placeholder", "size", "value"];

// 创建一个 <template> 元素，用于保存样式表和元素树，
// 可以在每个 SearchBox 元素的实例中使用它们
SearchBox.template = document.createElement("template");

// 通过解析 HTML 字符串初始化模板。不过要注意，当实例化一个
// SearchBox 时，我们可以克隆这个模板中的节点，不需要再次
```

```
// 解析 HTML。
SearchBox.template.innerHTML = `
<style>
/*
 * 这里的 :host 选择符引用的是阳光 DOM 中的 <search-box> 元素
 * 这些样式是默认的，<search-box> 的使用者可以通过阳光 DOM 中
 * 的样式来覆盖这些样式
 */
:host {
  display: inline-block;    /* 默认显示为行内块 */
  border: solid black 1px;  /* 在 <input> 和 <slots> 周围添加圆角边框 */
  border-radius: 5px;
  padding: 4px 6px;         /* 边框内部留出适当间隙 */
}
:host([hidden]) {           /* 注意小括号：当宿主隐藏时…… */
  display:none;             /* ……通过属性设置为不显示 */
}
:host([disabled]) {         /* 当宿主有 disabled 属性时…… */
  opacity: 0.5;             /* ……将其变灰 */
}
:host([focused]) {          /* 当宿主有 focused 属性时…… */
  box-shadow: 0 0 2px 2px #6AE;  /* 显示人造的焦点环。 */
}

/* 剩下的样式表只应用给影子 DOM 中的元素。 */
input {
  border-width: 0;          /* 隐藏内部输入字段的边框。 */
  outline: none;            /* 也隐藏焦点环 */
  font: inherit;            /* <input> 元素默认不会继承字段 */
  background: inherit;      /* 背景颜色也需要明确继承 */
}
slot {
  cursor: default;          /* 光标移到按钮上显示箭头 */
  user-select: none;        /* 不让用户选择表情符号文本 */
}
</style>
<div>
  <slot name="left">\u{1f50d}</slot>  <!-- U+1F50D 是放大镜 -->
  <input type="text" id="input" />    <!-- 实际的输入元素 -->
  <slot name="right">\u{2573}</slot>  <!-- U+2573 是 X -->
</div>
`;

// 最后，我们调用 customElement.define() 将 SearchBox 元素
// 注册为 <search-box> 标签的实现。自定义元素的标签名中必须
// 包含一个连字符
customElements.define("search-box", SearchBox);
```

15.7 可伸缩矢量图形

SVG（Scalable Vector Graphics，可伸缩矢量图形）是一种图片格式。名字中的"矢量"代表着它与 GIF、JPEG、PNG 等指定像素值矩阵的光栅（raster）图片格式有着根本的

不同。SVG"图片"是一种对绘制期望图形的精确的、分辨率无关（因而"可伸缩"）的描述。SVG 图片是在文本文件中通过（与 HTML 类似的）XML 标记语言描述的。

在浏览器中有几种方式使用 SVG：

- 可以在常规的 HTML `<img>` 标签中使用 .svg 图片文件，就像使用 .png 或 .jpeg 图片一样。

- 因为基于 XML 的 SVG 格式与 HTML 很类似，所以可以直接把 SVG 标签嵌入在 HTML 文档中。此时，浏览器的 HTML 解析器允许省略 XML 命名空间，并将 SVG 标签当成 HTML 标签一样处理。

- 可以使用 DOM API 动态创建 SVG 元素，按需生成图片。

接下来几小节将演示 SVG 的第二种和第三种用法。不过，要注意 SVG 本身的语法规则很多，还是比较复杂的。除了简单的图形绘制语法，SVG 还支持任意曲线、文本和动画。SVG 图形甚至可以与 JavaScript 脚本和 CSS 样式表组合，以添加行为和表现信息。完整介绍 SVG 确实超出了本书范围。本节的目标仅限于展示如何在 HTML 文档中使用 SVG，以及通过 JavaScript 来操控它。

15.7.1 在 HTML 中使用 SVG

SVG 图片当然可以使用 HTML 的 `<img>` 标签来显示，但也可以直接在 HTML 嵌入 SVG。而且在嵌入 SVG 后，甚至可以使用 CSS 样式表来指定字体、颜色和线宽。比如，下面就是在 HTML 中使用 SVG 显示一个模拟时钟表盘的例子：

```
<html>
<head>
<title>Analog Clock</title>
<style>
/* 这些 CSS 样式全都应用给下面定义的 SVG 元素 */
#clock {                              /* 适用于整个时钟的样式: */
    stroke: black;                    /* 黑色线条 */
    stroke-linecap: round;           /* 圆形端点 */
    fill: #ffe;                       /* 放在灰白色背景上 */
}
#clock .face { stroke-width: 3; }     /* 表盘的轮廓 */
#clock .ticks { stroke-width: 2; }    /* 标记每小时刻度线 */
#clock .hands { stroke-width: 3; }    /* 怎么绘制表针 */
#clock .numbers {                     /* 怎么绘制数字 */
    font-family: sans-serif; font-size: 10; font-weight: bold;
    text-anchor: middle; stroke: none; fill: black;
}
</style>
</head>
<body>
  <svg id="clock" viewBox="0 0 100 100" width="250" height="250">
```

```
<!-- 这里的 width 和 height 属性定义图形在屏幕上的大小 -->
<!-- 而 viewBox 属性用于定义图形内部的坐标系 -->
<circle class="face" cx="50" cy="50" r="45"/> <!-- the clock face -->
<g class="ticks">    <!-- 12 小时的刻度线 -->                    -->
  <line x1='50' y1='5.000' x2='50.00' y2='10.00'/>
  <line x1='72.50' y1='11.03' x2='70.00' y2='15.36'/>
  <line x1='88.97' y1='27.50' x2='84.64' y2='30.00'/>
  <line x1='95.00' y1='50.00' x2='90.00' y2='50.00'/>
  <line x1='88.97' y1='72.50' x2='84.64' y2='70.00'/>
  <line x1='72.50' y1='88.97' x2='70.00' y2='84.64'/>
  <line x1='50.00' y1='95.00' x2='50.00' y2='90.00'/>
  <line x1='27.50' y1='88.97' x2='30.00' y2='84.64'/>
  <line x1='11.03' y1='72.50' x2='15.36' y2='70.00'/>
  <line x1='5.000' y1='50.00' x2='10.00' y2='50.00'/>
  <line x1='11.03' y1='27.50' x2='15.36' y2='30.00'/>
  <line x1='27.50' y1='11.03' x2='30.00' y2='15.36'/>
</g>
<g class="numbers"> <!-- 用数字标识基本方向 -->
  <text x="50" y="18">12</text><text x="85" y="53">3</text>
  <text x="50" y="88">6</text><text x="15" y="53">9</text>
</g>
<g class="hands">    <!-- 绘制一个指向上方的表针 -->
  <line class="hourhand" x1="50" y1="50" x2="50" y2="25"/>
  <line class="minutehand" x1="50" y1="50" x2="50" y2="20"/>
</g>
</svg>
<script src="clock.js"></script>
</body>
</html>
```

可以看到，<svg> 标签的后代并非标准的 HTML 标签。不过，<circle>、<line> 和
<text> 标签的含义都显而易见，这个 SVG 图形也很容易理解。当然，SVG 还有很多其
他标签，要学习的话需要大家自己去找相关的资料。另外，你可能也注意到样式表有点
奇怪了。fill、stroke-width 和 text-anchor 并不是标准的 CSS 样式属性。在这里，
CSS 本质上是被用于设置文档中出现的 SVG 标签的属性。还要注意，CSS 简写的 font
属性对 SVG 标签不起作用，因此必须要分别设置 font-family、font-size 和 font-
weight 属性。

15.7.2 编程操作 SVG

直接在 HTML 文件中嵌入 SVG（而不是使用静态 <img> 标签）的一个原因，就是这样
可以使用 DOM API 操作 SVG 图片。假设你想使用 SVG 在网页中显示一个图标。可以
把 SVG 嵌入一个 <template> 标签中（参见 15.6.2 节），然后在需要向 UI 中插入图标副
本时就克隆这个模板的内容。如果想让图标响应用户活动（比如在鼠标指针悬停在图标
上时改变颜色），那通常可以使用 CSS 来实现。

操作直接嵌入在 HTML 中的 SVG 图形也是可能的。上一节中的那个表盘的示例显示的

是一个静态时钟，时针和分针都指向正上方，表明时间为中午或半夜。不过有读者可能也注意到了，那个示例的 HTML 文件中包含一个 <script> 标签。这个标签引入的脚本会周期性地运行一个函数，该函数会检查时间并旋转时针和分针对准相应的度数，从而让时钟真正反映当前时间，如图 15-5 所示。

图 15-5：脚本控制的 SVG 模拟时针

操作时钟的代码很好理解。它会根据当前时间来确定时针和分针的适当角度，然后使用 querySelector() 找到显示这两个表针的 SVG 元素，设置它们的 transform 属性，围绕表盘的中心旋转相应的角度。这个函数使用 setTimeout() 来确保表针每 10 秒转动一次：

```
(function updateClock() { // 更新 SVG 时钟，显示当前时间
    let now = new Date();                      // 当前时间
    let sec = now.getSeconds();                // 秒
    let min = now.getMinutes() + sec/60;       // 分数形式的分钟
    let hour = (now.getHours() % 12) + min/60; // 分数形式的小时
    let minangle = min * 6;                    // 每分钟 6 度
    let hourangle = hour * 30;                 // 每小时 30 度

    // 取得显示表针的 SVG 元素
    let minhand = document.querySelector("#clock .minutehand");
    let hourhand = document.querySelector("#clock .hourhand");

    // 设置 SVG 属性，围绕表盘移动表针
    minhand.setAttribute("transform", `rotate(${minangle},50,50)`);
    hourhand.setAttribute("transform", `rotate(${hourangle},50,50)`);

    // 10 秒钟后再次运行这个函数
    setTimeout(updateClock, 10000);
}()); // 注意在这里立即调用函数
```

15.7.3 通过 JavaScript 创建 SVG 图片

除了使用脚本简单地操作嵌入在 HTML 文档中的 SVG 图片，还可以通过 JavaScript

来创建 SVG 图片，这在可视化动态加载的数据时很有用。示例 15-4 展示了如何使用 JavaScript 创建 SVG 饼图，结果类似图 15-6 所示。

尽管可以把 SVG 标签包含在 HTML 文档中，严格来讲它们仍然是 XML 标签，不是 HTML 标签。如果想通过 JavaScript DOM API 创建 SVG 元素，那就不能使用 15.3.5 节介绍的 createElement() 函数，而必须使用 createElementNS()，这个函数的第一个参数是 XML 命名空间文字串。对 SVG 而言，命名空间是文字串 "http://www.w3.org/2000/svg"。

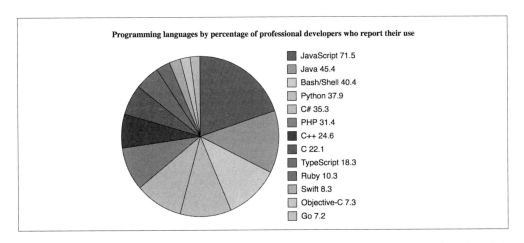

图 15-6：使用 JavaScript 创建的 SVG 饼图（数据来源为 Stack Overflow 2018 年最流行技术的开发者调查）

除了使用 createElementNS()，示例 15-4 中绘制饼图的代码都比较容易理解。只有把要绘制的数据转换为扇形的角度时涉及一点数学，其余代码基本上都是创建 SVG 元素然后设置它们属性的 DOM 代码。

这个示例中最难理解的部分就是绘制每个扇形。用于显示每个户型的元素是 <path>。这个 SVG 元素可以描述由任意直线和曲线组成的形状。对形状的描述通过 <path> 元素的 d 属性来指定。这个属性的值使用字母编码和数值的简略语法，指定了坐标、角度和其他值。比如，字母 M 表示 "move to"（移动到），后面紧跟着 x 和 y 坐标。字母 L 表示 "line to"（画线到），即从当前坐标画一条直线到后面紧跟的坐标点。这个示例也使用了字母 A 来绘制弧形（arc），后面紧跟的 7 个数值描述了这个圆弧，如果想了解更多相关细节，可以上网查询相关语法。

示例 15-4：使用 JavaScript 和 SVG 绘制饼图

```
/**
 * 创建一个 <svg> 元素并在其中绘制一个饼图
 *
```

```
 *  这个函数接收一个对象参数，包含下列属性：
 *
 *    width, height: SVG 图形的大小，以像素为单位
 *    cx, cy, r: 饼图的圆心和半径
 *    lx, ly: 图例的左上角坐标
 *    data: 对象，其属性名是数据标签，属性值是对应的值
 *
 *  这个函数返回一个 <svg> 元素。调用者必须把它插入文档
 *  才可以看到饼图
 */
function pieChart(options) {
    let {width, height, cx, cy, r, lx, ly, data} = options;

    // 这是 SVG 元素的 XML 命名空间
    let svg = "http://www.w3.org/2000/svg";

    // 创建 <svg> 元素，指定像素大小及用户坐标
    let chart = document.createElementNS(svg, "svg");
    chart.setAttribute("width", width);
    chart.setAttribute("height", height);
    chart.setAttribute("viewBox", `0 0 ${width} ${height}`);

    // 定义饼图的文本样式。如果不在这里设置这些值
    // 也可以使用 CSS 来设置
    chart.setAttribute("font-family", "sans-serif");
    chart.setAttribute("font-size", "18");

    // 取得数组形式的标签和值，并计算所有值的总和
    // 从而知道这张饼到底有多大
    let labels = Object.keys(data);
    let values = Object.values(data);
    let total = values.reduce((x,y) => x+y);

    // 计算每个户型的角度。户型 i 的起始角度为 angles[i]
    // 结束角度为 angles[i+1]。这里角度以弧度表示
    let angles = [0];
    values.forEach((x, i) => angles.push(angles[i] + x/total * 2 * Math.PI));

    // 现在遍历饼图的所有扇形
    values.forEach((value, i) => {
        // 计算扇形圆弧相接的两点
        // 下面的公式可以保证角度 0 为
        // 12 点方向，正角度顺时针增长
        let x1 = cx + r * Math.sin(angles[i]);
        let y1 = cy - r * Math.cos(angles[i]);
        let x2 = cx + r * Math.sin(angles[i+1]);
        let y2 = cy - r * Math.cos(angles[i+1]);

        // 这是一个表示角度大于半圆的标志
        // 它对于 SVG 弧形绘制组件是必需的
        let big = (angles[i+1] - angles[i] > Math.PI) ? 1 : 0;
```

```javascript
                // 描述如何绘制饼图中一个扇形的字符串:
                let path = `M${cx},${cy}` +           // 移动到圆心
                    `L${x1},${y1}` +                  // 画一条直线到 (x1,y1)
                    `A${r},${r} 0 ${big} 1` +         // 画一条半径为 r 的圆弧……
                    `${x2},${y2}` +                   // ……圆弧终点为 (x2,y2)
                    "Z";                              // 在 (cx,cy) 点关闭路径

                // 计算这个扇形的 CSS 颜色。这个公式只适合计算约
                // 15 种颜色,因此不要在一个饼图中包含超过 15 扇形
                let color = `hsl(${(i*40)%360},${90-3*i}%,${50+2*i}%)`;

                // 使用 <path> 元素描述每个扇形,注意 createElementNS()
                let slice = document.createElementNS(svg, "path");

                // 现在设置 <path> 元素的属性
                slice.setAttribute("d", path);              // 设置当前扇形的路径
                slice.setAttribute("fill", color);          // 设置扇形的颜色
                slice.setAttribute("stroke", "black");      // 扇形轮廓线为黑色
                slice.setAttribute("stroke-width", "1");    // 宽度为 1 CSS 像素
                chart.append(slice);                        // 把扇形添加到饼图

                // 现在为对应的键画一个匹配的小方块
                let icon = document.createElementNS(svg, "rect");
                icon.setAttribute("x", lx);                 // 定位方块
                icon.setAttribute("y", ly + 30*i);
                icon.setAttribute("width", 20);             // 设置大小
                icon.setAttribute("height", 20);
                icon.setAttribute("fill", color);           // 与扇形相同的填充色
                icon.setAttribute("stroke", "black");       // 相同的描边颜色
                icon.setAttribute("stroke-width", "1");
                chart.append(icon);                         // 把图标添加到饼图

                // 在小方块右侧添加一个标签
                let label = document.createElementNS(svg, "text");
                label.setAttribute("x", lx + 30);           // 定位文本
                label.setAttribute("y", ly + 30*i + 16);
                label.append(`${labels[i]} ${value}`);      // 把文本添加到标签
                chart.append(label);                        // 把标签添加到饼图
            });

            return chart;
        }
```

要生成图 15-6 所示的饼图,可以像下面这样调用示例 15-4 定义的 pieChart() 函数:

```javascript
document.querySelector("#chart").append(pieChart({
    width: 640, height:400,      // 饼图的整体大小
    cx: 200, cy: 200, r: 180,    // 饼图的中心和半径
    lx: 400, ly: 10,             // 图例的位置
    data: {                      // 要呈现的数据
        "JavaScript": 71.5,
        "Java": 45.4,
        "Bash/Shell": 40.4,
        "Python": 37.9,
```

```
            "C#": 35.3,
            "PHP": 31.4,
            "C++": 24.6,
            "C": 22.1,
            "TypeScript": 18.3,
            "Ruby": 10.3,
            "Swift": 8.3,
            "Objective-C": 7.3,
            "Go": 7.2,
        }
    }));
```

15.8 <canvas> 与图形

在 HTML 文档中，<canvas> 元素本身并不可见，它只是创建了一个绘图表面并向客户端 JavaScript 暴露了强大的绘图 API。<canvas> API 与 SVG 的主要区别在于使用画布（canvas）绘图要调用方法，而使用 SVG 创建图形则需要构建 XML 元素树。这两种绘图手段同样强大，而且可以相互模拟。但从表面上来看，这两种手段迥然不同，又有各自的优缺点。比如，修改 SVG 图形很简单，可能只需从描述中删除元素即可。而要从同样的 <canvas> 图形中删除元素通常需要先擦掉图形再重新绘制。由于画布绘图 API 是基于 JavaScript 的，而且相对比较简洁（不像 SVG 语法那么复杂），因此本书会更详细地加以介绍。

画布中的 3D 图形

在调用 getContext() 时传入"webgl"也可以获取一个 3D 图形上下文，并使用 WebGL API 来绘制 3D 图形。WebGL API 是一套庞大、复杂、低级的 JavaScript API，开发者通过它可以访问 GPU、写自定义的着色器，以及执行其他非常强大的图形操作。但本书没有介绍 WebGL，因为实际开发中多数都会使用构建于 WebGL 之上的工具库，而不是直接使用 WebGL API。

大多数画布绘图 API 都没有定义在 <canvas> 元素上，而是定义在通过画布的 getContext() 方法获得的"绘图上下文"上。调用 getContext() 时传入"2d"可以得到一个 Canvas RenderingContext2D 对象，使用它能够在画布上绘制二维图形。

作为 Canvas API 的一个简单示例，以下 HTML 文档使用了 <canvas> 元素和一些 JavaScript 展示了两个简单的形状：

```html
<p>This is a red square: <canvas id="square" width=10 height=10></canvas>.
<p>This is a blue circle: <canvas id="circle" width=10 height=10></canvas>.
<script>
let canvas = document.querySelector("#square");  // 取得第一个画布元素
```

```
let context = canvas.getContext("2d");          // 取得 2D 绘图上下文
context.fillStyle = "#f00";                     // 设置填充色为红色
context.fillRect(0,0,10,10);                    // 填充一个方块

canvas = document.querySelector("#circle");     // 第二个画布元素
context = canvas.getContext("2d");              // 取得其上下文
context.beginPath();                            // 开始一个新"路径"
context.arc(5, 5, 5, 0, 2*Math.PI, true);       // 为路径添加一个圆形
context.fillStyle = "#00f";                     // 设置蓝色填充色
context.fill();                                 // 填充路径
</script>
```

我们知道，SVG 将复杂图形描述为可以绘制和填充的直线"路径"或曲线。而 Canvas
API 也使用了路径的概念，但它没有使用字母和数字的字符串来描述路径，而是通过一
系列方法调用来定义路径。比如前面例子中的 beginPath() 和 arc() 调用。定义了路
径之后，后面的方法调用（如 fill()）就会操作该路径。上下文对象的各种属性（如
fillStyle）用于指定如何执行操作。

接下来几小节将演示 2D Canvas API 的方法和属性，其中多数示例中的代码都会操作一
个变量 c。这个变量保存的是画布的 CanvasRenderingContext2D 对象。不过示例中经常
会省略初始化该变量的代码。为了让这些示例跑起来，读者需要自行在 HTML 中添加
<canvas> 元素并指定相应的 width 和 height 属性，然后再添加类似下面的代码以初始
化变量 c：

```
let canvas = document.querySelector("#my_canvas_id");
let c = canvas.getContext('2d');
```

15.8.1 路径与多边形

要在画布上画线或者填充由这些线包围的区域，首先需要定义一个路径。路径是一个或
多个子路径的序列。而子路径则是两个或多个通过线段（或曲线段）连接起来的点的序
列。开始新路径要调用 beginPath() 方法，而开始定义子路径要调用 moveTo() 方法。
在通过 moveTo() 建立起子路径的起点后，可以调用 lineTo() 将该点连接到一个新的
点。以下代码定义了一个包含两个线段的路径：

```
c.beginPath();          // 开始一个新路径
c.moveTo(100, 100);     // 开始一个子路径，起点为 (100,100)
c.lineTo(200, 200);     // 用线段连接点 (100,100) 和 (200,200)
c.lineTo(100, 200);     // 用线段连接点 (200,200) 和 (100,200)
```

这几行代码定义了一个路径，但并没有在画布上绘制任何东西。要绘制（或"描画"）路
径中的两条线段，必须调用 stroke() 方法，而要填充这些线段定义的区域，则要调用
fill() 方法：

```
    c.fill();            // 填充三角形区域
    c.stroke();          // 描画三角形的两条边
```

以上代码（加上其他设置线宽和填充色的代码）可以产生如图 15-7 所示的图形。

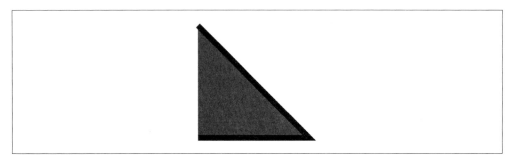

图 15-7：填充和描画后的简单路径

我们注意到，图 15-7 定义的子路径是"开放的"。整个路径只包含两条线段，而且终点并未连接到起点。这意味着图中的三角形区域并不是闭合的区域。fill() 方法在填充开放路径时，就好像有一条直线连接了子路径的终点与起点一样。这也是为什么以上代码填充的是三角形区域，而描画的只有三角形的两条边。

如果想描画这个三角形的所有边，必须调用 closePath() 把子路径的终点连接到起点（也可以调用 lineTo(100,100)，但这样做的结果是得到三条共享起点和终点的线段，路径并没有真正闭合。在用宽线画图时，还是使用 closePath() 的视觉效果更好）。

关于 stroke() 和 fill() 还有另外两个地方需要注意。首先，两个方法都作用于当前路径的所有子路径。假设我们在前面的代码中又添加了另一条子路径：

```
    c.moveTo(300,100);   // 在 (300,100) 开始一条新子路径
    c.lineTo(300,200);   // 画一条垂线到点 (300,200)
```

如果此时调用 stroke()，则会描画三角形的两条边和一条不相连的垂线。

关于 stroke() 和 fill() 要注意的第二点是这两个方法都会修改当前路径。换句话说，调用 fill() 之后再调用 stroke() 路径仍然还在那里。在操作完一条路径后，如果想开始另一条路径，必须调用 beginPath()。如果没有调用，则只会在已有路径上面添加子路径，最终可能是在重复绘制原来的子路径。

示例 15-5 定义了一个函数，可以用来绘制普通多边形，其中演示了 moveTo()、lineTo() 和 closePath() 定义子路径，以及 fill() 和 stroke() 绘制这些路径。这个示例可以绘制出如图 15-8 所示的图形。

图 15-8：普通多边形

示例 15-5：使用 moveTo()、lineTo() 和 closePath() 绘制普通多边形

```
// 定义 n 边的普通多边形，以 (x,y) 为中心，r 为半径
// 顶点沿圆形周长间隔相同的距离
// 第一个顶点放在正上方，或者放在指定的角度上
// 顺时针旋转，除非最后一个参数为 true
function polygon(c, n, x, y, r, angle=0, counterclockwise=false) {
    c.moveTo(x + r*Math.sin(angle),    // 从第一个顶点开始一条新子路径
             y - r*Math.cos(angle));   // 使用三角函数计算位置
    let delta = 2*Math.PI/n;           // 顶点间的角度距离
    for(let i = 1; i < n; i++) {       // 对剩下的每个顶点
        angle += counterclockwise?-delta:delta; // 调整角度
        c.lineTo(x + r*Math.sin(angle),        // 添加到下一个顶点的线
                 y - r*Math.cos(angle));
    }
    c.closePath();                     // 把最后一个顶点连接到第一个顶点
}

// 假设只有一个画布，获得其上下文对象以便画图
let c = document.querySelector("canvas").getContext("2d");

// 开始一段新路径并添加多边形子路径
c.beginPath();
polygon(c, 3, 50, 70, 50);            // 三角形
polygon(c, 4, 150, 60, 50, Math.PI/4); // 正方形
polygon(c, 5, 255, 55, 50);           // 五边形
polygon(c, 6, 365, 53, 50, Math.PI/6); // 六边形
polygon(c, 4, 365, 53, 20, Math.PI/4, true); // 六边形中再画一个小正方形

// 设置一些属性控制图形的外观
c.fillStyle = "#ccc";      // 内部浅灰色
c.strokeStyle = "#008";    // 轮廓深蓝色
c.lineWidth = 5;           // 宽度 5 像素

// 现在通过以下调用来绘制所有多边形（每个都在自己的子路径中）
c.fill();                  // 填充形状
c.stroke();                // 描画轮廓
```

注意，这个示例绘制了一个包含正方形的六边形。这个正方形和六边形是由独立的子路径组成的，但它们重叠在一起了。每当这时候（或一条子路径与自身交叉时），画布都需要确定哪个区域在路径内部，哪个区域在路径外部。为此，画布使用一种被称为"非零环绕规则"（nonzero winding rule）的测试来确定这件事。在上面的示例中，之所以正方

形内部没有被填充，是因为正方形和六边形是以相反方向来绘制的。换句话说，六边形的顶点是通过顺时针方向移动的线段连接的，而正方形的顶点是逆时针方向连接的。假如正方形也是顺时针方向绘制的，则调用 fill() 也会填充正方形的内部区域。

15.8.2 画布大小与坐标

在 HTML 中通过 <canvas> 的 width 和 height 属性，或者在 JavaScript 中通过画布对象的 width 和 height 属性可以指定画布的大小。画布坐标系的默认原点在画布左上角的 (0,0) 点。x 坐标向右增大，y 坐标向下增大。画布中的点可以使用浮点值来指定。

要修改画布大小必须完全重置画布。无论设置画布对象的 width 属性还是 height 属性（即使设置为当前值），都会清除画布，擦掉当前路径，重置所有图形属性（包括当前变换和剪切区域）至其最初状态。

在 HTML 中指定 <canvas> 的 width 和 height 属性会确定画布的实际像素数。每个像素在内存里会分配 4 个字节，因此如果 width 和 height 都是 100，则画布在内存中会用 40 000 个字节来表示 10 000 个像素。

此外，HTML 的 width 和 height 属性也指定了画布在屏幕上（以 CSS 像素）显示的默认大小。如果 window.devicePixelRatio 是 2，则 100×100 CSS 像素实际上对应 40 000 个硬件像素。当画布内容绘制到屏幕上时，内存中的 10 000 个像素需要放大为屏幕上的 40 000 个物理像素，这意味着你看到的图形会变模糊。

为优化图片质量，不要在 HTML 中使用 width 和 height 属性设置画布的屏幕大小。而要使用 CSS 的样式属性 width 和 height 来设置画布在屏幕上的预期大小。然后在通过 JavaScript 开始绘制前，再将画布对象的 width 和 height 属性设置为 CSS 像素数乘以 window.devicePixelRatio。仍以前面 100×100 CSS 像素大小的画布为例，这样会导致画布显示为 100×100 CSS 像素，但内存中会分配 200×200 像素（即使是这样，用户如果放大画布也可能会导致图形模糊或变成马赛克。相对而言，SVG 图形在这种情况下则会保持边缘锐利，无论屏幕显示多大或是否缩放）。

15.8.3 图形属性

示例 15-5 在画布上下文对象上设置了属性 fillStyle、strokeStyle 和 lineWidth。这些属性都是图形属性，fill() 和 stroke() 会使用前两个来确定颜色，第三个决定 stroke() 在画线时线的宽度。注意它们并没有作为参数传给 fill() 和 stroke() 方法，而是作为画布的通用图形状态存在。如果你定义了一个方法要绘制某种形状，但并未设置这些属性，那么这个方法的调用方可以在调用之前通过设置 strokeStyle 和 fillStyle 属性自定义形状的颜色。这种图形状态与绘制命令分离的思想是 Canvas API

的基础，类似于 CSS 样式表与 HTML 文档分离的理念。

上下文对象上的一些属性（和方法）都会影响画布的图形状态。下面我们分别介绍。

线条样式

lineWidth 属性指定 stroke() 绘制的线条有多宽，默认值为 1。这里要理解，线宽是在调用 stroke() 的时候由 lineWidth 属性确定的，而非在调用 lineTo() 或其他路径构建方法时确定的。要真正理解 lineWidth 属性，关键是要从视觉上把路径想象成无穷细的一维线条。而 stroke() 方法在画直线和曲线时会让它们在路径上面居中，两侧各画一半的 lineWidth。如果你画的是一条封闭路径，只想让线条出现在路径外侧，应该先把路径的线条画出来，然后再使用不透明的颜色填充，以盖住位于路径内侧的部分线条。如果你只想让封闭路径的内侧出现线条，可以先调用 save() 和 clip() 方法，然后再调用 stroke() 和 restore()（稍后介绍 save()、restore() 和 clip() 方法）。

在绘制超过两像素宽的线条时，lineCap 和 lineJoin 属性会显著影响路径两端或者两条路径交点的样式。图 15-9 展示了 lineGap 和 lineJoin 属性的值以及它们对应的图形外观。

图 15-9：lineCap 和 lineJoin 属性

lineCap 的默认值是平头（butt），lineJoin 的默认值是斜接（miter）。不过如果两条线相交的角度很小，斜接会导致相交角拉得非常长，看起来不舒服。如果某个相交角斜接后长度超过线宽一半乘以 miterLimit 属性，则这个相交角将改为斜切（bevel）而非斜接（miter）相交。miterLimit 的默认值为 10。

stroke() 方法既可以画虚线、点线，也可以画实线。而画布的图形状态中也有一组数字可以用作"虚线模式"，即通过数字描述画多少像素、忽略多少像素。与其他线条绘制属性不同，虚线模式要通过 setLineDash() 和 getLineDash() 方法而不是一个属性来设置和获取。要指定点虚线模式，可以像下面这样使用 setLineDash()：

```
c.setLineDash([18, 3, 3, 3]); // 18px 虚线、3px 空格、3px 点、3px 空格
```

最后，lineDashOffset 属性指定虚线模式从哪里开始绘制，默认值为 0。上面示例中设置的虚线模式在绘制到封闭路径时会以 18 像素的虚线开始。但是，如果这里把

lineDashOffset 设置为 21，则该路径将以点开始，后跟空格和虚线。

颜色、模式与渐变

fillStyle 和 strokeStyle 属性指定如何填充和描绘路径。属性名中的"style"通常指颜色，但这些属性也可以用来指定渐变色甚至图片，用以填充或描绘路径（注意，画一条线与填充这条线两端很窄的范围基本上相同，填充和描绘本质上是相同的操作）。

如果想以实色（或半透明色）填充或描绘，只要把这些属性设置为有效的 CSS 颜色字符串即可。

如果想以渐变色填充（或描绘），需要将 fillStyle(或 strokeStyle) 设置为 CanvasGradient 对象，这个对象需要调用上下文的 createLinearGradient() 或 createRadialGradient() 方法返回。createLinearGradient() 方法的参数是定义一条直线的两个点的坐标（不一定水平或垂直），颜色将在这条直线的方向上渐变。createRadialGradient() 的参数需要指定两个圆心和半径（这两个圆不一定是同心圆，但通常第一个圆会完全落在第二个圆内部）。小圆内部区域或大圆外部区域将被实色填充，这两个区域之间的部分则会以渐变色填充。

创建了表示要填充的画布区域的 CanvasGradient 对象后，必须调用这个对象的 addColorStop() 方法定义渐变色。这个方法的第一个参数是一个介于 0.0 和 1.0 之间的数值，第二个参数是一个 CSS 颜色说明。为定义一个简单的渐变色，至少必须调用这个方法两次，但有可能还不止两次。位于 0.0 处的颜色是渐变的起点，位于 1.0 处的颜色是渐变的终点。如果要指定更多颜色，这些颜色应该出现在渐变中特定的小数位置。在指定的这些点之间，颜色会平滑地过渡。下面是几个示例：

```
// 画布对角方向的线性渐变（假设画布没有变形）
let bgfade = c.createLinearGradient(0,0,canvas.width,canvas.height);
bgfade.addColorStop(0.0, "#88f");  // 左上角开始于浅蓝色
bgfade.addColorStop(1.0, "#fff");  // 渐变到右下角的白色

// 两个同心圆之间的渐变。中间完全透明渐变为
// 半透明的灰色，再渐变为完全透明
let donut = c.createRadialGradient(300,300,100, 300,300,300);
donut.addColorStop(0.0, "transparent");         // 透明
donut.addColorStop(0.7, "rgba(100,100,100,.9)"); // 半透明灰
donut.addColorStop(1.0, "rgba(0,0,0,0)");        // 又透明了
```

理解渐变最重要的一点是它们是跟位置紧密相关的。每次创建渐变，都需要为它指定界限。如果想填充这些界限之外的区域，使用的将是定义该渐变两端的某个实色。

除了实色和渐变色，填充和描绘时也可以使用图片。为此，需要将 fillStyle 或 strokeStyle 设置为上下文对象的 createPattern() 方法返回的 CanvasPattern 对象。这个方法的第一个参数应该是 <img> 或 <canvas> 元素，其中包含填充或描绘要使用的图片（注意，在这

样使用的时候图片和画布并不需要插入文档中）。createPattern() 的第二个参数是字符串 "repeat" "repeat-x" "repeat-y" 或 "no-repeat"，用于指定背景图片是否（以及在哪个方向上）重复。

文本样式

font 属性指定 fillText() 和 strokeText() 方法（参见下一节）在绘制文本时使用的字体。这个属性的值应该是一个字符串，语法与 CSS 的 font 属性相同。

textAlign 属性指定文本的水平对齐方式，相对于传给 fillText() 或 strokeText() 的 X 坐标。合法的值包括 start、left、center、right 和 end。默认值为 start，在从左到右的文本中效果与 left 相同。

textBaseline 属性指定文本相对于 Y 坐标如何垂直对齐。默认值是 alphabetic，适合拉丁字母或类似文字。对于汉语或日语，应该使用 ideographic。对于（印度很多语言中使用的）梵文及类似文字，可以使用 hanging。其他比如 top、middle 和 bottom 值纯粹是几何意义上的基线，基于字体的 "em 方块"。

阴影

上下文对象有 4 个属性控制阴影的绘制。适当地设置这些属性，可以为绘制的任何线条、区域、文本或图片添加阴影，让它们就像悬浮在画布上方一般。

shadowColor 属性指定阴影颜色。默认值是完全透明的黑色，因此除非将这个属性设置为半透明或不透明，否则不会出现阴影。这个属性只能设置为颜色字符串，阴影不支持模式和渐变。使用半透明阴影色可以产生最真实的阴影效果，因为透过阴影可以看到背景。

shadowOffsetX 和 shadowOffsetY 属性指定阴影的 X 轴和 Y 轴偏移量。这两个属性的默认值都是 0，即阴影将位于绘制内容的正下方，因而不可见。如果给这两个属性正值，阴影会出现在内容下方和右侧。就像屏幕外面左上角有光源照射到画布一样。偏移量越大阴影也越大，绘制内容看起来距离画布表面也 "更高"。这些值不受坐标变换（参见15.8.5 节）影响，即使形状旋转或缩放了，阴影方向和 "高度" 也会保持不变。

shadowBlur 属性指定阴影边缘的模糊程度。默认值 0 会产生锐利、丝毫不模糊的阴影。这个值越大，模糊越厉害，上限由实现定义。

半透明与合成效果

如果想用半透明色描绘或填充路径，可以使用类似 "rbga(...)" 这样支持半透明值的 CSS 颜色语法设置 strokeStyle 或 fillStyle。RGBA 中的 A 代表 Alpha，是一个介于 0（完全透明）和 1（完全不透明）之间的值。Canvas API 还提供了另一种使用透明色的方式。如果不想分别指定每个颜色的 Alpha 通道，或者想给不透明的图片或模型添加透明效果，可以设置 globalAlpha 属性。这样绘制的每个像素的透明度值都会乘上 globalAlpha。默认值是 1，完全不透明。如果把 globalAlpha 设置为 0，那么绘制的一切都会变成完全透明。如果把它设置为 0.5，那么原先不透明的像素都会变成 50% 不透明，原先 50% 不透明的像素会变成 25% 不透明。

在描绘线条、填充区域、绘制文本或复制图像时，我们通常希望新像素绘制到画布中已存在像素上。如果绘制的是不透明像素，它们会直接替换相应位置上的已有像素。如果绘制的是半透明像素，那么新（"来源"）像素将与老（"目标"）像素组合，从而让老像素会透过新像素可见，可见度取决于新像素的透明度。

这种组合新的（可能半透明）来源像素与已有（可能半透明）目标像素的过程叫作合成（composition）。前面描述的合成过程是 Canvas API 组合像素的默认方式。通过设置 globalCompositeOperation 属性可以指定合成像素的其他方式。默认值是 source-over，即来源像素被绘制在目标像素"上方"（over），如果来源像素半透明则组合它们。如果把这个属性设置为 destination-over，则画布在合成像素时就好像新的来源像素被绘制在已有目标像素下方一样。如果目标像素是半透明或透明的，则部分或全部来源像素的颜色将在最终结果中可见。再有，如果合成模式为 source-atop，那么画布将根据目标像素的透明度组合来源像素，结果就是在画布原来完全透明的部分上什么也不会绘制。除此之外，globalCompositeOperation 还有其他一些合法的值，但多数只在特殊场合下才有用，这里就不介绍了。

保存和恢复图形状态

由于 Canvas API 在上下文对象上定义图形属性，有人可能想多次调用 getContext() 以获得多个上下文对象。这样一来，或许可以在每个上下文上定义不同的属性。换句话说，每个上下文就像拥有不同的笔刷一样，将以不同的颜色绘制或以不同的宽度画线。遗憾的是，这种做法对画布而言是行不通的。每个 <canvas> 元素只有一个上下文对象，每次调用 getContext() 返回的都是同一个 CanvasRenderingContext2D 对象。

尽管 Canvas API 一次只允许定义一组图形属性，但它也允许保存当前的图形状态，以便修改其中的属性，之后再恢复。save() 方法把当前的图形状态推到一个保存的状态栈中。restore() 方法从该栈中弹出状态，恢复最近一次保存的状态。本节介绍的所有属性都存在于保存的状态中，其中也包括当前的变换及剪切区域（稍后我们将介绍这两个概念）。重要的是，当前定义的路径和当前的点并不属于图形状态，不能保存和恢复。

15.8.4 画布绘制操作

前面介绍了一些基本的画布方法，包括 beginPath()、moveTo()、lineTo()、closePath()、 fill() 和 stroke()，可以用来定义、填充、绘制线条和多边形。除此之外，Canvas API 还提供其他绘制方法。

矩形

CanvasRenderingContext2D 定义了 4 个绘制矩形的方法。这些方法都接收 2 个参数，用于指定矩形的一个角和矩形的宽度和高度。正常情况下，都是指定矩形左上角，然后传入正值作为宽度和高度。不过也可以指定其他角，可以传入负值。

fillRect() 将以当前 fillStyle 填充指定的矩形。strokeRect() 使用当前 strokeStyle 和其他线条属性描绘指定矩形的轮廓。clearRect() 与 fillRect() 类似，但它会忽略当前填充样式，直接以（所有空画布默认的）透明黑色像素填充矩形。这三个方法都不影响当前路径或该路径中的当前点。

最后一个矩形方法是 rect()，它影响当前路径。这个方法会将自己拥有的一个矩形子路径添加到当前路径。与其他路径定义方法类似，这个方法本身什么也不会填充或描绘。

曲线

路径由一系列子路径构成，子路径又由一系列相互连接的点构成。在 15.8.1 节中定义路径时，点和点之间都是通过直线段连接的，但实践中并非只需要直线。CanvasRenderingContext2D 对象定义了一些方法，用于将一个新点添加到子路径，然后用一条曲线来连接当前点与新点。

arc()

　　这个方法向路径中添加一个圆形或圆形的一部分（圆弧）。要绘制的弧形通过 6 个参数指定：圆心的 x 和 y 坐标、圆的半径、圆弧的起始和终止角度，以及圆弧在两个角度间的绘制方式（顺时针还是逆时针）。如果路径中有一个当前点，则这个方法用一条直线连接当前点与圆弧的起点（在绘制楔形或扇形时有用），然后用圆形的一部分连接圆弧的起点和终点，最后让圆弧的终点成为新的当前点。如果调用这个方法时没有当前点，则只向路径中添加这段圆弧。

ellipse()

　　这个方法与 arc() 非常类似，只是会向路径中添加一个椭圆形或椭圆形的一部分。另外，这个方法接收两个半径：x 轴半径和 y 轴半径。而且，因为椭圆不是径向对称的，所以这个方法也接收另外一个参数用于指定弧度数，即椭圆围绕其圆心顺时针旋转度数。

arcTo()

　　这个方法会像 arc() 一样绘制一条直线和一条圆弧，但它使用不同的参数来指定要绘制的圆弧。arcTo() 的参数指定点 P1 和 P2，以及一个半径。添加到路径的圆弧具有指定的弧度。起点是以（想象中）当前点到 P1 点连线为切线的切点，终点是以（想象中）P1 点到 P2 点连线为切线的切点。这个看似不同寻常的指定圆弧的方法实际上对绘制有圆角的形状非常有用。如果半径为 0，这个方法将只从当前点到 P1 绘制一条直线。然而对于非 0 值半径，它会从当前点朝 P1 点方向画一条直线，然后围绕一个圆形弯曲这条直线，直至这条线指向 P2 点。

bezierCurveTo()

这个方法会向子路径中添加一个新点 P，并通过一条三次贝塞尔曲线连接当前点与这个新点。曲线形状通过两个"控制点"C1 和 C2 来指定。在曲线的起点（当前点），曲线朝向 C1 点方向。在曲线终点（P 点），曲线自 C2 点的方向到达。在这些点之间，曲线平滑变化。点 P 最终变成子路径新的当前点。

quadraticCurveTo()

这个方法与 bezierCurveTo() 类似，但使用二次贝塞尔曲线而非三次贝塞尔曲线，且只有一个控制点。

使用这些方法可以绘制出如图 15-10 所示的路径。

图 15-10：画布中的曲线路径

示例 15-6 展示了用于创建图 15-10 的代码。这些方法演示了 Canvas API 中一些最复杂的部分，关于这些方法及其参数的详细介绍，请大家自行上网查找相关资料。

示例 15-6：向路径中添加曲线

```
// 将角度转换为弧度的辅助函数
function rads(x) { return Math.PI*x/180; }

// 取得文档画布元素的上下文对象
let c = document.querySelector("canvas").getContext("2d");

// 定义一些图形属性以绘制曲线
c.fillStyle = "#aaa";       // 填充灰色
c.lineWidth = 2;            // 2 像素宽的黑（默认）线

// 画一个圆形
// 没有当前点，因此只绘制圆形，
// 没有从当前点到圆形起点的直线
c.beginPath();
c.arc(75,100,50,           // 圆心位于 (75,100)，半径 50
```

```
        0,rads(360),false);    // 顺时针从 0 到 360 度
c.fill();                      // 填充这个圆形
c.stroke();                    // 描绘出其轮廓

// 接着以相同方式画一个椭圆形
c.beginPath();                 // 开启一段新路径，不跟圆形连接
c.ellipse(200, 100, 50, 35, rads(15),  // 圆心、半径和旋转度数
        0, rads(360), false);           // 起始角度、终止角度、方向

// 画一个扇形。角度按顺时针从 x 轴正向度量
// 注意 arc() 会从当前点向弧形起点添加一条线
c.moveTo(325, 100);            // 从圆形的圆心开始
c.arc(325, 100, 50,           // 圆心和半径
        rads(-60), rads(0),   // 从 -60 度开始，转到 0 度
        true);                // 逆时针
c.closePath();                 // 再向圆心添加一条线

// 类似的扇形，稍微有点偏移，方向相反
c.moveTo(340, 92);
c.arc(340, 92, 42, rads(-60), rads(0), false);
c.closePath();

// 使用 arcTo() 来画圆角。这里绘制一个方形
// 其左上角点位于 (400,50)，各圆角半径不同
c.moveTo(450, 50);            // 从顶边中间开始
c.arcTo(500,50,500,150,30);   // 添加部分顶边和右上角
c.arcTo(500,150,400,150,20);  // 添加右边和右下角
c.arcTo(400,150,400,50,10);   // 添加底边和左下角
c.arcTo(400,50,500,50,0);     // 添加左边和左上角
c.closePath();                 // 关闭路径添加剩下的顶边

// 二次贝塞尔曲线：一个控制点
c.moveTo(525, 125);                    // 从这里开始
c.quadraticCurveTo(550, 75, 625, 125); // 绘制曲线到 (625, 125)
c.fillRect(550-3, 75-3, 6, 6);         // 标记控制点 (550,75)

// 三次贝塞尔曲线
c.moveTo(625, 100);                       // 起点为 (625, 100)
c.bezierCurveTo(645,70,705,130,725,100);  // 画曲线到 (725, 100)
c.fillRect(645-3, 70-3, 6, 6);            // 标记控制点
c.fillRect(705-3, 130-3, 6, 6);

// 最后，填充曲线并描绘其轮廓
c.fill();
c.stroke();
```

文本

要在画布中绘制文本，一般都使用 fillText() 方法，该方法使用 fillStyle 属性指定的颜色（或渐变、模式）绘制文本。对于大型文本的特效，可以使用 strokeText() 绘制个别字形的轮廓。这两个方法都以要绘制的文本作为第一个参数，以文本的 x 和 y 坐标作为第二和第三个参数。它们都不影响当前路径或当前点。

fillText()和strokeText()还接收可选的第四个参数。如果指定，这个参数用于限制文本可以显示的最大宽度。如果在使用font属性绘制文本时，文本宽度超过了指定的值，为适应这个宽度，画布将缩小文本或者使用更窄或更小的字体。

如果想在绘制文本前度量其大小，可以将文本传给measureText()方法。这个方法返回一个TextMetrics对象，该对象指定了以当前font属性绘制文本时的度量指标。在本书写作时，TextMetrics对象中包含的唯一"度量指标"是宽度。可以像下面这样查询文本绘制到屏幕时的宽度：

```
let width = c.measureText(text).width;
```

知道这个宽度有时候很有用，比如要在画布上居中一段文本。

图片

除了矢量图形（路径、线条等），Canvas API也支持位图图片。drawImage()方法会将一张源图片（或源图片中某个矩形区域）的像素复制到画布上，并根据需要缩放和旋转图像的像素。

drawImage()可以接收3个、5个或9个参数。无论哪种情况，第一个参数都是要复制其像素的源图片。这个图片参数通常是一个<img>元素，但也可以是另一个<canvas>元素，甚至是一个<video>元素（可以复制其中一帧）。如果指定了一个还在加载数据的<img>或<video>元素，调用drawImage()什么也不会做。

在3个参数版的drawImage()中，第二和第三个参数指定 x 和 y 坐标，图片的左上角将绘制在这个点。在这个版本的方法中，整个源图片都会复制到画布上。其中 x 和 y 坐标相对于当前坐标系来解释，图片会按照需要缩放或旋转，取决于画布当前应用的变换。

5个参数版的drawImage()在前面介绍的 x 和 y 参数之后，又增加了高度和宽度参数 width 和 height。这 4 个参数定义了画布中的目标区域。源图片的左上角将绘制在 (x,y) 点，右下角将绘制在 (x+width,y+height)。同样，整个源图片都会被复制。在这个版本的方法中，源图片会被缩放以适应目标矩形。

9个参数版的drawImage()方法同时指定了源矩形和目标矩形，且只复制位于源矩形中的像素。参数2到5指定源矩形，以 CSS 像素度量。如果源图片是另一个画布，源矩形使用该画布的默认坐标系，忽略已经指定的变量。参数6到9指定要将源矩形中的像素绘制到其中的目标矩形，使用当前画布的坐标系，而非默认坐标系。

除了把图片绘制到画布上，还可以使用toDataURL()方法将画布内容提取为一张图片。与这里介绍的其他方法不同，toDataURL()是画布元素本身的方法，不是上下文对象的方法。通常在调用toDataURL()时不传参数，返回的值是 PNG 格式的画布内容，使用data: URL 编码。返回的这个 URL 可以直接给到<img>元素。比如，可以像下面这样

生成画布的一个静态快照:

```javascript
let img = document.createElement("img");   // 创建一个 <img> 元素
img.src = canvas.toDataURL();              // 设置其 src 属性
document.body.appendChild(img);            // 将其添加到文档中
```

15.8.5 坐标系变换

正如我们前面介绍的,画布默认的坐标系是将原点放在左上角,x 坐标向右递增,y 坐标向下递增。在这个默认的坐标系中,一个点的坐标直接映射为一个 CSS 像素(相应地再映射到一个或多个设备像素)。某些画布操作和属性(如提取原始像素值和设置阴影偏移)始终使用这个默认坐标系。不过除了默认坐标系,每个画布的图形状态中都有一个"当前变换矩阵"。这个矩阵定义了画布的当前坐标系。在多数画布操作中,当你指定一个点的坐标时,它表示的是当前坐标系中的一个点,而不是默认坐标系中的一个点。当前变换矩阵用于将你指定的坐标转换为默认坐标系中等价的坐标。

使用 setTransform() 方法可以直接设置画布的变换矩阵,但通常还是使用一系列平移、旋转和缩放操作来变换坐标系更简单。图 15-11 展示了这些操作以及它们在画布坐标系中的效果。产生这个图的程序连续 7 次绘制了同一个坐标轴。每次绘制时唯一变化的只有当前的变换矩阵。注意变换既影响文本也影响被绘制的线条。

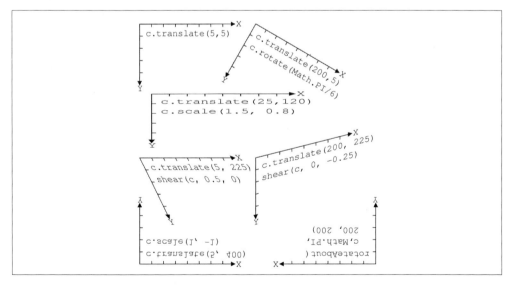

图 15-11: 坐标系变换

translate() 方法简单地向左、右、上、下移动坐标系原点。rotate() 方法按照指定的角度旋转坐标轴(Canvas API 始终以弧度指定角度。要把度数转换为弧度,先用 180 除以度数再乘以 Math.PI)。scale() 方法沿 x 轴或 y 轴拉伸或压缩距离。

给 scale() 方法传入一个负缩放因子会围绕原点翻转坐标轴，就好像镜子里的倒影一样。图 15-11 中左下角展示的就是这个效果，其中 translate() 用于将原点移动到画布左下角，然后 scale() 再翻转 y 轴使其变成向上递增。翻转后的这个坐标系我们在几何课上都学过，对于在图表上标绘数据点比较有用。不过要注意，这样会导致文本很难分辨。

理解变换数学

我发现从几何角度理解变换是最简单的，可以把 translate()、rotate() 和 scale() 想象成像图 15-11 中那样变换坐标轴。当然也可以从代数角度来理解变换，那么它就是把变换后坐标系中的点 (x,y) 映射回之前坐标系中同一个点 (x',y') 的方程式。

方法调用 c.translate(dx,dy) 可以使用如下方程式来描述：

```
x' = x + dx;   // 新坐标系中的 X 坐标 0 是老坐标系中的 dx
y' = y + dy;
```

缩放操作也有类似的简单方程式。调用 c.scale(sx,sy) 可以描述成这样：

```
x' = sx * x;
y' = sy * y;
```

旋转要复杂一点。调用 c.rotate(a) 可以通过以下三角函数来描述：

```
x' = x * cos(a) - y * sin(a);
y' = y * cos(a) + x * sin(a);
```

注意变换的顺序很重要。假设我们从画布的默认坐标系开始，先平移它，再缩放它。为了把当前坐标系中的点 (x,y) 映射回默认坐标系中的点 (x", y'')，必须先应用缩放的方程式，把该点映射为平移但未缩放的坐标系中的一个中间点 (x', y')，然后再使用平移方程式把这个中间点映射到 (x", y")。结果如下：

```
x'' = sx*x + dx;
y'' = sy*y + dy;
```

如果在调用 translate() 之前调用 scale()，得到的方程会有所不同：

```
x'' = sx*(x + dx);
y'' = sy*(y + dy);
```

从代数角度来理解，关键是要记住，要还原一系列变换操作，必须从最后（近）一个变换开始，逐个还原到第一个变换。而从变换坐标轴的几何角度来理解，则需要从第一个变换开始，到最后一个结束。

画布支持的变换被称为仿射变换（affine transform）。仿射变换可能修改点与点之间的距离和线与线之间的角度，但平行线在仿射变换之后依旧保持平行。比如，不可能通过仿射变换完成鱼眼镜头变形。任何仿射变换都可以通过以下方程中的 6 个参数 a 到 f 来描述：

```
x' = ax + cy + e
y' = bx + dy + f
```

可以通过调用 transform() 并传入这个 6 个参数，对当前坐标系应用任意变换。图 15-11
展示的两种变换（特定点的剪切和旋转）可以像下面这样通过 transform() 方法实现：

```
// 剪切（shear）变换：
//   x' = x + kx*y;
//   y' = ky*x + y;
function shear(c, kx, ky) { c.transform(1, ky, kx, 1, 0, 0); }

// 围绕点 (x,y) 逆时针旋转 theta 弧度
// 同样也可以由平移、旋转、平移操作完成
function rotateAbout(c, theta, x, y) {
    let ct = Math.cos(theta);
    let st = Math.sin(theta);
    c.transform(ct, -st, st, ct, -x*ct-y*st+x, x*st-y*ct+y);
}
```

setTransform() 方法与 transform() 接收的参数一样，但它不变换当前坐标系，而是
忽略当前坐标系，变换默认坐标系，并将结果作为新的当前坐标系。setTransform() 常
用于临时将画布重置为其默认坐标系：

```
c.save();                       // 保存当前坐标系
c.setTransform(1,0,0,1,0,0);    // 恢复到默认坐标系
// 现在变量 x 的值就是 0
c.restore();                    // 恢复保存的坐标系
```

变换举例

示例 15-7 通过递归使用 translate()、rotate() 和 scale() 方法绘制科赫（Koch）雪
花分形演示了坐标系变换的强大能力。这个示例的输出如图 15-12 所示，其中包含 0、1、
2、3、4 级递归得到的科赫雪花。

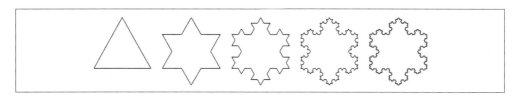

图 15-12：科赫雪花

生成这些图案的代码十分优雅，但由于用到了递归坐标系变换，所以不太好理解。即便
一时理解不了所有细节，也要注意代码中只包含对 lineTo() 方法的一次调用。图 15-12
中的任何一条线段都是通过类似如下的代码绘制的：

```
c.lineTo(len, 0);
```

变量 len 的值在程序执行期间保持不变，因此每条线段的位置、方向和长度都由平移、旋转和缩放操作决定。

示例 15-7：通过变换绘制科赫雪花

```javascript
let deg = Math.PI/180;   // 用于将角度转换为弧度

// 在上下文 c 上绘制 n 级科赫雪花分形
// 左下角位于点 (x,y)，边长为 len
function snowflake(c, n, x, y, len) {
    c.save();           // 保存当前变换
    c.translate(x,y);   // 平移原点到起点
    c.moveTo(0,0);      // 在新原点开始一条新子路径
    leg(n);             // 绘制雪花的第一条边
    c.rotate(-120*deg); // 逆时针旋转 120 度
    leg(n);             // 绘制第二条边
    c.rotate(-120*deg); // 再旋转一次
    leg(n);             // 绘制后一条边
    c.closePath();      // 关闭子路径
    c.restore();        // 恢复原始变换

    // 绘制 n 级科赫雪花的一条边
    // 这个函数把自己绘制的这条边的终点作为当前点
    // 并变换坐标系，以便当前点位于坐标 (0,0) 点
    // 这样绘制一条边之后，就可以调用 rotate()
    function leg(n) {
        c.save();                // 保存当前变换
        if (n === 0) {           // 非递归的情形：
            c.lineTo(len, 0);    //   只画一条水平线
        }                        //
        else {                   // 递归的情形：给 4 条边，类似于这样 _ _
            c.scale(1/3,1/3);    // 子边是当前边的 1/3            \/
            leg(n-1);            // 递归绘制第一条子边
            c.rotate(60*deg);    // 顺时针旋转 60 度
            leg(n-1);            // 绘制第二条子边
            c.rotate(-120*deg);  // 反向旋转 120 度
            leg(n-1);            // 绘制第三条子边
            c.rotate(60*deg);    // 再转回原始方向
            leg(n-1);            // 最后一条子边
        }
        c.restore();             // 恢复变换
        c.translate(len, 0);     // 但平移让边的终点变成 (0,0)
    }
}

let c = document.querySelector("canvas").getContext("2d");
snowflake(c, 0, 25, 125, 125);  // 0 级雪花是一个三角形
snowflake(c, 1, 175, 125, 125); // 1 级雪花是一个六角星
snowflake(c, 2, 325, 125, 125); // 继续……
snowflake(c, 3, 475, 125, 125);
snowflake(c, 4, 625, 125, 125); // 4 级雪花看起来已经非常像雪花了
c.stroke();                      // 描绘出这个复杂图形的路径
```

15.8.6 剪切

定义了路径之后，我们通常会调用 stroke() 或 fill()（或两者）。但也可以调用 clip() 方法定义一个剪切区域。定义了剪切区域后，这个区域外部将不会被绘制。图 15-13 展示了一个使用剪切区域生成的复杂图形。位于中间垂直的竖条和位于底部的文本在被描绘时都没有应用剪切区域，然后在对它们定义了三角形剪切区域后又进行了填充。

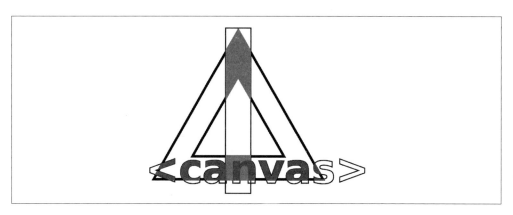

图 15-13：未剪切的描边和剪切的填充

图 15-13 是使用示例 15-5 定义的 polygon() 方法和如下代码生成的：

```
// 定义一些绘制属性
c.font = "bold 60pt sans-serif";       // 大字体
c.lineWidth = 2;                        // 细线条
c.strokeStyle = "#000";                 // 黑描边

// 描绘一个矩形和一些文本
c.strokeRect(175, 25, 50, 325);         // 在中间画一个垂直竖条
c.strokeText("<canvas>", 15, 330);      // 注意是 strokeText()，不是 fillText()

// 定义一个复杂的路径，其内部在外面
polygon(c,3,200,225,200);               // 大三角形
polygon(c,3,200,225,100,0,true);        // 内部反向绘制的小三角形

// 把这个路径定义为剪切区域
c.clip();

// 用 5 像素的线描绘这条路径，完全位于剪切区域内
c.lineWidth = 10;          // 10 像素中有一半将被剪切掉
c.stroke();

// 填充矩形和文本位于剪切区域内部的部分
c.fillStyle = "#aaa";                   // Light gray
c.fillRect(175, 25, 50, 325);           // Fill the vertical stripe
c.fillStyle = "#888";                   // Darker gray
c.fillText("<canvas>", 15, 330);        // 填充文本
```

要注意，在调用 clip() 时，当前路径本身会被剪切为当前的剪切区域，然后这个被剪切的路径变成了新的剪切区域。这意味着 clip() 方法只能缩小剪切区域，不能放大。没有方法重置剪切区域，因此在调用 clip() 之前，一般都要调用 save() 以便将来恢复未被剪切的区域。

15.8.7 像素操作

getImageData() 方法返回一个 ImageData 对象，表示画布中某矩形区域中包含的原始像素（包括 R、G、B 和 A 组件）。可以使用 createImageData() 创建空的 ImageData 对象。ImageData 对象中的像素是可写的，因此可以随意修改，然后再通过 putImageData() 把其中的像素复制到画布上。

这些像素操作方法提供了对画布非常低级的存取操作。传给 getImageData() 的矩形位于默认坐标系中，其大小以 CSS 像素来度量，不会受当前变换的影响。在调用 putImageData() 时，你指定的位置同样以默认坐标系来度量。而且，putImageData() 忽略所有图形属性。它不进行任何合成操作，不会给像素乘上 globalAlpha，也不会绘制阴影。

像素操作方法经常用于处理图片。示例 15-8 展示了如何创建图 15-14 所示的简单的运动模糊或"涂抹"效果。

图 15-14：通过图像处理实现的运动模糊效果

以下代码演示了 getImageData() 和 putImageData()，并展示了如何遍历和修改 ImageData 对象中的像素值。

示例 15-8：操作 ImageData 实现运动模糊

```
// 向右涂抹矩形的像素，产生一种运动模糊的效果
// 就像物体从右向左移动一样
// n 必须是 2 或更大的值。值越大产生涂抹效果越明显
// 矩形在默认坐标系中定义
function smear(c, n, x, y, w, h) {
    // 取得要涂抹其中像素的矩形所对应的 ImageData 对象
    let pixels = c.getImageData(x, y, w, h);

    // 这里的涂抹是就地完成的，只需要源 ImageData
    // 某些图像处理算法需要其他 ImageData 存储变换后的像素值
```

```
// 如果需要输出缓冲，也可以像下面这样以相同大小创建一个新
// ImageData 对象:
//     let output_pixels = c.createImageData(pixels);

// 取得 ImageData 对象中像素网格的大小
let width = pixels.width, height = pixels.height;

// 这是保存原始像素数据的字节数组，从左到右，从上到下
// 每个像素占用 4 个连续的字节，分别是 R、G、B 和 A
let data = pixels.data;

// 每行第一个像素后面的像素都会被涂抹，也就是用 n 分之一
// 自己的值加上 n 分之 m 前一个像素的值，来替换当前的值
let m = n-1;

for(let row = 0; row < height; row++) {  // 每一行
    let i = row*width*4 + 4;  // 每行第二个像素的位置
    for(let col = 1; col < width; col++, i += 4) { // 每一列
        data[i] =   (data[i] + data[i-4]*m)/n;   // 红像素
        data[i+1] = (data[i+1] + data[i-3]*m)/n;  // 绿像素
        data[i+2] = (data[i+2] + data[i-2]*m)/n;  // 蓝像素
        data[i+3] = (data[i+3] + data[i-1]*m)/n;   // Alpha
    }
}

// 再把涂抹后的图像复制回画布上相同的位置
c.putImageData(pixels, x, y);
}
```

15.9 Audio API

HTML 的 <audio> 和 <video> 标签可以让我们在网页中轻松包含音频和视频。这两个元素有着重要的 API 和并不简单的用户界面。可以通过 play() 和 pause() 方法控制媒体播放。可以设置 volume 和 playbackRate 属性控制音量和播放速度。而设置 currentTime 属性可以跳到媒体中特定的时间点。

不过，本节不会展示介绍 <audio> 和 <video> 标签。接下来我们只演示两种通过脚本控制网页音效的方式。

15.9.1 Audio() 构造函数

要在网页中包含音效，不一定要在 HTML 文档中包含 <audio> 标签。可以使用常规 DOM 方法 document.createElement() 或者直接使用 Audio() 构造函数动态创建 <audio> 元素。并且，要播放媒体也不一定要把创建的元素添加到文档中。只要调用它的 play() 方法即可:

```
// 提前加载音效文件，准备好播放
let soundeffect = new Audio("soundeffect.mp3");

// 用户单击鼠标时播放音效
document.addEventListener("click", () => {
    soundeffect.cloneNode().play(); // 加载并播放声音
});
```

注意这里使用了cloneNode()。如果用户快速单击鼠标，我们希望同时播放多个重叠的音效。为此，就需要有多个 Audio 元素。因为这些 Audio 元素并未添加到文档中，所以它们播放结束后就会被当作垃圾清理掉。

15.9.2 WebAudio API

除了使用 Audio 元素播放录制的声音，浏览器也可以通过 WebAudio API 生成和播放合成音效。使用 WebAudio API 就像是使用带接续柱的老式电子合成器。对于 WebAudio，要创建一组 AudioNode 对象，表示波形的来源、变换和目标，然后再将这些节点连接为一个网络以产生声音。这个 API 并不很复杂，但要全面解释还需要理解电子音乐和信号处理的概念，这些都超出了本书的范畴。

下面的代码使用 WebAudio API 合成了一支短和弦，在 1 秒钟之后会渐弱消失。这个示例演示了 WebAudio API 的基础。如果你对它很感兴趣，可以上网查找更多相关学习资料。

```
// 首先创建一个 audioContext 对象，Safari 仍然要求使用
// webkitAudioContext 而不是 AudioContext
let audioContext = new (this.AudioContext||this.webkitAudioContext)();

// 定义基准声音为三个纯正弦波的组合
let notes = [ 293.7, 370.0, 440.0 ]; // D 大三和弦：D、F# 和 A

// 为每个想要播放的音符创建振荡器节点
let oscillators = notes.map(note => {
    let o = audioContext.createOscillator();
    o.frequency.value = note;
    return o;
});

// 通过随时间控制音量来构造声音
// 从时间 0 开始快速升为最大音量
// 然后从时间 0.1 开始缓慢降为 0
let volumeControl = audioContext.createGain();
volumeControl.gain.setTargetAtTime(1, 0.0, 0.02);
volumeControl.gain.setTargetAtTime(0, 0.1, 0.2);

// 我们想把这个声音发送给默认目标：
// 用户的扬声器
let speakers = audioContext.destination;

// 把每个源音符都连接到音量控制
```

```
oscillators.forEach(o => o.connect(volumeControl));

// 再把音量控制的输出连接到扬声器
volumeControl.connect(speakers);

// 现在开始播放声音，让它们持续 1.25 秒
let startTime = audioContext.currentTime;
let stopTime = startTime + 1.25;
oscillators.forEach(o => {
    o.start(startTime);
    o.stop(stopTime);
});

// 如果想创建一系列声音，可以使用事件处理程序
oscillators[0].addEventListener("ended", () => {
    // 在音符停止播放时会调用这个事件处理程序
});
```

15.10 位置、导航与历史

Window 和 Document 对象的 location 属性引用的都是 Location 对象，该对象表示当前窗口显示文档的 URL，也提供了在窗口中加载新文档的 API。

Location 对象与 URL 对象（参见 11.9 节）非常相似，可以使用 protocol、hostname、port 和 path 访问当前文档 URL 的不同部分。而 href 属性以字符串形式返回整个 URL，就如同 toString() 方法一样。

Location 对象的 hash 和 search 属性比较有意思。hash 属性返回 URL 的"片段标识符"部分（如果有），包含一个井号（#）和一个元素 ID。search 属性与之类似，返回 URL 中以问号开头的部分，通常是一些查询字符串。一般来说，URL 中的这一部分用于对 URL 进行参数化，并提供在 URL 中嵌入参数的方式。虽然这些参数通常都被服务器端脚本使用，但网页中的 JavaScript 照样也可以使用它们。

URL 对象有一个 searchParams 属性，是解析 search 属性之后的一种表示。Location 对象没有 searchParams 属性，但如果想解析 window.location.search，可以直接使用 Location 对象创建一个 URL 对象，然后访问 URL 对象的 searchParams：

```
let url = new URL(window.location);
let query = url.searchParams.get("q");
let numResults = parseInt(url.searchParams.get("n") || "10");
```

除了可以通过 window.location 和 document.location 引用的 Location 对象，以及前面使用的 URL() 构造函数，浏览器也定义了 document.URL 属性。奇怪的是，这个属性的值并非 URL 对象，而只是一个字符串，也就是当前文档的 URL。

15.10.1 加载新文档

如果给 window.location 或 document.location 赋值一个字符串，则该字符串将被解释为一个 URL，且浏览器会加载它，从而用新文档替换当前文档：

```
window.location = "http://www.oreilly.com"; // 去买几本书
```

也可以给 location 属性赋值相对 URL，浏览器会相对于当前 URL 解析它：

```
document.location = "page2.html";                    // 加载下一页
```

简单的片段标识符也是一种特殊的 URL，但它不会导致浏览器加载新文档，只会把文档中 id 或 name 匹配该片段的元素滚动到浏览器窗口顶部，令其可见。作为一个特例，片段标识符 #top 会让浏览器跳到文档顶部（假设没有元素有 id="top" 属性）：

```
location = "#top";                                    // 跳到文档顶部
```

Location 对象的个别属性是可写的，设置它们会改变 URL，也会导致浏览器加载新文档（或者如何设置的是 hash 属性，则会在当前文档中导航）：

```
document.location.path = "pages/3.html"; // 加载一个新页面
document.location.hash = "TOC";          // 滚动到目录
location.search = "?page=" + (page+1);   // 以新查询字符串重新加载文档
```

给 Location 对象的 assign() 方法传入一个新字符串也可以加载新页面。这样做的效果与给 location 属性赋值字符串相同，因此没有太大的意思。

相对而言，Location 对象的 replace() 方法倒是非常有用。在给 replace() 传入一个字符串时，字符串会被当作 URL 解析，并导致浏览器加载新页面，跟使用 assign() 一样。区别在于 replace() 会在浏览器的历史记录中替换当前文档。如果文档 A 中的脚本通过设置 location 属性或调用 assign() 加载了文档 B，然后用户单击了浏览器的"后退"按钮，浏览器会返回到文档 A。如果你使用的是 replace()，则文档 A 会从浏览器历史中擦除。当用户单击"后退"按钮时，浏览器会返回显示文档 A 之前显示的文档。

在脚本无条件加载一个新文档时，相比 assign()，最好还是使用 replace()。否则，"后退"按钮会把浏览器带回最初的文档，而同一个脚本会再次触发加载新文档。假设你的页面有两个版本：一个使用 JavaScript 增强的版本和一个不使用 JavaScript 的静态版本。如果确定用户浏览器不支持你想使用的 Web 平台 API，就可以使用 location.replace() 加载静态版本：

```
// 如果浏览器不支持我们依赖的 JavaScript API,
// 则重定向到不使用 JavaScript 的静态页面
if (!isBrowserSupported()) location.replace("staticpage.html");
```

注意，传给 replace() 的 URL 是相对 URL。相对 URL 是相对于它们所在的页面来解析的，就像在超链接中使用一样。

除了 assign() 和 replace() 方法，Location 对象也定义了 reload() 方法，调用该方法会让浏览器重新加载当前文档。

15.10.2 浏览历史

Window 对象的 history 属性引用的是窗口的 History 对象。History 对象将窗口的浏览历史建模为文档和文档状态的列表。History 对象的 length 属性是浏览历史列表中元素的数量。但出于安全考虑，脚本不能访问存储的 URL（如果可以访问，任何脚本都将可以窥探你的浏览历史）。

History 对象的 back() 和 forward() 方法就像浏览器的"后退"和"前进"按钮，可以让浏览器在浏览历史中后退或前进一步。另一个方法 go() 接收一个整数参数，可以在历史列表中前进（正整数）或后退（负整数）任意个页面：

```
history.go(-2);    // 后退 2 步，如同单击两次后退按钮
history.go(0);     // 重新加载当前页面的另一种方式
```

如果窗口包含子窗口（如 <iframe> 元素），子窗口的浏览历史会按时间顺序与主窗口历史交替。这意味着在主窗口中调用 history.back()，可能导致某个子窗口后退到前一个显示的文档，而主窗口则维持当前状态不变。

我们这里介绍的 History 对象可以追溯到 Web 早期，当时文档都是被动的，所有计算都在服务器中执行。今天，Web 应用经常动态生成或加载内容，显示新应用状态而并不真正加载新文档。这样的应用必须自己管理历史记录，才能让用户直观地使用"后退"和"前进"按钮（或等价手势），从应用的一个状态导航到另一个状态。有两种方式实现这个任务，接下来两节将分别介绍。

15.10.3 使用 hashchange 事件管理历史

第一种管理浏览历史的技术是使用 location.hash 和"hashchange"事件。要理解这个技术需要明确以下关键事实：

* location.hash 属性用于设置 URL 的片段标识符，通常用于指定要滚动到的文档区域的 ID。但 location.hash 不一定必须是元素 ID，也可以将它设置为任意字符串。只要不是某个元素碰巧有该字符串 ID，浏览器就不会在设置 hash 属性时滚动。

* 设置 location.hash 属性会更新地址栏中显示的 URL，而且更重要的是，还会在浏览器历史列表中添加一条记录。

- 只要文档的片段标识符改变，浏览器就会在 Window 对象上触发“hashchange”事件。显式设置 location.hash 也会触发“hashchange”事件。而且，如前所述，对 Location 对象的这个修改会在浏览器的浏览历史中创建一条新记录。因此如果用户单击了“后退”按钮，浏览器会返回设置 location.hash 之前的 URL。但这意味着片段标识符又改变了，因此又会触发另一个“hashchange”事件。换句话说，只要你可以为应用的每个可能的状态创建唯一的片段标识符，“hashchange”事件就能够在用户向后或向前导航浏览历史时给你发送通知。

要使用这种历史管理机制，需要把渲染应用“页面”必需的状态信息编码为一个可以作为片段标识符的短字符串。为此需要写一个函数把页面状态转换为一个字符串，再写一个函数来解析该字符串并重建其代表的页面状态。

写完这两个函数之后，剩下的事情就简单了。定义一个 window.onhashchange 监听函数（或使用 addEventListener() 注册“hashchange”监听器），读取 location.hash，并将该字符串转换为应用的状态的表示，再采取必要步骤显示该应用的新状态。

如果用户的交互会导致应用进入新状态（比如单击链接），不要直接渲染新状态。而要先把新状态编码为一个字符串，并将 location.hash 设置为该字符串。这样就会触发“hashchange”事件，而你为该事件注册的事件处理程序将会显示该新状态。使用这种迂回技术可以保证新状态被插入浏览历史，因而“后退”和“前进”按钮继续有效。

15.10.4 使用 pushState() 管理历史

管理历史的第二种技术稍微有点复杂，但却没有“hashchange”事件那么绕。这种更可靠的历史管理技术是建立在 history.pushState() 方法和“popstate”事件基础上的。当 Web 应用进入一个新状态时，它会调用 history.pushState()，向浏览器历史中添加一个表示该状态的对象。如果用户单击“后退”按钮，浏览器会触发携带该保存的状态对象的“popstate”事件，应用使用该对象重建其之前的状态。除了保存的状态对象，应用也可以为每个状态都保存一个 URL，这样可以方便用户将 URL 加入书签和分享应用内部状态的链接。

pushState() 的第一个参数是一个对象，包含恢复当前文档状态所需的全部状态信息。这个对象使用 HTML 的结构化克隆算法保存，该算法相比 JSON.stringify() 适用范围更广，而且支持 Map、Set 和 Date 对象，以及定型数组和 ArrayBuffer。

第二个参数应该是与状态对应的标题字符串，但多数浏览器都不支持这个参数，所以应该只传一个空字符串。第三个参数是一个可选的 URL，该 URL 会立即在地址栏显示出来或者也会在用户通过“后退”“前进”按钮返回这个状态时在地址栏显示出来。相对 URL 会基于文档的当前地址解析。给每个状态都关联一个 URL 可以让用户收藏应用的内部状态。不过要记住，如果用户保存了这样一个书签，第二天又打开这个书签，你不会收到这次访问的"popstate"事件，而是必须通过解析 URL 来恢复应用状态。

结构化克隆算法

history.pushState() 方法不使用 JSON.stringify()（参见 11.6 节）来序列化状态数据，而是使用一种更可靠的序列化技术叫作"结构化克隆算法"。这个算法由 HTML 标准定义，后面介绍的其他一些浏览器 API 也会用到。

结构化克隆算法可以涵盖 JSON.stringify() 能够序列化的一切值，除此之外，它还支持很多其他 JavaScript 类型的序列化。比如 Map、Set、Date、RegExp 和定型数组。而且，它还能处理包含循环引用的数据结构。不过结构化克隆算法不能序列化函数和类。在克隆对象时，它不会复制原型对象、获取函数和设置函数，也不会复制不可枚举的属性。尽管结构化克隆算法可以克隆大多数内置 JavaScript 类型，但不能复制宿主环境定义的类型，例如文档的 Element 对象。

这意味着传给 history.pushState() 的状态对象不必局限于能够被 JSON.stringify() 序列化的对象、数组和原始值。但要注意的是，如果传入自己定义的某个类的实例，则该实例被当作普通 JavaScript 对象被序列化，因此会丢掉其原型。

除了 pushState() 方法，History 对象也定义了 replaceState()，它接收相同的参数，但会替换当前历史状态，而不是向浏览历史中添加新状态。当应用使用 pushState() 的首次加载时，一般最好调用 replaceState() 为应用的初始状态定义一个状态对象。

在用户使用"后退"或"前进"按钮导航到保存的历史状态时，浏览器会在 Window 对象上触发"popstate"事件。与之关联的事件对象有一个名为 state 的属性，其中包含当初你通过 pushState() 传入的状态对象的副本（又一次结构化克隆）。

如图 15-15 所示，示例 15-9 是一个简单的猜数 Web 应用。这个应用使用 pushState() 保存自己的历史，允许用户"后退"查看或撤销自己的猜测。

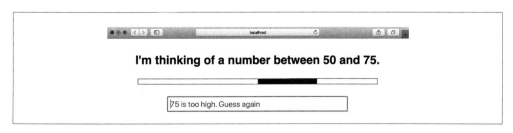

图 15-15：猜数游戏

示例 15-9：使用 pushState() 管理历史状态

```html
<html><head><title>I'm thinking of a number...</title>
<style>
body { height: 250px; display: flex; flex-direction: column;
       align-items: center; justify-content: space-evenly; }
#heading { font: bold 36px sans-serif; margin: 0; }
#container { border: solid black 1px; height: 1em; width: 80%; }
#range { background-color: green; margin-left: 0%; height: 1em; width: 100%; }
#input { display: block; font-size: 24px; width: 60%; padding: 5px; }
#playagain { font-size: 24px; padding: 10px; border-radius: 5px; }
</style>
</head>
<body>
<h1 id="heading">I'm thinking of a number...</h1>
<!-- 对尚未被排除的数字可视化表示 -->
<div id="container"><div id="range"></div></div>
<!-- 用户在这里输入自己猜测的数字 -->
<input id="input" type="text">
<!-- 这个按钮不加搜索字符串重载。隐藏到游戏结束。 -->
<button id="playagain" hidden onclick="location.search='';">Play Again</button>
<script>
/**
 * GameState 类的实例表示猜数游戏的一个内部状态
 * 这个类定义了静态工厂方法，用于从不同来源初始化
 * 游戏状态，还定义了一个方法基于新猜测更新状态，
 * 以及另一个方法基于当前状态修改文档
 */
class GameState {
    // 这是用于创建新游戏的工厂函数
    static newGame() {
        let s = new GameState();
        s.secret = s.randomInt(0, 100);  // 整数: 0 < n < 100
        s.low = 0;                        // 猜测必须大于它
        s.high = 100;                     // 猜测必须小于它
        s.numGuesses = 0;                 // 已经猜了多少次
        s.guess = null;                   // 上一次猜的是什么
        return s;
    }

    // 在通过 history.pushState() 保存游戏状态时,
    // 保存的只是一个简单的 JavaScript 对象, 而不是
    // GameState 的实例, 因此这个工厂函数会基于从
    // popstate 事件获得的对象重建 GameState 对象
    static fromStateObject(stateObject) {
        let s = new GameState();
        for(let key of Object.keys(stateObject)) {
            s[key] = stateObject[key];
        }
        return s;
    }

    // 为支持收藏书签, 需要将任意游戏状态编码为 URL
```

```javascript
// 使用 URLSearchParams 很容易做到
toURL() {
    let url = new URL(window.location);
    url.searchParams.set("l", this.low);
    url.searchParams.set("h", this.high);
    url.searchParams.set("n", this.numGuesses);
    url.searchParams.set("g", this.guess);
    // 注意，不能在 URL 中编码秘密数值，否则会泄露秘密
    // 如果用户收藏了包含这些参数的书签然后再打开它，
    // 我们会重新从最低值和最高值之间取一个随机数
    return url.href;
}

// 这个工厂函数创建一个新 GameState 对象，并使用
// 指定的 URL 初始化它。如果 URL 不包含预期的参数，
// 或者如果参数被改动过，则返回 null
static fromURL(url) {
    let s = new GameState();
    let params = new URL(url).searchParams;
    s.low = parseInt(params.get("l"));
    s.high = parseInt(params.get("h"));
    s.numGuesses = parseInt(params.get("n"));
    s.guess = parseInt(params.get("g"));

    // 如果 URL 缺少任何必需的参数或者解析后不是整数
    // 那么就返回 null
    if (isNaN(s.low) || isNaN(s.high) ||
        isNaN(s.numGuesses) || isNaN(s.guess)) {
        return null;
    }

    // 每次从 URL 恢复游戏时，都在正确的范围内
    // 选择一个新的秘密数值
    s.secret = s.randomInt(s.low, s.high);
    return s;
}

// 返回一个整数 n: min < n < max
randomInt(min, max) {
    return min + Math.ceil(Math.random() * (max - min - 1));
}

// 修改文档显示游戏的当前状态
render() {
    let heading = document.querySelector("#heading"); // 顶部的 <h1>
    let range = document.querySelector("#range");     // 显示猜测范围
    let input = document.querySelector("#input");     // 猜测输入字段
    let playagain = document.querySelector("#playagain");

    // 更新游戏和页面的标题
    heading.textContent = document.title =
        `I'm thinking of a number between ${this.low} and ${this.high}.`;

    // 更新数值的可视化范围
```

```
        range.style.marginLeft = `${this.low}%`;
        range.style.width = `${(this.high-this.low)}%`;

        // 保证输入字段为空且获得焦点
        input.value = "";
        input.focus();

        // 根据用户最后一次猜测显示反馈
        // 因为输入字段为空，所以应该显示占位符
        if (this.guess === null) {
            input.placeholder = "Type your guess and hit Enter";
        } else if (this.guess < this.secret) {
            input.placeholder = `${this.guess} is too low. Guess again`;
        } else if (this.guess > this.secret) {
            input.placeholder = `${this.guess} is too high. Guess again`;
        } else {
            input.placeholder = document.title = `${this.guess} is correct!`;
            heading.textContent = `You win in ${this.numGuesses} guesses!`;
            playagain.hidden = false;
        }
    }

    // 基于用户的猜测更新游戏状态
    // 如果状态更新成功返回 true，否则返回 false
    updateForGuess(guess) {
        // 如果是数值且在正确范围内
        if ((guess > this.low) && (guess < this.high)) {
            // 基于这次猜测的数值更新状态对象
            if (guess < this.secret) this.low = guess;
            else if (guess > this.secret) this.high = guess;
            this.guess = guess;
            this.numGuesses++;
            return true;
        }
        else { // 本次猜测无效：通知用户但不更新状态
            alert(`Please enter a number greater than ${
                    this.low} and less than ${this.high}`);
            return false;
        }
    }
}

// 有了 GameState 类的定义，只需在适当的时机初始化、
// 更新、保存和渲染状态对象即可启动游戏
// 首次加载时，尝试从 URL 取得游戏状态，如果失败则开始新游戏

// 如果用户收藏过游戏，则可以通过 URL 恢复该游戏。但如果加载的
// 页面没有查询参数，则直接启动新游戏
let gamestate = GameState.fromURL(window.location) || GameState.newGame();

// 把游戏的初始状态保存到浏览器历史，但在这个初始页面中
// 使用 replaceState() 而不是 pushState()
history.replaceState(gamestate, "", gamestate.toURL());
```

```
// 显示初始状态
gamestate.render();

// 当用户输入猜测时，根据他们猜测的数值更新游戏状态
// 然后把新状态保存到浏览器历史，并渲染新状态
document.querySelector("#input").onchange = (event) => {
    if (gamestate.updateForGuess(parseInt(event.target.value))) {
        history.pushState(gamestate, "", gamestate.toURL());
    }
    gamestate.render();
};

// 如果用户在历史中后退或前进，则可以在 window 对象上收到 popstate 事件，
// 并在事件处理程序中收到当初通过 pushState() 保存的状态对象的副本
// 每当此时，就渲染新状态                            state.
window.onpopstate = (event) => {
    gamestate = GameState.fromStateObject(event.state); // 恢复状态
    gamestate.render();                                 // 并显示它
};
</script>
</body></html>
```

15.11 网络

每次我们打开一个网页时，浏览器都会（使用 HTTP 或 HTTPS 协议）发送网络请求，请求 HTML 文档，也请求该文档依赖的图片、字体、脚本和样式表。除了根据用户操作发送网络请求，浏览器也暴露了相关的 JavaScript API。

本节介绍 3 个网络 API：

- 基于期约的 fetch() 方法可以发送 HTTP 和 HTTPS 请求。fetch() API 让发送基本的 GET 请求变得很简单，同时也支持全套的特性，能够满足几乎所有 HTTP 用例。

- SSE（Server-Send Event，服务器发送事件）API 是为 HTTP "轮询" 技术提供的基于事件的便利接口，让 Web 服务器可以一直保持连接打开，以便随时向客户端发送数据。

- WebSocket 是一个网络协议，不是 HTTP 但设计时考虑了与 HTTP 互操作。它定义了一个异步消息传递 API，即客户端和服务器可以通过与 TCP 网络套接口类似的方式相互发送和接收消息。

15.11.1 fetch()

要发送简单的 HTTP 请求，使用 fetch() 只需三步：

1. 调用 fetch()，传入要获取内容的 URL；

2. 在 HTTP 响应开始到达时取得第 1 步异步返回的响应对象，然后调用这个响应对象的某个方法，读取响应体；

3. 取得第 2 步异步返回的响应体，按需要处理它。

fetch() API 完全是基于期约的，因为涉及两个异步环节，所以使用 fetch() 时通常要写两个 then() 或两个 await 表达式（如果不记得这些概念了，回顾第 13 章）。

下面这个例子使用了 fetch() 发送请求，并使用 then() 获取服务器返回的 JSON 响应：

```
fetch("/api/users/current")              // 发送 HTTP（或 HTTPS）请求
    .then(response => response.json())   // 把响应体解析为 JSON 对象
    .then(currentUser => {               // 然后处理解析得到的对象
        displayUserInfo(currentUser);
    });
```

下面是一个类似的例子，但使用了 async 和 await 关键字，而且 API 返回的是纯文本，不是 JSON 对象：

```
async function isServiceReady() {
    let response = await fetch("/api/service/status");
    let body = await response.text();
    return body === "ready";
}
```

如果你能理解这两个例子，那就知道了在使用 fetch() API 时的大部分知识。后面几小节将演示如何请求和接收比这里更复杂的响应。

别了，XMLHttpRequest

fetch() API 取代了复杂且名字误导人的 XMLHttpRequest API（其实跟 XML 没什么关系）。在一些遗留代码中也许还能看到 XHR（通常用这个简写）的身影，但在新代码中则完全没有必要使用它了，本章也没有介绍它。不过，假如你想看看以前的 JavaScript 代码如何发送网络请求，可以参考 13.1.3 节，其中有一个 XMLHttpRequest 的例子。

HTTP 状态码、响应头和网络错误

15.11.1 节展示的三步流程没有包含任何错误处理代码。下面是一个更接近实际的版本：

```
fetch("/api/users/current")          // 发送 HTTP（或 HTTPS）请求
    .then(response => {              // 得到响应后，首先检查响应对象
        if (response.ok &&          // 的成功码和预期类型
```

```
                response.headers.get("Content-Type") === "application/json") {
                return response.json(); // 返回包含响应体的期约
            } else {
                throw new Error(          // 或者抛出错误
                    `Unexpected response status ${response.status} or content type`
                );
            }
        })
        .then(currentUser => {      // 当 response.json() 返回的期约解决后
            displayUserInfo(currentUser); // 对解析得到的对象进行处理
        })
        .catch(error => {           // 或者，如果发生了什么问题，直接把错误打印出来
            // 如果用户的浏览器离线了，fetch() 本身会拒绝期约
            // 如果服务器返回了意料之外的响应，上面则会抛出错误
            console.log("Error while fetching current user:", error);
        });
```

fetch() 返回的期约解决为一个 Response 对象。这个对象的 status 属性是 HTTP 状态码，如表示成功的 200 或表示 "Not Found" 的 404（statusText 中则是与数值状态码对应的标准英文描述）。更方便的是 Response 对象的 ok 属性，它在 status 为 200 或在 200 和 299 之间时是 true，在其他情况下是 false。

当服务器开始发送响应时，fetch() 只要一收到 HTTP 状态码和响应头就会解决它的期约，但此时通常还没收到完整的响应体。虽然响应体尚不完整，但已经可以在流程的第二步检查头部了。Response 对象的 headers 属性是一个 Headers 对象。使用它的 has() 方法可以测试某个头部是否存在，使用它的 get() 方法可以取得某个头部的值。HTTP 头部的名字是不区分大小写的，因此可以给这两个方法传入小写甚至混合大小写形式的头部名。

Headers 对象也是一个可迭代对象，需要时也可以这样用：

```
fetch(url).then(response => {
    for(let [name,value] of response.headers) {
        console.log(`${name}: ${value}`);
    }
});
```

如果浏览器响应了 fetch() 请求，那么返回的期约就会以一个 Response 对象兑现，包括响应 404 Not Found 和 500 Internal Server Error。fetch() 只在自己根本联系不到服务器时才会拒绝自己返回的期约。如果用户的计算机断网了、服务器不响应了，或者 URL 指定的主机不存在，才会发生这种情况。因为这些情况对任何网络请求都可能发生，所以最好在任何 fetch() 调用后面都包含一个 .catch() 子句。

设置请求参数

有时候，除了 URL 还需要在发送请求时传递额外的参数。此时可以在 URL 后面加个 ?，

然后以名/值对形式传递参数。URL 和 URLSearchParams 类（11.9 节介绍过）可以让构建这种形式的 URL 更方便，而 fetch() 函数也接收 URL 对象作为其第一个参数，因此可以像下面这样在 fetch() 请求中包含请求参数：

```
async function search(term) {
    let url = new URL("/api/search");
    url.searchParams.set("q", term);
    let response = await fetch(url);
    if (!response.ok) throw new Error(response.statusText);
    let resultsArray = await response.json();
    return resultsArray;
}
```

设置请求头部

有时候，还需要为 fetch() 请求设置一些头部。比如，如果要请求的 API 校验凭据，可能需要包含 Authorization 头部，在其中附上相应的凭据。为此，可以使用两个参数版的 fetch()。与以前一样，第一个参数还是一个用于指定 URL 的字符串或 URL 对象。第二个参数用于提供额外选项，包括请求头部：

```
let authHeaders = new Headers();
// 除非建立的是 HTTPS 连接，否则不要使用 Basic 认证。
authHeaders.set("Authorization",
                `Basic ${btoa(`${username}:${password}`)}`);
fetch("/api/users/", { headers: authHeaders })
    .then(response => response.json())              // 省略错误处理代码
    .then(usersList => displayAllUsers(usersList));
```

可以在 fetch() 的第二个参数中指定很多其他选项，稍后我们会看到。另一种替代给 fetch() 传两个参数的方法是把同样的两个参数传给 Request() 构造函数，然后再将创建的 Request 对象传给 fetch()：

```
let request = new Request(url, { headers });
fetch(request).then(response => ...);
```

解析响应体

在前面演示的发送 fetch() 请求的三步流程中，第二步结束时调用了 Response 对象的 json() 或 text() 方法，并返回它们返回的期约对象。然后第三步从期约解决开始，直接拿到了响应体解析后的 JSON 对象或文本字符串。

这应该是两种最常见的情况，但并不是获取服务器响应体的全部方式。除了 json() 和 text()，Response 对象还有以下几个方法。

arrayBuffer()

    这个方法返回一个期约，解决为一个 ArrayBuffer。在响应包含二进制数据时可以使用这个方法，基于得到的 ArrayBuffer 创建一个定型数组（见 11.2 节）或一个

DataView 对象（见 11.2.5 节），然后再读取二进制数据。

blob()

这个方法返回一个期约，解决为一个 Blob 对象。本书并没有详尽介绍 Blob，它是
"Binary Large Object"（二进制大对象）的意思，在需要处理大量二进制数据的时候
会用到。把响应体转换为 Blob 时，浏览器实现可能会将响应数据流式写入一个临时文
件，然后返回一个表示该临时文件的 Blob 对象。因此，Blob 对象不允许像 ArrayBuffer
那样随机访问响应体。拿到一个 Blob 后，可以通过 URL.createObjectURL() 创建
一个引用它的 URL，或者使用基于事件的 FileReader API 以字符串或 ArrayBuffer
的形式异步获取它的内容。在写作本书时，有些浏览器也定义了基于期约的 text()
和 arrayBuffer() 方法，为获取 Blob 的内容提供了直接的手段。

formData()

这个方法返回一个期约，解决为一个 FormData 对象。如果 Response 响应体是以
"multipart/form-data"格式编码的，应该使用这个方法。这种编码格式常见于向服
务器发送的 POST 请求中，在服务器响应中并不常见，所以这个方法不太常用。

流式访问响应体

除了分别以某种形式返回完整响应体的 5 个异步响应方法，还可以流式访问响应体。在
需要分块处理通过网络接收到的响应时可以采取这种方式。不过，流式访问响应体也可
以用于显示进度条，以便用户看到下载进度。

Response 对象的 body 属性是一个 ReadableStream 对象。如果已经调用了 text() 或
json() 等读取、解析和返回响应体的方法，那么 bodyUsed 属性会变成 true，表示 body
流已经读完了。如果 bodyUsed 属性是 false，那就意味着该流尚未被读取。此时，可以
在 response.body 上调用 getReader() 获取流读取器对象，然后通过这个读取器对象的
read() 方法异步从流中读取文本块。这个 read() 方法返回一个期约，解决为一个带有
done 和 value 属性的对象。如果响应体整个都读完了或者流被关闭了，done 会变成 true。
而 value 要么是下一个 Uint8Array 块，要么会在没有更多块时变成 undefined。

如果使用 async 和 await，流式 API 还算简单直观。如果你以原始期约形式使用它，可能会
复杂得吓人。示例 15-10 通过定义一个 streamBody() 函数演示了这个 API。假设你想下载
一个大 JSON 文件，并向用户报告下载进度。此时不能使用 Response 对象的 json() 方法，
但可以使用这个 steamBody() 函数，如下所示（假设已经定义了一个 updateProgress()
函数，可以用它设置 HTML <progress> 元素的 value 属性）：

```
fetch('big.json')
    .then(response => streamBody(response, updateProgress))
    .then(bodyText => JSON.parse(bodyText))
    .then(handleBigJSONObject);
```

这个 streamBody() 函数可以像示例 15-10 所示的那样实现。

示例 15-10：流式访问 fetch() 请求的响应体

```
/**
 * 一个流式读取 fetch() 请求返回 Response 对象的异步函数
 * 以 Response 对象作为第一个参数，后面是两个可选的回调
 *
 * 如果指定了一个函数作为第二个参数，则 reportProgress
 * 回调对于接收到的每个块都会被调用一次。调用时传入的第一个
 * 参数是已经接收到的总字节数。第二个参数是一个介于 0 和 1
 * 之间的值，用于说明下载进度如何。如果 Response 对象没有
 * "Content-Length" 头部，那么这第二个参数将始终是 NaN
 *
 * 如果想在接收到块时处理其中的数据，可以指定一个函数作为
 * 第三个参数。每个块都会以 Uint8Array 对象形式传给这个名
 * 为 processChunk 的回调
 *
 * streamBody() 返回一个期约，解决为一个字符串。如果提供了
 * processChunk 回调，则这个字符串将是拼接该回调返回值得到
 * 的结果。否则，这个字符串就是将每个块转换为 UTF-8 字符串后
 * 拼接起来得到的结果
 */
async function streamBody(response, reportProgress, processChunk) {
    // 期待接收多少字节，或者如果没有头部就是 NaN
    let expectedBytes = parseInt(response.headers.get("Content-Length"));
    let bytesRead = 0;                       // 已经接收了多少字节
    let reader = response.body.getReader();  // 通过这个函数读取字节
    let decoder = new TextDecoder("utf-8");  // 用于将字节转换为文本
    let body = "";                           // 已经读取的文本

    while(true) {                            // 循环直到在下面退出
        let {done, value} = await reader.read();  // 读取一块数据

        if (value) {                         // 如果得到一个字节数组：
            if (processChunk) {              // 如果传了这个回调
                let processed = processChunk(value);  // 则用回调处理数据
                if (processed) {
                    body += processed;
                }
            } else {                         // 否则，把字节转换
                body += decoder.decode(value, {stream: true}); // 为文本
            }

            if (reportProgress) {            // 如果传了进度回调
                bytesRead += value.length;   // 则调用它报告进度
                reportProgress(bytesRead, bytesRead / expectedBytes);
            }
        }
        if (done) {                                      // 如果这是最后一个块
```

```
            break;                              // 则退出循环
        }
    }

    return body;    // 返回累积的响应文本
}
```

在写作本书时，流式 API 还有可能会改进。比如，有计划要将 ReadableStream 对象变成异步可迭代对象，以便在 for/await 循环（参见 13.4.1 节）中使用。

指定请求方法和请求体

目前为止，在每个 fetch() 的例子中我们发送的都是 HTTP（或 HTTPS）GET 请求。如果想使用不同的请求方法（如 POST、PUT 或 DELETE），可以直接使用两个参数版的 fetch()，传入带 method 参数的选项对象：

```
fetch(url, { method: "POST" }).then(r => r.json()).then(handleResponse);
```

POST 和 PUT 请求通常都有一个请求体，该请求体包含要发给服务器的数据。只要 method 方法不是 GET 或 HEAD（这两个方法不支持请求体），都可以在选项对象中设置 body 属性指定请求体：

```
fetch(url, {
    method: "POST",
    body: "hello world"
})
```

在指定请求体时，浏览器会自动添加合适的"Content-Length"请求头。如果请求体中是字符串（像上面的示例那样），浏览器默认的"Content-Type"头部是"text/plain;charset=UTF-8"。如果你也指定一个字符串请求体，那可能需要覆盖这个头部值，为它指定"text/html"或"application/json"等更具体的类型：

```
fetch(url, {
    method: "POST",
    headers: new Headers({"Content-Type": "application/json"}),
    body: JSON.stringify(requestBody)
})
```

传给 fetch() 的选项对象的 body 属性不一定是字符串值。如果有保存在定型数组或 DataView 对象或 ArrayBuffer 中的二进制数据，也可以将 body 属性设置为相应的值，并指定恰当的"Content-Type"头部。如果是 Blob 中的二进制数据，可以简单地将 body 设置为该 Blob。Blob 自身有一个 type 属性，用于标明自己的上下文类型，而这个属性的值会用作"Content-Type"头部的默认值。

对于 POST 请求，常见的做法是在请求体中传入一组名/值参数（而不是将它们编码后作为查询参数附在 URL 后面）。为此有两种做法：

- 可以通过 URLSearchParams（本节前面例子中有它的用法示例，相关介绍在 11.9 节）指定参数的名和值，然后把这个 URLSearchParams 对象作为 body 属性的值。这样做，请求体将被设置为一个类似 URL 查询参数的字符串，而"Content-Type"头部也会自动被设置为"application/x-www-form-urlencoded;charset=UTF-8"。

- 如果使用 FormData 对象指定参数的名和值，则请求体将使用更冗余的多部分编码格式，而"Content-Type"也将被设置为"multipart/form-data; boundary=…"，省略号代表与请求体匹配的边界字符串。FormData 对象特别适合上传长内容，或者 File、Blob 这样可能分别有自己特定"Content-Type"的对象。可以通过把一个 <form> 元素传给 FormData() 构造函数来创建 FormData 对象，并通过其中的值初始化 FormData 对象。但是也可以调用 FormData() 构造函数而不传参数，来创建"multipart/form-data"请求体，然后再使用 set() 和 append() 方法来初始化它所表示的名 / 值对。

通过 fetch() 上传文件

从用户计算机向服务器上传文件是一个常见的任务，可以通过将 FormData 对象作为请求体来实现。获得 File 对象的一个常用方式是在网页上显示一个 <input type="file" 元素，然后监听该元素的"change"事件。当"change"事件发生时，这个输入元素的 files 数组应该至少包含一个 File 对象。File 对象也可以通过 HTML 的拖放 API 获取。本书没有介绍拖放 API，你可以从传递给事件监听器（作用于"drop"事件）的事件对象的 dataTransfer.files 数组获取文件。

另外也要记住，File 对象是 Blob 的一种，有时候上传 Blob 比较有用。假设我们要写一个 Web 应用，允许用户在一个 <canvas> 元素上画画，那么可以使用类似以下代码把用户画的画以 PNG 文件形式上传：

```
// canvas.toBlob() 函数是基于回调的
// 而这是对该方法基于期约的一个封装
async function getCanvasBlob(canvas) {
    return new Promise((resolve, reject) => {
        canvas.toBlob(resolve);
    });
}

// 这个函数可以基于画布上传 PNG 文件
async function uploadCanvasImage(canvas) {
    let pngblob = await getCanvasBlob(canvas);
    let formdata = new FormData();
    formdata.set("canvasimage", pngblob);
    let response = await fetch("/upload", { method: "POST", body: formdata });
    let body = await response.json();
}
```

跨源请求

多数情况下，我们在 Web 应用中都是使用 fetch() 从自己的服务器请求数据。这种请求也被称为同源请求，因为传给 fetch() 的 URL 与包含发送请求脚本的文档是同源的（协议、主机名及端口都相同）。

出于安全考虑，浏览器通常不允许跨源网络请求（当然跨源请求图片和脚本是例外）。不过，利用 CORS（Cross-Origin Resource Sharing，跨源资源共享）可以实现安全的跨源请求。在通过 fetch() 请求跨源 URL 时，浏览器会为请求添加一个"Origin"头部（且不允许通过 headers 属性覆盖它的值）以告知服务器这个请求来自不同源的文档。如果服务器对这个请求的响应中包含恰当的"Access-Control-Allow-Origin"头部，则请求可以继续。否则，如果服务器没有明确允许请求，则 fetch() 返回的期约会被拒绝。

中断请求

有时候我们可能想中断已经发出的 fetch() 请求，比如用户单击了取消按钮或者请求时间过长。此时，fetch API 支持使用 AbortController 和 AbortSignal 类来中断请求（这两个类定义了通用的中断机制，也能在其他 API 中使用）。

如果知道可能要中断某个 fetch() 请求，那在创建请求前要先创建一个 AbortController 对象。这个控制器对象的 signal 属性是一个 AbortSignal 对象。在传给 fetch() 的第二个选项对象中，可以把这个信号对象以 signal 属性的值传进去。然后，可以在想中断请求的时候调用控制器对象的 abort() 方法，这样会导致与该请求相关的任何期约对象以一个异常被拒绝。

下面的例子展示了通过 AbortController 机制对 fetch() 请求超时进行强制中断：

```
// 这个函数与 fetch() 类似，但增加了对超时的支持
// 即支持在 options 对象上设置 timeout 属性，如果
// 在该属性指定的时间内没有完成，则会中断请求
function fetchWithTimeout(url, options={}) {
    if (options.timeout) {  // 如果有 timeout 属性且值不是 0
        let controller = new AbortController();  // 创建中断控制器
        options.signal = controller.signal;      // 设置 signal 属性
        // 启动计时器，在经过指定毫秒后发送中断信号
        // 注意，我们并未考虑取消这个计时器。在请求
        // 完成后调用 abort() 没有影响
        setTimeout(() => { controller.abort(); }, options.timeout);
    }
    // 现在开始正常发送请求
    return fetch(url, options);
}
```

其他请求选项

我们知道可以给 fetch()（或者 Request() 构造函数）传第二个参数，也就是选项对象，

用于指定请求方法、请求头或请求体。这个选项对象还支持其他一些选项。

cache

这个属性可以用来覆盖浏览器默认的缓存行为。HTTP 缓存这个话题非常复杂，已经超出了本书范围。但如果你了解一些它的工作原理，那可以使用下列值来控制缓存行为。

"default"

这个值指定默认缓存行为。如果缓存中的响应还"新鲜"（fresh），就直接从缓存提供响应；如果缓存中的响应已"腐败"(stale)，则在提供前先重新校验。

"no-store"

这个值会让浏览器忽略其缓存。发送请求时不会查看缓存，响应回来时也不更新缓存。

"reload"

这个值告诉浏览器始终要正常发送网络请求，忽略缓存。但是，响应回来以后，要把响应存在缓存里。

"no-cache"

这个（名字有点误导性的）值告诉浏览器不要提供缓存中新鲜的值。无论缓存中的值新鲜还是腐败，都必须先重新校验再返回。

"force-cache"

这个值告诉浏览器即使缓存的值已腐败也要用缓存的值作为响应。

redirect

这个属性控制浏览器如何处理服务器的重定向响应。有 3 个合法的值。

"follow"

这是默认值，它让浏览器自动跟随重定向。如果使用这个默认值，则通过 fetch() 获取的 Response 对象的 status 属性应该不会是 300 到 399。

"error"

这个值会让 fetch() 在服务器返回重定向响应时拒绝其返回的期约。

"manual"

这个值表示开发者想手工处理重定向响应，而 fetch() 返回的期约可能会被解决为一个 status 在 300 到 399 之间的 Response 对象。这种情况下，必须使用 Response 的"Location"头部手工跟进重定向。

referrer

这个属性是一个包含相对 URL 的字符串，用于指定 HTTP 的"Referer"头部（由于历史原因，这个头部一直被错拼成包含 3 个 r 的版本）的值。如果把这个属性设置为空字符串，那么请求就会省略"Referer"头部。

15.11.2 服务器发送事件

HTTP 协议的一个让 Web 得以构建于其上的特性，就是客户端发起请求，服务器响应该请求。不过，某些 Web 应用却需要在服务器发生事件时，接收来自服务器发送的通知。HTTP 天生并不具备这个特性，但随着技术的发展，客户端向服务器发送请求之后，两端都可以不关闭连接。此时一旦服务器有事情要通知客户端，就可以把数据写入这个连接并保持其打开。效果就如同客户端发送了一次网络请求，服务器以缓慢而突发的方式响应，每次响应之间都会经历比较长的暂停。像这样的网络连接通常并不会永远打开，但如果客户端检测到连接已关闭，可以再发一次请求，重新打开一个新连接。

这种让服务器向客户端发送消息的技术效率非常高（尽管服务器端的成本可能较高，因为服务器必须对它的所有客户端都维护一个活动连接）。由于这是一个有用的编程模式，客户端 Javascript 以 EventSource API 的形式对其给予支持。要创建与服务器间的这种长时间存在的请求连接，只要向 EventSource() 构造函数传入一个 URL 即可。当服务器将（适当格式化的）数据写入这个连接时，EventSource 对象会将它们转换为客户端能够监听到的事件：

```
let ticker = new EventSource("stockprices.php");
ticker.addEventListener("bid", (event) => {
    displayNewBid(event.data);
}
```

与消息事件关联的事件对象有一个 data 属性，保存着服务器针对这次事件发送过来的字符串。与其他事件对象一样，这个事件对象也有一个 type 属性，指定了这个事件的名字。服务器确定生成的事件的类型。如果服务器在写入数据中省略了事件名，那么默认的事件类型就是"message"。

这个 SSE（Server-Sent Event，服务器发送事件）协议很好理解。客户端（在它创建 EventSource 对象时）发起对服务器的连接，服务器保持连接打开。一旦有事件发生，服务器就向连接中写入几行文本。通过网络传送的消息大概类似如下所示（不包含注释）：

```
event: bid   // 设置事件对象的类型
data: GOOG   // 设置 data 属性
data: 999    // 附加一个换行符和更多数据
             // 空行表示事件结束
```

这个协议还允许为事件指定一个 ID，以便客户端重新建立连接时告诉服务器它上一次接收到的事件 ID 是什么，而服务器可以重新发送它错过的事件。不过，像这样的细节对客户端并不可见，因此这里就不讲述了。

SSE 的一个典型应用是类似在线聊天一样的多用户协作。聊天客户端可以使用 fetch() 把消息发送到聊天室，通过 EventSource 对象订阅聊天信息流。示例 15-11 展示了通过 EventSource 写这么一个聊天客户有多简单。

示例 15-11：使用 EventSource 实现简单的聊天客户端

```
<html>
<head><title>SSE Chat</title></head>
<body>
<!-- 聊天室的 UI 只有一个文本输入字段 -->
<!-- 新聊天消息会插入这个输入字段前面 -->
<input id="input" style="width:100%; padding:10px; border:solid black 2px"/>
<script>
// 注重一些 UI 的细节
let nick = prompt("Enter your nickname");      // 取得用户昵称
let input = document.getElementById("input"); // 找到输入字段
input.focus();                                 // 设置键盘焦点

// 使用 EventSource 注册新消息通知
let chat = new EventSource("/chat");
chat.addEventListener("chat", event => {  // 收到聊天消息时
    let div = document.createElement("div");  // 创建 <div> 元素
    div.append(event.data);                   // 添加消息的文本
    input.before(div);                        // 添加到输入字段前
    input.scrollIntoView();                   // 确保输入元素可见
});

// 使用 fetch() 把用户消息发送到服务器
input.addEventListener("change", ()=>{  // 当用户按回车时
    fetch("/chat", {                    // 发送 HTTP 请求
        method: "POST",                 // 带主体的 POST
        body: nick + ": " + input.value // 包含用户昵称和输入
    })
    .catch(e => console.error);         // 忽略响应，但打印错误
    input.value = "";                   // 清除输入框
});
</script>
</body>
</html>
```

聊天程序的服务器端代码并不比客户端代码复杂多少。示例 15-12 是一个简单的 Node HTTP 服务器。当客户端请求根 URL "/" 时，这个服务器会发送示例 15-11 所示的客户端代码。当客户端向 URL "/chat" 发送 GET 请求时，它会保存响应对象并保持连接打开。而当客户端向 URL "/chat" 发送 POST 请求时，它会把请求体作为聊天消息并对每个保存的响应对象使用 "text/event-stream" 格式。服务器代码监听端口 8080，因此在

通过 Node 运行后，在浏览器中访问 http://localhost:8080 即可连接到服务器，然后就可以跟自己聊天了。

示例 15-12：SSE 聊天服务器

```javascript
// 这是服务器端 JavaScript，需要在 Node.js 环境下执行
// 这里实现了一个非常简单、完全匿名的聊天室
// POST 新消息到 /chat，或 GET 同一个 URL 得到
// text/event-stream 格式的消息，GET 请求
// 返回包含客户端聊天 UI 的简单 HTML 文件
const http = require("http");
const fs = require("fs");
const url = require("url");

// 聊天客户端的 HTML 文件。在下面使用
const clientHTML = fs.readFileSync("chatClient.html");

// 要向其中发送事件的 ServerResponse 对象的数组
let clients = [];

// 创建一个新服务器，监听端口 8080
// 连接 http://localhost:8080/ 使用它
let server = new http.Server();
server.listen(8080);

// 服务器在收到新请求时，就运行这个函数
server.on("request", (request, response) => {
    // 解析请求的 URL
    let pathname = url.parse(request.url).pathname;

    // 如果请求的是 "/"，发送客户端聊天 UI
    if (pathname === "/") {  // 请求聊天 UI
        response.writeHead(200, {"Content-Type": "text/html"}).end(clientHTML);
    }
    // 否则对于任何非 "/chat" 路径或任何非
    // "GET" 和 "POST" 方法，都发送 404 错误
    else if (pathname !== "/chat" ||
            (request.method !== "GET" && request.method !== "POST")) {
        response.writeHead(404).end();
    }
    // 如果 /chat 请求方法是 GET，则说明有客户端连接
    else if (request.method === "GET") {
        acceptNewClient(request, response);
    }
    // 否则 /chat 请求是 POST 的一条新消息
    else {
        broadcastNewMessage(request, response);
    }
});

// 这里处理对 /chat 端点的 GET 请求，该请求
// 在客户端创建新 EventSource 对象（或者
// EventSource 对象自动重连）时生成
```

```javascript
function acceptNewClient(request, response) {
    // 记住这个响应对象，以便后面可以向它发送消息
    clients.push(response);

    // 如果客户端关闭了连接，就从活动
    // 客户端数组中删除相应的响应对象
    request.connection.on("end", () => {
        clients.splice(clients.indexOf(response), 1);
        response.end();
    });

    // 设置头部且只向这一个客户端发送初始的聊天事件
    response.writeHead(200, {
        "Content-Type": "text/event-stream",
        "Connection": "keep-alive",
        "Cache-Control": "no-cache"
    });
    response.write("event: chat\ndata: Connected\n\n");

    // 注意，这里有意没有调用 response.end()
    // 保持连接打开是 SSR 运行的关键
}

// 这个函数在响应对 /chat 端点的 POST 请求时调用
// 每当用户输入新消息时客户端都会发送这个请求
async function broadcastNewMessage(request, response) {
    // 首先，读取请求体获取用户消息
    request.setEncoding("utf8");
    let body = "";
    for await (let chunk of request) {
        body += chunk;
    }

    // 读取完响应体后，发送一个空响应并关闭连接
    response.writeHead(200).end();

    // 以 text/event-stream 形式来格式化消息，
    // 每行前面都加上 "data: "
    let message = "data: " + body.replace("\n", "\ndata: ");

    // 为消息数据添加一个前缀，将其定义为 "chat" 事件
    // 并在后面附加两个换行符，标记该事件的结尾
    let event = `event: chat\n${message}\n\n`;

    // 下面把这个事件发送给所有监听的客户端
    clients.forEach(client => client.write(event));
}
```

15.11.3 WebSocket

WebSocket API 是一个复杂、强大的网络协议对外暴露的简单接口。WebSocket 允许 JavaScript 代码在浏览器中与服务器方便地交换文本和二进制消息。与服务器发送事件

（SSE）类似，客户端必须建立连接，而连接一旦建立，服务器就可以异步向客户端发送消息。与 SSE 不同，WebSocket 支持二进制消息，而且消息可以双向发送，而不仅仅是从服务器向客户端发消息。

支撑 WebSocket 的网络协议是对 HTTP 的扩展。虽然 WebSocket API 是传统的低级网络套接口，但标识连接端点的并不是 IP 地址和端口。在使用 WebSocket 协议连接服务时，要通过 URL 指定该服务，就像使用 Web 服务一样。WebSocket URL 以 ws:// 而不是 https:// 开头（浏览器通常会限制只能在安全的 https:// 连接加载的页面中使用 WebSocket）。

要建立 WebSocket 连接，浏览器首先要建立一个 HTTP 连接，并向服务器发送 Upgrade: websocket 请求头，请求把连接从 HTTP 协议切换为 WebSocket 协议。这意味着，要在客户端 JavaScript 中使用 WebSocket，服务器必须遵循 WebSocket 协议，按照该协议发送和接收数据。如果你已经部署了这么一个 WebSocket 服务器，那本节将介绍与连接的客户端有关的一切。假如你的服务器并不支持 WebSocket 协议，可以考虑使用服务器发送事件（参见 15.11.2 节）。

创建、连接及断开连接

如果想与支持 WebSocket 的服务器通信，需要创建一个 WebSocket 对象，指定表示服务器的 wss:// URL 和要使用的服务：

```
let socket = new WebSocket("wss://example.com/stockticker");
```

创建 WebSocket 时，连接过程会自动开始。但新创建的 WebSocket 在第一次返回时不会建立连接。

这个套接口对象的 readyState 属性表明了当前的连接状态。这个属性可能包含下列值：

WebSocket.CONNECTING
    WebSocket 正在连接。

WebSocket.OPEN
    WebSocket 已经连接，可以通信了。

WebSocket.CLOSING
    WebSocket 正在关闭。

WebSocket.CLOSED
    WebSocket 已经关闭，不能再通信了。初始连接失败时也是这个状态。

当 WebSocket 的状态从 CONNECTING 转变为 OPEN 时，它会触发"open"事件。可

以通过设置 WebSocket 对象的 onopen 属性或调用该对象的 addEventListener() 来监听这个事件。

如果 WebSocket 连接发生了协议错误或其他错误，WebSocket 对象会触发"error"事件。可以通过设置 onerror 来定义事件处理程序，也可以使用 addEventListener()。

在使用完 WebSocket 之后，可以调用 WebSocket 对象的 close() 方法关闭连接。当连接状态变成 CLOSED 时，WebSocket 对象会触发"close"事件，可以设置 onclose 属性来监听这个事件。

通过 WebSocket 发送消息

要向位于 WebSocket 连接另一端的服务器发送消息，调用 WebSocket 对象的 send() 方法。send() 方法接收一个消息参数，可以是字符串、Blob、ArrayBuffer、定型数组或 DataView 对象。

send() 方法会把要发送的消息保存在缓冲区，并在实际发送前返回。WebSocket 对象的 bufferedAmount 属性保存着还在缓冲区未发送的字节数（奇怪的是，当这个值变成 0 时 WebSocket 居然不触发任何事件）。

通过 WebSocket 接收消息

要通过 WebSocket 从服务器接收消息，注册"message"事件处理程序，可以设置 WebSocket 对象的 onmessage 属性，也可以调用 addEventListener()。与"message"事件关联的事件对象是 MessageEvent 的实例，其 data 属性包含服务器的消息。如果服务器发送了 UTF-8 编码的文本，event.data 就是保存该文本的字符串。如果服务器发送了二进制格式的消息，则 data 属性（默认）是表示该数据的 Blob 对象。如果你希望接收 ArrayBuffer 而不是 Blob，可以把 WebSocket 对象的 binaryType 属性设置为 arraybuffer。

还有其他一些 Web API 也使用 MessageEvent 对象交换消息。其中有的使用结构化克隆算法（参见 15.10.4 节）通过消息传输复杂数据结构。WebSocket 不在其列：通过 WebSocket 交换的消息要么是 Unicode 字符的字符串，要么是字节的字符串（表现为 Blob 或 ArrayBuffer）。

协议协商

WebSocket 协议支持文本和二进制消息交换，但并未规定这些消息的结构或含义。使用 WebSocket 的应用必须在其提供的简单消息交换机制基础上自行协商通信协议。使用 wss:// URL 可以为此提供方便，每个 URL 通常都有自己如何交换消息的规则。如果你的代码连接到 wss://example.com/stockticker，那可能就知道会收到关于股价的消息。

不过，协议自身也会不断改进。如果一个假想的股票报价协议更新了，可以定义一个新 URL 并连接到更新版服务，如 `wss://example.com/stockticker/v2`。但基于 URL 来区分版本还不够。对于已经随时间变化的复杂协议，最终可能出现多个版本的线上服务并存的局面，而客户端也分别支持不同版本的协议。

基于这个问题，WebSocket 协议和 API 提供了应用级消息协商功能。在调用 `WebSocket()` 构造函数时，`wss://` URL 是第一个参数，但也可以传一个字符串数组作为第二个参数。传入这个参数后，就相当于把客户端能够处理的应用协议提供给服务器，由服务器从中选择一个协议（如果服务器不支持其中任何一个子协议，也可以报错）。连接建立以后，WebSocket 对象的 `protocol` 属性将保存服务器选择的子协议。

15.12 存储

Web 应用可以使用浏览器 API 在用户计算机上本地存储数据。客户端存储的目的是让浏览器能够记住一些信息。比如，Web 应用可以存储用户偏好，或者存储他们的完成状态，以便恢复上次离开时的情境。客户端存储是按照来源隔离的，因此来自一个站点的页面不能读取来自另一个站点的页面存储的数据。但来自同一站点的两个页面可以共享存储的数据，并将其作为一种通信机制。比如，在一个网页的表单中输入的数据可以在另一个页面中以表格形式显示出来。Web 应用可以选择它们存储数据的生命期。可以临时存储，只保留到窗口关闭或浏览器退出；也可以保存在用户计算机上，持久化存储数月甚至数年。

客户端存储分为如下几种形式。

Web Storage

Web Storage API 包含 `localStorage` 和 `sessionStorage` 对象，本质上是映射字符串键和值的持久化对象。Web Storage 很容易使用，适合存储大量（不是巨量）数据。

Cookie

Cookie 是一种古老的客户端存储机制，是专门为服务端脚本使用而设计的。浏览器也提供了一种笨拙的 JavaScript API，可以在客户端操作 cookie。但这个 API 很难用，而且只适合保存少量数据。另外，保存在 cookie 中的数据也会随 HTTP 请求发送给服务器，哪怕这些数据只对客户端有用。

IndexedDB

IndexedDB 是一种异步 API，可以访问支持索引的对象数据库。

15.12.1 localStorage 和 sessionStorage

Window 对象的 localStorage 和 sessionStorage 属性引用的是 Storage 对象。Storage 对象与普通 JavaScript 对象非常类似，只不过：

- Storage 对象的属性值必须是字符串；

- Storage 对象中存储的属性是持久化的。如果你设置了 localStorage 对象的一个属性，然后用户刷新了页面，你的程序仍然可以访问在该属性中保存的值。

例如，可以像下面这样使用 localStorage 对象：

```
let name = localStorage.username;          // 查询存储的值
if (!name) {
    name = prompt("What is your name?");   // 问用户一个问题
    localStorage.username = name;          // 存储用户的回答
}
```

可以使用 delete 操作符删除 localStorage 和 sessionStorage 的属性，可以使用 for/in 循环或 Object.keys() 枚举 Storage 对象的属性。如果想删除 Storage 对象的所有属性，可以调用 clear() 方法：

```
localStorage.clear();
```

Storage 对象也定义了 getItem()、setItem() 和 deleteItem() 方法，可以用来代替直接读写属性和 delete 操作符。

别忘了 Storage 对象的属性只能存储字符串。如果想存取其他类型的数据，必须自己编码和解码。

例如：

```
// 如果存储数值，数值会自动转换为字符串
// 别忘了在读取完这个值以后解析它
localStorage.x = 10;
let x = parseInt(localStorage.x);
```

```
// 保存 Date 的时候把它转换为字符串，取得字符串后再解析它
localStorage.lastRead = (new Date()).toUTCString();
let lastRead = new Date(Date.parse(localStorage.lastRead));

// JSON 为编码保存其他原始值或数据结构提供了便利
localStorage.data = JSON.stringify(data);  // 编码存储
let data = JSON.parse(localStorage.data);  // 读取解码
```

存储的生命期和作用域

localStorage 和 sessionStorage 的差异主要体现在生命期和作用域上。通过 localStorage 存储的数据是永久性的，除非 Web 应用或用户通过浏览器（特定的界面）删除，否则数据会永远保存在用户设备上。

localStorage 的作用域为文档来源。正如 15.1.8 节中解释的，文档来源由协议、域名和端口共同定义。所有同源文档都共享相同的 localStorage 数据（与实际访问 localStorage 的脚本的来源无关）。同源文档可以相互读取对方的数据，可以重写对方的数据。但非同源文档的数据相互之间是完全隔离的，既读不到也不能重写（即便它们运行的脚本来自同一台第三方服务器）。

注意，localStorage 的作用域也受浏览器实现的限制。如果你使用 Firefox 访问某个网站，然后又使用 Chrome 访问，那么第一次访问时存储的任何数据都无法在第二次访问时存取。

通过 sessionStorage 保存的数据与通过 localStorage 保存的数据的生命期不同。sessionStorage 数据的生命期与存储它的脚本所属的顶级窗口或浏览器标签页相同。窗口或标签页永远关闭后，通过 sessionStorage 存储的所有数据都会被删除（不过要注意，现代浏览器有能力再次打开最近关闭的标签页并恢复用户上次浏览的会话，因此这些标签页以及与之关联的 sessionStorage 的生命期有可能比看起来更长）。

sessionStorage 的作用域与 localStorage 类似，都是文档来源。换句话说，不同来源的文档永远不会共享 sessionStorage。但是，sessionStorage 的作用域也在窗口间隔离。如果用户在两个浏览器标签页中打开了同一来源的文档，这两个标签页的 sessionStorage 数据也是隔离的。一个标签页中运行的脚本不能读取或重写另一个标签页中的脚本写入的数据。即便两个标签页打开的是完全相同的页面，而且运行的脚本完全相同。

存储事件

存储在 localStorage 中的数据每次发生变化时，浏览器都会在该数据可见的其他 Window 对象（不包括导致该变化的窗口）上触发"storage"事件。如果浏览器打开了两个标签页，加载了两个同源页面，其中一个页面在 localStorage 中存储了一个值，则另一个标签页会收到"storage"事件。

要注册"storage"事件，可以使用 window.onstorage 事件属性，或者调用 window.addEventListener() 并传入"storage"。

与"storage"事件关联的事件对象有如下一些重要属性。

key
写入或删除项的键或名字。如果调用了 clear() 方法，这个属性的值为 null。

newValue
保存变化项的新值（如果有）。如果调用了 removeItem()，这个属性不存在。

oldValue
保存变化的或被删除的已有项的旧值。如果添加了一个新属性（没有旧值），这个属性不存在。

storageArea
变化的 Storage 对象。通常是 localStorage 对象。

url
导致这次存储变化的脚本所在文档的 URL（字符串）。

注意，localStorage 和"storage"事件可以作为一种广播机制，即浏览器向所有当前浏览同一网站的窗口发送消息。比如，如果用户要求网站停止执行动画，网站可以把该偏好保存在 localStorage 中，以便未来访问时遵行。通过存储这个偏好，它会生成一个事件，让其他显示相同网站的窗口也能遵守这个要求。

还有一个例子，在一个 Web 版图片编辑应用中，工具面板会显示在一个分离的窗口中。当用户选择某种工具时，应用可以使用 localStorage 保存当前状态，并生成一个通知告诉其他窗口用户选择了新工具。

15.12.2 cookie

cookie 是浏览器为特定网页或网站保存的少量命名数据。cookie 是为服务端编程而设计的，在最低的层级上作为 HTTP 协议的扩展实现。cookie 数据会自动在浏览器与 Web 服务器之间传输，因此服务器端脚本可以读写存储在客户端的 cookie 值。本节演示客户端脚本如何使用 Document 对象的 cookie 属性操作 cookie 数据。

> ### 为什么叫 cookie？
> cookie 这个名字并没有什么深意，而且也是有先例的。在计算的历史长河中，

> "cookie" 或 "magic cookie" 曾被用于指代一小段数据，特别是某种特殊或保密的数据（类似于密码），可以证明身份或授权访问。在 JavaScript 中，cookie 用于保存状态并且可以作为浏览器的某种标识。但 JavaScript 中的 cookie 并不以任何形式进行加密，无论怎么说都是不安全的（尽管通过 HTTPS 连接发送 cookie 会安全一些）。

操作 cookie 的 API 很古老也很难用，因为没有涉及方法。查询、设置和删除 cookie，都是通过读写 Document 对象的 cookie 属性实现的，而且要使用特定格式的字符串。每个 cookie 的生命期和作用域可以通过 cookie 属性来个别指定。这些属性同样也以特定格式的字符串在同一个 cookie 属性上面设置。

接下来几个小节会讲解如何查询和设置 cookie 值以及相应的属性。

读取 cookie

document.cookie 属性返回一个包含与当前文档有关的所有 cookie 的字符串。这个字符串是一个分号和空格分隔的名 / 值对。cookie 的值就是名 / 值对中的值，不包含任何与该 cookie 关联的属性（后面会讨论 cookie 的属性）。为了使用 document.cookie 属性，通常必须调用 split() 方法把整个字符串拆分成个别的名 / 值对。

从 cookie 属性中提取出某个 cookie 的值之后，必须根据 cookie 创建者的格式或编码来解释该值。例如，可能需要先把 cookie 值传给 decodeURIComponent()，然后再传给 JSON.parse()。

下面的代码定义了一个 getCookie() 函数，可以解析 document.cookie 属性并返回一个对象。这个对象的属性中包含文档的 cookie 的名字和值：

```
// 返回一个包含文档 cookie 的 Map 对象
// 假设 cookie 的值是以 encodeURIComponent() 编码的
function getCookies() {
    let cookies = new Map();     // 要返回的对象
    let all = document.cookie;   // 取得包含所有 cookie 的大字符串
    let list = all.split("; ");  // 将字符串拆分成一个个的名 / 值对
    for(let cookie of list) {    // 对于列表中的每个 cookie
        if (!cookie.includes("=")) continue; // 如果没有 = 号就跳过
        let p = cookie.indexOf("=");          // 找到第一个 = 号
        let name = cookie.substring(0, p);    // 取得 cookie 的名字
        let value = cookie.substring(p+1);    // 取得 cookie 的值
        value = decodeURIComponent(value);    // 对值进行解码
        cookies.set(name, value);             // 记住 cookie 的名字和值
    }
    return cookies;
}
```

cookie 的属性：生命期与作用域

除了名字和值，每个 cookie 还有可选的属性，用于控制其生命期和作用域。在介绍如何使用 JavaScript 设置 cookie 之前，必须先解释 cookie 的属性。

cookie 默认的生命期很短，它们存储的值只在浏览器会话期间存在，用户退出浏览器后就会丢失。如果想让 cookie 的生命期超过单个浏览会话，必须告诉浏览器你希望保存它们多长时间（以秒为单位）。为此要指定 cookie 的 max-age 属性。如果指定了这样一个生命期，浏览器将把 cookie 存储在一个文件中，等时间到了再把它们删除。

与 localStorage 和 sessionStorage 类似，cookie 的可见性由文档来源决定，但也由文档路径决定。换句话说，cookie 的作用域通过 path 和 domain 属性来配置。默认情况下，cookie 关联着创建它的网页，以及与该网页位于相同目录和子目录下的其他网页，这些网页都可以访问它。比如，如果网页 *example.com/catalog/index.html* 创建了一个 cookie，则该 cookie 对 *example.com/catalog/order.html* 和 *example.com/catalog/widgets/index.html* 同样可见，但对 *example.com/about.html* 不可见。

这个默认的作用域通常也是我们想要的。但有时候，你可能希望让 cookie 对整个网站可见，无论它是哪个页面创建的。例如，用户在某个页面的表单中输入自己的收件地址，你希望保存这个地址并在用户下次再回来时将其作为默认地址，同时也将其作为另一个页面中完全无关的要求用户填写账单地址的表单的默认值。为此，可以为 cookie 指定 path 属性。然后来自同一服务器的任何网页，只要其 URL 以你指定的路径前缀开头，就可以共享该 cookie。例如，如果 *example.com/catalog/widgets/index.html* 设置的 cookie 将路径设置为 "/catalog"，则该 cookie 也对 *example.com/catalog/order.html* 可见。或者，如果将路径设置为 " / "，那么该 cookie 将对 *example.com* 域中的任何页面都可见，此时这个 cookie 的作用域就跟 localStorage 一样。

默认情况下，cookie 的作用域按照文档来源区分。不过大网站可能需要跨子域名共享 cookie。例如，*order.example.com* 对应的服务器可能需要读取 *catalog.example.com* 设置的 cookie 值。这时候就要用到 domain 属性了。如果 cookie 是由 *catalog.example.com* 上的页面设置的，且 path 属性被设置为 " / "、domain 属性被设置为 " *.example.com* "，则该 cookie 将对 *catalog.example.com*、*order.example.com*，以及任何 *example.com* 域名下的服务器有效。注意，不能将 cookie 的域设置为服务器父域名之外的其他域名。

最后一个 cookie 属性是 secure，一个布尔值，用于指定如何通过网络传输 cookie 值。默认情况下，cookie 是不安全的。换句话说，它们会在普通的不安全的 HTTP 连接上传输。如果把 cookie 设置为安全的，那么就只能在浏览器与服务器通过 HTTPS 或其他安全协议连接时传输 cookie。

Cookie 的限制

Cookie 主要用于为服务器端脚本存储少量数据，而且该数据在每次请求相关 URL 时都会发送给服务器。定义 cookie 的标准建议浏览器厂商不限制 cookie 的数量和大小，但没有要求浏览器保留总共 300 个以上的 cookie、每个服务器 20 个 cookie 或每个 cookie 大小为 4 KB（名字和值都包含在这 4 KB 之内）。实践中，浏览器通常允许大大超过 300 个 cookie，但某些浏览器仍然限制 4 KB 大小。

存储 cookie

要给当前文档关联一个短暂的 cookie，只要把 document.cookie 设置为 name=value 形式的字符串即可：

```
document.cookie = `version=${encodeURIComponent(document.lastModified)}`;
```

下次在读取这个 cookie 属性时，你保存的这个名/值对就会包含在文档的 cookie 列表中。cookie 值不能包含分号、逗号或空格。为此，可能需要使用核心 JavaScript 的全局函数 encodeURIComponent() 先对值进行编码，然后再把它保存到 cookie 中。如果进行了编码，那么在将来读取 cookie 值时还必须使用对应的 decodeURIComponent() 函数来解码。

简单名/值对形式的 cookie 只在当前会话期间存在，用户关闭浏览器就会丢失。要创建可以跨会话存在的 cookie，则要通过 max-age 属性指定其生命期（单位为秒）。此时保存在 cookie 属性中的字符串形式为 name=value; max-age=seconds。下面这个函数在设置 cookie 时能够可选地添加 max-age 属性：

```
// 把 name/value 对存储为 cookie，使用
// encodeURIComponent() 编码值，以转义
// 分号、逗号和窗格。如果 daysToLive 是个数值，则设置 max-age 属性，从而让 cookie
// 在指定的天数之后过期。传入 0 删除 cookie
function setCookie(name, value, daysToLive=null) {
    let cookie = `${name}=${encodeURIComponent(value)}`;
    if (daysToLive !== null) {
        cookie += `; max-age=${daysToLive*60*60*24}`;
    }
    document.cookie = cookie;
}
```

类似地，可以向 document.cookie 属性上追加 ;path=value 或 ;domain=value 这样的字符串来设置 cookie 的 path 和 domain 属性。要设置 secure 属性，只要追加 ;secure 即可。

要修改 cookie 的值，需要以相同的名字、路径和域再设置一次它的值。在修改 cookie 值时，可以通过指定一个新的 max-age 属性修改 cookie 的值时，可以修改 cookie 的生命期。

要删除 cookie，需要以相同的名字、路径和域名再设置一次，指定一个任意值（或空值），并将 max-age 属性指定为 0。

15.12.3 IndexedDB

Web 应用架构一直以来都是客户端上的 HTML、CSS 和 JavaScript 和服务器上的数据库。因此，听说 Web 平台支持一个简单的对象数据库，可以通过 JavaScript API 在用户计算机上持久存储 JavaScript 对象且按需查询，你可能会很惊讶。

IndexedDB 是一个对象数据库，不是关系型数据库，比支持 SQL 查询的数据库更简单。而且比 localStorage 提供的键 / 值对存储机制更强大、高效和可靠。与 localStorage 类似，IndexedDB 数据库的作用域限定为包含文档的来源。换句话说，两个同源的网页可以互相访问对方的数据，但不同源的网页则不能相互访问。

每个来源可以有任意数量的 IndexedDB 数据库。每个数据库的名字必须在当前来源下唯一。在 IndexedDB API 中，数据库就是一个名为对象存储的集合。顾名思义，对象存储中存储的是对象。对象会使用结构化克隆算法（参见 15.10.4 节）序列化为对象存储。这意味着你存储的对象可以拥有 Map、Set 或定型数组作为属性值。每个对象必须有一个键，可以用于排序和从存储中检索。键必须唯一（相同存储中的两个对象不能使用相同的键），而且必须有自然顺序以便排序。JavaScript 字符串、数值和 Date 对象都是有效的键。IndexedDB 数据库可以自动为插入数据库中的每个对象生成一个唯一的键。不过，通常插入对象存储中的对象都会有一个属性适合作为键。在这种情况下，可以在创建对象存储时为该属性指定一个"键路径"。从概念上讲，键路径是一个值，它告诉数据库如何从对象中提取对象的键。

除了从对象存储中按照主键值检索对象，有时候也需要按照对象其他属性的值来搜索。为此，可以在对象存储上定义任意数量的索引（索引对象存储的能力正是 IndexedDB 名字的由来）。每个索引为存储的对象定义了一个次键。这些索引一般并不是唯一的，因此多个对象可能匹配一个键值。

IndexedDB 提供了原子保证，即查询和更新数据库会按照事务进行分组，要么全部成功，要么全部失败，永远不会让数据库处于未定义、部分更新的状态。IndexedDB 中的事务比很多数据库 API 都简单，稍后我们还会介绍。

从概念上讲，IndexedDB API 非常简单。要查询或更新数据库，首先要打开对应的数据库（通过名字）。然后，创建一个事务对象并使用该对象查找数据库中相应的对象存储（同样通过名字）。最后，通过调用该对象存储的 get() 方法查询对象，或通过调用 put() 方法存储新对象（或者如果想避免重写已有对象，可以调用 add() 方法）。

如果想查询键在某个范围内的对象，需要创建一个 IDBRange 对象并指定范围的上、下边界，然后把它传给对象存储的 getAll() 或 openCursor() 方法。

如果想使用次键来查询，可以先查找对象存储的命名索引，然后调用该索引对象的 get()、getAll() 或 openCursor() 方法，传入一个键或一个 IDBRange 对象。

不过，由于 IndexedDB API 是异步的（因此 Web 应用可以使用它而不阻塞浏览器的主 UI 线程），所以这种概念上的简化并不容易理解。IndexedDB 是在期约得到广泛支持之前定义的，因此这个 API 是基于事件而非基于期约的。这意味着不能对它使用 async 和 await。

创建事务和查找对象存储及索引是同步操作。但打开数据库、更新对象存储和查询存储或索引全都是异步操作。这些异步方法都会立即返回一个请求对象。浏览器会在请求成功或失败时在这个请求对象上触发成功或失败事件，你在代码中可以通过 onsuccess 和 onerror 属性定义处理程序。在 onsuccess 处理程序中，操作的结果可以通过请求对象的 result 属性得到。另一个有用的事件是"complete"，它会在事务成功完成时在事务对象上派发。

这个异步 API 有个方便的特性，就是它简化了事务管理。IndexedDB API 强制你创建事务对象，然后才能取得对象存储并进行查询和更新。如果是同步 API，可能调用一个 commit() 方法就知道事务完成了。但在 IndexedDB 中，事务是在所有 onsuccess 处理程序运行且没有引用该事务的更多异步请求时自动提交的（只要不显式地中断它）。

IndexedDB API 还有一个重要的事件。在第一次打开一个数据库时，或者在增大一个已有数据库的版本号时，IndexedDB 会在调用 indexedDB.open() 返回的请求对象上触发"upgradeneeded"事件。这个"upgradeneeded"事件的处理程序要负责定义或更新这个新数据库的模式（或已有数据库的新版本）。对于 IndexedDB 数据库，这意味着创建对象存储和在这些对象存储上定义索引。而且事实上，IndexedDB API 唯一一次让你创建对象存储或索引，就是在响应"upgradeneeded"事件的时候。

在了解了 IndexedDB 的概况之后，应该可以理解示例 15-13。这个示例使用 IndexedDB 创建和查询了一个数据库，这个数据库将美国邮政编码映射到美国的城市。示例演示了很多（但不是全部）IndexedDB 的基本功能，代码有点长，但注释很多。

示例 15-13：美国邮政编码的 IndexedDB 数据库

```
// 这个辅助函数异步获取数据库对象，（必要
// 时创建并初始化数据库）并将它传给回调
function withDB(callback) {
    let request = indexedDB.open("zipcodes", 1); // 请求数据库的 v1 版
    request.onerror = console.error;   // 记录错误
```

```
    request.onsuccess = () => {    // 或者在完成时调用这个函数
        let db = request.result;    // 请求的结果是数据库
        callback(db);               // 调用回调并传入数据库
    };

    // 如果数据库的 v1 版不存在，则会触发这个
    // 事件处理程序。这个处理程序会初次创建
    // 数据库时创建并初始化对象存储，或者在
    // 数据库模式切换时修改它们
    request.onupgradeneeded = () => { initdb(request.result, callback); };
}
// withDB() 在数据库尚未初始化时会调用这个函数
// 这个函数会创建数据库并为它填充数据，然后把
// 数据库传给回调函数
//
// 我们的邮编数据库包含一个对象存储，对象格式为：
//
//    {
//    zipcode: "02134",
//    city: "Allston",
//    state: "MA",
//    }
//
// 这里使用 zipcode 属性作为数据库键，并为城市名
// 创建了一个索引
function initdb(db, callback) {
    // 创建对象存储，指定存储的名字和一个选项对象
    // 选项对象包含 "键路径"（keyPath），指定的是
    // 这个存储的键字段的属性名
    let store = db.createObjectStore("zipcodes", // store name
                                     { keyPath: "zipcode" });

    // 除了通过邮政编码，还通过城市名来索引这个对象存储
    // 调用这个方法时，键路径以必需的字符串参数形式直接
    // 传入，而不是通过一个选项对象来传入
    store.createIndex("cities", "city");

    // 现在取得要用来初始化数据库的数据
    // 这个 zipcodes.json 数据文件是 CC 许可的数据，来源为
    // www.geonames.org: https://download.geonames.org/export/zip/US.zip
    fetch("zipcodes.json")                      // 发送 HTTP GET 请求
        .then(response => response.json())      // 解析 JSON 响应体
        .then(zipcodes => {                     // 取得 4 万条邮编记录
            // 为了向数据库中插入邮政编码，需要一个
            // 事务对象。而要创建事务对象，需要指定
            // 使用哪个对象存储（我们只有一个），且
            // 告诉它我们要写入数据库，不仅是读数据：
            let transaction = db.transaction(["zipcodes"], "readwrite");
            transaction.onerror = console.error;

            // 从事务中取得对象存储
            let store = transaction.objectStore("zipcodes");

            // IndexedDB API 最大的优点就是对象存储
```

```
                // 真的很简单。下面就是添加（或更新）记录:
                for(let record of zipcodes) { store.put(record); }

                // 当事务成功完成，数据库就初始化完毕可以使用了
                // 此时可以调用最初传给 withDB() 的回调函数
                transaction.oncomplete = () => { callback(db); };
        });
}

// 给一个邮政编码，使用 IndexedDB API 异步查询对应的城市
// 然后将结果传给指定的回调，如果没有找到，则传 null
function lookupCity(zip, callback) {
    withDB(db => {
            // 创建一个只读的事务对象用于查询
            // 参数是要使用的对象存储的数组
            let transaction = db.transaction(["zipcodes"]);

            // 从事务中取得对象存储
            let zipcodes = transaction.objectStore("zipcodes");

            // 现在查找与指定邮政编码键匹配的对象
            // 上面的代码是同步的，但这里是异步的
            let request = zipcodes.get(zip);
            request.onerror = console.error;  // 记录错误
            request.onsuccess = () => {            // 或者在成功时调用这个函数
                let record = request.result;  // 这是查询的结果
                if (record) { // 如果找到了匹配结果，把它传给回调
                    callback(`${record.city}, ${record.state}`);
                } else {        // 否则，告诉回调查询失败了
                    callback(null);
                }
            };
        });
}

// 给一个城市的名字，使用 IndexedDB API 异步查询
// （所有美国州的）所有名字相同的城市（区分大小写）
// 对应的所有邮政编码。
function lookupZipcodes(city, callback) {
    withDB(db => {
            // 跟上面一样，先创建事务再取得对象存储
            let transaction = db.transaction(["zipcodes"]);
            let store = transaction.objectStore("zipcodes");

            // 这一次也取得对象存储的城市索引
            let index = store.index("cities");

            // 从索引中查询与指定城市名匹配的所有记录
            // 找到以后，把它们传给回调函数。如果想
            // 得到更多结果，可能要使用 openCursor()
            let request = index.getAll(city);
            request.onerror = console.error;
            request.onsuccess = () => { callback(request.result); };
        });
}
```

15.13 工作线程与消息传递

单线程是 JavaScript 的一个基本特性，因此浏览器绝不会同时运行两个事件处理程序，也不会在一个事件处理程序运行的时候触发其他计时器。这样就无法并发更新应用或文档状态，而前端开发者就无须思考甚至理解并发编程。一个必然的结果就是 JavaScript 函数不能运行太长时间，否则它们就会阻塞事件循环，而浏览器也会变得不能响应用户输入。事实上这也是 fetch() 被设计为异步函数的原因。

浏览器通过 Worker 类非常谨慎地放松了这种单线程的限制。这个类的实例代表与主线程和事件循环同时运行的线程。Worker 运行于独立的运行环境，有着完全独立的全局对象，不能访问 Window 或 Document 对象。Worker 与主线程只能通过异步消息机制通信。这意味着并发修改 DOM 仍然是不可能的，但也意味我们可以写长时间运行的函数，而不会阻塞事件循环、卡死浏览器。创建新工作线程（worker）并不会像打开新浏览器窗口那么"重量线"，但也并非"轻于鸿毛"。为了执行简单的操作而创建新工作线程是完全没有必要的。复杂 Web 应用可能会创建几十个工作线程，但要创建几百或者几千个工作线程也是不切实际的。

工作线程适合执行计算密集型任务，比如图像处理。使用工作线程把这类任务从主线程转移走可以避免浏览器卡顿。而工作线程也提供了把任务分给多个线程的可能。除此之外，工作线程也适合频繁执行较密集的计算。例如，假设你在实现一个网页版代码编辑器，想加入代码高亮功能。为了正确地高亮代码，需要每次敲击键盘都解析一次代码。但如果在主线程做这件事，很可能会因为解析代码而导致键盘输入的事件处理程序不能迅速响应用户的击键操作，让用户输入体验变迟滞。

与任何线程 API 一样，Worker API 也有两部分。一部分是 Worker 对象，另一部分是 WorkerGlobalScope。前者是这个线程的外在部分，后者则是线程的内在部分。

接下来几小节将介绍 Worker 和 WorkerGlobalScope，也会讲解允许工作线程与主线程通信的消息传递 API。同样的通信 API 也用于文档与其包含的 <iframe> 元素之间的消息交换，相关内容也将在后面的小节介绍。

15.13.1 Worker 对象

要创建新的工作线程，调用 Worker() 构造函数，传入一个 URL，这个 URL 用于指定线程要执行的 JavaScript 代码：

```
let dataCruncher = new Worker("utils/cruncher.js");
```

如果传入的是相对 URL，则会按照调用 Worker() 构造函数的脚本所在文档的位置进行解析。如果传入的是绝对 URL，则必须与包含文档同源（协议、主机和端口都相同）。

创建 Worker 对象后，可以使用 postMessage() 方法向工作线程发送数据。传给 postMessage() 的值会使用结构化克隆算法（参见 15.10.4 节）被复制，得到的副本会通过消息事件发送给工作线程：

```
dataCruncher.postMessage("/api/data/to/crunch");
```

这里只发送了一个字符串消息，也可以发送对象、数组、定型数组、映射、集合，等等。通过监听 Worker 对象的"message"事件，可以从工作线程接收消息：

```
dataCruncher.onmessage = function(e) {
    let stats = e.data;  // 消息保存在事件对象的 data 属性中
    console.log(`Average: ${stats.mean}`);
}
```

与所有事件目标一样，Worker 对象定义了标准的 addEventListener() 和 removeEvent-Listener() 方法，可以用它们代替 onmessage。

除了 postMessage()，Worker 对象只有另外一个方法 terminate()，用于强制停止工作线程。

15.13.2 工作线程中的全局对象

在通过 Worker() 构造函数创建新工作线程时，传入的 URL 指定的是一个 JavaScript 代码文件。其中的代码会在一个新的、干净的 JavaScript 执行环境中执行，与创建工作线程的脚本完全隔离。这个新执行环境中的全局对象是一个 WorkerGlobalScope 对象。WorkerGlobalScope 比核心 JavaScript 全局对象多一些东西，但又比客户端中完整的 Window 对象少一些东西。

WorkerGlobalScope 对象也有 postMessage() 方法和 onmessage 事件处理程序，只是方向与 Worker 对象上的恰好相反。在工作线程内部调用 postMessage() 会在外部生成消息事件，而在工作线程外部发送的消息会转换为事件并发送给内部的 onmessage 事件处理程序。因为 WorkerGlobalScope 是工作线程的全局对象，postMessage() 和 onmessage 在工作线程的代码中看起来就像一个全局函数和一个全局变量。

如果给 Worker() 构造函数传入对象作为第二个参数，而该对象有一个 name 属性，则这个属性的值就会成为工作线程中全局对象的 name 属性的值。在通过 console.warn() 或 console.error() 打印的任何消息中，工作线程都包含这个名字（name）。

而 close() 函数可以让工作线程终止自己，效果与调用 Worker 对象的 terminate() 方法一样。

由于 WorkerGlobalScope 是工作线程的全局对象，因此它拥有核心 JavaScript 全局对象的所有属性，如 JSON 对象、isNaN() 函数、Date() 函数。不过，除此之外，WorkerGlobalScope 也拥有下列客户端 Window 对象的属性。

- self 是对全局对象自身的引用。WorkerGlobalScope 不是 Window 对象，没有定义 window 属性。

- setTimeout()、clearTimeout()、setInterval()、clearInterval() 等定时器方法。

- location 属性描述传给 Worker() 构造函数的 URL。这个属性引用一个 Location 对象，就像 Window 对象上的 location 属性一样。Location 对象有 href、protocol、host、hostname、port、pathname、search 和 hash 属性。但在工作线程中，这些属性都是只读的。

- navigator 属性引用的是一个类似 Window 的 Navigator 对象。工作线程的 Navigator 对象拥有 appName、appVersion、platform、userAgent 和 onLine 属性。

- 常用的事件目标方法 addEventListener() 和 removeEventListener()。

最后，WorkerGlobalScope 对象还包含重要的客户端 JavaScript API，比如 Console 对象、fetch() 函数和 IndexedDB API。WorkerGlobalScope 也包含 Worker() 构造函数，这意味着工作线程也可以创建自己的工作线程。

15.13.3 在工作线程中导入代码

浏览器支持 Worker 的时候 JavaScript 还不支持模块系统，因此工作线程有自己一套独特的系统用于导入外部代码。WorkerGlobalScope 定义了 importScripts() 全局函数，所有工作线程都可以使用：

```
// 在开始之前，加载需要的类和辅助程序
importScripts("utils/Histogram.js", "utils/BitSet.js");
```

importScripts() 接收一个或多个 URL 参数，每个 URL 引用一个 JavaScript 代码文件。相对 URL 的解析相对于传给 Worker() 构造函数的 URL（而不是相对于包含文档）。importScripts() 按照传入顺序一个接一个地同步加载并执行这些文件。如果加载某个脚本时出现网络错误，或者如果执行某个脚本时抛出了任何错误，则后续脚本都不会再加载或执行。通过 importScripts() 加载的脚本自身也可以调用 importScripts() 加载自己的依赖文件。不过，要注意的是 importScripts() 不会跟踪已经下载了哪些脚本，也不会阻止循环依赖。

importScripts() 是同步函数，即它会在所有脚本都加载并执行完毕后返回。importScripts() 返回后，就可以立即使用它所加载的脚本，不需要回调、事件处理程

序、then() 方法或 await。一旦习惯了客户端 JavaScript 的异步特性，再碰到简单的同步代码反而会让人觉得有点怪。但这正是线程的优点，工作线程中的任何阻塞函数都不会影响主线程的事件循环，也不会影响其他工作线程中的并行计算。

在工作线程中使用模块

为了在工作线程中使用模块，必须给 Worker() 构造函数传入第二个参数。这个参数必须是一个有 type 属性且值为 module 的对象。给 Worker() 构造函数传入 type: "module" 选项与在 HTML <script> 标签中添加 type="module" 类似，都是表示应该将当前代码作为模块来解释，并允许使用 import 声明。

如果工作线程加载的是模块而非常规脚本，WorkerGlobalScope 上不会再定义 importScripts() 函数。

注意，截止到 2020 年初，Chrome 是唯一真正在工作线程中支持模块和 import 声明的浏览器。

15.13.4 工作线程执行模型

工作线程自上而下地同步运行自己的代码（和所有导入的脚本及模块），之后就进入了异步阶段，准备对事件和定时器作出响应。如果注册了"message"事件处理程序，只要有收到消息事件的可能，则工作线程就不会退出。而如果工作线程没有监听消息事件，它会运行直到没有其他待决的任务（如 fetch() 期约和定时器），且所有任务相关的回调都被调用。在所有注册的回调都被调用后，工作线程已经不可能再启动新任务了，此时线程可以安全退出，而且是自动的。工作线程也可以调用全局的 close() 函数显式将自己终止。注意，Worker 对象上没有任何属性或方法可以告诉我们工作线程是否还在运行，因此除非与父线程协商一致，否则工作线程不应该主动终止自己。

工作线程中的错误

如果工作线程中出现了异常，而且没有被 catch 子句捕获，则会在全局对象上触发"error"事件。如果这个事件有处理程序，而且处理程序调用了事件对象的 preventDefault()，则错误会停止传播。否则，"error"事件会在 Worker 对象上触发。如果这里调用了 preventDefault()，则传播停止。否则，开发者控制台会打印出错误消息，并调用 Window 对象的 onerror 处理程序（参见 15.1.7 节）。

```
// 在工作线程内处理未被捕的错误
self.onerror = function(e) {
    console.log(`Error in worker at ${e.filename}:${e.lineno}: ${e.message}`);
    e.preventDefault();
```

```
    };

    // 否则，就要在工作线程外处理未被捕获的错误。
    worker.onerror = function(e) {
        console.log(`Error in worker at ${e.filename}:${e.lineno}: ${e.message}`);
        e.preventDefault();
    };
```

与在 window 上类似，工作线程也可以注册一个事件处理程序，以便期约被拒绝又没有 .catch() 函数处理它时调用。为此，可以在工作线程内定义一个 self.onunhand-ledrejection 函数，或者使用 addEventListener() 为全局事件"unhandledrejection"注册一个全局处理程序。传给这个处理程序的事件对象有一个 promise 属性，值为被拒绝的期约对象，还有一个 reason 属性，值为传给 .catch() 函数的值。

15.13.5 postMessage()、MessagePort 和 MessageChannel

Worker 对象的 postMessage() 方法和工作线程内部的全局 postMessage() 函数，都是通过调用在创建工作线程时一起创建的一对 MessagePort（消息端口）对象的 postMessage() 方法来实现通信的。客户端 JavaScript 无法直接访问这两个自动创建的 MessagePort 对象，但可以通过 MessageChannel() 构造函数创建一对新的关联端口：

```
let channel = new MessageChannel;                   // 创建新信道
let myPort = channel.port1;                          // 它有两个相互
let yourPort = channel.port2;                        // 连接的端口

myPort.postMessage("Can you hear me?");              // 在一个端口上发送消息
yourPort.onmessage = (e) => console.log(e.data);     // 可以在另一个端口收到
```

MessageChannel 是一个对象，有两个属性 port1 和 port2，引用一对关联的 MessagePort 对象。MessagePort 对象有一个 postMessage() 方法和一个 onmessage 事件处理程序属性。在一个消息端口上调用 postMessage()，会触发关联消息端口的"message"事件。通过设置 onmessage 属性或调用 addEventListener() 为"message"事件注册监听器可以收到这些"message"事件。

发送到一个端口的消息在该端口定义 onmessage 属性或调用 start() 方法之前会被放在一个队列中。这样可以防止信道一端发送的消息被另一端错过。如果调用了 MessagePort 的 addEventListener()，不要忘了调用 start()，否则可能永远看不到发过来的消息。

前面看到的 postMessage() 调用都接收一个消息参数。实际上这个方法还接收可选的第二个参数，该参数是一个数组，数组的元素不是被复制到信道另一端，而是被转移到信道另一端。像这样可以转移而非复制的值包括 MessagePort 和 ArrayBuffer（有些浏览器也实现了其他可转移类型，如 ImageBitmap 和 OffscreenCanvas。但这些类型并未得到普遍支持，因此本书未做介绍）。如果 postMessage() 的第一个参数包含一个 MessagePort（嵌套在消息对象中某个地方），那么该 MessagePort 也必须出现在第二个参数中。这样一来，这个 MessagePort 将被转移到另一个线程，并在当前线程立即失效[译注1]。假设你已经创建了一个工作线程，但希望有两个信道能够与之通信：一个信道用于交换普通数据，另一个信道用于交换高优先级消息。那么可以在主线程中创建一个 MessageChannel，然后调用 Worker 对象的 postMessage() 方法，把其中一个 MessagePort 传给工作线程：

```
let worker = new Worker("worker.js");
let urgentChannel = new MessageChannel();
let urgentPort = urgentChannel.port1;
worker.postMessage({ command: "setUrgentPort", value: urgentChannel.port2 },
                   [ urgentChannel.port2 ]);
// 现在可以像这样接收工作线程发过来的紧急消息
urgentPort.addEventListener("message", handleUrgentMessage);
urgentPort.start();  // 开始接收消息
// 像这样发送紧急消息
urgentPort.postMessage("test");
```

使用 MessageChannel 也可以实现两个工作线程间直接通信，从而避免通过主线程代为转发消息。

postMessage() 的第二个参数还可以用来在工作线程间转移而非复制 ArrayBuffer。对于较大的 ArrayBuffer，比如保存图像数据的 ArrayBuffer 而言，这样可以在很大程度上提升性能。当 ArrayBuffer 被 MessagePort 转移到另一端之后，原始线程就无法再使用该 ArrayBuffer 了，因而不存在并发访问其内容的可能。如果 postMessage() 的第一个参数中包含一个 ArrayBuffer，则该 ArrayBuffer 可以作为数组元素出现在 postMessage() 的第二个参数中。如果确实出现了，那么它会被转移而非复制。如果没有出现，那么这个 ArrayBuffer 就会被复制而不会被转移。示例 15-14 将展示通过这种技术转移 ArrayBuffer。

15.13.6 通过 postMessage() 跨源发送消息

在客户端 JavaScript 中，postMessage() 方法还有另一个使用场景。这个场景涉及窗口而不是工作线程，但两个场景有很多类似之处，只不过接下来要介绍的是 Window 对象上的 postMessage() 方法。

如果文档中包含一个 `<iframe>` 元素，则该元素就像一个嵌入但独立的窗口。表示 `<iframe>` 的 Element 对象有一个 contentWindow 属性，也就是那个嵌套文档的 Window 对象。对于在这个嵌入窗格（iframe）中运行的脚本，window.parent 属性引用包含文

译注1：原文这句话中的 the other end of the channel 和 your end 表述有错误。

档的 Window 对象。当两个窗口显示的文档具有相同来源时，两个窗口中的脚本都拥有访问另一个窗口中内容的权限。但是如果两个文档的来源不同，浏览器的同源策略将阻止两个窗口中的 JavaScript 相互访问对方的内容。

对于工作线程，postMessage() 为两个独立的线程提供了无须共享内存就能通信的安全机制。对于窗口，postMessage() 也为两个独立的来源提供了安全交换消息的受控机制。即便同源策略阻止脚本访问另一个窗口的内容，仍然可以调用另一个窗口的 postMessage()，这样会触发该窗口的"message"事件，从而让该窗口脚本中的事件处理程序接收到。

不过，Window 对象上的 postMessage() 方法与工作线程的 postMessage() 方法有一点不同。第一个参数仍然是可以通过结构化克隆算法复制的任意消息。但包含要转移而非复制对象的第二个可选参数变成了可选的第三个参数。窗口的 postMessage() 方法以一个字符串作为其必需的第二个参数。这第二个参数应该是一个源（协议、主机名和可选的端口号），用于指定你希望谁接收这条消息。如果传入"https://good.example.com"作为第二个参数，但把消息发送到了一个内容来源为"https://malware.example.com"的窗口，那么你发送的消息将不会被派送。如果你想把消息发送给任意来源的窗口，可以传"*"通配符作为第二个参数。

在一个窗口或 <iframe> 中运行的 JavaScript 代码可以通过定义窗口的 onmessage 属性或通过调用 addEventListener() 为"message"事件注册处理程序，接收发送到该窗口或窗格的消息。与工作线程类似，在接收到窗口的"message"事件时，事件对象的 data 属性是发送过来的消息。不过，除此之外，派送到窗口的"message"事件也定义了 source 和 origin 属性。source 属性是发送事件的 Window 对象，因此可以使用 event.source.postMessage() 发送回信。origin 属性则是该窗口中内容的源。这个源是消息发送方无法伪造的，因此在收到"message"事件时，通常应该先验证发送消息的源的合法性。

15.14 示例：曼德布洛特集合

本章的高潮部分是一个长示例，这个示例演示了使用工作线程和消息机制并行完成计算密集型任务。不过，因为示例本身是一个交互式的真实 Web 应用，所以其中也涉及本章介绍的很多其他 API，包括历史管理，基于 <canvas> 使用 ImageData 类，以及键盘、光标和缩放事件等。此外这个示例也演示了重要的核心 JavaScript 特性，比如生成器，以及对期约的深度应用。

如图 15-16 所示，这个示例程序用于显示和探索曼德布洛特集合，即一种包含漂亮图案的复数分形。

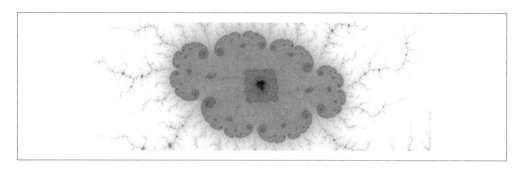

图 15-16：曼德布洛特集合的一部分

这里的曼德布洛特集合是通过一组复平面上的点来定义的。在反复完成一系列复数乘法和加法计算后，这个复平面会产生一个大小在一定范围内的值。这个集合的轮廓极其复杂，计算哪些点在这个集合中，哪些点不在这个集合中，属于计算密集型任务。要产生 500×500 大小的曼德布洛特集合图像，必须计算 25 万个像素中的每个像素，判断它们是否属于该集合。而要验证与每个像素关联的值没有超出既定范围，必须重复完成 1000 甚至更多次复数乘法（迭代次数越多，得到的集合边界也越清晰。迭代次数越少，边界越模糊）。想到生成一幅高质量的曼德布洛特集合图片需要高达 2.5 亿次复数运算，就不难理解为什么工作线程是个得力的帮手。示例 15-14 展示了我们使用的工作线程代码。这个文件相对简洁，其中只包含了大型程序所需的原始算力。不过，有两件事需要说明一下。

- 这个工作线程创建了一个 ImageData 对象，用于表示矩形的像素网格，针对这个网格会计算曼德布洛特集合的成员。但它并没有在 ImageData 中存储实际的像素值，而是使用了一个自定义的定型数组，将每个像素当成一个 32 位整数。工作线程在这个数组中存储了每个像素必需的迭代次数。如果针对每个像素计算得到的复数大小超过了 4，从数学上可以保证它不会受限制，我们称其为"逃逸了"。因此这个工作线程针对每个像素返回的值都是在该值逃逸前的迭代次数。我们告诉工作线程对于每个值它应该尝试的最大迭代次数，以及到达最大值就可以认为是集合成员的像素。

- 这个工作线程把 ImageData 关联的 ArrayBuffer 发送回主线程，因此无须复制与之关联的内存。

示例 15-14：用于计算曼德布洛特集合区域的工作线程代码

```
// 这是一个简单的工作线程，它从父线程接收消息
// 执行消息所描述的计算，然后再把计算结果发送
// 回父线程
onmessage = function(message) {
    // 首先，分拆接收到的消息:
```

```
//  - tile 是具有 width 和 height 属性的对象,
//    表示需要计算其中包含的曼德布洛特集合
//    成员的像素矩形的大小
//  - (x0, y0) 是复平面上的一个点,对应
//    切片 (tile) 的左上角位置的像素
//  - perPixel 是实数轴和虚数轴上的像素大小
//  - maxIterations 指定在判定某个像素在
//    集合中之前要执行的最大迭代次数
const {tile, x0, y0, perPixel, maxIterations} = message.data;
const {width, height} = tile;

// 接下来,我们创建 ImageData 对象,用以表示
// 像素的矩形数组,取得其内部 ArrayBuffer,
// 并创建该缓冲的定型数组视图,这样就可以将
// 每个像素当作 1 个整数而非 4 个字节。我们会在
// 这个 iterations 数组中保存每个像素的迭代
// 次数 (父线程再把迭代次数转换为像素颜色)
const imageData = new ImageData(width, height);
const iterations = new Uint32Array(imageData.data.buffer);

// 现在开始计算。这里有 3 个嵌套的 for 循环
// 外面两个循环像素的行和列,内部的循环
// 迭代每个像素,检查这是否"逃逸了"
// 以下是几个循环变量:
// - row 和 column 是整数,表示像素坐标
// - x 和 y 表示每个像素的复数点: x + yi
// - index 是数组 iterations 中当前像素的索引
// - n 记录每个像素的迭代次数
// - max 和 min 记录当前矩形中已经检查过的像素的
//   最大和最小迭代次数
let index = 0, max = 0, min=maxIterations;
for(let row = 0, y = y0; row < height; row++, y += perPixel) {
    for(let column = 0, x = x0; column < width; column++, x += perPixel) {
        // 对每个像素,都从复数 c = x+yi 开始
        // 然后按照如下递归公式,重复计算复数 z(n+1):
        //    z(0) = c
        //    z(n+1) = z(n)^2 + c
        // 如果 |z(n)| (z(n) 的大小) 大于 2,则
        // 像素不属于集合,在 n 次迭代后停止
        let n;              // 目前为止迭代的次数
        let r = x, i = y;   // 从把 z(0) 设置为 c 开始
        for(n = 0; n < maxIterations; n++) {
            let rr = r*r, ii = i*i; // 计算 z(n) 两部分的平方
            if (rr + ii > 4) {      // 如果 |z(n)|^2 大于 4,
                break;              // 就是逃逸了,停止迭代
            }
            i = 2*r*i + y;          // 计算 z(n+1) 的虚数部分,
            r = rr - ii + x;        // 及 z(n+1) 的实数部分
        }
        iterations[index++] = n;    // 记录每个像素的迭代次数
        if (n > max) max = n;       // 记录目前为目的最大值,
        if (n < min) min = n;       // 同时记录最小值
    }
}
```

```
    // 计算完成后，把结果发送回父线程。此时会
    // 复制 imageData 对象，但它包含的巨大的
    // ArrayBuffer 只会转移出去，从而提升性能
    postMessage({tile, imageData, min, max}, [imageData.data.buffer]);
};
```

例 15-15 展示了使用以上工作线程代码的曼德布洛特集合查看程序。既然本书中最长的这一章已经接近尾声，那么这个长示例某种程度上也是一个巅峰体验的示例，其中集合了很多重要的核心和客户端 JavaScript 特性及 API。代码中的注释非常完整，建议读者认真阅读。

示例 15-15：显示和探索曼德布洛特集合的 Web 应用

```
/*
 * 这个切片类表示一张画布或图片上的小矩形
 * 切片可以把画布切成可以由工作线程独立处理的区块
 */
class Tile {
    constructor(x, y, width, height) {
        this.x = x;                  // 这里 Tile 对象的
        this.y = y;                  // 属性表示大矩形
        this.width = width;          // 中切片的位置及
        this.height = height;        // 大小
    }

    // 这个静态方法是一个生成器，用于将指定宽度
    // 和高度的矩形切分成指定的行数和列数，回送
    // numRows*numCols 个覆盖该矩形的 Tile 对象
    static *tiles(width, height, numRows, numCols) {
        let columnWidth = Math.ceil(width / numCols);
        let rowHeight = Math.ceil(height / numRows);

        for(let row = 0; row < numRows; row++) {
            let tileHeight = (row < numRows-1)
                ? rowHeight                            // 大多数行的高度
                : height - rowHeight * (numRows-1);    // 最后一行的高度
            for(let col = 0; col < numCols; col++) {
                let tileWidth = (col < numCols-1)
                    ? columnWidth                      // 大多数列的宽度
                    : width - columnWidth * (numCols-1); // 最后一列的宽度

                yield new Tile(col * columnWidth, row * rowHeight,
                               tileWidth, tileHeight);
            }
        }
    }
}

/*
 * 这个类表示一个工作线程池，所有工作线程运行的代码都一样
 * 工作线程的代码必须可以按照接收到的消息执行某些计算，
 * 并发送回一条包含该计算结果的消息
 *
```

```
 * 有了 WorkerPool 和表示要完成任务的消息，只需在调用 addWork()
 * 时传入该消息作为参数。如果某个 Worker 对象空闲了，则消息就会
 * 立即发送给该工作线程。如果没有空闲的 Worker 对象，消息就会被
 * 放到队列中，等有 Worker 空闲时再发送
 *
 * addWork() 返回一个期约，该期约将以任务完成后发送回来的消息
 * 解决，如果工作线程抛出未处理的错误，期约将会被拒绝
 */
class WorkerPool {
    constructor(numWorkers, workerSource) {
        this.idleWorkers = [];        // 当前空间的工作线程
        this.workQueue = [];          // 当前未处理的任务
        this.workerMap = new Map();   // 将工作线程映射到解决和拒绝函数

        // 创建指定数量的工作线程，添加消息及错误处理程序
        // 然后将它们保存在 idleWorkers 数组中
        for(let i = 0; i < numWorkers; i++) {
            let worker = new Worker(workerSource);
            worker.onmessage = message => {
                this._workerDone(worker, null, message.data);
            };
            worker.onerror = error => {
                this._workerDone(worker, error, null);
            };
            this.idleWorkers[i] = worker;
        }
    }

    // 工作线程完成任务时会调用这个方法
    // 可能发回消息，也可能抛出错误
    _workerDone(worker, error, response) {
        // 找到这个工作线程的 resolve() 和 reject() 函数
        // 然后从映射中删除这个工作线程的条目
        let [resolver, rejector] = this.workerMap.get(worker);
        this.workerMap.delete(worker);
        // 如果队列中没有任务，把这个工作线程放回空闲线程数组
        // 否则，从队列中取出任务，把任务发送给这个工作线程
        if (this.workQueue.length === 0) {
            this.idleWorkers.push(worker);
        } else {
            let [work, resolver, rejector] = this.workQueue.shift();
            this.workerMap.set(worker, [resolver, rejector]);
            worker.postMessage(work);
        }

        // 最后，解决或拒绝与这个工作线程关联的期约
        error === null ? resolver(response) : rejector(error);
    }

    // 这个方法把任务添加到工作线程池并返回一个期约
    // 该期约会在任务完成时解决为工作线程的响应。任务
    // 是一个通过 postMessage() 发送给工作线程的值
    // 如果有空闲的工作线程，则会立即发送任务消息
    // 否则，任务会被放到队列中，等待空闲的工作线程
```

```
    addWork(work) {
        return new Promise((resolve, reject) => {
            if (this.idleWorkers.length > 0) {
                let worker = this.idleWorkers.pop();
                this.workerMap.set(worker, [resolve, reject]);
                worker.postMessage(work);
            } else {
                this.workQueue.push([work, resolve, reject]);
            }
        });
    }
}


/*
 * 这个类保存渲染曼德布洛特集合必需的状态信息
 * 其中，cx 和 cy 属性是图片中心在复平面中的点
 * 而 perPixel 属性指定图片中一个像素对应复数
 * 中多少实数和虚数部分的变化。maxIterations
 * 属性指定计算这个集合的工作难度。这个数越大，
 * 计算量越大，但产生的图片越锐利。注意画布的
 * 大小没有保存在这个状态信息中。有了 cx、cy 和
 * perPixel，可以按照当前大小在画布上面渲染
 * 曼德布洛特集合的任意部分
 *
 * 这个类的对象用于 history.pushState()，也
 * 用于从收藏夹和共享 URL 中读取预期的状态
 */
class PageState {
    // 这个工厂方法返回用于显示整个集合的初始状态
    static initialState() {
        let s = new PageState();
        s.cx = -0.5;
        s.cy = 0;
        s.perPixel = 3/window.innerHeight;
        s.maxIterations = 500;
        return s;
    }

    // 这个工厂方法从 URL 中获取状态，如果无法
    // 从 URL 中读取有效的状态就返回 null
    static fromURL(url) {
        let s = new PageState();
        let u = new URL(url); // 根据 URL 的搜索参数初始化状态
        s.cx = parseFloat(u.searchParams.get("cx"));
        s.cy = parseFloat(u.searchParams.get("cy"));
        s.perPixel = parseFloat(u.searchParams.get("pp"));
        s.maxIterations = parseInt(u.searchParams.get("it"));
        // 如果取得了有效的值，返回 PageState 对象；否则返回 null
        return (isNaN(s.cx) || isNaN(s.cy) || isNaN(s.perPixel)
                || isNaN(s.maxIterations))
            ? null
            : s;
    }

    // 这个实例方法把当前状态编码为浏览器当前位置的搜索参数
```

```
    toURL() {
        let u = new URL(window.location);
        u.searchParams.set("cx", this.cx);
        u.searchParams.set("cy", this.cy);
        u.searchParams.set("pp", this.perPixel);
        u.searchParams.set("it", this.maxIterations);
        return u.href;
    }
}

// 这几个常量控制同时运行多少曼德布洛特集合计算
// 可以根据自己计算机的配置调整，以获得最佳性能
const ROWS = 3, COLS = 4, NUMWORKERS = navigator.hardwareConcurrency || 2;

// 这是我们曼德布洛特集合的主类
// 直接用要渲染的 <canvas> 元素调用构造函数即可
// 程序假设这个 <canvas> 元素的样式始终让它保持
// 与浏览器窗口一样大。
class MandelbrotCanvas {
    constructor(canvas) {
        // 存储画布，取得其上下文对象，并初始化 WorkerPool
        this.canvas = canvas;
        this.context = canvas.getContext("2d");
        this.workerPool = new WorkerPool(NUMWORKERS, "mandelbrotWorker.js");

        // 定义几个后面要用到的属性
        this.tiles = null;            // 画布的某个区域
        this.pendingRender = null;    // 当前并未渲染
        this.wantsRerender = false;   // 当前不需要渲染
        this.resizeTimer = null;      // 防止过于频繁的缩放
        this.colorTable = null;       // 用于把原始数据转换为像素值

        // 设置事件处理程序
        this.canvas.addEventListener("pointerdown", e => this.handlePointer(e));
        window.addEventListener("keydown", e => this.handleKey(e));
        window.addEventListener("resize", e => this.handleResize(e));
        window.addEventListener("popstate", e => this.setState(e.state, false));

        // 根据 URL 初始化状态，或者获取初始状态
        this.state =
            PageState.fromURL(window.location) || PageState.initialState();

        // 通过历史机制保存状态
        history.replaceState(this.state, "", this.state.toURL());

        // 设置画布大小并取得覆盖它的切片数组
        this.setSize();

        // 把曼德布洛特集合渲染到画布上
        this.render();
    }

    // 设置画布大小并初始化 Tile 对象的数组
    // 这个方法会在构造函数中调用，也会在浏览器
```

```
// 窗口缩放时被 handleResize() 方法调用
setSize() {
    this.width = this.canvas.width = window.innerWidth;
    this.height = this.canvas.height = window.innerHeight;
    this.tiles = [...Tile.tiles(this.width, this.height, ROWS, COLS)];
}

// 这个函数修改 PageState，然后用新状态重新渲染
// 曼德布洛特集合，也通过 history.pushState()
// 保存新状态。如果第一个参数是一个函数，则会调用
// 该函数并传入状态对象，调用后应该修改状态对象
// 如果第一个参数是对象，则直接把该对象的属性复制
// 到状态对象中。如果可选的第二个参数是 false，则
// 不保存新状态（我们会在响应 popstate 事件调用
// setState 时会这么做）
setState(f, save=true) {
    // 如果第一个参数是函数，调用它更新状态
    // 否则，把它的属性复制到当前状态
    if (typeof f === "function") {
        f(this.state);
    } else {
        for(let property in f) {
            this.state[property] = f[property];
        }
    }
    // 无论如何，都尽快渲染新状态
    this.render();

    // 正常情况下会保存新状态。除非被调用时第二个
    // 参数是 false，这表示在响应 popstate 事件
    if (save) {
        history.pushState(this.state, "", this.state.toURL());
    }
}

// 这个方法异步将 PageState 对象指定的曼德布洛特集合的一
// 部分绘制到画布上。构造函数会调用它，setState() 在状态
// 变化时会调用它，画布大小变化时缩放处理程序也会调用它
render() {
    // 有时候用户会使用键盘或鼠标触发渲染，但有可能
    // 比计算速度快。我们不希望把所有渲染请求发送给
    // 工作线程池。如果正在渲染中，那么只做一个标记，
    // 表明需要重新渲染。在当前渲染完成后，我们才会
    // 渲染当前状态，可能会跳过多个中间状态
    if (this.pendingRender) {        // 如果已经在渲染中了，
        this.wantsRerender = true;   // 做个标记表明稍后需要重新渲染
        return;                       // 现在则什么也不做
    }

    // 取得状态变量并计算画布左上角位置的复数
    let {cx, cy, perPixel, maxIterations} = this.state;
```

```
let x0 = cx - perPixel * this.width/2;
let y0 = cy - perPixel * this.height/2;

// 对每个 ROWS*COLS 切片，调用 addWork() 并发送消息给
// mandelbrotWorker.js 中的代码。把得到的期约对象
// 收集到一个数组中
let promises = this.tiles.map(tile => this.workerPool.addWork({
    tile: tile,
    x0: x0 + tile.x * perPixel,
    y0: y0 + tile.y * perPixel,
    perPixel: perPixel,
    maxIterations: maxIterations
}));

// 使用 Promise.all() 从期约数组中取得响应的数组
// 每个响应对应其中一个切片的计算结果。回想一下，
// 在 mandelbrotWorker.js 中，每个响应都包含着
// Tile 对象、包含迭代数而非像素值的 ImageData 对象，
// 以及该切片的最小和最大迭代次数
this.pendingRender = Promise.all(promises).then(responses => {

    // 首先，找到所有切片总体上最大和最小的迭代数
    // 知道这些数值才可以为像素分配颜色
    let min = maxIterations, max = 0;
    for(let r of responses) {
        if (r.min < min) min = r.min;
        if (r.max > max) max = r.max;
    }

    // 现在需要一种方式把工作线程的原始迭代数转换为
    // 在画布中可见的像素颜色值。我们知道所有像素都
    // 在最小和最大迭代之间，因此可以预先计算好每个
    // 迭代数对应的颜色值，保存在 colorTable 数组中
    // 如果还没有分配颜色表，或者颜色表的大小已经不对了

    // 就再分配一个新的
    if (!this.colorTable || this.colorTable.length !== maxIterations+1){
        this.colorTable = new Uint32Array(maxIterations+1);
    }

    // 有了最大和最小值，就可以计算颜色表中对应的值了
    // 集合中的像素会渲染为完全不透明的黑色，集合外的
    // 像素则会渲染为半透明的黑色，且迭代次数越多，越
    // 不透明。迭代次数最小的像素就是透明的，因此会露
    // 出白色背景，从而形成了灰阶图像
    if (min === max) {                  // 如果所有像素都一样
        if (min === maxIterations) {    // 则全部渲染为黑色
            this.colorTable[min] = 0xFF000000;
        } else {                        // 或者全部渲染为白色
            this.colorTable[min] = 0;
        }
    } else {
        // 在正常情况下，min 和 max 不相等，那么就
```

```
        // 使用对数比例将每个可能的迭代次数对应到
        // 0 到 255 间的不透明度，然后使用左移操作符
        // 将其转换为像素值
        let maxlog = Math.log(1+max-min);
        for(let i = min; i <= max; i++) {
            this.colorTable[i] =
                (Math.ceil(Math.log(1+i-min)/maxlog * 255) << 24);
        }
    }

    // 现在把每个响应的 ImageData 中的迭代数
    // 转换为 colorTable 中的颜色值
    for(let r of responses) {
        let iterations = new Uint32Array(r.imageData.data.buffer);
        for(let i = 0; i < iterations.length; i++) {
            iterations[i] = this.colorTable[iterations[i]];
        }
    }
    // 最后，使用 putImageData() 方法把所有
    // imageData 对象渲染为画布中对应的切片
    //（不过，首先要删除可能被 pointerdown
    // 事件处理程序设置的画布中的 CSS 变换）
    this.canvas.style.transform = "";
    for(let r of responses) {
        this.context.putImageData(r.imageData, r.tile.x, r.tile.y);
    }
})
.catch((reason) => {
    // 只要有任何期约出错，都会在这里把错误记录下来
    // 这是不应该发生的，但万一发生了可以帮我们排错
    console.error("Promise rejected in render():", reason);
})
.finally(() => {
    // 在完成渲染后，清除 pendingRender 标记
    this.pendingRender = null;
    // 如果在渲染时有重新渲染的请求，则重新渲染
    if (this.wantsRerender) {
        this.wantsRerender = false;
        this.render();
    }
});
}


// 如果用户缩放了窗口，就会不断调用这个函数
// 缩放画布并渲染曼德布洛特集合是非常耗时的，
// 做不到每秒中多次重新渲染，因此要使用计时器
// 在缩放事件发生 200 毫秒之后再处理
handleResize(event) {
    // 如果已经推迟了一次，则先清除计时器
    if (this.resizeTimer) clearTimeout(this.resizeTimer);
    // And defer this resize instead.
    this.resizeTimer = setTimeout(() => {
```

```
            this.resizeTimer = null;  // 标记已经处理过了
            this.setSize();           // 缩放画布及切片
            this.render();            // 重新在新尺寸上渲染
        }, 200);
    }

    // 如果用户按了一个键, 就会触发这个事件处理程序
    // 对不同的键, 我们会调用 setState(), 而这个方法
    // 会渲染新状态、更新 URL 并在浏览器历史中保存状态
    handleKey(event) {
        switch(event.key) {
        case "Escape":      // 按 Esc 回到初始状态
            this.setState(PageState.initialState());
            break;
        case "+":           // 按 + 增大迭代数
            this.setState(s => {
                s.maxIterations = Math.round(s.maxIterations*1.5);
            });
            break;
        case "-":           // 按 - 减少迭代数
            this.setState(s => {
                s.maxIterations = Math.round(s.maxIterations/1.5);
                if (s.maxIterations < 1) s.maxIterations = 1;
            });
            break;
        case "o":           // 按 o 放大
            this.setState(s => s.perPixel *= 2);
            break;
        case "ArrowUp":     // 向上箭头, 向上滚动
            this.setState(s => s.cy -= this.height/10 * s.perPixel);
            break;
        case "ArrowDown":   // 向下箭头, 向下滚动
            this.setState(s => s.cy += this.height/10 * s.perPixel);
            break;
        case "ArrowLeft":   // 向左箭头, 向左滚动
            this.setState(s => s.cx -= this.width/10 * s.perPixel);
            break;
        case "ArrowRight":  // 向右箭头, 向右滚动
            this.setState(s => s.cx += this.width/10 * s.perPixel);
            break;
        }
    }

    // 在画布上发生 pointerdown 事件时会调用这个方法
    // 这个 pointerdown 事件可能是缩放手势 (单击或点按)
    // 或平移 (拖动) 的开始。这个处理程序为 pointermove
    // 和 pointerup 事件注册处理程序, 以响应后续的手势
    // (这两个额外的处理程序会在 pointerup 结束手势时
    // 被删除)
    handlePointer(event) {
        // 初始指针按下的像素坐标及时间
        // 因为画布跟窗口一样大, 这些坐标
        // 也就是画布上的坐标
        const x0 = event.clientX, y0 = event.clientY, t0 = Date.now();
```

```
    // 这是移动事件的处理程序
    const pointerMoveHandler = event => {
        // 已经移动了多少，已经过了多少时间
        let dx=event.clientX-x0, dy=event.clientY-y0, dt=Date.now()-t0;

        // 如果指针移动的距离已经够远或时间够长，则
        // 说明不是普通的单击，那就要使用 CSS 来平移
        // （我们会在 pointerup 事件发生时真地重新渲染）
        if (dx > 10 || dy > 10 || dt > 500) {
            this.canvas.style.transform = `translate(${dx}px, ${dy}px)`;
        }
    };
    // 这是 pointerup 事件的处理程序
    const pointerUpHandler = event => {
        // 在指针抬起来时，手势结束，此时删除
        // 移动和抬起处理程序，等待下次手势
        this.canvas.removeEventListener("pointermove", pointerMoveHandler);
        this.canvas.removeEventListener("pointerup", pointerUpHandler);

        // 指针移动了多远，过了多长时间
        const dx = event.clientX-x0, dy=event.clientY-y0, dt=Date.now()-t0;
        // 把状态对象分解为个别的常量值
        const {cx, cy, perPixel} = this.state;

        // 如果指针移动的距离已经够远或时间够长，则
        // 是一个平移手势，需要修改状态以修改中心点
        // 否则，用户是在某个点上单击或点按，而我们
        // 要在该点上居中和放大
        if (dx > 10 || dy > 10 || dt > 500) {
            // 用户平移图片 (dx, dy) 像素
            // 把这些值转换为复平面的偏移
            this.setState({cx: cx - dx*perPixel, cy: cy - dy*perPixel});
        } else {
            // 用户单击。计算中心点要移动多少像素
            let cdx = x0 - this.width/2;
            let cdy = y0 - this.height/2;

            // 使用 CSS 快速、临时地放大。
            this.canvas.style.transform =
                `translate(${-cdx*2}px, ${-cdy*2}px) scale(2)`;

            // 把复平面坐标设置为新的中心点
            // 同时也把图片放大两倍
            this.setState(s => {
                s.cx += cdx * s.perPixel;
                s.cy += cdy * s.perPixel;
                s.perPixel /= 2;
            });
        }
    };

    // 在用户手势开始时，我们为后面紧跟着要发生的
    // pointermove 和 pointerup 事件注册处理程序
    this.canvas.addEventListener("pointermove", pointerMoveHandler);
```

```
        this.canvas.addEventListener("pointerup", pointerUpHandler);
    }
}

// 最后，这里是创建以及设置画布的代码。注意这个 JavaScript 文件
// 可以自给自足。换句话说，HTML 文件只要用 <script> 包含它即可
let canvas = document.createElement("canvas");  // 创建画布元素
document.body.append(canvas);                   // 把它插入到文档中
document.body.style = "margin:0";               // <body> 没有外边距
canvas.style.width = "100%";                    // 让画布与页面一样宽
canvas.style.height = "100%";                   // 同时也与页面一样高
new MandelbrotCanvas(canvas);                   // 开始渲染画布
```

15.15 小结及未来阅读建议

本章到现在已经介绍了很多客户端 JavaScript 编程的基础知识。

- 怎么在网页中包含脚本及 JavaScript 模块，还有如何以及何时会执行它们。

- 客户端 JavaScript 的异步、事件驱动的编程模型。

- DOM 允许 JavaScript 代码检查和修改其所在文档的 HTML 内容。DOM API 是所有客户端 JavaScript 编程的核心所在。

- JavaScript 代码如何操作 CSS 样式，从而修改文档的外观。

- JavaScript 代码如何获取文档元素在浏览器窗口，以及在文档自身中的坐标。

- 如何使用自定义元素及影子 DOM API，通过 JavaScript、HTML 和 CSS 创建可重用的 UI "Web 组件"。

- 如何通过 SVG 和 HTML 的 <canvas> 元素显示及动态生成图形。

- 程序如何向网页中以编程方式添加音效（包括预录音效和合成音效）。

- JavaScript 代码如何让浏览器加载新页面，如何在用户浏览器历史中后退和前进，以及如何在浏览器历史中添加新条目。

- JavaScript 程序如何使用 HTTP 和 WebSocket 协议与 Web 服务器交换数据。

- JavaScript 程序如何在用户的浏览器中存储数据。

- JavaScript 程序如何使用工作线程实现安全的并发。

迄今为止，这是本书中最长的一章了。但即便如此，这一章也没有包含浏览器支持的全部 API。Web 平台仍然在不断地拓展和演进，本章的目标是介绍最重要的核心 API。结合你通过本书掌握的知识，随时可以在需要的时候去学习新 API。但如果你不知道还有哪些 API，也就谈不上去学习它们了。因此本章接下来的几小节将简单概述一下 Web 平台的特性，它们都是你将来有可能花时间去学习的。

15.15.1 HTML 与 CSS

Web 构建于 3 个关键技术之上：HTML、CSS 和 JavaScript。JavaScript 知识只是 Web 开发者应该掌握的一部分内容，除此之外还需要学习 HTML 和 CSS。知道如何使用 JavaScript 操作 HTML 元素和 CSS 样式的确很重要，但是如果你也熟悉要操作的 HTML 元素和 CSS 样式不是就更好了吗。

因此在探索更多 JavaScript API 之前，我建议大家花点时间掌握这些 Web 开发者必备的技术和工具。比如，HTML 表单和输入元素有很丰富的功能需要深入理解，而 CSS 的 flexbox 和网格布局模式也是极其强大的。

另外两个有必要格外关注的领域是无障碍（包括 ARIA 属性）和国际化（包括对从右往左书写方向的支持）。

15.15.2 性能

如果你写了一个 Web 应用并且已上线，那么想方设法让它变得更快的日子就开始了。然而，没有度量就无法优化。因此有必要熟悉一下 Performace API。Window 对象的 `performance` 属性是这个 API 的主入口。其中包含高分辨率的时间源 `performance.now()`，以及在代码中打点的 `performance.mark()` 和度量断点之间运行时间的 `performance.measure()` 方法。调用这几个方法会创建 PerformanceEntry 对象，可以通过 `performance.getEntries()` 访问它们。浏览器会在加载新页面或通过网络抓取到文件时添加自己的 PerformanceEntry 对象。而这些自动创建的 PerformanceEntry 对象包含应用的网络性能相关的细粒度时间信息。相关的 PerformanceObserver 类则允许指定一个函数，在新 PerformanceEntry 对象创建时调用。

15.15.3 安全

本章介绍了如何防御 XSS（Cross-Site Scripting，跨站点脚本）安全漏洞的一般策略，但没有太深入讲解细节。Web 安全本身是一个重要的主题，大家也应该花点时间去研究。除了 XSS，还应该掌握 `Content-Security-Policy` HTTP 头部，以及理解 CSP 怎么让你要求浏览器限制它赋予 JavaScript 代码的能力。理解 CORS（Cross-Origin Resource Sharing，跨源资源共享）也很重要。

15.15.4 WebAssembly

WebAssembly（简称 WASM）是一种低级虚拟机字节码格式，专门用于在浏览器中与 JavaScript 解释器配合使用。有些编译器可以将 C、C++ 和 Rust 程序编译为 WebAssembly 字节码，并在不破坏浏览器沙箱或安全模型的前提下，在浏览器中以接近原生的速度运行这些程序。WebAssembly 可以导出供 JavaScript 程序调用的函数。WebAssembly 的典型应用场景是编译标准 C 语言 zlib 压缩库，以便 JavaScript 代码可以使用高速压缩和解压缩算法。更多内容可以参考：*https://webassembly.org*。

15.15.5 更多 Document 和 Window 特性

Document 和 Window 对象还有一些本章并未介绍的特性。

- Window 对象定义了 alert()、confirm() 和 prompt() 方法，用于向用户显示简单的模态对话框。这些方法都会阻塞主线程。confirm() 方法同步返回一个布尔值，prompt() 同步返回一个用户输入的字符串。这些方法不适合在线上产品中使用，但在简单的项目和原型中可以使用。

- Window 对象的 navigator 和 screen 属性在本章前面提到过，但它们引用的 Navigator 和 Screen 对象还有一些本章未介绍但可能对你有用的特性。

- 任何 Element 对象的 requestFullscreen() 方法会要求浏览器以全屏模式显示该元素（比如 <video> 或 <canvas> 元素）。Document 的 exitFullscreen() 方法返回正常显示模式。

- Window 对象的 requestAnimationFrame() 方法以一个函数作为参数，并会在浏览器准备渲染下一帧时执行该函数。在涉及视觉变化（特别是重复的视觉变化动画相关的视觉变化）的功能时，在代码中调用 requestAnimationFrame() 可以保证变化被浏览器按照最优的方式平滑渲染。

- 如果用户选择了文档中的文本，可以通过 Window 对象的 getSelection() 方法获得选区的详细信息，并通过 getSelection().toString() 取得选中的文本。在有的浏览器中，navigator.clipboard 是一个具有异步 API 的对象，可以读取和设置系统剪贴板的内容，以支持浏览器外部应用的复制及粘贴操作。

- 浏览器有一个鲜为人知的特性，就是 HTML 元素的 contenteditable="true" 属性可以让元素内容变得可以编辑。而 document.execCommand() 方法则支持对可编辑内容应用富文本编辑特性。

- MutationObserver 对象允许 JavaScript 监控文档中指定元素（或下方元素）的变化。通过 MutationObserver() 构造函数可以创建 MutationObserver 对象，传入的回调函数会在变化发生时被调用。然后再调用 MutationObserver 的 observe() 方法指定要监控哪个元素的哪个部分。

- IntersectionObserver 对象允许 JavaScript 确定哪个文档元素当前在屏幕上，哪个元素接近屏幕。对于随着用户滚动按需动态加载内容的应用，IntersectionObserver 非常有用。

15.15.6 事件

Web 平台支持的事件数量之庞大、类型之多样是令人望而生畏的。本章已经介绍了很多种事件类型，但下面这些也很有用。

- 浏览器会在获得和失去互联网连接时在 Window 对象上分别触发"online"和"offline"事件。

- 浏览器会在文档（通常是因为用户切换标签页而）变得可见或不可见时在 Document 对象上触发"visibilitychange"事件。JavaScript 可以检查 document.visibilityState 确定其文档当前是"visible"（可见）还是"hidden"（隐藏）。

- 浏览器支持一套复杂的 API，以支持拖放 UI 和与浏览器外部应用程序的数据交换。这个 API 涉及很多事件，包括"dragstart""dragover""dragend"和"drop"。虽然正确使用这个 API 比较麻烦，但必要时还是很有用的。如果你希望支持用户从桌面向 Web 应用中拖放文件，那这个 API 就非常重要了。

- Pointer Lock API 可以让 JavaScript 隐藏鼠标指针，获得与鼠标指针在屏幕上的相对移动量而非绝对位置相关的原始鼠标事件。这通用对编写游戏很有用。首先在需要接收鼠标事件的元素上调用 requestPointerLock()，然后该元素就可以收到"mousemove"事件，事件对象上就会有 movementX 和 movementY 属性。

- Gamepad API 增加了对游戏手柄（控制器）的支持。使用 navigator.getGamepads() 取得已连接的 Gamepad 对象，并监听 Window 对象上的"gamepadconnected"事件，可以在新手柄插入时收到通知。Gamepad 对象定义了一个 API，可以查询手柄按键的当前状态。

15.15.7 PWA 与 Service Worker

PWA（Progressive Web App）指的是使用几种关键技术构建的一种 Web 应用形式。如果要详细讲解相关技术，差不多需要一本书的篇幅，因此本章并没有介绍它们。但是，读者应该了解与之相关的所有 API。不过有必要指出，像这样强大的现代 API 通常都只能在安全的 HTTPS 连接下工作。仍然使用 http:// URL 的网站则无法使用这些新技术。

- ServiceWorker（服务线程）是一种工作线程，但具有在它"服务"的 Web 应用中拦截、检查和响应网络请求的能力。当 Web 应用注册了一个服务线程时，该线程的代码会在浏览器本地持久存储，而当用户再次访问关联的网站时，该服务线程会被重新激活。服务线程可以缓存网络响应（包括文件和 JavaScript 代码），这意味着使用服务线程的 Web 应用实际上可以把自己安装在用户的计算机上，从而实现快速启动和离线使用。要深入学习服务线程及相关技术，推荐大家阅读 *Service Worker Cookbook*（请访问 *https://serviceworke.rs/*）。

- Cache API 就是设计由服务线程来使用的（不过在工作线程外部的普通 JavaScript 代码中也可以使用）。这个 API 要使用 fetch() API 定义的 Request 和 Response 对象，实现对 Request/Response 对的缓存。Cache API 可以让服务线程缓存脚本以及它所服务的 Web 应用的其他资源，也可以辅助实现 Web 应用的离线使用（对于移动设备而言尤其重要）。

- Web Manifest 是 JSON 格式的文件，描述 Web 应用，包含名字、URL 和指向各种尺寸图标的链接。如果你的 Web 应用注册了服务线程，而且包含引用一个 .webmanifest 文件的 <link rel="manifest"> 标签，则浏览器（特别是移动设备上的浏览器）可能会让你把该 Web 应用的图标添加到桌面或主屏幕上。

- Notifications API 可以让 Web 应用在移动和桌面设备上使用原生 OS 的通知机制显示通知。通知可以包含图片和文本。如果用户单击了通知，你的代码可以收到事件。由于使用这个 API 涉及向用户请求显示通知的权限，所以还是有点复杂的。

- Push API 可以让关联了服务线程（且已获得用户许可）的 Web 应用订阅服务器的通知，并能够在应用本身没有运行的情况下显示这些通知。推送通知在移动设备上很常见，而 Push API 让 Web 应用在移动设备上向原生应用又迈进了一步。

15.15.8 移动设备 API

有不少 Web API 主要用于在移动设备上运行的 Web 应用（可惜的是，这些 API 中有很多只能在 Android 设备上使用，不能在 iOS 设备上使用）。

- Geolocation API 可以让 JavaScript（在用户许可的情况下）确定用户的地理位置。桌面和移动设备都支持这个 API，包括 iOS 设备。调用 navigator.geolocation.getCurrentPosition() 请求用户当前位置，调用 navigator.geolocation.watchPosition() 注册一个回调，当用户位置变化时可以调用它。

- navigator.vibrate() 方法可以让移动设备（不包含 iOS 设备）震动。通常只能在响应用户某个手势时使用。调用这个方法可以让你的应用在识别出某个手势时给出无声的反馈。

- ScreenOrientation API 让 Web 应用可以查询移动设备屏幕的当前朝向，也可以把自己锁定为横屏或竖屏模式。

- Window 对象上的 "devicemotion" 和 "deviceorientation" 事件会报告设备的加速感应器和磁力感应器数据，从而让你确定设备加速的方式，以及用户在空间中的朝向（iOS 也支持这些事件）。

- 除 Android 设备上的 Chrome 之外，Sensor API 还没有得到广泛支持。它可以让 JavaScript 访问移动设备上的所有传感器，包括加速感应器、陀螺仪、磁力感应器和环境光传感器。这些传感器可以让 JavaScript 确定用户面对哪个方向，或者确定用户什么时候晃动了自己的手机。

15.15.9 二进制 API

定型数组、ArrayBuffer 和 DataView 类（11.2 节都介绍过）可以让 JavaScript 操作二进制数据。正像本章前面提到的，fetch() API 让 JavaScript 程序可以通过网络接收二进制数据。另一个二进制数据的来源是用户的本地文件系统。出于安全考虑，JavaScript 不能读取用户本地文件。但如果用户选择了某个文件并上传（使用 <input type="file"> 表单元素），或者用户把一个文件拖放到了你的 Web 应用中，那么 JavaScript 可以通过 File 对象来访问这个文件。

File 是 Blob 的子类，因此它也是一个数据块的不透明表示。可以使用 FileReader 类以 ArrayBuffer 或字符串形式异步获取文件的内容（在某些浏览器中，可以不用 FileReader，而直接使用 Blob 类定义的基于期约的 text() 和 arrayBuffer() 方法获取文件的内容，或者使用 stream() 方法通过流 API 访问文件内容）。

在操作二进制数据，特别是使用流 API 访问二进制数据时，可能需要把字节解码为文本，或者把文本编码为字节。此时可以使用 TextEncoder 和 TextDecoder 类。

15.15.10 媒体 API

JavaScript 代码可以通过 navigator.mediaDevices.getUserMedia() 方法请求访问用户的麦克风或摄像头。请求成功会返回一个 MediaStream 对象。视频流可以显示在一个 <video> 标签中（通过把 srcObject 属性设置为视频流）。可以使用画布的 drawImage() 函数把视频的静态帧捕获到屏外的 <canvas> 元素上，得到一张低分辨率的图片。getUserMedia() 返回的音频流和视频流可以通过 MediaRecorder 录制并编码为 Blob 对象。

更复杂的 WebRTC API 支持通过网络发送和接收 MediaStream，可以实现点对点的视频会议。

15.15.11 加密及相关 API

Window 对象的 crypto 属性暴露了一个 getRandomValues() 方法，用于产生密码学意义上安全的伪随机数。与加密、解密、密钥生成、数字签名等相关的其他方法则暴露在 crypto.subtle 上。这个属性的名字（subtle，难以捉摸）意在警告使用这些方法的所有人：正确使用加密算法是很难的，除非你真的知道自己在干什么，否则不要使用这些方法。同样，crypto.subtle 的方法只能由通过安全的 HTTPS 连接加载的文档中的 JavaScript 代码使用。

Credential Management API 和 Web Authentication API 可以让 JavaScript 生成、存储和取得公钥（及其他类型的）凭据，从而实现免密创建账号和登录。这个 JavaScript API 主要涉及函数 navigator.credentials.create() 和 navigator.credentials.get()，但为了让这两个方法起作用，服务端必须有对应的基础设施。这些 API 尚未得到普遍支持，但有希望颠覆现在登录网站的方式。

Payment Request API 为浏览器增加了在网页上通过信用卡支付的能力。用户通过它可以把自己的支付信息存储在浏览器上，这样就不必每次购物时都输入一遍自己的信用卡号了。需要请求用户支付的 Web 应用要创建一个 PaymentRequest 对象，并调用它的 show() 方法向用户显示支付请求。

Node 服务器端 JavaScript

Node 是 JavaScript 与底层操作系统绑定的结合，因而可以让 JavaScript 程序读写文件、执行子进程，以及实现网络通信。为此，Node 得到了广泛应用：

- 首先是替代命令行脚本，因为它没有 bash 及其他 Unix 终端那样神秘的语法；

- 其次是作为运行受信程序的通用编程语言，没有浏览器那种运行不受信代码带来的安全限制；

- 最后它也是编写高效、高并发 Web 服务器的流行环境。

Node 的典型特点是由其默认异步的 API 赋能的单线程基于事件的并发能力。如果你有其他编程语言的经验，但没写过多少 JavaScript 代码，或者你是一名经验丰富的客户端 JavaScript 程序员，习惯了面向浏览器编程，那么使用 Node 可能需要有个适应过程，就像使用任何新编程语言或环境一样。本章先解释 Node 编程模型，重点是其并发能力，然后介绍操作流数据的 Node API 和操作二进制数据的 Buffer 类型。在介绍以上内容之后，我们会重点讲解一些 Node API，涉及操作文件、网络、进程和线程。

短短一章的篇幅不足以记述所有 Node API，但我希望本章可以涵盖足够的基础知识，可以让你高效地使用 Node，并有信心自己去学习和掌握新 API。

安装 Node

Node 是开源软件。访问 *https://nodejs.org*，下载并在 Windows 和 MacOS 上安装。在 Linux 上，可以使用你常用的包管理器，或者访问 *https://nodejs.org/en/download/*，直接下载二进制可执行文件。如果你在使用容器化软件，可以在 *https://hub.docker.com/* 上找到官方的 Node Docker 镜像。

除了 Node 可执行文件，Node 安装之后也会包含 npm，这是一个包管理器，可以方

便地访问海量 JavaScript 工具和库。本章的例子只会用到 Node 内置的包，不会使用 npm 或任何外部库。

最后，不要忽视官方 Node 文档，包括 *https://nodejs.org/api/* 和 *https://nodejs.org/en/ docs/guides/* 上的文档。这些文档编排得当，撰写得也很好。

16.1 Node 编程基础

本章，我们先来简单介绍一下 Node 程序的构成，看一看它们如何与操作系统交互。

16.1.1 控制台输出

如果你习惯于为浏览器编写 JavaScript 代码，那么切换到 Node 编程时，要知道 console. log() 不仅可以用于调试，也是 Node 向用户显示消息的最简单方式，或者更宽泛地讲，是向标准输出流（stdout）发送输出的一种主要方式。下面是 Node 中经典的"Hello World"程序：

```
console.log("Hello World!");
```

也有低级 API 可以写入标准输出，但是没有什么方式比调用 console.log() 更简单或者更正式。

在浏览器中，console.log()、console.warn() 和 console.error() 通常会在控制台中输出内容的前面显示一个小图标，表示不同类型的日志消息。Node 不会显示图标，但 console.error() 显示的输出与 console.log() 显示的输出仍然有区别，因为 console. error() 写入的是标准错误流（stderr）。如果你写的 Node 程序要把标准输出重定向到一个文件或管道，可以使用 console.error() 在控制台显示用户可以看到的文本，而 console.log() 打印的文本是不可见的。

16.1.2 命令行参数和环境变量

如果你之前写过在终端或其他命令行界面中执行的 Unix 风格的程序，就会知道这些程序的输入首先是从命令行参数获取，其次是从环境变量中获取的。

Node 也遵循了这些 Unix 惯例。Node 程序可以从字符串数组 process.argv 中读取其命令行参数。这个数组的第一个元素始终是 Node 可执行文件的路径。第二个参数是 Node 执行的 JavaScript 代码文件的路径。数组中剩下的所有元素都是你在调用 Node 时，通过命令行传给它的空格分隔的参数。

例如，假设把这个极短的 Node 程序保存到文件 *argv.js* 中：

```
console.log(process.argv);
```

执行这个程序并看到类似下面的输出：

```
$ node --trace-uncaught argv.js --arg1 --arg2 filename
[
  '/usr/local/bin/node',
  '/private/tmp/argv.js',
  '--arg1',
  '--arg2',
  'filename'
]
```

这里有几点需要说明。

- `process.argv` 的第一和第二个元素是 Node 可执行文件和被执行 JavaScript 文件的完全限定的文件系统路径，无论你是否这样输入它们。

- 有意提供给 Node 可执行文件且由它解释的命令行参数会被 Node 可执行文件使用，不会出现在 `process.argv` 中（前面例子中的命令行参数 `--trace-uncaught` 实际上没什么用，这里只是用来演示它不会出现在输出中）。出现在 JavaScript 文件名之后的任何参数（如 `--arg1` 和 `filename`）都会出现在 `process.argv` 中。

Node 程序也会从 Unix 风格的环境变量中获取输入。Node 把这些变量保存在 `process.env` 对象中使用。这个对象的属性名是环境变量的属性名，而属性值（始终是字符串）是对应变量的值。

下面我电脑中的部分环境变量：

```
$ node -p -e 'process.env'
{
  SHELL: '/bin/bash',
  USER: 'david',
  PATH: '/usr/local/bin:/usr/bin:/bin:/usr/sbin:/sbin',
  PWD: '/tmp',
  LANG: 'en_US.UTF-8',
  HOME: '/Users/david',
}
```

可以使用 `node -h` 或 `node --help` 查询命令行参数 `-p` 和 `-e` 的用途。提醒一下，可以把这行代码重写为 `node --eval 'process.env' --print`。

16.1.3 程序生命期

`node` 命令期待命令行参数指定要执行的 JavaScript 文件。这个初始的文件通常会导入其他 JavaScript 代码的模块，也可能定义它自己的类和函数。不过，Node 基本上是自顶向下执行指定文件中的 JavaScript 代码。有多 Node 程序会在执行完文件的最后一行代码时退出。不过，很多 Node 程序在执行完初始文件之后还会持续运行更长时间。正如接下来几节要讨论的，Node 程序通常是异步的，并且基于回调和事件处理程序。Node 程序在运行完初始文件、调用完所有回调、不再有未决事件之前不会退出。基于 Node 的服务器程序监听到来的网络连接，理论上会永远运行，因为它始终要等待下一个事件。

程序通过调用 process.exit() 可以强制自己退出。用户通常需要在终端窗口中按 Ctrl-C 来终止运行中的 Node 程序。程序通过使用 process.on("SIGINT", ()=>{}) 注册信号处理函数可以忽略 Ctrl+C。

如果程序中的代码抛出异常，也没有 catch 子句捕获该异常，程序会打印栈追踪信息并退出。由于 Node 天生异步，发生在回调或事件处理程序中的异常必须局部处理，否则根本得不到处理。这意味着处理异步逻辑中的异常是一件麻烦事。如果你不想让这些异常导致程序崩溃，可以注册一个全局处理程序，以备调用，防止崩溃：

```
process.setUncaughtExceptionCaptureCallback(e => {
    console.error("Uncaught exception:", e);
});
```

类似地，如果你的程序创建的一个期约被拒绝，而且没有 .catch() 调用处理它，也会遇到这种问题。到 Node 13 为止，这还不是导致你的程序退出的致命错误，但仍然会在控制台打印出大量错误消息。在 Node 某个未来的版本中，未处理的期约拒绝有可能变成致命错误。如果你不希望出现未处理的拒绝，或者打印错误消息，甚至终止程序，那就要注册一个全局处理程序：

```
process.on("unhandledRejection", (reason, promise) => {
    // reason 是会传给 .catch() 函数的拒绝理由
    // promise 是被拒绝的期约对象
});
```

16.1.4 Node 模块

第 10 章记述了 JavaScript 模块系统，包括 Node 模块和 ES6 模块。因为 Node 是在 JavaScript 有模块系统之前创造的，所以它必须自己创造一个模块系统。Node 的模块系统使用 require() 函数向模块中导入值，使用 exports 对象或 module.exports 属性从模块中导出值。这些都是 Node 编程模型的基础，在 10.2 节详细介绍过。

Node 13 增加了对标准 ES6 模块的支持，同时支持基于 require() 的模块（Node 称其为 "CommonJS 模块"）。这两个模块系统并非完全兼容，因此两者并存有些棘手。Node 在加载模块前，需要知道该模块会使用 require() 和 module.exports，还是 import 和

export。Node 在把一个 JavaScript 文件加载为 CommonJS 模块时，会自动定义 require() 函数以及标识符 exports 和 module，不会启用 import 和 export 关键字。另外，在把一个文件加载为 ES6 模块时，它必须启用 import 和 export 声明，同时必须不定义 require、module 和 exports 等额外的标识符。

告诉 Node 它要加载的是什么模块的最简单方式，就是将信息编码到不同的扩展名中。如果你把 JavaScript 代码保存在 .mjs 结尾的文件中，那么 Node 始终会将它作为一个 ES6 模块来加载，假设其中使用了 import 和 export，并且不提供 require() 函数。如果把代码保存在 .cjs 结尾的文件中，那么 Node 始终会将它作为一个 CommonJSS 模块来对待，会提供 require() 函数，而如果其中使用了 import 或 export 声明，则会抛出 SyntaxError。

对于没有明确给出 .mjs 或 cjs 扩展名的文件，Node 会在同级目录及所有包含目录中查找一个名为 package.json 的文件。一旦找到最近的 package.json 文件，Node 会检查其中 JSON 对象的顶级 type 属性。如果这个 type 属性的值是 module，Node 将该文件按 ES6 模块来加载。如果这个属性的值是 commonjs，那么 Node 就按 CommonJS 模块来加载该文件。注意，运行 Node 程序并不需要有 package.json 文件。如果没有找到这个文件（或找到该文件但它没有 type 属性），Node 默认会使用 CommonJS 模块。这个 package.json 的招术只有你想在 Node 中使用 ES6 模块，但又不希望使用 .mjs 扩展名时才是必需的。

因为大量现有的 Node 代码使用的都是 CommonJS 模块格式，Node 允许 ES6 模块使用 import 关键字加载 CommonJS 模块。但反之则不可以：CommonJS 模块不能使用 require() 加载 ES6 模块。

16.1.5 Node 包管理器

你在安装 Node 的同时，也会得到一个名为 npm 的程序。这个程序就是 Node 的包管理器，它可以帮你下载和管理程序的依赖库。npm 通过位于程序根目录下的 package.json 文件跟踪依赖（以及与程序相关的其他信息）。这个 package.json 文件是由 npm 创建的，如果你想在项目中使用 ES6 模块，需要在其中添加 "type":"module"。

本章不会详细介绍 npm（17.4 节稍有介绍）。之所以在这里提到它，是因为除非你的程序不使用外部库，否则几乎一定会用到 npm 或者某个类似的工具。例如，假设你打算开发一个 Web 服务器，为了省事计划使用 Express 框架（https://expressjs.com/）。那么首先你需要为这个项目创建一个目录，然后在该目录中运行 npm init。npm 会询问项目名、版本号等信息，最终根据你的回答创建一个初始的 package.json 文件。

接下来，为使用 Express 需要运行 npm install express。这个命令告诉 npm 下载 Express

库及其所有依赖，并把所有包都安装到本地的 *node_modules* 目录下：

```
$ npm install express
npm notice created a lockfile as package-lock.json. You should commit this file.
npm WARN my-server@1.0.0 No description
npm WARN my-server@1.0.0 No repository field.

+ express@4.17.1
added 50 packages from 37 contributors and audited 126 packages in 3.058s
found 0 vulnerabilities
```

在通过 npm 安装一个包时，npm 会在 *package.json* 文件中记录这个依赖（比如你的项目依赖 Express）。有了这个记录，你就可以把自己的代码和 *package.json* 复制一份发给其他程序员。他们只要运行 npm install 就可以自动下载并安装运行你的程序所需的全部依赖库。

16.2 Node 默认异步

JavaScript 是一门通用的编程语言，因此完全可能用于计算大型矩阵乘法或执行复杂统计分析等占用 CPU 的程序。然而，Node 是针对 I/O 密集型程序（如网络服务器）进行设计和优化的。特别地，Node 的设计让实现高并发（同时处理大量请求的）服务器非常容易。

不过，与很多编程语言不同，Node 并不是通过线程来实现并发的。众所周知，多线程程序很难保证不出问题，而且难以调试。另外，线程也是相对较重的抽象，如果你的服务器需要并发处理几百个请求，使用几百个线程可能占用过多内存。为此，Node 采用了 Web 使用的单线程 JavaScript 编程模型，使得创建网络服务器变得极其简单，只需常规操作，没有神秘可言。

基于 Node 的真正并行

Node 程序可以运行多个操作系统进程，而 Node 10 及之后支持的 Worker 对象（参见 16.11 节）是一种借鉴自浏览器的线程。如果你使用多个进程或者创建了一或多个 Worker 线程，并且你的程序运行在多核 CPU 的系统上，那么你的程序就不再是单线程，而是变成了真正的并行执行。这些技术对于 CPU 耗用大的操作很有用，但对于服务器这种 I/O 密集型程序并不常用。

不过必须指出一点，Node 的进程和 Worker 避免了典型多线程编程的复杂性。因为它的进程或线程间通信是通过消息传递实现的，相互之间很难共享内存。

Node 通过让其 API 默认异步和非阻塞实现了高层次的并发，同时保持了单线程的编程

模型。Node 很严格地采用非阻塞并将其运用到了极致，令人惊讶。你可能觉得读写网络的函数应该是异步的，但可能想不到在 Node 中就连读写本地文件系统的函数也是异步非阻塞的。这是可以理解的，因为 Node API 诞生于机械硬盘还在广泛使用的年代。那时候，在开始操作文件之前，磁盘旋转导致的"寻道时间"确实有数毫秒之多。而在现代的数据中心，访问"本地"文件系统实际上可能除了驱动器延迟，还要再加上跨网络的延迟。不过，就算你觉得异步读取文件也属正常，但在 Node 中即使像初始化网络连接和查询文件修改时间这种操作也都是非阻塞的。

Node API 中有些函数虽然是同步的但也不会阻塞。这些函数运行完成就立即返回，根本不需要阻塞。不过大多数常用的函数都涉及某种输入和输出，因此它们是异步函数，不会发生任何阻塞。Node 诞生于 JavaScript 有 Promise 类之前，因此异步 Node API 是基于回调的（如果你还没看过第 13 章或者看过又忘了，现在应该回顾一下）。一般来说，你传给异步 Node 函数的最后一个参数始终是一个回调。Node 使用错误在先的回调，而且通常调用时会传两个参数。如果没有发生错误，那么这个错误在先的回调的第一个参数通常是 null，第二个参数就是你最初调用的异步函数产生的数据或返回的响应。之所以把错误参数放在第一位，是为了让你不可能忽略它，从而始终检查这个参数是否不是空值。如果它是一个 Error 对象，甚至是一个整数错误码或字符串错误消息，那么就说明一定出错了。这时候，回调函数的第二个参数可能就是 null。

以下代码演示了如何使用非阻塞的 readFile() 函数读取一个配置文件，作为 JSON 解析其内容，然后把解析得到的配置对象传给另一个回调：

```
const fs = require("fs");  // 需要文件系统模块

// 读取一个配置文件，将其内容作为 JSON 解析，然后
// 把解析结果传给 callback。如果发生了任何错误，
// 将错误消息打印到 stderr，并以 null 调用 callback
function readConfigFile(path, callback) {
    fs.readFile(path, "utf8", (err, text) => {
        if (err) {    // 读取文件时出错了
            console.error(err);
            callback(null);
            return;
        }
        let data = null;
        try {
            data = JSON.parse(text);
        } catch(e) {  // 解析文件内容时出错了
            console.error(e);
        }
        callback(data);
    });
}
```

Node 虽然先于标准化的期约问世，但由于它错误在先的回调相当一致，所以使用 util.

promisify() 包装函数能够轻易创建其基于回调 API 的期约版。下面演示了怎么把 readConfigFile() 函数重写为返回一个期约对象：

```
const util = require("util");
const fs = require("fs");  // 需要文件系统模块
const pfs = {                // fs 函数基于期约的变体
    readFile: util.promisify(fs.readFile)
};

function readConfigFile(path) {
    return pfs.readFile(path, "utf-8").then(text => {
        return JSON.parse(text);
    });
}
```

也可以使用 async 和 await 简化前面这个基于期约的函数（同样，如果你还没有看完第 13 章，现在应该翻过去把它看完）：

```
async function readConfigFile(path) {
    let text = await pfs.readFile(path, "utf-8");
    return JSON.parse(text);
}
```

util.promisify() 包装函数可以生成很多 Node 函数的基于期约的版本。在 Node 10 及 之后，fs.promises 对象提供了一些预定义的基于期约的函数，用于操作文件系统。本 章后面会讨论这些函数。在此提醒一下，对于前面的代码，我们可以把 pfs.readFile() 替换为 fs.promises.readFile()。

我们已经说过 Node 的编程模型默认是异步的。但考虑到程序员的方便，Node 也为其很 多函数定义了阻塞、同步的版本，特别是文件系统模块中的函数。这些函数的名字最后 通常都有明确的 Sync 字样。

服务器在初次启动并读取配置文件时，还不能处理网络请求，几乎也没有并发执行的可 能。因此这时候没有必要避免阻塞，可以放心地使用 fs.readFileSync() 等阻塞函数。 我们可以从代码中删除 async 和 await，写一个纯同步版的 readConfigFile() 函数。 这个同步函数不需要回调也不返回期约，而是直接返回解析得到的 JSON 值或抛出异常：

```
const fs = require("fs");
function readConfigFileSync(path) {
    let text = fs.readFileSync(path, "utf-8");
    return JSON.parse(text);
}
```

除了其错误在先的双参数回调，Node 也有一些 API 使用基于事件的异步机制，通常用 于处理流数据。稍后我们会详细讨论 Node 事件。

介绍完了 Node 激进的非阻塞 API，接下来再回头说一说并发。Node 内置的非阻塞函数使用了操作系统的回调和事件处理程序。在你调用一个异步函数时，Node 会启动操作，然后在操作系统中注册某种事件处理程序。这样，当操作完成时，它就能收到通知。你传给 Node 函数的回调会被保存在内部，当操作系统向 Node 发送相应事件时，Node 就可以调用你的回调。

这种并发通常被称为基于事件的并发。其核心是 Node 用单线程运行一个"事件循环"。当 Node 程序启动时，它会运行你让它运行的代码。这些代码很可能会至少调用一个非阻塞函数，导致一个回调或事件处理程序被注册到操作系统中（如果没有调用非阻塞函数，那么你写的就是同步 Node 程序，Node 在执行完毕后直接退出）。当 Node 执行到程序的末尾时，它会一直阻塞直到有事件发生，此时操作系统会再启动并运行它。Node 把操作系统事件映射到你注册的 JavaScript 回调，然后调用该函数。你的回调函数可能会调用更多非阻塞 Node 函数，导致注册更多事件处理程序。当你的回调函数运行完毕，Node 又会进入睡眠状态，如此循环。

对于 Web 服务器和其他主要把时间花在等待输入和输出的 I/O 密集型应用，这种基于事件的并发效率又高、效果又好。只要使用非阻塞 API，Web 服务器就可以并发处理来自 50 个客户端的请求，而无须 50 个不同的线程。网络套接口和 JavaScript 函数保持着某种内部映射关系，一旦这些套接口有活动发生，相应的 JavaScript 函数就会被调用。

16.3 缓冲区

Node 中有一个比较常用的数据类型就是 Buffer，常用于从文件或网络读取数据。Buffer 类（或称缓冲区）非常类似字符串，只不过它是字节序列而非字符序列。Node 是在核心 JavaScript 支持定型数组（参见 11.2 节）之前诞生的，因此没有表示无符号字节的 Uint8Array。Node 的 Buffer 类就是为了满足这个需求而设计的。在 JavaScript 语言支持 Uint8Array 之后，Node 的 Buffer 类就成为 Uint8Array 的子类。

Buffer 与其超类 Uint8Array 的区别在于，它是设计用来操作 JavaScript 字符串的。因此缓冲区里的字节可以从字符串初始化而来，也可以转换为字符串。字符编码将某个字符集中的每个字符映射为一个整数。只要有字符串和字符编码，就可以将该字符串中的字符编码为字节序列。而只要有（正确编码的）字节序列和字符编码，就可以将这些字节解码为字符串。Node 的 Buffer 类有执行编码和解码的方法，这些方法都接收一个 `encoding` 参数，用于指定要使用的编码。

Node 中的编码是通过名字来指定的（指定为字符串）。以下是支持的编码。

`"utf8"`
    这是不指定编码时的默认值，也是你最可能使用的 Unicode 编码。

"utf16le"

双字节 Unicode 字符，使用小端字节序。\uffff 以上的码点会编码为双字节序列。"ucs2" 是这种编码的别名。

"latin1"

每字符单字节的 ISO-8859-1 编码，定义了适用于很多西欧语言的字符集。因为 latin-1 字符与字节是一对一的映射关系，因此这种编码也被称为 "binary"。

"ascii"

7 比特仅限英文的 ASCII 编码，是 "utf8" 编码的严格子集。

"hex"

这种编码把每个字节转换为一对 ASCII 十六进制数字。

"base64"

这种编码将每 3 个字节的序列转换为 4 个 ASCII 字符的序列。

以下是几个代码示例，展示了如何使用 Buffer，以及如何与字符串相互转换：

```
let b = Buffer.from([0x41, 0x42, 0x43]);        // <Buffer 41 42 43>
b.toString()                                     // => "ABC"; 默认 "utf8"
b.toString("hex")                                // => "414243"

let computer = Buffer.from("IBM3111", "ascii");  // 把字符串转换为缓冲区
for(let i = 0; i < computer.length; i++) {       // 把缓冲区作为字节数组
    computer[i]--;                               // 缓冲区是可修改的
}
computer.toString("ascii")                       // => "HAL2000"
computer.subarray(0,3).map(x=>x+1).toString()    // => "IBM"

// 使用 Buffer.alloc() 创建一个"空"缓冲区
let zeros = Buffer.alloc(1024);                  // 1024 个 0
let ones = Buffer.alloc(128, 1);                 // 128 个 1
let dead = Buffer.alloc(1024, "DEADBEEF", "hex"); // 重复字节模式

// 缓冲区有方法可以从或者向缓冲区中
// 在任意指定偏移位置读取或写入多字节值。
dead.readUInt32BE(0)        // => 0xDEADBEEF
dead.readUInt32BE(1)        // => 0xADBEEFDE
dead.readBigUInt64BE(6)     // => 0xBEEFDEADBEEFDEADn
dead.readUInt32LE(1020)     // => 0xEFBEADDE
```

如果你的 Node 程序会操作二进制数据，那么一定会经常使用 Buffer 类。而如果你只是操作与读取或写入文件或网络相关的文本，那么可能只会将 Buffer 作为数据的中间表示。很多 Node API 都可以接收或返回字符串或 Buffer 对象的输入或输出。一般来说，如果在使用这些 API 时，你传递的是字符串，或者期待返回字符串，那么都需要指定要使用的文本编码的名字。而此时，通常根本不会使用 Buffer 对象。

16.4 事件与 EventEmitter

如前所述，所有 Node API 默认都是异步的。对其中很多 API 而言，这种异步性的表现形式为两个参数、错误在先的回调，当请求的操作完成时会被调用。但一些更复杂的 API 则是基于事件的。在 API 是围绕对象而非函数设计的，或者回调需要多次被调用，或者需要多种类型的回调时，通常会是这种情况。比如，以 net.Server 类为例，一个这种类型的对象就是一个服务器套接口，可以接收来自客户端的连接。它在首次开始监听连接时会发送一个"监听"事件，在每次客户端连接时都会发送一个"连接"事件，而在被关闭不再监听时会发送一个"关闭"事件。

在 Node 中，发送事件的对象都是 EventEmitter 或其子类的实例：

```
const EventEmitter = require("events"); // 模块名与类名不一致
const net = require("net");
let server = new net.Server();          // 创建一个 Server 对象
server instanceof EventEmitter          // => true: Server 是 EventEmitters
```

EventEmitter 的主要功能是允许我们使用 on() 方法注册事件处理程序。EventEmitter 可以发送多种事件，而事件类型以名字作为标识。要注册一个事件处理程序，可以调用 on() 方法并传入事件类型的名字，以及在该类型事件发生时应该被调用的函数。EventEmitter 在调用回调处理程序时可能传任意数量的参数，要了解某个 EventEmitter 在发送某个事件时会传哪些参数，需要阅读相应的文档：

```
const net = require("net");
let server = new net.Server();          // 创建一个 Server 对象
server.on("connection", socket => {     // 监听"connection"事件
    // Server 的"connection"事件回调会接收一个 socket 对象
    // 表示刚刚连接的客户端。这里我们向客户端发送了一些数据，
    // 然后就断开了连接
    socket.end("Hello World", "utf8");
});
```

如果你在注册事件监听器时喜欢使用更明确的方法名，也可以使用 addListener()。相应地，可以使用 off() 或 removeListener() 去掉之前注册的事件监听器。还有一种特殊情况，就是使用 once() 而非 on() 注册的事件监听器在被调用一次之后就会被自动清除。

当某个 EventEmitter 对象上发生特定的事件时，Node 会调用在该 EventEmitter 上针对该事件类型注册的所有处理程序。调用顺序是注册的顺序。如果有多个处理程序，它们会在一个线程上被顺序调用。注意，Node 没有并行调用。更重要的，事件处理程序会被同步调用，而非异步调用。这意味着 emit() 方法不会把事件处理程序排队到将来某个时刻再调用。emit() 会调用所有注册的处理程序（一个接一个），并且会在最后一个事件处理程序返回之后返回。

实际当中，这意味着当某个内置 Node API 发送一个事件时，该 API 基本上会阻塞执行你的事件处理程序。如果你的事件处理程序调用了 fs.readFileSync() 之类的阻塞函数，那么在该函数同步读完文件之前，不会执行后续的事件处理程序。如果你的程序需要实时响应（类似网络服务器），那么关键在于要让事件处理程序不阻塞，可以快速执行完。如果你需要在某个事件发生时执行大量计算，最好在处理程序中使用 setTimeout()（参见 11.10 节）将该计算调度为异步执行。Node 也定义了 setImmediate()，用于调度某个函数在所有待调用的回调和事件被处理之后立即执行。

EventEmitter 类也定义了一个 emit() 方法，可以导致注册的事件处理程序被调用。这个方法在你定义自己基于事件的 API 时有用，如果只是使用已有的 API 则没什么用。调用 emit() 时必须在第一个参数传入事件类型的名字。而传给 emit() 的所有后续参数都会成为注册的事件处理程序的参数。事件处理程序被调用时，其 this 值也会被设置为 EventEmitter 对象，这通常都很方便（不过要记住，箭头函数始终会使用定义它们的上下文中的 this 值，而不能以任何其他 this 值来调用。但无论怎么说，箭头函数都是编写事件处理程序最方便的方式）。

事件处理程序返回的任何值都会被忽略。不过，如果某个事件处理程序抛出异常，则该异常会从 emit() 调用中传播出来，从而阻止在抛出异常的事件处理程序之后注册的其他处理程序的执行。

我们知道，Node 基于回调的 API 使用了错误在先的回调，因此检查第一个参数判断是否发生了错误是很重要的。而对基于事件的 API，与之对应的是“错误”（error）事件。因为基于事件的 API 经常用于网络和其他形式的流 I/O 处理，所以很容易发生意料之外的异步错误，为此大多数 EventEmitter 都会定义一个在发生此类错误时发送的“错误”事件。只要使用基于事件的 API，就应该习惯性地为这个“错误”事件注册处理程序。EventEmitter 类对这个“错误”事件进行了特殊处理。如果调用 emit() 发送的是“错误”事件，且如果该事件没有注册处理程序，那么就会抛出一个异常。由于这是异步发生的，无法在 catch 块中处理这个异常，所以这种错误通常会导致程序退出。

16.5 流

在实现处理数据的算法时，最简单的办法通常都是先把所有数据读到内存中，进行处理，然后再把数据写到某个地方。例如，可以像下面这样写一个复制文件的 Node 函数[注1]：

注 1：实际开发中，可以使用 Node 定义的 fs.copyFile() 函数。

```
const fs = require("fs");

// 一个异步但非流式（因而低效）的函数
function copyFile(sourceFilename, destinationFilename, callback) {
    fs.readFile(sourceFilename, (err, buffer) => {
        if (err) {
            callback(err);
        } else {
            fs.writeFile(destinationFilename, buffer, callback);
        }
    });
}
```

这个 copyFile() 函数使用了异步函数和回调，因此不会阻塞，可用于服务器等并发程序。但注意，这个函数要求必须分配足够的内存来保存文件的全部内容。在某些情况下这样可能没什么问题。但如果要复制的文件非常大，或者你的程序是高并发的因而会同时复制大量文件，那可能就会出现问题。这个 copyFile() 函数的实现还有一个缺点，就是它不能在读完旧文件之前就写新文件。

针对这些问题的解决方案是使用基于流的算法，让数据"流入"你的程序，经过处理之后再"流出"你的程序。基于流的算法，其本质就是把数据分割成小块，内存中不会保存全部数据。如果能够使用基于流的方案，则这种方案的内存利用率更高，处理速度也更快。Node 的网络 API 是基于流的，Node 的文件系统模块也定义了流 API 用于读写文件。因此你在写 Node 程序时很有可能用到流 API。我们会在 16.5.4 节看到一个流版本的 copyFile() 函数。

Node 支持 4 种基本的流。

可读流（readable）

可读流是数据源。比如，fs.createReadStream() 就返回一个指定文件的流，可以通过它读取文件内容。process.stdin 也是一个可读流，可以从标准输入返回数据。

可写流（writable）

可写流是数据的接收地或目的地。比如，fs.createWriteStream() 返回的值是可写流，允许分块写入数据，并将所有数据输出到指定文件。

双工流（duplex）

双工流把可读流和可写流组合为一个对象。比如，net.connect() 和其他 Node 网络 API 返回的 Socket 对象就是双工流。如果你写入套接口，你的数据就会通过网络发送到该套接口连接的计算机上。如果你读取套接口，则可以访问由其他计算机写入的数据。

转换流（transform）

转换流也是可读和可写的，但与双工流有一个重要区别：写入转换流的数据在同一个流会变成可读的（通常是某种转换后的形式）。比如，`zlib.createGzip()` 函数返回一个转换流，可以（使用 gzip 算法）对写入其中的数据进行压缩。类似地，`crypto.createCipheriv()` 函数也返回一个转换流，可以对写入其中的数据进行加密或解密。

默认情况下，流读写的是缓冲区。如果你调用了一个可读流的 `setEncoding()` 方法，它会返回解码后的字符串而非 Buffer 对象。如果你向一个可写流中写入字符串，该字符串会自动以缓冲区的默认编码格式或你指定的编码格式被编码。Node 的流 API 也支持"对象模式"，即流会读写比缓冲区和字符串更复杂的对象。Node 的核心 API 都不使用这种对象模式，但你可能会在其他库中遇到这种模式。

可读流必须从某个地方读取数据，而可写流必须把数据写到某个地方。因此每个流都有两端：输入端和输出端（或称来源和目标）。使用基于流的 API，最难的地方是流的这两端几乎总是以不同的速度流动。有时候从流中读取数据的代码想要比实际写入流更快地读取和处理数据。有时候又相反，即向流中写入数据的速度比从另一端读取和流出的速度更快。流的实现几乎总会包含一个内部缓冲区，用于保存已经写入但尚未读取的数据。缓冲有助于保证在读取时有数据，而在写入时有空间保存数据。但这两点都无法绝对保证，基于流编程的本质决定了读取器有时候必须要等待数据写入（因为缓冲区空了），而写入器有时候必须等待数据读取（因为缓冲区满了）。

在使用基于线程并发的编程环境中，流 API 通常存在阻塞调用。换句话说，读取数据的调用在数据到达流之前不会返回，而写入数据的调用在流的内部缓冲区有足够空间容纳新数据时才会终止阻塞。不过在基于事件的并发模型中，阻塞调用就没有意义了，而 Node 的流 API 是基于事件和回调的。与其他 Node API 不同，本章后面描述的方法没有"同步"版。

由于要通过事件来协调流的读取能力（缓冲区不空）和写入能力（缓冲区不满），Node 的流 API 比较复杂。而这些 API 随着时间的推移不断演进和变化让问题更加严重了。对于可读流，有两套完全不同的 API。且不论它有多复杂，理解和掌握 Node 的流 API 都是必要的，因为它们可以帮你在程序中实现高吞吐量的 I/O。

接下来几小节将演示如何使用 Node 流相关的类实现读写。

16.5.1 管道

有时候，我们需要把从流中读取的数据写入另一个流。例如，假设你要写一个 HTTP 服务器，提供对一个静态文件目录的访问。此时，你需要从文件输入流读取数据，然后再将数据写入网络套接字。与其自己写代码来处理这里的读和写，不如把这两个接口连接为一个"管道"，让 Node 帮你实现复杂的操作。只要把可写流简单地传给可读流的

pipe() 方法即可：

```
const fs = require("fs");

function pipeFileToSocket(filename, socket) {
    fs.createReadStream(filename).pipe(socket);
}
```

下面这个实用函数通过管道把一个流导向另一个流，并在完成或发生错误时调用一个回调：

```
function pipe(readable, writable, callback) {
    // 首先，设置错误处理
    function handleError(err) {
        readable.close();
        writable.close();
        callback(err);
    }

    // 接下来定义管道并处理正常终止的情况
    readable
        .on("error", handleError)
        .pipe(writable)
        .on("error", handleError)
        .on("finish", callback);
}
```

转换流特别适合与管道一起使用，可以创建多个流的传输管道。下面这个示例函数实现了文件压缩：

```
const fs = require("fs");
const zlib = require("zlib");

function gzip(filename, callback) {
    // 创建流
    let source = fs.createReadStream(filename);
    let destination = fs.createWriteStream(filename + ".gz");
    let gzipper = zlib.createGzip();

    // 设置管道
    source
        .on("error", callback)      // 读取出错时调用回调
        .pipe(gzipper)
        .pipe(destination)
        .on("error", callback)      // 写入出错时调用回调
        .on("finish", callback);    // 写入完成时调用回调
}
```

使用 pipe() 方法从可读流向可写流复制数据很容易。不过在实践中，经常要对流经程序的数据做某些处理。为此，一种方式是实现自己的 Transform 流来完成相应处理，这种方式可以让你避免手工读取和写入流。例如，下面这个函数类似于 Unix 的 grep 命

令，该函数从输入流读取文本行，但只写入与指定正则表达式匹配的行：

```
const stream = require("stream");

class GrepStream extends stream.Transform {
    constructor(pattern) {
        super({decodeStrings: false});// 不把字符串转换回缓冲区
        this.pattern = pattern;         // 要匹配的正则表达式
        this.incompleteLine = "";       // 最后一个数据块的剩余数据
    }

    // 在一个字符串准备好可以转换时会调用这个方法
    // 它应该把转换后的数据传给指定的回调函数
    // 我们期待输入是字符串，
    // 因此这个流应该只被连接到
    // 调用了 setEncoding() 方法的可读流
    _transform(chunk, encoding, callback) {
        if (typeof chunk !== "string") {
            callback(new Error("Expected a string but got a buffer"));
            return;
        }
        // 把 chunk 添加到之前不完整的行，
        // 并将所有内容按换行符分割为数组
        let lines = (this.incompleteLine + chunk).split("\n");

        // 数组的最后一个元素是新的不完整行
        this.incompleteLine = lines.pop();

        // 查找所有匹配的行
        let output = lines                            // 从所有完整的行开始
            .filter(l => this.pattern.test(l)) // 筛选匹配的行
            .join("\n");                              // 最后将它们拼接起来

        // 如果有匹配，在最后加一个换行符
        if (output) {
            output += "\n";
        }

        // 始终调用回调，即便没有输出
        callback(null, output);
    }

    // 这个方法会在流关闭前被调用
    // 利用这个机会可以把最后的数据写出来
    _flush(callback) {
        // 如果还有不完整的行而且匹配
        // 则把它传给回调函数
        if (this.pattern.test(this.incompleteLine)) {
            callback(null, this.incompleteLine + "\n");
        }
    }
}

// 现在使用这个类可以写一个类似 grep 的程序。
```

```
let pattern = new RegExp(process.argv[2]); // 从命令行取得正则表达式
process.stdin
    .setEncoding("utf8")                     // 以标准输入作为起点，
                                             // 将内容作为 Unicode 字符串读取，
    .pipe(new GrepStream(pattern))           // 通过管道把它传给我们的 GrepStream，
    .pipe(process.stdout)                    // 再用管道把结果传给标准输出
    .on("error", () => process.exit());      // 如果标准输出关闭，则退出
```

16.5.2 异步迭代

在 Node 12 及之后，可读流是异步迭代器，这意味着在一个 async 函数中可以使用 for/await 循环从流中读取字符串或 Buffer 块，而代码结构就像同步代码一样（参见 13.4 节中关于异步迭代器及 for/await 循环的内容）。

使用异步迭代器与使用 pipe() 方法一样简单，而在需要以某种方式处理每一块数据时可能更简单。下面是使用 async 函数和 for/await 循环重写上一节 grep 程序的例子：

```
// 从来源流读取文本行，将匹配
// 指定模式的行写入目标流
async function grep(source, destination, pattern, encoding="utf8") {
    // 设置来源流以读取字符串，而非缓冲区
    source.setEncoding(encoding);

    // 在目标流上设置错误处理程序，以防标准输出
    // 意外关闭（比如，通过管道输出到“head”等）
    destination.on("error", err => process.exit());

    // 我们读取的块不太可能以换行符结尾，因此
    // 每个块都可能包含不完整的行。在这里记录
    let incompleteLine = "";

    // 使用 for/await 循环异步从输入流读取块
    for await (let chunk of source) {
        // 把上一块的末尾加上这个块，然后分割成行
        let lines = (incompleteLine + chunk).split("\n");
        // 最后一行不完整
        incompleteLine = lines.pop();
        // 现在遍历每一行，把匹配的行写入目标
        for(let line of lines) {
            if (pattern.test(line)) {
                destination.write(line + "\n", encoding);
            }
        }
    }
    // 最后，检查末尾的文本
    if (pattern.test(incompleteLine)) {
        destination.write(incompleteLine + "\n", encoding);
    }
}

let pattern = new RegExp(process.argv[2]);   // 从命令行取得正则表达式
grep(process.stdin, process.stdout, pattern) // 调用这个异步 grep() 函数
```

```
    .catch(err => {                          // 处理异步错误
        console.error(err);
        process.exit();
    });
```

16.5.3 写入流及背压处理

前面的异步 grep() 函数演示了如何将一个可读流作为异步迭代器来使用，同时也演示了把数据简单地传给 write() 方法就可以将其写入一个可写流。这个 write() 方法以一个缓冲区或字符串作为第一个参数（对象流期待接收其他对象，但这超出了本章的讨论范围）。如果传入一个缓冲区，则该缓冲区的字节会被直接写入。如果传入一个字符串，则字符串在被写入前会被编码成字节缓冲区。可写流有默认编码，在给 write() 方法只传一个字符串参数时使用。这个默认编码通常是"utf8"，不过通过调用可写流的 setDefaultEncoding() 方法可以显式地设置。此外，在给 write() 传入一个字符串作为第一个参数时，还可以同时传入一种编码的名字作为第二个参数。

write() 可选地接收一个回调函数作为第三个参数。这个回调会在数据已经实际写入、不再存在于可写流的内部缓冲区时被调用（发生错误时也可能会调用这个回调，但不保证。要发现错误，应该在可写流上注册"error"事件处理程序）。

这个 write() 方法有一个非常重要的返回值。在调用一个流的 write() 方法时，它始终会接收并缓冲传入的数据块。如果内部缓冲区未满，它会返回 true。如果内部缓冲区已满或太满，它会返回 false。这个返回值是建议性的，你可以忽略它。可写流会随着你不断调用 write() 而按需增大它的内部缓冲区。但是别忘了，使用流 API 的原因首先就是避免一次性在内存中保存过多数据。

write() 方法返回 false 值是一种背压（backpressure）的表现。背压是一种消息，表示你向流中写入数据的速度超过了它的处理能力。对这种背压的正确反应是停止调用 write()，直到流发出"drain"（耗尽）事件，表明缓冲区又有空间了。比如，下面这个函数会把数据写入流，而且会在可以写入更多数据时调用传入的回调：

```
function write(stream, chunk, callback) {
    // 将指定的块写入指定的流
    let hasMoreRoom = stream.write(chunk);

    // 检查 write() 方法的返回值：
    if (hasMoreRoom) {                        // 如果它返回 true，那么
        setImmediate(callback);              // 异步调用回调
    } else {                                  // 如果它返回 false，那么
        stream.once("drain", callback);      // 在"耗尽"事件发生时调用回调
    }
}
```

手工处理背压面临一些问题：有时候可以连续调用 write()，而有时候每次调用 write() 都要先等待事件。这个问题导致很难编写通用的算法。而这也是很多人宁愿选择 pipe() 方法的一个原因。使用 pipe() 时，Node 会自动为你处理背压。

如果你在程序里使用 await 和 async，将可读流作为异步迭代器使用，那么要实现上面这个处理背压的 write() 函数的期约版很简单。在刚刚看到的异步 grep() 函数中，我们没有处理背压。下面例子中的异步 copy() 函数演示了如何正确处理背压。注意，这个函数只实现了从来源流向目标流复制数据，调用 copy(source, destination) 很像是调用 source.pipe(destination)：

```javascript
// 这个函数将指定的块写入指定的流，并且返回
// 一个期约，该期约将在可以再次写入时兑现
// 因为返回的是期约，所以可以使用 await
function write(stream, chunk) {
    // 将指定的块写入指定的流
    let hasMoreRoom = stream.write(chunk);

    if (hasMoreRoom) {                       // 如果缓冲区未满，返回
        return Promise.resolve(null);        // 一个解决的期约对象
    } else {
        return new Promise(resolve => {      // 否则，返回一个在"耗尽"
            stream.once("drain", resolve);   // 事件发生时解决的期约
        });
    }
}

// 从来源流向目标流复制数据
// 并且处理来自目标流的背压
// 非常类似调用 source.pipe(destination)
async function copy(source, destination) {
    // 在目标流上设置错误处理程序，以防标准输出
    // 意外关闭（比如，通过管道输出到"head"等）
    destination.on("error", err => process.exit());

    // 使用 for/await 循环异步从输入流读取块
    for await (let chunk of source) {
        // 写入块，并等到缓冲区有空间再继续
        await write(destination, chunk);
    }
}

// 从标准输入复制到标准输出
copy(process.stdin, process.stdout);
```

在结束写入流的讨论之前，再次提醒大家：如果不能对背压作出反应，则在可写流的内部缓冲区溢出时，会导致你的程序占用过多内存，而且占用的内存会越来越多。如果你写的是一个网络服务器，那么这可能就是一个可以被远程利用的安全问题。假设你写了一个 HTTP 服务器，可以通过网络发送文件，但你没有使用 pipe()，也没有花时间处理

write() 方法的背压。攻击者可以写一个 HTTP 客户端，只请求大文件（如图片），但并不实际读取请求体。因为这个客户端不会通过网络读取数据，服务器又不会对背压作出反应，服务器上的缓冲区就可能溢出。只要攻击者的并发连接足够多，就会造成 DoS（Denial of Service，拒绝服务）攻击，导致你的服务器响应变慢，甚至崩溃。

16.5.4 通过事件读取流

Node 可读流有两种模式，每种模式都有自己的读取 API。如果你不能在程序中使用管道或异步迭代，那就需要从这两种基于事件的 API 中选择一种来处理流。关键在于只能使用其中一种 API，不能两种混用。

流动模式

在流动模式（flowing mode）下，当可读数据到达时，会立即以"data"事件的形式发送。要在这种模式下读取流，只要为"data"事件注册一个事件处理程序，流就会在可用时立即把数据块（缓冲区或字符串）推送给你。注意，在流动模式下无须调用 read() 方法，只需要处理"data"事件。另外，新创建的流并非一开始就处于流动模式。注册"data"事件处理程序会把流切换为流动模式。更方便的是，这意味着流在你注册"data"事件处理程序之前，不会发送"data"事件。

如果你使用流动模式从一个可读流读取数据、处理数据，然后再把数据写入一个可写流，那么你可能需要处理可写流的背压。如果 write() 方法返回 false 明确表示写入缓冲区已满，那你可以调用可读流的 pause() 方法暂时停止"data"事件。然后，当从可写流接收到"耗尽"事件时，可以调用可读流的 resume() 方法，再次启动"data"事件。

处于流动模式的流会在到达流末尾时发出一个"end"事件。这个事件表示不会再发送"data"事件。另外，与所有流一样，如果有错误发生，也会发送一个"error"事件。

在本节开头，我们展示了一个非流式的 copyFile() 函数，并承诺会给出一个更好的版本。以下代码展示了如何实现基于流的 copyFile() 函数，使用了流动模式 API，并且处理了背压。如果使用 pipe() 调用，这个实现还可以更简单，但这个函数可以用来示范多个事件处理程序如何协作，完成从一个流向另一个流转移数据。

```
const fs = require("fs");

// 流式的文件复制函数，使用了"流动模式"
// 将指定名字的源文件的内容复制到指定名字的目标文件
// 成功，则以 null 参数调用回调。出错，
// 则以 Error 对象作为参数调用回调
function copyFile(sourceFilename, destinationFilename, callback) {
    let input = fs.createReadStream(sourceFilename);
    let output = fs.createWriteStream(destinationFilename);
```

```javascript
    input.on("data", (chunk) => {              // 在取得新数据时,
        let hasRoom = output.write(chunk);     // 将其写入输出流
        if (!hasRoom) {                         // 如果输出流已满
            input.pause();                      // 则暂停输入流
        }
    });
    input.on("end", () => {                     // 在到达输入末尾时,
        output.end();                           // 告知输出流结束
    });
    input.on("error", err => {                  // 如果输入流报错,
        callback(err);                          // 以该错误调用回调
        process.exit();                         // 然后退出
    });

    output.on("drain", () => {                  // 如果输出流有空间了,
        input.resume();                         // 恢复输入流的“data”事件
    });
    output.on("error", err => {                 // 如果输出流报错,
        callback(err);                          // 以该错误调用回调
        process.exit();                         // 然后退出
    });
    output.on("finish", () => {                 // 在输出全部写完时,
        callback(null);                         // 无错误调用回调
    });
}

// 下面是一个复制文件的简单的命令行调用
let from = process.argv[2], to = process.argv[3];
console.log(`Copying file ${from} to ${to}...`);
copyFile(from, to, err => {
    if (err) {
        console.error(err);
    } else {
        console.log("done.");
    }
});
```

暂停模式

可读流的另一种模式是“暂停模式”。这个模式是流开始时所处的模式。如果你不注册“data”事件处理程序,也不调用 pipe() 方法,那么可读流就一直处于暂停模式。在暂停模式下,流不会以“data”事件的形式向你推送数据。相反,你需要显式调用其 read() 方法从流中拉取数据。这个方法不是阻塞操作,且如果流中已经没有数据可读,它会返回 null。因为没有同步 API 等待数据,所以暂停模式 API 也是基于事件的。可读流在暂停模式下会发送“readable”事件,表示流中有可读数据。相应地,你的代码应该调用 read() 方法读取该数据。而且,必须在一个循环中反复调用 read(),直到它返回 null。只有这样才能完全耗尽流的缓冲区,从而在将来再次触发新的“readable”事件。如果在仍然有可读数据的情况下停止调用 read(),那么就不会再收到下一个“readable”事件,你的程序很可能会被挂起。

处于暂停模式的流会像处于流动模式的流一样发送"end"和"error"事件。如果你的程序从一个可读流读数据，向一个可写流写数据，那么暂停模式可能并非好的选择。为了正确处理背压，我们只希望在输入流可读且输出流未满时读取数据。而在暂停模式下，这意味着读取和写入要持续到 read() 返回 null 或者 write() 返回 false，然后在"readable"或"drain"事件中再次开始读取或写入。这样处理起来很麻烦，不如流动模式（或管道）更简单。

下面的代码演示了如何为指定文件的内容计算 SHA256 散列值。它使用了暂停模式的可读流以块的形式读取文件内容，然后把每个块传给计算散列值的对象（注意，在 Node 12 及之后，使用 for/await 循环实现这个函数会更简单）。

```javascript
const fs = require("fs");
const crypto = require("crypto");

// 计算指定名字的文件内容的 sha256 散列值，并将散列值
// （以字符串形式）传给指定的错误在先的回调函数
function sha256(filename, callback) {
    let input = fs.createReadStream(filename); // 数据流
    let hasher = crypto.createHash("sha256");  // 用于计算散列值

    input.on("readable", () => {            // 在可以读取数据时，
        let chunk;
        while(chunk = input.read()) {       // 读取一块，如果不返回 null
            hasher.update(chunk);           // 把它传给 hasher，
        }                                   // 然后继续循环，直至没有数据可读
    });
    input.on("end", () => {                 // 到达流的末尾，
        let hash = hasher.digest("hex");    // 计算散列值，
        callback(null, hash);               // 然后把它传回调
    });
    input.on("error", callback);            // 出错时，调用回调
}

// 下面是一个计算文件散列值的简单的命令行调用
sha256(process.argv[2], (err, hash) => { // 从命令行传入文件名
    if (err) {                            // 如果出错
        console.error(err.toString());    // 把错误打印出来
    } else {                              // 否则，
        console.log(hash);                // 打印散列值字符串
    }
});
```

16.6 进程、CPU 和操作系统细节

全局 Process 对象有很多有用的属性和函数，通常与当前运行的 Node 进程的状态相关。Node 文档中有这些属性和函数的详细说明，不过下面这些是需要注意的：

```
process.argv              // 包含命令行参数的数组
process.arch              // CPU 架构：如 x64
process.cwd()             // 返回当前工作目录
process.chdir()           // 设置当前工作目录
process.cpuUsage()        // 报告 CPU 使用情况
process.env               // 环境变量对象
process.execPath          // Node 可执行文件的绝对路径
process.exit()            // 终止当前程序
process.exitCode          // 程序退出时报告的整数编码
process.getuid()          // 返回当前用户的 Unix 用户 ID
process.hrtime.bigint()   // 返回"高分辨率"纳秒级时间戳
process.kill()            // 向另一个进程发送信号
process.memoryUsage()     // 返回一个包含内存占用细节的对象
process.nextTick()        // 类似于 setImmediate()，立刻调用一个函数
process.pid               // 当前进程的进程 ID
process.ppid              // 父进程 ID
process.platform          // 操作系统：如 Linux、Darwin 或 Win32
process.resourceUsage()   // 返回包含资源占用细节的对象
process.setuid()          // 通过 ID 或名字设置当前用户
process.title             // 出现在 ps 列表中的进程名
process.umask()           // 设置或返回新文件的默认权限
process.uptime()          // 返回 Node 正常运行的时间（秒）
process.version           // Node 的版本字符串
process.versions          // Node 依赖库的版本字符串
```

os 模块（与 process 不同，需要通过 require() 显式加载）提供对 Node 所在计算机和操作系统的类似的低级细节。尽管可能永远用不到这些特性，但应该知道 Node 暴露了这些信息：

```
const os = require("os");
os.arch()                 // 返回 CPU 架构：如 x64 或 arm
os.constants              // 有用的常量，如 os.constants.signals.SIGINT
os.cpus()                 // 关于系统 CPU 核心的数据，包括使用时间
os.endianness()           // CPU 的原生字节序：BE 或 LE
os.EOL                    // 操作系统原生的行终止符：\n 或 \r\n
os.freemem()              // 返回自由 RAM 数量（字节）
os.getPriority()          // 返回操作系统调度进程的优先级
os.homedir()              // 返回当前用户的主目录
os.hostname()             // 返回计算机的主机名
os.loadavg()              // 返回 1、5 和 15 分钟的平均负载
os.networkInterfaces()    // 返回可用网络连接的细节
os.platform()             // 返回操作系统：例如 Linux、Darwin 或 Win32
os.release()              // 返回操作系统的版本号
os.setPriority()          // 尝试设置进程的调度优先级
os.tmpdir()               // 返回默认的临时目录
os.totalmem()             // 返回 RAM 的总数（字节）
os.type()                 // 返回操作系统：Linux、Darwin 或 Windows_NT 等
os.uptime()               // 返回系统正常运行的时间（秒）
os.userInfo()             // 返回当前用户的 uid、username、home 和 shell 程序
```

16.7 操作文件

Node 的 fs 模块是用于操作文件和目录的综合性 API。path 模块是 fs 模块的补充，定义

了操作文件和目录名的常用函数。fs 模块包含很多高级函数，可以方便读、写和复制文件。但该模块中的大多数函数都是对 Unix 系统调用（及其 Windows 对应操作）的低级绑定。如果你之前（在 C 或其他语言中）使用过低级文件系统调用，那么对 Node API 不会感到陌生。如果没有，那你可能会发现 fs 中的有些 API 过于简洁、不够直观。例如，删除文件的函数叫 unlink()。

fs 模块定义了大量 API，主要是因为每种基本操作都有很多变体。正如本章一开始所说的，其中大多数函数都像 fs.readFile() 一样是非阻塞、基于回调的、异步的。不过，通常每个这样的函数都会有一个同步阻塞的变体，如 fs.readFileSync()。在 Node 10 及之后，很多这样的函数也有一个基于期约的异步变体，比如 fs.promises.readFile()。多数 fs 中的函数都以一个字符串作为第一个参数，用于指定要操作的文件的路径（文件名加上可选的目录名）。但其中某些函数也有变体支持以一个整数"文件描述符"而非字符串路径作为第一个参数。这样的变体会以字母"f"开头。例如，fs.truncate() 截取通过路径指定的文件，而 fs.ftruncate() 则截取通过文件描述符指定的文件。有一个基于期约的 fs.promises.truncate() 接收一个路径，还有一个基于期约的版本实现为 FileHandle 对象的一个方法（FileHandle 类在基于期约的 API 中等价于文件描述符）。最后，fs 模块中还有少量函数有名字前面加"l"的变量。这个带"l"的变体与基本函数类似，但不会跟踪文件系统中的符号链接，而是直接操作符号链接本身。

16.7.1 路径、文件描述符和 FileHandle

为了使用 fs 模块操作文件，首先需要给要操作的文件命名。文件通常都是通过路径来指定的，也就是文件本身的名字再加上文件所在的目录层次。如果是绝对路径，那么路径就是从文件系统的根目录开始的。否则，就是相对路径，也就是该路径只有相对于其他某个路径（通常是当前工作路径）才有意义。由于不同操作系统使用不同的字符来分隔目录名，因此处理路径可能会有点棘手，很容易在拼接路径时意外造成这些分隔符重复，另外 ../ 父目录部分也需要特殊处理。Node 的 path 模块及其他一些重要的 Node 特性可以帮我们处理路径：

```
// 一些重要的路径
process.cwd()          // 当前工作目录的绝对路径
__filename             // 保存当前代码的文件的绝对路径
__dirname              // 保存 __filename 的目录的绝对路径
os.homedir()           // 用户的主目录

const path = require("path");

path.sep                       // / 或者 \，取决于操作系统

// path 模块提供了简单的解析函数
let p = "src/pkg/test.js";     // 示例路径
path.basename(p)               // => "test.js"
path.extname(p)                // => ".js"
```

```
path.dirname(p)                    // => "src/pkg"
path.basename(path.dirname(p))     // => "pkg"
path.dirname(path.dirname(p))      // "src"

// normalize() 清理路径:
path.normalize("a/b/c/../d/")      // => "a/b/d/": 处理 ../ 部分
path.normalize("a/./b")            // => "a/b": 去掉 ./ 部分
path.normalize("//a//b//")         // => "/a/b/": 去除重复的 /

// join() 组合路径片段、添加分隔符, 然后规范化
path.join("src", "pkg", "t.js")  // => "src/pkg/t.js"

// resolve() 接收一个或多个路径片段, 返回一个绝对路径
// 从最后一个参数开始, 反向处理, 直到构建起绝对路径或者
// 相对于 process.cwd() 解析得到绝对路径
path.resolve()                     // => process.cwd()
path.resolve("t.js")               // => path.join(process.cwd(), "t.js")
path.resolve("/tmp", "t.js")       // => "/tmp/t.js"
path.resolve("/a", "/b", "t.js") // => "/b/t.js"
```

注意, path.normalize() 只是一个简单的字符串操作函数, 并不实际访问文件系统。
fs.realpath() 和 fs.realpathSync() 函数执行基于文件系统的规范化, 它们会解析符号链接并相对于当前工作目录解释相对路径名。

在前面的例子中, 我们假设代码运行在一个基于 Unix 的操作系统中, 且 path.sep 是 "/"。如果你想在 Windows 系统上也使用 Unix 风格的路径, 可以使用 path.posix 代替 path。相应地, 如果你想在 Unix 系统中使用 Windows 路径, 可以使用 path.win32。path.posix 和 path.win32 定义了与 path 相同的属性和函数。

接下来几节将要介绍的一些 fs 函数接收文件描述符, 而不是文件名。文件描述符是操作系统级的整数引用, 可以用来"打开"文件。调用 fs.pen() (或 fs.openSync()) 函数可以得到一个指定文件的描述符。进程一次只能打开有限个数的文件, 因此在完成操作后, 一定要在文件描述符上调用 fs.close()。如果想使用低级的 fs.read() 和 fs.write() 函数, 那么就需要打开文件, 然后才能在文件中跳转, 读取或写入内容。fs 模块中还有另外一些函数也使用文件描述符, 但这些函数都有基于名字的版本, 而且只有在你想打开文件再读或写的情况下, 这些基于描述符的函数才有意义。

最后, 在 fs.promises 定义的基于期约的 API 中, 与 fs.open() 对应的是 fs.promises.open()。fs.promises.open() 返回一个期约, 该期约会解决为一个 FileHandle 对象。这个 FileHandle 对象与文件描述符的作用相同。不过, 除非你需要使用 FileHandle 低级的 read() 和 write() 方法, 否则没有必要去创建它。如果你创建了 FileHandle, 那应该记着完成操作后调用它的 close() 方法。

16.7.2 读文件

Node 允许你一次性读取文件的内容, 可以通过流, 也可以通过低级 API。

如果你的文件很小，或者内存占用或性能并非主要考虑的因素，那么通过一次调用读取文件的全部内容是最简单的。这时，可以使用同步方法加回调，也可以使用期约。默认情况下，读取的文件内容是缓冲区中的字节。不过，通过指定编码则可以得到解码后的字符串。

```
const fs = require("fs");
let buffer = fs.readFileSync("test.data");      // 同步，返回缓冲区
let text = fs.readFileSync("data.csv", "utf8"); // 同步，返回字符串

// 异步读取文件的字节
fs.readFile("test.data", (err, buffer) => {
    if (err) {
        // 在这里处理错误
    } else {
        // 在这里处理文件的字节
    }
});

// 基于期约的异步读取
fs.promises
    .readFile("data.csv", "utf8")
    .then(processFileText)
    .catch(handleReadError);

// 或者在 async 函数中使用 await 和期约 API
async function processText(filename, encoding="utf8") {
    let text = await fs.promises.readFile(filename, encoding);
    // ……在这里处理文本……
}
```

如果可以顺序地处理文件内容，同时不需要把文件内容全都放到内存中，那通过流来读取文件可能是最有效的方式。本章已经花了不少篇幅介绍流，下面这个函数展示了如何使用流和 pipe() 方法将一个文件内容写入标准输出：

```
function printFile(filename, encoding="utf8") {
    fs.createReadStream(filename, encoding).pipe(process.stdout);
}
```

如果你需要在更低层次上控制要读取文件的哪些字节，可以打开文件取得文件描述符，然后再使用 fs.read()、fs.readSync() 或 fs.promises.read()，从文件中指定的来源位置将指定数量的字节读取到指定目标位置的指定缓冲区：

```
const fs = require("fs");

// 读取数据文件的特定部分
fs.open("data", (err, fd) => {
    if (err) {
        // 报告错误
        return;
```

```
    }
    try {
        // 把字节 20 到 420 读到新分配的缓冲区
        fs.read(fd, Buffer.alloc(400), 0, 400, 20, (err, n, b) => {
            // 如果有的话，err 是错误
            // n 是实际读取的字节数
            // b 是读入字节的缓冲区
        });
    }
    finally {              // 使用 finally 子句，以便任何情况下
        fs.close(fd);      // 都可以关闭文件描述符
    }
});
```

如果你要从文件中读取多个数据块，这个基于回调的 read() API 使用起来会很麻烦。如果可以使用同步 API（或基于期约的 API 及 await），那从一个文件中读取多个数据块就简单了：

```
const fs = require("fs");

function readData(filename) {
    let fd = fs.openSync(filename);
    try {
        // 读取文件头部
        let header = Buffer.alloc(12); // 12 字节的缓冲区
        fs.readSync(fd, header, 0, 12, 0);

        // 验证文件的魔法数值
        let magic = header.readInt32LE(0);
        if (magic !== 0xDADAFEED) {
            throw new Error("File is of wrong type");
        }

        // 现在从头部取得数据的偏移和长度
        let offset = header.readInt32LE(4);
        let length = header.readInt32LE(8);

        // 并从文件中读取相应长度的字节
        let data = Buffer.alloc(length);
        fs.readSync(fd, data, 0, length, offset);
        return data;
    } finally {
        // 即使上面抛出异常，也要关闭文件
        fs.closeSync(fd);
    }
}
```

16.7.3 写文件

在 Node 中写文件与读文件很相似，但需要了解一些额外的细节。其中之一就是通过写

入一个并不存在的文件名，可以创建一个新文件。

与读文件一样，Node 中有 3 种写文件的基本方式。如果你有字符串或缓冲区中全部的文件内容，可以调用 fs.writeFile()（基于回调）、fs.writeFileSync()（同步）或 fs.promises.writeFile()（基于期约）一次性写入全部内容：

```
fs.writeFileSync(path.resolve(__dirname, "settings.json"),
                 JSON.stringify(settings));
```

如果要写入文件的数据是一个字符串，而且你想使用非"utf8"编码，那么需要将该编码作为第三个参数传入。

相关函数 fs.appendFile()、fs.appendFileSync() 和 fs.promises.appendFile() 也类似，只不过它们会在指定文件存在时，把数据追加到已有数据的末尾，而不会重写已有的文件内容。

如果要写入文件的数据并不全在一个块中，或者如果在同一时刻并不全都在内存中，那么使用可写流是个好办法。假设你想从头到尾写入数据，中间不会在文件内跳转：

```
const fs = require("fs");
let output = fs.createWriteStream("numbers.txt");
for(let i = 0; i < 100; i++) {
    output.write(`${i}\n`);
}
output.end();
```

如果你想以多个块的形式将数据写入文件，并且想控制把每个块都写入文件中的确切位置，那么可以使用 fs.open()、fs.openSync() 或 fs.promises.open() 打开文件，然后把生成的文件描述符再传给 fs.write() 或 fs.writeSync() 函数。这两个函数对字符串和缓冲区有不同的变体。字符串变体接收一个文件描述符、字符串和文件中写入该字符串的位置（以及可选的编码作为第 4 个参数）。缓冲区变体接收一个文件描述符、缓冲区、偏移量、缓冲区中数据块的长度，以及在文件中写入该数据块字节的位置。如果你有一个要写入的 Buffer 对象的数组，可以调用一次 fs.writev() 或 fs.writevSync() 完成操作。类似地，用 fs.promises.open() 及其产生的 FileHandle 对象也可以在更低层次写入缓冲区和字符串。

文件模式字符串

在前面使用低级 API 读取文件时，我们看到了 fs.open() 和 fs.openSync()。在那个用例中，只传入文件名就可以了。然而，在要写文件时，必须同时传入第二个字符串参数，用于指定你准备如何使用这个文件描述符。可用的几个标志字符串如下。

"w"

为写入打开。

"w+"

为写入和读取打开。

"wx"

为创建新文件打开。如果指定的文件存在则失败。

"wx+"

为创建文件打开，也允许读取。如果指定的文件存在则失败。

"a"

为追加数据打开。原有内容不会被重写。

"a+"

为追加数据打开，但也允许读取。

如果没有给 fs.open() 或 fs.openSync() 传以上任何标志字符串，那它们会使用默认的"r"标志，返回只读文件描述符。注意，把这些标志传给其他文件写入方法同样有效：

```
// 通过一次调用写入文件，但在原有内容基础上追加
// 这就像是调用 fs.appendFileSync()
fs.writeFileSync("messages.log", "hello", { flag: "a" });

// 打开一个写入流，如果文件存在则抛出错误
// 我们不想意外重写任何文件
// 注意上面的选项是"flag"，这里是"flags"
fs.createWriteStream("messages.log", { flags: "wx" });
```

可以通过 fs.truncate()、fs.truncateSync() 或 fs.promises.truncate() 截掉文件后面的内容。这几个函数以一个路径作为第一个参数，以一个长度作为第二个参数，将文件修改为指定的长度。如果省略长度参数，则使用默认值 0，结果文件会变空。不用管这些函数的名字，通过它们还可以扩展文件。如果指定的长度超出了当前文件大小，则文件会以 0 字节扩展到新大小。如果已经打开了要修改的文件，可以对文件描述符或 FileHandle 使用 ftruncate() 或 ftruncateSync()。

这里介绍的各种文件写入函数在数据已经"写入"时（对 Node 而言就是把数据交给了操作系统），会返回或调用它们的回调或解决它们的期约。但这不一定意味着数据已经事实上写入了持久存储系统。至少其中有些数据仍然缓存在操作系统或设备驱动的某个地方，等待写入磁盘。如果你调用了 fs.writeSync() 同步向文件中写入某些数据，刚

好在这个函数返回时掉电了，那可能会丢失数据。如果想把数据强制写入磁盘，保证数据得到安全存储，可以使用 fs.fsync() 或 fs.fsyncSync()。这两个函数只接收文件描述符，没有接收路径的版本。

16.7.4 文件操作

前面在讨论 Node 流相关的类时，提到了两个 copyFile() 函数的例子。你在实际开发中应该不会使用它们，因为 fs 模块定义了自己的 fs.copyFile() 方法（当然还有 fs.copyFileSync() 和 fs.promises.copyFile()）。

这几个函数都接收原始文件的名字和副本的名字作为前两个参数。这两个参数可以是字符串、URL 或 Buffer 对象。它们还可以接收可选的第三个参数（即一个整数），该整数的位用于指定标志，以控制复制操作的细节。对于基于回调的 fs.copyFile()，最后一个参数是一个回调函数，将在复制完成时被无参数调用或在复制出错时以错误参数调用。下面是两个例子：

```
// 基本的同步文件复制
fs.copyFileSync("ch15.txt", "ch15.bak");

// COPYFILE_EXCL 参数表示只在新文件不存在时复制
// 这个参数可以防止复制操作重写已有的文件
fs.copyFile("ch15.txt", "ch16.txt", fs.constants.COPYFILE_EXCL, err => {
    // 这个回调将在复制完成时被调用。如果出错，err 将为非空值
});

// 以下代码演示了 copyFile 函数基于期约的版本
// 两个标志以按位或操作符 | 组合。这个标志意味着
// 已有的文件不会被重写，而且如果文件系统支持，
// 副本将是原始文件的一个“写时复制”的副本，这
// 意味着如果原始内容或复本未被修改，则不需要
// 占用额外的存储空间
fs.promises.copyFile("Important data",
                     `Important data ${new Date().toISOString()}"
                        fs.constants.COPYFILE_EXCL | fs.constants.COPYFILE_FICLONE)
    .then(() => {
        console.log("Backup complete");
    });
    .catch(err => {
        console.error("Backup failed", err);
    });
```

fs.rename() 函数（以及相应的同步和基于期约的变体）可以移动或重命名文件。调用它要传入当前文件路径和期望的新文件路径。没有标志参数，但基于回调的版本接收回调作为第三个参数：

```
fs.renameSync("ch15.bak", "backups/ch15.bak");
```

注意，没有标志可以防止重命名的同时重写已有的文件。另外也要记住，文件只能在文件系统中被重命名。

函数 `fs.link()` 和 `fs.symlink()` 及其变体与 `fs.rename` 有相同的签名，行为则类似于 `fs.copyFile()`，只是它们将分别创建硬链接和符号链接，而非创建一个副本。

`fs.unlink()`、`fs.unlinkSync()` 和 `fs.promises.unlink()` 是 Node 用来删除文件的函数（这些不直观的名字继承于 Unix。在 Unix 中，删除文件基本上是为文件创建硬链接的反操作）。调用这些函数时可以传入字符串、缓冲区或要删除文件的 URL 路径，如果使用基于回调的版本，还要传入一个回调：

```
fs.unlinkSync("backups/ch15.bak");
```

16.7.5 文件元数据

`fs.stat()`、`fs.statSync()` 和 `fs.promises.stat()` 函数可以让你取得指定文件或目录的元数据。例如：

```
const fs = require("fs");
let stats = fs.statSync("book/ch15.md");
stats.isFile()          // => true: 这是一个普通文件
stats.isDirectory()     // => false: 它不是一个目录
stats.size              // 文件大小（字节）
stats.atime             // 访问时间：最后读取的日期
stats.mtime             // 修改时间：最后写入的日期
stats.uid               // 文件所有者的用户 ID
stats.gid               // 文件所有者的组 ID
stats.mode.toString(8)  // 八进制字符串形式的文件权限
```

返回的 Stats 对象还包含其他不那么直观的属性和方法，以上代码展示了其中你最可能用到的。

`fs.lstat()` 及其变体与 `fs.stat()` 类似，只是在指定文件为符号链接时，Node 会返回链接本身的元数据，而不会跟踪链接。

如果你已经打开一个文件并得到其文件描述符或 FileHandle 对象，那么可以使用 `fs.fstat()` 或其变体取得这个打开文件的元数据，而不必再指定文件名。

除了通过 `fs.stat()` 及其所有变体查询元数据，还有其他函数可以修改元数据。

`fs.chmod()`、`fs.lchmod()` 和 `fs.fchmod()`（以及相应的同步和基于期约的版本）用于设置文件或目录的"模式"或权限。模式值是整数，其中每一位都有特定的含义，而八进制表示方式最容易理解。例如，要让一个文件对其所有者只读且所有人都无权访问，可以使用 `0o400`：

```
fs.chmodSync("ch15.md", 0o400);  // 别意外删除了
```

fs.chown()、fs.lchown() 和 fs.fchown()（以及相应的同步和基于期约的版本）用于为文件或目录设置所有者和组（以 ID 形式）（这几个方法与通过 fs.chmod() 设置文件的权限有关系）。

可以使用 fs.utimes() 和 fs.futimes() 及其变体设置文件或目录的访问时间和修改时间。

16.7.6 操作目录

在 Node 中要创建新目录，可以使用 fs.mkdir()、fs.mkdirSync() 或 fs.promises.mkdir()。第一个参数是要创建的目录的路径。第二可参数是可选的，是一个整数，表示新目录的模式（权限位）；或者也可以传入一个包含可选 mode 和 recursive 属性的对象。如果 recursive 为 true，则这个函数会创建路径中所有不存在的目录：

```
// 确保 dist/ 和 dist/lib/ 都会存在
fs.mkdirSync("dist/lib", { recursive: true });
```

fs.mkdtemp() 及其变体接收一个传入的路径前缀，然后在后面追加一些随机字符（对于安全很重要），并以该名字创建一个目录，最后返回（或传给回调）这个目录的路径。

要删除一个目录，使用 fs.rmdir() 或它的变体。注意，必须是空目录才能删除：

```
// 创建一个随机临时目录并取得其路径
// 创建完成后再删除它
let tempDirPath;
try {
    tempDirPath = fs.mkdtempSync(path.join(os.tmpdir(), "d"));
    // 在这里对这个目录执行某些操作
} finally {
    // 执行完操作之后删除这个临时目录
    fs.rmdirSync(tempDirPath);
}
```

fs 模块提供了两组不同的 API 用于列出目录的内容。首先，fs.readdir()、fs.readdirSync() 和 fs.promises.readdir() 一次性读取整个目录，然后返回一个字符串数组或一个指定了名字和类型（文件或目录）的 Dirent 对象的数组。这些函数返回的文件名就是这些文件的本地名，而非完整路径。下面是例子：

```
let tempFiles = fs.readdirSync("/tmp");  // 返回字符串数组

// 使用基于期约的 API 取得 Dirent 数组，
// 然后打印出子目录的路径
fs.promises.readdir("/tmp", {withFileTypes: true})
    .then(entries => {
        entries.filter(entry => entry.isDirectory())
            .map(entry => entry.name)
            .forEach(name => console.log(path.join("/tmp/", name)));
    })
    .catch(console.error);
```

如果预计要列出可能会包含数千个条目的目录，可以使用基于流的 `fs.opendir()` 及其变体。这些函数返回一个 Dir 对象，表示指定的目录。可以使用这个 Dir 对象的 `read()` 或 `readSync()` 方法每次读取一个 Dirent 对象。如果给 `read()` 传了回调，那它会调用这个回调。如果省略了回调，那它会返回一个期约。在没有更多目录条目时，你会得到 null 而不是一个 Dirent 对象。

使用 Dir 对象最简单的方式是将其作为异步迭代器，配合 for/await 循环。例如，下面这个函数会使用以上流 API 列出目录条目，调用每个条目的 `stat()` 方法，然后打印出文件和目录的名字及大小：

```
const fs = require("fs");
const path = require("path");

async function listDirectory(dirpath) {
    let dir = await fs.promises.opendir(dirpath);
    for await (let entry of dir) {
        let name = entry.name;
        if (entry.isDirectory()) {
            name += "/";  // 在子目录末尾添加一个斜杠
        }
        let stats = await fs.promises.stat(path.join(dirpath, name));
        let size = stats.size;
        console.log(String(size).padStart(10), name);
    }
}
```

16.8 HTTP 客户端与服务器

Node 的 http、https 和 http2 模块是功能完整但相对低级的 HTTP 协议实现。这些模块定义了实现 HTTP 客户端和服务器的所有 API。因为这些 API 相对低级，本章没有那么多篇幅介绍所有相关特性。但接下来的例子将演示如何编写简单的客户端和服务器。

发送 HTTP GET 请求的最简单方式是使用 `http.get()` 或 `https.get()`。这两个函数的第一个参数是要获取的 URL（如果是一个 `http://` URL，必须使用 http 模块；如果是一个 `https://` URL，必须使用 https 模块）。第二个参数是一个回调，当服务器响应开始到达时这个回调会以一个 IncomingMessage 对象被调用。调用回调时，HTTP 状态和头部已经可以读取，但响应体尚未就绪。IncomingMessage 对象是一个可读流，因此可以使用本章前面演示的技术从中读取响应体。

13.2.6 节最后介绍的 `getJSON()` 函数在 `Promise()` 构造函数中使用了 `http.get()`。在了解了 Node 流以及更普遍的 Node 编程模型之后，有必要再回顾一下那个例子，看看它是如何使用 `http.get()` 的。

http.get() 和 https.get() 是更通用的 http.request() 和 https.request() 函数的稍微简化的变体。下面这个 postJSON() 函数演示了如何使用 https.request() 发送一个包含 JSON 请求体的 HTTPS POST 请求。与第 13 章的 getJSON() 函数类似，这个函数也期待一个 JSON 响应并返回一个期约，该期约将兑现为解析后的响应：

```javascript
const https = require("https");

/*
 * 将 body 对象转换为 JSON 字符串，然后通过 HTTPS POST 发送到指定 host 的
 * 指定 API 终端。当响应到达时，将响应体作为 JSON 解析，然后以解析
 * 后的值解决返回的期约
 */
function postJSON(host, endpoint, body, port, username, password) {
    // 立即返回期约对象，当 HTTPS 请求成功或失败时
    // 再调用 resolve 或 reject
    return new Promise((resolve, reject) => {
        // 把 body 对象转换为字符串
        let bodyText = JSON.stringify(body);

        // 配置 HTTPS 请求
        let requestOptions = {
            method: "POST",         // 或 "GET""PUT""DELETE" 等
            host: host,             // 要连接的主机
            path: endpoint,         // URL 路径
            headers: {              // 请求的 HTTP 头部
                "Content-Type": "application/json",
                "Content-Length": Buffer.byteLength(bodyText)
            }
        };

        if (port) {                          // 如果指定了端口，
            requestOptions.port = port;      // 在请求中使用端口
        }
        // 如果指定了凭据，则增加一个 Authorization 头部
        if (username && password) {
            requestOptions.auth = `${username}:${password}`;
        }

        // 现在根据配置对象创建请求
        let request = https.request(requestOptions);

        // 写入 POST 请求体并结束请求
        request.write(bodyText);
        request.end();

        // 请求出错时失败（如没有网络连接）
        request.on("error", e => reject(e));

        // 当响应到达时处理响应
        request.on("response", response => {
            if (response.statusCode !== 200) {
```

```
                reject(new Error(`HTTP status ${response.statusCode}`));
                // 这里我们并不关心响应体，但不希望
                // 它逗留在缓冲区里，因此把流切换为
                // 流动模式，但不注册"data"处理程序，
                // 因此响应体会被丢弃
                response.resume();
                return;
            }

            // 我们想要文本，而非字节。
            // 假设文本是 JSON 格式，
            // 因此就不检查 Content-Type 头部了
            response.setEncoding("utf8");

            // Node 没有流式 JSON 解析器，因此这里要把
            // 整个响应体都读取到一个字符串中
            let body = "";
            response.on("data", chunk => { body += chunk; });
            // 接收完响应体再处理响应
            response.on("end", () => {          // 接收完响应体，
                try {                            // 尝试将其作为 JSON 来解析
                    resolve(JSON.parse(body));   // 解决得到的结果
                } catch(e) {                     // 否则，如果出错，
                    reject(e);                   // 以错误拒绝
                }
            });
        });
    });
}
```

除了发送 HTTP 和 HTTPS 请求，http 和 https 模块也允许你编写响应这些请求的服务器。基本流程如下。

- 创建一个新 Server 对象。

- 调用它的 listen() 方法，开始监听指定端口的请求。

- 为"request"事件注册处理程序，通过这个处理程序读取客户端请求（特别是 request.url 属性），然后写入你的响应。

下面的代码将创建一个简单的 HTTP 服务器，可以发送本地文件系统的静态文件，同时也实现了一个调试终端，可以将客户端请求再发送给客户端：

```
// 这是一个简单的静态 HTTP 服务器，从一个指定目录发送文件
// 另外，它也实现了一个特殊的测试终端：/test/mirror,
// 该终端可以反传收到的请求，对客户端调试是有用的
const http = require("http");      // 如果有证书可以使用 https
const url = require("url");        // 用来解析 URL
const path = require("path");      // 用来操作文件系统路径
const fs = require("fs");          // 用来读取文件

// 通过监听指定端口的 HTTP 服务器
```

```
// 发送指定根目录下的文件
function serve(rootDirectory, port) {
    let server = new http.Server();   // 创建一个新的 HTTP 服务器
    server.listen(port);              // 监听指定的端口
    console.log("Listening on port", port);

    // 当请求到来时，使用这个函数处理它们
    server.on("request", (request, response) => {
        // 取得请求 URL 的路径部分，
        // 忽略后跟的任何查询参数
        let endpoint = url.parse(request.url).pathname;

        // 如果请求路径是 "/test/mirror"，则把请求原封
        // 不动地发回去。在需要看到请求头和请求体时有用
        if (endpoint === "/test/mirror") {
            // 设置响应头
            response.setHeader("Content-Type", "text/plain; charset=UTF-8");

            // 指定响应状态码
            response.writeHead(200);  // 200 OK

            // 用请求设置响应体的开头
            response.write(`${request.method} ${request.url} HTTP/${
                                    request.httpVersion
                           }\r\n`);

            // 输出请求头
            let headers = request.rawHeaders;
            for(let i = 0; i < headers.length; i += 2) {
                response.write(`${headers[i]}: ${headers[i+1]}\r\n`);
            }

            // 以空行终止头部
            response.write("\r\n");

            // 现在需要把请求体复制到响应体
            // 因为它们都是流，可以使用管道
            request.pipe(response);
        }
        // 否则，从本地目录发送一个文件
        else {
            // 将终端映射为一个本地文件系统的文件
            let filename = endpoint.substring(1); // 去掉开头的 /
            // 不允许路径中出现 "../"，因为发送
            // 根目录外部的文件是一个安全漏洞
            filename = filename.replace(/\.\.\//g, "");
            // 接着把相对路径转换为绝对路径
            filename = path.resolve(rootDirectory, filename);

            // 现在根据扩展名猜测请求文件的类型
            let type;
            switch(path.extname(filename))  {
            case ".html":
            case ".htm": type = "text/html"; break;
```

```
case ".js":     type = "text/javascript"; break;
case ".css":    type = "text/css"; break;
case ".png":    type = "image/png"; break;
case ".txt":    type = "text/plain"; break;
default:        type = "application/octet-stream"; break;
}

let stream = fs.createReadStream(filename);
stream.once("readable", () => {
    // 如果流变成可读了，则将 Content-Type
    // 头部设置为"200 OK"状态。然后通过管道
    // 将文件读取器流引入响应流。这个管道将
    // 在流结束时自动调用 response.end()
    response.setHeader("Content-Type", type);
    response.writeHead(200);
    stream.pipe(response);
});

stream.on("error", (err) => {
    // 如果在打开流时出错了，说明文件可能不存在
    // 或者没有读取权限。此时发送一个"404 Not Found"的纯文本响应
    // 并在响应中带上
    // 错误消息
    response.setHeader("Content-Type", "text/plain; charset=UTF-8");
    response.writeHead(404);
    response.end(err.message);
});
        }
    });
}

// 在命令行中中调用 serve() 函数
serve(process.argv[2] || "/tmp", parseInt(process.argv[3]) || 8000);
```

Node 的内置模块可以用来编写简单的 HTTP 和 HTTPS 服务器。不过，产品级服务器通常并不直接构建于这些模块之上。多数常用的服务器都是使用外部库（如 Express 框架）实现的，这些外部库提供"中间件"及其他后端 Web 开发者期待的高级实用特性。

16.9 非 HTTP 网络服务器及客户端

Web 服务器和客户端的无所不在很容易让人忘记还可以写不使用 HTTP 的客户端和服务器。即便 Node 在编写 Web 服务器方面获得了美誉，但它也完全支持其他类型的网络服务器和客户端。

如果你熟悉流的操作，那么网络这一块会相对简单，因为网络套接口就是一种双工流。net 模块定义了 Server 和 Socket 类。要创建服务器，调用 net.createServer()，然后调用返回对象的 listen() 方法告诉服务器监听哪个端口的连接。Server 对象会在客户端连接到该端口时生成"connection"事件，而传给事件监听器的值就是一个 Socket 对象。这个 Socket 对象是一个双工流，可以使用它从客户端读取数据和向客户端写入数据。在

这个 Socket 对象上调用 end() 可以断开链接。

写客户端甚至更容易，只要给 net.createConnection() 传一个端口号和主机名，就可以创建一个套接口，与该主机上监听相应端口的服务器通信。然后使用这个套接口就可以从服务器读取数据或者向服务器写入数据了。

下面的代码演示了如何使用 net 模块写一个服务器。当客户端连接时，服务器会给它讲一个 knock-knock 笑话：

```javascript
// 一个会讲 knock-knock 笑话的 TCP 服务器，监听端口 6789
//（为什么 6 怕 7？因为 7 吃 9！译注1）
const net = require("net");
const readline = require("readline");

// 创建 Server 对象，并开始监听连接
let server = net.createServer();
server.listen(6789, () => console.log("Delivering laughs on port 6789"));

// 当客户端连接时，给它讲一个 knock-knock 笑话
server.on("connection", socket => {
    tellJoke(socket)
        .then(() => socket.end())   // 讲完笑话，关闭套接口
        .catch((err) => {
            console.error(err);     // 打印发生的错误
            socket.end();           // 但还是要关闭套接口
        });
});

// 这些是我们会讲的所有笑话
const jokes = {
    "Boo": "Don't cry...it's only a joke!",
    "Lettuce": "Let us in! It's freezing out here!",
    "A little old lady": "Wow, I didn't know you could yodel!"
};

// 通过套接口交互式表演 knock-knock 笑话，不阻塞
async function tellJoke(socket) {
    // 随机选一个笑话
    let randomElement = a => a[Math.floor(Math.random() * a.length)];
    let who = randomElement(Object.keys(jokes));
    let punchline = jokes[who];

    // 使用 readline 模块一次读取用户的一行输入
    let lineReader = readline.createInterface({
        input: socket,
        output: socket,
        prompt: ">> "
    });

    // 辅助函数，用于向客户端输出一行文本
```

译注1：原文：Why is six afraid of seven? Because seven ate nine! 在英文中，eight 与 ate 发音相近，取谐音。这个"冷笑话"里恰好包含 6789 四个数字。

```
// 然后（默认）显示一个提示符
function output(text, prompt=true) {
    socket.write(`${text}\r\n`);
    if (prompt) lineReader.prompt();
}

// knock-knock 笑话是一种呼叫回应式结构
// 我们希望用户在不同阶段输入不同的内容,
// 然后在不同阶段获取输入后执行不同的动作
let stage = 0;

// 以传统方式开始 knock-knock 笑话
output("Knock knock!");

// 现在异步从客户端读取行, 直到讲完笑话
for await (let inputLine of lineReader) {
    if (stage === 0) {
        if (inputLine.toLowerCase() === "who's there?") {
            // 如果用户在 stage 0 给出了正确的回应
            // 把笑话的第一部分讲出来, 进 stage 1
            output(who);
            stage = 1;
        } else {
            // 否则, 教用户如何回应 knock-knock 笑话
            output('Please type "Who\'s there?".');
        }
    } else if (stage === 1) {
        if (inputLine.toLowerCase() === `${who.toLowerCase()} who?`) {
            // 如果用户在 stage 1 的给出了正确的回应,
            // 发送双关语并返回, 因为笑话已经讲完了
            output(`${punchline}`, false);
            return;
        } else {
            // 告诉用户应该怎么玩下去
            output(`Please type "${who} who?".`);
        }
    }
}
```

像这样基于文本的简单服务器通常不需要再写一个自定义客户端。如果你的系统安装了 nc（即 netcat）程序，可以使用它像这样与服务器通信：

```
$ nc localhost 6789
Knock knock!
>> Who's there?
A little old lady
>> A little old lady who?
Wow, I didn't know you could yodel!
```

当然，用 Node 为这个笑话服务器写一个自定义客户端也很容易。只要连接到服务器，然后通过管道把服务器的输出引流至标准输出，把标准输入引流至服务器的输入即可：

```
// 连接到命令行输入的服务器的笑话端口（6789）
let socket = require("net").createConnection(6789, process.argv[2]);
socket.pipe(process.stdout);              // 把数据从套接口引流到标准输出
process.stdin.pipe(socket);               // 把数据从标准输入引流至套接口
socket.on("close", () => process.exit()); // 套接口关闭时退出。
```

除了支持基于 TCP 的服务器，Node 的 net 模块也支持通过"Unix 域套接口"(Unix domain socket) 的进程间通信，这种套接口使用文件系统路径而非端口号来标识。本章不会介绍这种套接口，但 Node 文档中有详细说明。其他本章不会涵盖的 Node 特性还有用于开发 UDP 客户端和服务器的 dgram 模块和 tls 模块。tls 模块相对于 net 模块，就像 https 模块相对于 http 模块。使用 tls.Server 和 tls.TLSSocket 类可以创建像 HTTPS 服务器那样使用 SSL 加密连接的 TCP 服务器（比如 knock-knock 笑话服务器）。

16.10 操作子进程

除了编写高并发服务器，Node 也非常适合编写执行其他程序的脚本。Node 中的 child_process 模块定义了一些函数，用于在子进程中运行其他程序。本节展示其中一些函数，先从最简单的开始，之后再介绍较为复杂的。

16.10.1 execSync() 与 execFileSync()

运行其他程序的最简单方式是使用 child_process.execSync()。这个函数的第一个参数是要运行的命令，它会创建一个子进程，并在该进程中运行一个命令行解释器（shell），并使用该解释器执行你传入的命令。执行命令期间会阻塞，直到命令（及命令行解释器）退出。如果命令中存在错误，则 execSync() 会抛出异常。否则，execSync() 将返回该命令写入其标准输出流的任何内容。默认情况下，这个返回值是一个缓冲区，但你可以在可选的第二个参数中设置一个编码，从而得到一个字符串。如果命令向标准错误写入了任何输出，则该输出只会传给父进程的标准错误流。

因此，如果你写了一个脚本，且性能不用考虑，那么可以使用 child_process.execSync() 运行一个熟悉的 Unix 命令行程序列出某个目录下的内容，而不是使用 fs.readdirSync() 函数：

```
const child_process = require("child_process");
let listing = child_process.execSync("ls -l web/*.html", {encoding: "utf8"});
```

可以通过 execSync() 调用 Unix 命令行解释器，这意味着你传给它的字符串可以包含多个分号分隔的命令，而且可以利用命令行的其他特性，比如文件名通配符、管道和输出重定向。同样，这也意味着你必须小心，不要给 execSync() 传入来自用户输入或类似不可信源的命令。命令行的复杂语法很容易被攻击者利用，运行任意代码。

如果你不需要命令行的特性，可以使用 child_process.execFileSync() 来避免启动命令行的开销。这个函数直接执行程序，不调用命令行。不过由于不涉及命令行，因此也无法解析命令行，你必须在它的第一个参数传入可执行文件，并在第二个参数传入命令行参数的数组：

```
let listing = child_process.execFileSync("ls", ["-l", "web/"],
                                         {encoding: "utf8"});
```

子进程选项

execSync() 和其他很多 child_process 函数都有第二或第三个可选参数对象，用于指定子进程如何运行。前面使用了这个对象的 encoding 属性，指定我们希望命令的输出以字符串而非缓冲区形式发送。下面列出了其他你可能使用的比较重要的属性（注意，并非所有选项都适用于所有子进程函数）。

cwd：指定子进程的当前工作目录。如果省略这个选项，那么子进程会继承 process.cwd() 的值。

env：指定子进程有权访问的环境变量。默认情况下，子进程简单地继承 process.env，但你可以指定一个不同的对象。

input：指定应该作为子进程标准输入的输入数据的字符串或缓冲区。这个选项只能用于不返回 ChildProcess 对象的同步函数。

maxBuffer：指定 exec 函数可以收集的最大输出字节数（不适用于 spawn() 和 fork()，它们使用流）。如果子进程产生的输出超过这个值，那它会被杀死并以错误退出。

shell：指定命令行解释器可执行文件的路径或 true。对正常执行命令行程序的子进程函数，这个选项允许你指定使用哪个命令行。对正常不使用命令行的函数，这个选项允许你指定可以使用命令行（通过把这个属性设置为 true）或指定具体使用哪个命令行。

timeout：指定允许子进程运行的最长毫秒数。如果到了这个时间它没有退出，它会被杀死并以错误退出（这个选项适用于 exec() 函数，但不适用于 spawn() 或 fork()）。

uid：指定以哪个用户 ID（数值）来运行程序。如果父进程在一个特权账号下运行，可以使用这个选项以较低权限运行子进程。

16.10.2 exec() 与 execFile()

顾名思义，execSync() 和 execFileSync() 函数都是同步执行的，它们会阻塞直到子进程退出才会返回。使用这两个函数非常像在终端窗口中输入 Unix 命令，每次只能运行一个命令。但是，如果你的程序需要完成多个任务，而这些任务之间没有依赖关系，那你可能希望它们可以并行运行，即同时运行多个命令。这时候可以使用异步函数 child_process.exec() 和 child_process.execFile()。

exec() 和 execFile() 与它们的同步变体相似，只不过会立即返回一个 ChildProcess 对象，表示正在运行的子进程，而且接收一个错误在先的回调作为最后的参数。这个回调会在子进程退出时被调用，调用时实际上会传 3 个参数。如果发生了错误，第一个参数就是错误；否则如果子进程正常终止，第一个参数就是 null。第二个参数是子进程收集的发送到子进程标准输出流的输出。而第三个参数是发送到子进程标准错误流的输出。

exec() 和 execFile() 返回的 ChildProcess 对象允许你终止子进程，向它写入数据（进而可以从其标准输入读取）。我们会在讨论 child_process.spawn() 函数时详细介绍 ChildProcess。

如果你想同时执行多个子进程，那么最简单的方式可能就是使用 exec() 的期约版，它返回一个期约对象。如果子进程无错误退出，这个期约对象会解决为一个包含 stdout 和 stderr 属性的对象。例如，下面这个函数接收一个命令行程序的数组作为输入，返回一个解决为所有这些命令执行结果的期约：

```
const child_process = require("child_process");
const util = require("util");
const execP = util.promisify(child_process.exec);

function parallelExec(commands) {
    // 使用命令数组创建一个期约数组
    let promises = commands.map(command => execP(command, {encoding: "utf8"}));
    // 返回一个期约，将兑现为一个数组，包含每个期约
    // 的兑现值 (不返回包含 stdout 和 stderr 属性的
    // 对象，只返回 stdout 属性的值)
    return Promise.all(promises)
        .then(outputs => outputs.map(out => out.stdout));
}

module.exports = parallelExec;
```

16.10.3 spawn()

此前介绍的各种 exec 函数，包括同步和异步函数，都是设计用来在子进程中执行简单

且不产生太多输出的任务。即使异步的 exec() 和 execFile() 也不是流式的，它们都在进程退出之后一次性返回进程输出。

child_process.spawn() 函数允许在子进程运行期间流式访问子进程的输出。同时，它也允许向子进程写入数据（子进程将该数据作为自己标准输入流的输入）。这意味着可以动态与子进程交互，基于它的输出向它发送输入。

spawn() 默认不使用命令行解释器，因此必须像 execFile() 一样传入可执行文件及要传给它的命令行参数数组来调用它。spawn() 与 execFile() 一样，也返回一个 ChildProcess 对象，但它不接收回调参数。虽然不使用回调，但可以监听这个 ChildProcess 对象或它的流发出的事件。

spawn() 返回的 ChildProcess 对象是一个事件发送器（event emitter），可以监听子进程退出时发出的"exit"事件。ChildProcess 对象也有 3 个流属性。stdout 和 stderr 是可读流：当子进程写入自己的标准输出和标准错误流时，相应的输出通过 ChildProcess 流变成可读的。注意这里命名的反转。在子进程中，"标准输出"是可写的输出流，但在父进程中，ChildProcess 对象的 stdout 属性则是可读的输入流。

类似地，ChildProcess 对象的 stdin 属性是可写的流：写入这个流的任何数据都将进入子进程的标准输入。

ChildProcess 对象也定义了一个 pid 属性，用于指定子进程的进程 ID。另外，它还定义了 kill() 方法，用于终止子进程。

16.10.4 fork()

child_process.for() 是一个特殊的函数，用于在一个 Node 子进程中运行一段 JavaScript 代码。fork() 接收与 spawn() 相同的参数，但第一个参数应该是 JavaScript 代码文件的路径而非可执行二进制文件的路径。

如前所述，使用 fork() 创建的子进程可以通过子进程的标准输入流和标准输出流与父进程通信。另外，fork() 还在父进程和子进程之间提供了一种更简单的通信方式。

在使用 fork() 创建子进程后，可以使用它返回的 ChildProcess 对象的 send() 方法向子进程发送一个对象的副本。可以监听这个 ChildProcess 的"message"事件，从子进程中接收消息。在子进程中运行的代码可以使用 process.send() 向父进程发送消息，也可以监听 process 的"message"事件，从父进程接收消息。

例如，下面的代码使用 fork() 创建了一个子进程，然后向子进程发送了一条消息并等待子进程回应：

```
const child_process = require("child_process");

// 启用一个新的 Node 进程, 运行我们目录中的 child.js
let child = child_process.fork(`${__dirname}/child.js`);

// 向子进程发送消息
child.send({x: 4, y: 3});

// 收到子进程回应后把它打印出来
child.on("message", message => {
    console.log(message.hypotenuse); // 这里应该打印 "5"
    // 因为我们只发送了一条消息, 所以只期待一个回应
    // 收到回应后, 我们调用 disconnect() 终止父进程
    // 与子进程的连接。这样两个进程都可以明确退出
    child.disconnect();
});
```

下面是子进程中运行的代码:

```
// 等待父进程发来消息
process.on("message", message => {
    // 收到消息后, 计算一个值,
    // 把结果发回父进程
    process.send({hypotenuse: Math.hypot(message.x, message.y)});
});
```

启动子进程的代价是相当大的, 如果子进程不能完成几个大数量级的计算, 那么就不值得像这样使用 fork() 和进行进程间通信。如果你的程序需要保证对到来的事件快速响应, 也需要执行耗时计算, 那可以考虑使用一个独立的子进程去执行计算, 从而不阻塞事件循环, 也不影响父进程的响应速度 (不过, 在这种情况下, 可能使用线程比使用进程更好, 参见 16.11 节)。

send() 的第一个参数会被 JSON.stringify() 序列化, 而在子进程中会被 JSON.parse() 反序列化。因此, 传参的时候只要包含 JSON 格式的值就可以了。send() 有个特殊的第二个参数, 通过这个参数可以把 Socket 和 Server 对象 (来自 net 模块) 转移给子进程。网络服务器一般是 IO 密集型而非计算密集型, 但如果你写的服务器需要做更多计算, 一个 CPU 忙不过来, 并且你是在一个多核的机器上运行该服务器, 那可以使用 fork() 创建多个子进程来处理请求。在父进程中, 可以监听 Server 对象的"connection"事件, 然后从这个事件中取得 Socket 对象并通过 send() (使用这个特殊的第二个参数) 发送给其中一个子进程去处理 (注意, 这是一个罕见场景下的不靠谱方案。与其写一个服务器, 再分出多个子进程, 不如保持服务器单线程, 然后在线上部署它的多个实例来分担负载)。

16.11 工作线程

正如本章开头所解释的, Node 的并发模型是单线程、基于事件的。但 Node 从第 10 版

开始支持真正的多线程编程,提供了由浏览器定义的 Web Workers API(参见 15.13 节)非常相似的一套 API。多线程编程素来以困难著称。主要原因是需要仔细地同步线程对共享内存的访问。但 JavaScript 线程(包括 Node 和浏览器中的线程)默认不共享内存,因此使用多线程的风险和困难对这些 JavaScript 中的"工作线程"并不适用。

没有共享内存,JavaScript 的工作线程只能通过消息传递来通信。主线程可以调用代表工作线程的 Worker 对象的 postMessage() 方法向工作线程发送消息。工作线程可以通过监听"message"事件,从父线程接收消息。而且,工作线程可以使用自己的 postMessage() 方法向主线程发送消息,而主线程可以通过自己的"message"事件处理程序接收该消息。通过示例代码可以把以上过程搞清楚。

在 Node 应用中使用工作线程主要有 3 个理由。

- 你的应用需要执行的计算量超过一个 CPU 核心的能力,而线程可以让你把任务分配给多个核心,多核心今天已经是计算机的标配。如果你要通过 Node 做科学计算或机器学习或图形处理,那么可能需要使用多线程把更多计算力投向你的问题。

- 即使你的应用不会用到一个 CPU 的全部能力,也可能需要多线程来维护主线程的快速响应能力。比如,服务器需要处理大型但相对不频繁的请求。假设服务器每秒只收到 1 个请求,但需要花费大约半秒钟(阻塞 CPU)计算来处理每个请求。平均来看,有 50% 的时间空闲。但是如果在几毫秒内连续收到 2 个请求,服务器在响应完第一个请求后才能处理第二个请求。假如服务器使用工作线程执行计算,那么它可以很快响应两个请求,为客户端带来更好的体验。假设服务器运行在多核机器上,那它也可以并行计算两个响应的响应体。但即使只有一个核,使用工作线程仍然可以提升响应能力。

- 通常,工作线程可以让我们把阻塞的同步操作转换为非阻塞的异步操作。如果你写的程序依赖遗留的代码,而该代码的同步操作无法避免,那在需要调用该遗留代码时也可以使用工作线程来避免阻塞。

工作线程不像子进程那么重,但也不轻。除非真的有很多工作需要它去完成,否则也不值得创建工作进程。而且,一般来说,如果你的程序不是 CPU 密集型的,没有响应性问题,那可能就不需要考虑工作线程。

16.11.1 创建工作线程及传递消息

定义工作线程的 Node 模块叫 worker_threads,本节将使用标识符 threads 来指代它:

```
const threads = require("worker_threads");
```

这个模块定义了 Worker 类来表示工作线程,可以使用 threads.Worker() 这个构造函数创建新线程。下面的代码演示了使用这个构造函数创建一个工作线程，也展示了主线程和工作线程间的消息传递。另外，这个例子也演示了一个技巧，即可以把主线程和工作线程的代码放在同一个文件中[注2]。

```javascript
const threads = require("worker_threads");
// worker_threads 模块会导出一个布尔值属性 isMainThread
// 这个属性在 Node 运行于主线程时为 true，而在 Node 运行于工作
// 线程时为 false。可以利用这个事实来实现主线程和工作线程的
// 代码共存于同一个文件
if (threads.isMainThread) {
    // 如果是在主线程中运行，那我们要做的就是导出一个函数
    // 我们不在主线程执行密集的计算，因此这个函数会把任务
    // 传给工作线程并返回一个期约，这个期约在工作线程完成
    // 任务时会解决
    module.exports = function reticulateSplines(splines) {
        return new Promise((resolve,reject) => {
            // 创建一个工作线程，加载并运行同一个代码文件
            // 注意，这里使用了特殊变量 __filename
            let reticulator = new threads.Worker(__filename);

            // 把样条函数数组 splines 传给工作线程
            reticulator.postMessage(splines);

            // 在接收到工作线程的消息或错误时，
            // 解决或拒绝期约
            reticulator.on("message", resolve);
            reticulator.on("error", reject);
        });
    };
} else {
    // 如果执行到这里，意味着我们是在工作线程中，因此
    // 注册一个处理程序从主线程接收消息。这个工作线程
    // 只接收一个消息，因此使用 once() 而非 on() 来注册
    // 这个事件处理程序。这样工作线程在完成工作后就会
    // 自然地退出
    threads.parentPort.once("message", splines => {
        // 从父线程取得样条函数后，遍历数组
        // 并将它们全部编织起来
        for(let spline of splines) {
            // 为了本例的需要，假设 spline 对象通常有
            // 一个需要大量计算的 reticulate() 方法
            spline.reticulate ? spline.reticulate() : spline.reticulated = true;
        }

        // 当所有样条函数都（最终）编织完成后，
        // 把一个副本传回主线程
        threads.parentPort.postMessage(splines);
    });
}
```

注 2：通常把工作线程代码放在一个独立的文件中会更清晰，也更简单。但这个让两个线程运行同一个文件的不同部分的技巧，我在第一次通过 Unix 的 fork() 系统调用了解到时着实非常惊讶。为了展示一种奇怪的优雅感，我认为还是有必要演示一下这个技巧。

Worker() 构造函数的第一个参数是要在线程中运行的 JavaScript 代码文件的路径。在前面的代码中，我们使用预定义的 __filename 标识符创建了一个工作线程，该线程会像主线程一样加载和运行同一个文件。不过，一般来说，这里应该传一个文件路径。注意，如果传入的是相对路径，则它相对的是 process.cwd()，而非相对于当前运行的模块。如果想让它相对于当前模块，可以使用类似这样的方式：path.resolve(__dirname, 'workers/reticulator.js')。

Worker() 构造函数还可以接收一个对象作为第二个参数，这个对象的属性为要创建的工作线程提供可选的配置。稍后我们会介绍其中一些选项，当前要知道如果传入 {eval: true} 作为第二个参数，那 Worker() 的第一个参数将被作为要进行求值的 JavaScript 代码字符串而非一个文件名来解释：

```
new threads.Worker(`
    const threads = require("worker_threads");
    threads.parentPort.postMessage(threads.isMainThread);
`, {eval: true}).on("message", console.log);  // 这里会打印 "false"
```

Node 会将传给 postMessage() 的对象制作一个副本，而不是直接将它与工作线程共享。这样可以防止工作线程和主线程共享内存。你可能会认为这里的副本是通过 JSON.stringify() 和 JSON.parse()（参见 11.6 节）制作的。但事实上，Node 从浏览器那里借用了一个更可靠的技术，叫结构化克隆算法。

结构化克隆算法是序列化多数 JavaScript 类型所使用的算法，包括 Map、Set、Date 和 RegExp 对象以及定型数组。但这个算法通常不能复制 Node 宿主环境定义的类型，例如套接口和流。不过要注意，它部分支持 Buffer 对象。如果你给 postMessage() 传一个 Buffer，那它会被作为 Uint8Array 接收，而且可以通过 Buffer.from() 再转换回 Buffer。要了解关于结构化克隆算法的更多细节，请参考 15.10.4 节。

16.11.2 工作线程的执行环境

很大程度上，Node 工作线程中的 JavaScript 代码在执行时与在主线程中一样。当然也有一些需要注意的区别，而其中一些区别与 Worker() 构造函数可选的第二个参数的属性有关。

- 如前所见，threads.isMainThread 在主线程中是 true，但在任何工作线程中都是 false。

- 在工作线程中，可以使用 threads.parentPort.postMessage() 向父线程发送消息，使用 threads.parentPort.on 为来自父线程的消息注册事件处理程序。在主线程中，threads.parentPort 始终是 null。

- 在工作线程中，threads.workerData 被设置为 Worker() 构造函数第二个参数 workerData 属性的一个副本。在主线程中，这个属性始终是 null。可以使用这个

workerData 属性向工作线程传一条最初的消息，让工作线程一启动就能收到，这样它
在开始工作前就不必等待"message"事件了。

- 默认情况下，process.env 在工作线程中是父线程中 process.env 的一个副本。但
父线程可以通过设置 Worker() 构造函数第二个参数的 env 属性指定一组自定义的
环境变量。在特殊（也可能危险）的情况下，父线程可以将这个 env 属性设置为
threads.SHARE_ENV，这会导致两个线程共享一组环境变量，因此一个线程中的修改
在另一个线程中是可见的。

- 默认情况下，process.stdin 流在工作线程中永远不会有任何可读数据。可以通过
给 Worker() 构造函数的第二个参数传 stdin: true 来改变这个默认设置。如此，这
个 Worker 对象的 stdin 属性就是一个可写的流。父线程写入 worker.stdin 的任何
数据在工作线程中的 process.stdin 中都会变成可读的。

- 默认情况下，process.stdout 和 process.stderr 在工作线程中都会简单地被引
流到父线程中对应的流。这意味着，工作线程中的 console.log() 和 console.
error() 可以像在主线程中一样产生输出。要重写这个默认设置，可以在 Worker()
构造函数的第二个参数中传入 stdout: true 或 stderr: true。如此，工作线程中
写入这些流的任何输出在父线程中的 worker.stdout 和 worker.stderr 上都会变成
可读的（这里没有令人困惑的流方向反转，我们在本章前面讨论子进程时也看到了
同样的情况：工作线程的输出流对父线程而言是输入流，而工作线程的输入流对父
线程而言是输出流）。

- 如果工作线程调用 process.exit()，只有当前线程会退出，而不是整个进程都
退出。

- 工作线程不能改变它们所属进程的共享状态。在工作线程中调用 process.chdir()
和 process.setuid() 等函数会抛出异常。

- 操作系统信号（如 SIGINT 和 SIGTERM)）只发送到主线程，工作线程不能接收和处理
它们。

16.11.3 通信信道与 MessagePort

创建一个新工作线程时，也会随之创建一个通信信道，以便在工作线程和父线程之间来
回传递消息。如前所见，工作线程使用 threads.parentPort 发送和接收来自父线程的
消息，而父线程使用 Worker 对象与工作线程交换消息。

工作线程的 API 允许使用 15.13.5 节介绍过的浏览器定义的 MessageChannel API 创建自
定义通信信道。如果你读过那一节，接下来的很多内容你都会觉得很熟悉。

假设一个工作线程需要处理两种不同的消息，信息来自主线程的两个不同模块。这两个

不同的模块可以共享默认的信道，并通过 worker.postMessage() 发送消息。但如果每个模块都拥有一个自己的私有信道，向工作线程发消息则会更清晰。还有一种情况，就是主线程创建了两个独立的工作线程。这时候，自定义通信信道可以让两个工作线程直接通信，而不是所有消息都通过它们的父线程转发。

使用 MessageChannel() 构造函数可以创建一个新消息信道。MessageChannel 对象有两个属性——port1 和 port2。这两个属性分别引用不同的 MessagePort 对象。在其中一个端口上调用 postMessage() 会导致另一个端口生成 "message" 事件，并接收到一个 Message 对象的结构化克隆的副本：

```
const threads = require("worker_threads");
let channel = new threads.MessageChannel();
channel.port2.on("message", console.log);  // 打印出接收到的消息
channel.port1.postMessage("hello");         // 会导致 "hello" 被打印出来
```

在任何一个端口上调用 close() 都可以断开这两个端口之间的连接，表明不需要再交换任何数据。在任何一个端口上调用 close()，"close" 事件都会发送到两个端口。

注意上面的示例代码创建了一对 MessagePort 对象，然后通过该对象在主线程中传输了一条消息。要让工作线程使用自定义通信信道，必须把其中一个端口从创建它们的线程转移到要使用它们的线程。下一节解释如何去做。

16.11.4 转移 MessagePort 和定型数组

postMessage() 函数使用结构化克隆算法，但如前所述，它不能复制 Socket 对象和 Stream 对象。它可以处理 MessagePort 对象，但只作为特例且需要使用特殊技巧。postMessage() 方法（无论是 Worker 对象、threads.parentPort，还是任何 MessagePort 对象的）接收可选的第二个参数。这个参数（名为 transferList），是一个对象数组，其中的对象会在线程间转移而非复制。

MessagePort 对象不能通过结构化克隆算法复制，但它可以被转移。如果 postMessage() 的第一个参数已经包含了一个或多个 MessagePort（在 Message 对象中嵌套任意深度），那么这些 MessagePort 对象必须也出现在作为第二个参数的数组中。这样做会告诉 Node，它不需要制作 MessagePort 的副本，而是可以将已有的对象交给另一个线程。不过，要理解在线程间转移值，关键是要知道一个值一旦转移，那在调用 postMessage() 的线程里就不能再使用它了。

以下代码演示了如何创建一个新 MessageChannel，并将它的一个 MessagePort 转移到一个工作线程：

```
// 创建自定义的通信信道
const threads = require("worker_threads");
let channel = new threads.MessageChannel();

// 使用工作线程的默认信道把这个新建信道的
// 一端转移给工作线程。假设工作线程在接收
// 到这条消息后会立即开始监听新信道的消息
worker.postMessage({ command: "changeChannel", data: channel.port1 },
                   [ channel.port1 ]);

// 使用自定义信道的另一端向工作线程发一条消息
channel.port2.postMessage("Can you hear me now?");

// 同时也监听来自工作线程的回应
channel.port2.on("message", handleMessagesFromWorker);
```

MessagePort 对象并不是唯一可以转移的对象。如果调用 postMessage() 时以定型数组作为消息（或者消息中包含定型数组，无论嵌套层次多深），则定型数组会简单地以结构化克隆算法被复制。但定型数组有可能很大，比如，使用工作线程处理有数百万像素的图片。此时为了提高效率，postMessage() 也允许我们转移定型数组而不是复制它们（线程默认共享内存。JavaScript 中的工作线程通常避免共享内存，但如果我们允许这种控制转移，那可以很高效地完成）。但是，定型数组转移给另一个线程后，当前线程就不能再使用它了，而这也是保证这种转移安全的原因。在处理图片的场景中，主线程可以把图片的像素转移到工作线程，工作线程可以把处理之后的像素转移回主线程。这样就不必复制内存，只不过两个线程永远不可能同时访问一块内存。

要转移而不是复制定型数组，可以在 postMessage() 的第二个参数中包含该数组的 ArrayBuffer：

```
let pixels = new Uint32Array(1024*1024);  // 4 MB 内存

// 假设我们把某些数据读到这个定型数组中，然后把这些
// 像素转移给一个工作线程，而不是复制它。注意，转移
// 列表中包含的不是数组本身，而是数组的 Buffer 对象
worker.postMessage(pixels, [ pixels.buffer ]);
```

与转移的 MessagePort 一样，转移的定型数组在转移后也会变得不可用。但在你尝试使用转移后的 MessagePort 或定型数组时，并不会抛出异常。这些对象只是在你操作它们时什么也不做。

16.11.5 在线程间共享定型数组

除了可以在线程间转移定型数组，也可以在线程间共享它们。只要创建一个自定义大小的 SharedArrayBuffer，然后使用该缓冲区创建一个定型数组即可。在把基于 SharedArrayBuffer 创建的定型数组传给 postMessage() 时，底层的内存会在线程间共

享。此时，不应该再在 postMessage() 的第二个参数中包含这个共享缓冲区。

不过，真的不应该这么做，因为 JavaScript 设计时并未考虑线程安全，而多线程编程真的很难不出问题（这也是 11.2 节没有介绍 SharedArrayBuffer 的原因：它是一个使用起来很难不出问题的偏门特性）。就连简单的 ++ 操作符都不是线程安全的，因为它需要读取值、递增它，然后再把结果写回去。如果两个线程同时都递增一个值，那么通常只会递增一次，如下面的代码所示：

```js
const threads = require("worker_threads");

if (threads.isMainThread) {
    // 在主线程中，我们使用一个元素创建一个
    // 共享定型数组。让两个线程可以同时读写
    // sharedArray[0]
    let sharedBuffer = new SharedArrayBuffer(4);
    let sharedArray = new Int32Array(sharedBuffer);

    // 接下来创建工作线程，把共享数组作为
    // 其初始化时 workerData 的值传给它，
    // 这样就不用发送和接收消息了
    let worker = new threads.Worker(__filename, { workerData: sharedArray });

    // 等待工作线程启动运行，
    // 递增共享整数 1000 万次
    worker.on("online", () => {
        for(let i = 0; i < 10_000_000; i++) sharedArray[0]++;

        // 完成递增后，开始监听消息，
        // 以便知道工作线程何时完工
        worker.on("message", () => {
            // 虽然共享整数被递增了 2000 万次，
            // 但实际值通常会小得多。在我的
            // 电脑上最后的值通常小于 1200 万
            console.log(sharedArray[0]);
        });
    });
} else {
    // 在工作线程中，从 workerData 取得
    // 共享数组，然后递增 1000 万次
    let sharedArray = threads.workerData;
    for(let i = 0; i < 10_000_000; i++) sharedArray[0]++;
    // 递增完成后，让主线程知道
    threads.parentPort.postMessage("done");
}
```

一个可能适合使用 SharedArrayBuffer 的场景，是两个线程分别操作共享内存中完全独立的区域。为此，可以创建两个定型数组，作为共享缓冲区中不重叠的两个视图。然后让两个线程分别使用这两个独立的定型数组。比如，可以用这个思路来实现并行合并排序，让一个线程排序数组的后半部分，另一个线程排序数组的前半部分。有些图像处理

算法也适合这种方式，比如让多个线程分别处理图像中不相邻的区域。

如果必须允许多线程同时访问共享数组的同一区域，为保证线程安全，可以使用 Atomics 对象定义的函数。Atomics 是在 SharedArrayBuffer 需要对共享数组的元素定义原子操作时添加到 JavaScript 中的。例如，Atomics.add() 函数读取共享数组中指定的元素，给它加上指定的值，然后把和写回数组。三个操作是原子性的，就像一个操作一样，从而确保在操作期间其他线程都不能读或写同一个值。我们可以使用 Atomics. add() 重写刚才看到的并行递增代码，并实现对一个共享数组元素进行 2000 万次递增，得到正确结果：

```
const threads = require("worker_threads");

if (threads.isMainThread) {
    let sharedBuffer = new SharedArrayBuffer(4);
    let sharedArray = new Int32Array(sharedBuffer);
    let worker = new threads.Worker(__filename, { workerData: sharedArray });

    worker.on("online", () => {
        for(let i = 0; i < 10_000_000; i++) {
            Atomics.add(sharedArray, 0, 1);  // 线程安全的原子递增
        }

        worker.on("message", (message) => {
            // 两个线程都完成后，使用线程安全的
            // 函数读取共享数组，确认其中包含了
            // 期待的 20 000 000。
            console.log(Atomics.load(sharedArray, 0));
        });
    });
} else {
    let sharedArray = threads.workerData;
    for(let i = 0; i < 10_000_000; i++) {
        Atomics.add(sharedArray, 0, 1);        // 线程安全的原子递增
    }
    threads.parentPort.postMessage("done");
}
```

这个新版本的代码正确打印出数值 20 000 000，但大约比之前不正确的代码慢了 9 倍。反倒是只在一个线程中完成全部 2000 万次递增更简单也更快。不过，对于数组元素之间完全无关的图像处理算法而言，原子操作是可以确保线程安全的。但对多数现实中的程序来说，数组元素之间往往是相关的，因此需要某种形式的高级线程同步。低级的 Atomics. wait() 和 Atomics.notify() 函数对这种场景有帮助，但相关讨论超出了本书范围。

16.12 小结

虽然 JavaScript 是为了在浏览器中运行而创造的，但 Node 让 JavaScript 成为一种通用的

编程语言。Node 特别流行于实现 Web 服务器，但其与操作系统的深度绑定意味着它也是替代命令行脚本的不错选择。

本章主要介绍了以下内容。

- Node 默认异步的 API 及其单线程、回调和基于事件的并发风格。

- Node 的基本数据类型、缓冲区和流。

- Node 操作文件系统的 fs 和 path 模块。

- Node 编写 HTTP 客户端和服务器的 http 和 https 模块。

- Node 编写非 HTTP 客户端和服务器的 net 模块。

- Node 创建子线程及与子线程间通信的 child_process 模块。

- Node 用于真正多线程编程的 worker_threads 模块，使用消息传递而非共享内存。

第 17 章

JavaScript 工具和扩展

恭喜大家看到最后一章了。如果你完整阅读了本书前面的内容，那么你已经对 JavaScript 语言有了深入的理解，知道怎么在 Node 和浏览器中使用它了。本章就作为毕业礼物送给大家吧！这一章会介绍几种重要的编程工具，很多 JavaScript 程序员都经常使用。此外还会介绍对核心 JavaScript 语言的两个使用很广泛的扩展。无论你是否在自己的项目中使用这些工具和扩展，你一定会在其他项目中看到它们，因此至少应该知道它们都是什么。

本章要介绍的工具和语言扩展如下。

- ESLint，辅助发现代码中潜藏的缺陷和风格问题。

- Prettier，用于以标准方式格式化 JavaScript 代码。

- Jest，一种编写 JavaScript 单元测试的一站式解决方案。

- npm，用于管理和安装程序依赖的软件库。

- webpack、Rollup 和 Parcel 等代码打包工具，用于把你写的 JavaScript 代码模块转换为在网页中使用的单个代码文件。

- Babel，用于把使用最前沿特性（或语言扩展）的 JavaScript 代码转译为可以在当前浏览器中运行的 JavaScript 代码。

- JSX 语言扩展（React 框架使用），可以让我们用类似 HTML 标记的 JavaScript 表达式描述用户界面。

- Flow 语言扩展（或类似的 TypeScript 扩展），可以让我们为 JavaScript 代码添加类型注解，通过类型检查保证类型安全。

本章不会面面俱到地讲解这些工具和扩展。我们的目标只是给出足够多的背景，让你能理解它们为什么有用，以及什么时候可以使用它们。本章的所有内容在 JavaScript 编程

领域都已经广泛使用，无论你决定采用哪个工具或扩展，都可以在网上找到很多文档和
教程。

17.1 使用 ESLint 检查代码

在编程领域，lint 是指代码虽然技术上正确，但书写却不够规范，甚至可能有 bug，或者
没有达到最优。linter 是用于检查代码中 lint 的工具，而 linting 是对代码运行 linter（然
后修复代码并删除 lint，让 linter 不再抱怨）的过程。

目前最常用的 JavaScript linter 是 ESLint。如果运行它并花时间实际解决它指出的问题，
你的代码会更清晰，更不容易出错。来看下面的代码：

```
var x = 'unused';

export function factorial(x) {
    if (x == 1) {
        return 1;
    } else {
        return x * factorial(x-1)
    }
}
```

如果对这段代码运行 ESLint，可能会看到如下输出：

```
$ eslint code/ch17/linty.js

code/ch17/linty.js
  1:1    error    Unexpected var, use let or const instead      no-var
  1:5    error    'x' is assigned a value but never used         no-unused-vars
  1:9    warning  Strings must use doublequote                   quotes
  4:11   error    Expected '===' and instead saw '=='            eqeqeq
  5:1    error    Expected indentation of 8 spaces but found 6   indent
  7:28   error    Missing semicolon                              semi

✖ 6 problems (5 errors, 1 warning)
  3 errors and 1 warning potentially fixable with the `--fix` option.
```

Linter 有时候会让人觉得吹毛求疵。对字符串使用双引号还是单引号真的重要吗？但从
另一方面说，正确的缩进可以让代码更容易看懂，而使用 === 和 let 代替 == 和 var 可
以让你的代码减少难以发现的 bug。未使用的变量对代码而言是多余的，没有理由留着
它们。

ESLint 定义了很多 linting 规则，而且有一个插件生态，可以增加新规则。但 ESLint
也是完全可以配置的，可以定义一个配置文件，让 ESLint 只执行你想让它执行的
规则。

17.2 使用 Prettier 格式化代码

有些项目使用 linter 的目的是强制编码风格一致，以便团队成员在修改共享的代码时，可以保持相同的编码习惯。编码风格包括代码缩进规则，不过也可以包括提倡使用哪种引号，或者 for 关键字与后面的括号之间是否要空一格。

对于这种通过 linter 强制代码格式的需求，更流行的做法是使用类似 Prettier 的工具来自动解析和重新格式化代码。

假设你写了下面这个函数，逻辑没问题，但格式不符合惯例：

```
function factorial(x)
{
        if(x===1){return 1}
          else{return x*factorial(x-1)}
}
```

对这段代码运行 Prettier 可以修复缩进，添加省略的分号，在二元操作符两侧插入空格，并在 { 之后和 } 之前插入换行符，最终得到更符合惯例的代码：

```
$ prettier factorial.js
function factorial(x) {
  if (x === 1) {
    return 1;
  } else {
    return x * factorial(x - 1);
  }
}
```

如果调用 Prettier 时带了 --write 选项，它只会重新格式化指定的文件，而不会把结果打印出来。如果使用 git 管理源代码，可以通过提交钩子（hook）以 --write 选项调用 Prettier，从而让代码在检入前自动格式化。

如果你配置自己的代码编辑器在每次保存文件时自动运行 Prettier，那会非常好。每次看到自己随便写的代码被自动修正，我都感到很快慰。

Prettier 接受配置，但选项不多。比如可以选择最大行长度、缩进数、是否使用分号、字符串使用单引号还是双引号，等等。一般来说，Prettier 的默认选项还是比较合适的。只要在项目中采用 Prettier，就永远不用再担心代码格式化了。

从个人角度讲，我非常喜欢在 JavaScript 项目中使用 Prettier。不过，我并没有在本书代码中使用它，因为很多代码都有我手工垂直对齐的注释。这些注释会被 Prettier 弄乱。

17.3 使用 Jest 做单元测试

对于任何重要的项目而言，编写测试都是重要的一环。JavaScript 这样的动态语言支持

测试框架，可以大幅减少编写测试的工作量，甚至能让写测试变得很好玩！ JavaScript
有很多测试工具和库，很多是以模块化方式编写的，因此可以选择一个作为测试运行
器，另一个作为断言库，还有一个用来模拟数据。不过，本节只会介绍 Jest，它是一个
囊括所有测试功能的流行框架。

假设你写了下面这个函数：

```
const getJSON = require("./getJSON.js");

/**
 * getTemperature() 接收一个城市名作为参数，
 * 返回一个期约，解决该城市当前的华氏温度问题
 * 它依赖一个返回摄氏温度的（假）Web 服务
 */
module.exports = async function getTemperature(city) {
    // 从 Web 服务取得摄氏温度
    let c = await getJSON(
        `https://globaltemps.example.com/api/city/${city.toLowerCase()}`
    );
    // 转换为华氏温度并返回
    return (c * 5 / 9) + 32;  // 待办：再次确认这个公式
};
```

针对这个函数的测试应该能够验证 getTemperature() 会访问正确的 URL，而且能够实现
温度的正确转换。可以像下面这样编写一个基于 Jest 的测试。这段代码定义了 getJSON()
的一个模拟实现，让测试不会真正发送网络请求。而且由于 getTemperature() 是个异步
函数，测试本身也是异步的。虽然测试异步函数比较棘手，但 Jest 会让它变得相对简单：

```
// 导入要测试的函数
const getTemperature = require("./getTemperature.js");

// 模拟 getTemperature() 依赖的 getJSON() 模块
jest.mock("./getJSON");
const getJSON = require("./getJSON.js");

// 告诉模拟的 getJSON() 函数返回一个已经解决的期约
// 兑现值为 0
getJSON.mockResolvedValue(0);

// 以下是对 getTemperature() 的测试
describe("getTemperature()", () => {
    // 第一个测试。确保 getTemperature()
    // 以预期 URL 调用 getJSON()
    test("Invokes the correct API", async () => {
        let expectedURL = "https://globaltemps.example.com/api/city/vancouver";
        let t = await(getTemperature("Vancouver"));
        // Jest 会记住自己是怎么被调用的，我们可以检查
        expect(getJSON).toHaveBeenCalledWith(expectedURL);
    });
```

```
        // 第二个测试，验证 getTemperature()
        // 正确地把摄氏温度转换为了华氏温度
        test("Converts C to F correctly", async () => {
            getJSON.mockResolvedValue(0);              // 如果 getJSON 返回为摄氏 0 度
            expect(await getTemperature("x")).toBe(32);  // 期待结果是华氏 32 度

            // 摄氏 100 度应该转换为华氏 212 度
            getJSON.mockResolvedValue(100);            // 如果 getJSON 返回摄氏 100 度
            expect(await getTemperature("x")).toBe(212); // 期待结果是华氏 212 度
        });
    });
```

写完测试后，可以使用 jest 命令运行它，然后我们发现有一个测试失败了：

```
$ jest getTemperature
 FAIL   ch17/getTemperature.test.js
  getTemperature()
    ✓ Invokes the correct API (4ms)
    ✕ Converts C to F correctly (3ms)

  ● getTemperature() › Converts C to F correctly

    expect(received).toBe(expected) // Object.is equality

    Expected: 212
    Received: 87.55555555555556

      29 |          // 摄氏 100 度应该转换为华氏 212 度
      30 |          getJSON.mockResolvedValue(100); // 如果 getJSON 返回摄氏 100 度
    > 31 |          expect(await getTemperature("x")).toBe(212); // 则为华氏 212 度
         |                                           ^
      32 |      });
      33 | });
      34 |

      at Object.<anonymous> (ch17/getTemperature.test.js:31:43)

Test Suites: 1 failed, 1 total
Tests:       1 failed, 1 passed, 2 total
Snapshots:   0 total
Time:        1.403s
Ran all test suites matching /getTemperature/i.
```

这是因为 getTemperature() 的实现使用了错误的摄氏温度到华氏温度的转换公式：乘 5 除 9，而不是乘 9 除 5。如果我们改正公式再跑一次测试，就可以看到测试通过。此外，如果运行 jest 时加上 --coverage 选项，它还会计算并显示测试的代码覆盖率：

```
$ jest --coverage getTemperature
 PASS   ch17/getTemperature.test.js
  getTemperature()
    ✓ Invokes the correct API (3ms)
    ✓ Converts C to F correctly (1ms)
```

```
------------------|-------|---------|---------|---------|------------------|
File              | % Stmts| % Branch| % Funcs| % Lines| Uncovered Line #s|
------------------|-------|---------|---------|---------|------------------|
All files         |  71.43|      100|   33.33|   83.33|                  |
 getJSON.js       |  33.33|      100|       0|      50|                 2|
 getTemperature.js|    100|      100|     100|     100|                  |
------------------|-------|---------|---------|---------|------------------|
Test Suites: 1 passed, 1 total
Tests:       2 passed, 2 total
Snapshots:   0 total
Time:        1.508s
Ran all test suites matching /getTemperature/i.
```

对于我们测试的模块而言，运行测试得到了 100% 的代码覆盖率，这个结果是我们想要的。它只对 getJSON() 给出了不完整的覆盖率，但因为那个模块是模拟的，我们并没有真的想测试它，所以也是符合预期的。

17.4 使用 npm 管理依赖包

在现代软件开发中，稍微复杂点的程序都会依赖一些第三方软件库。比如，使用 Node 来写 Web 服务器，可能就会用到 Express 框架。如果要写一个在浏览器中展示的用户界面，那可能会使用 React、LitElement 或 Angular 这样的前端框架。如果有一个包管理工具就可以让发现和安装第三方软件包更方便。同样重要的是，包管理工具可以跟踪你的代码依赖哪些包，并把这些信息保存到一个文件中。这样当别人也想尝试运行你的程序时，他们可以下载你的代码以及你的依赖列表，然后使用自己的包管理工具安装你的代码需要的所有第三方包。

npm 是一个使用 Node 打包而成的包管理器，16.1.5 节介绍过。只不过，npm 不仅在 Node 服务端编程中很重要，对客户端 JavaScript 编程同样也很重要。

如果要尝试别人写的 JavaScript 项目，在下载其代码后，通常第一件事就是键入 npm install。这个命令会读取 *package.json* 文件中的依赖列表，并下载项目依赖的第三方包并保存到 *node_modules* 目录中。

也可以输入 npm install <package-name> 在项目的 *node_modules* 目录安装特定的包：

```
$ npm install express
```

除了使用包名来安装依赖之外，npm 也会在项目的 *package.json* 文件中添加一条记录。这样把依赖记录下来可以让别人只键入 npm install 就可以安装全部依赖。

还有一种依赖只对项目的开发者有用，项目运行的时候并不需要。比如，项目中使用 Prettier 来保证代码格式统一，但 Prettier 属于"开发依赖"，安装它的时候可以添加 --save-dev：

```
$ npm install --save-dev prettier
```

有时候，还可能需要全局安装某个开发者工具，从而即便在没有 *package.json* 文件和 *node_modules* 目录的地方也可以使用。为此可以在安装依赖时添加 -g（即 global，全局）选项：

```
$ npm install -g eslint jest
/usr/local/bin/eslint -> /usr/local/lib/node_modules/eslint/bin/eslint.js
/usr/local/bin/jest -> /usr/local/lib/node_modules/jest/bin/jest.js
+ jest@24.9.0
+ eslint@6.7.2
added 653 packages from 414 contributors in 25.596s

$ which eslint
/usr/local/bin/eslint
$ which jest
/usr/local/bin/jest
```

除了 install 命令之外，npm 还支持 uninstall 和 update 命令，用于删除和更新依赖。此外 npm 还有一个有意思的 audit 命令，可以找到并修复依赖中的安全漏洞：

```
$ npm audit --fix

                    === npm audit security report ===

found 0 vulnerabilities
 in 876354 scanned packages
```

在项目中本地安装 ESLint 等工具时，eslint 脚本会保存在 *./node_modules/.bin/eslint* 目录中，因此运行命令比较麻烦。好在 npm 也附带了一个 npx 命令，这样就可以用 npx eslint 或 npx jest 命令来运行本地安装的工具（如果用 npx 运行没有安装过的工具，它会自动为你安装）。

维护 npm 的公司也在维护 *https://npmjs.com* 包仓库，其中托管着成千上万的开源包。不过并不是只有使用 npm 才能访问这个包仓库，使用 yarn 或 pnpm 也可以。

17.5 代码打包

如果要写一个在浏览器中运行的大型 JavaScript 项目，可能会用到代码打包工具，特别是在使用的外部库是以模块形式提供的时候。Web 开发者已经使用 ES6 模块（参见 10.3 节）很多年了，最初浏览器尚未支持 import 和 export 关键字。为了使用 ES6 模块，程序员使用代码打包工具从程序的主入口（或多入口）开始，跟着 import 指令树，从而找到程序依赖的所有模块。然后把所有独立的模块文件组合成一个 JavaScript 代码包，并重写 import 和 export 指令让代码可以在这种新形式下运行。结果是一个代码文件，让不支持模块的浏览器可以加载运行。

ES6 模块今天已经得到浏览器的普遍支持，但 Web 开发者仍然倾向于使用代码打包工具，至少在发布产品代码时要使用。开发者发现在用户首次访问网站时，相比于加载多个小型模块，加载一个中等大小的代码包时用户体验最佳。

 众所周知，Web 性能是一个棘手的问题，需要考虑很多变数，包括浏览器厂商的持续改进。因此要确保浏览器最快地加载代码，唯一的方式是全面测试和仔细度量。要记住有一个变数始终是可控的，那就是代码大小。更少的 JavaScript 代码肯定比更多的 JavaScript 代码加载和运行更快。

市面上有很多优秀的 JavaScript 打包工具可供选择。其中常用的有 webpack、Rollup 和 Parcel。打包工具的基本功能大同小异，区别在于配置方式和使用门槛。webpack 出现的时间比较早，拥有庞大的插件生态，高度可配置，而且支持比较旧的非模块库。但 webpack 也比较复杂，很难配置。相对地，Parcel 的目标则是以零配置方式做正确的事。

除了基本的打包功能之外，打包工具也会提供其他一些特性。

- 有些程序可能有多个入口。比如，多页 Web 应用可以为每个页面都写一个入口。打包工具通常支持为每个入口创建一个代码包，或者生成一个支持多入口的独立包。

- 函数可以以函数式而非静态形式（参见 10.3.6 节）使用 import()，避免在程序启动时加载所有代码，而是在需要时再动态加载。这样通常会提升程序的初始加载速度。支持 import() 的打包工具可以生成多个代码包，一个在启动时加载，其他则在需要时动态加载。如果你的程序中只有少量 import()，而且它们加载的依赖相对独立，那么这样做效果还好。但如果动态加载的模块共享了依赖，打包工具就很难知道该生成多少个包了，这时候很可能需要手工配置告诉打包工具怎么去做。

- 打包工具通常会输出源码映射（source map）文件，包含源代码行号与输出包代码行号的映射。这样可以方便浏览器开发者工具自动显示 JavaScript 错误（在原始代码打包前的位置）。

- 有时候在向程序中导入一个模块时，实际上只会用到其中少量特性。优秀的打包工具会分析代码，找出未使用的部分并在打包时排除它们。这个特性也有一个形象的名字，叫作摇树优化（tree shaking）。

- 打包工具通常有某种基于插件的架构，支持插件导入和打包实际上并非 JavaScript 代码的文件。假设你的程序包含一个大型的兼容 JSON 的数据结构，可以配置打包工具把这些数据结构转移到一个独立的 JSON 文件中，然后再使用类似 import widgets from "./big-widget-list.json" 这样的声明导入它。类似地，把 CSS 嵌入 JavaScript 代码的 Web 开发者可以使用打包工具插件让自己能通过 import 指令引入 CSS 文件。不过要注意的是，导入任何非 JavaScript 文件，都是在使用非标准 JavaScript 扩展，因而会导致你的代码依赖打包工具。

- 在像 JavaScript 这样不要求编译的语言中，运行打包工具有点类似于增加了编译步骤，导致每次改动代码后，如果不运行打包工具，浏览器就无法运行你的代码。打包工具通常支持文件系统监控，可以检测项目目录下文件的修改，自动重新生成必要的代码包。有了这个特性，你可以像往常一样保存代码，然后刷新浏览器就能看到效果。

- 有些打包工具也支持"热模块替换"开发模式，即每次重新生成代码包，都会自动把它们加载到浏览器。在这种模式下，开发者能体验到一种魔幻的感觉，但在底层实现这个模式需要一些机巧，而且这种模式不适合所有项目。

17.6 使用 Babel 转译

Babel 是一个编译工具，可以把使用现代语言特性编写的 JavaScript 代码编译为不使用那些现代语言特性的 JavaScript 代码。因为是把 JavaScript 代码编译成 JavaScript 代码，Babel 有时候也被称为"转译器"（transpiler）。Babel 的目的就是让开发者可以使用 ES6 及之后的新语言特性，同时仍然可以兼容那些只支持 ES5 的浏览器。

类似乘方操作符 ** 和箭头函数这样的语言特性比较容易转换为 Math.pow() 和 function 表达式。但另一些语言特性，比如 class，就需要更复杂的转换。一般来说，Babel 输出的代码并没有考虑人类的易读性。不过跟打包工具类似，Babel 也可以生成源码映射，保存转换后的代码与原始代码位置之间的映射，这对使用转换后的代码特别有帮助。

浏览器厂商在跟进 JavaScript 语言发展方面比以往好了很多。今天，需要把箭头函数和类声明编译为 ES5 的场景已经越来越少。但对于想使用最前沿特性（如数值字面量中的下划线分隔符）的人来说，Babel 仍然是有用的。

与本章介绍的多数工具类似，也可以使用 npm 安装 Babel，使用 npx 运行它。Babel 读取 .babelrc 配置文件，获取你对如何转换 JavaScript 的要求。Babel 定义了可以根据想使用的语言扩展以及转换为标准语言特性的激进程度来选择的"预设"（preset）。其中一个比较有意思的 Babel 预设是用于代码压缩的（通过删除注释、空格和重命名变量等）。

如果同时使用 Babel 和代码打包工具，你应该可以设置打包工具在打包时自动对 JavaScript 文件运行 Babel。这样可以简化产生可运行代码的过程。比如，webpack 支持 babel-loader 模块，安装后可以配置它对每个要打包的 JavaScript 模块运行 Babel。

今天，虽然转换核心 JavaScript 语言的需求已经变少了，但 Babel 仍然常用于转换对语言的非标准扩展。接下来我们会介绍其中两个这样的语言扩展。

17.7 JSX：JavaScript 中的标记表达式

JSX 是对核心 JavaScript 的扩展，它使用 HTML 风格的语法定义元素树。JSX 与构建用户界面的 React 框架联系最为紧密。在 React 中，这个使用 JSX 定义的元素树最终会被渲染为 HTML 而进入浏览器。即便你自己没有打算使用 React，它那么流行也意味着你一定能看到使用 JSX 的代码。本节解释要理解 JSX 需要知道什么（本节介绍 JSX 语言扩展，而不是 React，所以只会介绍理解 JSX 语法所需的必要 React 背景）。

可以把 JSX 元素想象为一种新的 JavaScript 表达式语法。JavaScript 字符串字面量是以分号来定界的，而正则表达式是以斜杠来定界的。同样，JSX 表达式字面量是以尖括号来定界的。下面是一个简单的 JSX 赋值表达式：

```
let line = <hr/>;
```

如果你使用 JSX，那么需要使用 Babel（或类似工具）把 JSX 表达式编译为常规 JavaScript。这个转换本身很简单，为此有些开发者选择使用 React 而不使用 JSX。Babel 会把上面赋值语句中的 JSX 表达式转换为下面这个简单的函数调用：

```
let line = React.createElement("hr", null);
```

JSX 语法类似 HTML，而且与 HTML 元素类似，React 元素也可以像下面这样声明属性：

```
let image = <img src="logo.png" alt="The JSX logo" hidden/>;
```

当一个元素包含一个或多个特性时，特性会变成对象的属性，作为第二个参数传给 create Element()：

```
let image = React.createElement("img", {
            src: "logo.png",
            alt: "The JSX logo",
            hidden: true
        });
```

与 HTML 元素类似，JSX 元素可以将字符串或其他元素作为子元素。就像 JavaScript 的算术操作符可以用来表达任意复杂度的算术表达式一样，JSX 元素也可以任意嵌套，从而创建一棵元素树：

```
let sidebar = (
  <div className="sidebar">
    <h1>Title</h1>
    <hr/>
    <p>This is the sidebar content</p>
  </div>
);
```

常规 JavaScript 函数调用表达式也可以嵌套任意深度，而这些嵌套的 JSX 表达式会转换

为一组嵌套的 `createElement()` 调用。如果 JSX 元素有子元素，那些子元素（字符串或其他 JSX 元素）会作为第三个及后续参数：

```
let sidebar = React.createElement(
    "div", { className: "sidebar"},  // 外部调用创建 <div>
    React.createElement("h1", null,  // 这是 <div/> 的第一个子元素
                        "Title"),    // 及它的第一个子元素
    React.createElement("hr", null), // 这是 <div/> 的第二个子元素
    React.createElement("p", null,   // 及第三个子元素
                        "This is the sidebar content"));
```

`React.createElement()` 的返回值是一个普通的 JavaScript 对象，React 可以用来渲染在浏览器窗口中的输出。因为本节只涉及 JSX 语法，不介绍 React，所以我们不会深入介绍返回的 Element 对象或渲染流程等细节。需要指出的是，可以配置 Babel 把 JSX 元素编译为对一个不同函数的调用，因此如果把 JSX 语法想象为表达嵌套数据结构的一种有用的方式，那你可以把 JSX 用于非 React 的用途。

JSX 语法的一个重要特性是可以在 JSX 表达式中嵌入常规的 JavaScript 表达式。在 JSX 表达式中，位于花括号内的文本会被当成普通的 JavaScript 来解释。这些嵌套的表达式可以用于生成属性值，也可以用于创建子元素。例如：

```
function sidebar(className, title, content, drawLine=true) {
  return (
    <div className={className}>
      <h1>{title}</h1>
      { drawLine && <hr/> }
      <p>{content}</p>
    </div>
  );
}
```

这个 `sidebar()` 函数返回一个 JSX 元素。它接收 4 个参数，会在 JSX 元素中使用。花括号语法让人联想到在字符串中包含 JavaScript 表达式的 `${}` 语法。既然我们知道 JSX 会编译成函数调用，那么自然也就可以理解它能够包含任意表达式了，因为函数调用也可以写成任意表达式的形式。上面的代码经 Babel 转译会变成这样：

```
function sidebar(className, title, content, drawLine=true) {
  return React.createElement("div", { className: className },
                            React.createElement("h1", null, title),
                            drawLine && React.createElement("hr", null),
                            React.createElement("p", null, content));
}
```

这段代码很好理解。花括号不见了，传入的函数参数以自然的方式被插入 `React.createElement()` 中。注意，我们巧妙地使用了 `drawLine` 参数和短路操作符 `&&`。如果调用 `sidebar()` 时只传 3 个参数，那么 `drawLine` 的默认值为 true，外部 `createElement()` 调

用的第 4 个参数就是 `<hr/>` 元素。但如果 `sidebar()` 的第 4 个参数传入了 `false`，那么外部 `createElement()` 调用的第 4 个元素就会求值为 `false`，因此就不会创建 `<hr/>` 元素。像这样使用 `&&` 操作符是 JSX 中常见的手法，即根据某个表达式的值包含或排除子元素（这个手法之所以可以在 React 中使用，是因为 React 会忽略值为 `false` 或 `null` 的子元素，对它们不生成任何输出）。

在 JSX 表达式中使用 JavaScript 表达式时，并不限于前面例子中出现的简单字符串值或布尔值。任何 JavaScript 值都是允许的。事实上，在 React 编程中使用对象、数组和函数都相当常见。比如，再看下面这个例子：

```javascript
// 传入一个字符串数组和一个回调函数，返回一个 JSX 元素
// 表示一个 HTML <ul> 列表，包含一组 <li> 元素
function list(items, callback) {
  return (
    <ul style={ {padding:10, border:"solid red 4px"} }>
      {items.map((item,index) => {
        <li onClick={() => callback(index)} key={index}>{item}</li>
      })}
    </ul>
  );
}
```

这个函数使用一个对象字面量作为 `<ul>` 元素的 `style` 属性的值（注意这里的双层花括号是必需的）。这个 `<ul>` 元素只有一个子元素，但这个子元素的值是一个数组。子元素数组是通过 `map()` 函数根据输入数组创建的 `<li>` 元素数组（在 React 中可行是因为 React 库会在渲染它们时将子元素压平。具有一个数组子元素的元素，与每个数组元素都是子元素的元素是一样的）。最后，每个嵌套的 `<li>` 元素都有一个 `onClick` 事件处理程序属性，值为一个箭头函数。这段 JSX 代码会编译为如下纯 JavaScript 代码（已经使用 Prettier 格式化了）：

```javascript
function list(items, callback) {
  return React.createElement(
    "ul",
    { style: { padding: 10, border: "solid red 4px" } },
    items.map((item, index) =>
      React.createElement(
        "li",
        { onClick: () => callback(index), key: index },
        item
      )
    )
  );
}
```

JSX 中对象表达式的另一种使用场景是使用对象扩展操作符（参见 6.10.4 节）一次性指定多个属性。假设你发现自己要写很多重复一组公共属性的 JSX 表达式，可以先把这些

属性定义在一个对象中,然后再把它们"扩展到"JSX 元素中:

```
let hebrew = { lang: "he", dir: "rtl" }; // 指定语言和方向
let shalom = <span className="emphasis" {...hebrew}>שלום</span>;
```

Babel 会把这种语法编译为一个 _extends() 函数(这里省略)调用,包含 className 属性和 hebrew 对象中的属性:

```
let shalom = React.createElement("span",
                    _extends({className: "emphasis"}, hebrew),
                    "\u05E9\u05DC\u05D5\u05DD");
```

最后,JSX 还有一个更重要的特性没有介绍。如前所见,所有 JSX 元素都以一个左尖括号紧跟一个标识符开头。如果这个标识符的第一个字母小写(像前面那些例子中一样),则这个标签会以字符串形式传给 createElement()。但如果这个标识符的第一个字母大写,那么它就会被当成真正的标识符,最终传给 createElement() 的第一个参数是该标识符的 JavaScript 值。这意味着 JSX 表达式 <Math/> 编译后的 JavaScript 代码会把全局 Math 对象传给 React.createElement()。

对于 React 而言,给 createElement() 第一个参数传非字符串值的能力是创建组件所必需的。组件是一种用简单(带有大写组件名的)JSX 表达式表示(使用小写 HTML 标签名的)更复杂表达式的方式。

在 React 中定义组件的最简单方式就是写一个函数,让它接收一个 props 对象参数,并返回一个 JSX 表达式。props 对象就是一个简单的 JavaScript 对象,表示属性值,与传给 createElement() 第二个参数的对象一样。比如,下面就是 sidebar() 函数的另一种写法:

```
function Sidebar(props) {
  return (
    <div>
      <h1>{props.title}</h1>
      { props.drawLine && <hr/> }
      <p>{props.content}</p>
    </div>
  );
}
```

这个新 Sidebar() 函数跟前面的 sidebar() 函数非常类似。但现在这个函数名字的首字母大写了,而且只接收一个对象参数,而不是多个参数。这样它就成了一个 React 组件,可以在 JSX 表达式中用来替换 HTML 标签名了:

```
let sidebar = <Sidebar title="Something snappy" content="Something wise"/>;
```

这个 <Sidebar/> 元素会编译成下面这样:

```
let sidebar = React.createElement(Sidebar, {
  title: "Something snappy",
  content: "Something wise"
});
```

对于这个简单的 JSX 表达式，React 在渲染时会把第二个参数（Props 对象）传给第一个参数（Sidebar() 函数），并使用这个函数返回的 JSX 表达式替换 <Sidebar> 表达式。

17.8 使用 Flow 检查类型

Flow 也是一个语言扩展，让我们可以为 JavaScript 代码添加类型注解，同时它也是一个检查 JavaScript 代码中类型错误（包括有注解和无注解）的工具。要使用 Flow，需要一开始就使用 Flow 语言扩展给代码添加类型注解。然后可以运行 Flow 工具分析代码、报告类型错误。等修复错误并准备好运行代码后，可以使用 Babel（作为打包流程中自动执行的一环）从代码中剥离 Flow 类型注解（关于 Flow 语言扩展，让人感觉最好的是没有什么新语法是 Flow 必须要编译或转换的。你要做的就是用 Flow 给代码添加注解，而 Babel 要做的也只是剥离这些注解，返回标准 JavaScript 代码。）

TypeScript 与 Flow

TypeScript 是 Flow 的一个非常流行的替代品。TypeScript 也是一种 JavaScript 扩展，但它除了类型还添加了其他语言特性。TypeScript 编辑器 tsc 负责把 TypeScript 程序编译为 JavaScript 程序，在此期间会像 Flow 那样分析并报告类型错误。tsc 不是 Babel 插件，而是一个独立的编译器。

TypeScript 中简单的类型注解通常与 Flow 中同样的注解写法相同。对于更高级的类型注解，两种扩展语法存在差异，但它们的意图和价值相同。本节的目标是解释类型注解和静态代码分析的好处。我们的示例中将使用 Flow，但这里演示的一切也都可以使用 TypeScript 来实现，只需要少量语法修改即可。

TypeScript 是 2012 年发布的，早于 ES6，当时 JavaScript 还没有 class 关键字、for/of 循环、模块、期约。Flow 是一个相对窄的语言扩展，只给 JavaScript 增加了类型注解。TypeScript 则是一个经过良好设计的新语言。顾名思义，为 JavaScript 添加类型是 TypeScript 的主要目的，也是人们今天使用它的原因。但类型并不是 TypeScript 给 JavaScript 添加的唯一特性。比如，TypeScript 语言有 enum 和 namespace 关键字，都是 JavaScript 中不存在的。2020 年，TypeScript 与 IDE 和代码编辑器（主要是 VSCode，也是微软的产品）的集成度要高于 Flow。

不管怎么说，本书讲的都是 JavaScript，本节介绍 Flow 而不介绍 TypeScript 是不想把焦点从 JavaScript 身上转移开。但这里介绍的给 JavaScript 添加类型的所有内容，对你在项目中使用 TypeScript 同样也会有帮助。

使用 Flow 需要一定的投入，但我发现对大中型项目来说，这些额外的努力是值得的。向代码中添加类型注解、每次修改代码都要运行 Flow，以及修改它报告的类型错误都需要花时间。但相应地，Flow 会让人养成良好的编程习惯，杜绝因为走捷径而导致错误。我在项目中使用 Flow 的时候，总会因它发现的自己代码中存在的很多错误而震惊。在这些问题成为隐患之前先消灭它们是一件非常快意的事，也让我对自己代码的正确性更有信心。

第一次使用 Flow 时，不太容易理解它为什么会报错。但经过实践后，我逐渐理解了它的错误消息，明白了通常只要做很少的修改就能够让代码更安全，也更能让 Flow 满意[注1]。如果你对 JavaScript 本身还没有深入的理解，我并不推荐你使用 Flow。但只要你对这门语言有了信心，在 JavaScript 项目中引入 Flow 肯定可以让你的编程技能更上一层楼。而这也正是我在本书最后专门用一节来写 Flow 教程的原因。因为学习 JavaScript 的类型系统能够让人洞察到另一种编程层次或编程风格。

本节是一个教程，但并不试图全面介绍 Flow。如果你想试试 Flow，那势必要花时间通读一遍它的文档：*https://flow.org*。另一方面，在不能实际使用 Flow 之前，也不需要掌握它的类型系统。本节对 Flow 用法的简单介绍可以帮你快速上手。

17.8.1 安装和运行 Flow

与本章介绍的其他工具类似，可以使用一个包管理工具来安装 Flow 类型检查工具。比如，npm install -g flow-bin 或 npm install --save-dev flow-bin。如果使用 -g 选项全局安装，那可以通过 flow 来运行它。如果使用 --save-dev 在项目中局部安装，那可以使用 npx flow 来运行它。在使用 Flow 做类型检查前，第一次在项目根目录运行 flow --init 会创建一个 .flowconfig 配置文件。可能你永远也不会修改这个文件，但 Flow 需要通过它知道你的项目根目录在哪里。

运行 Flow 时，它会找到项目中所有的 JavaScript 源代码，但它只会针对其中通过 // @flow 注释在顶部"选择参加"的文件报告类型错误。这个可选的行为非常重要，这样你就可以在已有项目中使用 Flow，而且可以每次只转换一个文件。而那些尚未转换的文件就不会出现错误或警告来干扰你了。

注 1：如果你使用过 Java，可能第一次使用类型参数来编写泛型 API 时有过类似的体验。我发现自己学习 Flow 的过程跟 2004 年 Java 刚刚支持泛型时自己的经历极其相似。

即使仅仅在文件顶部加上 `// @flow` 注释，Flow 也能够发现你代码中的错误。就算没有使用 Flow 语言扩展，也没有在代码中添加类型注解，Flow 类型检查器仍然能够推断程序中的值，并在发现不一致时给出警告。

来看下面这个 Flow 错误消息：

```
Error ─────────────────────────────────────── variableReassignment.js:6:3

Cannot assign 1 to i.r because:
• property r is missing in number [1].

      2|  let i = { r: 0, i: 1 };    // 复数 0+1i
  [1] 3|  for(i = 0; i < 10; i++) {  // 循环变量重写
      4|      console.log(i);
      5|  }
      6|  i.r = 1;                    // 流在此处检查错误
```

这里，我们声明变量 i 并给它赋值了一个对象。然后又使用 i 作为循环变量，重写了对象。Flow 注意到这个问题，并在我们仍然把 i 当成对象来使用时标示出一个错误（修复这个问题的最简单方案是使用 for(let i = 0);把循环变量的作用域限制在循环内部）。

下面是另一个 Flow 在没有类型注解的情况下检查到的错误：

```
Error ─────────────────────────────────────────────── size.js:3:14

Cannot get x.length because property length is missing in Number [1].

      1|  // @flow
      2|  function size(x) {
      3|      return x.length;
      4|  }
  [1] 5|  let s = size(1000);
```

Flow 看到 size() 函数只接收一个参数。它不知道这个参数的类型，但看到代码在访问这个参数的 length 属性。当它看到调用 size() 函数中传入的是一个数值参数时，就把这一行标记为错误，因为数值没有 length 属性。

17.8.2 使用类型注解

在声明 JavaScript 变量时，可以给变量添加 Flow 类型注解，只要在变量名后面加上冒号和类型即可：

```
let message: string = "Hello world";
let flag: boolean = false;
let n: number = 42;
```

即使不给这些变量添加注解，Flow 也会知道它们的类型。它知道赋给变量的值，然后一直跟踪。不过，要是添加了类型注解，Flow 就既知道变量类型，也知道你希望该变量始终保持该类型。因此如果使用类型注解，Flow 会在你给变量赋不同类型的值时标示出错误。如果你习惯使用前在函数顶部声明所有变量，那么类型注解会特别有用。

函数参数的类型注解与变量的注解类似，也是在参数名后面加上冒号和类型名。在注解函数时，通常也需要注解函数返回值的类型。返回值类型放在结尾圆括号与开头花括号之间。不返回值的函数使用 Flow 类型 void。

在前面的例子中，我们定义了一个 size() 函数，而且期待它的参数有 length 属性。下面的例子修改了 size() 函数，显式指定了函数期待一个字符串参数，返回一个数值。注意，如果此时再给这个函数传入数组，即使函数可以运行，Flow 也会标示出错误：

```
Error ━━━━━━━━━━━━━━━━━━━━━━━━━━━━━━━━━━ size2.js:5:18

Cannot call size with array literal bound to s because array literal [1]
is incompatible with string [2].

   [2] 2| function size(s: string): number {
       3|     return s.length;
       4| }
   [1] 5| console.log(size([1,2,3]));
```

箭头函数也可以加类型注解，只是注解会导致本来简洁的语法变复杂：

```
const size = (s: string): number => s.length;
```

要理解 Flow，关键是要知道 JavaScript 值 null 对应 Flow 类型 null，而 JavaScript 值 undefined 对应 Flow 类型 void。但是 null 和 undefined 都不是任何其他类型的成员（除非显式添加这样一个类型）。如果把函数参数声明为字符串，那么它就必须是字符串。无论传入 null、undefined，还是不传参数（相当于传 undefined），都是错误：

```
Error ━━━━━━━━━━━━━━━━━━━━━━━━━━━━━━━━━━ size3.js:3:18

Cannot call size with null bound to s because null [1] is incompatible
with string [2].

       1| // @flow
   [2] 2| const size = (s: string): number => s.length;
   [1] 3| console.log(size(null));
```

如果想让 null 和 undefined 成为变量或函数参数的合法值，只要在类型前面加个问号即可。例如，使用 ?string 或 ?number 而不是 string 或 number。如果把 size() 函数改为期待 ?string 类型的参数，则传入 null 时 Flow 是不会报错的。但这样它会报另外一个错：

```
Error ·································································································· size4.js:3:14

Cannot get s.length because property length is missing in null or
undefined [1].

     1| // @flow
 [1] 2| function size(s: ?string): number {
     3|     return s.length;
     4| }
     5| console.log(size(null));
```

Flow 在这里告诉我们 s.length 不安全,在上面的代码中,s 可能是 null 或 undefined,
而这些值没有 length 属性。这就是 Flow 可以确保我们不会走捷径的地方。如果值可能
是 null,Flow 会坚持检查这种情况,然后才允许我们运行任何依赖该值不为 null 的命令:

这里我们可以通过如下修改函数体来解决这个问题:

```
function size(s: ?string): number {
    // 在代码执行到这里时,s 可能是字符串或 null 或 undefined。
    if (s === null || s === undefined) {
        // 在这个块里,Flow 知道 s 是 null 或 undefined。
        return -1;
    } else {
        // 而在这个块里,Flow 知道 s 是字符串。
        return s.length;
    }
}
```

在第一次调用这个函数时,参数可能不止一种类型。但通过添加类型检查代码,我们又
增加了代码块,让 Flow 知道在这个块中参数一定是字符串。这样再在块中使用 s.length
时,Flow 就不会抱怨了。注意,Flow 不会要求你写这么啰嗦的代码。只把 size() 的函数
体替换成 return s ? s.lenght : -1 也可以满足 Flow 的要求。

Flow 语法允许问号出现在任何类型规范前面,表示除了指定类型,也允许 null 和 undefined。
问号也可以出现在参数名后面,表示该参数本身可选。因此如果把参数 s 的声明由 s :
?string 改为 s? : string,就意味着调用 size() 时可以不传参数(或传入 undefined,跟
不传一样)。但是,如果传了参数,而且参数不是 undefined,那就必须是字符串。此时,
null 不是合法值。

现在我们已经介绍了 string、number、boolean、null 和 void 等原始类型,也演示了
怎么用它们给变量声明、函数参数和函数返回值添加注解。接下来几小节介绍 Flow 支
持的几种较复杂的类型。

17.8.3 类

除了原始类型之外,Flow 也支持 JavaScript 的所有内置类,允许使用它们的类名作为

类型。比如，下面的函数使用类型注解表明调用它时应该传入一个 Date 对象和一个 RegExp 对象：

```
// @flow
// 如果指定日期的 ISO 表示匹配指定的
// 模式则返回 true，否则返回 false。
// 例如 const isTodayChristmas = dateMatches(new Date(), /^\d{4}-12-25T/);
export function dateMatches(d: Date, p: RegExp): boolean {
    return p.test(d.toISOString());
}
```

如果使用 class 关键字定义自己的类，那些类也会自动变成有效的 Flow 类型。不过为了使用它们，Flow 要求你必须在类中使用类型注解。特别是，类的每个属性必须有自己的类型声明。下面这个简单的复数类（Complex）演示了这一点：

```
// @flow
export default class Complex {
    // Flow 要求扩展类的语法，
    // 对每个属性都加类型注解
    i: number;
    r: number;
    static i: Complex;

    constructor(r: number, i:number) {
        // 构造函数初始化的任何属性都
        // 要满足上面的 Flow 类型注解
        this.r = r;
        this.i = i;
    }

    add(that: Complex) {
        return new Complex(this.r + that.r, this.i + that.i);
    }
}

// 如果在 Complex 类中没有给属性 i 添加
// 类型注解，Flow 将不会允许这个赋值
Complex.i = new Complex(0,1);
```

17.8.4 对象

描述对象的 Flow 类型看起来很像一个对象字面量，只不过属性值都变成了属性类型。比如，下面这个函数期待一个有数值属性 x 和 y 的对象：

```
// @flow
// 传入一个有数值属性 x 和 y 的对象，
// 返回原点到点 (x, y) 的距离数值
export default function distance(point: {x:number, y:number}): number {
    return Math.hypot(point.x, point.y);
}
```

在上面的代码中，{x:number, y:number}是一种 Flow 类型，就像 string 或 Date 一样。与其他类型一样，也可以在它的前面加上问号表示允许 null 和 undefined。

在对象类型内部，可以在任何属性名后面添加问号，表示该属性可选，即可以省略。例如，可以像下面这样写一个可以表示 2D 点或 3D 点的对象类型：

```
{x: number, y: number, z?: number}
```

如果对象类型中的属性没有标记为可选，那它就是必需的。Flow 会在实际值中不存在对应属性时报错。不过，正常情况下 Flow 会允许出现额外的属性。如果给上面的 distance() 函数传入的对象有一个 w 属性，Flow 不会报错。

如果想让 Flow 严格按照类型注解中出现的属性检查，可以通过在花括号中添加一对竖线来声明确切的对象类型（exact object type）：

```
{| x: number, y: number |}
```

JavaScript 的对象有时候会被用作字典或字符串到值的映射。像这样使用时，属性名提前是不知道的，无法用 Flow 类型来声明。如果这样使用对象，仍然可以使用 Flow 描述这个数据结构。假设有一个对象，其属性是世界主要城市的名字，这些属性的值是对应城市地理位置值的对象。可以像下面这样声明这个数据结构：

```
// @flow
const cityLocations : {[string]: {longitude:number, latitude:number}} = {
    "Seattle": { longitude: 47.6062, latitude: -122.3321 },
    // 待办：在这里继续添加其他重要的城市
};
export default cityLocations;
```

17.8.5 类型别名

对象可能有很多属性，而描述这样一个对象的 Flow 类型可能会很长，输入起来费时间。即使相对短一些的对象类型也可能让人困惑，因为它们看起来太像对象字面量了。在简单的 number 或 ?string 不能满足需要时，通常需要给复杂的 Flow 类型命名。而且事实上，Flow 使用 type 关键字来定义类型。在 type 关键字后面要写标识符、等于号和 Flow 类型。定义了这样一个类型后，标识符就成为该类型的别名。例如，下面的例子重写了上一节的 distance() 函数，明确定义了一个 Point 类型：

```
// @flow
export type Point = {
    x: number,
    y: number
};
```

```
// 传入一个 Point 对象，返回它到原点的距离
export default function distance(point: Point): number {
    return Math.hypot(point.x, point.y);
}
```

注意这段代码导出了 distance() 函数，同时也导出了 Point 类型。如果其他模块也想使用该类型定义，可以使用 import type Point from './distance.js' 导入。不过要记住，import type 是 Flow 语言扩展，并非真正的 JavaScript 导入指令。类型导入和导出由 Flow 类型检查器使用，但与其他所有 Flow 语言扩展一样，它们会在代码实际运行之前被剥离掉。

有必要说一下，与其定义一个表示点的 Flow 对象类型，不如直接定义一个 Point 类，再使用该类作为类型更简单、更清晰。

17.8.6 数组

Flow 中描述数组的类型是一个复合类型，其中也包含数组元素的类型。比如，下面这个函数期待一个数值数组，而 Flow 会在传给函数的数组中包含非数值元素时报错：

```
Error ································································ average.js:8:16

Cannot call average with array literal bound to data because string [1]
is incompatible with number [2] in array element.

  [2]  2| function average(data: Array<number>) {
       3|     let sum = 0;
       4|     for(let x of data) sum += x;
       5|     return sum/data.length;
       6| }
       7|
  [1]  8| average([1, 2, "three"]);
```

Flow 中的数组类型是 Array 后跟一对尖括号，尖括号中是元素类型。也可以用元素类型后跟一对方括号来表示数组类型。因此在这个例子中，我们也可以用 number[] 代替 Array<number>。我个人更倾向于使用尖括号版，因为后面还有别的 Flow 类型使用这种尖括号语法。

前面的数组类型适用于任意数量的元素，所有元素必须类型相同。Flow 有一种不同的语法，用于描述一种元组（tuple）类型，即一个有固定数量元素的数组，每个元素可以是不同的类型。要表示元组类型，只需简单地写出每个元素的类型，以逗号分隔，然后把它们全部放到一对方括号中即可。

比如，下面是一个返回 HTTP 状态码和消息的函数：

```
function getStatus():[number, string] {
    return [getStatusCode(), getStatusMessage()];
}
```

返回元组的函数并不容易使用，除非使用解构赋值：

```
let [code, message] = getStatus();
```

解构赋值再加上 Flow 的类型别名能力，让元组很容易使用，甚至可以考虑用它们替代数据类型简单的类：

```
// @flow
export type Color = [number, number, number, number];  // [r, g, b, opacity]

function gray(level: number): Color {
    return [level, level, level, 1];
}

function fade([r,g,b,a]: Color, factor: number): Color {
    return [r, g, b, a/factor];
}

let [r, g, b, a] = fade(gray(75), 3);
```

有了表示数组类型的方式，我们再回头看一看前面的 size() 函数，把它修改为接收一个数组参数而非字符串参数。我们希望这个函数可以接收一个任意长度的数组，因此元组类型不合适。但我们不希望限制函数只能接收所有元素类型必须相同的数组。解决方案是 Array<mixed> 类型：

```
// @flow
function size(s: Array<mixed>): number {
    return s.length;
}
console.log(size([1,true,"three"]));
```

这里的元素类型 mixed 表示数组元素可以是任意类型。如果这个函数尝试通过索引访问数组元素，Flow 会坚持在对它们执行任何不安全操作前，先使用 typeof 或其他测试手段来确定元素的类型（如果你想放弃类型检查，也可以使用 any 代替 mixed。这样 Flow 会允许你任意使用数组元素，而不必先确定该值是你期待的类型）。

17.8.7 其他参数化类型

前面已经看到，在把一个值注解为 Array 时，Flow 要求在尖括号中指定数组元素的类型。这个额外的类型称为类型参数，而 Array 也不是唯一可以参数化的 JavaScript 类。

JavaScript 的 Set 类也是元素集合，与数组类似。不能只使用 Set 作为类型，还必须在一对尖括号中包含类型参数，指定集合中值的类型（如果集合可以包含多种类型值，类型参数也可以是 mixed 或 any）示例如下：

```
// @flow
// 返回一个数值集合，其中数值
// 是输入数值集合中数值的两倍
function double(s: Set<number>): Set<number> {
    let doubled: Set<number> = new Set();
    for(let n of s) doubled.add(n * 2);
    return doubled;
}
console.log(double(new Set([1,2,3])));  // Prints "Set {2, 4, 6}"
```

Map 是另一个参数化类型。但 Map 必须指定两种类型参数，即键的类型和值的类型：

```
// @flow
import type { Color } from "./Color.js";

let colorNames: Map<string, Color> = new Map([
    ["red", [1, 0, 0, 1]],
    ["green", [0, 1, 0, 1]],
    ["blue", [0, 0, 1, 1]]
]);
```

Flow 也允许你为自己的类定义类型参数。下面的代码定义了一个 Result 类，但以 Error 类型和 Value 类型作为其类型参数。代码中使用 E 和 V 表示这两个类型参数。当这个类的用户声明 Result 类型的变量时，会指定替代 E 和 V 的实际类型。这种变量声明的示例如下所示：

```
let result: Result<TypeError, Set<string>>;
```

下面的代码展示了如何定义参数化的类：

```
// @flow
// 这个类表示一个操作的结果
// 要么抛出类型 E 的错误，要么返回类型 V 的值
export class Result<E, V> {
    error: ?E;
    value: ?V;

    constructor(error: ?E, value: ?V) {
        this.error = error;
        this.value = value;
    }

    threw(): ?E { return this.error; }
    returned(): ?V { return this.value; }

    get():V {
        if (this.error) {
```

```
        throw this.error;
    } else if (this.value === null || this.value === undefined) {
        throw new TypeError("Error and value must not both be null");
    } else {
        return this.value;
    }
}

}
```

其至可以为函数定义类型参数：

```
// @flow
// 将两个数组的元素组合为元素对的数组
function zip<A,B>(a:Array<A>, b:Array<B>): Array<[?A,?B]> {
    let result:Array<[?A,?B]> = [];
    let len = Math.max(a.length, b.length);
    for(let i = 0; i < len; i++) {
        result.push([a[i], b[i]]);
    }
    return result;
}

// 创建数组 [[1,'a'], [2,'b'], [3,'c'], [4,undefined]]
let pairs: Array<[?number,?string]> = zip([1,2,3,4], ['a','b','c'])
```

17.8.8 只读类型

Flow 定义了一些特殊的参数化"实用类型"，这些类型的名字以 $ 开头。大多数这种类型都有一些高级使用场景，本节不会介绍。但其中有两个在实践中是非常有用的。如果有一个对象类型 T，你希望得到该类型的只读版本，可以写成 $ReadOnly<T>。类似地，可以用 $ReadOnlyArray<T> 描述一个元素类型为 T 的只读数组。

使用这些类型并不是因为它们可以保证对象或数组不被修改（如果需要真正的只读对象，可以参考 14.2 节的 Object.freeze()），而是能够让我们发现由于意外修改导致的隐患。如果我们要写一个函数，接收一个对象或数组参数，并且不会修改任何对象属性或数组元素，那么就可以把这个函数参数注解为一种 Flow 的只读类型。这样 Flow 就会在你忘记并意外修改了输入值时报告错误。下面是两个例子：

```
// @flow
type Point = {x:number, y:number};

// 这个函数接收一个 Point 对象，但承诺不会修改它
function distance(p: $ReadOnly<Point>): number {
    return Math.hypot(p.x, p.y);
}

let p: Point = {x:3, y:4};
```

```
distance(p)   // => 5

// 这个函数接收一个不会修改的数值数组
function average(data: $ReadOnlyArray<number>): number {
    let sum = 0;
    for(let i = 0; i < data.length; i++) sum += data[i];
    return sum/data.length;
}

let data: Array<number> = [1,2,3,4,5];
average(data) // => 3
```

17.8.9 函数

前面已经介绍了如何给函数的参数和返回值添加类型注解，但如果函数的某个参数本身又是函数，还需要指定该函数参数的类型。

要通过 Flow 表示一个函数类型，就得把每个参数的类型写下来，以逗号分隔，用圆括号括起来，后面再跟一个箭头和函数的返回类型。

下面是一个示例函数，期待传入一个回调函数。注意这里事先为回调函数类型定义了类型别名：

```
// @flow
// 下面的 fetchText() 中使用的回调函数类型
export type FetchTextCallback = (?Error, ?number, ?string) => void;

export default function fetchText(url: string, callback: FetchTextCallback) {
    let status = null;
    fetch(url)
        .then(response => {
            status = response.status;
            return response.text()
        })
        .then(body => {
            callback(null, status, body);
        })
        .catch(error => {
            callback(error, status, null);
        });
}
```

17.8.10 联合

我们再来看一看 size() 函数。除了返回数组长度什么也不做的函数并没有意义。数组本身就有一个 length 属性。但 size() 如果可以接收任意类型的集合对象（数组、Set 或 Map）并返回该集合中元素的个数，那就有用了。在常规无类型的 JavaScript 中，要写这样一个 size() 函数很容易。但在使用 Flow 时，我们需要一种类型能够允许数组、Set 和 Map，但不允许其他类型的值。

Flow 称这种类型为联合（union）类型，通过列出想要的类型并以竖线分隔它们就可以表示这种类型：

```
// @flow
function size(collection: Array<mixed>|Set<mixed>|Map<mixed,mixed>): number {
    if (Array.isArray(collection)) {
        return collection.length;
    } else {
        return collection.size;
    }
}
size([1,true,"three"]) + size(new Set([true,false])) // => 5
```

联合类型可以用"或"读出来，比如"数组或 Set 或 Map"。因此事实上这个 Flow 语法使用了与 JavaScript 的"逻辑或"操作符一样的竖线是有意的。

前面我们也看到把问号放到一个类型前面表示允许 null 和 undefined 值。现在应该知道？前缀其实是给类型添加 |null|void 后缀的简写形式。

一般来说，在使用联合类型注解一个值时，Flow 在你判断完值的实际类型前是不允许使用它们的。在 size() 函数的例子中，我们需要在访问 length 属性前明确地检查参数是不是数组。要注意并不需要区分 Set 和 Map，这两个类都定义了 size 属性，因此只要参数不是数组 else 子句中的代码就是安全的。

17.8.11 枚举与可区分联合

Flow 允许使用原始值字面量作为只包含那一个值的类型。如果写 let x:3;，则 Flow 不允许给这个变量赋 3 之外的任何值。定义只有一个成员的类型用处不大，但这种字面量类型的联合却很有用。比如，可以想象一下像下面这样使用这种类型：

```
type Answer = "yes" | "no";
type Digit = 0|1|2|3|4|5|6|7|8|9;
```

如果使用由字面量构成的类型，需要理解它只允许字面量值：

```
let a: Answer = "Yes".toLowerCase(); // 错误：不能向 Answer 赋字符串
let d: Digit = 3+4;                   // 错误：不能向 Digit 赋数字
```

Flow 在检查类型时，并不实际执行计算，而只检查计算的类型。Flow 知道 toLowerCase() 返回字符串，而对数值使用 + 操作符返回数值。即使我们知道这两个表达式的返回值在类型中，但 Flow 却不知道，因此这两行都会报错。

类似 Answer 和 Digit 这样的字面量联合类型是枚举类型（enum）的一个例子。枚举类型比较经典的用例是表示一副扑克牌：

```
type Suit = "Clubs" | "Diamonds" | "Hearts" | "Spades";
```

更贴近技术的例子是用枚举表示 HTTP 状态码：

```
type HTTPStatus =
    | 200    // 正确
    | 304    // 未修改
    | 403    // 禁止
    | 404;   // 未找到
```

新手程序员最常听到的一个建议，就是避免在自己的代码中使用字面量，而应该使用符号常量表示那些值。这样做的一个实际好处是可以避免输入错误。如果你不小心输错了字符串字面量"Diamonds"，JavaScript 永远不会报错，但你的代码可能会因此无法运行。从另一方面说，如果给一个标识符加错了类型，JavaScript 倒是有可能抛出错误（稍后可以看到）。但在使用 Flow 时，这个建议未必适用。如果你给某个变量加了 Suit 类型注解，然后尝试用拼错的字面量给它赋值，Flow 也会报错。

字面量类型的另一个重要应用是创建可区分联合（discriminated union）。在使用（由不同类型而非字面量构成的）联合类型时，通常需要写代码区分各种可能的类型。上一节，我们写的函数可以接收数组、Set 或 Map 作为参数，但必须要写代码区分参数是数组、Set 还是 Map。如果你想创建一个 Object 类型的联合，可以在每个 Object 类型中使用一个字面量类型让这些类型容易区分。

举个例子就清楚了。假设你在 Node（参见 16.11 节）中使用了一个工作线程，并使用 postMessage() 和"message"事件在工作线程与主线程间发送基于对象的消息。工作线程可能需要向主线程发送多种类型的消息，但我们希望写一个 Flow 的联合类型来描述所有消息类型。来看下面的代码：

```
// @flow
// 工作线程在完成我们发给它的任务时发送这个类型的消息
export type ResultMessage = {
    messageType: "result",
    result: Array<ReticulatedSpline>, // 假设其他地方定义了这个类型。
};

// 工作线程在代码因异常失败时发送这个类型的消息
export type ErrorMessage = {
    messageType: "error",
    error: Error,
};

// 工作线程会发送这个类型的消息，报告资源使用情况
```

```
export type StatisticsMessage = {
    messageType: "stats",
    splinesReticulated: number,
    splinesPerSecond: number
};

// 从工作线程收到的消息都是 WorkerMessage
export type WorkerMessage = ResultMessage | ErrorMessage | StatisticsMessage;

// 主线程有一个事件处理程序接收 WorkerMessage。
// 因为在每种消息类型的定义中，我们都使用一个字面量
// 类型定义了 messageType 属性，所以这个事件处理程序
// 很容易区分接收到的消息是哪种类型：
function handleMessageFromReticulator(message: WorkerMessage) {
    if (message.messageType === "result") {
        // 只有 ResultMessage 具有该值的 messageType 属性
        // 因此 Flow 知道此处使用 message.result 是安全的
        // Flow 会在尝试使用其他属性时报警
        console.log(message.result);
    } else if (message.messageType === "error") {
        // 只有 ErrorMessage 具有值 "error" 的属性 messageType
        // 因此 Flow 知道此处使用 message.error 是安全的
        throw message.error;
    } else if (message.messageType === "stats") {
        // 只有 StatisticsMessage 具有值 "stats" 的属性 messageType
        // 因此 Flow 知道此处使用 message.splinesPerSecond 是安全的
        console.info(message.splinesPerSecond);
    }
}
```

17.9 小结

JavaScript 是现今使用最广泛的编程语言，而且是一门充满活力的语言，一直在持续发展和演进，拥有欣欣向荣的库、工具和扩展生态系统。本章介绍了其中一些工具和扩展，但需要学习的还有更多。JavaScript 生态的繁荣得益于 JavaScript 开发者社区的活跃和充满生机，所有人平等相待，通过博客、视频、会议 PPT 无私分享知识和经验。当你合上这本书，加入这个社区，你会发现让你能够不断提升自己 JavaScript 水平的各种资源极其丰富、应有尽有。

关于作者

David Flanagan 从 1995 起就开始使用 JavaScript 并写作本书的最初版。他跟妻子、孩子居住在太平洋沿岸的城市西雅图（美国华盛顿州）和温哥华（加拿大不列颠哥伦比亚省）。他拥有麻省理工学院计算机科学与工程学位，目前是 VMware 的一名软件工程师。

关于封面

本书封面上的动物是爪哇犀牛（爪哇犀）。犀牛分 5 种，特征是体形较大、皮肤似铠甲、足有三趾、鼻上有单角或双角。爪哇犀牛类似印度犀牛，而且与该种群类似，雄犀牛只有一只角。但爪哇犀牛体形相对更小，皮肤纹理独特。虽然现在能见到的只有印度犀牛，但爪哇犀牛曾经遍布东南亚。它们栖息于热带雨林，以无尽的树叶和鲜草为食，为躲避吸血蝇等毒虫叮咬，它们经常置身水中或淤泥中，只露出口鼻呼吸。

爪哇犀牛平均身高 1.8 米，身长可达 3 米，成年个体重达 1.3 吨。与印度犀牛类似，其灰色皮肤上好像分布着很多"鳞甲"，有的上面还有凹凸不平的纹理。爪哇犀牛的正常寿命是 45～50 岁。雌性犀牛每 3～5 年可以生育一胎，孕期为 16 个月。小犀牛出生时体重接近 50 公斤，在母亲的保护下成长到 2 岁。

犀牛应该说并不是稀有物种，因为它们可以适应各种环境，也没有什么天敌。但是，人类的捕杀导致犀牛已经几近灭绝。传说犀牛角有魔力和催情效果，因此犀牛成了偷猎者的主要目标。爪哇犀牛目前属于最濒危物种：2020 年，地球上仅幸存 70 头左右，被保护在印度尼西亚爪哇的马戎格库龙国家公园（Ujung Kulon National Park）。这项措施目前来看确实解决了这些犀牛的生存问题，因为 1967 年的一次调查显示仅存 25 头。

O'Reilly 图书封面上的很多动物都濒临灭绝，它们对我们的地球非常重要。

封面彩图由 Karen Montgomery 基于 *Dover Animals* 的一幅黑白雕刻绘制。